U0895945

中 国 国 家 标 准 汇 编

2006 年修订-17

中国标准出版社　编

中 国 标 准 出 版 社
北　京

图书在版编目（CIP）数据

中国国家标准汇编：2006年修订. 17/中国标准出版社编．—北京：中国标准出版社，2007

ISBN 978-7-5066-4583-6

Ⅰ.中…　Ⅱ.中…　Ⅲ.国家标准-汇编-中国-2006　Ⅳ.T-652.1

中国版本图书馆CIP数据核字（2007）第103433号

中国标准出版社出版发行
北京复兴门外三里河北街16号
邮政编码:100045
网址 www.spc.net.cn
电话:68523946　68517548
中国标准出版社秦皇岛印刷厂印刷
各地新华书店经销
*
开本 880×1230　1/16　印张 38.5　字数 1 132 千字
2007年8月第一版　2007年8月第一次印刷
*
定价 180.00 元

ISBN 978-7-5066-4583-6

出 版 说 明

1.《中国国家标准汇编》是一部大型综合性国家标准全集，自1983年起，按国家标准顺序号以精装本、平装本两种装帧形式陆续分册汇编出版。《汇编》在一定程度上反映了我国建国以来标准化事业发展的基本情况和主要成就，是各级标准化管理机构，工矿企事业单位，农林牧副渔系统，科研、设计、教学等部门必不可少的工具书。

2. 由于标准的动态性，每年有相当数量的国家标准被修订，这些国家标准的修订信息无法在已出版的《汇编》中得到反映。为此，自1995年起，新增出版在上一年度被修订的国家标准的汇编本。

3. 修订的国家标准汇编本的正书名、版本形式、装帧形式与《中国国家标准汇编》相同，视篇幅分设若干册，但不占总的分册号，仅在封面和书脊上注明“2006年修订-1，-2，-3，……”等字样，作为对《中国国家标准汇编》的补充。读者配套购买则可收齐前一年新制定和修订的全部国家标准。

4. 修订的国家标准汇编本的各分册中的标准，仍按顺序号由小到大排列(不连续)；如有遗漏的，均在当年最后一分册中补齐。

5. 2006年度发布的修订国家标准分27册出版。本分册为“2006年修订-17”，收入新修订的国家标准44项。

中国标准出版社

2007年6月

目 录

ICS 65-050
B 72

中华人民共和国国家标准

GB/T 12901—2006
代替 GB/T 12901—1991

脂松节油

Gum turpentine

2006-08-28 发布　　　　2007-03-01 实施

中华人民共和国国家质量监督检验检疫总局
中国国家标准化管理委员会　发布

前言

本标准代替 GB/T 12901—1991《脂松节油》。

本标准与 GB/T 12901—1991 相比有以下不同：

——增加了脂松节油的定义(第 3 章)；

——简化了颜色的要求，采用目测结果，用表注的形式规范颜色级别要求的具体数值作为参考(见表 1)；

——小幅调整了优级脂松节油的折光率上限值(见表 1)；

——增加了蒎烯含量(色谱法)的要求(见表 1)；

——取消了重级松节油的相关表述；

——增加气相色谱组成及含量测定和报告的可选要求(见 6.1.1.2)；

——将“170℃馏出体积”简化表示为“馏程”，再加注的方式说明；

——增加了试验方法(第 5 章)；

——增加了检验分类(见 6.1)；

——增加了附录 A。

本标准的附录 A 为资料性附录。

本标准由国家林业局提出并归口。

本标准由中国林业科学研究院林产化学工业研究所负责起草。

本标准主要起草人：赵振东、李冬梅、毕良武、刘先章。

本标准所代替标准的历次版本发布情况为：

——GB/T 12901—1991。

脂 松 节 油

1 范围

本标准规定了脂松节油的定义、要求、试验方法、检验规则、包装、标志、运输和贮存。

本标准适用于由马尾松、湿地松、思茅松、云南松、加勒比松、南亚松等来源的原料松脂经过蒸馏加工等工艺过程得到的脂松节油。

2 规范性引用文件

下列文件中的条款通过本标准的引用而成为本标准的条款。凡是注日期的引用文件，其随后所有的修改单(不包括勘误的内容)或修订版均不适用于本标准，然而，鼓励根据本标准达成协议的各方研究是否可使用这些文件的最新版本。凡是不注日期的引用文件，其最新版本适用于本标准。

GB 190 危险货物包装标志

GB/T 191 包装储运图示标志(GB/T 191—2000,ISO 780:1997,EQV)

GB/T 12902—2006 松节油分析方法

3 定义

下列术语和定义适用于本标准。

3.1

脂松节油 gum turpentine

由不同品种的松树采集得到的松脂经过蒸馏等方式制得的具有特征松木香气的油状透明液体。是以各种单萜烯类成分为主并可能含有少量倍半萜烯组分的混合物，主要化学成分有α-蒎烯和β-蒎烯等单萜类化合物，代表化学式为$C_{10}H_{16}$。

4 要求

4.1 脂松节油(以下简称松节油)分为优级、一级共计两个级别。

4.2 各级松节油应符合表1规定的要求。

表1 脂松节油质量技术指标要求

级别	外观	颜色[a]	相对密度 d_4^{20} <	折光率 n_D^{20}	蒎烯含量[b]/(%) ≥	初馏点/℃ >	馏程[c]/(%) ≥	酸值/(mg/g) ≤
优级	透明、无水、无杂质和悬浮物	无色	0.870	1.465 0～1.474 0	85	150	90	0.5
一级			0.880	1.467 0～1.478 0	80	150	85	1.0

a 必要时可通过铂-钴颜色号来判定松节油的颜色，优级应在0～35(含35)，一级松节油色号在35～70(不含35，含70)。

b 蒎烯包括α-蒎烯和β-蒎烯含量之总和。

c 至170℃时馏出脂松节油的体积分数的数值，以%表示。

5 分析方法

5.1 外观的测定

按照 GB/T 12902—2006 的规定进行。

5.2 颜色的测定

按照 GB/T 12902—2006 的规定进行。

5.3 相对密度的测定

按照 GB/T 12902—2006 的规定进行。

5.4 折光率的测定

按照 GB/T 12902—2006 的规定进行。

5.5 松节油成分及蒎烯含量的测定

按照 GB/T 12902—2006 的规定进行。

5.6 初馏点和馏程的测定

按照 GB/T 12902—2006 的规定进行。

5.7 酸值的测定

按照 GB/T 12902—2006 的规定进行。

6 检验规则

6.1 检验分类

产品检验分出厂检验和型式检验。

6.1.1 出厂检验

6.1.1.1 松节油产品应按 GB/T 12902—2006 规定的方法经工厂检验部门进行检验合格，并附有产品质量合格证方可出厂。出厂检验项目为：外观、颜色、初馏点、馏程。

6.1.1.2 客户要求时，蒎烯含量可列入出厂检验项目。

6.1.2 型式检验

型式检验包括第 4 章表 1 所列的全部检验项目。

有下列情况之一时，应进行型式检验：

a) 当原辅材料及生产工艺发生较大变动时；

b) 长期停产恢复生产时；

c) 正常生产时，每两月不少于一次；

d) 质量技术监督机构提出型式检验要求时。

6.2 级别的判定

各级松节油检验结果如有一项指标不符合本标准要求时，桶装产品应重新自两倍量包装单元中采样进行检验，罐装产品应重新多点采样进行检验，重新检验的结果有一项不符合本标准要求，则判该级别的整批产品为不合格产品。

6.3 批次及批号

6.3.1 生产当日 0 时至 24 时收集的松节油为一批次。采用储罐贮存时，整个储罐中的松节油为一批次。

6.3.2 批号用九位数字表示，前面六位数分别代表年、月、日，末尾三位数代表生产当日 0 时至 24 时收集松节油的流水编号(001～999)。

示例：批号 050606001，表示这是 2005 年 6 月 6 日生产的第一桶松节油。

6.4 取样方法

6.4.1 松节油的检验按同一批次任意抽检，抽检桶数为 5%，但不得少于 5 桶，如一批在 5 桶以下时全部抽检。

6.4.2 用清洁、干燥的玻璃管抽取桶底油样，观察杂质、水分。取样时应用玻璃管搅拌桶内液体，然后将玻璃管提出液面，再缓慢插入底部，使桶内上、中、下层液体都能充满管内，堵紧管口，取出试样。

6.4.3 每个抽检桶中取出的试样量应相等，取出试样的总和不少于1 000 mL混合均匀后，再从中取出500 mL，装入棕色玻璃瓶中，密封瓶盖，用作检验。

7 标志、包装、运输和贮存

7.1 标志

7.1.1 包装桶上应有明显而牢固的标志，其内容为：产品名称、本标准编号、批号、毛重、净重、级别、厂名、厂址、出厂日期。

7.1.2 松节油为易燃液体，应按照GB 190的规定标明易燃液体的标志，还应按照GB/T 191的规定标明向上的标志。

7.1.3 用于出口的松节油产品按照出口要求进行标志。

7.2 包装

7.2.1 松节油用容量为200 L的干净、镀锡或其他防腐涂层的铁桶包装，封口采用耐油垫圈密封。每桶净质量175 kg±0.5 kg。

7.2.2 根据用户需求并经双方协商，也可采用其他形式的包装，其容量和净质量由供求双方约定。

7.3 运输

装卸及运输应符合第三类危险化学品（易燃液体）的运输标准，要避免猛烈撞击。

7.4 贮存

松节油贮存于阴凉通风、干燥处，应远离火源并防止日晒雨淋。

附 录 A
（资料性附录）
脂松节油典型气相色谱图及组成

A.1 松节油的典型气相色谱图（见图 A.1）

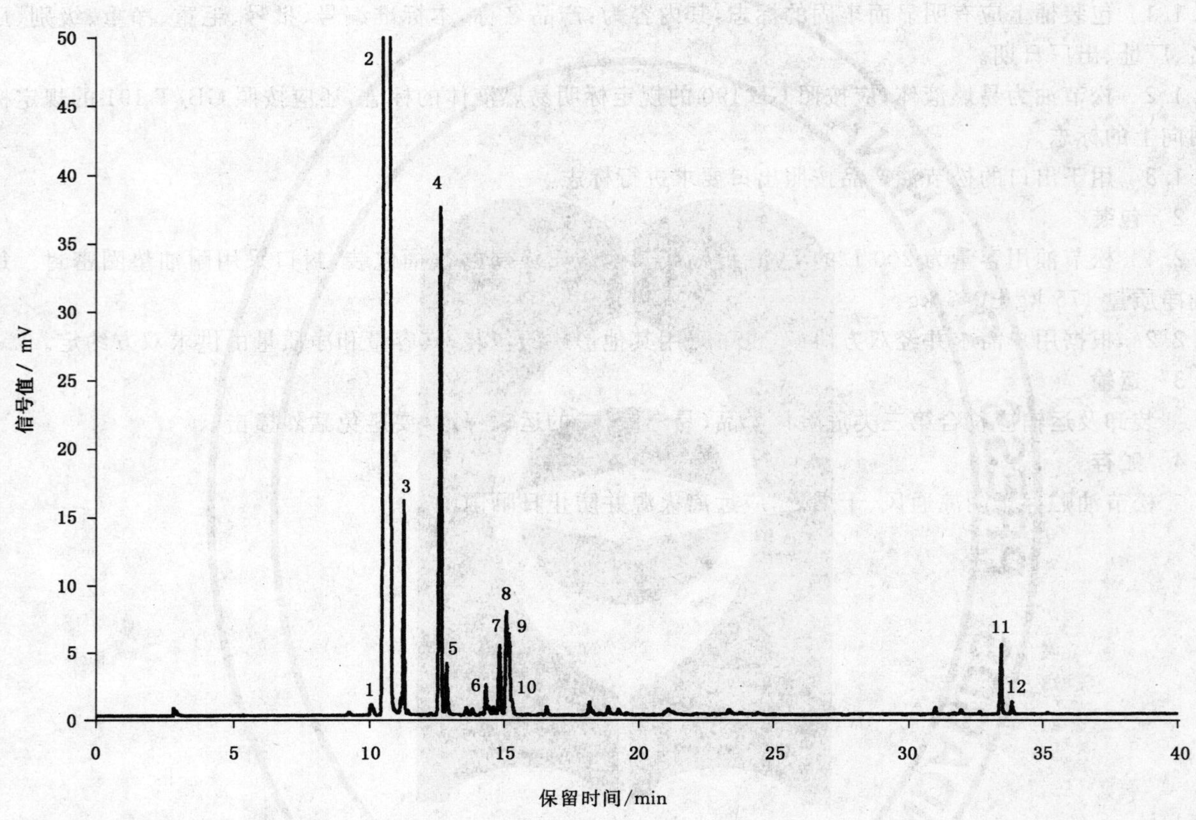

1——三环烯；
2——α-蒎烯；
3——莰烯；
4——β-蒎烯；
5——月桂烯；
6——3-蒈烯；
7——对伞花烃；
8——柠檬烯；
9——β-水芹烯；
10——1,8-桉叶素；
11——长叶烯；
12——β-石竹烯。

图 A.1 脂松节油气相色谱分析典型图谱

A.2 松节油的主要组成及可能的含量范围

脂松节油的气相色谱组成及含量范围应符合表 A.1 的要求。

表 A.1 脂松节油气相色谱组成及含量范围

序号	组成	含量范围(GC)/(%)	
		最小值	最大值
1	三环烯	微量	1.0
2	α-蒎烯	40	90
3	莰烯	微量	3.5
4	β-蒎烯	3.0	48
5	月桂烯	微量	1.5
6	3-蒈烯	微量	20
7	对伞花烃	微量	2.5
8	柠檬烯	微量	10.0
9	β-水芹烯	微量	10.0
10	1,8-桉叶素	微量	2.0
11	长叶烯	微量	3.5
12	β-石竹烯	微量	3.0

ICS 65-050
B 72

中华人民共和国国家标准

GB/T 12902—2006
代替 GB/T 12902—1991

松节油分析方法

Analytical methods for turpentine

2006-07-12 发布　　2006-12-01 实施

中华人民共和国国家质量监督检验检疫总局
中国国家标准化管理委员会　发布

前言

本标准代替 GB/T 12902—1991《松节油分析方法》。

本标准与 GB/T 12902—1991 相比有以下不同：

——将有关各种指标测定方法重新进行了分章编写；

——增加了术语和定义(第 3 章)；

——增加了外观的测定(第 4 章)；

——对颜色测定方法的叙述进行了简化(第 5 章)；

——增加了松节油成分及萜烯含量的测定方法，即毛细管气相色谱法，并采用面积归一化(第 8 章)；

——重新表述了初馏点和实际馏出控制温度的计算方法(见 9.3.1)；

——增加了附录 A 作为色谱分析图谱的示例。

本标准的附录 A 为资料性附录。

本标准由国家林业局提出并归口。

本标准由中国林业科学研究院林产化学工业研究所负责起草。

本标准主要起草人：赵振东、李冬梅、毕良武、刘先章。

本标准所代替标准的历次版本发布情况为：

——GB/T 12902—1991。

松 节 油 分 析 方 法

1 范围

本标准规定了松节油的外观、颜色、相对密度、折光率、初馏点、馏程、酸值及松节油成分的检验方法。

本标准适用于脂松节油的检验。本标准还适用于其他生产方法或其他来源的松节油、由松节油分离得到的蒎烯类产品以及由松节油衍生得到的萜类产品等的分析和检验。

2 规范性引用文件

下列文件中的条款通过本标准的引用而成为本标准的条款。凡是注日期的引用文件，其随后所有的修改单(不包括勘误的内容)或修订版均不适用于本标准，然而，鼓励根据本标准达成协议的各方研究是否可使用这些文件的最新版本。凡是不注日期的引用文件，其最新版本适用于本标准。

GB/T 601 化学试剂 标准滴定溶液的制备

GB/T 4472 化工产品密度、相对密度测定通则

GB/T 6488 化工产品折光率测定法

GB/T 6536—1997 石油产品蒸馏测定法

GB/T 9282 透明液体 以铂-钴等级评定颜色(eqv ISO 6271:1981)

SH/T 0121—1992 石油产品馏程测定装置技术条件

3 术语和定义

下列术语和定义适用于本标准。

3.1

初馏点 initial boiling point

将松节油在标准大气压力(101.3 kPa)下使用符合本标准图 1 所示的装置并按规定速度进行蒸馏时冷凝管下口滴下第一滴松节油液体时的温度。

3.2

馏程 distillated volume percentage

将松节油在标准大气压力(101.3 kPa)下使用符合本标准图 1 所示的装置按规定速度进行蒸馏至沸点刚好达到 170℃时被蒸馏出的松节油占投入试料的以%表示的体积分数。

4 外观的测定

将松节油注入清洁、干燥、容量为 100 mL 的纳氏比色管中，摇动后在漫射光下以横向目视的方式进行观察。液体应无色、透明、无杂质、无悬浮物、看不见水分。

5 颜色的测定

松节油颜色的测定可使用以下两种方法中的任何一种。一般使用直接观测法(方法 1)，当对测定结果有疑义需要仲裁测定时，以比色法(方法 2)测定的结果为准。

5.1 直接观测法(方法1)

具体方法按照第4章的规定进行。

5.2 比色法(方法2)

松节油颜色的比色法测定按照GB/T 9282进行。

5.2.1 仪器

纳氏比色管,平底,容量为100 mL,有磨口的透明玻璃管。各比色管玻璃颜色要一致,在50 mL及100 mL处有刻度线,各比色管刻度线之高度应一致。

5.2.2 操作方法

5.2.2.1 将松节油试样静置澄清,倒入100 mL纳氏比色管至标线。

5.2.2.2 将装有松节油试样的比色管与装有铂-钴标准比色液的比色管在室温下同时放在白色底板上,于漫射光下从比色管上方垂直向下进行观察,比色确定试样的颜色。

6 相对密度的测定

按照GB/T 4472中的规定进行测定,一般使用密度计法。当对测定结果有疑义需要仲裁测定时,以密度瓶法测定的结果为准。其中,松节油的密度对于每摄氏度的温度校正系数k_ρ=0.000 82。

7 折光率的测定

按照GB/T 6488的规定进行测定。其中,松节油的折光率对于每摄氏度的温度校正系数k_n=0.000 45。

8 松节油成分及蒎烯含量的测定

8.1 载气和辅助气体

8.1.1 载气,氮气、氢气按所用检测器的类型使用,一般纯度应大于99.99%。

8.1.2 空气需要经过滤、净化和干燥。

8.2 仪器

8.2.1 色谱仪

具有氢火焰离子化检测器(FID)和程序升温控制系统的气相色谱仪。

8.2.2 微量进样器

容量为0.5 μL或1.0 μL。

8.2.3 色谱柱

可选用内涂非极性固定液(如SE-54)或极性固定液(如FFAP)的石英毛细管色谱柱。通常使用柱长30 m,柱内径0.25 mm,固定液膜厚0.25 μm的色谱柱。

8.2.4 数据记录及处理系统

具有数据记录和处理功能的计算机色谱工作站或色谱数据处理机。

8.3 色谱分析条件

色谱分析条件依据色谱仪可能会有所不同,应选择能达到最佳分离效果的色谱分析条件。但是推荐的色谱分析条件如下:

a) 柱箱起始柱温,80℃;

b) 升温程序,80℃(2 min)$\xrightarrow{2℃/min}$100℃$\xrightarrow{4℃/min}$200℃$\xrightarrow{10℃/min}$280℃;

c) 检测器,FID;

d) 检测器温度,250℃;

e) 进样口温度,250℃;

f) 分流比,65∶1。

8.4 操作方法

8.4.1 新购买的色谱柱在使用前应在色谱柱要求的温度下老化4 h以上,直至色谱基线平直。

8.4.2 做同一份试样的三次平行测定。

8.4.3 松节油中蒎烯及其他组成成分的测定,蒎烯含量的测定均采用毛细管气相色谱分析,并采用峰面积归一化法处理。

脂松节油典型的气相色谱图示例见附录A。

8.5 计算及报告

8.5.1 计算

8.5.1.1 试样中被测组分α-蒎烯、β-蒎烯以及其他每一个组分 i 的含量以该组分的面积与所有流出组分的面积总和的比 c_i 计,数值以%表示,按式(1)计算:

$$c_i = \frac{A_i}{\sum\limits_{i=0\sim n} A_i} \times 100 \qquad \cdots\cdots(1)$$

式中:

A_i——组分 i 的峰面积积分,单位为微伏秒(μV·s);

$\sum\limits_{i=0\sim n} A_i$——除溶剂以外的所有色谱峰的面积的积分的总和,单位为微伏秒(μV·s)。

8.5.1.2 蒎烯含量以α-蒎烯含量与β-蒎烯含量的和 c_p 计,数值以%表示,按式(2)进行计算:

$$c_p = c_\alpha + c_\beta \qquad \cdots\cdots(2)$$

式中:

c_α——试样中α-蒎烯含量,%;

c_β——试样中β-蒎烯含量,%。

8.5.2 报告

取三次测定所得数值的算术平均值为最终结果,表示到小数点后一位。

8.5.3 重复性和再现性

以对于含α-蒎烯51.1%、β-蒎烯28.8%和双戊烯2.7%的松节油样品的3次独立测定结果为基础,给定的重复性和再现性信息如下:

a) 重复性限(95%),对于α-蒎烯为0.3,对于β-蒎烯为0.1,对于柠檬烯为0.1;

b) 再现性限(95%),对于α-蒎烯为2.1,对于β-蒎烯为0.5,对于柠檬烯为0.2;

c) 重复性标准差(%),对于α-蒎烯为0.1,对于β-蒎烯为0.04,对于柠檬烯为0.03;

d) 再现性标准差(%),对于α-蒎烯为0.7,对于β-蒎烯为0.2,对于柠檬烯为0.1。

9 初馏点和馏程的测定

9.1 馏程测定装置

9.1.1 馏程测定装置应符合SH/T 0121—1992的各项要求,其装置外观示意图见图1。

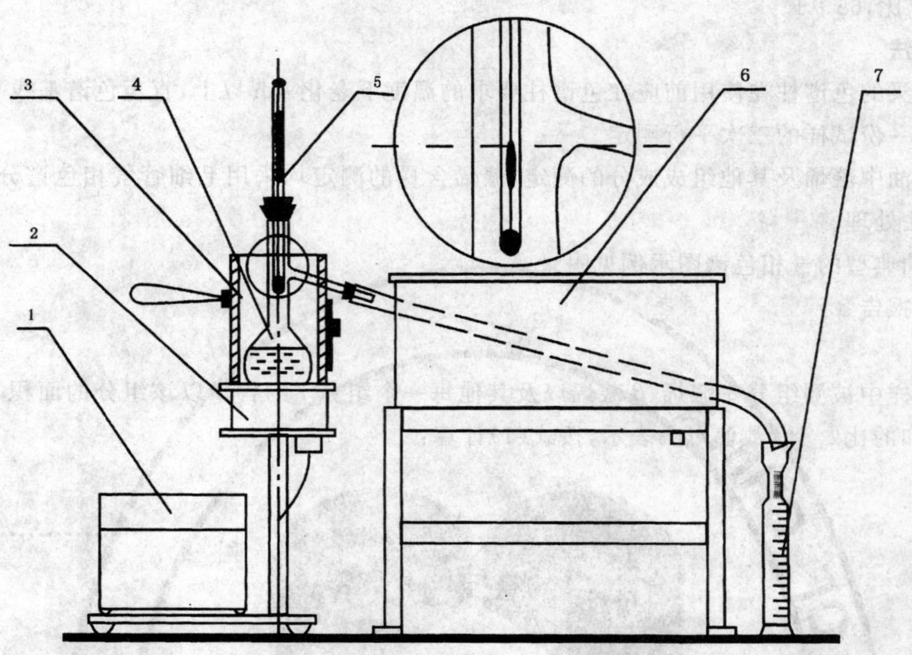

1——电器装置；

2——电炉；

3——烧瓶罩；

4——恩氏蒸馏烧瓶；

5——温度计；

6——冷凝器；

7——异径量筒。

图 1　松节油初馏点及馏程测定装置

9.1.2　恩氏蒸馏烧瓶，容量 100 mL，全高 215 mm，瓶体外径 70 mm，瓶颈内径 16 mm。

9.1.3　温度计，棒式局浸式有膨胀室的水银温度计，浸没深度 100 mm，水银球底至膨胀室顶之间的距离应小于 30 mm，离水银球底 140 mm 处开始刻度，刻度范围 140℃～200℃，分度值为 0.5℃，最大误差为 0.5℃，标尺长度 140 mm±10 mm，温度计全长 300 mm±10 mm，水银球直径 4.5 mm～6.0 mm，高 10 mm，棒直径 6.5 mm(最大不超过 7.5 mm)。

9.1.4　热源，带自耦变压器的小电炉。

9.1.5　气压计。

9.1.6　异径量筒(见图 2)，容量 100 mL，容量 5 mL～84 mL 的刻度分度为 1 mL，容量为 84 mL～100 mL的刻度分度为 0.2 mL。从 100 mL 标线至量筒口边缘的距离约 60 mm。

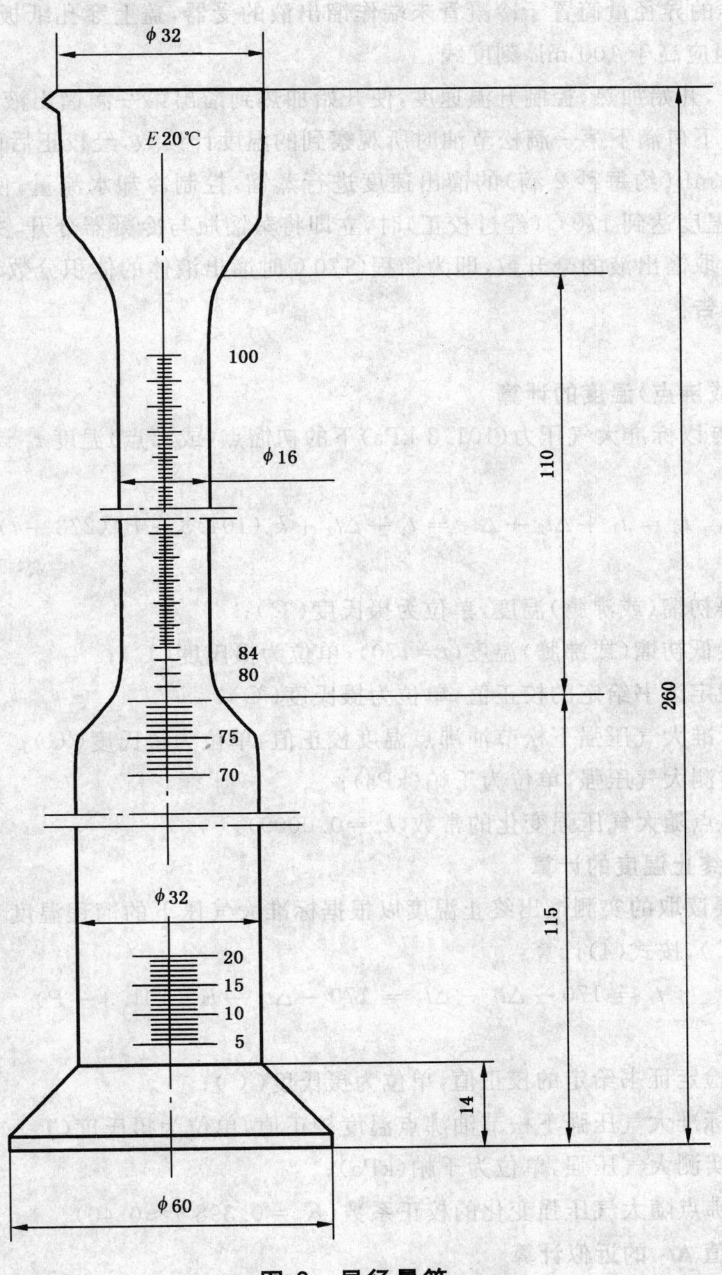

图 2 异径量筒

9.1.7 秒表。

9.2 操作方法

9.2.1 做两份试样的平行测定。

9.2.2 记录室温下的大气压，计算标准大气压下规定的温度 170℃校正成为馏程测定时所使用温度计应指示温度的读数。

9.2.3 用清洁、干燥的异径量筒量取松节油试样 100.0 mL，倒入蒸馏烧瓶中，小心勿使试样流入烧瓶的支管，放入干燥沸石 1 粒～2 粒。

9.2.4 将插有温度计的软木塞紧密地塞入蒸馏烧瓶口中，使温度计轴心线与烧瓶轴心线重合，温度计插入蒸馏瓶中的位置见图 1。

9.2.5 将恩氏蒸馏瓶放在支架的石棉垫上，支管用软木塞与冷凝管上口紧密连接，伸入冷凝管内的长度为 25 mm～30 mm，但不应与内壁接触。

9.2.6 将量过试样的异径量筒置于冷凝管末端作馏出液的受器，盖上穿孔纸板，冷凝器伸入量筒部分应不少于 25 mm，但应高于 100 mL 刻度线。

9.2.7 接通冷却水，开始加热，控制升温速度，使开始加热到馏出第一滴馏出液的时间控制在 7 min～10 min，记录冷凝管下口滴下第一滴松节油时所观察到的温度计读数，经校正后即为初馏点。然后继续按每分钟 4 mL～5 mL（约每秒 2 滴）的馏出速度进行蒸馏，控制冷却水流量，使馏出液温度与室温一致。当松节油蒸馏温度达到 170℃（经过校正）时，立即将蒸馏瓶与冷凝器分开，并停止蒸馏。冷凝管内的馏出液流完后，读取馏出液的毫升数，即为馏程（170℃时馏出液体的体积分数）。

9.3 结果计算及报告

9.3.1 计算

9.3.1.1 初馏点（或沸点）温度的计算

松节油的初馏点以标准大气压力（101.3 kPa）下的初馏点（或沸点）温度 t_0 计，数值以℃表示，按式(3)进行计算：

$$t_0 = t_1 + \Delta t_2 + \Delta t_3 = t_1 + \Delta t_2 + k_p(101.3 - P)(273 + t) \quad \cdots\cdots(3)$$

式中：

t_1——实际测得初馏（或沸腾）温度，单位为摄氏度（℃）；

t——规定的最低初馏（或沸腾）温度（t=170），单位为摄氏度（℃）；

Δt_2——温度计检定证书给定的校正值，单位为摄氏度（℃）；

Δt_3——换算至标准大气压强下松节油沸点温度校正值，单位为摄氏度（℃）；

P——试验时实测大气压强，单位为千帕（kPa）；

k_p——松节油沸点随大气压强变化的常数（k_p=0.0009）。

9.3.1.2 控制馏出终止温度的计算

实际测定时需要读取的实测馏出终止温度以根据标准大气压下的馏程温度 170℃换算所得的值 t_c 计，单位为摄氏度（℃），按式(4)计算：

$$t_c = 170 - \Delta t_2 - \Delta t_3 = 170 - \Delta t_2 - K_p(101.3 - P) \quad \cdots\cdots(4)$$

式中：

Δt_2——温度计检定证书给定的校正值，单位为摄氏度（℃）；

Δt_3——换算至标准大气压强下松节油沸点温度校正值，单位为摄氏度（℃）；

P——试验时实测大气压强，单位为千帕（kPa）；

K_p——松节油沸点随大气压强变化的校正系数（K_p=0.398 7≈0.40）。

9.3.1.3 温度校正值 Δt_3 的近似计算

换算至标准大气压强下松节油沸点温度校正值 Δt_3 之近似值，可利用表 1 所示的观察温度范围的校正系数 K_P（按照 GB/T 6536—1997 中表 3），按式(5)进行计算：

$$\Delta t_3 = K_P(101.3 - P) \quad \cdots\cdots(5)$$

式中：

P——试验时实测大气压强，单位为千帕（kPa）。

表 1 温度压强校正系数 K_P

温度范围/℃	校正系数 K_P
130～150	0.38
150～170	0.40
170～190	0.42

9.3.1.4 **馏程的计算**

松节油的馏程以蒸馏到170℃时被蒸馏出的松节油占投入试料的体积分数 φ_d 计，数值以%表示，按式(6)计算：

$$\varphi_d = \frac{V_1}{V_0} \times 100 \qquad \cdots\cdots(6)$$

式中：

V_0——投入试料松节油的体积，单位为毫升(mL)；

V_1——馏出松节油的体积，单位为毫升(mL)。

计算结果表示到小数点后一位。

9.3.2 **报告**

9.3.2.1 初馏点的两次平行试验结果的绝对值允许相差1℃，取算术平均值为最终结果，表示到小数点后第一位。

9.3.2.2 馏程的两次平行试验结果的绝对值允许相差0.5，取算术平均值为最终结果，表示到小数点后第一位。

10 酸值的测定

10.1 仪器

10.1.1 三角烧瓶，容量为250 mL。

10.1.2 滴定管，碱式，容量为10 mL，分度为0.05 mL。

10.2 试剂和溶液

10.2.1 **中性乙醇的配制**

在95%乙醇(符合GB/T 679，分析纯)中加入几滴酚酞指示剂，用氢氧化钾溶液滴至微红色30 s不褪色为止。

10.2.2 **0.02 mol/L氢氧化钾-乙醇标准溶液的配制**

将13 g氢氧化钾(符合GB/T 2306，分析纯)溶于少量不含二氧化碳蒸馏水中，再加入中性乙醇稀释至1 000 mL，以邻苯二甲酸氢钾(GB 1257)为工作基准试剂(容量)，按照GB/T 601中规定的方法进行标定，得到0.2 mol/L氢氧化钾-乙醇标准滴定溶液，准确至0.001 mol/L。最后再用中性乙醇稀释配制成0.02 mol/L氢氧化钾标准滴定溶液。

10.2.3 **10 g/L酚酞指示剂**

取1 g酚酞(符合GB/T 10729，分析纯)，用95%乙醇溶解并稀释至100 mL。

10.3 操作方法

10.3.1 做两份试样的平行测定。

10.3.2 称取松节油试样10 g，准确至0.01 g，于250 mL三角烧瓶中，加入30 mL中性乙醇和3滴～4滴酚酞指示剂，以0.02 mol/L氢氧化钾-乙醇标准溶液滴定至微红色，30 s不褪色即为终点。

10.4 结果计算及报告

10.4.1 **计算**

松节油的酸值以氢氧化钾(KOH)的质量分数 ω_a 计，数值以毫克每克(mg/g)表示，按式(7)计算：

$$\omega_a = \frac{VcM}{m} \qquad \cdots\cdots(7)$$

式中：

V——氢氧化钾-乙醇标准滴定溶液的体积，单位为毫升(mL)；

c——氢氧化钾标准滴定溶液浓度，单位为摩尔每升(mol/L)；

m——试料的质量,单位为克(g);

M——氢氧化钾的摩尔质量(M=56.11),单位为克每摩尔(g/mol)。

计算结果表示到小数点后二位。

10.4.2 报告

两次平行试验结果允许绝对值相差0.10,取算术平均值为最终结果,表示到小数点后第二位。

附 录 A
（资料性附录）
毛细管气相色谱分析松节油成分的图谱示例

A.1 松节油的典型毛细管气相色谱图见图 A.1。

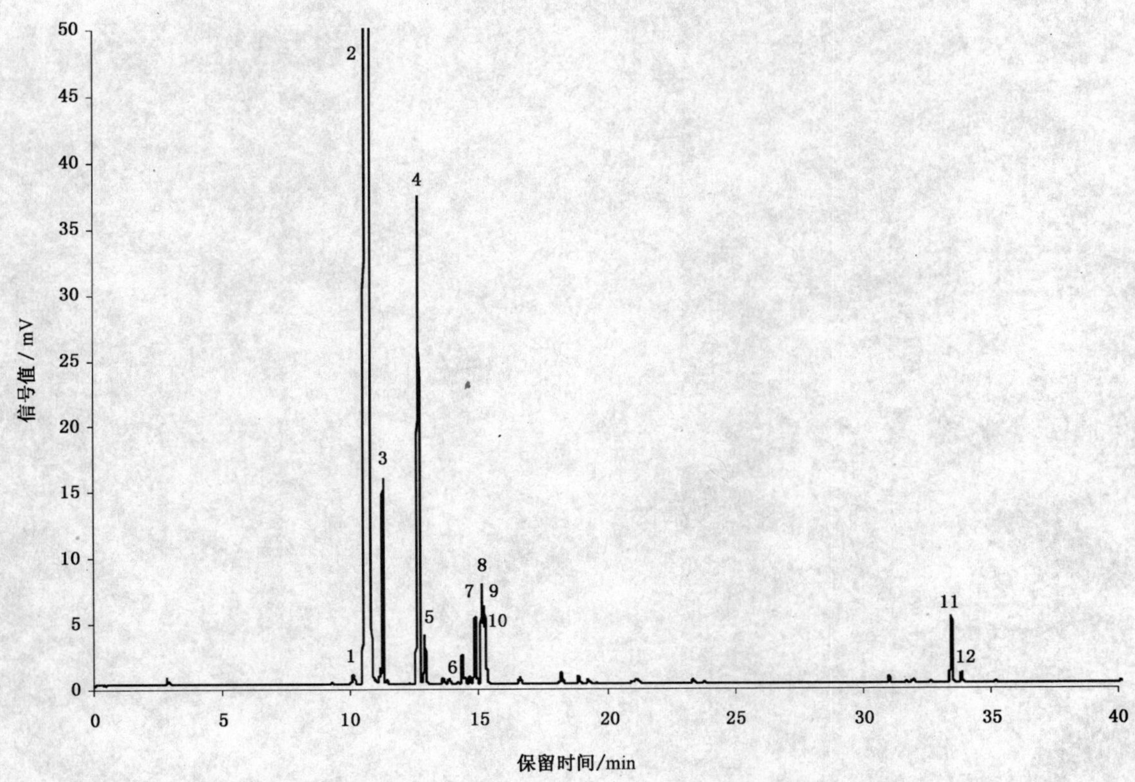

1——三环烯；
2——α-蒎烯；
3——莰烯；
4——β-蒎烯；
5——月桂烯；
6——3-蒈烯；
7——对伞花烃；
8——柠檬烯；
9——β-水芹烯；
10——1,8-桉叶素；
11——长叶烯；
12——石竹烯。

图 A.1 松节油的毛细管气相色谱分析典型图谱

ICS 13.100
C 65

中华人民共和国国家标准

GB 12942—2006
代替 GB 12942—1991

涂装作业安全规程 有限空间作业安全技术要求

**Safety code for painting —
Technical requirements of safety
for working in confined spaces**

2006-01-23 发布　　　　2006-09-01 实施

中华人民共和国国家质量监督检验检疫总局
中国国家标准化管理委员会　发布

前　言

本标准的全部技术内容为强制性。

《涂装作业安全规程》系列国家标准已制定的共有12项：

——GB 6514—1995 《涂装作业安全规程　涂漆工艺安全及其通风净化》；

——GB 7691—2003 《涂装作业安全规程　安全管理通则》；

——GB 7692—1999 《涂装作业安全规程　涂漆前处理工艺安全及其通风净化》；

——GB 12367—2006 《涂装作业安全规程　静电喷漆工艺安全》；

——GB 12942—2006 《涂装作业安全规程　有限空间作业安全技术要求》；

——GB/T 14441—1993 《涂装作业安全规程　术语》；

——GB 14443—1993 《涂装作业安全规程　涂层烘干室安全技术规定》；

——GB 14444—2006 《涂装作业安全规程　喷漆室安全技术规定》；

——GB 14773—1993 《涂装作业安全规程　静电喷枪及其辅助装置安全技术条件》；

——GB 15607—1995 《涂装作业安全规程　粉末静电喷涂工艺安全》；

——GB 17750—1999 《涂装作业安全规程　浸涂工艺安全》；

——GB 20101—2006 《涂装作业安全规程　有机废气净化装置安全技术规定》。

本标准为《涂装作业安全规程》系列标准之五。

本标准对应于美国ANSI Z117.1—1995《有限空间的安全要求》。与ANSI Z117.1—1995一致性程度为非等效。

本标准替代GB 12942—1991《涂装作业安全规程　有限空间作业安全技术要求》。

本标准与GB 12942—1991相比，主要变化如下：

——增加了新的定义；

——对标准的使用范围做了修改；

——对原标准中有限空间的含氧量指标做了修改；

——对涂装作业时各物体间的相对运动、作业人员现场着装行为作出规定，具体增加了涂装作业时的安全事项；

——规定对作业区的电气设备、照明设施实现整体防爆，对用电安全提出具体要求；

——增加了要求在仅有顶部出入口的有限空间进行作业的人员佩带救生索的规定；

——对有限空间作业场所警戒区域的划定及警戒标志设置作出规定，以完善办理有限空间作业许可证的审查内容；

——要求施工单位在作业前确认在有限空间内所用材料的易燃、易爆等级并具有相关的安全使用资料；

——针对有限空间作业的特殊性，修改了通风规定。

本标准由国家安全生产监督管理总局提出。

本标准由全国涂装作业安全标准化技术委员会归口。

本标准负责起草单位：中国船舶工业第十一研究所。

本标准参加起草单位：江苏省劳动保护科学技术研究所、上海太克实业公司。

本标准主要起草人：刘冰扬、王惠敏、唐卫伟、胡义铭、金雪芳。

涂装作业安全规程
有限空间作业安全技术要求

1 范围

本标准规定了在有限空间内进行涂装、热工作业的一般安全技术要求。

2 规范性引用文件

下列文件中的条款通过本标准的引用而成为本标准的条款。凡是注日期的引用文件，其随后所有的修改单(不包括勘误的内容)或修订版均不适用于本标准，然而，鼓励根据本标准达成协议的各方研究是否可使用这些文件的最新版本。凡是不注日期的引用文件，其最新版本适用于本标准。

GB 2893 安全色(GB 2893—2001,neq ISO 3864:1984)

GB 2894 安全标志(GB 2894—1996,neq ISO 3864:1984)

GB/T 3805 特低电压(ELV)限值(GB/T 3805—1993,eqv IEC 1201)

GB 3836.2 爆炸性气体环境用电气设备 第2部分:防爆型“d”(GB 3836.2—2000,eqv IEC 60079-1:1990)

GB 6514—1995 涂装作业安全规程 涂漆工艺安全及其通风净化

GB 7691—2003 涂装作业安全规程 安全管理通则

GB 7692 涂装作业安全规程 涂漆前处理工艺安全及其通风净化

GB 8958 缺氧危险作业安全规程

GB/T 11651 劳动防护用品选用规则

GB/T 14441—1993 涂装作业安全规程 术语

GB 14444 涂装作业安全规程 喷漆室安全技术规定

GB/T 15236—1994 职业安全卫生术语

GB 50034 工业企业照明设计标准

GBJ 16 建筑设计防火规范

GBJ 140 建筑灭火器配置设计规范

CB 3381 船舶涂装作业安全规程

3 术语与定义

GB/T 14441—1993 和 GB/T 15236—1994 中规定的及下列术语和定义适用于本标准。

3.1

有限空间 confined spaces

仅有1～2个人孔，即进出口受到限制的密闭、狭窄、通风不良的分隔间，或深度大于1.2 m封闭或敞口的通风不良空间。

3.2

热工作业 hot work

仅指焊接、气割及能产生明火、火花或灼热工艺的作业。

3.3

有害物质 harmful substances

化学的、物理的、生物的等能危害职工健康的所有物质的总称。

4 基本要求

4.1 作业前准备

4.1.1 作业人员必须持有有限空间作业许可证，检测(或验证)有限空间及有害物质浓度后才能进入有限空间。

4.1.2 应备有检测仪器，并设置相应的通风设备，按 GB/T 11651 规定发放个人防护用具。

4.1.3 将通入有限空间内的工艺管道断开，严禁堵塞通向有限空间外大气的阀门。

4.1.4 有限空间必须牢固，防止侧翻、滚动及坠落。在容器制造时，因工艺要求有限空间必须转动时，应限制最高转速。

4.1.5 必须将有限空间内液体、固体沉积物及时清除处理，或采用其他适当介质进行清洗、置换，且保持足够的通风量，将危险有害的气体排出有限空间，同时降温，直至达到安全作业环境。

4.1.6 有限空间外敞面周围应有便于采取急救措施的通道和消防通道，通道较深的有限空间必须设置有效的联络方法。

4.1.7 在有限空间内高处作业时，必须设置脚手架，并固定牢固；作业人员必须佩戴安全带和安全帽。

4.2 作业安全与卫生

4.2.1 必须对空气中含氧量进行现场监测，在常压条件下，有限空间的空气中含氧量应为 19%～23%，若空气中含氧量低于 19%，应有报警信号。

4.2.2 必须对现场的可燃性气体浓度进行监测。有限空间空气中可燃性气体浓度应低于可燃烧极限或爆炸极限下限的 10%。对船舶的货油舱、燃油舱和滑油舱的检修、拆修，以及油箱、油罐的检修，有限空间空气中可燃性气体浓度应低于可燃烧极限下限或爆炸极限下限的 1%。

4.2.3 当必须进入缺氧的有限空间作业时，应符合 GB 8958 规定。凡进行作业时，均必须采取机械通风，避免出现急性中毒。

4.2.4 根据作业环境和有害物质的情况，应按 GB/T 11651 规定分别采用头部、眼睛、皮肤及呼吸系统的有效防护用具。在有条件的情况下，可选用国外已大量采用的个人呼吸系统或用遥控机械人作业。

4.2.5 进入有限空间从事涂装作业的人员要严格按照 GB/T 11651 规定着装，所发放个人防护用具应符合 GB/T 11651 的规定，个人防护用具应由单位集中保管，定期检查，保证其性能有效。

4.2.6 在有限空间进行涂装作业时，应避免各物体间的相互摩擦、撞击、剥离，在喷漆场所不准脱衣服、帽子、手套和鞋等。

4.3 电气设备与照明安全

4.3.1 严禁在有限空间内使用明火照明。

4.3.2 作业区内所有的电气设备、照明设施，应符合 GB 3836.2 规定，实现电气整体防爆。

4.3.3 应采用防爆型照明灯具，电压应符合 GB 3805 规定，照度应符合 GB 50034 规定。

4.3.4 引入有限空间的照明线路必须悬吊架设固定，避开作业空间；照明灯具不许用电线悬吊，照明线路应无接头。

4.3.5 临时照明灯具或手提式照明灯具，除应符合 4.3.3 规定外，灯具与线的连接应采用安全可靠绝缘的重型移动式通用橡胶套电缆线，露出金属部分必须完好连接地线。

4.3.6 潮湿储罐、部分装有液体的储罐和锅炉有水的一侧，必须使用电池、特低电压(12 V)或附有接地保险装置的照明系统。

4.4 机械设备安全

4.4.1 在有限空间内进行作业时，必须将有限空间内具有转动部分的机器设备或转动装置的电源切断，并设置警示牌。

4.4.2 若设备的动力源不能控制，应将转动部分与其他机器联动设备断开。

4.4.3 喷漆高压软管必须无破损，所有软管不得扭结，不准用软管拖、拉设备，软管的金属接头须用绝缘胶带妥善包扎,以避免软管拖动时与钢板摩擦产生火花。

4.4.4 高压喷漆机的接头线,必须完好连接地线,卡紧装置必须可靠。

4.5 通风

4.5.1 有限空间必须设置机械通风,使之符合4.2.1、4.2.2的规定。严禁使用纯氧进行通风换气。

4.5.2 有限空间的吸风口应放置在下部。当存在与空气密度相同或小于空气密度的污染物时,还应在顶部增设吸风口。

5 涂装、热工作业安全

5.1 涂装作业安全

5.1.1 涂装前处理作业应符合GB 7692有关规定。

5.1.2 涂装工艺安全应符合GB 6514—1995中第一篇的有关规定。

5.1.3 涂装作业的警戒区

a) 在有限空间外敞面,根据具体要求应设置警戒区、警戒线、警戒标志。其设置要求,应分别符合GBJ 16、GB 2893和GB 2894的规定。未经许可,不得入内。严禁火种或可燃物落入有限空间;

b) 警戒区内应按GBJ 140设置灭火器材,专职安全员应定期检查,以保持有效状态;专职安全员和消防员应在警戒区定时巡回检查、监护安全生产;

c) 涂装作业完毕后,必须继续通风并至少保持到涂层实干后方可停止。在停止通风10 min后,最少每隔1 h检测可燃性气体浓度一次,直到符合4.2.2规定,方可拆除警戒区。

5.1.4 在有限空间进行涂装作业时,场外必须有人监护,遇有紧急情况,应立即发出呼救信号。

5.1.5 在仅有顶部出入口的有限空间内进行涂装作业的人员,除佩带个人防护用品外,还必须腰系救生索,以便在必要时由外部监护人员拉出有限空间。

5.1.6 涂装作业完毕后,剩余的涂料、溶剂等物,必须全部清理出有限空间,并存放到指定的安全地点。

5.1.7 在有限空间进行涂装作业时,不论是否存在可燃性气体或粉尘,都应严禁携带能产生烟气、明火、电火花的器具或火种进入有限空间。

5.2 热工作业安全

5.2.1 必须同时持有有限空间作业许可证和动火证方可进入有限空间内进行热工作业,并应采取轮换工作制及监护措施。

5.2.2 在有限空间进行热工作业时,场外必须有人监护,遇有紧急情况,应立即发出呼救信号。

5.2.3 在仅有顶部出入口的有限空间进行热工作业的人员,除佩带个人防护用品外,还必须腰系救生索,以便在必要时由外部监护人员拉出有限空间。

5.2.4 在所有管道和容器内部不容许残留可燃物质,其有限空间内可燃气体浓度应符合4.2.2的规定,方可作业。

5.2.5 在有限空间内或有限空间邻近处需进行涂装作业和热工作业时,一般先进行热工作业,后进行涂装作业,严禁同时进行两种作业。

5.2.6 带进有限空间的用于气割、焊接作业的氧气管、乙炔管、割炬(割刀)及焊枪等物必须随作业人员离开而带出有限空间,不允许留在有限空间内。

5.2.7 在已涂覆底漆(含车间底漆)的工作面上进行热工作业时,必须保持足够通风,随时排除有害物质。

5.2.8 在有限空间进行焊接热工作业时,必须合理组织气流量和通风量,选择有效的吸尘装置,以降低窒息气体的浓度及排除烟雾与粉尘。

5.2.9 在潮湿情况下，电焊作业人员不准接触二次回路的导电体，作业点附近地面上应铺垫良好的绝缘体。

5.2.10 电焊作业人员应按 GB/T 11651 规定着装，必须保持与被焊件之间良好绝缘状态。

6 安全管理

在有限空间进行作业，除应遵守本标准的规定外，还应遵守 GB 7691 规定。

6.1 作业安全

6.1.1 单位有关部门负责作业安全管理。应给从事有限空间作业的人员颁发作业许可证。有限空间作业许可证须由安全生产负责人签发。

6.1.2 颁发作业许可证，应具备下列条件：

a) 有经培训合格的作业负责人员、监护人员、检测人员和持证作业人员；

b) 有经检验合格的检测仪器；

c) 有符合国家标准、经检验合格的专用防护用具及电气照明设备。

6.1.3 进入有限空间的人员及其携带物品均应逐个清点，并记录时间，完成作业后，经查明无遗留物、无火种后，方可撤离和封孔。

6.1.4 建立每班的作业记录制度，并应备档。

6.2 作业审批

6.2.1 办理有限空间作业许可证，应审查下列内容：

a) 有限空间的作业程序、作业位置、作业内容、作业方法、作业人员、作业负责人、作业监护人和作业的安全对策(包括有限空间可能逃生的路线及采取的相应措施)；

b) 有限空间场所警戒区域的划定及警戒标志设置；

c) 有限空间内部结构示意图(包括设备、管路、电气线路、地沟等分布)；

d) 有害物质的检测方法、应采取的控制措施和救护措施；

e) 通风布置、电气照明设施及个人防护用具；

f) 对有限空间使用的涂料及相关材料，施工单位必须确认易燃、易爆等级并具有相关的安全使用资料。

6.2.2 作业监护

a) 作业监护人员必须检查作业人员的作业许可证和携带的防护用具，并应做好作业监护记录；

b) 作业监护人员必须佩带防护用具，坚守岗位，严密监护；

c) 发现作业人员有反常情况或违章操作，作业监护人员应立即纠正，并使其撤离有限空间；

d) 作业监护人员不准离开岗位。在监护范围内遇有紧急情况，作业人员发出呼救信号时，作业监护人员应立即发出营救信号，设法营救；

e) 应标明作业警戒区。

6.3 作业检查与检测

6.3.1 有限空间作业过程中，必须定时检查空气中含氧量及可燃性气体浓度，以保证作业安全。

6.3.2 有限空间内设备、管道、地沟等封闭情况，应符合 4.1.3 与 4.4.1 规定。

6.3.3 警戒区的布置应符合 5.1.3 规定。

6.3.4 在没有照明的情况下，不准任何人进入有限空间。

6.4 作业人员及安全教育

6.4.1 必须建立作业人员定期体检制度，严禁职业禁忌者及未成年人从事有限空间作业，并应符合 GB 7691—2003 中 18.1、21.2、21.3 的规定。

6.4.2 有限空间作业人员，必须经过专业安全技术教育培训，并符合 GB 7691—2003 中 16.3.1、16.3.2、16.3.3的规定。

6.4.3 作业前应公布作业方案，对作业内容、危害等进行教育。

6.4.4 对作业人员进行有关职业安全法规、标准和制度的教育。

6.4.5 对紧急情况下的个人避险常识、窒息、中毒及其他伤害的急救知识以及检查救援措施，进行教育。

ICS 11.180.10
C 45

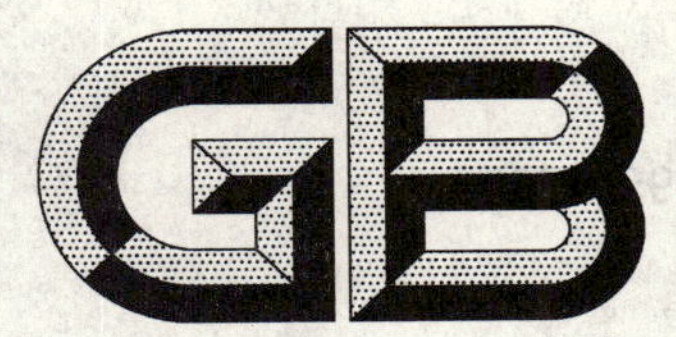

中华人民共和国国家标准

GB 12995—2006
代替 GB 12995—1991

机动轮椅车

Combustion-motor-driven wheelchairs

2006-03-10 发布　　2006-12-01 实施

中华人民共和国国家质量监督检验检疫总局
中国国家标准化管理委员会　发布

前言

本标准第 5.1 与第 5.2 为强制性的条款，其余为推荐性的条款。

本标准代替 GB 12995—1991 机动轮椅车。

本标准与 GB 12995—1991 相比有如下变化：

——规范性引用文件增加了一些新颁布的国家标准；

——增加了术语、定义和缩略语；

——修改了型号编制方法；

——修改并增加了技术要求的内容；

——细化了部分检验项目与检验方法；

——将标志、包装、运输、贮存修改为两章，即标志与说明书及包装、运输、贮存，同时对内容进行了适当删节与修改；

——对条文的内容及叙述方法进行了修改。

本标准的附录 A 为规范性附录，附录 B 为资料性附录。

本标准由中华人民共和国民政部提出。

本标准由全国残疾人康复和专用设备标准化技术委员会归口。

本标准起草单位：国家康复器械质量监督检验中心、中国嘉陵工业股份有限公司(集团)、镇江跃进机械厂、丹阳金城特种车辆有限公司。

本标准主要起草人：于连甲、陈光、李新春、庄宏、胡大年。

机 动 轮 椅 车

1 范围

本标准规定了机动轮椅车的术语、定义、缩略语、型号、技术要求、抽样与试验方法、检验规则、标志、说明书、包装、运输和贮存等。

本标准适用于上肢功能健全而下肢残障者驾驶的，由汽油发动机驱动的机动轮椅车。

2 规范性引用文件

下列文件中的条款通过本标准的引用而成为本标准的条款。凡是注日期的引用文件，其随后所有的修改单(不包括勘误的内容)或修订版均不适用于本标准，然而，鼓励根据本标准达成协议的各方研究是否可使用这些文件的最新版本。凡是不注日期的引用文件，其最新版本适用于本标准。

GB/T 191 包装储运图示标志

GB 4569 摩托车噪声限值及测试方法

GB/T 4570 摩托车和轻便摩托车耐久性试验方法

GB/T 5373 摩托车和轻便摩托车尺寸和质量参数测定方法

GB/T 5374 摩托车和轻便摩托车可靠性试验方法

GB/T 5376 摩托车和轻便摩托车车速里程表指示校核方法

GB/T 5378 摩托车和轻便摩托车道路试验总则

GB/T 5381 摩托车和轻便摩托车起动性能试验方法

GB/T 5382.1 摩托车和轻便摩托车制动性能试验方法 制动距离

GB/T 5382.2 摩托车和轻便摩托车制动性能试验方法 制动力

GB/T 5384 摩托车和轻便摩托车最高车速试验方法

GB/T 5387 摩托车和轻便摩托车爬坡能力试验方法

GB 7258 机动车运行安全技术条件

GB 9969.1 工业产品使用说明书 总则

GB 14023 车辆、机动船和由火花点火发动机驱动的装置的无线电骚扰特性的限值和测量方法

GB 14621 摩托车和轻便摩托车排气污染物限值及测试方法(怠速法)

GB 14622 摩托车排气污染物限值及测试方法(工况法)

GB/T 15364 摩托车和轻便摩托车驻车性能试验方法

GB 15365 摩托车操纵件、指示器及信号装置的图形符号

GB 15742 机动车用喇叭的性能要求及测试方法

GB/T 15744 摩托车和轻便摩托车燃油消耗量限值

GB 16169 轻便摩托车噪声限值及测试方法

GB/T 16432 残疾人辅助器具分类和术语

GB/T 16486 摩托车和轻便摩托车燃油消耗试验方法

GB/T 16708 三轮摩托车和三轮轻便摩托车最大侧倾稳定角试验方法

GB 17352 摩托车和轻便摩托车后视镜及其安装要求

GB 17353 摩托车和轻便摩托车转向锁止防盗装置

GB 18100 两轮摩托车及轻便摩托车照明和光信号装置的安装规定

3 术语、定义和缩略语

3.1 术语和定义

下列术语和定义适用于本标准。

3.1.1

机动轮椅车 combustion-motor-driven wheelchairs

内燃机提供动力的轮椅车[GB/T 16432 定义]。

注 1：在本标准中内燃机均为汽油机。

注 2：此车是为下肢残障者设计，一般为正三轮，全部由上肢操作，并贴有残疾人专用车标志，是道路行驶的交通工具，又称残疾人三轮摩托车。

3.1.2

轻便机动轮椅车 light combustion-motor-driven wheelchairs

汽油机名义排量小于等于 50 mL 的机动轮椅车称为轻便机动轮椅车。

3.1.3

普通机动轮椅车 general combustion-motor-driven wheelchairs

汽油机名义排量大于 50 mL 小于等于 150 mL 的机动轮椅车称为普通机动轮椅车。

3.2 缩略语

下列缩略语适用于本标准。

机椅车 机动轮椅车

轻椅车 轻便机动轮椅车

普椅车 普通机动轮椅车

4 型号

4.1 分类

机动轮椅车分为轻便机动轮椅车和普通机动轮椅车。

4.2 型号编制方法

4.2.1 机椅车型号由企业或商标代号、规格代号、类型代号、设计及改进序号组成。其组成形式如下：

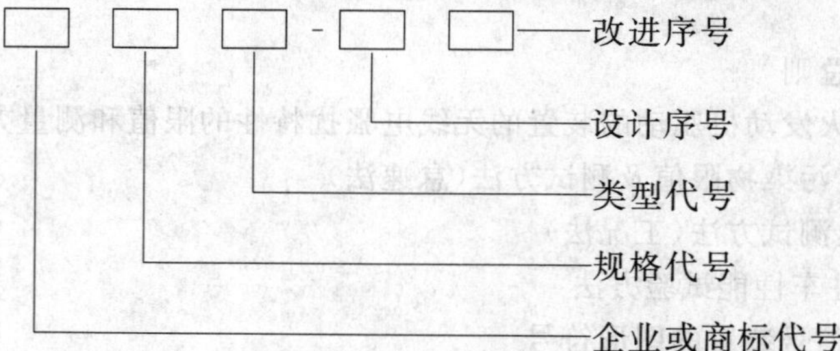

4.2.2 各代号分别选用具有代表意义的汉语拼音首位大写字母或大写拉丁字母及阿拉伯数字表示。

4.2.2.1 企业或商标代号

用企业或商标名称中两个或三个汉字的汉语拼音首位大写字母表示。

4.2.2.2 规格代号

用汽油机名义排量表示，排量单位 mL。

4.2.2.3 类型代号

由种类代号和机椅车专用代号组合表示。轻椅车用“Q”表示。普椅车不加字母表示。正三轮形式的机椅车用“Z”表示。机椅车为残疾人专用，由专用代号“C”表示。

4.2.2.4 设计序号

当同一生产企业的产品、商标、排量、类型相同,但车型基本结构不同,应用设计序号矛以区别,用阿拉伯数字1、2、3……依次表示机椅车的设计序号。当设计顺序号为1时可以省略。

4.2.2.5 改进序号

用大写拉丁字母A、B、C……依次表示机椅车的改进顺序。

4.3 型号编制示例

例1:嘉陵牌商标,名义排量70 mL,第二次设计第二次改进的普椅车。

JL70ZC-2B

例2:银光牌商标,名义排量50 mL,第一次设计第一次改进的轻椅车。

YG50QZC-A

例3:跃进牌企业名称,名义排量60 mL,第三次设计第二次改进的普椅车。

YJ60ZC-3B

5 技术要求

5.1 机椅车专用安全要求

5.1.1 机椅车的起动、油门、制动及其他控制装置应全部由驾驶员上肢操纵。

5.1.2 机椅车应安装下肢防护装置。

5.1.3 驾驶员的座位应有靠背和能限制髋部左右移动的装置。

5.1.4 机椅车应有放置拐杖的位置,并能固定。

5.1.5 除汽油机驱动外,由下肢残障较重者驾驶的轻椅车应具备手移动装置,以使车辆实现避让性的短距离移动。

5.1.6 机椅车除符合GB 7258车辆标志要求外,其外部明显部位应有残疾人专用车标志。其标志图案的形状与比率见附录A(规范性附录)。

5.2 运行安全与环保要求

5.2.1 机椅车在空载,静止状态下,向左侧和向右侧的最大侧倾稳定角不允许小于25°。

5.2.2 机椅车应安装驻车装置,轻椅车驻车稳定角不应小于7°,普椅车驻车稳定角不应小于10°。

5.2.3 机椅车转向系统应符合GB 7258中要求,转向轮向左和向右转角不允许大于45°。

5.2.4 机椅车最高设计车速不应大于50 km/h。

5.2.5 轻椅车制动距离不应大于4 m(车速为20 km/h),普椅车制动距离不应大于7.5 m(车速为30 km/h)。用制动力大小进行制动性能试验时,应符合GB 7258标准规定。

5.2.6 机椅车在倒车挡位行驶时,其制动应稳定可靠,制动后,不允许任何车轮离开地面。

5.2.7 机椅车应设置前照灯,其轻椅车前照灯发光强度不应小于4 000 cd,普椅车发光强度应符合GB 7258标准中对摩托车的要求。其他信号装置的配备及要求应符合GB 7258和GB 18100的有关规定。

5.2.8 机椅车应安装车速里程表,车速表允许误差范围为+20%~-5%。

5.2.9 机椅车操纵件、指示器及信号装置的图形符号应符合GB 15365的规定。

5.2.10 机椅车应安装后视镜,后视镜安装要求应符合GB 17352的规定。

5.2.11 机椅车应安装转向锁止防盗装置,应符合GB 17353的规定。

5.2.12 机椅车喇叭声级值应符合GB 15742的规定。

5.2.13 机椅车排气污染物的限值应遵照GB 14621中的规定;若采用工况法应遵照GB 14622中对三轮摩托车的规定;还应符合所用地区相应的地方标准要求。

5.2.14 机椅车火花点火汽油机的无线电骚扰限值应遵照GB 14023的规定。

5.2.15 轻椅车加速行驶噪声限值应符合GB 16169中有关轻便三轮摩托车的要求;普椅车加速行驶噪声限值应符合GB 4569中有关三轮摩托车的要求。

5.2.16 机椅车燃油系统的安全保护应符合 GB 7258 中的规定。

5.3 主要尺寸、性能指标要求

5.3.1 轻椅车的外廓尺寸不应大于 2 000 mm×1 000 mm×1 200 mm(长×宽×高),普椅车的外廓尺寸不应大于 2 500 mm×1 200 mm×1 400 mm(长×宽×高)。安有可拆卸装置除外,如防雨棚等。

5.3.2 机椅车在常温 5℃～35℃、低温 －5℃±2℃,每次手起动时间不应大于 15 s,电启动不应大于 5 s。

5.3.3 轻椅车最大爬坡角度不应小于 4°30′,普椅车最大爬坡角度不应小于 7°。

5.3.4 轻椅车燃油消耗量限值应遵照 GB/T 15744 轻便三轮摩托车中的规定;普椅车燃油消耗量限值应遵照 GB/T 15744 中正三轮摩托车的规定。

5.3.5 机椅车可靠性行驶里程为 5 000 km,耐久性行驶里程为 10 000 km。

5.4 整车装配要求

5.4.1 机椅车应按规定程序批准的图样和技术文件制造,零部件应符合有关标准的规定,并经检验合格方能用于装配整车。

5.4.2 机椅车各零部件装配应齐全、准确、可靠,不得漏装、错装。

5.4.3 机椅车各紧固件应装配牢固,扭紧力矩应符合有关产品的技术文件要求。

5.4.4 机椅车的操纵机构应轻便灵活、复位可靠,并留有适当的调整余地。

5.4.5 机椅车各转动部位应间隙适当、运转灵活。

5.4.6 机椅车上的对称部件应与车纵向中心平面左右对称,对称偏差应符合有关产品的技术文件规定。

5.4.7 机椅车前、后车轮端面和径向圆跳动不应大于 3 mm。

5.4.8 机椅车所有密封部位应可靠,不得渗油、渗液和漏气。

5.4.9 机椅车电器设备的安装及其布线应合理、连接牢固、绝缘性能可靠。

5.4.10 汽油机经装车调整后,在常温下怠速运转应稳定正常,加速时不应产生熄火及气缸异响。

5.4.11 离合器工作时,接合不应打滑,分离应能完全脱开。

5.5 外观要求

5.5.1 零件涂层表面应光滑平整、色泽均匀,装饰表面不应有麻点、杂色、裂纹、起泡、起皱及明显的划伤、流痕等缺陷。非装饰表面不允许有露底、脱落、起泡和裂纹等缺陷。

5.5.2 镀层件表面应色泽光亮、均匀,不应有锈蚀、露底、鼓泡、剥落、腐蚀物和明显的划伤、毛刺等缺陷。

5.5.3 塑料件表面应色泽均匀,不应有明显的飞边、凹凸及划伤等缺陷。

5.5.4 焊接件焊缝表面应均匀平整,不应有漏焊、焊瘤、夹渣、裂缝、烧穿、飞溅物等缺陷。

5.5.5 座垫、靠背应丰满,缝边应牢固规整,外表面不应有皱褶、褪色、跳线和破损等缺陷。

5.5.6 装饰图案应清晰、端正、牢固,不应有气泡及明显的错位等缺陷。

6 抽样和试验方法

6.1 抽样

6.1.1 试验用的机椅车均应从出厂检验合格的车辆中随机抽取。

6.1.2 产品型式检验的样车和产品质量定期检验的样车不得少于三辆。

6.1.3 对于专项检验,如工况法排气污染物、制动性能、加速噪音、无线电骚扰等,一般样车为一辆。

6.2 试验方法

6.2.1 通用规则

6.2.1.1 机椅车主要尺寸、质量参数、最小转弯圆直径的测定按 GB/T 5373 规定进行。

6.2.1.2 机椅车在性能试验前,其准备工作、试验条件及取值规则按 GB/T 5378 规定进行。

6.2.1.3 机椅车在走合试验前，应首先校核车速里程表，其方法按 GB/T 5376 规定进行。

6.2.1.4 机椅车专用安全要求一般用目测和手感方法进行评定。

6.2.2 运行安全、环保等主要性能试验

6.2.2.1 机椅车最大侧倾稳定角试验方法按 GB/T 16708 规定进行。

6.2.2.2 机椅车驻车性能试验方法按 GB/T 15364 规定进行。

6.2.2.3 机椅车转向轮向左和向右转角、前照灯发光强度等试验方法按 GB 7258 规定进行。

6.2.2.4 机椅车最高车速试验方法按 GB/T 5384 规定进行。

6.2.2.5 机椅车制动距离试验方法按 GB/T 5382.1 规定进行；制动力试验方法按 GB/T 5382.2 规定进行。

6.2.2.6 机椅车倒车制动试验方法：

a) 车辆置于倒车挡位行驶，车速稳定在 5 km/h±1 km/h，通过测速区后，双手同时制动前后闸，此时不允许任何车轮离开地面。

b) 试车道宽 2.5 m，制动后车辆任何部位（不计入车宽的部位除外）不允许超出试车道的宽度。

6.2.2.7 机椅车操纵件、指示器和信号装置的图形符号要求用目测方法进行评定。

6.2.2.8 机椅车后视镜安装要求按 GB 17352 规定检查。

6.2.2.9 机椅车转向锁止防盗装置技术要求的试验方法按 GB 17353 规定进行。

6.2.2.10 机椅车喇叭声级的试验方法按 GB 15472 规定进行。

6.2.2.11 机椅车排气污染物测量方法（怠速法）按 GB 14621 中规定进行。采用工况测量方法按 GB 14622中三轮摩托车的规定进行。

6.2.2.12 机椅车火花点火汽油机的无线电骚扰限值的试验方法按 GB 14023 规定进行。

6.2.2.13 轻椅车加速行驶噪声试验方法按 GB 16169 规定进行，普椅车加速行驶噪声试验方法按 GB 4569规定进行。

6.2.2.14 机椅车起动性能试验方法按 GB/T 5381 规定进行。

6.2.2.15 机椅车最大爬坡角度试验方法按 GB/T 5387 规定进行。

6.2.2.16 机椅车经济车速油耗试验方法按 GB/T 16486 规定进行。

6.2.2.17 机椅车可靠性试验方法按 GB/T 5374 规定进行，耐久性试验方法按 GB/T 4570 规定进行。

6.2.3 整车装配检验

6.2.3.1 机椅车整车装配要求中，对于有数值要求的按常规测量方法检测。无数值要求的用目测和手感方法进行评定。

6.2.3.2 机椅车对规定了力矩要求的紧固件，可用扭矩扳手扳转测定其开始转动的力矩值。对有开口销、锁紧垫片的螺母或不易检查的部位，以及未规定扭紧力矩要求的紧固件，可用固定扳手以手感方法进行评定。

6.2.3.3 机椅车渗、漏液检查在走合 200 km 内进行，检查部位为油开关、化油器、变速器和曲轴箱等，按规定加足燃油、润滑油、电解液等，并将规定检查部位擦净。车辆以 20 km/h 速度行驶，每行驶 50 km 时停车检查各密封部位，停车 10 min 后如有液体下滴为漏液，有液迹但不下滴为渗液，共检查四次。

6.2.3.4 机椅车漏气检查在走合 200 km 内进行，检查部位为气缸盖与气缸体结合面，气缸体与曲轴箱体结合面，排气管各结合面和火花塞座等。方法为擦净规定的检查部位，用白棉布缠在检查部位处，以 20 km/h 速度行驶 50 km 后，停车解下白棉布，目视检查白棉布上有烟雾痕迹，则为漏气。

6.2.4 外观检验

采用目视与手感方法，有争议时用标准样件或样板对照评定。

7 检验规则

7.1 出厂检验

7.1.1 机椅车出厂前必须逐台进行检验。

7.1.2 出厂检验应按有关技术文件的规定进行。

7.1.3 检验项目：

a) 装配与外观；

b) 起动性能；

c) 制动性能；

d) 前照灯光性能及信号装置的可靠性。

注：如有专用台架，可用台架代替路试。

7.1.4 机椅车经检验合格后，应由制造厂质检部门签发合格证方能出厂。

7.2 型式检验

7.2.1 有下列情况之一时，应进行型式检验：

a) 新产品或老产品转厂生产的试制定型鉴定；

b) 正常生产，产品质量的定期检查时；

c) 结构、材料、工艺有较大改变，可能影响性能时；

d) 产品停产一年以上，恢复生产时；

e) 国家质量监督部门提出型式检验要求时。

7.2.2 检验项目

当为 7.2.1 a)项时，需做完本标准第 5 章全部内容，其余各项可根据项目提出部门的要求，进行选择。

7.3 判定规则

判定规则可按有关技术标准要求执行。

8 标志与说明书

8.1 标志

8.1.1 机椅车必须有能永久保持的产品标牌，标牌上应有下列内容：

a) 产品名称；

b) 产品型号；

c) 生产企业名或商标；

d) 生产日期；

e) 汽油机标定功率；

f) 整车干质量。

8.1.2 每辆机椅车车架和汽油机的明显部位应有编号。

8.1.3 包装箱外表标志应清晰，图形标志应符合 GB/T 191 的规定，包装箱外表标志应有下列内容：

a) 产品名称；

b) 产品型号、产品颜色；

c) 生产企业名；

d) 生产企业地址；

e) 包装箱外廓尺寸；

f) 总质量；

g) 出厂日期。

8.2 产品说明书

产品使用说明书应符合 GB 9969.1 的规定。说明书中产品有关技术参数见附录 B(资料性附录)。

9 包装、运输、贮存

9.1 包装

9.1.1 机椅车应按有关技术要求进行包装，不得漏装、错装，车辆固定后应稳定可靠，包装箱应牢固易于搬运。

9.1.2 包装、入库的机椅车应放尽燃油，关闭阻风门，并作油封处理，油封期为半年。

9.1.3 出厂包装的机椅车应附有下列物品：

a) 产品合格证；

b) 产品使用说明书；

c) 装箱清单；

d) 保修单；

e) 必备的随车工具。

9.2 运输

机椅车运输过程中应固定可靠，并遵守包装箱外表面运输标志的规定，不得有碰伤和损坏。

9.3 贮存

机椅车应贮存在清洁、通风、干燥、防雨、防晒的库房内，不得与易燃品和化学腐蚀性物品同库存放。

附 录 A
（规范性附录）
残疾人专用车标志

A.1 图 A.1 为残疾人专用车标志形状及比率。

A.2 标志的尺寸和颜色由生产企业根据车辆的外观造型自行设计。

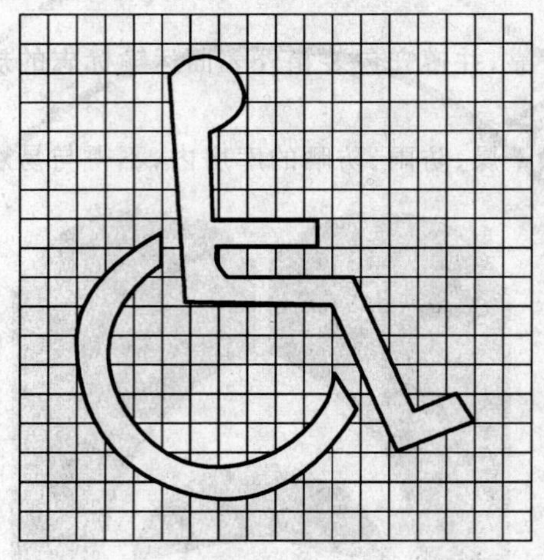

图 A.1 残疾人专用车标志图案比率

附 录 B
（资料性附录）
机动轮椅车技术规格参数

B.1 型号

B.2 主要尺寸

B.2.1 外廓尺寸：长(mm)×宽(mm)×高(mm)。
B.2.2 轴距，mm。
B.2.3 轮距，mm。
B.2.4 最小离地间隙，mm。
B.2.5 前伸距，mm。
B.2.6 最小转弯圆直径，m。
B.2.7 方向把回转角，(°)。
B.2.8 座垫离地高度，mm。
B.2.9 脚踏板离地高度，mm。

B.3 质量参数

B.3.1 整车全装备质量，kg。
B.3.2 允许最大有效装载，kg。

B.4 主要性能参数

B.4.1 制动距离，m。
B.4.2 起动性能，s。
B.4.3 排气污染物：
 a) CO，% ；g/km；
 b) HC，ppm ；g/km。
B.4.4 加速行驶噪声，dB(A)。
B.4.5 最高车速，km/h。
B.4.6 最大爬坡能力，(°)。
B.4.7 加速性能，s。
B.4.8 经济车速油耗，L/100 km。
B.4.9 耐久性行驶里程，km。

B.5 主要部件结构式及技术参数

B.5.1 汽油机

B.5.1.1 型号。
B.5.1.2 缸径×行程，mm×mm。
B.5.1.3 气缸总工作容积，cm^3。
B.5.1.4 压缩比。
B.5.1.5 标定功率，kW；相应转速，r/min。

B.5.1.6　最大扭矩，N·m；相应转速，r/min。

B.5.1.7　最低空载稳定转速，r/min。

B.5.1.8　最低燃油消耗率，g/kW·h。

B.5.1.9　汽油牌号。

B.5.1.10　机油牌号。

B.5.1.11　汽油、机油容积混和比。

B.5.1.12　起动方式。

B.5.1.13　点火方式。

B.5.1.14　汽油机干质量，kg。

B.5.2　供油部分

B.5.2.1　化油器型号。

B.5.2.2　汽油箱容积，L。

B.5.2.3　机油箱容积，L。

B.5.3　润滑系统

曲轴箱：

a）润滑油箱容积，L；

b）润滑油牌号；

c）润滑方式。

B.5.4　传动部分

B.5.4.1　离合器型式。

B.5.4.2　变速器型式。

B.5.4.3　变速器速比。

B.5.4.4　传动轴型式。

B.5.4.5　传动链条型号。

B.5.4.6　传动带型号。

B.5.4.7　主减速器速比。

B.5.5　行车部分

B.5.5.1　轮胎规格及气压：

a）前轮，kPa；

b）后轮，kPa。

B.5.5.2　前悬挂型式。

B.5.5.3　后悬挂型式。

B.5.5.4　车架型式。

B.5.6　操纵制动部分

B.5.6.1　方向操纵型式。

B.5.6.2　制动器操纵型式：

a）前制动；

b）后制动。

B.5.6.3　制动器型式：

a）前制动；

b）后制动。

B.5.7　电气、仪表部分

B.5.7.1　磁电机型号。

B.5.7.2　蓄电池型号。

B.5.7.3　火花塞型号。

B.5.7.4　点火线圈型号。

B.5.7.5　前照灯型号及规格。

B.5.7.6　转向灯型号及规格。

B.5.7.7　尾灯及制动灯规格。

B.5.7.8　车速表、里程表型号。

B.5.7.9　喇叭型号。

注：不同类型的机椅车，可取舍本附录中的项目，如需增加特种项目，在技术文件中说明。

ICS 79.060.10
B 70

中华人民共和国国家标准

GB/T 13010—2006
代替 GB/T 13010—1991

刨切单板

Sliced veneer

2006-05-18 发布　　　　2006-10-15 实施

中华人民共和国国家质量监督检验检疫总局
中国国家标准化管理委员会　发布

前 言

本标准是对 GB/T 13010—1991《刨切单板》的修订。本标准与 GB/T 13010—1991 相比较，技术内容的变化主要包括：

——对刨切单板厚度尺寸的进位不再做具体规定，但对刨切单板相应厚度的允许偏差值进行了调整，提高了要求；

——修改了刨切单板外观质量要求的内容，合并了性质相近、缺陷类型相似的检量项目，取消了难以直接检量项目的定量要求，并增加了对装饰性和材色不匀的规定；

——修改了刨切单板表面粗糙度的评定参数，并将刨切单板表面粗糙度的要求及试验方法调整后，列入附录 A。

本标准自实施之日起代替 GB/T 13010—1991。

本标准的附录 A 为资料性附录。

本标准由国家林业局提出。

本标准由全国人造板标准化技术委员会归口。

本标准负责起草单位：中国林业科学研究院木材工业研究所。

本标准参加起草单位：浙江德华兔宝宝装饰新材股份有限公司、浙江裕华木业有限公司、浙江德清豪鼎木业有限公司。

本标准主要起草人：王金林、关绍娴、李春生、丁鸿敏、金月华、程健敏、孙朝坤、陆淑君、孙林中。

本标准于 1991 年首次发布，本次为第一次修订。

刨 切 单 板

1 范围

本标准规定了刨切单板的术语和定义、分类、要求、试验方法、检验规则以及标志、包装、运输和贮存等。

本标准适用于作为成品装饰材料用的天然木质刨切单板。

本标准不适用于调色单板、集成单板和重组装饰单板。

特种旋切单板可参考使用。

2 规范性引用文件

下列文件中的条款通过本标准的引用而成为本标准的条款。凡是注日期的引用文件，其随后所有的修改单(不包括勘误的内容)或修订版均不适用于本标准，然而，鼓励根据本标准达成协议的各方研究是否可使用这些文件的最新版本。凡是不注日期的引用文件，其最新版本适用于本标准。

GB/T 2828.1—2003 计数抽样检验程序 第1部分：按接收质量限(AQL)检索的逐批检验抽样计划(ISO 2859-1:1999,IDT)

GB/T 8170—1987 数值修约规则

GB/T 17657—1999 人造板及饰面人造板理化性能试验方法

GB/T 18259—2000 人造板及其表面装饰术语

LY/T 1599—2002 旋切单板

3 术语和定义

下列术语和定义适用于本标准。

3.1

刨切单板 sliced veneer

刨切薄木

用刨切方法生产的薄片状木质材料。

3.2

调色单板 color adjusted veneer

选用普通树种单板或花纹与珍贵树种相似的单板，经调色处理制成的具有某种色彩或仿珍贵树种的单板。

3.3

集成单板 laminated veneer

使用珍贵树种的小规格方材，按设计的图案拼接胶合成木方，经刨切制成的单板。

3.4

重组装饰单板 reconstituted decorative veneer

使用调色处理的单板和根据需要添加的其他材料，涂布着色或未着色的胶粘剂，按设计的花纹和图案要求组坯胶合成木方，再经刨切制成的仿真装饰材料。

3.5

特种旋切单板 half-rotary veneer

采用半圆旋切或偏心旋切的方法制成的单板。

3.6

径向单板　quarter-sliced veneer

板面年轮呈近似平行线状排列的单板。

3.7

弦向单板　plain-sliced veneer

板面年轮呈V形或曲线状排列的单板。

3.8

材色不匀　color uneven

木材的心、边材和伪心材等的颜色差异，以及木材在贮存、加工过程中发生的不均匀变色，在刨切单板表面呈现的颜色差异。不包括木材本身的早、晚材色差和天然花纹自然过渡的材色差异。

4　分类

4.1　按单板表面花纹分：

a）　径向单板；

b）　弦向单板。

4.2　按板边加工状况分：

a）　毛边单板；

b）　齐边单板。

4.3　按加工方式分：

a）　横向刨切单板；

b）　纵向刨切单板。

5　要求

5.1　刨切单板用材树种

生产刨切单板宜选用材质细致均匀、花纹美观的树种，并根据不同用途合理选用。

阔叶树材常用树种：水曲柳、柞木、核桃楸、刺楸、黄波萝、榆木、锥木、核桃木、酸枣木、梓木、檫木、柚木、泡桐、椴木、桦木、槭木、水青冈、楠木、樟木、樱桃木、黑核桃、筒状非洲楝、桃花心木、紫檀、花梨等。

针叶树材常用树种：陆均松、红松、云杉、冷杉及福建柏等。

5.2　刨切单板规格尺寸及其偏差

5.2.1　刨切单板的基本尺寸及其偏差应符合表1规定。

表1　刨切单板的基本尺寸及其偏差

单位为毫米

名　称	基本尺寸	偏　差
厚度	＜0.20	±0.02
	0.20～0.50	±0.03
	0.51～1.00	±0.04
	1.01～2.00	±0.06
	＞2.00	±0.08
宽度	自60起	+5 0
长度	1 930 2 235 2 540	±10
注：经供需双方商定可以生产其他规格的产品。		

5.2.2 齐边单板每千毫米板长上的两端边宽度之差≤1.0 mm。

5.3 刨切单板含水率

产品出厂时含水率为8%～16%，湿贴用刨切单板含水率不限。

5.4 表面粗糙度

当用户对表面粗糙度有要求时，建议采用附录A中表A.1刨切单板表面粗糙度参数值的规定。

5.5 刨切单板外观质量

5.5.1 刨切单板根据外观质量分为优等品、一等品和合格品，各等级外观质量的要求应符合表2规定。

表2 刨切单板外观质量

检量项目				各等级允许缺陷					
				优等品		一等品		合格品	
装饰性		美感		材色和花纹美观					
		花纹一致性(仅限于有要求时)		花纹排列一致或基本一致					
活节	阔叶树材	最大单个长径/mm		10		20		不限	
	针叶树材			5		10		20	
死节、孔洞、夹皮、树脂道等	死节、孔洞、夹皮、树脂道等	每米长板面上总个数	板宽≤120 mm	0		1		2	
			板宽>120 mm	0		2		3	
	半活节	最大单个长径/mm		不允许		10(小于5不计)		20(小于5不计)	
	死节、虫孔、孔洞	最大单个长径/mm		不允许		不允许		4(小于2不计)	
	夹皮	最大单个长度/mm		不允许		不允许		20(小于10不计)	
	树胶道、树脂道					15(小于5不计)		30(小于10不计)	
材色不匀、变色、褪色		色差		不易分辨		不明显		明显	
腐朽		观察，程度		不允许		不允许		不允许	
裂缝		最大单个宽度/mm		闭合	开口	闭合	0.2以下	闭合	0.5以下
		长度不超过板长的百分比/(%)		5	不允许	10	5	15	10
毛刺沟痕、刀痕、划痕		目测、手感，程度		不允许		不明显		轻微	
边、角缺损				不允许有尺寸公差范围以内的缺损					

注1：装饰面的材色色差，服从贸易双方的确认，需要仲裁时应使用测色仪器检测，"不易分辨"为总色差小于1.5；"不明显"为总色差1.5～3.0；"明显"为总色差3.0～6.0。

注2：经供需双方商定，可以允许表3规定以外的缺陷存在。

5.5.2 刨切单板根据外观质量中所列的术语和定义，按GB/T 18259—2000和LY/T 1599—2002的规定。

6 试验方法

6.1 量具

千分尺，精度为0.01 mm；

钢卷尺，精度为1 mm；

钢板尺，精度为0.5 mm。

6.2 规格尺寸的测量

6.2.1 厚度

沿单板两长边距板边 10 mm～20 mm 处，用千分尺在端部、中部共四点（避开木材特殊结构部分）测量，精确到 0.01 mm。取其算术平均值表示该张板的厚度，精确至 0.01 mm。

6.2.2 宽度和长度

在板宽（垂直木纹方向）和板长（顺木纹方向）的中间位置上，分别用钢卷尺测量板的宽度和长度。检测毛边板的宽度应在最小板宽处测量，精确至 1 mm。

6.2.3 齐边单板每千毫米板长上的两端边宽度之差

用钢板尺测量单板两端边的宽度，精确到 0.5 mm。

齐边单板每千毫米板长上的两端边宽度之差按式(1)计算，精确到 0.1 mm/1 000 mm。

$$\Delta b = \frac{b_1 - b_2}{L} \times 1\,000 \qquad (1)$$

式中：

Δb——齐边单板每千毫米板长上的两端边宽度之差，单位为毫米每千毫米(mm/1 000 mm)；

b_1,b_2——分别为单板两端边的宽度，单位为毫米 (mm)；

L——单板长度，单位为毫米 (mm)。

6.3 外观质量检验

6.3.1 通过目测或测量工具逐张检验，按表 2 规定判定其等级。

6.3.2 缺陷计量：以米为测量单位，实测板长和板面上的缺陷数，将实测板长按 GB/T 8170—1987 进行修约，修约间隔为 1，得出计量板长，并以实测缺陷数作为计量板长板面上的缺陷数。

6.4 含水率测定

抽样检验时，从每张样本的两端和中部各取试样一片，长度不小于 200 mm，测定程序和结果计算按 GB/T 17657—1999 中的 4.3 进行。样本的含水率以三片试样含水率的平均值表示，精确至 1%。

6.5 表面粗糙度测定

建议按附录 A 中第 A.2 章表面粗糙度参数 R_a、R_z 的测定进行。

7 检验规则和结果判定

7.1 检验分类

产品检验分出厂检验和型式检验。

7.1.1 出厂检验包括以下项目：

a) 规格尺寸检验；

b) 外观质量检验；

c) 含水率检验。

7.1.2 型式检验除包括出厂检验的全部项目外，增加当用户有要求时的表面粗糙度检验。

7.1.3 有下列情况之一时，应进行型式检验：

a) 当原辅材料及生产工艺发生较大变化时；

b) 长期停产后恢复生产时；

c) 正常生产时，每年型式检验不少于两次；

d) 质量监督机构提出型式检验要求时。

7.2 抽样方案

7.2.1 外观质量检验

采用 GB/T 2828.1—2003 中正常检验二次抽样方案，使用一般检验水平Ⅱ，接收质量限 AQL=4.0，见表 3。

表 3 外观质量抽样方案

单位为张

批量范围	样本量		第一判定数		第二判定数	
	$n_1=n_2$	$\sum n$	接收 Ac_1	拒收 Re_1	接收 Ac_2	拒收 Re_2
151～280	20	40	1	3	4	5
281～500	32	64	2	5	6	7
501～1 200	50	100	3	6	9	10
1 201～3 200	80	160	5	9	12	13
3 201～10 000	125	250	7	11	18	19
10 001～35 000	200	400	11	16	26	27
35 001～150 000	315	630	11	16	26	27

7.2.2 规格尺寸、含水率及表面粗糙度检验

采用 GB/T 2828.1—2003 中正常检验二次抽样方案，使用特殊检查水平 S-4，接收质量限 AQL=6.5，见表 4。

表 4 尺寸、含水率及粗糙度抽样方案

单位为张

批量范围	样本量		第一判定数		第二判定数	
	$n_1=n_2$	$\sum n$	接收 Ac_1	拒收 Re_1	接收 Ac_2	拒收 Re_2
151～280	8	16	0	3	3	4
281～500	8	16	0	3	3	4
501～1200	13	26	1	3	4	5
1 201～3 200	20	40	2	5	6	7
3 201～10 000	20	40	2	5	6	7
10 001～35 000	32	64	3	6	9	10
35 001～150 000	50	100	5	9	12	13

7.3 判定规则

第一次检验的样品数量应等于该方案给出的第一样本量。如果第一样本中发现的不合格品数小于或等于第一接收数，应认为该批是可接收的；如果第一样本中发现的不合格品数大于或等于第一拒收数，应认为该批是不可接收的。

如果第一样本中发现的不合格品数介于第一接收数与第一拒收数之间，应检验由方案给出样本量的第二样本并累计在第一样本和第二样本中发现的不合格品数。如果不合格品累计数小于或等于第二接收数，则判定该批是可接收的；如果不合格品累计数大于或等于第二拒收数，则判定该批是不可接收的。

7.4 综合判断

外观质量、尺寸、含水率三项指标全部合格时判为合格，否则为不合格。

7.5 产品计量

刨切单板按基本尺寸计量，以平方米或立方米为单位，精确到 0.01 m^2 或 0.001 m^3。

8 包装、标志、运输和贮存

8.1 包装

8.1.1 由同一木方刨切的单板按等级、规格、顺序分别打成捆，包扎要牢固平整，避免单板破损。

8.1.2 单板捆按树种、等级、厚度包装成大包，包装时应根据贮存和运输需要及单板含水率的高低，采取相应的防潮、防霉及防腐措施。大包的上部和下部用带楞的夹板（锯材或人造板等硬质包装材料）夹住，然后用钢带或塑料带等打包，包装要牢固，避免破损。

8.1.3 包装夹板的含水率不得超过20%。

8.1.4 短距离汽车运输时，可采用简易包装。特殊要求的单板可用木箱包装。

8.2 标志

8.2.1 每捆单板表面应有树种名称、木方编号、规格、单板种类、等级和单板数量等标志内容，标志必须清晰。

8.2.2 每个大包上应有标牌，写明生产厂名称地址和商标、树种名称、单板种类、等级和厚度、单板数量及产品标准号等内容。

8.2.3 大包上应有运输和防潮标记。

8.3 运输和贮存

要用清洁、干燥、带篷的运输工具运输刨切单板，防止各种损伤，运输和贮存中不得受潮。

附　录　A
（资料性附录）
刨切单板表面粗糙度

A.1　表面粗糙度的术语和定义、表面粗糙度的要求

A.1.1　表面粗糙度的术语和定义，按照 GB/T 3505—2000 和 GB/T 12472—2003 的规定。

A.1.2　本标准选用表面粗糙度参数 R_a、R_z，其数值范围见表 A.1。

表 A.1　刨切单板表面粗糙度　　　　单位为微米

材　种	参　数　值	
	评定轮廓的算术平均偏差 R_a	轮廓的最大高度 R_z
阔叶树环孔材	≤30	≤250
阔叶树散孔材 针叶树材	≤20	≤150

A.2　表面粗糙度参数 R_a、R_z 的测定

A.2.1　仪器

木质材料表面粗糙度测定仪或其他适合于木材表面粗糙度测定的仪器。

测量范围：0～1 600 μm。

测量误差：≤5%。

可直接测量三种参数或可显示、打印其数值并记录表面粗糙度轮廓曲线。

A.2.2　试样要求

A.2.2.1　根据不同仪器的要求，从每张抽检样本上截取大小合适的试样两片。试样应取自单板表面比较粗糙的部分，但应避开木材表面缺陷，如节子、虫眼、夹皮、裂纹及收缩部位等。

A.2.2.2　为保证测试时单板平整，试样可用速粘型胶粘剂覆贴在厚度均匀、表面光滑的基材上，覆贴时用手稍施压力即可，以免影响单板表面的粗糙度。

A.2.3　取样长度与评定长度

根据表面粗糙程度确定测量时的取样长度与评定长度，考虑到木材表面变异较大，对于刨切单板，一般取样长度为 2.5 mm 和 8.0 mm，评定长度规定为取样长度的 4 倍～5 倍。

A.2.4　表面粗糙度的测定位置

根据刨切单板加工及木材表面粗糙纹理形成的特点，单板表面粗糙度应在单板紧面垂直木纹方向上测量。

A.2.5　测定结果评定

A.2.5.1　**参数 R_a、R_z 的确定**

R_a（评定轮廓的算术平均偏差）：在一个取样长度内纵坐标值 $Z(x)$ 绝对值的算术平均值。按式（A.1）计算。

$$R_a = \frac{1}{l}\int_0^l |Z(x)|\,dx \qquad \text{(A.1)}$$

式中：

l——取样长度，单位为毫米（mm）；

$Z(x)$——在一个取样长度内粗糙度曲线的纵坐标值，单位为微米(μm)。

R_z(轮廓的最大高度)：在一个取样长度内，最大轮廓峰高和最大轮廓谷深之和的高度。

选定取样长度与测量长度进行测量时，参数 R_a 的数值一般可通过仪表读出或由计算机控制处理后显示、打印；参数 R_z 的数值也可直接显示、打印，或是在所记录的表面轮廓曲线上，确定取样长度和基准线，根据公式、定义及轮廓高度的放大倍率计算。主要根据测定仪器的功能而定。

A.2.5.2 由于木材表面的不均匀性，在同一试样上可连续或间断测量几个取样长度。试样的参数值以各取样长度数值的算术平均值表示，精确到 0.1 μm。

参 考 文 献

［1］ GB/T 3505—2000 产品几何技术规范 表面结构 轮廓法 表面结构的术语、定义及参数

［2］ GB/T 12472—2003 产品几何量技术规范(GPS)表面结构 轮廓法 木制件表面粗糙度参数及其数值

ICS 43.080.20
T 42

中华人民共和国国家标准

GB/T 13043—2006
代替 GB/T 13043—1991,GB/T 13044—1991

客车定型试验规程

Bus and coach—Engineering approval evaluation process

2006-01-18 发布　　2006-07-01 实施

中华人民共和国国家质量监督检验检疫总局
中国国家标准化管理委员会　发布

前　言

本标准代替 GB/T 13043—1991《客车定型试验规程》、GB/T 13044—1991《轻型客车定型试验规程》。

本标准与 GB/T 13043—1991《客车定型试验规程》、GB/T 13044—1991《轻型客车定型试验规程》相比主要变化如下：

——标准的范围按 GB/T 15089—2001《机动车辆及挂车分类》重新规定(1991 年版第 1 章，本版第 1 章)；

——调整与强制性标准相关的试验项目(删除原标准 4.3 安全设施、4.7.12 排放污染物测定、4.7.13 噪声)；

——增加术语和定义(见第 3 章)；

——增加可靠性评价指标的计算方法和统计说明(见 5.5.4)；

——可靠性试验重新调整(原标准 4.10，本标准 5.5)；

——增加结果符合性判定(第 6 章)；

——增加附录 A、附录 B 和附录 C。

本标准的附录 A 为资料性附录，附录 B 和附录 C 为规范性附录。

本标准由全国汽车标准化技术委员会客车分技术委员会提出。

本标准由全国汽车标准化技术委员会归口。

本标准起草单位：丹东黄海汽车有限责任公司、中国汽车技术研究中心、国家汽车质量监督检验中心(襄樊)、国家客车质量监督检验中心、西安西沃客车有限公司、郑州宇通客车股份有限公司、常州依维柯客车有限公司、南京依维柯汽车有限公司、厦门金龙联合汽车工业有限公司、江苏牡丹汽车集团股份有限公司、广州骏威客车有限公司、桂林大宇客车有限公司。

本标准起草人：孟令章、李桂兰、耿磊、汪祖国、胡可钊、王咏炜、周慧慈、张志和、苏家竹、段勇、邓佩云、桂根生、白国祥。

本标准所代替标准的历次版本发布情况为：

——GB/T 13043—1991；

——GB/T 13044—1991。

客车定型试验规程

1 范围

本标准规定了客车新产品定型试验的要求、试验项目、试验方法。

本标准适用于 M_2、M_3 类客车。

2 规范性引用文件

下列文件中的条款通过本标准的引用而成为本标准的条款。凡是注日期的引用文件，其随后所有的修改单(不包括勘误的内容)或修订版均不适用于本标准，然而，鼓励根据本标准达成协议的各方研究是否可使用这些文件的最新版本。凡是不注日期的引用文件，其最新版本适用于本标准。

GB/T 3730.1—2001 汽车和挂车类型的术语和定义

GB/T 3730.2 道路车辆 质量 词汇和代码(GB/T 3730.2—1996,idt ISO 1176:1990)

GB/T 4970 汽车平顺性随机输入行驶试验方法

GB/T 6323.4 汽车操纵稳定性试验方法 转向回正性能试验

GB/T 6323.5 汽车操纵稳定性试验方法 转向轻便性试验

GB/T 6323.6 汽车操纵稳定性试验方法 稳态回转试验

GB 7258—2004 机动车运行安全技术条件

GB/T 12480 客车防雨密封性试验方法

GB/T 12534 汽车道路试验方法通则

GB/T 12536 汽车滑行试验方法

GB/T 12539 汽车爬陡坡试验方法

GB/T 12540 汽车最小转弯直径测定方法

GB/T 12543 汽车加速性能试验方法

GB/T 12544 汽车最高车速试验方法

GB/T 12545.2 商用车辆燃料消耗量试验方法

GB/T 12547 汽车最低稳定车速试验方法

GB/T 12548 汽车速度表、里程表检验校正方法

GB/T 12673 汽车主要尺寸测量方法

GB/T 12674 汽车质量(重量)参数测定方法

GB/T 12677 汽车技术状况行驶检查方法

GB/T 12782 汽车采暖性能试验方法

GB/T 13053 客车驾驶区尺寸

GB/T 13055 客车乘客区尺寸

GB/T 15089—2001 机动车辆及挂车分类

JT/T 216 客车空调系统技术条件

QC/T 252 专用汽车定型试验方法

QC/T 677 卧铺客车平顺性随机输入行驶试验方法

QC/T 900—1997 汽车整车产品质量检验评定方法

3 术语和定义

GB/T 3730.1—2001、GB/T 3730.2 和 GB/T 15089—2001 中确立的以及下列术语和定义适用于

本标准。

3.1

车型 vehicle type

符合下列条件的车辆组合：

a) 生产企业相同；

b) 车辆品牌、商标相同；

c) 车身的承载方式相同，骨架总体结构(如双层骨架结构、单层骨架结构，座椅车身结构、卧铺车身结构)一致；

d) 底盘结构相同或类似；

e) 动力装置的类型(如内燃机、电动机、混合动力)相同，动力装置在车辆上的布置(如发动机前置、中置、后置、横置、纵置等)相同；

f) 发动机的功率极限值比值(最大值/最小值)不大于1.5；

g) 轴数和轮胎数相同，相距最远两轴之间距的极限值比值(最大值/最小值)不大于1.2；

h) 同轴轮距的极限值比值(最大值/最小值)不大于1.1；

i) 车辆最大总质量极限值比值(最大值/最小值)不大于1.2；

j) 车辆外廓(长、宽、高)尺寸参数的极限值比值(最大值/最小值)不大于1.1。

注：同一车型的主要特性参数变化范围可以在一次设计中达到最大，也可以通过车型扩展逐步达到。

3.2

特大型客车 extended bus

双层客车、铰接客车或车长大于12 m的其他客车。

3.3

大型高级客车 large high-grade bus and coach

同时具备以下条件的客车：

a) 整车长度大于9 m且小于等于12m；

b) 发动机后置或中置；

c) 采用空气悬架；

d) 车内装有冷暖空气调节装置；

e) 最高车速不小于110 km/h(城市客车除外)。

3.4

特大型高级客车 extended high-grade bus and coach

同时具备以下条件的客车：

a) 整车长度大于12 m；

b) 发动机后置或中置；

c) 采用空气悬架；

d) 车内装有冷暖空气调节装置；

e) 最高车速不小于110 km/h(城市客车除外)。

3.5

当量故障数 fault level

各级故障按其危害程度以一定的系数折算成常见的一般故障的数目。

3.6

本质故障 design/manufacturing fault

产品在规定的条件下使用时，由于设计、制造原因而引发的故障。

3.7

误用故障　operational fault

产品未在规定的条件下使用而引发的故障。

4　试验条件及中止试验条件

4.1　试验条件

4.1.1　试验前企业应提供产品技术条件(或产品标准)。

4.1.2　试验车辆的安全环保性能应符合有关强制性标准的规定。

4.1.3　性能试验前试验样车应按企业产品技术条件或 QC/T 900—1997 中 5.2.1.1 规定的行驶规范进行磨合,在磨合期间按要求更换发动机、变速器、驱动桥等部位的润滑油(脂),不得任意调整、更换零部件,并做好详细的行驶检查记录。

4.1.4　车辆的总质量按整车最大设计总质量加载。

4.1.5　对于底盘与整车同时定型的车辆,在可靠性试验中按照底盘最大设计总质量加载。

4.1.6　在上述规定以外,试验样车、试验场地、气象条件等应符合 GB/T 12534 的规定(在引用的标准中有特殊规定时,按照其规定进行)。

4.2　中止试验条件

在试验过程中发现下述情况之一者,应中止试验或由研制单位改进后再继续试验。

a)　转向、制动系统不能确保行驶安全;

b)　底架、骨架结构件或其焊接处出现断裂、脱焊等损坏使试验无法继续进行;

c)　铰接客车的机械联接装置失效,无法安全运行;

d)　试验中应考核的总成严重损坏需要更换。

5　试验项目及试验方法

5.1　参数测量

5.1.1　整车尺寸参数的测量,按 GB/T 12673 进行,项目如下:

a)　车长、车宽、车高;

b)　轴距;

c)　轮距;

d)　前悬与后悬。

5.1.2　乘客区尺寸的测量,按 GB/T 13055 进行,项目如下:

a)　乘客区长、乘客区宽;

b)　座垫宽、座垫深;

c)　车内高;

d)　城市客车站立面积。

5.1.3　质量参数的测量按 GB/T 12674 进行,项目如下:

a)　整车整备质量及轴载质量;

b)　整车最大设计总质量状态时的车辆总质量及轴载质量;

c)　底盘最大设计总质量状态时的车辆总质量及轴载质量。

5.1.4　机动性和通过性参数的测量,按 GB/T 12673 和 GB/T 12540 进行,项目如下:

a)　接近角与离去角;

b)　最小离地间隙;

c)　最小转弯直径。

5.1.5　驾驶区尺寸参数的测量,按 GB/T 13053 进行,项目如下:

a) 转向盘直径；

b) 转向盘中心至驾驶员座椅中心平面距离；

c) 行车制动踏板中心至加速踏板中心距离；

d) 转向盘外缘至周围物体的最小距离；

e) 转向盘外缘至驾驶员座椅靠背表面距离；

f) 驾驶员座椅上下和前后调整量，驾驶员座椅靠背调整角。

5.1.6 转向系统参数的测量，项目如下：

a) 前轮定位参数(前束、前轮外倾角、主销内倾角、主销后倾角)；

b) 前轮向左、向右最大转角。

5.1.7 专用装置参数按相关国家和行业标准进行检测。

5.2 技术状况检查行驶

按 GB/T 12677 进行，行驶里程不少于 100 km，并按 GB/T 12548 校正里程表和车速表。

5.3 性能试验

5.3.1 滑行性能

按 GB/T 12536 进行。

注：装用自动变速器的车辆不进行此项试验。

5.3.2 动力性能

5.3.2.1 最高车速，按 GB/T 12544 进行。

5.3.2.2 直接挡最低稳定车速，按 GB/T 12547 进行。

5.3.2.3 加速性能，按 GB/T 12543 进行，项目如下：

a) 起步连续换挡加速到最高车速的 80％时的距离和时间；

b) 直接挡从最低稳定车速加速到最高车速的 80％时的距离和时间。

5.3.2.4 最大爬坡度，按 GB/T 12539 测试。

注：装用自动变速器的车辆不进行 5.3.2.2 和 5.3.2.3 b)的项目测试。

5.3.3 制动性能

按 GB 7258—2004 中 7.13.1.1(或 7.13.1.2)及附录 C.1 进行。

5.3.4 经济性能

按 GB/T 12545.2 进行燃料消耗量试验，项目如下：

a) 等速行驶燃料消耗量；

b) 多工况循环燃料消耗量。

5.3.5 操纵稳定性

5.3.5.1 转向回正性能试验按 GB/T 6323.4 进行；

5.3.5.2 转向轻便性试验按 GB/T 6323.5 进行；

5.3.5.3 稳态回转试验按 GB/T 6323.6 进行。

5.3.6 行驶平顺性

按 GB/T 4970 进行。测量驾驶员座椅及后桥上方乘客座椅加速度等效均值。卧铺客车按 QC/T 677进行试验。

5.3.7 防雨密封性

按 GB/T 12480 进行。

5.3.8 制冷系统能力

按 JT/T 216 进行。

5.3.9 采暖系统性能

按 GB/T 12782 进行。

5.3.10 专用装置

按相关国家和行业标准进行试验。

5.4 性能复试

5.4.1 按表1中规定的A类试验方案进行试验的客车在可靠性行驶试验结束后应进行性能复试，复试项目包括5.3.1～5.3.6。

5.4.2 按表1中规定的B类试验方案进行试验的客车在可靠性行驶试验结束后应进行性能复试，复试项目包括5.3.2～5.3.4。

5.5 可靠性试验

5.5.1 可靠性试验方案确定

5.5.1.1 试验样车应选取有代表性的车辆组合，即所选车辆应覆盖车型主要技术参数的最大及最小值、主要总成的各种不同型式、不同配置以及不同的匹配形式(每种情况均要进行试验)。

5.5.1.2 同一车型在一次试验中可根据实际情况将不同样车分别按A类试验方案、B类试验方案、变型车试验方案及可靠性视同试验方案进行组合试验。车型扩展可以单独确定试验方案，亦可引用以前的试验结果，将需扩展的配置与已定型的配置综合在一起确定试验方案，增加需补充的试验项目。

5.5.1.3 具体试验方案的确定按表1的规定。

表1 可靠性试验方案的确定

序号	试验方案	确定依据	
		新车型定型	车型扩展(与基础车型相比)
1	选取代表样车按A类试验方案进行	a) 超出3.1车型界定范围的新车型； b) 企业全新设计的新车型； c) 第一次引进的新车型	a) 8大总成(车身、车架、发动机、变速器、驱动桥、非驱动桥、转向系统、制动系统)中，1) 车身、发动机两大总成变化或改进；2) 车身和发动机两大总成之一及其余3个总成(含)以上变化或改进；3) 车身和发动机两大总成以外其余5个总成(含)以上变化或改进； b) 换装的发动机较原发动机的功率或扭矩增加值≥20%； c) 客车的总质量或任一轴载质量超过已定型底盘最大总质量或相应轴载质量
2	选取代表样车按B类试验方案进行	与按A类试验方案进行试验的样车相比存在相当于右栏中的变化情况	a) 用已定型的客车底盘设计的客车； b) 总质量或任一轴载质量增加值≥10%，但不超过原底盘最大总质量或相应轴载质量
3	选取代表样车按变型车试验方案进行	与按A类、B类试验方案进行试验的样车相比存在相当于右栏中的变化情况	a) 转向系结构变更； b) 制动系结构变更； c) 传动系结构变更； d) 非驱动桥、驱动桥(壳)结构变更； e) 悬架结构变更； f) 客车底架结构、客车车身局部改进或车身结构改进，影响结构强度时； g) 轴距变化值≥5%； h) 总质量或轴载质量增加值≥5%且<10%，但不超过原底盘最大总质量或相应轴载质量； i) 换装的发动机较原发动机的功率或扭矩增加值≥10%且<20%者； j) 换装的发动机较原发动机的功率或扭矩增加值<10%，且不属于该表序号4a)中所述的同一系列或同类发动机

表 1（续）

序号	试验方案	确定依据	
		新车型定型	车型扩展（与基础车型相比）
4	选取代表样车按可靠性视同试验方案进行	与按 A 类、B 类试验方案或变型车试验方案进行试验的样车相比存在相当于右栏中的变化情况	a) 换装的发动机为同一厂家同一系列（由原机型扩缸）或不同厂家同一系列，安装尺寸、位置一样，其功率或扭矩增大值＜10％者。换装同类发动机，且功率或扭矩减少（增压变非增压、中冷变非中冷、扩缸改原缸径或缩小）者； b) 将已定型的客车车身装到已定型的客车底盘上，轴距、轮距、车长、车宽、车高变化值＜5％，且连接方式和连接位置基本不变； c) 总质量和轴载质量的增加值＜5％，且总质量和轴载质量不超过底盘总质量和轴载质量； d) 底盘不变，仅车身长、宽、高变化值＜5％； e) 仅局部增设专用设施，不影响原车的结构强度
5	企业可自主进行，无须试验	在不影响结构和强度的前提下，仅下列项目发生改变形成的产品： a) 改变或增加车辆附件、装饰件； b) 车内装饰、座位布置、车内设备、上部装置等发生较小变化； c) 车门型式变化（不包括尺寸加大）且位置不变，或车门数量减少且位置不变； d) 制冷、采暖系统结构改进或换型	
注：当车辆的变化情况与表中描述不对应时，应根据汽车结构特点参照最接近的条款执行。			

5.5.2 样车数量

样车数量应满足表 2 的要求。

表 2 样车数量

单位为辆

<table>
<tr><th colspan="2">试验方案</th><th colspan="2">样车数量</th></tr>
<tr><td rowspan="2">按 A 类试验方案</td><td>M_3 类</td><td>不少于 2</td><td rowspan="5">专用客车，大型、特大型高级客车，特大型客车不少于 1</td></tr>
<tr><td>M_2 类</td><td>不少于 3</td></tr>
<tr><td colspan="2">按 B 类试验方案</td><td>不少于 2</td></tr>
<tr><td colspan="2">按变型车试验方案</td><td>不少于 2</td></tr>
<tr><td colspan="2">按可靠性视同试验方案</td><td>不少于 1</td></tr>
</table>

5.5.3 可靠性试验内容及行驶规范

5.5.3.1 可靠性试验包括例行操作（推荐采用）和在各种道路上的可靠性行驶试验。

5.5.3.2 例行操作项目及要求参见附录 A。具体试验时可根据不同车型、试验目的做适当调整。

5.5.3.3 可靠性行驶试验须按本标准确定试验方案，并依据所确定的试验方案在国家汽车工业主管部门认可的汽车试验场进行。A 类试验方案的可靠性行驶试验总里程为 30 000 km，B 类试验方案的可靠性行驶试验总里程为 15 000 km，变型车试验方案的可靠性行驶试验总里程以及各试验方案对应的试验道路里程分配按试验场批准的规范和相关规定执行。推荐将试验道路按比例组成循环，混合行驶。

5.5.3.4 当变型车同时兼有一个以上的变型类别时，其行驶里程应按各相应类别中最长的里程组合；可靠性试验夜间行驶里程应不少于总里程的 20％。

5.5.3.5 对于大型、特大型高级客车和特大型客车的可靠性道路行驶试验，5.5.3.3 中的道路分布有以下不同：

a) 大型、特大型高级客车山路试验里程可按高速行驶里程，强化坏路按乘用车最轻一级进行；

b) 特大型客车及低地板城市客车的山路试验里程可按一般公路行驶里程，强化坏路按客车路线最轻一级进行。

5.5.3.6 专用客车及专用装置的可靠性试验依据 QC/T 252 及相关专用装置标准进行试验。

5.5.3.7 燃气类客车、电动客车、混合动力客车等应按照相应的定型试验规范，并参照本标准进行试验。

5.5.4 可靠性评价指标的计算方法

5.5.4.1 可靠性试验后，评价样车的平均故障间隔里程（点估计值、区间估计置信下限值）、平均首次故障里程、各子系统平均当量故障数、综合评定扣分数。

5.5.4.2 可靠性评价指标的计算及统计方法见附录 B。

6 符合性判定

6.1 基本性能和主要技术参数应符合产品技术条件（或产品标准）和相关国家标准要求。

6.2 客车任何系统或总成不得出现致命故障及严重故障。

附 录 A
（资料性附录）
例 行 操 作

可靠性试验期间每行驶 300 km 应进行下述操作：

A.1 倒车行驶 10 m、制动停车，向前行驶 10 m、制动停车，各 5 次；

A.2 开关发动机舱盖和行李舱门各 2 次；

A.3 开关各车门 10 次；

A.4 驾驶员侧窗玻璃启闭 10 次；

A.5 刮水器工作 2 min（可根据需要喷射清洗剂或对风窗玻璃洒水）；

A.6 组合开关各操作 20 次。

附 录 B
（规范性附录）
可靠性评价指标的计算及统计方法

B.1 可靠性评价指标的计算方法

B.1.1 平均故障间隔里程点估计值

$$T_b = \frac{n t}{r} \quad \cdots\cdots\cdots\cdots\cdots\cdots\cdots\cdots (B.1)$$

式中：

T_b——平均故障间隔里程点估计值，单位为千米（km）；

n——试验样车数；

t——试验里程，单位为千米（km）；

r——所有试验样车发生的各类故障总数，当 $r=0$ 时，按 $r=1$ 计，式（B.1）中"="改为">"。

B.1.2 平均故障间隔里程区间估计置信下限值

$$t_{b1} = \frac{2r \times T_b}{x_{0.1}^2 (2r+2)} \quad \cdots\cdots\cdots\cdots\cdots\cdots\cdots\cdots (B.2)$$

式中：

t_{b1}——平均故障间隔里程区间估计置信下限值，单位为千米（km）；

r——所有试验样车发生的各类故障总数；

T_b——平均故障间隔里程点估计值，单位为千米（km）；

$x_{0.1}^2(2r+2)$——危险度为 0.1，自由度为 $2r+2$ 的 x^2 分布的单侧分位数。

B.1.3 平均首次故障里程

$$T_f = \frac{1}{n}\left(\sum_{i=1}^{n} t_i\right) \quad \cdots\cdots\cdots\cdots\cdots\cdots\cdots\cdots (B.3)$$

式中：

T_f——平均首次故障里程，单位为千米（km）；

n——试验样车数；

t_i——第 i 辆样车的首次故障里程，单位为千米（km）；当第 i 辆样车在试验期间未发生故障时，t_i 按试验截止里程计，式（B.2）中"="改为">"。

B.1.4 各子系统平均当量故障数

$$C_r = \frac{1}{n}\sum_{i=1}^{4} \varepsilon_i r_i \quad \cdots\cdots\cdots\cdots\cdots\cdots\cdots\cdots (B.4)$$

式中：

n——试验样车数；

r_i——试验样车某子系统发生第 i 类故障数；

ε_i——第 i 类故障当量故障数。

B.1.5 可靠性行驶检验综合评定扣分数

$$Q_k = \frac{1}{n}\sum_{j=1}^{4} q_{kj} r_j \quad \cdots\cdots\cdots\cdots\cdots\cdots\cdots\cdots (B.5)$$

式中：

Q_k——可靠性行驶检验综合评定扣分数；

n——试验样车数；

r_j——试验样车发生的第 j 类故障数；

q_{kj}——每发生一次第 j 类故障的扣分数，见附录C。

B.2 统计方法

B.2.1 整车只计算本质故障，同一零部件发生几处相同模式的故障只计算一次。各子系统除计算本系统发生的本质故障外，还须计算由于其连接、协调、匹配不当造成其他子系统发生的故障。

B.2.2 根据故障的危害程度将故障分为4类，其当量故障数、分类原则、故障扣分数见附录C。

B.2.3 磨合故障不统计，磨合里程不计入可靠性里程。如厂方送样时超出磨合里程，从接车里程开始统计，如果由于试验中某种原因造成公路行驶超出规范中要求的里程，指标统计时按实际里程计算。

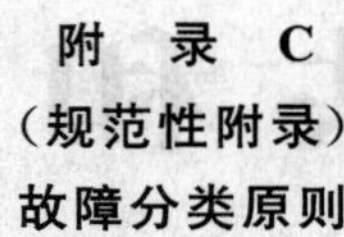

附　录　C
（规范性附录）
故障分类原则

表 C.1　故障分类原则

故障类别	名称	当量故障数	分类原则	各类故障扣分数/分
1	致命故障	20	涉及汽车行驶安全，可能导致人身伤亡或者引起主要总成报废，造成重大经济损失或对周围环境造成严重污染，达不到法规要求	10 000
2	严重故障	5	导致主要总成、零部件损坏或性能显著下降，且不能用随车工具和易损备件在短时间（约 30 min）内修复	1 000
3	一般故障	1	造成停驶或性能下降，但一般不会导致主要总成、零部件损坏，并可用随车工具和易损备件在短时间（约 30 min）内修复	100
4	轻微故障	0.4	一般不会导致性能下降，不需要更换零件，用随车工具在短时间（5 min）内能轻易排除	20

ICS 65.120
B 46

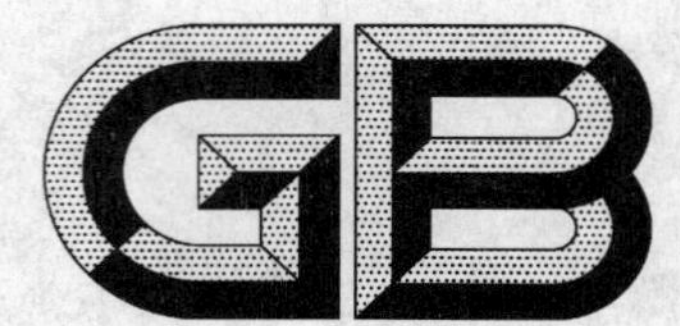

中华人民共和国国家标准

GB 13078.1—2006

饲料卫生标准 饲料中亚硝酸盐允许量

**Hygienical standard for feed—
Limited content of nitrite in feeds**

2006-02-13 发布　　　　2006-07-01 实施

中华人民共和国国家质量监督检验检疫总局
中国国家标准化管理委员会 发布

前　言

本标准是对 GB 13078—2001《饲料卫生标准》中“亚硝酸盐允许量”的涵盖产品的补充。

本标准所规定的指标主要是根据德国、英国和前苏联的有关标准，并考虑我国的饲料资源情况而制定的。

本标准由中华人民共和国农业部提出。

本标准由全国饲料工业标准化技术委员会归口。

本标准起草单位：华中农业大学。

本标准主要起草人：于炎湖、齐德生、易俊东、黄炳堂。

饲料卫生标准
饲料中亚硝酸盐允许量

1 范围

本标准规定了表1中饲料产品和饲料原料中亚硝酸盐的允许量指标和试验方法。

本标准适用于表1中所列各种饲料产品和饲料原料。

2 规范性引用文件

下列文件中的条款通过本标准的引用而成为本标准的条款。凡是注日期的引用文件，其随后所有的修改单(不包括勘误的内容)或修订版均不适用于本标准，然而，鼓励根据本标准达成协议的各方研究是否可使用这些文件的最新版本。凡是不注日期的引用文件，其最新版本适用于本标准。

GB/T 13085　饲料中亚硝酸盐的测定　比色法

GB/T 14699.1　饲料　采样

3 要求

饲料中亚硝酸盐允许量的指标见表1。

表1　饲料中亚硝酸盐允许量

产品名称	每千克产品中亚硝酸盐(以 $NaNO_2$ 计)的允许量/mg	试验方法
鸭配合饲料	≤15	GB/T 13085
鸡、鸭、猪浓缩饲料	≤20	
牛(奶牛、肉牛)精料补充料	≤20	
玉米	≤10	
饼粕类、麦麸、次粉、米糠	≤20	
草粉	≤25	
鱼粉、肉粉、肉骨粉	≤30	

4 试验方法

4.1 饲料采样

按GB/T 14699.1执行。

4.2 亚硝酸盐的测定

按GB/T 13085执行。

ICS 65.120
B 46

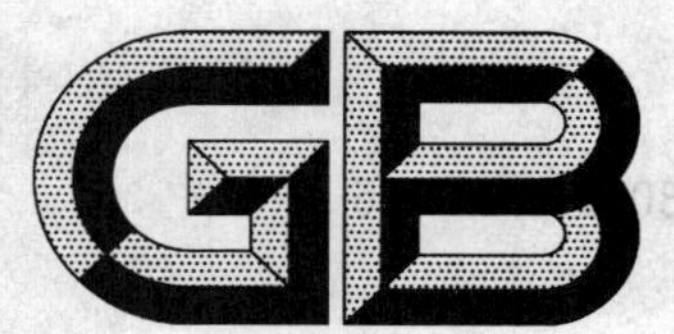

中华人民共和国国家标准

GB 13078.2—2006

饲料卫生标准　饲料中赭曲霉毒素A和玉米赤霉烯酮的允许量

Hygienical standard for feeds—Toleration of ochratoxin A and zearalenone in feeds

2006-02-13 发布　　　　2006-07-01 实施

中华人民共和国国家质量监督检验检疫总局
中国国家标准化管理委员会　发布

前　言

本标准参考国内外有关标准、文献报道，经调研后制定。

本标准是对 GB 13078—2001《饲料卫生标准》中有害物项目及其允许量的补充。

本标准由全国饲料工业标准化技术委员会提出。

本标准由全国饲料工业标准化技术委员会归口。

本标准由江苏省微生物研究所负责起草。

本标准主要起草人：宓晓黎、李利东、袁建兴、丁贵平、成恒嵩。

饲料卫生标准 饲料中赭曲霉毒素A和玉米赤霉烯酮的允许量

1 范围

本标准规定了饲料中玉米赤霉烯酮(ZEN)和赭曲霉毒素A(OA)的允许量。

本标准适用于配合饲料和玉米。

2 规范性引用文件

下列文件中的条款通过本标准的引用而成为本标准的条款。凡是注日期的引用文件,其随后所有的修改单(不包括勘误的内容)或修订版均不适用于本标准,然而,鼓励根据本标准达成协议的各方研究是否可使用这些文件的最新版本。凡是不注日期的引用文件,其最新版本适用于本标准。

GB/T 19539 饲料中赭曲霉毒素A的测定

GB/T 19540 饲料中玉米赤霉烯酮的测定

3 允许量

赭曲霉毒素A和玉米赤霉烯酮的允许量见表1。

表 1

项 目	适 用 范 围	允许量/(μg/kg)
赭曲霉毒素 A	配合饲料,玉米	≤100
玉米赤霉烯酮	配合饲料,玉米	≤500

4 检验方法

饲料中赭曲霉毒素A检验方法按GB/T 19539的测定方法的规定执行。

饲料中玉米赤霉烯酮检验方法按GB/T 19540的测定方法的规定执行。

ICS 65.120
B 46

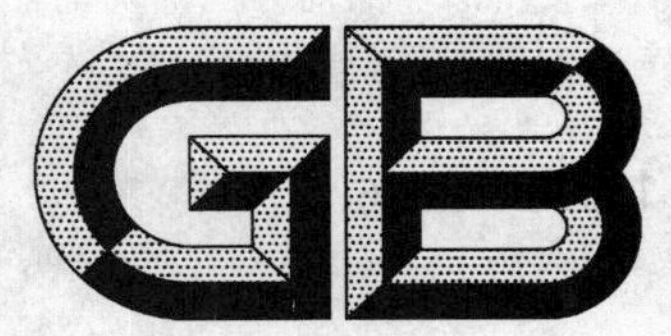

中华人民共和国国家标准

GB/T 13079—2006
代替 GB/T 13079—1999

饲料中总砷的测定

Determination of total arsenic in feeds

2006-12-12 发布

2007-03-01 实施

中华人民共和国国家质量监督检验检疫总局
中国国家标准化管理委员会 发布

前　言

本标准是 GB/T 13079—1999《饲料中总砷的测定》的修订版。

本标准与 GB/T 13079—1999 的主要技术差异如下：

——增加最低检测浓度；

——增加硫酸铜、碱式氯化铜的前处理；

——修改分析结果的计算与表述；

——添加氢化物原子荧光光度法。

本标准自实施之日起，同时代替 GB/T 13079—1999。

本标准由中华人民共和国农业部提出。

本标准由全国饲料工业标准化技术委员会归口。

本标准起草单位：国家饲料质量监督检验中心(北京)、成都蜀星饲料有限公司。

本标准主要起草人：王彤、田静、高生、范理、李玉芳、苏晓鸥、王韶辉。

本标准所代替标准的历次版本发布情况为：

——GB 13079—1991；

——GB/T 13079—1999。

饲 料 中 总 砷 的 测 定

1 范围

本标准规定了饲料中总砷的测定方法。

本标准适用于各种配合饲料、浓缩饲料、添加剂预混合饲料、单一饲料及饲料添加剂。

最低检测浓度:银盐法为 0.04 mg/kg;硼氢化物还原光度法为 0.04 mg/kg;原子荧光光度法为 0.010 mg/kg。

2 规范性引用文件

下列文件中的条款通过本标准的引用而成为本标准的条款。凡是注日期的引用文件,其随后所有的修改单(不包括勘误的内容)或修订版均不适用于本标准,然而,鼓励根据本标准达成协议的各方研究是否可使用这些文件的最新版本。凡是不注日期的引用文件,其最新版本适用于本标准。

GB/T 6682 分析实验室用水规格和试验方法

GB/T 14699.1 饲料 采样

GB/T 20195 动物饲料 试样的制备

3 采样

按 GB/T 14699.1 执行。

4 试样制备

按 GB/T 20195 执行。

5 银盐法(仲裁法)

5.1 原理

样品经酸消解或干灰化破坏有机物,使砷呈离子状态存在,经碘化钾、氯化亚锡将高价砷还原为三价砷,然后被锌粒和酸产生的新生态氢还原为砷化氢。在密闭装置中,被二乙氨基二硫代甲酸银(Ag-DDTC)的三氯甲烷溶液吸收,形成黄色或棕红色银溶胶,其颜色深浅与砷含量成正比,用分光光度计比色测定。形成胶体银的反应如下:

$$AsH_3 + 6Ag(DDTC) = 6Ag + 3H(DDTC) + As(DDTC)_3$$

5.2 试剂和溶液

以下试剂除特别注明外,均为分析纯,水应符合 GB/T 6682 二级水要求。

5.2.1 硝酸。

5.2.2 硫酸。

5.2.3 高氯酸。

5.2.4 盐酸。

5.2.5 乙酸。

5.2.6 碘化钾。

5.2.7 L-抗坏血酸。

5.2.8 无砷锌粒,粒径 3.0 mm±0.2 mm。

5.2.9 混合酸溶液(A):$HNO_3+H_2SO_4+HClO_4=23+3+4$。

5.2.10 盐酸溶液:$c(HCl)=1$ mol/L。

量取 84.0 mL 盐酸(5.2.4),倒入适量水中,用水稀释到 1 L。

5.2.11 盐酸溶液:$c(HCl)=3$ mol/L。

量取 250.0 mL 盐酸(5.2.4),倒入适量水中,用水稀释到 1 L。

5.2.12 乙酸铅溶液:200 g/L。

5.2.13 硝酸镁溶液:150 g/L。

称取 30 g 硝酸镁[$Mg(NO_3)_2 \cdot 6H_2O$]溶于水中,并稀释至 200 mL。

5.2.14 碘化钾溶液:150 g/L。

称取 75 g 碘化钾溶于水中,定容至 500 mL,贮存于棕色瓶中。

5.2.15 酸性氯化亚锡溶液:400 g/L。

称取 20 g 氯化亚锡($SnCl_2 \cdot 2H_2O$)溶于 50 mL 盐酸中,加入数颗金属锡粒,可用一周。

5.2.16 二乙氨基二硫代甲酸银(Ag-DDTC)-三乙胺-三氯甲烷吸收溶液:2.5 g/L。

称取 2.5 g(精确到 0.0001 g)Ag-DDTC 于干燥的烧杯中,加适量三氯甲烷待完全溶解后,转入 1 000 mL 容量瓶中,加入 20 mL 三乙胺,用三氯甲烷定容,于棕色瓶中存放在冷暗处。若有沉淀应过滤后使用。

5.2.17 乙酸铅棉花:将医用脱脂棉在乙酸铅溶液(100 g/L)浸泡约 1 h,压除多余溶液,自然晾干,或在 90℃~100℃烘干,保存于密闭瓶中。

5.2.18 砷标准储备溶液:1.0 mg/mL。

精确称取 0.660 g 三氧化砷(110℃,干燥 2 h),加 5 mL 氢氧化钠溶液(5.2.21)使之溶解,然后加入 25 mL 硫酸溶液(5.2.20)中和,定容至 500 mL。此溶液每毫升含 1.00 mg 砷,于塑料瓶中冷贮。

5.2.19 砷标准工作溶液:1.0 μg/mL。

准确吸取 5.00 mL 砷标准储备溶液(5.2.18)于 100 mL 容量瓶中,加水定容,此溶液含砷 50 μg/mL。

准确吸取 50 μg/mL 砷标准溶液 2.00 mL,于 100 mL 容量瓶中,加 1 mL 盐酸,加水定容,摇匀,此溶液每毫升相当于 1.0 μg 砷。

5.2.20 硫酸溶液:60 mL/L。

吸取 6.0 mL 硫酸,缓慢加入到约 80 mL 水中,冷却后用水稀释至 100 mL。

5.2.21 氢氧化钠溶液:200 g/L。

5.3 仪器

5.3.1 砷化氢发生及吸收装置(见图 1)。

5.3.1.1 砷化氢发生器:100 mL 带 30 mL、40 mL、50 mL 刻度线和侧管的锥形瓶。

5.3.1.2 导气管:管径 ϕ 为 8.0 mm~8.5 mm;尖端孔 ϕ 为 2.5 mm~3.0 mm。

5.3.1.3 吸收瓶:下部带 5 mL 刻度线。

5.3.2 分光光度计:波长范围 360 nm~800 nm。

5.3.3 分析天平:感量 0.000 1 g。

5.3.4 可调式电炉。

5.3.5 瓷坩埚:30 mL。

5.3.6 高温炉:温控 0℃~950℃。

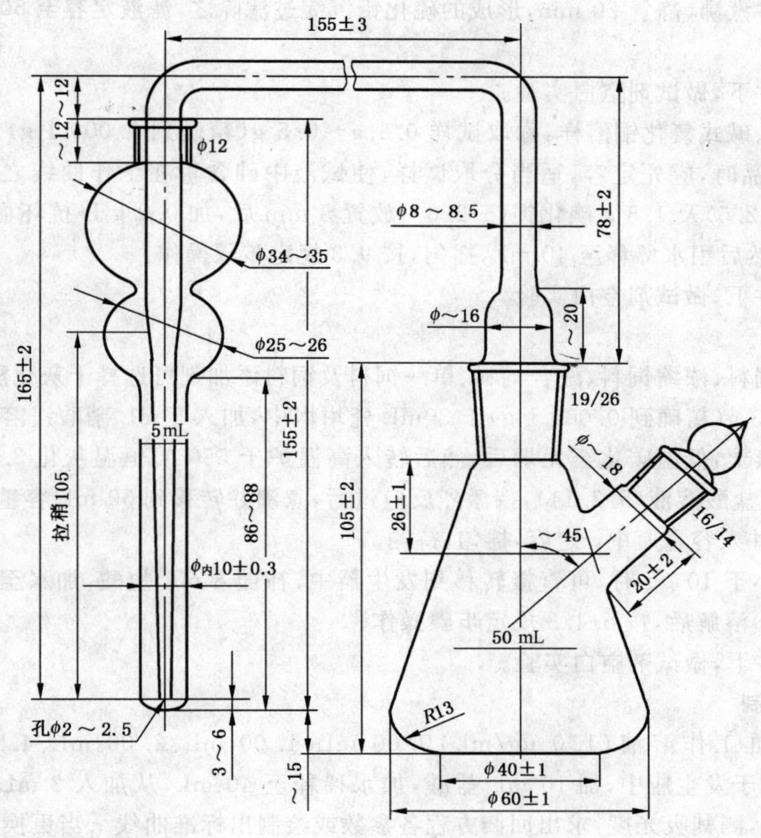

图 1 砷化氢发生及吸收装置

5.4 分析步骤

5.4.1 试料的处理

5.4.1.1 混合酸消解法

配合饲料及单一饲料，宜采用硝酸-硫酸-高氯酸消解法。称取试料 3 g～4 g（精确到 0.000 1 g），置于 250 mL 凯氏瓶中，加水少许湿润试样，加 30 mL 混合酸溶液（A）（5.2.9），放置 4 h 以上或过夜，置电炉上从室温开始消解。待棕色气体消失后，提高消解温度，至冒白烟（SO_3）数分钟（务必赶尽硝酸），此时溶液应清亮无色或淡黄色，瓶内溶液体积近似硫酸用量，残渣为白色。若瓶内溶液呈棕色，冷却后添加适量硝酸和高氯酸，直到消解完全。冷却，加 10 mL 盐酸溶液（5.2.10）煮沸，稍冷，转移到 50 mL 容量瓶中，用水洗涤凯氏瓶 3 次～5 次，洗液并入容量瓶中，然后用水定容，摇匀，待测。

试样消解液含砷小于 10 μg 时，可直接转移到砷化氢发生器中，补加 7 mL 盐酸，加水使瓶内溶液体积为 40 mL，从加 2 mL 碘化钾起以下按 5.4.3 操作步骤进行。

同时于相同条件下，做试剂空白实验。

5.4.1.2 盐酸溶样法

5.4.1.2.1 矿物元素饲料添加剂不宜加硫酸，应用盐酸溶样。称取试样 1 g～3 g（精确到 0.000 1 g）于 100 mL 高型烧杯中，加水少许湿润试样，慢慢滴加 10 mL 盐酸溶液（5.2.11），待激烈反应过后，再缓慢加入 8 mL 盐酸，用水稀释至约 30 mL 煮沸。转移到 50 mL 容量瓶中，洗涤烧杯 3 次～4 次，洗液并入容量瓶中，用水定容，摇匀，待测。

试样消解液含砷小于 10 μg 时，可直接转移到发生器中，用水稀释到 40 mL 并煮沸，从加 2 mL 碘化钾起以下按 5.4.3 操作步骤进行。

另外，少数矿物质饲料富含硫，严重干扰砷的测定，可用盐酸溶解样品后，往高型杯中加入 5 mL 乙酸铅溶液(5.2.12)并煮沸,静置 20 min,形成的硫化铅沉淀过滤除之,滤液定容至 50 mL,以下按 5.4.3 规定步骤进行。

同时于相同条件下,做试剂空白实验。

5.4.1.2.2 硫酸铜、碱式氯化铜溶样:称取试样 0.1 g~0.5 g(精确到 0.000 1 g)于砷化氢发生器中(若遇砷含量高的样品时,应先定容,适当分取试样,使试液中砷含量在工作曲线之内),加 5 mL 水溶解,加 2 mL 乙酸(5.2.5)及 1.5 g 碘化钾(5.2.6),放置 5 min 后,加 0.2 g L-抗坏血酸(5.2.7)使之溶解,加 10 mL 盐酸,然后用水稀释至 40 mL,摇匀,按 9.3 规定步骤操作。

同时于相同条件下,做试剂空白实验。

5.4.1.3 干灰化法

添加剂预混合饲料、浓缩饲料、配合饲料、单一饲料及饲料添加剂可选择干灰化法。

称取试样 2 g~3 g(精确到 0.000 1 g)于 30mL 瓷坩埚中,加入 5 mL 硝酸镁溶液(5.2.13),混匀,于低温或沸水浴中蒸干,低温碳化至无烟后,然后转入高温炉于 550 ℃恒温灰化 3.5 h~4 h。取出冷却,缓慢加入 10 mL 盐酸溶液(5.2.11),待激烈反应过后,煮沸并转移到 50 mL 容量瓶中,用水洗涤坩埚 3 次~5 次,洗液并入容量瓶中,定容,摇匀,待测。

所称试样含砷小于 10 μg 时,可直接转移到发生器中,补加 8 mL 盐酸,加水至 40 mL 左右,加入 1 g 抗坏血酸(5.2.7)溶解后,按 5.4.3 规定步骤操作。

同时于相同条件下,做试剂空白实验。

5.4.2 标准曲线绘制

准确吸取砷标准工作溶液(1.0 μg/mL)0.00 mL、1.00 mL、2.00 mL、4.00 mL、6.00 mL、8.00 mL、10.00 mL 于发生瓶中,加 10 mL 盐酸,加水稀释至 40 mL,从加入 2 mL 碘化钾起,以下按 5.4.3 规定步骤操作,测其吸光度,求出回归方程各参数或绘制出标准曲线。当更换锌粒批号或新配制 Ag-DDTC 吸收液、碘化钾溶液和氯化亚锡溶液,均应重新绘制标准曲线。

5.4.3 还原反应与比色测定

从 5.4.1.1、5.4.1.2、5.4.1.3 处理好的待测液中,准确吸取适量溶液(含砷量应≥1.0 μg)于砷化氢发生器中,补加盐酸至总量为 10 mL,并用水稀释到 40 mL,使溶液盐酸浓度为 3 mol/L,然后向试样溶液、试剂空白溶液、标准系列溶液各发生器中,加入 2 mL 碘化钾溶液(5.2.14),摇匀,加入 1 mL 氯化亚锡溶液(5.2.15),摇匀,静置 15 min。

准确吸取 5.00 mLAg-DDTC 吸收液于吸收瓶中,连接好发生吸收装置(勿漏气,导管塞有膨松的乙酸铅棉花)。从发生器侧管迅速加入 4 g 无砷锌粒,反应 45 min,当室温低于 15℃时,反应延长至1 h。反应中轻摇发生瓶 2 次,反应结束后,取下吸收瓶,用三氯甲烷定容至 5 mL,摇匀,测定。以原吸收液(5.2.16)为参比,在 520 nm 处,用 1 cm 比色池测定。

5.5 分析结果的计算与表达

5.5.1 结果计算

试样中总砷含量 X,以质量分数(mg/kg)表示,按式(1)计算:

$$X = \frac{(A_1 - A_3) \times V_1 \times 1\,000}{m \times V_2 \times 1\,000} \qquad \cdots\cdots\cdots\cdots(1)$$

式中:

V_1——试样消解液定容总体积,单位为毫升(mL);

V_2——分取试液体积,单位为毫升(mL);

A_1——测试液中含砷量,单位为微克(μg);

A_3——试剂空白液中含砷量,单位为微克(μg);

m——试样质量,单位为克(g)。

若样品中砷含量很高,可用式(2)计算:

$$X = \frac{(A_2 - A_3) \times V_1 \times V_3 \times 1\,000}{m \times V_2 \times V_4 \times 1\,000} \quad \cdots\cdots\cdots\cdots(2)$$

式中：

V_1——试样消解液定容总体积，单位为毫升(mL)；

V_2——分取试液体积，单位为毫升(mL)；

V_3——分取液再定容体积，单位为毫升(mL)；

V_4——测定时分取 V_3 的体积，单位为毫升(mL)；

A_2——测定用试液中含砷量，单位为微克(μg)；

A_3——试剂空白液中含砷量，单位为微克(μg)；

m——试样质量，单位为克(g)。

5.5.2 结果表示

每个样品应做平行样，以其算术平均值为分析结果，结果表示到 0.01 mg/kg。当每千克试样中含砷量≥1.0 mg 时，结果取三位有效数字。

5.5.3 允许差

分析结果的相对偏差，应不大于表 1 所列允许差。

表 1 分析结果允许差

饲料中含砷量/(mg/kg)	允许相对偏差/(%)
≤1.00	≤20%
1.00～5.00	≤10%
5.00～10.00	≤5%
≥10.00	≤3%

6 硼氢化物还原光度法(快速法)

6.1 原理

样品经酸消解或干灰化破坏有机物，使砷呈离子状态存在，在酒石酸环境中，硼氢化钾将砷离子还原成氢化砷(AsH_3)气体。在密闭装置中，被 Ag-DDTC 三氯甲烷溶液吸收，形成黄色或棕红色银溶胶，其颜色深浅与砷含量成正比，用分光光度计比色测定。

6.2 试剂溶剂

除下列试剂外，其他试剂同第 5 章。

6.2.1 混合酸溶液(B)：$HNO_3 + H_2SO_4 + HClO_4 = 20+2+3$。

6.2.2 甲基橙水溶液：1 g/L；pH3.0(红)～4.0(橙)。

6.2.3 氨水溶液：1+1。

6.2.4 酒石酸溶液：200 g/L。

称取 100 g 酒石酸加水适量，稍加热溶解，冷却后定容 500 mL。

6.2.5 硼氢化钾片：KBH_4 ∶ NaCl＝1 ∶ 5

将硼氢化钾和氯化钠按质量比 1 ∶ 5 比例混匀，于 90 ℃～100 ℃干燥 2 h，压力为 2 kPa 条件下，压制成直径 10 mm，厚 5 mm，每片质量为 1.0 g±0.1 g。压制及贮存中应防潮湿。

6.3 设备

同 5.3。

6.4 分析步骤

6.4.1 试料的处理

6.4.1.1 混合酸消解法

配合饲料及单一饲料，宜采用三酸消解法。称取试样 2.0 g～3.0 g(精确到 0.000 1 g)，于 250 mL 凯氏瓶中，加水少许湿润试样，加 25 mL 混合酸溶液(B)(6.2.1)，置电炉上从室温开始消解，待样液煮沸后，关闭电炉 10 min～15 min，继续加热消解，直至冒白烟(SO_3)数分钟，此时溶液应清亮无色或淡黄色，体积近似硫酸用量，残渣为白色。稍冷，转移到 100 mL 砷化氢发生器中，洗涤凯氏瓶 3 次～4 次，用水洗液并入发生器中，使瓶内溶液体积为 30 mL 左右。以下按 6.4.2、6.4.3 操作步骤进行。

同时于相同条件下，做试剂空白实验。

注：消解时赶尽硝酸，否则结果偏低。

6.4.1.2 盐酸溶样法

矿物元素饲料添加剂不宜加硫酸，应用盐酸溶样。称取试样 0.5 g～2.0 g(精确到 0.000 1 g)于发生器中，慢慢滴加 5 mL 盐酸溶液(5.2.11)，待激烈反应过后，再缓慢加入 3 mL～4 mL 盐酸，用水稀释至约 30 mL 煮沸。试样溶解后按 6.4.2、6.4.3 操作步骤进行。

同时于相同条件下，做试剂空白实验。

6.4.1.3 干灰化法

添加剂预混合饲料、浓缩饲料、配合饲料、单一饲料及饲料添加剂可选择干灰化法。

称取试样 1.0 g～2.0 g(精确到 0.000 1 g)于 30 mL 瓷坩埚中，低温碳化完全后转入高温炉中，于 550 ℃恒温灰化 3 h。取出冷却，缓慢加入 10 mL 盐酸溶液(5.2.11)，待激烈反应过后煮沸并转移到砷化氢发生器中，加水至 30 mL 左右，加入 1 g 抗坏血酸(5.2.7)溶解后，以下按 6.4.2、6.4.3 操作步骤进行。

同时于相同条件下，做试剂空白实验。

6.4.2 氨水(1+1)调溶液 pH 值

发生器中加入 2 滴甲基橙指示剂(6.2.2)，用氨水(1+1)(6.2.3)调 pH 值至橙色，再滴加盐酸溶液(5.2.10)至刚好变红色。加入 6.0 mL 酒石酸溶液(6.2.4)，用水稀释至 50 mL。

6.4.3 还原反应与比色测定

准确吸取 5.00 mL 吸收液于吸收瓶中，连接好发生吸收装置(勿漏气，导管塞有膨松的乙酸铅棉花)，从发生器侧管迅速加入硼氢化钾一片，立即盖紧塞子，反应完毕再加第二片。反应时轻轻摇动发生器 2 次～3 次，待反应结束后，以原吸收液(5.2.16)为参比，在 520 nm 处，用 1 cm 比色池测定。

注：还原反应时，应防止有毒砷化氢气体泄漏。

6.4.4 标准曲线绘制

准确吸取砷标准工作溶液(1.0 μg/mL)0.00 mL、1.00 mL、2.00 mL、4.00 mL、6.00 mL、8.00 mL 于发生瓶中，加水至 40 mL，加入 6 mL 酒石酸溶液(6.2.4)，以下按 6.4.3 规定步骤操作，测其吸光度，求出回归方程各参数或绘制出标准曲线。

6.5 分析结果的计算与表述

同 5.5。

7 氢化物原子荧光光度法(快速法)

7.1 原理

样品经酸消解或干灰化破坏有机物，加入硫脲使五价砷预还原为三价砷，再加入硼氢化钠或硼氢化钾使还原生成砷化氢，由氩气载入石英原子化器中分解为原子态砷，在特制砷空心阴极灯的发射光激发下产生原子荧光，其荧光强度在固定条件下与被测液中的砷浓度成正比，与标准系列比较定量。

7.2 试剂溶液

7.2.1 氢氧化钠溶液(0.5%)。

7.2.2 硼氢化钠($NaBH_4$)溶液(1%)：称取硼氢化钠 10.0 g，溶于氢氧化钠溶液(7.2.1)1 000 mL 中，

混合(现用现配为宜)。

7.2.3 硫脲溶液(50 g/L)。

7.2.4 氢氧化钠溶液(100 g/L)。

7.2.5 砷标准溶液(5.2.18、5.2.19)。

7.3 仪器

原子荧光光度计。

7.4 分析步骤

7.4.1 试料的处理

7.4.1.1 盐酸溶样法

矿物元素饲料添加剂用盐酸溶样。称取试样 1 g～3 g(精确到 0.000 1 g)于 100 mL 高型烧杯中,加水少许湿润试样,慢慢滴加 10 mL 盐酸溶液(5.2.11),待激烈反应过后,煮沸并转移到 50 mL 容量瓶中,向容量瓶中加入 2.5 mL 硫脲溶液(7.2.3),用水洗涤烧杯 3 次～4 次,洗液并入容量瓶中,用水定容,摇匀,待测。同时做试剂空白。

同时于相同条件下,做试剂空白实验。

7.4.1.2 干灰化法

添加剂预混合饲料、浓缩饲料、配合饲料、单一饲料及饲料添加剂可选择干灰化法。

称取试样 2 g～5 g(精确到 0.000 1 g)于 30 mL 瓷坩埚中,加入 5 mL 硝酸镁溶液(5.2.13),混匀,于低温或沸水浴中蒸干,低温碳化至无烟后,然后转入高温炉于 550℃恒温灰化 3.5 h～4 h。取出冷却,缓慢加入 10 mL 盐酸溶液(5.2.11),待激烈反应过后,煮沸并转移到 50 mL 容量瓶中,向容量瓶中加入 2.5 mL 硫脲溶液(7.2.3),用水洗涤坩埚 3 次～5 次,洗液并入容量瓶中,用水定容,摇匀,待测。同时做试剂空白。

同时于相同条件下,做试剂空白实验。

7.4.2 标准系列制备

准确吸取砷标准工作溶液(1.0 μg/mL)0.00 mL、0.10 mL、0.4 mL、1.00 mL、4.00 mL、10.00 mL 于 50 mL 容量瓶中(各相当于砷浓度 0 ng/mL、2.0 ng/mL、8.0 ng/mL、20.0 ng/mL、80.0 ng/mL、200.0 ng/mL),各加 1.5 mL 盐酸(5.2.4),2.5 mL 硫脲溶液(7.2.3),加水至刻度,摇匀,待测。

7.4.3 测定

7.4.3.1 仪器参考条件

光电倍增管电压:200 V～400 V;

砷空心阴极灯电流:15 mA～100 mA;

原子化器温度:200℃;

原子化器高度:8 mm;

载气流量:300 mL/min～600 mL/min;

屏蔽气流量:800 mL/min;

读数时间:7.0 s～15.0 s;

延迟时间:1.0 s～1.5 s。

7.4.3.2 测定方式

荧光强度或浓度直读。

7.5 分析结果的计算与表述

7.5.1 计算公式同 5.5.1。

7.5.2 结果表示同 5.5.2。

7.5.3 允许差:在相同条件下获得分析结果的相对偏差不得超过 15%。

ICS 65.120
B 46

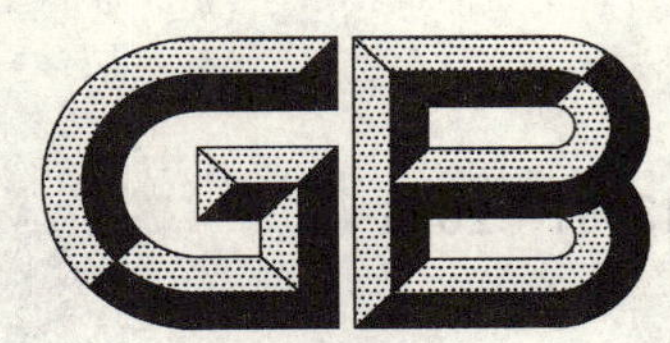

中华人民共和国国家标准

GB/T 13081—2006
代替 GB/T 13081—1991

饲料中汞的测定

Determination of mercury in feeds

2006-12-12 发布　　　　2007-03-01 实施

中华人民共和国国家质量监督检验检疫总局
中国国家标准化管理委员会　发布

前　言

本标准为 GB/T 13081—1991《饲料中汞的测定》的修订版。

本标准与 GB/T 13081—1991 的主要差异如下：

——增加原子荧光光谱分析法并作为仲裁法；

——修订冷原子吸收光谱法中氯化亚锡溶液的配制：按 JJG 548—2004 进行。

本标准自实施之日起，代替 GB/T 13081—1991。

本标准由全国饲料工业标准化技术委员会提出并归口。

本标准起草单位：国家饲料质量监督检验中心（武汉），江苏宜兴市天石饲料有限公司。

本标准主要起草人：何一帆、邹三元、刘小敏、杨林、杨先奎。

本标准于 1991 年首次发布为国家标准 GB 13081—1991。1997 年调整为非强制性标准，编号改为 GB/T 13081—1991。本次修订是该标准的第一次修订。

饲料中汞的测定

1 范围

本标准规定了配合饲料、浓缩饲料、预混合饲料及饲料添加剂中汞的测定方法。

本标准适用于配合饲料、浓缩饲料、预混合饲料及饲料添加剂中汞的测定。

原子荧光光谱分析法：检出限 0.15 μg/kg，标准曲线最佳线性范围 0 μg/L～60 μg/L；冷原子吸收的检出限：压力消解法为 0.4 μg/kg，其他消解法为 10 μg/kg。

2 规范性引用文件

下列文件中的条款通过本标准的引用而成为本标准的条款。凡是注日期的引用文件，其随后所有的修改单（不包括勘误的内容）或修订版均不适用于本标准，然而，鼓励根据本标准达成协议的各方研究是否可使用这些文件的最新版本。凡是不注日期的引用文件，其最新版本适用于本标准。

GB/T 602—2002 化学试剂 杂质测定用标准溶液的制备

GB/T 6682 分析实验室用水规格和试验方法

GB/T 14699.1 饲料 采样

GB/T 20195 动物饲料 试样的制备

JJG 548—2004 测汞仪检定规程

3 试样的采样和制备

样品的采样按 GB/T 14699.1 的规定进行，样品的制备按 GB/T 20195 的规定进行。

4 第一法 原子荧光光谱分析法（仲裁法）

4.1 原理

试样经酸加热消解后，在酸性介质中，试样中汞被硼氢化钾（KBH_4）或硼氢化钠（$NaBH_4$）还原成原子态汞，由载气（氩气）带入原子化器中，在特制汞空心阴极灯照射下，基态汞原子被激发至高能态，在去活化回到基态时，发射出特征波长的荧光，其荧光强度与汞含量成正比，与标准系列比较定量。

4.2 试剂

除非另有说明，在分析中仅使用确认为分析纯的试剂，水为去离子水或相当纯度的水，应符合 GB/T 6682二级用水的规定。

4.2.1 硝酸（优级纯）。

4.2.2 30%过氧化氢。

4.2.3 硫酸（优级纯）。

4.2.4 混合酸液 硫酸＋硝酸＋水（1＋1＋8）：量取 10 mL 硝酸（4.2.1）和 10 mL 硫酸（4.2.3），缓缓倒入 80 mL 水中，冷却后小心混匀。

4.2.5 硝酸溶液：量取 50 mL 硝酸（4.2.1），缓缓倒入 450 mL 水中，混匀。

4.2.6 氢氧化钾溶液（5 g/L）：称取 5.0 g 氢氧化钾，溶于水中，稀释至 1 000 mL，混匀。

4.2.7 硼氢化钾溶液（5 g/L）：称取 5.0 g 硼氢化钾，溶于 5.0 g/L 的氢氧化钾溶液中，并稀释至 1 000 mL，混匀，现用现配。

4.2.8 汞标准储备溶液：按 GB/T 602—2002 中规定进行配制，或者选用国家标准物质——汞标准溶液（GBW 08617），此溶液每毫升相当于 1 000 μg 汞。

4.2.9 汞标准工作溶液：吸取汞标准储备液(4.2.8)1 mL 于 100 mL 容量瓶中，用硝酸溶液(4.2.5)稀释至刻度，混匀，此溶液浓度为 10 μg/mL。再分别吸取 10 μg/mL 汞标准溶液 1 mL 和 5 mL 于两个 100 mL 容量瓶中，用硝酸溶液(4.2.5)稀释于刻度，混匀，溶液浓度分别为 100 ng/mL 和 500 ng/mL，分别用于测定低浓度试样和高浓度试样，制作标准曲线，现用现配。

4.3 仪器、设备

4.3.1 分析天平：感量 0.000 1 g。

4.3.2 高压消解罐：100 mL。

4.3.3 微波消解炉。

4.3.4 实验室用样品粉碎机或研钵。

4.3.5 消化装置。

4.3.6 原子荧光光度计。

4.3.7 容量瓶：50 mL。

4.4 分析步骤

4.4.1 试样消解

4.4.1.1 高压消解法

饲料样品：称取 0.5 g～2.00 g 试样，精确到 0.000 1 g，置于聚四氟乙烯塑料内罐中，加 10 mL 硝酸(4.2.1)，混匀后放置过夜，再加 15 mL 过氧化氢(4.2.2)，盖上内盖放入不锈钢外套中，旋紧密封。然后将消解罐(4.3.2)放入普通干燥箱(烘箱)中加热，升温至 120℃后保持恒温 2 h～3 h，至消解完全，冷至室温，将消解液用硝酸溶液(4.2.5)洗涤消解罐并定容至 50 mL 容量瓶(4.3.7)中，摇匀。同时做试剂空白试验。待测。

4.4.1.2 微波消解法

称取 0.20 g～1.0 g 试样，精确到 0.000 1 g，置于消解罐(4.3.2)中加入 2 mL～10 mL 硝酸(4.2.1)，2 mL～4 mL 过氧化氢(4.2.2)，盖好安全阀后，将消解罐放入微波炉消解系统中，根据不同种类的试样设置微波炉消解系统的最佳分析条件(见表 1 和表 2)，至消解完全，冷却后用硝酸溶液(4.2.5)洗涤消解罐并定容至 50 mL 容量瓶(4.3.7)中(低含量试样可定容至 25 mL 容量瓶)混匀待测。同时做试剂空白试验。

表 1 饲料试样微波消解条件

步 骤	1	2	3
功率/(%)	50	75	90
压力/kPa	343	686	1 096
升压时间/min	30	30	30
保压时间/min	5	7	5
排风量/(%)	100	100	100

表 2 鱼油、鱼粉试样微波消解条件

步 骤	1	2	3	4	5
功率/(%)	50	70	80	100	100
压力/kPa	343	514	686	959	1234
升压时间/min	30	30	30	30	30
保压时间/min	5	5	5	7	5
排风量/(%)	100	100	100	100	100

4.4.2 **标准系列配制**

4.4.2.1 低浓度标准系列：分别吸取 100 ng/mL 汞标准使用液 0.50 mL、1.00 mL、2.00 mL、4.00 mL、5.00 mL 于 50 mL 容量瓶中，用硝酸溶液(4.2.5)稀释至刻度，混匀。各自相当于汞浓度 1.0 ng/mL、2.0 ng/mL、4.0 ng/mL、8.0 ng/mL、10.0 ng/mL。此标准系列适用于一般试样测定。

4.4.2.2 高浓度标准系列：分别吸取 500 ng/mL 汞标准使用液 0.50 mL、1.00 mL、2.00 mL、3.00 mL、4.00 mL 于 50 mL 容量瓶中，用硝酸溶液(4.2.5)稀释至刻度，混匀。各自相当于汞浓度 5.0 ng/mL、10.0 ng/mL、20.0 ng/mL、30.0 ng/mL、40.0 ng/mL。此标准系列适用于鱼粉及含汞量偏高的试样测定。

4.4.3 **测定步骤**

4.4.3.1 **仪器参考条件**

光电倍增管负高压：260 V；汞空心阴极灯电流：30 mA；原子化器：温度 300℃，高度 8.0 mm；氩气流速：载气 500 mL/min，屏蔽气 1 000 mL/min；测量方式：标准曲线法；读数方式：峰面积；读数延迟时间：1.0 s；读数时间：10.0 s；硼氢化钾溶液加液时间：8.0 s；标准或样液加液体积：2 mL。仪器稳定后，测标准系列，至标准曲线的相关系数 $r>0.999$ 后测试样。

4.4.3.2 **测定方式**

4.4.3.2.1 浓度测定方式：设定好仪器最佳条件，逐步将炉温升至所需温度后，稳定 10 min～20 min 后开始测量。连续用硝酸溶液(4.2.5)进样，待读数稳定之后，转入标准系列测量，绘制标准曲线。转入试样测量，先用硝酸溶液(4.2.5)进样，使读数基本回零，再分别测定试样空白和试样消化液，每测不同的试样前都应清洗进样器。

4.4.3.2.2 仪器自动计算结果方式：设定好仪器最佳条件，在试样参数画面输入以下参数：试样质量(g)，稀释体积(mL)，并选择结果的浓度单位，逐步将炉温升至所需温度，稳定后测量。连续用硝酸溶液(4.2.5)进样，待读数稳定之后，转入标准系列测量，绘制标准曲线。在转入试样测定之前，再进入空白值测量状态，用试样空白消化液进样，让仪器取其均值作为扣底的空白值。随后即可依法测定试样。测定完毕后，选择“打印报告”即可将测定结果自动打印。

4.5 **测定结果**

4.5.1 **计算**

试样中汞的含量按式(1)进行计算：

$$\omega=\frac{(c-c_0)\times V\times 1\,000}{m\times 1\,000\times 1\,000} \qquad \cdots\cdots\cdots\cdots(1)$$

式中：

ω——试样中汞的含量，单位为毫克每千克(mg/kg)；

c——试样消化液中汞的含量，单位为纳克每毫升(ng/mL)；

c_0——试剂空白液中汞的含量，单位为纳克每毫升(ng/mL)；

V——试样消化液总体积，单位为毫升(mL)；

m——试样质量，单位为克(g)。

4.5.2 **分析结果表示**

每个试样平行测定 2 次，以其算术平均值为结果。

分析计算结果表示到 0.001 mg/kg。

4.5.3 **重复性**

同一分析者对同一试样同时或快速连续地进行两次测定，所得结果之间的差值：

——在汞含量小于或等于 0.020 mg/kg 时，不得超过平均值的 100%；

——在汞含量大于 0.020 mg/kg 而小于 0.100 mg/kg 时，不得超过平均值的 50%；

——在汞含量大于 0.100 mg/kg 时，不得超过平均值的 20%。

5 第二法 冷原子吸收光谱法

5.1 原理

在原子吸收光谱中，汞原子对波长为 253.7 nm 的共振线有强烈的吸收作用。试样经硝酸-硫酸消化使汞转为离子状态，在强酸中，氯化亚锡将汞离子还原成元素汞，以干燥清洁空气为载体吹出，进行冷原子吸收，与标准系列比较定量。

5.2 试剂和溶液

除特殊规定外，本标准所用试剂均为分析纯，水为去离子水或相当纯度的水，应符合 GB/T 6682 二级用水的规定。

5.2.1 硝酸(优级纯)。

5.2.2 盐酸(优级纯)。

5.2.3 硫酸(优级纯)。

5.2.4 10%氯化亚锡溶液：按 JJG 548—2004 配制，称取 10 g 氯化亚锡(优级纯)，加 20 mL 浓盐酸(5.2.2)，微微加热使其溶解透明，加水稀释至 100 mL，现用现配。

5.2.5 混合酸液：量取 10 mL 硫酸(5.2.3)，加入 10 mL 硝酸(5.2.1)，慢慢倒入 50 mL 水中，冷后加水稀释至 100 mL。

5.2.6 汞标准贮备液：同 4.2.8。

5.2.7 汞标准工作液：吸取 1.0 mL 汞标准贮备液(5.2.6)，置于 100 mL 容量瓶中，加混合酸液(5.2.5)稀释至刻度，此溶液每毫升相当于 10 μg 汞。再吸取此液 1.0 mL，置于 100 mL 容量瓶中，加混合酸液(5.2.5)稀释至刻度，此溶液每毫升相当于 0.1 μg 汞，现用现配。

5.3 仪器、设备

5.3.1 分析天平：感量 0.000 1 g。

5.3.2 实验室用样品粉碎机或研钵。

5.3.3 消化装置。

5.3.4 测汞仪。

5.3.5 三角烧瓶：250 mL。

5.3.6 容量瓶：100 mL。

5.3.7 还原瓶：50 mL(测汞仪附件)。

5.4 测定步骤

5.4.1 试样处理

称取 1 g～5 g 试样，精确到 0.000 1 g，置于三角烧瓶(5.3.5)中，加玻璃珠数粒，加 25 mL 硝酸(5.2.1)，5 mL 硫酸(5.2.3)，转动三角烧瓶(5.3.5)并防止局部碳化，装上冷凝管，小火加热，待开始发泡即停止加热，发泡停止后，再加热回流 2 h。放冷后从冷凝管上端小心加 20 mL 水，继续加热回流 10 min，放冷，用适量水冲洗冷凝管，洗液并入消化液。消化液经玻璃棉或滤纸滤于 100 mL 容量瓶(5.3.6)内，用少量水洗三角烧瓶(5.3.5)和滤器，洗液并入容量瓶(5.3.6)内，加水至刻度，混匀。取试样相同量的硝酸(5.2.1)、硫酸(5.2.3)，同法做试剂空白试验。

若为石粉，称取约 1 g 试样，精确到 0.001 g，置于三角瓶(5.3.5)中，加玻璃珠数粒，装上冷凝管后，从冷凝管上端加入 15 mL 硝酸(5.2.1)，用小火加热 15 min，放冷，用适量水冲洗冷凝管，移入 100 mL 容量瓶(5.3.6)内，加水至刻度，混匀。

5.4.2 标准曲线绘制

吸取 0 mL、0.10 mL、0.20 mL、0.30 mL、0.40 mL、0.50 mL 汞标准工作液(相当于 0 μg、0.01 μg、0.02 μg、0.03 μg、0.04 μg、0.05 μg 的汞)，置于还原瓶(5.3.7)内，各加 10 mL 混合酸液(5.2.4)，加 2 mL氯化亚锡溶液(5.2.4)后立即盖紧还原瓶(5.3.7)2 min，记录测汞仪读数指示器最大吸光度。以

吸光度为纵坐标，汞浓度为横坐标，绘制标准曲线。

5.4.3 测定

加 10 mL 试样消化液于还原瓶(5.3.7)内，加 2 mL 氯化亚锡溶液(5.2.4)后立即盖紧还原瓶(5.3.7) 2 min，记录测汞仪读数指示器最大吸光度。

5.5 测定结果

5.5.1 计算

试样中汞的含量按式(2)进行计算：

$$\omega=\frac{(m_1-m_0)\times 1\ 000}{m\times\frac{V_2}{V_1}\times 1\ 000}=\frac{V_1(m_1-m_0)}{mV_2} \qquad \cdots\cdots(2)$$

式中：

ω——试样中汞的含量，单位为毫克每千克(mg/kg)；

m_1——测定用试样消化液中汞的质量，单位为微克(μg)；

m_0——试剂空白液中汞的质量，单位为微克(μg)；

m——试样质量，单位为克(g)；

V_1——试样消化液总体积，单位为毫升(mL)；

V_2——测定用试样消化液体积，单位为毫升(mL)。

5.5.2 分析结果表示

每个试样平行测定 2 次，以其算术平均值为结果。

结果表示到 0.001 mg/kg。

5.5.3 重复性

同 4.5.3。

ICS 65.120
B 46

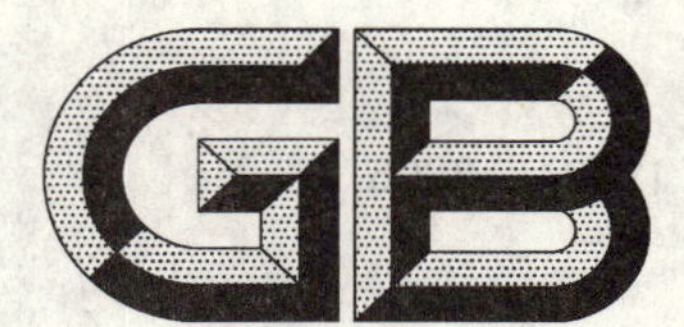

中华人民共和国国家标准

GB/T 13084—2006
代替 GB/T 13084—1991

饲料中氰化物的测定

Determination of cyanide in feed

2006-12-20 发布　　2007-03-01 实施

中华人民共和国国家质量监督检验检疫总局
中国国家标准化管理委员会　发布

前　言

本标准是 GB/T 13084—1991《饲料中氰化物的测定方法》的修订版。

本标准与 GB/T 13084—1991 的主要区别是：

——将原标准名称的“方法”二字去掉，英文由“Method for determination of glycosidic hydrocyanic acid in feeds”改为“Determination of cyanide in feed”；

——增加定性快速方法及定性检测限；

——增加比色法及检测限，并规定比色法为仲裁法。

本标准自实施之日起，同时代替 GB/T 13084—1991。

本标准由全国饲料工业标准化技术委员会提出并归口。

本标准起草单位：国家饲料质量监督检验中心（武汉）。

本标准主要起草人：屈利文、钱防。

饲料中氰化物的测定

1 范围

本标准规定了饲料中氰化物的定性和定量测定方法。

本标准适用于饲料原料、配合饲料中氰化物的测定。

2 规范性引用文件

下列文件中的条款通过本标准的引用而成为本标准的条款。凡是注日期的引用文件，其随后所有的修改单(不包括勘误的内容)或修订版均不适用于本标准，然而，鼓励根据本标准达成协议的各方研究是否可使用这些文件的最新版本。凡是不注日期的引用文件，其最新版本适用于本标准。

GB/T 601 化学试剂 标准滴定溶液的制备

GB/T 6682 分析实验室用水规格和试验方法(neq ISO 3696:1987)

GB/T 14699.1 饲料 采样

3 试样的制备

按 GB/T 14699.1 进行采样，选取饲料样品至少 500 g，四分法缩减至 100 g，磨碎，通过 1 mm 孔筛，混匀，装入密闭容器中，保存备用。

4 定性法

4.1 原理

氰化物遇酸产生氢氰酸，氢氰酸与苦味酸钠作用，生成红色异氰紫酸钠。

定性测定方法的最低检出量为 0.15 mg(取样 10 g 时，最低检测限为 15 mg/kg)。

4.2 试剂和材料

除特殊规定外，本标准所用试剂均为分析纯，水为 GB/T 6682 中二级纯度的水。

4.2.1 无水乙醇。

4.2.2 酒石酸。

4.2.3 碳酸钠溶液(100 g/L)。

4.2.4 苦味酸试纸：取定性滤纸剪成长 7 cm、宽 0.3 cm～0.5 cm 的纸条，浸入饱和苦味酸-乙醇溶液中，数分钟后取出，在空气中阴干，贮存备用。

4.3 分析步骤

取 200 mL～300 mL 锥形瓶，配备一适宜的单孔软木塞或橡皮塞，孔内塞以内径 0.4 cm～0.5 cm，长 5 cm 的玻璃管，管内悬一条苦味酸试纸，临用时，试纸条以碳酸钠溶液(100 g/L)湿润。

迅速称取 5 g 试样，置于 100 mL 锥形瓶中，加 20 mL 水及 0.5 g 酒石酸，立即塞上悬有苦味酸并以碳酸钠湿润的试纸条的木塞，置 40℃～50℃水浴中，加热 30 min，观察试纸颜色变化。如试纸不变色，表示氰化物为负反应或未超过规定；如试纸变色，需再做定量试验。

5 比色法(仲裁法)

5.1 原理

以氰甙形式存在于植物体内的氰化物经水浸泡水解后，在酸性溶液中进行水蒸气蒸馏，蒸出的氢氰酸被碱液吸收。在 pH7.0 溶液中，用氯胺 T 将氰化物转变为氯化氰，再与异烟酸-吡唑酮作用，生成蓝色染料，与标准系列比较定量。

比色测定方法的最终蒸馏收集液中氢氰酸检出限为 0.01 μg/mL。

5.2 试剂和材料

5.2.1 氢氧化钠溶液(20 g/L)。

5.2.2 乙酸锌溶液(100 g/L)。

5.2.3 酒石酸。

5.2.4 氢氧化钠溶液(10 g/L)。

5.2.5 氢氧化钠溶液(1 g/L)。

5.2.6 酚酞-乙醇指示液(10 g/L)。

5.2.7 乙酸溶液：乙酸＋水＝1＋24。

5.2.8 磷酸盐缓冲溶液(pH7.0)：称取 34.0 g 无水磷酸二氢钾和 35.5 g 无水磷酸氢二钠，溶于水并稀释至 1 000 mL。

5.2.9 氯胺 T 溶液：称取 1 g 氯胺 T(有效氯含量应在 11%以上)，溶于 100 mL 水中，临用时现配。

5.2.10 异烟酸-吡唑酮溶液：称取 1.5 g 异烟酸溶于 24 mL 氢氧化钠溶液(4.2.1)中，加水至 100 mL，另称取 0.25 g 吡唑酮，溶于 20 mL *N*,*N*-二甲基甲酰胺中，合并上述两种溶液，混匀。

5.2.11 试银灵(对二甲氨基亚苄基罗丹宁)溶液：称取 0.02 g 试银灵，溶于 100 mL 丙酮中。

5.2.12 硝酸银标准滴定溶液：$c(AgNO_3)=0.020$ mol/L，按 GB/T 601 规定配制和标定。

5.2.13 氰化钾标准贮备溶液：称取 0.25 g 氰化钾，溶于水中，并稀释至 1 000 mL，此溶液每毫升约相当于 0.1 mg 氰化物，其准确度可在使用前用下法标定。

取上述溶液 10.0 mL，置于锥形瓶中，加 1 mL 氢氧化钠溶液(5.2.1)，使溶液 pH 大于 11，加 0.1 mL试银灵溶液(5.2.11)，用硝酸银标准溶液(5.2.12)滴定至橙红色。

5.2.14 氰化钾标准工作液：根据氰化钾标准溶液的浓度吸取适量，用氢氧化钠溶液(5.2.5)稀释成每毫升相当于 1 μg 氢氰酸。

警告：氰化钾属剧毒危险物，配制和使用该试剂时，请戴上保护眼镜和乳胶手套，实验时一旦皮肤或眼睛接触了氰化钾，应及时用大量的水冲洗。接触过氰化钾的容器和废液可用碱液调至 pH＞10，再加入 200 g/L 的硫酸亚铁溶液 50 mL，搅拌，充分反应后排放。

5.3 仪器、设备

5.3.1 250 mL 玻璃水蒸气蒸馏装置。

5.3.2 分光光度计。

5.4 分析步骤

称取 10 g～20 g 试样于 250 mL 蒸馏瓶中，精确到 0.001 g，加水约 200 mL，塞严瓶口，在室温下放置 2 h～4 h，使其水解。加 20 mL 乙酸锌溶液(5.2.2)，加 1 g～2 g 酒石酸(5.2.3)，迅速连接好全部蒸馏装置，将冷凝管下端插入盛有 5 mL 氢氧化钠溶液(5.2.4)的 100 mL 容量瓶的液面下，缓缓加热，通水蒸气进行蒸馏，收集蒸馏液近 100 mL，取下容量瓶，加水至刻度(V_1)，混匀，取 10 mL 蒸馏液(V_2)置于 25 mL 比色管中。

吸取 0 mL、0.3 mL、0.6 mL、0.9 mL、1.2 mL、1.5 mL 氰化钾标准工作液(5.2.14)(相当于 0 μg、0.3 μg、0.6 μg、0.9 μg、1.2 μg、1.5 μg 氢氰酸)，分别置于 25 mL 比色管中，各加水至 10 mL。于试样溶液及标准溶液中各加 1 mL 氢氧化钠溶液(5.2.4)和 1 滴酚酞指示液(5.2.6)，用乙酸(5.2.7)调至红色刚刚消失，加 5 mL 磷酸盐缓冲溶液(5.2.8)，加温至 37℃左右，再加入 0.25 mL 氯胺 T 溶液(5.2.9)，加塞混合，放置 5 min，然后加入 5 mL 异烟酸-吡唑酮溶液(5.2.10)，加水至 25 mL，混匀，于 25℃～40℃放置 40 min，用 2 cm 比色杯，以零管调节零点，于波长 638 nm 处测吸光度。

5.5 结果计算

试样中氰化物(以氢氰酸计)的含量 X，以质量分数(mg/kg)表示，按式(1)进行计算。

$$X = \frac{A \times 1\ 000}{m \times V_2/V_1 \times 1\ 000} \quad \cdots\cdots\cdots\cdots(1)$$

式中:

A——测定试样溶液氢氰酸的质量,单位为微克(μg)[1 mL 浓度 $c(AgNO_3)$ =0.020 mol/L 硝酸银标准溶液相当于 1.08 mg 氢氰酸];

m——试样质量,单位为克(g);

V_1——试样蒸馏液总体积,单位为毫升(mL);

V_2——测定用蒸馏液体积,单位为毫升(mL)。

5.6 结果表示

每个试样取两份试料进行平行测定,以其算术平均值为测定结果,结果表示到三位有效数。

5.7 重复性

同一分析者,同一实验室,使用同一台仪器,对同一试样同时或快速连续地进行两次测定,所得结果之间的差值:

在氰化物含量小于或等于 50 mg/kg 时,不得超过平均值的 20%;

在氰化物含量大于 50 mg/kg 时,不得超过平均值的 10%。

6 滴定法

6.1 原理

以氰甙形式存在于植物体内的氰化物经水浸泡水解后,进行水蒸气蒸馏,蒸出的氢氰酸被碱液吸收。在碱性条件下,以碘化钾为指示剂,用硝酸银标准溶液滴定定量。

6.2 试剂和材料

6.2.1 氢氧化钠溶液:0.5 g/L。

6.2.2 硝酸铅溶液:0.05 g/L。

6.2.3 氨水:浓氨水+水=400 mL+600 mL。

6.2.4 碘化钾溶液:0.5 g/L。

6.2.5 铬酸钾溶液:0.5 g/L。

6.2.6 硝酸银标准贮备液:$c(AgNO_3)$=0.1 mol/L,按 GB/T 601 规定配制和标定。

6.2.7 硝酸银标准滴定液:$c(AgNO_3)$=0.01 mol/L,于临用前将 0.1 mol/L 硝酸银标准贮备液(6.2.6)用煮沸并冷却的水稀释 10 倍,必要时应重新标定。

6.3 仪器、设备

6.3.1 水蒸气蒸馏装置:蒸馏烧瓶 2 500 mL~3 000mL。

6.3.2 微量滴定管:2 mL。

6.3.3 分析天平:感量 0.000 1 g。

6.3.4 凯氏烧瓶:500 mL。

6.3.5 容量瓶:250 mL(棕色)。

6.3.6 锥形瓶:250 mL。

6.3.7 吸量管:2 mL、10 mL。

6.3.8 移液管:100 mL。

6.4 测定步骤

称取 10 g~20g 试样于凯氏烧瓶(6.3.4)中,精确到 0.001 g,加水约 200 mL,塞严瓶口,在室温下放置 2 h~4 h,使其水解。将盛有水解试样的凯氏烧瓶(6.3.4)迅速连接于水蒸气蒸馏装置(6.3.1),使冷凝管下端浸入盛有 20 mL 氢氧化钠溶液(6.2.1)锥形瓶(6.3.6)的液面下,通水蒸气进行蒸馏,收集蒸馏液 150 mL~160 mL,取下锥形瓶(6.3.6),加入 10 mL 硝酸铅溶液(6.2.2),混匀,静置 15 min,经滤纸过滤于250 mL容量瓶(6.3.5)中,用水洗涤沉淀物和锥形瓶(6.3.6)3次,每次10 mL,并入滤液中,加水稀释至刻度,混匀。

准确移取100 mL上述滤液,置另一锥形瓶(6.3.6)中,加入8 mL氨水(6.2.3)和2 mL碘化钾溶液(6.2.4),混匀,在黑色背景衬托下,用微量滴定管(6.3.2)以硝酸银标准滴定液(6.2.7)滴定至出现混浊时为终点,记录硝酸银标准滴定液(6.2.7)消耗体积(V)。

在和试样测定相同的条件下,做试剂空白试验,即以蒸馏水代替蒸馏液,用硝酸银标准滴定液(6.2.7)滴定,记录其消耗体积(V_0)。

6.5 结果计算

试样中氰化物(以氢氰酸计)的含量X,以质量分数(mg/kg)表示,按式(2)进行计算。

$$X = c \times (V - V_0) \times 54 \times \frac{250}{100} \times \frac{1\,000}{m} = \frac{c(V - V_0)}{m} \times 135\,000 \quad \cdots\cdots\cdots\cdots\cdots (2)$$

式中:

m——试样质量,单位为克(g);

c——硝酸银标准工作滴定液浓度,单位为摩尔每升(mol/L);

V——试样测定硝酸银标准工作滴定液消耗体积,单位为毫升(mL);

V_0——空白试验硝酸银标准工作滴定液消耗体积,单位为毫升(mL);

54——氢氰酸的摩尔质量数,M(2HCN)=54 g/mol。

6.6 结果表示

同5.6。

6.7 重复性

同5.7。

ICS 65.120
B 46

中华人民共和国国家标准

GB/T 13088—2006
代替 GB/T 13088—1991

饲料中铬的测定

Determination of chromium in feeds

2006-06-09 发布　　2006-09-01 实施

中华人民共和国国家质量监督检验检疫总局
中国国家标准化管理委员会　发布

前　言

本标准是对 GB/T 13088—1991《饲料中铬的测定方法》的修订。

本标准与 GB/T 13088—1991 相比，主要技术差异是：增加了饲料中铬测定的原子吸收光谱法，并确定其为仲裁法，同时保留了原有的分光光度法。

本标准自实施之日起代替 GB/T 13088—1991。

本标准由全国饲料工业标准化技术委员会提出并归口。

本标准起草单位：中国农业科学院畜牧研究所、中国农业科学院饲料研究所。

本标准主要起草人：顾宪红、李文英、张萍。

本标准所代替标准的历次版本发布情况为：

——GB/T 13088—1991。

饲料中铬的测定

1 范围

本标准规定了用原子吸收光谱仪和分光光度计测定饲料中铬含量的两种方法。

本标准方法1为原子吸收光谱法，适用于饲料原料(包括饲料用皮革粉、水解皮革粉)、微量元素预混料、复合预混料、浓缩料和配合饲料，其中石墨炉原子吸收光谱法最低检出限为0.005 μg/kg；火焰原子吸收光谱法最低检出限为150 μg/kg。本标准方法2为分光光度法，适用于饲料原料(包括水解皮革粉)及配合饲料中铬的测定。

2 规范性引用文件

下列文件中的条款通过本标准的引用而成为本标准的条款。凡是注日期的引用文件，其随后所有的修改单(不包括勘误的内容)或修订版均不适用于本标准，然而鼓励根据本标准达成协议的各方研究是否可使用这些文件的最新版本。凡是不注日期的引用文件，其最新版本适用于本标准。

GB/T 6682 分析实验室用水规格和试验方法(neq ISO 3696)

GB/T 14699.1 饲料 采样

3 方法1:原子吸收光谱法

3.1 原理

样品经高温灰化，用酸溶解后，注入原子吸收光谱检测器中，在一定浓度范围，其吸收值与铬含量成正比，与标准系列比较定量。

3.2 试剂和溶液

除非另有说明，本方法1所用试剂均为优级纯，水为超纯水或相应纯度的水，符合GB/T 6682一级水的规定。

3.2.1 浓硝酸。

3.2.2 硝酸溶液：V(硝酸)+V(水)=2+98。

3.2.3 硝酸溶液：V(硝酸)+V(水)=20+80。

3.2.4 铬标准溶液

3.2.4.1 铬标准储备液(100 mg/L)：称取0.283 0 g经100℃～110℃烘至恒量的重铬酸钾，用水溶解，移入1 000 mL容量瓶中，稀释至刻度，此溶液每毫升相当于0.1 mg铬。

3.2.4.2 铬标准溶液1(20 mg/L)：量取10.0 mL铬标准储备液(3.2.4.1)于50 mL容量瓶中，加硝酸溶液(3.2.2)稀释至刻度，此溶液每毫升相当于20 μg铬。

3.2.4.3 铬标准溶液2(2 mg/L)：量取1.0 mL铬标准储备液(3.2.4.1)于50 mL容量瓶中，加硝酸溶液(3.2.2)稀释至刻度，此溶液每毫升相当于2 μg铬。

3.2.4.4 铬标准溶液3(0.2 mg/L)：量取10.0 mL铬标准溶液2(3.2.4.3)于100 mL容量瓶中，加硝酸溶液(3.2.2)稀释至刻度，此溶液每毫升相当于0.2 μg铬。

3.3 仪器和设备

所有玻璃器具及坩埚均用硝酸溶液(3.2.3)浸泡24 h或更长时间后，用纯净水冲洗，晾干。

3.3.1 实验用样品粉碎机或研钵(无铬)。

3.3.2 超纯水装置(Millipore)。

3.3.3 分析天平：感量为0.000 1 g。

3.3.4 瓷坩埚:60 mL。

3.3.5 可控温电炉:600 W。

3.3.6 高温电炉(马弗炉)。

3.3.7 容量瓶:20 mL、50 mL、100 mL、1 000 mL。

3.3.8 移液管:0.5 mL、1.0 mL、2.0 mL、3.0 mL、5.0 mL、10.0 mL、25.0 mL。

3.3.9 短颈漏斗:直径 6 cm。

3.3.10 滤纸:11 cm、定量、快速。

3.3.11 原子吸收光谱仪。

3.4 试样制备

根据 GB/T 14699.1,采集具有代表性的饲料原料(包括饲料用皮革粉、水解皮革粉)、矿物元素预混料、复合预混料、浓缩料和配合饲料样品约 2 kg,用四分法缩减至 250 g 左右,磨碎过 1 mm 孔筛,混匀,装入密闭容器。为防止试样变质,应低温保存备用。

3.5 分析步骤

3.5.1 试样溶液的制备

称取 0.1 g~10.0 g 试样(精确到 0.000 1g),置于 60 mL 瓷坩埚中,在电炉上炭化完全后,置于马弗炉内,由室温开始,徐徐升温,至 600℃灼烧 5 h,直至试样呈白色或灰白色、无炭粒为止。

冷却后取出,用硝酸(3.2.3)5 mL 溶解,过滤至 50 mL 容量瓶,并用纯净水反复洗涤坩埚和滤纸,洗涤液并入容量瓶中,然后用纯净水定容,混匀,作为试样溶液。同时配制试剂空白液。

3.5.2 测定

3.5.2.1 测定条件

根据各自仪器性能调至最佳状态。

3.5.2.1.1 火焰法

光源:Cr 空心阴极灯;

波长:359.3 nm;

灯电流:7.5 mA;

狭缝宽度:1.30 nm;

燃烧头高度:7.5 mm;

火焰:空气-乙炔;

助燃气压力:160 kPa(流速 15.0 L/min);

燃气压力:35 kPa(流速 2.3 L/min);

氘灯背景校正。

3.5.2.1.2 石墨炉法

波长:359.3 nm;

狭缝宽度:1.30 nm;

灯电流:7.5 mA;

干燥温度:100℃,30 s;

灰化温度:900℃,20 s;

原子化温度:2 600℃,6 s;

清洗温度:2 700℃,4 s;

背景校正为塞曼效应。

3.5.2.2 标准曲线绘制

3.5.2.2.1 火焰法

吸取 0.00 mL、1.25 mL、2.50 mL、5.00 mL、10.00 mL、20.00 mL 铬标准溶液 1(3.2.4.2),分别置

于 20 mL 容量瓶中,加硝酸溶液(3.2.2)稀释至刻度,混匀,制成标准工作液。容量瓶中每毫升溶液分别相当于 0.00 μg、1.25 μg、2.50 μg、5.00 μg、10.00 μg、20.00 μg 铬。

3.5.2.2.2 石墨炉法

吸取 0.00 mL、1.25 mL、2.50 mL、5.00 mL、10.00 mL、20.00 mL 铬标准溶液 3(3.2.4.4)于 50 mL容量瓶中,加硝酸溶液(3.2.2)稀释至刻度,混匀,制成标准工作液。容量瓶中每毫升溶液分别相当于 0.0 ng、5.0 ng、10.0 ng、20.0 ng、40.0 ng、80.0 ng 铬。

3.5.2.3 试样测定

将各铬标准工作液(3.5.2.2)、试剂空白液和试样溶液(3.5.1)分别导入调至最佳条件的原子化器中进行测定,测得其吸光值,代入标准系列的一元线性回归方程中求得试样溶液(3.5.1)中的铬含量。石墨炉法自动注入 20 μL。

3.6 结果计算

3.6.1 火焰法

饲料中铬的含量 X_1,以质量分数微克每克(μg/g)表示,按式(1)计算:

$$X_1 = \frac{(A_1 - A_2) \times V_1 \times 1\,000}{m_1 \times 1\,000} \qquad \cdots\cdots(1)$$

式中:

A_1——测定用试样溶液(3.5.1)中铬的含量,单位为微克每毫升(μg/mL);

A_2——试剂空白液(3.5.1)中铬的含量,单位为微克每毫升(μg/mL);

V_1——试样溶液(3.5.1)的总体积,单位为毫升(mL);

m_1——试样质量,单位为克(g)。

计算结果为同一试样两个平行样的算术平均值,精确到小数点后两位。

3.6.2 石墨炉法

饲料中铬的含量 X_2,以质量分数纳克每克(ng/g)表示,按式(2)计算:

$$X_2 = \frac{(m_2 - m_3) \times 1\,000}{m_4 \times (V_3/V_2) \times 1\,000} \qquad \cdots\cdots(2)$$

式中:

m_2——用于测定时的试样溶液(3.5.1)中铬的质量,单位为纳克(ng);

m_3——用于测定时的试剂空白液(3.5.1)中铬的质量,单位为纳克(ng);

m_4——试样质量,单位为克(g);

V_2——试样溶液(3.5.1)的总体积,单位为毫升(mL);

V_3——用于测定时的试样溶液(3.5.1)体积,单位为毫升(mL)。

计算结果为同一试样两个平行样的算术平均值,精确到小数点后两位。

3.7 重复性

同一分析者对同一试样同时或快速连续地进行两次测定,所得结果相对偏差:

——在铬含量小于 10 mg/kg 时,相对偏差不得超过 20%;

——在铬含量大于或等于 10 mg/kg 时,相对偏差不得超过 10%。

4 方法 2:分光光度法

4.1 原理

以干灰化法分解样品,在碱性高锰酸钾溶液下将其中的铬离子氧化为六价铬离子,再将溶液调至酸性,使六价铬离子(Cr^{6+})与二苯卡巴肼[$(C_6H_5)_2$·$(NH)_4$·CO]生成玫瑰红色络合物,进行比色测定,求得铬的含量。

4.2 试剂和溶液

除非另有说明,本方法 2 所用试剂均为分析纯,水为蒸馏水或相应纯度的水,符合 GB/T 6682 三级水的规定。

4.2.1 硫酸溶液：$c(H_2SO_4)=0.5$ mol/L，量取 28 mL 浓硫酸，徐徐加入水中，再加水稀释至 1 000 mL。

4.2.2 高锰酸钾溶液：20 g/L，称取 2 g 高锰酸钾，溶于水中，加水稀释至 100 mL。

4.2.3 硫酸溶液：V(浓硫酸)＋V(蒸馏水)＝1＋6，量取 100 mL 浓硫酸，徐徐加入600 mL水中，并加入 1 滴 20 g/L 高锰酸钾溶液(4.2.2)，使溶液呈粉红色。

4.2.4 氢氧化钠溶液：$c(NaOH)=4$ mol/L，称取 32 g 氢氧化钠，溶于水中，加水稀释至 200 mL。

4.2.5 二苯卡巴肼溶液：5 g/L，称取 0.5 g 二苯卡巴肼，溶解于 100 mL 丙酮。

4.2.6 95%乙醇。

4.2.7 铬标准储备液：100 mg/L，称取 0.283 0 g 经 100℃～110℃烘至恒量的重铬酸钾，用水溶解，移入 1 000 mL 容量瓶中，稀释至刻度，此溶液每毫升相当于 0.1 mg 铬。

4.2.8 铬标准溶液：2 mg/L，量取 1.0 mL 铬标准储备液(4.2.7)于 50 mL 容量瓶中，加水稀释至刻度，此溶液每毫升相当于 2 μg 铬。

4.3 仪器和设备

4.3.1 分析天平：感量为 0.000 1 g。

4.3.2 高温电炉(马弗炉)。

4.3.3 实验用样品粉碎机或研钵。

4.3.4 可控温电炉：600 W。

4.3.5 容量瓶：50 mL、100 mL、200 mL、1 000 mL。

4.3.6 吸量管：0.5 mL、1.0 mL、5.0 mL、10.0 mL。

4.3.7 移液管：5 mL、10 mL、25 mL。

4.3.8 三角烧瓶：150 mL。

4.3.9 短颈漏斗：直径 6 cm。

4.3.10 瓷坩埚：60 mL。

4.3.11 滤纸：11 cm、定量、快速。

4.3.12 分光光度计：有 10 mm 比色皿，可在 540 nm 处测量吸光度。

4.4 试样制备

根据 GB/T 14699.1，采集具有代表性的饲料用水解皮革粉或配合饲料样品约 2 kg，用四分法缩减至250 g左右，磨碎过 1 mm 孔筛，混匀，装入密闭容器。为防止试样变质，应低温保存备用。

4.5 测定步骤

4.5.1 试样处理

称取 1.0 g～1.5 g 试样(精确到 0.000 1 g)，置于 60 mL 瓷坩埚中，在可控温电炉炭化完全后，置于马弗炉内，由室温开始，徐徐升温，至 600℃灼烧 5 h，直至试样呈白色或灰白色、无炭粒为止。

冷却后取出，加入 5 mL 硫酸溶液(4.2.1)，在电炉上微沸，内容物全部移入 150 mL 三角瓶中，并用热水反复洗涤坩埚 3 次～4 次，洗涤液并入三角瓶中，加入氢氧化钠溶液(4.2.4)1.5 mL，再加入 2 滴高锰酸钾溶液(4.2.2)，加水使瓶内总体积约为 60 mL～70 mL，摇匀，溶液呈紫红色，在电炉上加热煮沸 20 min(在煮沸过程中，如紫红色消褪，应及时补加高锰酸钾溶液，使溶液保持紫红色)，然后沿壁加入乙醇(4.2.6)3 mL，摇匀，趁热过滤，滤液置于 100 mL 容量瓶中，并用少量热水洗涤三角瓶和滤纸 3 次～4 次，洗涤液并入容量瓶中，此滤液即为试样溶液，留作备用。

4.5.2 标准曲线绘制

吸取铬标准溶液(4.2.8) 0.0 mL、5.0 mL、10.0 mL、15.0 mL、20.0 mL、25.0 mL、30.0 mL，分别置于100 mL容量瓶中，加入适量水稀释，依次加入 4 mL 硫酸溶液(4.2.3)和 2.0 mL 二苯卡巴肼溶液(4.2.5)，用水稀释至刻度，摇匀，静置 30 min，以空白溶液作为参比，用 10 mm 比色皿，在波长 540 nm

处用分光光度计测量吸光度，以吸光度为纵坐标、铬标准溶液浓度为横坐标，绘制标准曲线。

4.5.3 试样测定

在装有试样溶液(4.5.1)的 100 mL 容量瓶中，依次加入 4 mL 硫酸溶液(4.2.3)和 2.0 mL 二苯卡巴肼溶液(4.2.5)，用水稀释至刻度，摇匀，静置 30 min，按 4.5.2 测定其吸光度，求得试样溶液铬的含量。

4.6 测定结果

饲料中铬的含量 X，以质量分数毫克每千克(mg/kg)表示，按式(3)计算：

$$X = \frac{c \times 100}{m} \qquad \cdots\cdots(3)$$

式中：

X——试样中铬的含量，单位为毫克每千克(mg/kg)；

c——试样溶液中铬的含量，单位为微克每毫升(μg/mL)；

m——试样质量，单位为克(g)。

计算结果为同一试样两个平行样的算术平均值，精确到小数点后两位。

4.7 重复性

同一分析者对同一试样同时或快速连续地进行两次测定，所得结果之间的差值：

——在铬含量小于 1 mg/kg 时，不得超过平均值的 50%。

——在铬含量大于或等于 1 mg/kg 时，不得超过平均值的 20%。

ICS 65.120
B 46

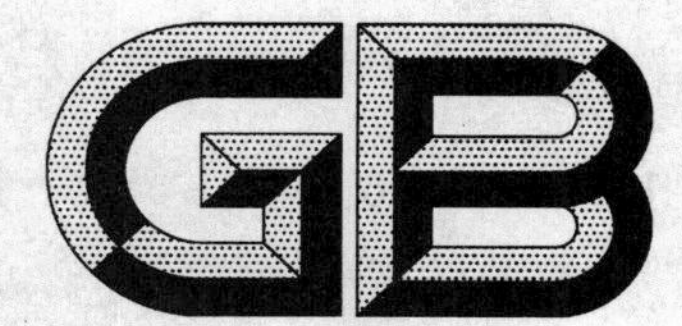

中华人民共和国国家标准

GB/T 13090—2006
代替 GB/T 13090—1999

饲料中六六六、滴滴涕的测定

Determination of HCH and DDT in feeds

2006-12-12 发布 2007-03-01 实施

中华人民共和国国家质量监督检验检疫总局
中国国家标准化管理委员会 发布

前　言

本标准是 GB/T 13090—1999《饲料中六六六、滴滴涕的测定》的修订版。

本标准与 GB/T 13090—1999 的主要差异：

——“方法定量检测限(MLQ)”统一为“方法最小检出限”，并降低检出限范围，满足饲料卫生标准的要求；

——分析步骤：增加净化方法二，提供一种高效、易于操作的前处理方法；增加浓缩步骤；

——检测条件：气相色谱柱温由 214℃恒温改为二级程序升温，目标化合物与杂质更好分离，降低干扰，提高方法的灵敏度。

本标准由中华人民共和国农业部提出。

本标准由全国饲料工业标准化技术委员会归口。

本标准起草单位：国家饲料质量监督检验中心(北京)。

本标准主要起草人：范理、高升、王彤、宋荣。

本标准所代替标准的历次版本发布情况为：

——GB/T 13090—1999；

——GB 13090—1991。

饲料中六六六、滴滴涕的测定

1 范围

本标准规定了饲料中六六六和滴滴涕残留量的气相色谱测定方法。

本标准适用于配合饲料、植物性原料及鱼粉中六六六、滴滴涕异构体及衍生物的残留量的测定。

本标准不适用于检测含有机氯农药七氯的产品。

2 规范性引用文件

下列文件中的条款通过本标准的引用而成为本标准的条款。凡是注日期的引用文件，其随后所有的修改单(不包括勘误的内容)或修订版均不适用于本标准，然而，鼓励根据本标准达成协议的各方研究是否可使用这些文件的最新版本。凡是不注日期的引用文件，其最新版本适用于本标准。

GB/T 6682 分析实验室用水规格和试验方法

GB/T 14699.1 饲料 采样

GB/T 20195 动物饲料 试样的制备

3 方法原理

样品中的六六六、滴滴涕采用含有少量丙酮的正己烷混合溶剂提取，过滤后定容，从中吸出一定量的提取液，净化后，正己烷洗脱液浓缩定容后直接注入气相色谱仪，电子捕获检测器检测，以外标法定性和定量。

本方法对各化合物的最小检出限见表 1。

表 1 化合物名称和方法最小检出限

通用名	ISO 1750 通用名	化学名称(IUPAC)	方法最小检出限 (μg/kg)
六六六	HCH	六氯环己烷(有下列四个异构体)	
甲体六六六	α-HCH	1，3，5 / 2，4，6-六氯环已烷	0.8
乙体六六六	β-HCH	1，2，4，5 / 3，6-六氯环已烷	2.4
丙体六六六(林丹)	γ-HCH	1，2，3，4，5，6-六氯环已烷	1.6
丁体六六六	δ-HCH	1，2，3 / 4，5，6-六氯环已烷	1.6
滴滴涕(DDT)	DDT	二氯二苯基三氯乙烷(有下列四种衍生物)	
对，对′-滴滴依	p，p′-DDE	1，1-二氯-2，2-双(4-氯苯基)乙烯	2
邻，对′-滴滴涕	o，p′-DDT	1，1，1-三氯-2-(2-氯苯基)-2-(4-氯苯基)乙烷	2
对，对′-滴滴滴	p，p′-DDD(TDE)	1，1-二氯-2，2-双(4-氯苯基)乙烷	5
对，对′-滴滴涕	p，p′-DDT(DDT)	1，1，1-三氯-2，2-双(4-氯苯基)乙烷	8

4 试剂

除特殊规定外，本标准所用试剂均为色谱纯，水应符合 GB/T 6682 一级水要求。

4.1 异辛烷。

4.2 正己烷：沸程 67.5℃～69.5℃。

4.3 丙酮。

4.4 提取液：正己烷-丙酮混合溶剂(22+3)。

4.5　发烟硫酸：含 SO_3(20～25)%，优级纯。

4.6　浓硫酸：优级纯。

4.7　磷酸：分析纯。

4.8　无水硫酸钠：500℃烘 4 h，在高温烘箱中冷至 200℃左右，放入干燥器中冷后密封备用。

4.9　吸附剂(柱层析用)：

硅藻土　　　　30 目～80 目

Celite 545　　20 μm～45 μm

500℃烘 4 h，在高温烘箱中放冷至 200℃，置于干燥器中冷后密封备用。

4.10　脱脂棉：用丙酮浸泡 30 min 后，倾去丙酮再用正己烷浸泡 30 min，弃去正己烷晾干备用。

4.11　六六六标准贮备液：(c_{HCH}=1.00 mg/mL)；

滴滴涕标准贮备液：(c_{DDT}=0.100 mg/mL)；

在国家标准物质管理部门认可的单位购买，贮于安瓿中，低温及避光下保存，有效期 1 年。

4.12　六六六中等浓度贮备液(c_{HCH}=1.00 μg/mL)：将 4 支六六六标准贮备液(4.11)，分别用异辛烷(4.1)在棕色容量瓶中稀释 1 000 倍，密封贮放于暗处，4℃左右保存可稳定半年。

4.13　滴滴涕中等浓度贮备液(c_{DDT}=10.0 μg/mL)：将 4 支滴滴涕的标准贮备液(4.11)，分别在棕色容量瓶中用异辛烷(4.1)稀释 10 倍，密封贮放于暗处，4℃左右保存可稳定半年。

4.14　系列混合标准工作液：分别用移液管吸六六六中等浓度贮备液(4.12)α-HCH 10.0 mL，β-HCH 30.0 mL，γ-HCH 8.00 mL，δ-HCH 20.0 mL，滴滴涕中等浓度贮备液(4.13)*p*，*p*′-DDE 2.00 mL，*o*，*p*′-DDT 4.00 mL，*p*，*p*′-DDD 2.00 mL 和 *p*，*p*′-DDT 4.00 mL 置于一只 100 mL 棕色容量瓶中加异辛烷(4.1)定容。此液则为 6 号混合标准工作液，并由此液逐步稀释后制得至少五种不同浓度的系列混合标准工作液，贮于暗处 4℃左右保存不超过 2 个月。

系列混合标准工作液的质量浓度见表 2。

表 2　六六六、滴滴涕系列混合标准工作液的质量浓度　　单位为皮克每微升

标准工作液	α-HCH	β-HCH	γ-HCH	δ-HCH	*p*，*p*′-DDE	*o*，*p*′-DDT	*p*，*p*′-DDD	*p*，*p*′-DDT
1 号	1.00	3.00	0.80	2.00	2.00	4.00	2.00	4.00
2 号	5.00	15.0	4.00	10.0	10.0	20.0	10.0	20.0
3 号	10.0	30.0	8.00	20.0	20.0	40.0	20.0	40.0
4 号	25.0	75.0	20.0	50.0	50.0	100	50.0	100
5 号	50.0	150	40.0	100	100	200	100	200
6 号	100	300	80.0	200	200	400	200	400

注意：六六六、滴滴涕标准溶液有毒性，需经浓氢氧化钾或六价铬酸洗液浸泡后，才能洗涤。

5　仪器设备

实验室常用仪器设备及以下仪器设备。

5.1　分析天平：感量 0.000 1 g 和感量 0.000 01 g。

5.2　电动振荡器和超声波提取器。

5.3　筒形漏斗：内径 2 cm，高 5 cm。

5.4　层析柱：内径 8 mm～10 mm，长 15 cm～20 cm。上端带一筒形漏斗贮液槽，容量为 30 mL 左右。

5.5　载气：高纯氮 99.99%。

5.6　气相色谱仪：配备有电子捕获检测器。

5.7　色谱柱：

玻璃填充柱：2 m×ϕ3 mm，内装 1.5 % OV-17＋2.0 % QF-1/GCQ 80 目～100 目或 1.6% OV-17＋6.4% OV-210/Chromosorb W-HP 80 目～100 目。

毛细管色谱柱：DB-5 柱长：25 m 或 50 m；内径：0.32 mm；膜厚：0.25 μm。或中等极性固定相的毛细管柱（如：SE-30、SE-54、OV-17）。

6 试样的制备

采样按 GB/T 14699.1，样品制备按 GB/T 20195。

7 分析步骤

7.1 气相色谱仪调试

7.1.1 色谱条件

柱　　型：	填充柱	毛细管色谱柱
检测器温度：	250℃	300℃
进样口温度：	230℃	270℃
柱 箱 温 度：	210℃	80℃保持 1 min，以 25℃/min 速度升至 180℃，于 180℃保持 2 min，再以 10℃/min 的速度升至 250℃并保持 6 min
载气流速(N_2)：	60 mL/min	1.0 mL/min
补充气(N_2)：		50 mL/min
进样方式：		不分流进样，1 min 后打开分流阀

7.1.2 仪器灵敏度检查

进 1 号混合标准溶液(4.14)1.0 μL 或 5.0 μL，应能分别读出 8 个峰的峰面积或峰高，并记下相应的保留时间(RT)，见图 1 。

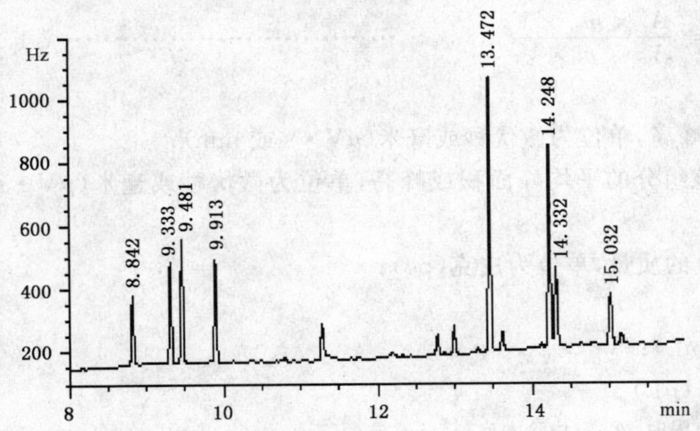

出峰顺序	化合物	保留时间/min
1	α-HCH	8.842
2	β-HCH	9.333
3	γ-HCH	9.481
4	δ-HCH	9.913
5	p, p′-DDE	13.472
6	o, p′-DDT	14.248
7	p, p′-DDD	14.332
8	p, p′-DDT	15.032

图 1 六六六、滴滴涕的色谱图

注意：不同色谱柱的出峰顺序略有不同，应以单个标样校对。

7.1.3 仪器性能考察

注入 p, p′-DDT 单个标准溶液(4.13)约 0.20 μL，在 p, p′-DDE 的出峰位置上不应有分解峰。

7.1.4 仪器线性响应范围

进 6 种系列混合标准溶液各 1.00 μL 以及 6 号 5.00 μL，确定其线性响应范围，如采用镍源电子捕获检测器(ECD)，其线性响应范围应该为 10^2～10^4。

7.2 提取

在 100 mL 具塞三角烧瓶中，称试样 5.000 g 左右，加入提取液(4.4)25 mL，并滴加磷酸(4.7)4 滴～

5 滴摇匀后加盖，在电动振荡器(5.2)振摇 30 min(60 次/min～80 次/min)或超声波提取器(5.2)提取 15 min，在筒形漏斗(5.3)里塞少许棉花(4.10)及 1 cm 厚无水硫酸钠(4.8)，将提取液过滤入 25 mL 棕色容量瓶中，并洗涤残渣定容。此提取液摇匀备用。

7.3 净化

方法一：取 5 mL 提取液过层析柱(5.4)，柱中塞入少许棉花(4.10)，加约 0.5 cm 厚的无水硫酸钠(4.8)，再加酸化硅藻土[1.5 g 硅藻土或 Celite545(4.9)置于玻璃研钵中，滴加 0.6 mL 硫酸(4.6)拌匀]立即装进柱里，敲实后在上面加约 1 cm 厚无水硫酸钠(4.8)。将 5.00 mL 提取液(7.2)放在装好的层析柱上，用正己烷(4.2)连续不断地以速度为 60 滴/min～90 滴/min 进行淋洗，并收集 10 mL 淋洗液，用氮气吹至近干，用正己烷定容 2 mL，即为待测样品净化液。

方法二：取 5 mL 提取液于离心试管中，加入 0.5 mL 浓硫酸，振摇 0.5 min，3 000 r/min 离心 10 min，取上清液重复净化 1 次～2 次至无色，3 000 r/min 离心 10 min，上清液用 2%硫酸钠水溶液洗涤 2 次，弃去水层，用氮气吹至近干，用正己烷定容 2 mL，即为待测样品净化液。

7.4 气相色谱测定

将样品净化液(7.3)1 μL～5 μL，注进调试好的气相色谱仪(7.1)中，根据保留时间定性为何种化合物，最后记下其峰面积(A_s)。

7.5 空白试验

在不加饲料样品的情况下，按 7.2、7.3、7.4 各步骤进行，各种化合物的空白测定值应低于方法最小检测限(见表 1)。如高于方法最小检测限应扣除本底值。

8 结果的计算和表述

8.1 结果的计算

8.1.1 单点校正法

试样中农药残留量 ω，以质量分数(μg/kg)表示，按式(1)计算：

$$\omega = \frac{A_s \times m_{st} \times V}{A_{st} \times m \times V_i} \qquad (1)$$

式中：

A_s——试样净化液中该组分的峰面积或峰高，单位为微伏秒或毫米(μV·s 或 mm)；

A_{st}——与 A_s 峰面积相近的标准溶液中该组分的平均峰面积或峰高，单位为微伏秒或毫米(μV·s 或 mm)；

m_{st}——与 A_{st} 相对应的标准溶液中该组分的质量，单位为皮克(pg)；

m——试样质量，单位为克(g)；

V——试样净化液总体积，单位为毫升(mL)；

V_i——试样净化液进样体积，单位为微升(μL)。

注：当空白试验该组分本底值高于方法最小检出限时，A_s 应扣除本底值。

8.1.2 多点校正法

进 1～6 号系列混合标准溶液后，求组分峰面积或峰高与组分质量回归方程式：

$$A_{st} = a \times m_{st} + b \qquad (2)$$

式中：

A_{st}——标准溶液中该组分峰面积或峰高，单位为微伏秒或毫米(μV·s 或 mm)；

m_{st}——标准溶液中该组分的质量，单位为皮克(pg)；

a——该组分校正曲线的斜率，单位为微伏秒每皮克或毫米每皮克(μV·s/pg 或 mm/pg)；

b——该组分校正曲线的截距，单位为微伏秒或毫米(μV·s 或 mm)。

故

$$m_s = \frac{A_s - b}{a} \quad \cdots\cdots(3)$$

式中：

m_s——试样净化液中该组分的质量，单位为皮克(pg)；

A_s——试样净化液中该组分的峰面积或峰高，单位为微伏秒或毫米(μV·s或mm)；

a、b——见式(2)。

故

$$\omega = \frac{m_s \times V}{m \times V_i} = \frac{(A_s - b) \times V}{a \times m \times V_i} \quad \cdots\cdots(4)$$

式中：

ω、A_s、V、V_i、m[见式(1)]；

a、b[见式(2)]。

8.2 结果的表述

试样中六六六、滴滴涕各化合物的含量最后应以"μg/kg"表述。组分含量低于10 μg/kg，以1位有效数字表述；组分含量在10 μg/kg～100 μg/kg范围内，以2位有效数字表述；组分含量高于或等于100 μg/kg，以3位有效数字表述。

组分含量低于方法最小检出限高于仪器检测限(二倍噪声)时，以"T"代表痕量；组分含量低于或等于仪器二倍噪声，以"ND"表示未检出。

六六六总量：

$$\omega_{HCH} = \omega_{\alpha\text{-HCH}} + \omega_{\beta\text{-HCH}} + \omega_{\gamma\text{-HCH}} + \omega_{\delta\text{-HCH}}$$

滴滴涕总量：

$$\omega_{DDT} = \omega_{p,p'\text{-DDE}} + \omega_{o,p'\text{-DDT}} + \omega_{p,p'\text{-DDD}} + \omega_{p,p'\text{-DDT}}$$

9 重复性

两次平行测定结果允许相对偏差值见表3：

表3

含量/(μg/kg)	允许相对偏差/(%)
<10	≤25
10～100	≤20
>100	≤10

ICS 65.120
B 46

中华人民共和国国家标准

GB/T 13092—2006
代替 GB/T 13092—1991

饲料中霉菌总数的测定

Enumeration of molds count in feeds

2006-06-09 发布　　2006-09-01 实施

中华人民共和国国家质量监督检验检疫总局
中国国家标准化管理委员会　发布

前 言

本标准是对 GB/T 13092—1991《饲料中霉菌的检验方法》的修订。

本标准与 GB/T 13092—1991 相比主要差异如下：

——补充规定了检验程序中磨碎的细度；

——补充并规范“设备和材料”的具体规格；

——根据 GB/T 4789.2—2003《食品卫生微生物学检验　菌落总数测定》修改了“计算方法”；

——为了与国际及国内的统一，将霉菌总数的单位修改为：cfu 每克（或每毫升），即 cfu/g(mL)。

自本标准实施之日起，GB/T 13092—1991 同时废止。

本标准的附录 A 为规范性附录。

本标准由全国饲料工业标准化技术委员会提出并归口。

本标准起草单位：国家饲料质量监督检验中心(北京)。

本标准主要起草人：李丽蓓、饶正华、杨曙明、苏晓鸥。

本标准于 1986 年首次发布，1991 年第一次修订。

饲料中霉菌总数的测定

1 范围

本标准规定了饲料中霉菌总数的测定方法。

本标准适用于饲料中霉菌总数的测定。

2 规范性引用文件

下列文件中的条款通过本标准的引用而成为本标准的条款。凡是注日期的引用文件，其随后所有的修改单(不包括勘误的内容)或修订版均不适用于本标准，然而，鼓励根据本标准达成协议的各方研究是否可使用这些文件的最新版本。凡是不注日期的引用文件，其最新版本适用于本标准。

GB/T 4789.2—2003 食品卫生微生物学检验 菌落总数测定

GB/T 6682—1992 分析实验室用水规格和试验方法

GB/T 14699.1 饲料 采样

3 术语和定义

下列术语和定义适用于本标准。

3.1

霉菌总数 molds count

饲料检样经处理并在一定条件下培养后，所得 1 g 检样中所含霉菌的总数。

4 原理

根据霉菌生理特性，选择适宜于霉菌生长而不适宜于细菌生长的培养基，采用平皿计数方法，测定霉菌数。

5 设备及材料

5.1 分析天平：感量 0.001 g。

5.2 恒温培养箱：(25～28)℃±1℃。

5.3 冰箱：普通冰箱。

5.4 高压灭菌器：2.5 kg。

5.5 水浴锅：(45～77)℃±1℃。

5.6 振荡器：往复式。

5.7 微型混合器：2 900 r/min。

5.8 灭菌玻璃三角瓶：250 mL，500 mL。

5.9 灭菌试管：15 mm×150 mm。

5.10 灭菌平皿：直径 90 mm。

5.11 灭菌吸管：1 mL，10 mL。

5.12 灭菌玻璃珠：直径 5 mm。

5.13 灭菌广口瓶：100 mL，500 mL。

5.14 灭菌金属勺、刀等。

6 培养基和试剂

除特殊注明，所用试剂均为分析纯；水符合 GB/T 6682—1992 三级水规格。

6.1 高盐察氏培养基：制备方法见附录 A。

6.2 稀释液：称取氯化钠 8.5 g，溶于 1 000 mL 蒸馏水中，分装后，121℃高压灭菌 30 min。

6.3 试验室常用消毒药品。

7 测定程序

霉菌测定程序见图 1。

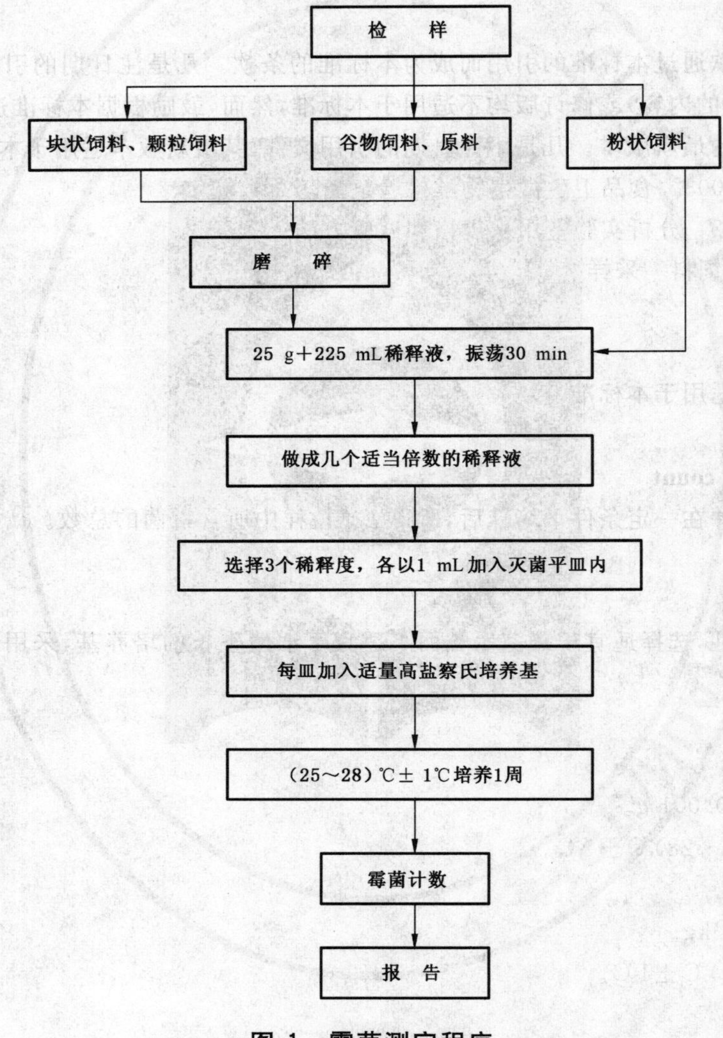

图 1 霉菌测定程序

8 试样的制备

按照 GB/T 14699.1 方法进行采样，采样时必须特别注意样品的代表性和避免采样时的污染。首先准备好灭菌容器和采样工具，如灭菌牛皮纸袋或广口瓶，金属勺和刀，在卫生学调查基础上，采取有代表性的样品，粉碎过 0.45 mm 孔径筛，用四分法缩减至 250 g。样品应尽快检验，否则应将样品放在低温干燥处。

9 分析步骤

9.1 以无菌操作称取检样 25 g(或 25 mL),放入含有 225 mL 灭菌稀释液的玻璃三角瓶中,置振荡器上,振摇 30 min,即为 1∶10 的稀释液。

9.2 用灭菌吸管吸取 1∶10 稀释液 10 mL,注入带玻璃珠的试管中,置微型混合器上混合 3 min,或注入试管中,另用带橡皮乳头的 1 mL 灭菌吸管反复吹吸 50 次,使霉菌孢子分散开。

9.3 取 1 mL 1∶10 稀释液,注入含有 9 mL 灭菌稀释液试管中,另换一支吸管吹吸 5 次,此液为 1∶100 稀释液。

9.4 按上述操作顺序作 10 倍递增稀释液,每稀释一次,换用一支 1 mL 灭菌吸管,根据对样品污染情况的估计,选择三个合适稀释度,分别在作 10 倍稀释的同时,吸取 1 mL 稀释液于灭菌平皿中,每个稀释度作两个平皿,然后将凉至 45℃左右的高盐察氏培养基注入平皿中,充分混合,待琼脂凝固后,倒置于(25～28)℃±1℃恒温培养箱中,培养 3 d 后开始观察,应培养观察一周。

10 计算

10.1 通常选择霉菌数在 10 个～100 个之间的平皿进行计数,同稀释度的 2 个平皿的霉菌平均数乘以稀释倍数,即为每克(或每毫升)检样中所含霉菌总数。

10.2 稀释度选择和霉菌总数报告方式按表 1 表示。

表 1 稀释度选择和霉菌总数报告方式

例次	稀释液及霉菌数			稀释度选择	两稀释液之比	霉菌总数/[cfu/g(mL)]	报告方式/[cfu/g(mL)]
	10^{-1}	10^{-2}	10^{-3}				
1	多不可计	80	8	选 10～100 之间	—	8 000	8.0×10^3
2	多不可计	87	12	均在 10～100 之间比值≤2 取平均数	1.4	10 350	1.0×10^4
3	多不可计	95	20	均在 10～100 之间比值＞2 取较小数	2.1	9 500	9.5×10^3
4	多不可计	多不可计	110	均＞100 取稀释度最高的数	—	110 000	1.1×10^5
5	9	2	0	均＜10 取稀释度最低的数	—	90	90
6	0	0	0	均无菌落生长则以＜1 乘以最低稀释度	—	＜1×10	＜10
7	多不可计	102	3	均不在 10～100 之间取最接近 10 或 100 的数	—	10 200	1.0×10^4

注:cfu/g(mL)与个/g(mL)相当。

附 录 A
（规范性附录）
高盐察氏培养基

A.1 成分

硝酸钠	2 g
磷酸二氢钾	1 g
硫酸镁（$MgSO_4 \cdot 7H_2O$）	0.5 g
氯化钾	0.5 g
硫酸亚铁	0.01 g
氯化钠	60 g
蔗糖	30 g
琼脂	20 g
蒸馏水	1000 mL

A.2 制法

加热溶解，分装后，121℃高压灭菌 30 min。必要时，可酌量增加琼脂。

ICS 65.120
B 46

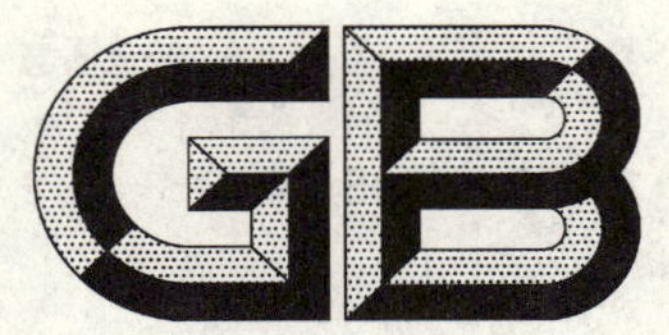

中华人民共和国国家标准

GB/T 13093—2006
代替 GB/T 13093—1991

饲料中细菌总数的测定

Examination of bacterial count in feeds

2006-12-12 发布　　　　2007-03-01 实施

中华人民共和国国家质量监督检验检疫总局
中国国家标准化管理委员会　发布

前　言

本标准是对 GB/T 13093—1991《饲料中细菌总数的测定方法》的修订。

本标准与 GB/T 13093—1991 相比主要差异如下：

——根据 GB/T 4789.2—2003《食品卫生微生物学检验　细菌总数测定》补充了“表 1　稀释度选择及细菌总数报告方式”；

——根据 ISO 4833:2003《食品和动物饲料中微生物学　30℃时菌落计数》将原标准从稀释液到倾注培养基之间，时间不能超过 15 min，修改为不能超过 30 min；

——将细菌总数的单位修改为：菌落形成单位每克（或每毫升），即 CFU/g(mL)。

本标准的附录 A 为规范性附录。

本标准自实施之日起，GB/T 13093—1991 同时废止。

本标准由全国饲料工业标准化技术委员会提出并归口。

本标准起草单位：国家饲料质量监督检验中心（北京）。

本标准主要起草人：李丽蓓、饶正华、杨曙明、苏晓鸥。

本标准于 1986 年首次发布，1991 年第一次修订，本次为第二次修订。

饲料中细菌总数的测定

1 范围

本标准规定了饲料中细菌总数的测定方法。

本标准适用于配合饲料、浓缩饲料、饲料原料(鱼粉等)、牛精料补充料中细菌总数的测定。

2 规范性引用文件

下列文件中的条款通过本标准的引用而成为本标准的条款。凡是注日期的引用文件,其随后所有的修改单(不包括勘误的内容)或修订版均不适用于本标准,然而,鼓励根据本标准达成协议的各方研究是否可使用这些文件的最新版本。凡是不注日期的引用文件,其最新版本适用于本标准。

GB/T 6682 分析实验室用水规格和试验方法

GB/T 14699.1 饲料 采样

GB/T 20195—2006 动物饲料 试样的制备

3 术语和定义

下列术语和定义适用于本标准。

3.1

细菌总数 bacterial count

饲料试样经过处理,在一定条件下(如培养成分、培养温度和时间等)培养后,所得1 g(mL)试样中含细菌总数。

注:主要作为判定饲料被污染程度的标志,也可以应用这一方法观察细菌在饲料中繁殖的动态,以便对被检样品进行卫生学评价时提供依据。

4 原理

试样经过处理,稀释至适当浓度,在一定条件(如用特定的培养基,在温度30℃±1℃培养72 h±3 h等)下培养后,所得1 g(mL)试样中所含细菌总数。

5 设备及材料

5.1 分析天平:感量0.1 g。

5.2 震荡器:往复式。

5.3 粉碎机:非旋风磨,密闭要好。

5.4 高压灭菌器:灭菌压力0～3 kg/cm^2。

5.5 冰箱:普通冰箱。

5.6 恒温水浴锅:46℃±1℃。

5.7 恒温培养箱:30℃±1℃。

5.8 微型混合器。

5.9 灭菌三角瓶:100 mL、250 mL、500 mL。

5.10 灭菌移液管:1 mL、10 mL。

5.11 灭菌试管:16 mm×160 mm。

5.12 灭菌玻璃珠:直径5 mm。

5.13 灭菌培养皿：直径 90 mm。

5.14 灭菌金属勺、刀等。

6 培养基和试剂

6.1 营养琼脂培养基：见附录 A。

6.2 磷酸盐缓冲液(稀释液)：见附录 A。

6.3 0.85%生理盐水：见附录 A。

6.4 水琼脂培养基：见附录 A。

6.5 实验室常见消毒药品。

7 试样的制备

按照 GB/T 14699.1 进行采样，采样时应特别注意样品的代表性和避免采样时的污染。

按照 GB/T 20195—2006 进行样品的制备，磨碎过 0.45 mm 孔径筛。样品应尽快检验。

8 测定程序

细菌总数测定程序见图 1。

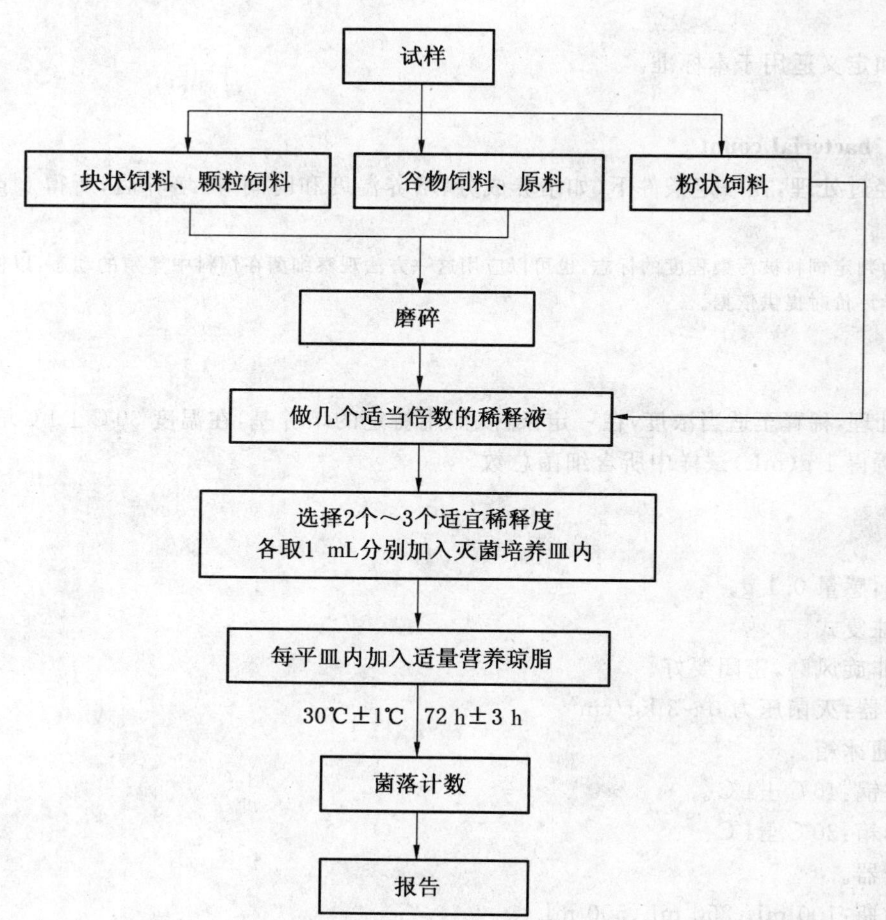

图 1 细菌总数测定程序

9 测定步骤

9.1 试样稀释及培养

9.1.1 以无菌操作称取试样(第7章)25 g(或10 g),放于含有225 mL(或90 mL)稀释液或生理盐水的灭菌三角瓶中(瓶内预置适当数量的玻璃珠)。置振荡器上,振荡30 min。经充分振摇后,制成1∶10的均匀稀释液。最好置均质器中8 000 r/ min～10 000 r/min的速度处理1 min。

9.1.2 用1 mL灭菌吸管吸取1∶10稀释液1 mL,沿管壁慢慢注入含有9 mL灭菌稀释液或生理盐水的试管中(注意吸管尖端不要触及管内稀释液),振摇试管,或放微型混合器上,混合30 s,混合均匀,制成1∶100的稀释液。

9.1.3 另取一只1 mL灭菌吸管,按上述操作方法,作10倍递增稀释,如此每递增稀释一次,即更换一支灭菌吸管。

9.1.4 根据饲料卫生标准要求或对试样污染程度的估计,选择2个～3个适宜稀释度,分别在作10倍递增稀释的同时,即以吸取该稀释的吸管移1 mL稀释液于灭菌平皿内,每个稀释度作两个培养皿。

9.1.5 稀释液移入培养皿后,应及时将凉至46℃±1℃的培养基(可放置46℃±1℃水浴锅内保温)注入培养皿约15 mL,小心转动培养皿使试样与培养基充分混均。从稀释试样到倾注培养基之间,时间不能超过30 min。

如估计试样中所含微生物可能在培养基平皿表面生长时,待培养基完全凝固后,可在培养基表面倾注凉至46℃±1℃的水琼脂培养基4 mL。

9.1.6 待琼脂凝固后,倒置平皿于30℃±1℃恒温培养箱内培养72 h±3 h取出,计算平板内细菌总数目,细菌总数乘以稀释倍数,即得每克试样所含细菌总数。

9.2 细菌总数计算方法

做平板菌落计数时,可用肉眼观察,如菌落形态小时可借助于放大镜检查,以防遗漏。在计算出各平板细菌总数后,求出同稀释度的两个平板菌落的平均值。

9.3 细菌总数计数的报告

9.3.1 平板细菌总数的选择

选择细菌总数在30～300之间的平板作为细菌总数测定标准。每一稀释度使用两个平板菌落的平均数,两个平板其中一个平板有较大片状菌落生长时,则不宜采用,而应以无片状菌落生长的平板菌落的平均数作为该稀释度的细菌总数,若片状菌落不到平板的一半,而另一半菌落分布又很均匀,即可计算半个平板后乘2以代表全平皿细菌总数。

9.3.2 稀释度的选择

9.3.2.1 应选择平均细菌总数在30～300之间的稀释度,乘以稀释倍数报告之(见表1中例次1)。

9.3.2.2 若有两个稀释度,其生长的细菌总数均在30～300之间,则视两者之比如何来决定。若其比值小于或等于2,应报告其平均值;若大于2则报告其中较小的数字(见表1中例次2及例次3)。

9.3.2.3 若所有稀释度的平均细菌总数均大于300,则应按稀释度最高的平均细菌总数乘以稀释倍数报告之(见表1中例次4)。

9.3.2.4 若所有稀释度的平均细菌总数均小于30,则应按稀释度最低的平均细菌总数乘以稀释倍数报告之(见表1中例次5)。

9.3.2.5 若所有稀释度均无菌落生长,则以小于1乘以最低稀释倍数报告之(见表1中例次6)。

9.3.2.6 若所有稀释度的平均细菌总数均不在30～300之间,其中一部分大于300或小于30时,则以最接近30或300的平均细菌总数乘以稀释倍数报告之(见表1中例次7)。

9.3.3 细菌总数的报告

细菌总数在100以内时,按其实有数报告,大于100时,采用两位有效数字,在两位有效数字后面的数值,以四舍五入方法修约。为了缩短数字后面的零数,也可用10的指数表示(见表1)。

表 1 稀释度选择及细菌总数报告方式

例次	稀释液及细菌总数			稀释液之比	细菌总数/[CFU/g(mL)]	报告方式/[CFU/g(mL)]
	10^{-1}	10^{-2}	10^{-3}			
1	多不可计	164	20	—	16 400	16 000 或 1.6×10^{4}
2	多不可计	295	46	1.6	37 750	38 000 或 3.8×10^{4}
3	多不可计	271	60	2.2	27 100	27 000 或 2.7×10^{4}
4	多不可计	多不可计	313	—	313 000	310 000 或 3.1×10^{5}
5	27	11	5	—	270	270 或 2.7×10^{2}
6	0	0	0	—	$<1\times10$	<10
7	多不可计	305	12	—	30 500	31 000 或 3.1×10^{4}

附 录 A
（规范性附录）
培养基和试剂

除非特殊注明，所用试剂均为分析纯；水符合 GB/T 6682 三级水规格。

A.1 营养琼脂培养基

A.1.1 成分

蛋白胨	10 g
牛肉膏	3 g
氯化钠	5 g
琼脂	15 g～20 g
蒸馏水	1 000 mL

A.1.2 制法

将除琼脂以外的各成分溶于蒸馏水中，加入 15%氢氧化钠溶液约 2 mL 校正 pH 至 7.2～7.4。加入琼脂，加热煮沸，使琼脂溶化。分装三角瓶，121℃高压灭菌 20 min。

注：此培养基供一般细菌培养之用，可倾注平板或制成斜面。如菌落计数，琼脂量为 1.5%；如作成平板或斜面，则应为 2%。

A.2 磷酸盐缓冲液（稀释液）

A.2.1 储存液

磷酸二氢钾	34 g
1mol/L 氢氧化钠溶液	175 mL
蒸馏水	1 000 mL

A.2.2 制法

先将磷酸盐溶解于 500 mL 蒸馏水中，用 1 mol/L 氢氧化钠溶液校正 pH7.0～7.2 后，再用蒸馏水稀释至 1 000 mL。

A.2.3 稀释液

取储存液 1.25 mL，用蒸馏水稀释至 1 000 mL。分装每瓶或每管 9 mL，121℃高压灭菌 20 min。

A.3 0.85%生理盐水

称取氯化钠（分析纯）8.5 g，溶于 1 000 mL 蒸馏水中。分装三角瓶中，121℃高压灭菌 20 min。

A.4 水琼脂培养基

A.4.1 成分

琼脂	9 g～18 g
蒸馏水	1 000 mL

A.4.2 制法

加热使琼脂溶化，校正 pH6.8～7.2。分装三角瓶中，121℃高压灭菌 20 min。

参 考 文 献

[1] GB/T 4789.2—2003 食品卫生微生物学检验 细菌总数测定[S].北京:中国标准出版社,2003.

ICS 71.080.10
G 17

中华人民共和国国家标准

GB/T 13098—2006
代替 GB/T 13098—1991

工业用环氧乙烷

Ethylene oxide for industrial use

2006-01-23 发布　　2006-11-01 实施

中华人民共和国国家质量监督检验检疫总局
中国国家标准化管理委员会　发布

前　言

本标准修改采用前苏联国家标准 ГОСТ 7568:1988《环氧乙烷　技术条件》(俄文版,含 1994 年修改通知单,以下简称 ГОСТ 标准)。

本标准根据 ГОСТ 标准重新起草。在附录 A 中列出了本标准章条编号与 ГОСТ 标准章条编号的对照一览表。

考虑到我国国情,在采用 ГОСТ 标准时,本标准做了一些修改。本标准与 ГОСТ 标准的主要差异如下:

——ГОСТ 标准技术要求分为纯净和技术两个等级,本标准分为优等品和一等品两个等级。本标准未设置不挥发物项目。本标准优等品指标与 ГОСТ 标准纯净级比较:环氧乙烷的质量分数由≥99.90%修改为≥99.95%,这是为了使指标更为合理;总醛的质量分数由≤0.001%修改为≤0.003%(本标准的第 3 章),这是为了符合我国产品质量实际情况确定的;

——酸的试验方法中,将 ГОСТ 标准取 50 mL 液态样品直接进行滴定修改为取 70 mL 液态样品自然挥发至 50 mL 后进行滴定(本标准的 4.7)。这是为了消除样品中二氧化碳对酸测定的影响;

——水分和色度试验方法采用了通用方法国家标准(本标准的 4.6 和 4.9)。

本标准代替 GB/T 13098—1991《工业环氧乙烷》。

本标准与 GB/T 13098—1991 相比主要变化如下:

——增加了二氧化碳和色度两个项目,取消了无机氯项目(1991 年版的第 3 章,本版的 3.2);

——取消了合格品等级;优等品和一等品含量指标分别由≥99.0%和≥98.0%修改为≥99.95%和≥99.90%;总醛指标分别由≤0.01%和≤0.10%修改为≤0.003%和≤0.01%;一等品水分指标由≤0.1%修改为≤0.05%。(1991 年版的第 3 章,本版的 3.2)。

——环氧乙烷含量的试验方法采用了 ГОСТ 标准的试验方法,由滴定法改为差减法(1991 年版的 4.2,本版的 4.2)。

本标准的附录 A 为资料性附录。

本标准由中国石油和化学工业协会提出。

本标准由全国化学标准化技术委员会有机分会(SAC/TC63/SC2)归口。

本标准由扬子石油化工股份有限公司和上海石油化工股份有限公司负责起草。

本标准主要起草人:贾贵、吴晨光、章洪良、屈玲娣。

本标准于 1991 年 7 月首次发布。

工业用环氧乙烷

1 范围

本标准规定了工业用环氧乙烷的要求、试验方法、检验规则以及包装、标志、运输、贮存及安全。

本标准适用于乙烯直接氧化法制取的环氧乙烷。该产品主要用作合成助剂、医药、化纤、染料中间体等。

分子式：C_2H_4O

结构式：

```
CH₂—CH₂
  \  /
   O
```

相对分子质量：44.05（按 2001 年国际相对原子质量）

2 规范性引用文件

下列文件中的条款通过本标准的引用而成为本标准的条款。凡是注日期的引用文件，其随后所有的修改单（不包括勘误的内容）或修订版均不适用于本标准，然而，鼓励根据本标准达成协议的各方研究是否可使用这些文件的最新版本。凡是不注日期的引用文件，其最新版本适用于本标准。

GB 190 危险货物包装标志

GB/T 601 化学试剂 标准滴定溶液的制备

GB/T 603 化学试剂 试验方法中所用制剂及制品的制备（GB/T 603—2002，ISO 6353-1:1982，NEQ）

GB/T 1250 极限数值的表示方法和判定方法

GB/T 3143 液体化学产品颜色测定法（Hazen 单位—铂-钴色号）

GB/T 3723 工业用化学产品采样安全通则（GB/T 3723—1999，idt ISO 3165:1976）

GB/T 6283 化工产品中水分含量的测定 卡尔·费休法（通用方法）（GB/T 6283—1986，eqv ISO 760:1978）

GB/T 6680 液体化工产品采样通则

GB/T 6682 分析实验室用水规格和试验方法（GB/T 6682—1992，eqv ISO 3696:1987）

GB/T 9722 化学试剂 气相色谱法通则

中华人民共和国国务院令（2003）373 号《特种设备安全监察条例》

质技监局锅发（1999）154 号《压力容器安全技术监察规程》

质监局（2003）46 号《气瓶安全监察规程》

劳部发（1994）262 号《液化气体汽车罐车安全监察规程》

3 要求

3.1 外观：无色透明，无机械杂质。

3.2 工业用环氧乙烷应符合表 1 所示的技术要求。

表 1 技术要求

项目		指标	
		优等品	一等品
环氧乙烷的质量分数/%	≥	99.95	99.90
总醛(以乙醛计)的质量分数/%	≤	0.003	0.01
水的质量分数/%	≤	0.01	0.05
酸(以乙酸计)的质量分数/%	≤	0.002	0.010
二氧化碳的质量分数/%	≤	0.001	0.005
色度/Hazen 单位(铂-钴色号)	≤	5	10

4 试验方法

4.1 警示

试验方法规定的一些试验过程可能导致危险情况。操作者应采取适当的安全和健康措施。

4.2 一般规定

除非另有说明,在分析中仅使用确认为分析纯的试剂和 GB/T 6682 规定的三级水。

分析中所用标准滴定溶液、制剂及制品,在没有注明其他要求时,均按 GB/T 601、GB/T 603 之规定制备。

4.3 外观

于 50 mL 具塞比色管中,加入液态实验室样品,在日光灯或日光下轴向目测。

4.4 环氧乙烷含量的测定

4.4.1 方法提要

用 100.00 减去环氧乙烷中各种杂质质量分数的总和,计算得到环氧乙烷的质量分数。

4.4.2 结果计算

环氧乙烷含量的质量分数 w_1,数值以%表示,按式(1)计算:

$$w_1 = 100.00 - \sum w_i \qquad (1)$$

式中:

$\sum w_i$——环氧乙烷中各种杂质(总醛、水、酸、二氧化碳)质量分数的总和,分别按 4.5、4.6、4.7 和 4.8 测定。

4.5 总醛(以乙醛计)含量的测定

4.5.1 方法原理

当溶液的 pH 值为 3～4 时,亚硫酸氢钠与醛反应生成 α-羟基磺酸,用碘标准滴定溶液滴定未反应的亚硫酸氢钠。加入碳酸氢钠,改变溶液的 pH 值,使与醛反应的亚硫酸氢根释放出来,再用碘标准溶液滴定释放的亚硫酸氢根,计算试样中以乙醛计的总醛的含量。

4.5.2 试剂

4.5.2.1 碳酸氢钠。

4.5.2.2 无水乙醇。

4.5.2.3 硫酸溶液:$c(1/2H_2SO_4)=0.5$ mol/L。

4.5.2.4 亚硫酸氢钠标准溶液:$c(1/2NaHSO_3)=0.10$ mol/L。

称取 5 g 亚硫酸氢钠,精确至 0.1 g,溶于少量水中,加入 50 mL 无水乙醇并移入 1 000 mL 容量瓶中,加水稀释至刻度。用硫酸溶液调节其 pH 值至 3.5(用 pH 计测定)。此溶液每次使用前须进行

pH 值测定，若溶液的 pH 值低于 3.0，则此溶液不能使用，应重新配制。

4.5.2.5　亚硫酸氢钠标准溶液：$c(1/2NaHSO_3)=0.02$ mol/L。

用亚硫酸氢钠溶液（4.5.2.4）于使用前稀释，并调节 pH 值至 3.5。

4.5.2.6　碘标准滴定溶液：$c(1/2I_2)=0.1$ mol/L。

4.5.2.7　碘标准滴定溶液：$c(1/2I_2)=0.01$ mol/L。

4.5.2.8　淀粉指示液：5 g/L。

4.5.3　仪器

4.5.3.1　一般实验室仪器。

4.5.3.2　微量滴定管：分刻度 0.02 mL。

4.5.3.3　夹套移液管：5 mL。

于 5 mL 移液管外装一玻璃套管，套管两端用橡皮塞塞住。使用时，夹套管中装入冰盐水。夹套移液管示意图见图 1。

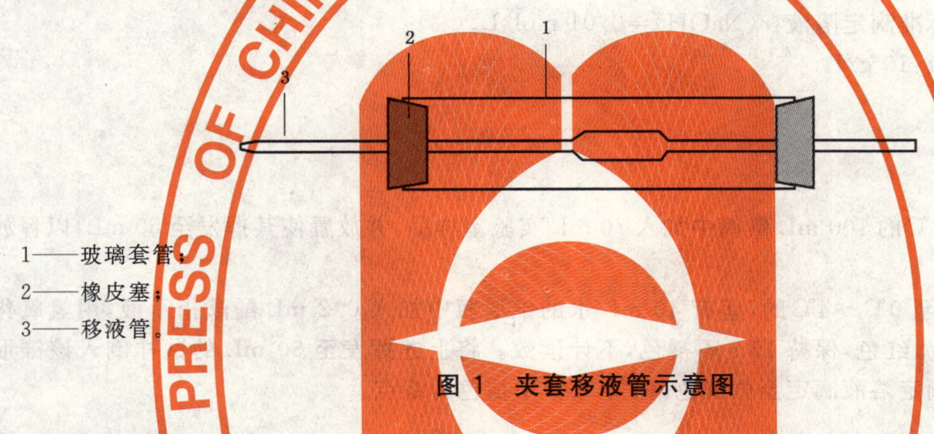

1——玻璃套管；
2——橡皮塞；
3——移液管。

图 1　夹套移液管示意图

4.5.4　分析步骤

用移液管吸取 25.0 mL 亚硫酸氢钠标准溶液，置于内盛 50 mL 水的具塞磨口瓶中，置于冰浴中冷却至 0℃～4℃，用夹套移液管取 5.0 mL 实验室样品置于磨口瓶中，盖紧瓶塞，摇匀，于冰浴中放置 30 min，加入淀粉指示液 1 mL，用碘标准滴定溶液滴定至溶液呈蓝色，保持 30 s 不褪色，不计读数。

加 1 g 碳酸氢钠，此时溶液蓝色消失。通过微量滴定管用碘标准滴定溶液滴定至溶液出现蓝色，并保持 30 s 不褪色即为终点，读取消耗的碘标准滴定溶液的体积。

注：样品的含醛量在质量分数为 0.01% 以上时，用亚硫酸氢钠标准溶液（4.5.2.4）和碘标准滴定溶液（4.5.2.6）进行测定；含醛量在质量分数为 0.01% 以下时，用亚硫酸氢钠标准溶液（4.5.2.5）和碘标准滴定溶液（4.5.2.7）进行测定。

在测定的同时，按与测定相同的步骤，对不加试料而使用相同数量的试剂溶液做空白试验。

4.5.5　结果计算

总醛（以乙醛计）含量的质量分数 w_2，数值以 % 表示，按式（2）计算：

$$w_2=\frac{[(V_1-V_2)/1\,000]cM}{V\cdot\rho_4}\times 100 \qquad \cdots\cdots(2)$$

式中：

V_1——试料消耗碘标准滴定溶液（4.5.2.6）或（4.5.2.7）的体积的数值，单位为毫升（mL）；

V_2——空白消耗碘标准滴定溶液（4.5.2.6）或（4.5.2.7）的体积的数值，单位为毫升（mL）；

c——碘标准滴定溶液浓度的准确数值，单位为摩尔每升（mol/L）；

M——乙醛（$1/2C_2H_4O$）的摩尔质量的数值，单位为克每摩尔（g/mol）[$M(1/2C_2H_4O)=22.02$]；

V——试料的体积的数值，单位为毫升（mL）；

ρ_4——4℃时环氧乙烷的密度的数值，单位为克每毫升（g/mL）（$\rho_4=0.891$）。

取两次平行测定结果的算术平均值为测定结果，两次平行测定结果的绝对差值，当总醛的质量分数在0.01%以下时不大于0.0005%；当总醛的质量分数在0.01%以上时不大于0.002%。

4.6 水含量的测定

按GB/T 6283的规定进行，用夹套移液管移取实验室样品。必要时反应瓶外面用冰水浴冷却，以防止加入样品时因样品暴沸使滴定液溅出。

取两次重复测定结果的算术平均值为测定结果，两次测定结果的绝对差值，当水分在0.01%以下时不大于0.001%；当水分在0.01%以上时不大于0.003%。

4.7 酸(以乙酸计)含量的测定

4.7.1 方法提要

以酚酞为指示剂，用氢氧化钠标准滴定溶液滴定试料，根据消耗氢氧化钠标准滴定溶液的体积计算以乙酸计的酸含量。

4.7.2 试剂

4.7.2.1 氢氧化钠标准滴定溶液：$c(NaOH)=0.01$ mol/L。

4.7.2.2 酚酞指示液：10 g/L。

4.7.3 仪器

一般实验室仪器。

4.7.4 分析步骤

于冷却至0℃～4℃的100 mL量筒中加入70 mL实验室样品，并放置使其挥发至50 mL，以释放可能存在的二氧化碳。

向在冰浴上冷却至0℃～4℃的，盛有40 mL水的锥形瓶中加入0.2 mL酚酞指示液，用氢氧化钠标准滴定溶液滴定至微红色，保持15 s不褪色，不计读数。将上述挥发至50 mL的试样倒入该锥形瓶中，用氢氧化钠标准滴定溶液滴定至微红色，保持15 s不褪色为终点。

4.7.5 结果计算

酸度以乙酸(CH_3COOH)的质量分数w_3计，数值以%表示，按式(3)计算：

$$w_3=\frac{(V_1/1\,000)c_1M_1}{V\cdot\rho_4}\times 100 \qquad \cdots\cdots(3)$$

式中：

V_1——氢氧化钠标准滴定溶液(4.7.2.1)的体积的数值，单位为毫升(mL)；

V——实验室样品的体积的数值，单位为毫升(mL)($V=70$)；

c——氢氧化钠标准滴定溶液浓度的准确数值，单位为摩尔每升(mol/L)；

M_1——乙酸的摩尔质量的数值，单位为克每摩尔(g/mol)($M_1=60.1$)；

ρ_4——4℃时环氧乙烷的密度的数值，单位为克每毫升(g/mL)($\rho_4=0.891$)。

取两次平行测定结果的算术平均值为测定结果。两次平行测定结果的绝对差值不大于这两个测定值的算术平均值的10%。

4.8 二氧化碳含量的测定

4.8.1 方法提要

用气相色谱法，在选定的工作条件下，使样品气化后经色谱柱分离，用热导检测器检测，采用外标法定量。

4.8.2 试剂

4.8.2.1 高纯氦气：纯度大于99.99%(体积分数)。

4.8.2.2 标准样品：二氧化碳标准气，浓度接近实际样品中的二氧化碳浓度(体积分数)，氦气为底气。

4.8.3 仪器

4.8.3.1 一般实验室仪器。

4.8.3.2 气相色谱仪:附热导检测器,灵敏度及稳定性符合 GB/T 9722 中有关规定的任何型号的气相色谱仪。

4.8.3.3 积分仪或色谱工作站。

4.8.3.4 气体定量进样阀。

4.8.3.5 复合膜气体取样袋:2 L。

4.8.3.6 医用注射器:5 mL。

4.8.3.7 微量注射器:25 μL。

4.8.4 色谱柱及典型操作条件

本标准推荐的色谱柱及典型操作条件见表 2,典型色谱图见图 2。其他能达到同等分离程度的色谱柱及操作条件也可使用。色谱柱在首次使用前应进行老化处理,老化温度为 180℃,老化时间为 30 h。

表 2 色谱柱及典型操作条件

色谱柱材质	不 锈 钢
柱长/m	3
柱内径/mm	3
固定相	Porapak Q
固定相粒度/mm	0.25～0.50(80 目～100 目)
载气	氮气
载气流速/(mL/min)	40
柱温/℃	30
进样口温度/℃	120
检测器温度/℃	150
进样量/mL	1～5

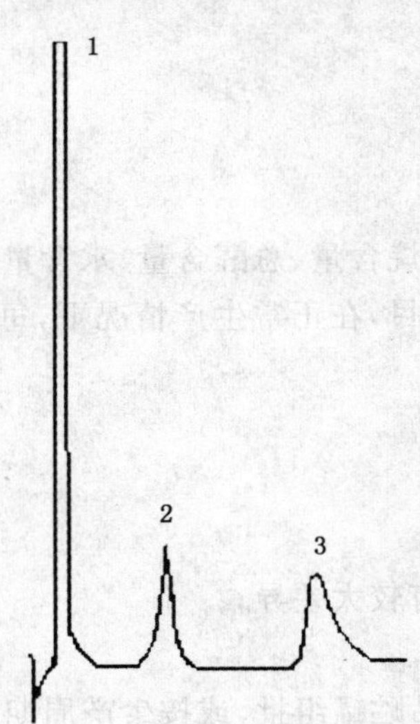

1——氮气;

2——二氧化碳;

3——水。

图 2 二氧化碳含量测定的典型色谱图

4.8.5 分析步骤

4.8.5.1 设定操作参数

根据仪器说明书，调节仪器至表 2 所示的操作条件，待仪器稳定后即可开始测定。

4.8.5.2 标准样品分析

通过气体进样阀将一定体积的标准样品注入色谱仪，进行色谱分析，测量二氧化碳的峰面积。

标准样品两次重复测定二氧化碳的峰面积之差应不大于其算术平均值的 5%，取其算术平均值供计算样品中二氧化碳含量用。

4.8.5.3 试样分析

用高纯氮气反复置换气体取样袋，排空取样袋中的气体。用在低温冷冻过的医用注射器吸取 1 mL～2 mL液态实验室样品注入金属取样袋中，使样品于常温下完全气化。用气化后的试样吹洗色谱仪的气体进样阀或玻璃注射器，将与标准样品相同体积的气态试样注入色谱仪进行分析，记录二氧化碳的峰面积。之后，可升高色谱仪柱箱温度至 180℃，使环氧乙烷组分尽快从色谱柱流出，将色谱仪柱箱温度降至正常测定时的操作条件，待仪器稳定后开始下一次分析。

4.8.6 结果计算

二氧化碳含量的质量分数 w_4，数值以%表示，按式(4)计算：

$$w_4 = \frac{A}{A_s} \times c_s \quad \cdots\cdots (4)$$

式中：

A——试料中二氧化碳的峰面积；

A_s——标准样品中二氧化碳的峰面积；

c_s——标准样品中二氧化碳的浓度的体积分数，数值以%表示。

取两次平行测定结果的算术平均值为测定结果，两次平行测定结果的绝对差值不大于这两个测定值的算术平均值的 30%。二氧化碳测定值小于 0.000 5%时，按小于 0.000 5%报告。

4.9 色度的测定

在冷却至 0℃～4℃的 50 mL 比色管中加入实验室样品至刻度。用吸水纸擦干比色管外壁的冷凝水，迅速按 GB/T 3143 的规定进行测定。

5 检验规则

5.1 检验分为出厂检验和型式检验。

5.1.1 出厂检验项目为表 1 中的环氧乙烷含量、总醛含量、水含量和酸含量，应逐批进行检验。

5.1.2 型式检验项目为表 1 中的全部项目，在正常生产情况下，每月至少进行一次型式检验。有下列情况之一时，也应进行型式检验。

a) 更新关键生产工艺；

b) 主要原料有变化；

c) 停产又恢复生产；

d) 出厂检验结果与上次型式检验有较大差异；

e) 合同规定。

5.2 以同等质量的产品为一批，可按产品贮罐组批，或按生产周期进行组批，每批不超过 600 t。

5.3 采样按 GB/T 6680 的规定进行。

5.3.1 生产厂可从贮罐中或生产线上采取有代表性的样品，用户可以从贮运槽车中采取有代表性的样品，或从同一批环氧乙烷钢瓶中采样，采取样品的钢瓶数不应少于总钢瓶数的 10%，但采样的钢瓶数不得少于 3 瓶。采样可用钢瓶或试样瓶采样，采样者应熟悉和遵守 GB/T 3723 的规定。

5.3.2 用样品瓶采样时，将清洁干燥的具塞样品瓶及连接环氧乙烷容器阀的导出管一并置于冰浴中冷却，冷却时应保持容器和连接管的干燥。采样时，将导出管与环氧乙烷容器阀口连接，打开容器阀将样品导入瓶内，采样完毕后，关闭容器阀，塞住样品瓶塞，拆除连接用导向管，清洗、干燥备用。

5.3.3 采样量不少于 300 mL，贮于清洁干燥的采样钢瓶或样品瓶中。贴上标签，注明产品名称、生产日期、批号、采样日期和采样者姓名等。样品瓶应密封并保存在冰浴中。采样后应尽快进行分析。

5.4 工业用环氧乙烷应由生产厂的质量检验部门进行检验。生产厂应保证每批出厂的环氧乙烷都符合本标准的要求。每批出厂产品都应附有一定格式的质量证明书，内容包括：生产厂名称和厂址、产品名称、生产日期或批号、质量等级、净质量和本标准编号等。

5.5 使用单位可按照本标准的规定对所收到的产品进行验收。产品的验收期限一般为自出厂日期起 30 日内，验收期限也可由供需双方协商确定。

5.6 检验结果的判定按 GB/T 1250 中规定的修约值比较法进行。检验结果如有任何一项指标不符合本标准的要求时，则应重新加倍采样进行检验。重新检验的结果即使只有一项指标不符合本标准的要求，则整批产品应作降等或不合格处理。

6 包装、标志、运输和贮存

6.1 包装

工业用环氧乙烷应采用不锈钢钢瓶包装，或采用罐体材料为不锈钢的罐车灌装，钢瓶、罐车的检查、充装、使用、管理等事项应按《特种设备安全监察条例》、《压力容器安全技术监察规程》、《气瓶安全监察规程》和《液化气体汽车罐车安全监察规程》的规定执行。钢瓶和罐车的充装量不得大于 0.79 kg/L。

工业用环氧乙烷也可用经国家有关部门认可能确保安全的其他容器包装、灌装，并按该容器的有关安全监察、管理规定执行。

6.2 标志

工业用环氧乙烷包装容器上应有牢固的标志，标明产品名称、生产厂名称和厂址、商标、生产日期或批号、质量等级、净质量、生产许可证号和本标准编号等。产品包装容器上还应显著地标明 GB 190 规定的“易燃液体”、“爆炸品”及“有毒品”标志。

6.3 运输和贮存

充装有工业用环氧乙烷的钢瓶，贮存和运输按《气瓶安全监察规程》执行。

灌装有工业用环氧乙烷的罐车应在氮气密封下运输，氮气的体积分数不低于 99.9%，密封氮气中氧的体积分数不得大于 0.5%，密封氮气压力 0.28 MPa～0.35 MPa。此外，还应执行《压力容器安全技术监察规程》、《液化气体汽车罐车安全监察规程》等有关规定。

工业用环氧乙烷储罐罐体材料应优先采用不锈钢。贮存有工业用环氧乙烷的储罐应采用氮气密封，氮气的体积分数不低于 99.9%，氮气密封中氧的体积分数不得大于 0.5%，氮气密封压力 0.07 MPa～0.35 MPa，贮存温度不高于 10℃。

7 安全

7.1 环氧乙烷为易燃、易爆的有毒液体，沸点 10.7 ℃，闪点 −17.8℃，自燃点 429℃，爆炸极限的体积分数为 3%～100%。温度高于 40℃时环氧乙烷开始聚合。环氧乙烷与催化剂（如氯化铝、铁的氧化物、氧化铝、金属钾、酸、碱）接触时能分解或聚合，放出大量热量，严重时能导致爆炸。

7.2 环氧乙烷为强麻醉剂，能引起急性中毒和慢性中毒。短时间吸入低浓度环氧乙烷蒸气会刺激眼鼻，引起肺部充血，短时间接触高浓度环氧乙烷蒸气会引起头疼、恶心、呕吐和呼吸困难。液态环氧乙烷接触皮肤会引起皮肤冻伤。

附 录 A
（资料性附录）
本标准章条编号与ГОСТ标准章条编号对照

表A.1给出了本标准章条编号与ГОСТ标准章条编号对照一览表。

表A.1 本标准章条编号与ГОСТ标准章条编号对照

本标准章条编号	对应ГОСТ标准章条编号
1	—
2	—
3	1.1、1.2
4.1	—
4.2	3.1
4.3	—
4.4	3.3
4.5	3.7
4.6	3.5
4.7	3.6
4.8	3.8
4.9	3.9
5	2、3.2
6.1、6.2	1.3、1.4
6.3	4、5
7	—

ICS 37.060.20
G 81

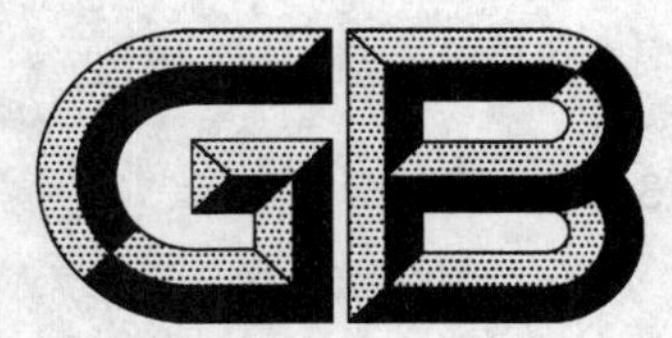

中华人民共和国国家标准

GB/T 13154—2006
代替 GB/T 13154—1991

电视用彩色电影拷贝和幻灯片的密度规范

Colour motion-picture prints and slides for television—Density specifications

(ISO 6036:1996 Cinematography—Colour motion-picture prints and slides for television—Density specifications, MOD)

2006-08-30 发布　　2007-03-01 实施

中华人民共和国国家质量监督检验检疫总局
中国国家标准化管理委员会　发布

前　言

本标准修改采用了 ISO 6036:1996《电影　电视用彩色电影拷贝和幻灯片的密度规范》(英文版)。

本标准与 ISO 6036:1996 的主要差异如下:

——将 ISO 6036:1996 中 3.1 作为第 3 章“密度测量”的条款;

——将 ISO 6036:1996 中 3.2、3.3 作为第 4 章“密度要求”的 4.1、4.2 条,并将原 3.3 条规定的彩色拷贝和幻灯片的色彩良好再现密度值 0.4～2.0 改为 0.25～2.05;

——将 ISO 6036:1996 中附录 B 改为参考文献。

本标准与 GB/T 13154—1991 的主要差异如下:

——将 GB/T 13154—1991 中的 4.2 条“……密度范围应在 0.25～2.0 之间”改为“……密度范围应在 0.25～2.05”;

——删除附录 B。

本标准从实施之日起代替 GB/T 13154—1991。

本标准的附录 A 为资料性附录。

本标准由国家广播电影电视总局提出并归口。

本标准起草单位:中国电影集团公司北京电影洗印录像技术厂。

本标准起草人:杨明达。

本标准于 1991 年首次发布,本次修订为第一次修订。

电视用彩色电影拷贝和幻灯片的密度规范

1 范围

本标准规定了胶片影像在视频监视器上色彩良好再现的密度值范围。

本标准适用于专供电视用 35 mm 和 16 mm 彩色电影拷贝和幻灯片。

2 规范性引用文件

下列文件中的条款通过本标准的引用而成为本标准的条款。凡是注日期的引用文件，其随后所有的修改单(不包括勘误的内容)或修订版均不适用于本部分，然而，鼓励根据本标准达成协议的各方研究是否可使用这些文件的最新版本。凡是不注日期的引用文件，其最新版本适用于本标准。

GB/T 11500—1989 摄影透射密度测量的几何条件(neq ISO 5-2:1985)

GB/T 11501—1989 摄影密度测量的光谱条件(neq ISO 513:1984)

3 密度测量

本标准所列密度数据均以标准视觉漫透射密度为准，其几何条件和光谱条件按 GB/T 11500—1989 和 GB/T 11501—1989 的有关规定。

4 密度要求

4.1 影片拷贝上相应于电视白色电平的密度值应是 0.3±0.05 中性(灰)密度(包括片基密度)。这一密度值只能作为景物亮细部再现的相对定标基准，不包括镜面反射和其他强亮细部的影像密度。

4.2 为适应电视图像信号动态范围较小的特点，播放用彩色电影拷贝需选用反差性能相当的胶片制作，使影片上阴影区高密度得以限制。

适于电视播放用的彩色电影拷贝，其影调、色彩的良好再现区密度范围应在 0.25～2.05。

附 录 A
（资料性附录）
可采取的密度控制方法

A.1 电视上的白色电平相应于景物中反射率为60%～70%的在完全照明下的物体影像。在影片拷贝上，以相应于电视白色电平的密度（$D=0.3$）至由此以上1.7的密度范围，被定为色彩再现的良好条件区。

A.2 一般放映用彩色电影拷贝上的阴影区影像密度常处于2.0～2.5的范围，这一部分影像转映到电视屏幕时，影像层次和色彩会失真甚至不能视辨。本标准规定的密度值限额2.05相当于景物中完全照明下反射率为3%的黑色物体在电视用彩色影片拷贝上应有的影像密度值。

A.3 为实现本标准的密度规范，建议印制供电视用的彩色电影拷贝使用比一般彩色电影放映拷贝所用胶片反差低的特定片种。

A.4 本标准引用的标准视觉漫透射密度，可用具备下列条件的彩色密度计计量，即：投射光源色温为2 856 K～3 000 K；光接受器为符合S-4或S-9型光谱响应的光电元件；接收光路中设置有供视觉密度测量用的“雷登”（WRATTEN）106或类似滤光器。

A.5 为便于在印制过程中有效地控制密度，最好在底片中接入一个包括反射率分别为60%～70%（代表白色电平依据）和3%（用作阴影部控制依据）的标准灰板以及人脸等内容的负像底片，用作标准控制片。

也可以利用通常在底片上采用的LAD（洗印目标密度）标准控制片，以其中的相应于反射率为90%（白）和3%（黑）的两级影像密度，通过感光测定作图计算的方法进行间接的指标控制。

需注意，在上述控制中，建议标准控制片经过与正式画面统一配光，并确保两者影像密度衔接一致时方可依据。

参 考 文 献

［1］ ISO 2910:1990 室内影院和鉴定放映室的银幕亮度

［2］ ISO 6035:1983 评价电视用电影和幻灯的观看条件

ICS 67.120.10
X 71

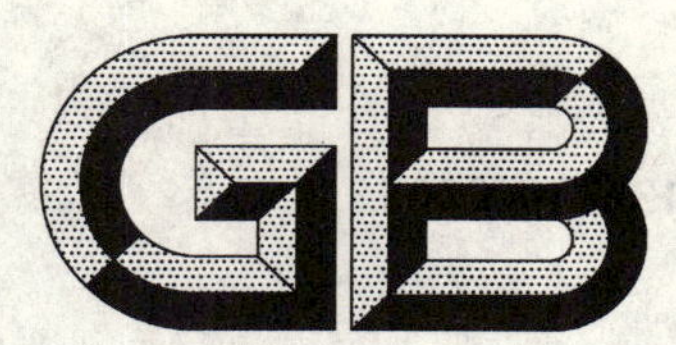

中华人民共和国国家标准

GB/T 13213—2006
代替 GB/T 13213—1991

猪肉糜类罐头

Canned pork minced

2006-07-18 发布　　　　2006-12-01 实施

中华人民共和国国家质量监督检验检疫总局
中国国家标准化管理委员会　发布

前言

本标准参考了国际食品法典委员会标准 Codex Stan 89—1991《午餐肉法规》。

本标准为 GB/T 13213—1991《火腿猪肉罐头》、QB/T 2299—1997《午餐肉》和 QB/T 1353—1991《火腿午餐肉罐头》的整合修订。

本标准代替 GB/T 13213—1991《火腿猪肉罐头》。

本标准与 GB/T 13213—1991 相比主要变化如下：

——取消了 GB/T 13213—1991 中的合格品等级，产品等级分为“优级”和“普通级”；

——增加了理化指标的要求。

本标准由中国轻工业联合会提出。

本标准由全国食品工业标准化技术委员会罐头分技术委员会归口。

本标准起草单位：中国食品发酵工业研究院、中国罐头工业协会、上海梅林食品有限公司、广州市产品质量监督检验所、四川省美宁食品有限公司、蚌埠市宏业肉类联合加工有限责任公司。

本标准主要起草人：王柏琴、杨邦英、郭淑明、邓穗兴、张正、吴玉銮、唐和林、郑渝。

本标准所代替标准的历次版本发布情况为：

——GB/T 13213—1991。

猪肉糜类罐头

1 范围

本标准规定了猪肉糜类罐头的产品分类和代号、技术要求、试验方法、检验规则、标志、包装、运输和贮存要求。

本标准适用于火腿猪肉罐头、火腿午餐肉罐头和午餐肉罐头的生产、市场规范和监督。

2 规范性引用文件

下列文件中的条款通过本标准的引用而成为本标准的条款。凡是注日期的引用文件，其随后所有的修改单(不包括勘误的内容)或修订版均不适用于本标准，然而，鼓励根据本标准达成协议的各方研究是否可使用这些文件的最新版本。凡是不注日期的引用文件，其最新版本适用于本标准。

GB 317 白砂糖

GB 1907 食品添加剂 亚硝酸钠

GB 2760 食品添加剂使用卫生标准

GB/T 4789.26 食品卫生微生物学检验 罐头食品 商业无菌的检验

GB/T 5009.5 食品中蛋白质的测定

GB 5461 食用盐

GB 5749 生活饮用水卫生标准

GB 7718 预包装食品标签通则

GB/T 8884 食用马铃薯淀粉

GB/T 8885 食用玉米淀粉

GB/T 8967 谷氨酸钠(99%味精)

GB/T 9695.7 肉与肉制品 总脂肪含量测定(GB/T 9695.7—1988,eqv ISO 1443:1973)

GB/T 9695.14 肉制品 淀粉含量测定(GB/T 9695.14—1988,idt ISO 5554:1978)

GB 9959.1 鲜、冻片猪肉

GB 9959.2 分割鲜、冻猪瘦肉

GB/T 9959.3 分部位分割冻猪肉

GB/T 10786 罐头食品的检验方法

GB/T 12457 食品中氯化钠的测定方法(GB/T 12457—1990,neq ISO 1841:1981)

GB 13100 肉类罐头卫生标准

QB/T 1006 罐头食品的检验规则

QB/T 3600 罐头食品包装、标志、运输和贮存

3 术语和定义

下列术语和定义适用于本标准

3.1

午餐肉罐头 canned pork luncheon meat

以畜肉为原料，不添加各类蔬菜、动物内脏，经腌制、斩拌、搅拌等工艺制成的罐头产品。

4 产品分类和代号

4.1 火腿猪肉罐头产品代号为2。

4.2 火腿午餐肉罐头产品代号为092。

4.3 午餐肉罐头产品代号为8。

5 技术要求

5.1 原辅材料

5.1.1 猪肉

应符合 GB 9959.1、GB 9959.2、GB/T 9959.3 的要求。

5.1.2 食用盐

应符合 GB 5461 的要求。

5.1.3 白砂糖

应符合 GB 317 的要求。

5.1.4 亚硝酸钠

应符合 GB 1907 的要求。

5.1.5 淀粉

应符合 GB/T 8884 或 GB/T 8885 的要求。

5.1.6 冰屑

采用符合 GB 5749 要求的饮用水制成。

5.1.7 植物蛋白

采用蛋白质含量大于60%、脂肪含量小于1%、去腥味的植物蛋白。

5.1.8 谷氨酸钠

应符合 GB/T 8967 的要求。

5.1.9 其他原辅料

应符合其他相应标准的要求。

5.2 配料要求

5.2.1 植物蛋白的添加量不超过2%。

5.2.2 优级午餐肉罐头的投肉量≥80%。

5.2.3 优级火腿猪肉罐头的投肉量≥85%。

5.2.4 优级火腿午餐肉罐头的投肉量≥80%。

5.3 感官要求

应符合表1的要求。

表1 感官要求

项目	午餐肉罐头		火腿猪肉罐头		火腿午餐肉罐头	
	优 级	普通级	优 级	普通级	优 级	普通级
色泽	表面色泽正常，切面呈淡粉红色	表面色泽正常，无明显变色，切面呈淡粉红色，稍有光泽	呈该产品应有之淡红色	呈淡红色，允许表面略带黄色	呈鲜艳的粉红色	切面呈淡粉红色，允许表面略带黄色

表 1（续）

<table>
<tr><th rowspan="2">项目</th><th colspan="2">午餐肉罐头</th><th colspan="2">火腿猪肉罐头</th><th colspan="2">火腿午餐肉罐头</th></tr>
<tr><th>优 级</th><th>普通级</th><th>优 级</th><th>普通级</th><th>优 级</th><th>普通级</th></tr>
<tr><td>滋味、气味</td><td>具有午餐肉罐头浓郁的滋味与气味</td><td>具有午餐肉罐头较好的滋味与气味</td><td colspan="2">具有火腿猪肉罐头应有的滋味与气味</td><td colspan="2">具有火腿午餐肉罐头应有的滋味与气味，无异味</td></tr>
<tr><td>组织</td><td>组织紧密、细嫩，切面光洁、夹花均匀，无明显的大块肥肉夹花或大蹄筋，富有弹性，允许极少量最大直径小于 8 mm 的小气孔存在</td><td>组织紧密、细嫩，切面较光洁、夹花均匀，稍有大块肥肉、夹花或大蹄筋，有弹性，允许少量最大直径小于 8 mm 的小气孔存在</td><td rowspan="3">组织紧密，含有粗绞瘦肉夹花，形态完整。允许稍有脂肪及胶冻析出，析出脂肪总量不超过净重的 4%</td><td rowspan="3">组织紧密，含有粗绞瘦肉夹花，形态完整。允许少量脂肪及胶冻析出，析出脂肪总量不超过净重的 5%</td><td rowspan="3">组织紧密细嫩，有良好的弹性感，表面平整，无缺角，不粘罐；脂肪及胶冻析出量不超过净重的 0.5%；允许有小气孔</td><td rowspan="3">组织紧密细嫩，有弹性感，表面平整，略有收腰，缺角不大于周长 30%，粘罐不大于总面积的 15%；切面有较明显的粗文火腿夹花；脂肪及胶冻析出量不超过净重的 1%；允许有小气孔</td></tr>
<tr><td>形态</td><td>表面平整，无收腰，缺角不超过周长的 10%，接缝处略有粘罐，不超过 3 cm²</td><td>表面平整，稍有收腰，缺角不超过周长的 30%，粘罐面积不超过罐内部总面积的 10%</td></tr>
<tr><td>析出物</td><td>脂肪和胶冻析出量不超过净含量的 0.5%，净含量为 198 g 的析出量不超过 1.0%，无析水现象</td><td>脂肪和胶冻析出量不超过净含量的 1.0%，净含量为 198 g 的析出量不超过 1.5%，无析水现象</td></tr>
</table>

5.4 理化指标

5.4.1 理化指标要求

应符合表 2 的要求。

表 2 理化指标

项目		午餐肉罐头		火腿猪肉罐头		火腿午餐肉罐头	
		优 级	普通级	优 级	普通级	优 级	普通级
淀粉含量/(%)	≤	6.0	7	3.5	5	6	7
脂肪含量/(%)	≤	24.0	26	18	22	20	24
蛋白质含量/(%)	≥	12.0	10	14	12	13	11
氯化钠含量/(%)		1.0～2.5		1.5～2.5		1.0～2.5	
含水量/(%)	≤	60					

5.5 卫生要求

应按 GB 13100 规定执行。

5.6 食品添加剂

应符合 GB 2760 的要求。

5.7 缺陷

产品如不符合技术要求，应记作缺陷。缺陷按表 3 分类。

表3 缺陷分类

类 别	缺 陷
严重缺陷	有明显异味； 硫化铁严重污染内容物； 有有害杂质，如碎玻璃、头发、外来昆虫、金属碎屑及长径大于3 mm已脱落的锡珠； 微生物指标不符合GB/T 4789.26中规定的商业无菌要求。
一般缺陷	有一般杂质，如棉线、猪毛、木屑、竹丝、尼龙线及长径不大于3 mm已脱落的锡珠； 感官要求明显不符合技术要求，有数量限制的净含量和固形物公差超过允许公差。

6 试验方法

6.1 感官、净含量要求

按GB/T 10786的规定执行。

6.2 淀粉

按GB/T 9695.14规定的方法检验。

6.3 氯化钠

按GB/T 12457规定的方法检验。

6.4 蛋白质

按GB/T 5009.5规定的方法检验。

6.5 脂肪

按GB/T 9695.7规定的方法检验。

6.6 卫生指标

按GB 13100规定的方法检验。

7 检验规则

应符合QB/T 1006的规定，其中蛋白质、脂肪、淀粉、污染物含量半年检验一次。

8 标志、包装、运输和贮存

标签应符合GB 7718的规定。

包装、运输和贮存应符合QB/T 3600的规定。

ICS 67.120.10
X 71

中华人民共和国国家标准

GB/T 13214—2006
代替 GB/T 13214—1991,GB/T 13215—1991

咸牛肉、咸羊肉罐头

Canned corned beef and mutton

2006-07-18 发布　　2006-12-01 实施

中华人民共和国国家质量监督检验检疫总局
中国国家标准化管理委员会　发布

前　言

本标准是 GB/T 13214—1991《咸牛肉罐头》和 GB/T 13215—1991《咸羊肉罐头》的整合修订。

本标准在以下方面有内容的变动：

——取消了净含量的规定；

——取消了 GB/T 13214—1991 和 GB/T 13215—1991 中的合格品等级；

——卫生要求按新颁布的卫生标准执行。

本标准代替 GB/T 13214—1991《咸牛肉罐头》和 GB/T 13215—1991《咸羊肉罐头》。

本标准由中国轻工业联合会提出。

本标准由全国食品工业标准化技术委员会罐头分技术委员会归口。

本标准起草单位：中国食品发酵工业研究院、中国罐头工业协会。

本标准主要起草人：王柏琴、郭淑明。

本标准所代替标准的历次版本发布情况为：

——GB/T 13214—1991；

——GB/T 13215—1991。

咸牛肉、咸羊肉罐头

1 范围

本标准规定了咸牛肉罐头和咸羊肉罐头的产品分类和代号、技术要求、试验方法、检验规则、标志、包装、运输和贮存的基本要求。

本标准用于咸牛肉罐头、咸羊肉罐头的市场监督和规范。

2 规范性引用文件

下列文件中的条款通过本标准的引用而成为本标准的条款。凡是注日期的引用文件，其随后所有的修改单(不包括勘误的内容)或修订版均不适用于本标准，然而，鼓励根据本标准达成协议的各方研究是否可使用这些文件的最新版本。凡是不注日期的引用文件，其最新版本适用于本标准。

GB 317 白砂糖

GB 1907 食品添加剂 亚硝酸钠

GB 2760 食品添加剂使用卫生标准

GB/T 5009.33 食品中亚硝酸盐与硝酸盐的检测方法

GB 5461 食用盐

GB/T 8884 食用马铃薯淀粉

GB/T 8885 食用玉米淀粉

GB/T 9695.7 肉与肉制品 总脂肪含量测定(GB/T 9695.7—1988,eqv ISO 1443:1973)

GB/T 9695.8 肉与肉制品 氯化物含量测定(GB/T 9695.8—1988,eqv ISO 1841:1981)

GB/T 9695.11 肉与肉制品 氮含量测定(GB/T 9695.11—1988,idt ISO 937:1978)

GB/T 9695.14 肉制品 淀粉含量测定(GB/T 9695.14—1988,idt ISO 5554:1978)

GB/T 9695.15 肉与肉制品 水分含量测定(GB/T 9695.15—1988,eqv ISO 1442:1973)

GB/T 9960 鲜、冷四分体带骨牛肉

GB 9961 鲜、冻胴体羊肉

GB/T 10786 罐头食品的检验方法

GB 13100—2005 肉类罐头卫生标准

QB 1006 罐头食品的检验规则

QB/T 3600 罐头食品包装、标志、运输和贮存

3 产品分类和代号

3.1 咸牛肉罐头分加淀粉和不加淀粉两类。

3.1.1 加淀粉的产品代号为155。

3.1.2 不加淀粉的产品代号为155 W。

3.2 咸羊肉罐头分加淀粉和不加淀粉两类。

3.2.1 加淀粉的产品代号为156。

3.2.2 不加淀粉的产品代号为156 W。

4 技术要求

4.1 原辅材料

4.1.1 牛肉

应符合GB/T 9960的规定。

4.1.2 羊肉

应符合 GB 9961 的规定。

4.1.3 淀粉

应符合 GB/T 8884 或 GB/T 8885 的规定。

4.1.4 食用盐

应符合 GB 5461 的规定。

4.1.5 亚硝酸钠

应符合 GB 1907 的规定。

4.1.6 白砂糖

应符合 GB 317 的规定。

4.2 感官要求

咸牛肉罐头、咸羊肉罐头应符合表 1 的规定。

表 1 感官要求

项 目	咸牛肉罐头要求		咸羊肉罐头要求	
	优 级	普通级	优 级	普通级
色 泽	肉色正常,呈淡红色	肉色正常,表面呈淡红色,略带暗红色	肉色正常,呈淡红色	肉色正常,表面呈暗红色
滋 味、气 味	具有咸牛肉罐头应有的滋味及气味,无异味		具有咸羊肉罐头应有的滋味及气味,无异味	
组织形态	每罐能切 5 片,切面有松散的小肉块,无大块粗组织膜,小于 1 cm^2 的粗组织膜不超过 2 块。形态完整,无明显的胶冻和汁液析出。允许内容物的一端有少量脂肪析出,但平均厚度不应超过 2 mm	每罐能切 5 片,切面有尚明显的小肉块,无大块粗组织膜,小于1 cm^2 的粗组织膜不超过 3 块。形态完整,稍有胶冻和汁液析出。允许内容物的一端有少量脂肪析出,但平均厚度不应超过 3 mm	每罐能切 5 片,切面有明显松散的小肉块,无大块粗组织膜,小于 1 cm^2 的粗组织膜不超过2 块。形态完整,无明显的胶冻和汁液析出。允许内容物的一端有少量脂肪析出,但平均厚度不应超过 2 mm	每罐能切 5 片,切面有尚明显的小肉块,无大块粗组织膜,小于1 cm^2 的粗组织膜不超过 3 块。形态完整,稍有胶冻和汁液析出。允许内容物的一端有少量脂肪析出,但平均厚度不应超过 3 mm

4.3 理化指标

4.3.1 氯化钠含量应小于或等于 2.5% 。

4.3.2 其他理化指标要求应符合表 2 规定。

表 2 其他理化指标要求

项 目			咸牛肉罐头、咸羊肉罐头要求	
			优 级	普通级
脂肪/(%)	≤	无淀粉	18.0	20
		加淀粉	10.0	11.0
水分/(%)	≤	无淀粉	62.0	63
		加淀粉	65.0	66.0
蛋白质/(%)	≥	无淀粉	20.0	18
		加淀粉	15.0	13.0
淀粉/(%)	≤		5	

4.4 卫生要求

应按 GB 13100—2005 中 3.3 和 3.4 的要求。

4.5 食品添加剂要求

食品添加剂的使用应符合 GB 2760 的规定。

4.6 缺陷

样品的感官要求和物理指标如不符合技术要求，应判作缺陷，缺陷按表 3 分类。

表 3 样品缺陷分类

类 别	缺 陷
严重缺陷	有明显异味； 硫化铁明显污染内容物； 有有害杂质，如碎玻璃、头发、外来昆虫、金属屑。
一般缺陷	有一般杂质，如棉线、合成纤维丝、牛毛或羊毛； 感官性能明显不符合技术要求、有数量限制的超标； 净含量负公差超过允许公差。

5 检验方法

5.1 感官

5.1.1 切片：开罐后内容物倒出，用不锈钢刀横切。

5.1.2 其他感官项目按 GB/T 10786 规定的方法检验。

5.2 净含量

按 GB/T 10786 规定的方法检验。

5.3 氯化钠

按 GB/T 9695.8 规定的方法测定。

5.4 脂肪

按 GB/T 9695.7 规定的方法测定。

5.5 水分

按 GB/T 9695.15 规定的方法测定。

5.6 蛋白质

按 GB/T 9695.11 规定的方法测定。

5.7 淀粉

按 GB/T 9695.14 规定的方法测定。

5.8 亚硝酸钠

按 GB/T 5009.33 规定的方法测定。

5.9 卫生指标

按 GB 13100 规定的方法检验。

6 检验规则

按 QB/T 1006 的规定执行。

7 标志、包装、运输和贮存

按 QB/T 3600 的规定执行。

ICS 77.040.10
H 22

中华人民共和国国家标准

GB/T 13239—2006
代替 GB/T 13239—1991

金属材料　低温拉伸试验方法

Metallic materials—Tensile testing at low temperature

(ISO 15579:2000,MOD)

2006-08-16 发布　　2007-01-01 实施

中华人民共和国国家质量监督检验检疫总局
中国国家标准化管理委员会　发布

前言

本标准修改采用 ISO 15579:2000《金属材料　低温拉伸试验方法》(英文版)。

本标准根据 ISO 15579:2000 重新起草,为了方便比较,在附录 F 中列出了本国家标准条款和国际标准条款的对照一览表。

由于我国的实际情况需要,本标准在采用国际标准时进行了修改。这些技术性差异用垂直单线标识在它们所涉及的条款的页边空白处。在附录 G 中给出了技术性差异及其原因的一览表以供参考。

对于 ISO 15579:2000 引用的其他国际标准中有被采用为我国标准的,本标准引用我国的这些国家标准代替对应的国际标准,并增加了相关引用标准。(见本标准第 2 章)。

为了便于使用,本标准还做了下列编辑性修改:

——"本国际标准"一词改为"本标准";

——用小数点"."代替作为小数点的逗号",";

——删除国际标准的前言和引言;

——删除国际标准的参考文献。

本标准代替 GB/T 13239—1991《金属材料低温拉伸试验方法》。

本标准与原标准在以下方面的技术内容进行了较大修改和补充:

——规范性引用文件;

——定义和符号;

——试验温度;

——试验要求;

——性能测定方法;

——性能测定结果数值修约。

本标准的附录 A、附录 B、附录 C、附录 D、附录 E、附录 F、附录 G 均为资料性附录。

本标准由中国钢铁工业协会提出。

本标准由全国钢标准化技术委员会归口。

本标准起草单位:钢铁研究总院,北京有色金属研究总院,上海材料所。

本标准起草人:李颖、高怡斐、刘涛、王福生、孙泽明、王滨。

本标准于 1991 年首次发布。

金属材料　低温拉伸试验方法

1　范围

本标准规定了－196℃～＜10℃范围内金属材料拉伸试验方法的原理、定义、符号和说明、试样及其尺寸测量、试验设备、试验要求、性能测定、测定结果数值修约和试验报告。

本标准适用于温度在－196℃～＜10℃范围内金属材料的拉伸试验。

2　规范性引用文件

下列文件中的条款通过本标准的引用而成为本标准的条款。凡是注日期的引用文件，其随后所有的修改单(不包括勘误的内容)或修订版均不适用于本标准，然而，鼓励根据本标准达成协议的各方研究是否可使用这些文件的最新版本。凡是不注日期的引用文件，其最新版本适用于本标准。

GB/T 228　金属材料　室温拉伸试验方法(GB/T 228—2002，eqv ISO 6892:1998)

GB/T 2975　钢及钢产品　力学性能试验取样位置及试样制备(GB/T 2975—1998，eqv ISO 377:1997)

GB/T 8170　数值修约规则

GB/T 12160　单轴试验用引伸计的标定(GB/T 12160—2002，ISO 9513:1999，IDT)

GB/T 16825.1　静力单轴试验机的检验　第1部分：拉力和(或)压力试验机测力系统的检验与校准(GB/T 16825.1—2002，ISO 7500-1:1999，IDT)

GB/T 17600.1　钢的伸长率换算　第1部分：碳素钢和低合金钢(GB/T 17600.1—1998，eqv ISO 2566-1:1984)

GB/T 17600.2　钢的伸长率换算　第2部分：奥氏体钢(GB/T 17600.2—1998，eqv ISO 2566-2:1984)

3　术语和定义

本标准采用下列术语和定义。

3.1

标距　gauge length

L

测量伸长用的试样圆柱或棱柱部分的长度。

3.1.1

原始标距　original gauge length

L_0

室温下，施力前的试样标距。

3.1.2

断后标距　final gauge length

L_u

室温下，试样断裂后的标距(见9.3)。

3.2

平行长度　parallel length

L_c

试样两头部分或两夹持部分(不带头试样)之间平行部分的长度。

3.3

引伸计标距　extensometer gauge length

L_e

用引伸计测量试样延伸时所使用的试样的平行长度部分的长度。

3.4

伸长　elongation

试验期间任一时刻原始标距(L_0)的增量。

3.5

伸长率　percentage elongation

原始标距的伸长与原始标距(L_0)之比的百分率。

3.6

残余伸长率　percentage permanent elongation

在试样施加并卸除特定应力后(见3.13),原始标距的伸长与原始标距(L_0)之比的百分率。

3.7

断后伸长率　percentage elongation after fracture

A

断后标距的残余伸长(L_u-L_0)与原始标距(L_0)之比的百分率(见图1)。对于比例试样,如果原始标距不是$5.65\sqrt{S_0}$[1)](S_0为平行长度的原始横截面积),符号A应附以脚注说明所使用的系数,例如,$A_{11.3}$表示原始标距(L_0)为$11.3\sqrt{S_0}$的断后伸长率。对于非比例试样符号A应附以脚注说明所使用的原始标距,用毫米(mm)表示,例如,$A_{80\ mm}$表示原始标距(L_0)为80 mm的断后伸长率。

3.8

断裂总伸长率　percentage total elongation after fracture

A_t

断裂时刻原始标距的总伸长(弹性伸长加塑性伸长)与原始标距(L_0)之比的百分率(见图1)。

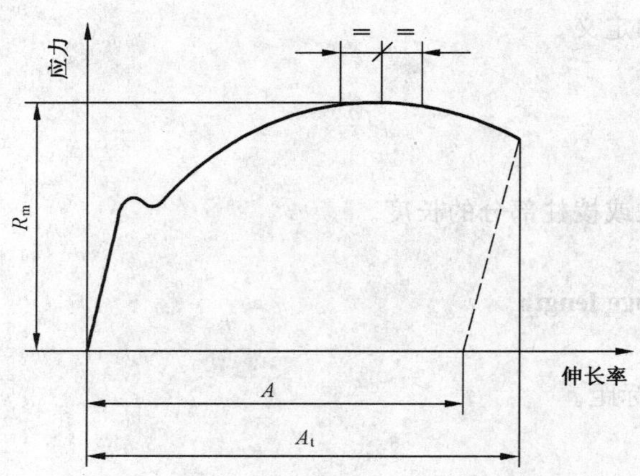

图1　伸长的定义

1)　$5.65\sqrt{S_0}=5\sqrt{\frac{4S_0}{\pi}}$。

3.9

延伸　extension

试验期间任一给定时刻引伸计标距(L_e)的增量。

3.10

残余延伸率　percentage permanent extension

试样施加并卸除特定应力后,引伸计标距的延伸与原始引伸计标距(L_e)之比的百分率。

3.11

断面收缩率　percentage reduction of area

Z

断裂后试样横截面最大缩减量(S_0-S_u)与原始横截面积之比的百分率。

3.12

最大力　maximum force

F_m

试样在屈服阶段之后所能抵抗的最大力。对于无明显屈服(连续屈服)的金属材料,为试验期间的最大力。

3.13

应力　stress

试验期间任一时刻的力除以试样原始横截面积(S_0)之商。

3.13.1

抗拉强度　tensile strength

R_m

相应最大力(F_m)的应力。

3.13.2

屈服强度　yield strength

当金属材料呈现屈服现象时,在试验期间达到塑性变形发生而力不增加的应力点,应区分上屈服强度和下屈服强度。

3.13.2.1

上屈服强度　upper yield strength

R_{eH}

试样发生屈服而力首次下降前的最高应力(见图2)。

3.13.2.2

下屈服强度　lower yield strength

R_{eL}

在屈服期间,不计初始瞬时效应时的最低应力(见图2)。

3.13.3

规定非比例延伸强度　proof strength, non-proportional extension

R_p

非比例延伸率等于规定的引伸计原始标距(L_e)百分率时的应力(见图3)。使用的符号应附以下脚注说明所规定的百分率,例如 $R_{p0.2}$,表示规定非比例延伸率为0.2%时的应力。

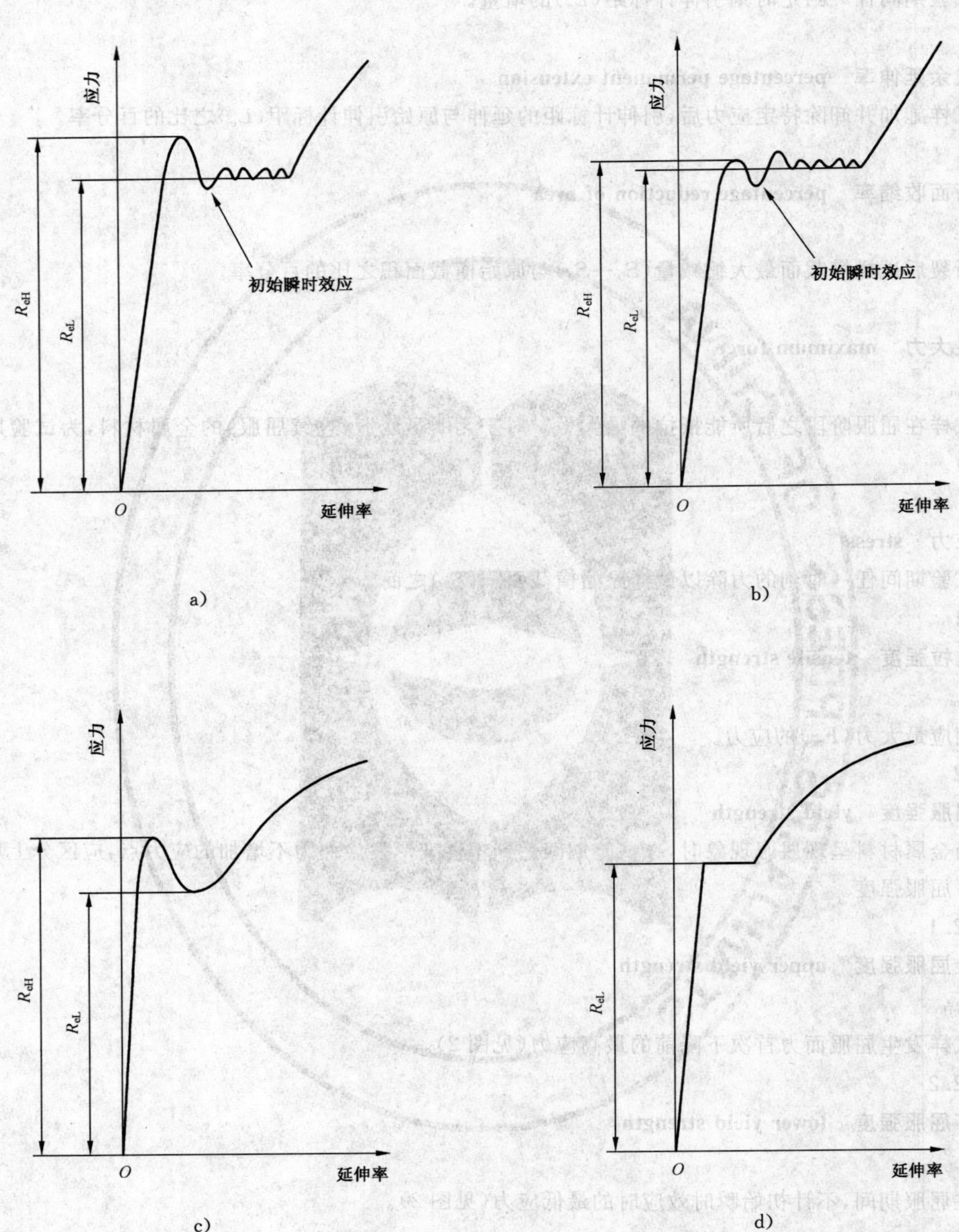

图 2 不同类型曲线的上屈服强度(R_{eH})和下屈服强度(R_{eL})

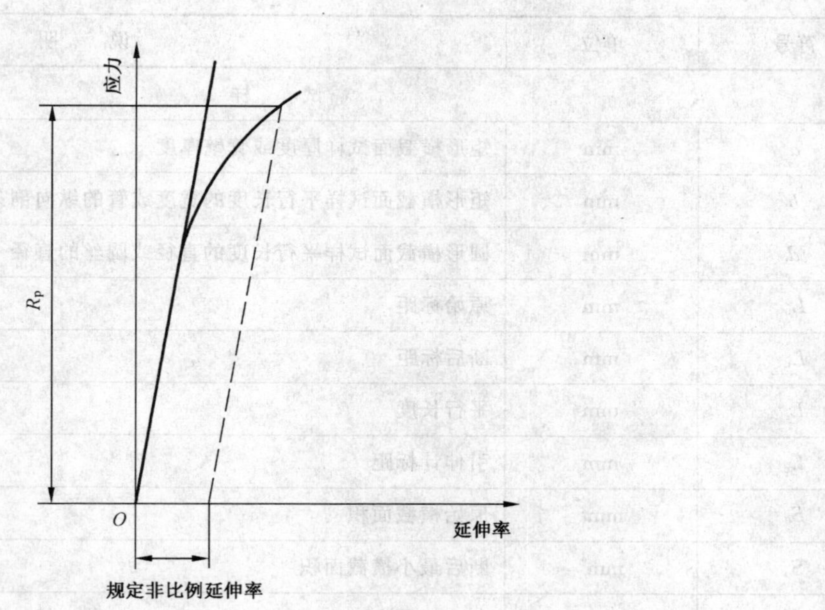

图 3 规定非比例延伸强度(R_p)

4 符号和说明

本标准使用的符号和相应的说明见表 1。

5 原理

试验应在规定的试验温度下对试样施加拉力，一般拉伸至断裂，测定第 3 章定义的一项或几项力学性能。

6 试验设备

6.1 试验机

试验机应符合 GB/T 16825.1 的要求，准确度级别应为 1 级或优于 1 级，除非产品标准另作规定。

6.2 引伸计

引伸计的准确度级别应符合 GB/T 12160 的要求。测定上屈服强度、下屈服强度、规定非比例延伸强度的试验，应使用不劣于 1 级准确度的引伸计。测定其他具有较大延伸率的性能，例如抗拉强度以及断后伸长率，应使用不劣于 2 级准确度的引伸计。

引伸计标距应不小于 10 mm，固定在试样平行长度的中间位置并沿着中心轴的方向。应优先采用能同时测定试样两侧面延伸的双面引伸计。测定屈服强度和规定强度性能时推荐 $L_e \geqslant L_0/2$。测定最大力或最大力之后的性能时推荐 $L_e = L_0$ 或近似等于 L_0。

为了使室温的波动对引伸计读数的影响降到最低，应防止引伸计超出冷却装置的任何部分受到空气气流的影响。尽可能保持室温温度的稳定性和试验机周围空气气流的平稳。

6.3 冷却装置

6.3.1 概述

冷却装置应能将试样冷却到规定温度 θ，并具有保温能力，应保证试验温度的稳定性和均匀性。

表 1 符号和说明

符号	单位	说明
		试样
a	mm	矩形横截面试样厚度或管壁厚度
b	mm	矩形横截面试样平行长度的宽度或管的纵向剖条的平均宽度或扁丝的宽度
d	mm	圆形横截面试样平行长度的直径或圆丝的直径
L_0	mm	原始标距
L_u	mm	断后标距
L_c	mm	平行长度
L_e	mm	引伸计标距
S_0	mm^2	原始横截面积
S_u	mm^2	断后最小横截面积
Z	%	断面收缩率 $\frac{S_0-S_u}{S_0}\times 100$
		伸长
A	%	断后伸长率 $\frac{L_u-L_0}{L_0}\times 100$
A_t	%	断裂总伸长率
		力
F_m	N	最大力
		屈服强度-规定强度-抗拉强度
R_{eH}	N/mm^2	上屈服强度
R_{eL}	N/mm^2	下屈服强度
R_m	N/mm^2	抗拉强度
R_p	N/mm^2	规定非比例延伸强度
		温度
θ	℃	规定温度
θ_i	℃	指示温度

注：1 MPa＝1 N/mm^2。

冷却方法一般有如下几种，例如：

——借助冷却装置（低温恒温器）；

——借助压缩气体膨胀（如 CO_2 或 N_2）冷却；

——借助达到沸点时刻的液体（如液 N_2）或冷冻液（如酒精）的浸泡冷却。根据试验温度可选用附录 E 中的冷却介质。

注：当操作冷却介质的时候，测试人员应事先采取符合相关规定的安全防范措施，避免造成人员伤害以及对测试仪器、试样的损坏。

6.3.2 温度测量装置

冷却介质或试样的温度用热电偶或其他适当的装置测量。

温度测量装置的分辨力应该达到1℃或更好，其误差为在小于10℃～－40℃范围应不超过±2℃，在小于40℃～－196℃范围应不超过±3℃。

注：选用适当类型和等级的热电偶对温度测量的准确性起重要作用。

6.3.3 允许的温度偏差

规定温度 θ 和指示温度 θ_i 之间允许的温度偏差不超过±3℃。试样标距两端温度差的绝对值应不超过3℃。

温度偏差的判定依据是在试验过程中力至少达到测定规定非比例伸长相应的试验力时所测定的温度变化。

6.3.4 温度测量系统的检验

温度测量系统包括：传感器和指示装置，在工作温度范围的检验周期不宜超过90 d。如果检验记录显示系统性能的稳定性对测量的准确性影响很小，那么可以延长检验周期但不能超过一年，在检验报告中要记录温度测量系统的误差。

用于检验温度测量系统的仪器应能溯源到国家基准。

7 试样

7.1 一般要求

试样的形状和尺寸取决于被测金属产品的形状和尺寸。通常从成品、锻坯或铸件上切取样坯，加工制成试样。

试样的横截面可以是圆形、正方形、矩形、圆环形，特别情况下也可以为其他的形状。在附录A中给出了在试验中可能采用的试样图。试样原始标距与原始横截面积有 $L_0=k\sqrt{S_0}$ 关系者称为比例试样。国际上使用比例系数 k 的值为5.65。原始标距应不小于15 mm，当试样横截面积太小，以至采用比例系数 k 为5.65的值不能符合这一最小标距要求时，可以采用较高的值（优先采用11.3的值）或采用非比例试样。非比例试样其原始标距（L_0）与其原始横截面积（S_0）无关。

通常，随着温度的降低，材料的强度增加而塑性降低，在选择试样的几何尺寸时应考虑到温度对材料的影响。

为了能使材料在标距内发生断裂，应满足：

a) 选择的试样应保证夹持端和标距内横截面积的比值足够大；

b) 在试样的过渡表面上的切口、钻孔及螺纹对试验的影响降到最小。

7.2 试样的制备

应按照相关产品标准或GB/T 2975的要求切取样坯和制备试样。

7.3 试样的尺寸测量

试样的尺寸测量按GB/T 228的规定测量。

8 试验要求

8.1 试样的冷却和温度的测量

8.1.1 试样的冷却

试样冷却到规定温度 θ，冷却时间的长短取决于试样的形状、尺寸、表面状况、材料本身的特性、夹具的质量及冷却介质的形式等。因此，通过预冷却试验决定冷却的时间。

冷却介质为液体时，对厚度或直径不大于5 mm的试样，保温时间不少于5 min；对厚度或直径大于5 mm的试样，保温时间不少于10 min。

冷却介质为气体时，对厚度或直径不大于5 mm的试样，保温时间不少于10 min；对厚度或直径大于5 mm的试样，保温时间不少于15 min。

在冷却过程中，除非有特殊的约定，温度不能超过规定温度的允许偏差范围。

当试样达到规定温度时引伸计调零。

只有当引伸装置达到稳定的时候，加力才能开始。

8.1.2 温度的测量

在试样平行长度部分的表面测量其温度时，热电偶测量端应与试样的表面有良好的接触。当标距小于50 mm，热电偶分别固定在平行长度部分的两端；当标距大于或等于50 mm，应在平行长度的两端及中间各固定一支热电偶。

如果试样浸泡在均匀的液体介质中，可以直接在液体中测定温度。

试验在液氮中进行则不需要测量温度。但要在试验报告中记录。

8.2 试验力

试验力的施加使试样应变增加，应采用连续(非阶梯式)的加载方式，没有冲击和颤动。应尽量使试样受轴向拉力的作用，将试样标距内可能受到的挠度和扭矩的影响降到最小。

8.3 试验速率

除非产品标准另有规定，试样平行长度内的应变速率即为试验速率，应符合8.3.1和8.3.2的要求。

8.3.1 屈服强度及规定非比例延伸强度

8.3.1.1 上屈服强度(R_{eH})

在弹性范围内直至上屈服强度，应变速率应在0.000 03/s～0.000 3/s之间，并尽可能保持恒定。

注：如果试验机不能测定或控制应变速率，可以通过控制试验机夹头的分离速率间接控制应力速率在$6(N/mm^2)\cdot s^{-1}$～$60(N/mm^2)\cdot s^{-1}$的范围。

8.3.1.2 下屈服强度(R_{eL})

若仅测定下屈服强度，弹性范围内试验速率应符合8.3.1.1的要求，在试样平行长度内的屈服阶段应变速率应在0.000 03/s ～ 0.002 5/s之间并尽可能保持恒定。

注：如果不能直接调节这一应变速率，应通过调节屈服即将开始前的应力速率来调整，在屈服完成之前不再调节试验机的控制。

8.3.1.3 上屈服强度和下屈服强度(R_{eH})和(R_{eL})

如果在同一试验中测定上屈服强度和下屈服强度，测定下屈服强度的条件应符合8.3.1.2的要求。

8.3.1.4 规定非比例延伸强度(R_p)

在弹性范围内的试验速率应符合8.3.1.1的要求。

在塑性范围内直至达到规定非比例延伸强度为止应变速率应在0.000 03/s～0.002 5/s之间。

8.3.2 抗拉强度(R_m)

在塑性范围内应变速率应不超过0.008/s。

如试验不包括屈服强度或规定非比例延伸强度的测定，试验机的速率可以达到塑性范围内允许的应变速率的最大值。

9 试验方法

9.1 原始横截面积(S_0)的测定

通过准确测量尺寸计算原始横截面积，并至少保留4位有效数字，测量尺寸的偏差不超过±0.5%或±0.01 mm，取其中大的值。测量时建议按照表2选用量具或测量装置。

表 2 量具或测量装置的分辨力

单位为毫米

试样横截面尺寸	分辨力不大于
0.1～0.5	0.001
>0.5～2.0	0.005
>2.0～10.0	0.01
>10.0	0.05

9.2 **原始标距(L_0)的标记**

应尽量采用小标记、细划线或细墨线标记原始标距，但不得用可能引起过早试样断裂的缺口作标记。

注：无缺口敏感性的材料允许用小刻痕做标记。

对于比例试样，应将原始标距的计算值修约至最接近 5 mm 的倍数，中间值向最大一方修约。原始标距的标记应准确到±1%。

如果平行长度(L_c)比原始标距长许多，例如不经机加工的试样，可以标记一系列套叠的原始标距。

有时，可以在试样表面画一条平行于试样纵轴的线，并在线上标记原始标距。

9.3 **断后伸长率(A)的测定**

9.3.1 应按照 3.7 的定义测定断后伸长率。为了测定断后伸长率，应将试样断裂的两部分仔细地连接在一起，并使其轴线处于同一直线上。

采取特别的措施确保试样的断裂部分充分接触后，测量断后标距。这对小横截面的试样和低伸长率的试样尤为重要。应使用分辨力不低于 0.1 mm 的量具，测量断后伸长(L_u-L_0)准确到 0.25 mm，断后伸长率修约到 0.5%。如果规定的最小伸长率小于 5%，建议采用特殊的方法测定伸长(见附录 C)。

原则上只有断裂处与最接近标距的距离不小于原始标距(L_0)的三分之一时测定的伸长率才有效。但如果断后伸长率大于或等于规定值，则不管断裂位置处于何处测量值均为有效。

注：如果断裂处与最接近的标距的距离小于原始标距的三分之一，测量的伸长率即使大于规定值，也可能不具有代表性。

9.3.2 能用引伸计测定断裂延伸的试验机，引伸计标距(L_e)应等于试样原始标距(L_0)，无需标出试样原始标距的标记。以断裂时的总延伸作为伸长量，则断后伸长率等于从总延伸中扣除弹性延伸的部分。原则上，只有断裂发生在引伸计原始标距(L_e)以内测量的断后伸长率才有效。但如果断后伸长率等于或大于规定值，不管断裂位置处于何处测量值均为有效。

注：如果产品标准规定用一给定标距测定断后伸长率，引伸计标距应等于这一标距。

9.3.3 试验前通过协议，可以用试样平行长度内的一固定标距测定断后伸长率，然后使用换算公式或换算表将其换算为比例标距下的断后伸长率(例如可以使用 GB/T 17600.1 和 GB/T 17600.2 的换算方法)。

注：仅当标距或引伸计标距、横截面的形状和面积均相同，或当比例系数(k)相同时，断后伸长率才具可比性。

9.3.4 为了避免因发生在 9.3.1 规定的范围以外的断裂而造成试样无效，可以采用附录 D 的位移方法测定断后伸长率。如果试样断在标距外或断在机械刻划的标距标记上，而且断后伸长率小于规定值，应重做同样数量的试验。

9.4 **规定非比例延伸强度(R_p)的测定**

9.4.1 根据力-延伸曲线图测定规定非比例延伸强度(R_p)。在力-延伸曲线图上划一条与曲线的直线部分平行，且在水平方向上与直线段的距离等于规定非比例延伸率例如 0.2%的直线。此平行线与曲线的交点给出了对应于所求规定非比例延伸强度的力。用此力除以试样原始横截面积(S_0)即得到规定非比例延伸强度(见图 3)。

绘制力-延伸曲线图的准确性十分重要。

如果力-延伸曲线图的弹性段不能明确地确定，以至于不能以足够的准确度画出这一平行线，推荐采用如下方法(见图 4)。

当试验力已经超过预期的规定非比例延伸强度后，将力降至约为已达到力的 10%。然后再施加力直至超过原已达到的力。为了测定期望的规定非比例延伸强度过滞后环划一条直线，然后过横坐标上与曲线原点的距离等于所规定的非比例延伸率的点，作平行于此直线的平行线。此平行线与曲线的交点给出相应于所求规定非比例延伸强度的力。用此力除以试样原始横截面积(S_0)即得到规定非比例延伸强度(见图 4)。

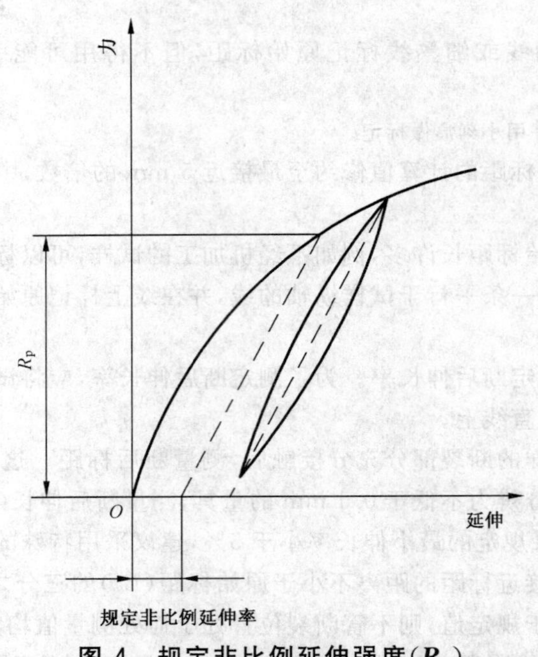

图 4　规定非比例延伸强度(R_p)

附录 B 提供了逐步逼近方法，可以采用。

注：可以用各种方法修正曲线的原点。一般使用如下方法：在曲线图上穿过其斜率最接近于滞后环斜率的弹性上升部分，划一条平行于滞后环所确定的直线的平行线，此平行线与延伸轴的交截点即为曲线的修正原点。

9.4.2　可以用自动装置(例如微处理机等)或自动测试系统测定规定非比例延伸强度，而不必绘制力-延伸曲线图。

9.4.3　日常一般试验允许采用绘制力-夹头位移曲线的方法测定规定非比例延伸率等于或大于 0.2% 的规定非比例延伸强度。仲裁试验不采用此方法。

9.5　抗拉强度(R_m)的测定

按照定义 3.13.1 和采用图解方法或指针方法测定抗拉强度。

对于呈现明显屈服(不连续屈服)现象的金属材料，从记录的力-延伸或力-位移曲线图，或从测力度盘读取过屈服阶段之后的最大力；对于呈现无明显屈服(连续屈服)现象的金属材料，从记录的力-延伸或力-位移曲线图，或从测力度盘读取试验过程中的最大力。最大力除以试样原始横截面积(S_0)得到抗拉强度。

可以使用自动装置(例如微处理机等)或自动测试系统测定抗拉强度，可以不绘制拉伸曲线图。

9.6　断面收缩率(Z)的测定

按照 3.11 的定义测定断面收缩率。

测量时将试样两断裂部分仔细地配接在一起，使其轴线处于同一直线上。断裂后最小横截面尺寸的测定应准确到±2%。原始横截面积(S_0)与断后最小横截面积(S_u)之差除以原始横截面积(S_0)的百分率即为断面收缩率。

10 性能测定结果数值的修约

试验测定的性能结果数值应按照相关产品标准的要求进行修约。如未规定具体要求，应按照表3的要求进行修约。修约的方法按照GB/T 8170。

表3 性能结果数值的修约间隔

性 能	范 围	修约间隔
R_{eH}、R_{eL}、R_p、R_m	≤200 N/mm² >200 N/mm²～1 000 N/mm² >1 000 N/mm²	1 N/mm² 5 N/mm² 10 N/mm²
A、A_t	—	0.5%
Z	—	0.5%

11 试验报告

试验报告至少应包括下列内容：

a) 本标准号；

b) 试样标识；

c) 材料名称、牌号；

d) 试样类型；

e) 试验温度；

f) 冷却介质、冷却时间；

g) 应变速率及所测性能结果。

附　录　A
（资料性附录）
低温拉伸试样实例

单位为毫米

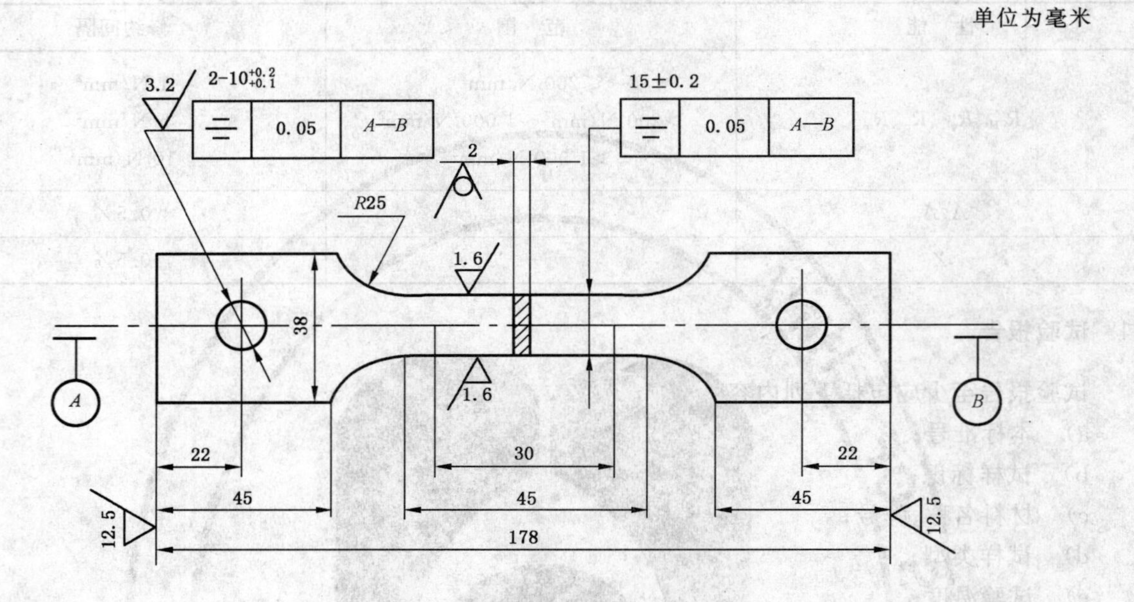

图 A.1

单位为毫米

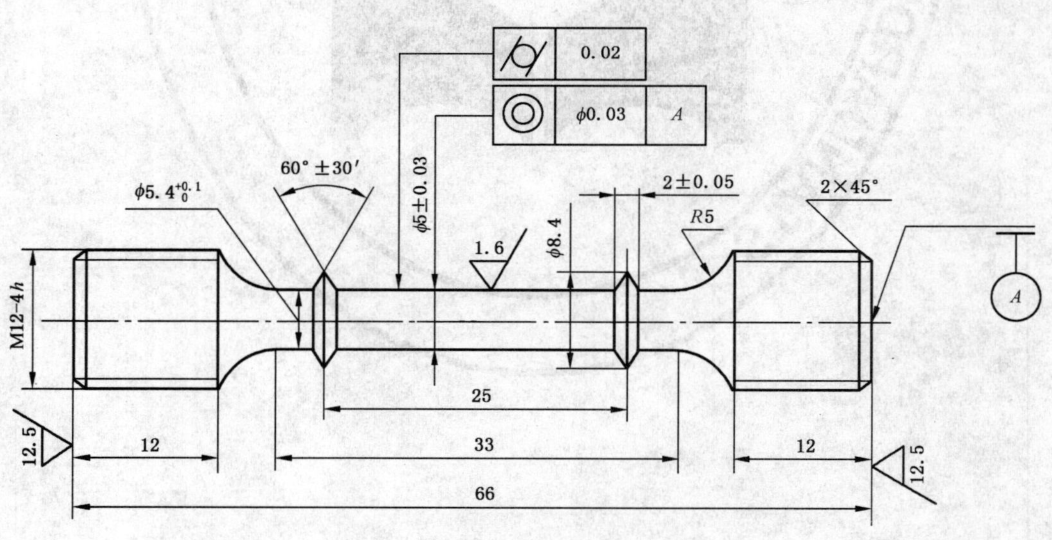

图 A.2

单位为毫米

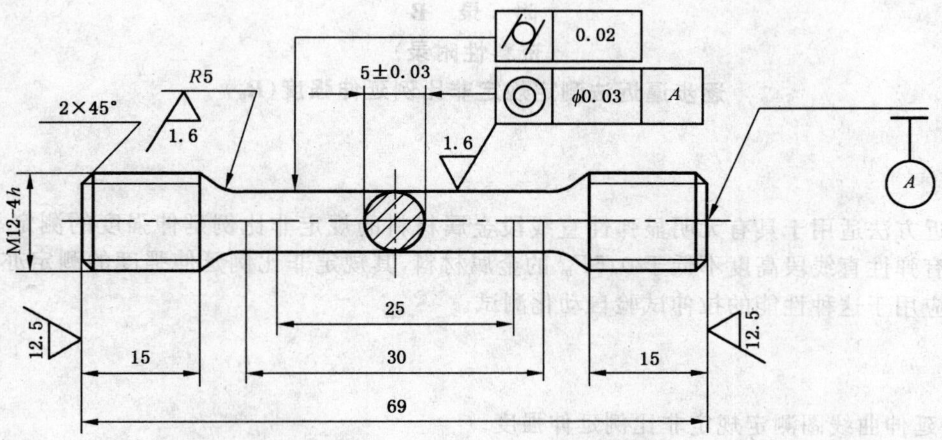

图 A.3

单位为毫米

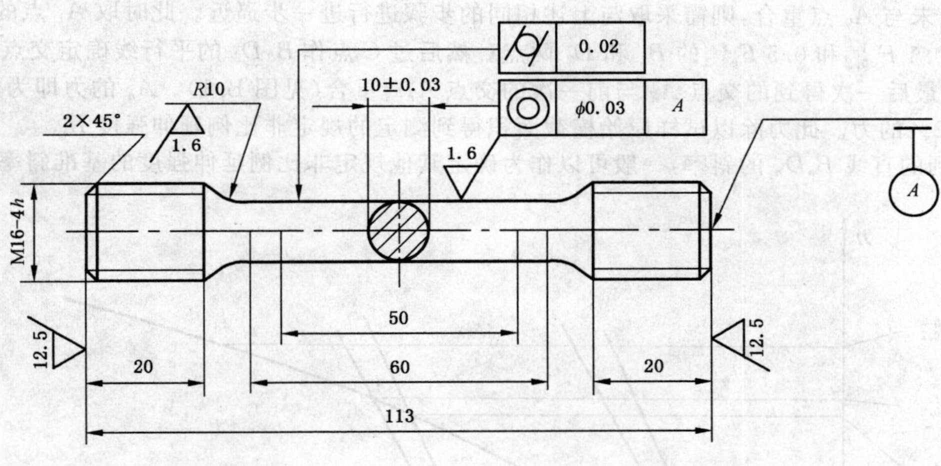

图 A.4

附 录 B
（资料性附录）
逐步逼近法测定规定非比例延伸强度（R_p）

B.1 范围

逐步逼近方法适用于具有无明显弹性直线段金属材料的规定非比例延伸强度的测定。对于力-延伸曲线图具有弹性直线段高度不低于 $0.5F_m$ 的金属材料，其规定非比例延伸强度的测定亦适用。逐步逼近方法可应用于这种性能的拉伸试验自动化测试。

B.2 方法

根据力-延伸曲线图测定规定非比例延伸强度。

试验时，记录力-延伸曲线图，至少直至超过预期的规定非比例延伸强度的范围。在力-延伸曲线上任意估取一点 A_0 拟为规定非比例伸长率等于 0.2%时的力 $F_{p0.2}^0$，在曲线上分别确定力为 $0.1F_{p0.2}^0$ 和 $0.5F_{p0.2}^0$ 的 B_1 和 D_1 两点，过这两点划直线 B_1D_1。从曲线的真实原点 O（必要时进行原点修正）起截取 OC 段（$OC=n \cdot L_e 0.2\%$，式中 n 为延伸放大倍数），过 C 点作平行于 B_1D_1 的直线 CA_1 交曲线于 A_1 点。如 A_1 与 A_0 重合，则 $F_{p0.2}^0$ 为规定非比例伸长率为 0.2%时的力。

如 A_1 点未与 A_0 点重合，则需采取与上述相同的步骤进行进一步逼近。此时取 A_1 点的力 $F_{p0.2}^1$，分别确定力为 $0.1F_{p0.2}^1$ 和 $0.5F_{p0.2}^1$ 的 B_2 和 D_2 两点。然后过 C 点作 B_2D_2 的平行线确定交点 A_2，如此逐步逼近，直至最后一次得到的交点 A_n 与前一次的交点 A_{n-1} 重合（见图 B.1）。A_n 的力即为规定非比例延伸率达 0.2%的力。此力除以试样原始横截面积得到测定的规定非比例延伸强度 $R_{p0.2}$。

最终得到的直线 B_nD_n 的斜率，一般可以作为确定其他规定非比例延伸强度的基准斜率。

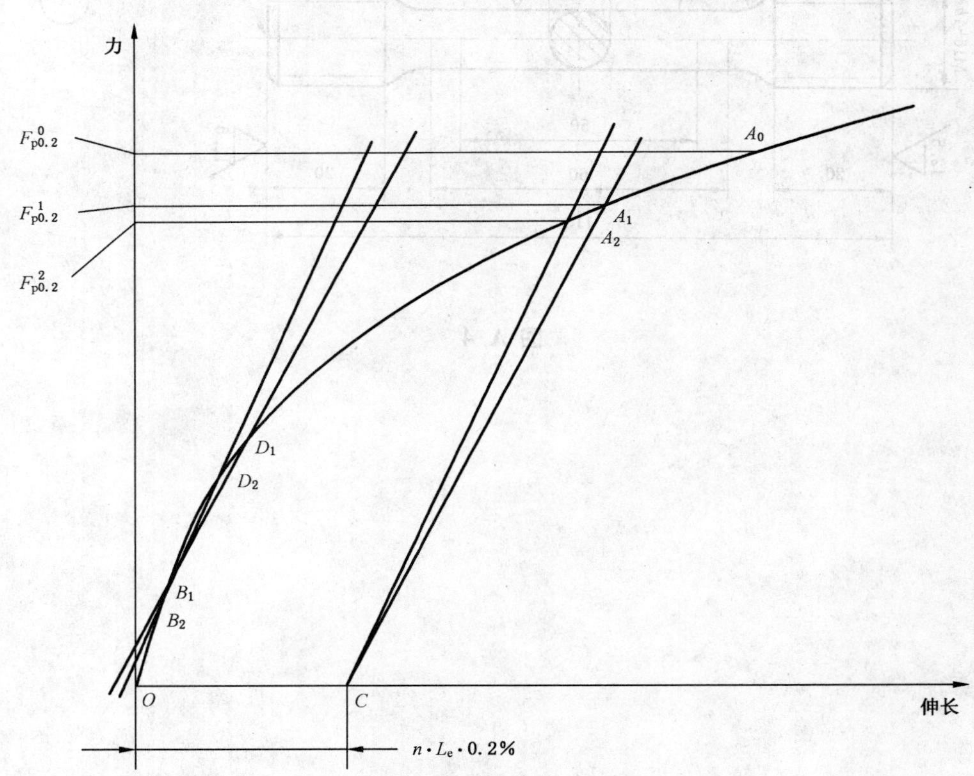

图 B.1 逐步逼近法测定规定非比例延伸强度（R_p）

附 录 C
（资料性附录）
断后伸长率规定值低于5%的测定方法

试验前在平行长度的一端处作一很小的标记。使用调节到标距的分规，以此标记为圆心划一圆弧。拉断后，将断裂的试样置于一装置上，最好借助螺丝施加轴向力，以使其在测量时牢固地对接在一起。以原圆心为圆心，以相同的半径划第二个圆弧，见图C.1。用工具显微镜或其他合适的仪器测量两个圆弧之间的距离即为断后伸长，准确到±0.02 mm。为使划线清晰可见，试验前涂上一层染料。

另一种方法，可以采用引伸计直接测定断后伸长率，此时引伸计标距(L_e)应等于试样原始标距(L_0)。

图C.1 低伸长率(小于5%)试样测定断后伸长率

附　录　D
（资料性附录）
移位方法测定断后伸长率

为了避免由于试样断裂位置不符合 9.3.1 所规定的条件而必须报废试样，可以使用如下方法：

a) 试验前将原始标距(L_0)细分为 N 等分；

b) 试验后，以符号 X 表示断裂后试样短段的标距标记，以符号 Y 表示断裂试样长段的等分标记，此标记与断裂处的距离最接近于断裂处至标距标记 X 的距离。

如 X 与 Y 之间的分格数为 n，按如下步骤测定断后伸长率：

1) 如$(N-n)$为偶数[见图 D.1a)]，测量 X 与 Y 之间的距离和测量从 Y 至距离为$\frac{1}{2}(N-n)$个分格的 Z 标记之间的距离。按照式(D.1)计算断后伸长率：

$$A=\frac{XY+2YZ-L_0}{L_0}\times 100 \qquad \cdots\cdots(D.1)$$

2) 如$(N-n)$为奇数[见图 D.1b)]，测量 X 与 Y 之间的距离，和测量从 Y 至距离分别为$\frac{1}{2}(N-n+1)$和$\frac{1}{2}(N-n-1)$个分格的 Z'和 Z''标记之间的距离。按照式(D.2)计算断后伸长率：

$$A=\frac{XY+YZ'+YZ''-L_0}{L_0}\times 100 \qquad \cdots\cdots(D.2)$$

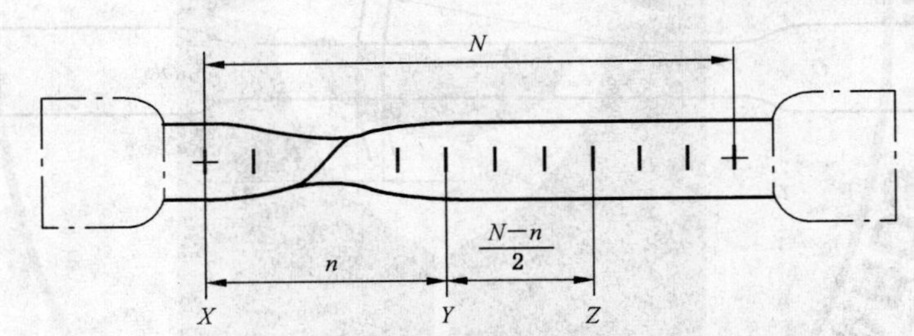

a)

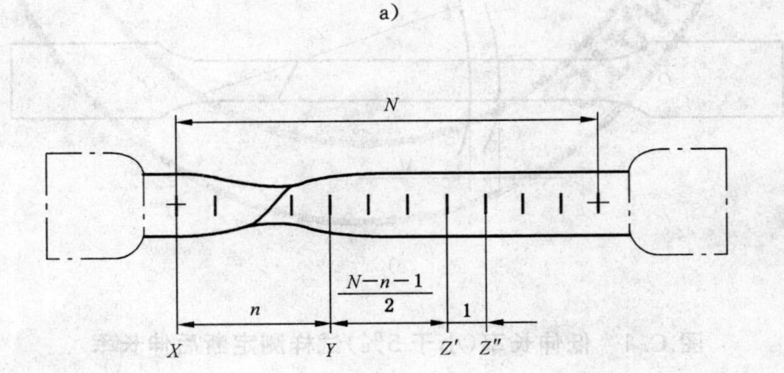

b)

注：试样头部形状仅为示意性。

图 D.1　位移法的图示说明

附 录 E
（资料性附录）
液体冷却介质及其温度范围

表 E.1 液体冷却介质及其温度范围

冷 却 介 质	温 度/℃(K)
80%冰＋20%氯化铵	－15.4(257.8)
75.2%冰＋24.8%食盐	－21.3(251.9)
62.7%冰＋19.7%食盐＋17.6%氯化铵	－25.0(248.0)
41.2%冰＋58.8%氯化钙	－54.9(218.3)
干冰＋工业酒精	－75(198)以上
干冰＋无水乙醇	－78(195)以上
液氮＋无水乙醇	－105(168)以上
液氮	－196(77)

附　录　F
（资料性附录）
本标准章条编号与 ISO 15579:2000 章条编号对照

表 F.1 给出了本标准章条编号与 ISO 15579:2000 章条编号对照一览表。

表 F.1　本标准章条编号与 ISO 15579:2000 章条编号对照表

本标准章条编号	对应的 ISO 标准章条编号
7.1	7
7.2	—
7.3	—
8.1.1	8.1
8.1.2	6.3.2 的第二、第三、第四段
9.3.4	—
9.4.3	—
9.5	—
9.6	9.5
10	—
11	10
附录 B	—
附录 C	—
附录 D	—
附录 E	—
附录 F	—
附录 G	—

注：表中的章条以外的本标准其他章条编号与 ISO 15579:2000 其他章条编号均相同且内容相对应。

附 录 G
（资料性附录）
本标准与 ISO 15579:2000 技术性差异及其原因

表 G.1 给出了本标准与 ISO 15579:2000 技术性差异及其原因的一览表。

表 G.1 本标准与 ISO 15579:2000 技术性差异及其原因

本标准的章条编号	技术性差异	原 因
3.7	增加图 1 伸长的定义	明确伸长的定义
7.1	增加小横截面积试样原始标距的要求	为了能使用机加工直径为 3 mm 的比例试样，提出“原始标距应不小于 15 mm”
7.2	增加试样的制备	规范试样的制备
7.3	增加试样的尺寸测量	规范试样的尺寸测量
8.1.1	增加试样不同冷却条件下，可供参考的保温时间	增加标准的可操作性，便于标准的执行
8.1.2	改变前后次序。将原国际标准中 6.3.2 的第二、第三、第四段移到此处	符合我国标准的编写习惯
9.1	增加量具或测量装置的分辨力	保证试样原始横截面积的测定准确度符合规定的要求
9.3.4	增加一种计算断后伸长率的方法	以适合我国国情。与后续增加内容保持一致
9.4.3	增加利用绘制力-夹头位移曲线的方法测定规定非比例延伸强度	结合国情从试验的可行性出发，便于标准的执行
9.5	增加抗拉强度的测定	符合我国标准的编写习惯。国际标准未对抗拉强度的测定方法进行解释和说明
10	增加性能测定结果数值的修约	国际标准中未规定修约间隔。补充各性能测定结果数值的修约要求
11	对试验报告内容进行了组合	标准更精练
附录 A	修改原国际标准中的试样图	增加试验的可操作性，便于标准的执行
附录 B	增加逐步逼近法测定规定非比例延伸强度	增加试验的可操作性，便于标准的执行
附录 C	增加断后伸长率小于 5%时的测量方法	增加试验的可操作性，便于标准的执行
附录 D	增加位移法测定断后伸长率	增加试验的可操作性，便于标准的执行
附录 E	增加液体冷却介质及其温度范围	增加试验的可操作性，便于标准的执行

ICS 83.060
G 40

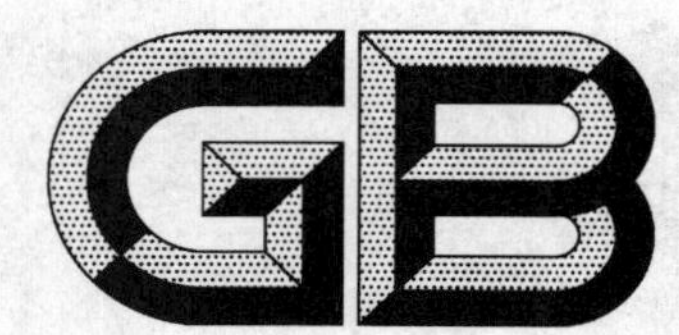

中华人民共和国国家标准

GB/T 13253—2006
代替 GB/T 13253—1991

橡胶中锰含量的测定 原子吸收光谱法

Rubber—Determination of manganese content by atomic absorption spectrometry

(ISO 6101-4:1997, Rubber—Determination of metal content by atomic absorption spectrometry—Part 4: Determination of manganese content, MOD)

2006-12-07 发布　　　　2007-06-01 实施

中华人民共和国国家质量监督检验检疫总局
中国国家标准化管理委员会　发布

前言

本标准修改采用 ISO 6101-4:1997《橡胶　金属含量的测定　原子吸收光谱法　第 4 部分:锰含量的测定》(英文版)。

本标准代替 GB/T 13253—1991《硫化橡胶中金属含量的测定　火焰原子吸收光谱法　第 5 部分:锰含量的测定》。

本标准根据 ISO 6101-4:1997 重新起草,其技术性差异如下:

——本标准适用范围由生胶、橡胶制品改为生胶、混炼胶及硫化胶,因为硫化胶包含橡胶制品,使适用范围更全面。

——本标准中增加了浓度为 1+99 的盐酸溶液,用于稀释试液,避免浓度过高的盐酸溶液腐蚀仪器。

——本标准所使用的容量瓶由 50 mL、100 mL、200 mL、500 mL 和 1 000 mL 改为 50 mL、100 mL和1 000 mL;移液管由 5 mL、10 mL、20 mL 和 50 mL 改为 2 mL、5 mL、10 mL 和 25 mL,因为在实际操作中只用到以上容量的容量瓶和移液管。

——本标准不包括橡胶胶乳的锰含量的检测,因此删除了规范性引用文件 ISO 123:1985;实验室用瓷坩埚或石坩埚以及砂心漏斗均已经实现标准化生产,因此,删除了规范性引用文件ISO 1772和 ISO 4793;为了保证试验的一致性,增加了规范性引用文件 GB/T 17783。

为便于使用,本标准还做了下列编辑性的修改:

本标准中密度、浓度、体积单位分别由 Mg/m^3、$\mu g/cm^3$、cm^3 改为 g/mL、μg/mL、mL。

本标准与 GB/T 13253—1991 相比主要变化如下:

——本标准名称由原来的《硫化橡胶中金属含量的测定　火焰原子吸收光谱法　第 5 部分:锰含量的测定》改为《橡胶中锰含量的测定　原子吸收光谱法》;

——本标准增加了使用水和试剂的纯度的规定(本版第 4 章);

——本标准中标准溶液的配制用质量分数≥99.9%的电解锰代替高纯硫酸锰($MnSO_4 \cdot H_2O$)(1991 年版的 3.4,3.7.1;本版的 4.8);

——本标准盐酸溶液的配制用(1+2)(V_1+V_2)代替原版的(1+7)(V_1+V_2)(1991 年版的 3.5;本版的 4.5);

——本标准中试样的灰化温度由原版的 800℃±25℃改为 550℃±25℃,马福炉可控温度由原版的800℃±25℃改为 550℃±25℃(1991 年版的 5.1.1,4.3;本版的 7.2.1,5.3);

——本标准增加了附录 A"标准加入法"。

本标准的附录 A 是规范性附录。

本标准由中国石油和化学工业协会提出。

本标准由全国橡标委橡胶物理和化学试验方法分技术委员会(SAC/TC 35/SC 2)归口。

本标准起草单位:贵州轮胎股份有限公司。

本标准主要起草人:张红梅。

本标准所代替标准的历次版本发布情况为:

——GB/T 13253—1991。

橡胶中锰含量的测定
原子吸收光谱法

警告——使用本标准的人员应有正规实验室工作的实践经验。本标准并未指出所有可能的安全问题。使用者有责任采用适当的安全和健康措施，并保证符合国家有关法规规定的条件。

1 范围

本标准规定了用原子吸收光谱法测定橡胶中锰含量的方法。

本标准适用于锰含量不低于 0.5 mg/kg 的生胶、混炼胶及硫化橡胶中锰含量的测定。锰含量低于 0.5 mg/kg 的样品，调整试样质量或试液浓度，也可以测定，或采用标准加入法。

2 规范性引用文件

下列文件中的条款通过本标准的引用而成为本标准的条款。凡是注日期的引用文件，其随后所有的修改单(不包括勘误的内容)或修订版均不适用于本标准，然而，鼓励根据本标准达成协议的各方研究是否可使用这些文件的最新版本。凡是不注日期的引用文件，其最新版本适用于本标准。

GB/T 4498 橡胶 灰分的测定(GB/T 4498—1997,eqv ISO 247:1990)

GB/T 15340 天然、合成生胶取样及制样方法(GB/T 15340—1994,idt ISO 1795:1992)

GB/T 17783 硫化橡胶样品和试样的制备 化学试验(GB/T 17783—1999,idt ISO 4661-2:1987)

ISO 648 实验室玻璃器具类 单标线移液管

ISO 1042 实验室玻璃器具类 单标线容量瓶

3 原理

根据 GB/T 4498 中方法 A 将试样进行灰化。灰分用盐酸溶解，若有硅酸盐存在，则用硫酸和氢氟酸挥发除去。试样溶解后配成适当浓度的试液，以锰空心阴极灯作为光源，在 279.5 nm 波长下测定试液的吸光度。根据在相同条件下测定的锰标准曲线，计算试样中锰的含量。

4 试剂

除非另有说明，在分析中仅使用确认为分析纯的试剂和蒸馏水或去离子水或相当纯度的水。

4.1 盐酸：$\rho=1.18$ g/mL；

4.2 硫酸：$\rho=1.84$ g/mL；

4.3 丙酮；

4.4 氢氟酸：质量分数为 38%～40%；

4.5 盐酸溶液：1+2(V_1+V_2)；

4.6 盐酸溶液：1+99(V_1+V_2)；

4.7 硫酸溶液：1+3(V_1+V_2)；

4.8 锰标准溶液：1 mg/mL

将几克质量分数≥99.9%的电解锰放入盛有(60～80)mL 的硫酸溶液(4.7)和 100 mL 水中除去表面的氧化锰，搅拌几分钟后，倾出溶液并向烧杯中注水，用水重复洗涤几次，然后将该锰金属放入丙酮(4.3)中，进行搅拌，倾出丙酮后在 100℃±5℃烘箱中干燥约 2 min，再放入干燥器中冷却。

称取 1 g 经纯化的电解锰，精确至 0.1 mg，溶解于少量硫酸溶液(4.7)中，将此溶液煮沸几分钟，冷却后转移至1 000 mL容量瓶(5.5)中,稀释至刻度线。

每 1 mL 该溶液中含有锰 1 mg。

4.9 锰标准溶液:10 μg/mL

准确地用移液管(5.6)移取 10 mL 锰标准溶液(4.8)到 1 000 mL 容量瓶(5.5)中,用盐酸溶液(4.5)稀释至刻度,并混合均匀。

每 1 mL 该溶液中含有锰 10 μg。

5 仪器

普通实验室仪器和以下仪器。

5.1 原子吸收光谱仪:装有能发出所需波长光的空心阴极灯和使用乙炔作燃烧气和压缩空气作助燃气的燃烧器。仪器的操作应根据仪器说明书上规定的最佳性能条件进行。可以使用电热原子化装置(石墨炉),应根据仪器的说明书上规定的最佳性能条件进行操作。

5.2 分析天平:分度值为 0.1 mg;

5.3 马福炉:温度可控制在 550℃±25℃;

5.4 砂芯玻璃坩埚:滤孔尺寸为(16～40)μm;

5.5 容量瓶:带有玻璃塞,容量为 50 mL、100 mL、1 000 mL,按 ISO 1042 A 类要求而定;

5.6 移液管:容积为 2 mL、5 mL、10 mL、25 mL,按 ISO 648 A 类要求而定;

5.7 电热板或沙浴;

5.8 水浴锅;

5.9 作为搅拌器用的铂棒或聚四氟乙烯棒;

5.10 铂坩埚:(50～150)mL;

5.11 烘箱:温度能控制在 100℃±5℃;

5.12 瓷坩埚或石英坩埚:(50～150)mL。

6 取样

6.1 生胶按 GB/T 15340 的规定执行。

6.2 混炼胶参照 GB/T 17783 的规定执行。

6.3 硫化橡胶按 GB/T 17783 的规定执行。

试样应具有整体代表性。

7 分析步骤

从均匀的样品中取两份试样作平行试验。

7.1 试样的称量

称取 10 g 左右磨碎或剪碎的试样(精确至 0.1 mg)置于容量合适的瓷坩埚(5.12)中。

7.2 试液的制备

7.2.1 试样的灰化

根据 GB/T 4498 中方法 A,将试样置于马福炉(5.3)中在 550℃±25℃下进行灰化,若灰分呈黑色,小心用铂棒(5.9)搅拌并继续加热至灰化完全。

7.2.2 灰分的溶解

试样灰化完全后,将坩埚及其中残留物一起冷却至室温,加入 20 mL 盐酸(4.1),在水浴锅(5.8)上加热至少 10 min,但不能使其沸腾,冷却至室温,用水将该混合溶液移至 50 mL 容量瓶(5.5)中,如果灰分不能全部溶解,则按如下操作:

用水将溶液及不溶解的灰分转移到铂坩埚(5.10)中,加入数滴硫酸(4.2)和 5 mL 氢氟酸(4.4),在通风橱中用电热板或沙浴(5.7)加热至干,加热时不断用铂棒或聚四氟乙烯棒(5.9)搅拌,按此步骤重复两次。待试样冷却至室温,加入 20 mL 盐酸(4.1)再加热 10 min,用水定量转移至 50 mL 容量瓶(5.5)中。用水稀释至刻度并摇匀。可能仍有不溶物,若确实存在,可在按 7.3 进行光谱测定前用砂芯玻璃坩埚(5.4)过滤。

7.3 标准曲线的绘制

7.3.1 标准溶液的配制

按表 1 所示,用移液管(5.6)向一组 5 个 100 mL 容量瓶(5.5)中移注不同体积的锰标准溶液(4.9),然后用盐酸溶液(4.6)稀释至刻度,并摇匀。

系列标准溶液应现用现配。

表 1 标准溶液

锰标准溶液体积/mL	1 mL 标准溶液所含锰的质量/μg
25	2.5
10	1
5	0.5
2	0.2
0	0

7.3.2 标准溶液的光谱测定

开启原子吸收光谱仪,使仪器充分稳定,将波长调至 279.5 nm 处,根据仪器性能,调至最佳测试条件。

依次吸取系列标准溶液(7.3.1)至火焰上,测定其吸光度,每个溶液测定两次,取读数的平均值。要确保整个过程吸液速率恒定,应确保至少有一个标准溶液浓度等于或低于被测橡胶试液的含量。

每一次测定后须吸水,清洗燃烧器。

7.3.3 标准曲线的绘制

以每个标准溶液的锰的质量浓度为横坐标,相应的吸光度用空白溶液校正后为纵坐标作图,即得标准曲线。

7.4 试液的光谱测定

7.4.1 测定

按 7.3.2 规定程序在 279.5 nm 波长处对试液(7.2.2)进行光谱测定。

7.4.2 稀释

如果试液的吸光度大于锰含量最高的标准溶液的吸光度,则用适量的盐酸溶液(4.6)进行稀释。操作如下:

准确吸取适量试液放入 100 mL 容量瓶(5.5)中,用盐酸溶液(4.6)稀释至刻度,使锰浓度在系列标准溶液锰含量范围内,然后再测其吸光度。

注:为提高分析结果的准确性,可采用标准加入法(见附录 A)。

7.5 空白溶液的光谱测定

用盐酸溶液(4.5)作为空白溶液,无需加试液,按 7.3.2 规定程序进行光谱测定。

如果制备试液时使用了硫酸和氢氟酸,则制备的空白溶液中也应包含相同量的硫酸和氢氟酸。

8 结果计算

8.1 直接从标准曲线(7.3.3)上查出试液中的锰的质量浓度。

按式(1)计算试样中的锰含量,用质量百分数(w)表示。

$$w(\%) = \frac{\rho_t - \rho_b}{200\ m} \times f \quad \cdots\cdots\cdots\cdots (1)$$

式中：

ρ_t——从标准曲线上查出的试液（7.2.2）中锰的质量浓度，单位为微克每毫升（$\mu g/mL$）；

ρ_b——从标准曲线上查出的空白溶液（7.5）中锰的质量浓度，单位为微克每毫升（$\mu g/mL$）；

f——试液的稀释系数；

$f=100/V$，V 是试液体积，单位为毫升（mL）。

m——试样的质量，单位为克（g）。

8.2 或者，锰的质量百分数（w）按式（2）计算：

$$w(\%) = \frac{\rho'_t - \rho'_b}{200\ m} \times f \quad \cdots\cdots\cdots\cdots (2)$$

$$\rho'_t = A_t \cdot \rho_n / A_n$$

$$\rho'_b = A_b \cdot \rho_n / A_n$$

式中：

ρ'_t——试液（7.2.2）中锰的质量浓度，单位为微克每毫升（$\mu g/mL$）；

ρ'_b——空白溶液（7.5）中锰的质量浓度，单位为微克每毫升（$\mu g/mL$）；

A_t——试液的吸光度；

A_b——空白溶液的吸光度；

A_n——与试液的吸光度接近的标准溶液的吸光度；

ρ_n——与试液的吸光度接近的标准溶液的锰的质量浓度，单位为微克每毫升（$\mu g/mL$）；

f——试液的稀释系数；

m——试样的质量，单位为克（g）。

8.3 该测定结果为两次测定结果的平均值。若锰的质量分数≥0.1%时用质量百分数表示，计算结果精确到小数点后第二位；若锰的质量分数＜0.1%时用 mg/kg 表示，计算结果精确到整数位。

9 试验报告

试验报告应包括以下内容：

a） 本国家标准编号；

b） 取样方法；

c） 仪器型号和类型（火焰或石墨炉分光光度计）；

d） 试验结果及表示的单位；

e） 在试验过程中出现的异常现象；

f） 试验人员和试验日期；

g） 是否采用标准加入法。

附 录 A
(规范性附录)
标准加入法

为了提高锰含量较低的样品的试验准确性,可采用标准加入法测定锰含量。

测定步骤为:取四份相同体积的试液(7.2),其中三份加入不同体积已知浓度的锰标准溶液(4.9),一份不加锰标准溶液,用盐酸溶液(4.6)稀释至相同体积,分别测定四份溶液的吸光度。以加入的标准溶液的锰质量浓度(μg/mL)为 x 轴,以相应的吸光度为 y 轴作图,延长直线与 x 轴相交(吸光度为零),读出交点处溶液中锰的质量浓度,计算试样中的锰含量。

标准加入法图例见图 A.1。

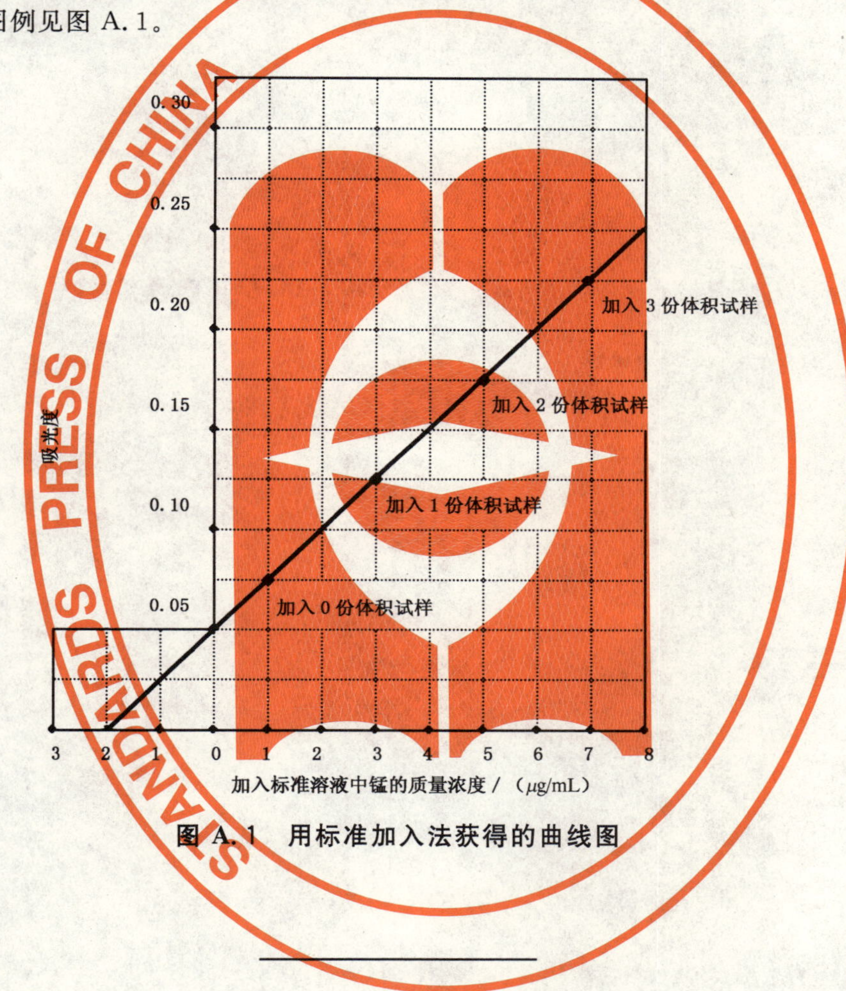

图 A.1 用标准加入法获得的曲线图

ICS 25.180.10
K 60

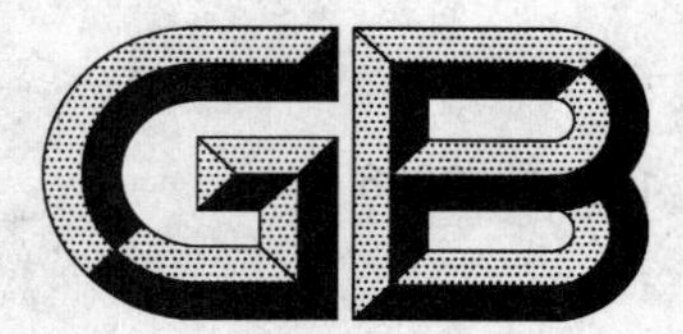

中华人民共和国国家标准

GB/T 13324—2006
代替 GB/T 13324—1991

热处理设备术语

Terminology of heat treatment equipment

2006-11-08 发布　　2007-04-01 实施

中华人民共和国国家质量监督检验检疫总局
中国国家标准化管理委员会　发布

前言

本标准代替 GB/T 13324.4—1991，修订时参考了 GB/T 2900.23—1995《电工术语　工业电热设备》、BS 4642《工业炉名词术语》和 GB/T 7232—1999《金属热处理工艺术语》标准，增加了应用面日益扩大的热处理设备与新工艺设备术语。

本标准由中国电器工业协会提出。

本标准由全国工业电热设备标准化技术委员会归口。

本标准起草单位：北京机电研究所、西安电炉研究所。

本标准主要起草人：马兰、范超英、徐跃明、贾洪艳、寇君。

本标准所代替的历次版本发布情况为：GB/T 13324.4—1991。

热处理设备术语

1 范围

本标准规定了热处理专用设备术语。

本标准适用于制定标准、编制技术文件、编写和翻译专业手册、教材和书刊。

2 规范性引用文件

下列文件中的条款通过本部分的引用而成为本部分的条款。凡是注日期的引用文件，其随后所有的修改单(不包括勘误的内容)或修订版均不适用于本部分，然而，鼓励根据本部分达成协议的各方研究是否可使用这些文件的最新版本。凡是不注日期的引用文件，其最新版本适用于本部分。

GB/T 2900.23—1995 电工术语 工业电热设备(neq IEC 60050-841:1983)

3 一般术语

3.1

热处理设备 heat treatment equipment

用于实现炉料各项热处理工艺的加热、冷却或各种辅助作业的设备。

3.2

热处理成套设备 complete set of heat treatment equipment

由一台或多台热处理炉和必要的冷却及其他辅助装置，按预定热处理工序布置的设备组合。

3.3

热处理炉 heat treatment furnace

供炉料热处理加热用的电炉或燃料炉。

3.4

燃料炉 fuel-fired furnace

以燃料燃烧作为热源，用于加热炉料的成套设备。按燃料不同可分为：燃气炉、燃油炉。

3.5

电热设备 electroheat equipment

为了使用的目的，将电能转换成热的设备。[GB/T 2900.23—1995,841-22-01]

3.6

电炉 electric furnace

具有炉室的电热设备。

4 热处理炉通用术语

4.1 一般术语

4.1.1

运行温度 operating temperature

工作温度 working temperature

电热设备在规定工艺过程中运行的温度。

4.1.2

有效加热区　working zone

经温度检测后，确定的满足热处理工艺要求的温度及其保温精度的工作空间尺寸。

4.1.3

生产率　production rate

连续式炉设计规定的在典型炉料和典型加热工艺条件下的生产能力，以单位时间内的产量表示。

4.1.4

最大装载量　maximum loading

间歇式炉设计规定的每一炉最多能装载的炉料重量，包括料筐、料盘或工夹具等的重量。

4.1.5

炉温均匀度　furnace temperature uniformity

炉子在试验温度下的热稳定状态时炉内温度的均匀程度。通常指在空炉情况时，在规定的各个测温点上所测的最高和最低温度分别与控温点上所测温度的差。

4.1.6

炉温稳定度　furnace temperature stability

炉子在试验温度下的热稳定状态时控温点温度的稳定程度。

4.1.7

积蓄热　accumulated heat

在加热过程中炉衬和其他构件所吸收的热量。

4.1.8

炉料　charge

在热处理炉中被处理的材料或工件。

4.2　零部件和构件

4.2.1

炉体　furnace body

承受热负荷，由炉壳、炉门、炉衬和炉内构件等组成的整体。

4.2.2

炉衬　furnace lining

衬在炉壳内部，由适用于炉子热负载的耐火、隔热、保温材料构成的组合体。

4.2.3

炉墙　furnace wall

炉室四周由耐火材料和保温材料构成的侧壁。

4.2.4

炉底　hearth

炉室内放置炉底板或直接承载炉料的底部。

4.2.5

炉底板　hearth plate

在炉底上承载炉料的板，通常用耐热的金属或非金属材料制成。

4.2.6

炉拱　arch

炉室的拱形顶部。

4.2.7

炉壳　furnace casing; furnace shell

包围在隔热材料和耐火材料外部，由钢架和钢板制成的炉子外壳。

4.2.8

炉架　furnace frame

支承或加固炉体的钢或混凝土的结构件。

4.2.9

炉室（炉膛）　furnace chamber

炉子的内部空间及其周围结构。

4.2.10

加热室　heating chamber

炉子中进行加热的空间。

4.2.11

冷却室　cooling chamber

位于加热区后的电炉结构部分，炉料通过该部分进行冷却或随后的热处理。

4.2.12

前室　front vestibule

炉料在进入加热室之前所经过的不加热的炉室。

4.2.13

观察孔　inspection hole

用于观察炉室内情况的孔。

4.2.14

炉口　furnace hatch

进出炉料的开口。

4.2.15

炉门　furnace door

遮盖或密封垂直（或略倾斜）炉口用的部件。

4.2.16

炉盖　furnace lid; furnace cover

遮盖或密封水平炉口用的部件。

4.2.17

炉门平衡机构　door counter balance

用配重来减少炉门启闭力的机构。

4.2.18

炉门（盖）启闭机构　door (lid) opening-closing mechanism

由手动或动力驱动炉门（盖）启闭的机构。

4.2.19

炉罐　retort

用来在真空或控制气氛中加热炉料的陶瓷或金属制密闭容器。

4.2.20

坩埚　crucible

由耐火材料或导电材料如钢、铜或石墨制成，用来盛装被熔化炉料的容器。

4.2.21

料筐　charging basket

用来给炉罐或炉子加热室装料的容器。

4.2.22

料盘　charging tray

用来承载和输送炉料入炉并且一起加热的托盘。

4.2.23

垫具　spacer

炉底上支持炉料的垫块。

4.2.24

辐射管　radiant tube

在金属或非金属耐热材料制管内,用电或燃烧供热,通过管壁辐射对炉料传热的加热组件。

4.2.25

红外加热器　infrared heater

无加热室,主要用红外辐射对物料进行加热的电热设备。

4.2.26

红外加热元件　infrared heating element

发射出红外辐射的加热源。

4.2.27

导轨　rail

起导向或支撑作用的构件。

4.2.28

台车　bogie hearth

装载炉料能在导轨上移动的车式炉底,包括车架、砌筑炉底及其驱动机构。

4.2.29

布风板　wind-distribution plate

由金属或陶瓷材料制成的多孔性板,用于使通过的气体均匀分布。

4.2.30

风室　wind chamber

流态粒子炉内位于布风板下方导入空气和气氛的炉室。

4.2.31

火帘　flame curtain

炉口处由煤气、天然气或石油液化气等可燃气体燃烧形成的一排火焰,用于阻止大气进入炉内和炉内气体逸出炉外。

4.2.32

炉料转移系统　charge transfer system

按选定的工作程序转移炉料的机械系统。

4.2.33

送料器　charge feeder

用于在加热和冷却时,手动、半自动或全自动地放置、移动和替换炉料的电炉设备。

4.2.34

推送输送机构　pusher

把炉料(和它的装载工具)在水平或略倾斜的炉床上依次相挨推送进出炉室的机械装置。

4.2.35

振动输送机构　vibrating conveyor

由作小幅度振动的、略带倾斜的槽构成,用来连续输送炉料的设备。

4.2.36

振底输送机构　shaker conveyor

由作往返运动的水平或略带倾斜的炉底构成,推动炉料步进的输送设备。

4.2.37

链条输送机构　chain conveyor

用于电炉加热室内装运炉料,具有由链轮驱动的链条环的输送设备。

4.2.38

传送带输送机构　belt conveyor

由传送带、驱动机构以及相应的支承结构组成的输送炉料进出炉室的机械装置。

4.3　炉名

4.3.1

间歇式炉　batch furnace

用来处理单批炉料并可与炉料加热和冷却或保持在规定温度下的非连续式炉。

4.3.2

箱式炉　box-type furnace

加热室呈箱形、卧式,具有进出料炉门的间歇式电阻炉。

4.3.3

井式炉　pit furnace

加热室呈井式,炉料从其顶部装料的间歇式电阻炉。

4.3.4

台车式炉　bogie hearth furnace

炉底做成小车,炉料放在车上进出炉子但加热时小车滞留炉内的间歇式电阻炉。

4.3.5

底开式炉　drop bottom furnace

炉口向下,炉门侧向开闭,炉料在炉内悬挂加热的间歇式炉。通常炉口下方装有淬火槽,以便炉料迅速下降淬火。

4.3.6

罩式炉　bell furnace

炉底固定,加热炉罩在其上可移动或加热炉罩固定,炉底可升降的间歇式炉。

4.3.7

转筒式炉　rotary drum furnace

具有转动筒体的卧式连续式电阻炉。

4.3.8

连续式炉　continuous furnace

被加热炉料通过炉内连续输送的电炉。

4.3.9

链条输送式炉　chain conveyor furnace

炉料由链条输送装置输送的连续式炉。

4.3.10

辊底式炉　roller hearth furnace

炉料由辊棒承载和输送通过其内的连续式电阻炉，其中有些辊棒是被驱动的。

4.3.11

车底式炉　bogie furnace

炉料放在多个小车上沿着加热室输送的连续式电阻炉。

4.3.12

步进式炉　walking beam furnace

炉料由机械装置交替地抬升和向前放落，沿着炉室向前输送的连续式电阻炉。

4.3.13

转底式炉　rotary hearth furnace

具有绕立轴回转的圆形或环形炉底以及进、出开口的卧式连续式电阻炉，有时只有一个开口。

4.3.14

传送带式炉　belt conveyor furnace

由网带或铸链带承载和输送炉料通过其内的连续式炉。

4.3.15

推送式炉　pusher furnace

每件炉料被后一件炉料沿着炉底间歇地推进的连续式炉。

4.3.16

振底式炉　shake hearth furnace

由于炉底周期性的慢进和快速返回运动，使炉料沿着炉底逐步输送的连续式炉。

4.3.17

牵引式炉　drawing furnace

专门用来加热线材或带材的卧式连续式电阻炉，线材或带材被牵引通过炉子的加热室。

4.3.18

重力输送式炉　gravity feed furnace

炉料靠自身重力运动前进的连续式炉。

4.3 19

隧道式炉　tunnel furnace

加长的卧式连续式炉。

4.3.20

可控气氛炉　controlled atmosphere furnace

炉料在成分可控制在预定范围内的气氛中进行加热的炉子。

4.3.21

密封淬火炉　sealed quenching furnace

炉料在可控气氛中加热、渗碳，并在同一设备内进行淬火的炉子。

4.3.22

真空炉　vacuum furnace

加热室结构允许在低于大气压力下处理炉料的电炉。

4.3.23

热壁真空炉　hot wall vacuum furnace

外热式真空炉

炉料和真空密闭室由外部加热的真空炉。

4.3.24

冷壁真空炉　cold wall vacuum furnace

内热式真空炉

真空密封室的壁被冷却的，内部具有加热元件的真空炉。

4.3.25

浴炉　bath furnace

把炉料浸入处于工作温度下的液态介质进行加热的炉子，如盐浴炉、液态金属浴炉和油浴炉，该炉通常为间歇式。

4.3.26

流态粒子炉　fluidized bed furnace

炉膛内具有流动状态粒子的间歇式电阻炉，有可能参与反应的被加热或被冷却的气体通过该炉室。

4.3.27

内热式流态粒子炉　internally-heated fluidized bed furnace

热源位于炉内的流态粒子炉。

4.3.28

外热式流态粒子炉　externally-heated fluidized bed furnace

热源位于装有粒子的炉罐外部的流态粒子炉。

4.3.29

电红外炉　electric infra-red furnace

由加热室和电红外加热元件构成的炉子。

4.3.30

多工区炉　multi-zone furnace

具有两个或更多加热区的电阻炉，各区独立自动控制以获得热处理所需的各温度。

4.4　炉内气氛

4.4.1

自然气氛　natural atmosphere

以自然状态存在于加热室内，无任何气氛成分控制的气体介质。

4.4.2

可控气氛　controlled atmosphere

成分可控制在预定范围内的气氛。

4.4.3

保护气氛　protective atmosphere

炉内用来保护炉料或加热元件使之在加热时避免或减少氧化和脱碳及其他不良化学反应的可控制气氛。

5　热处理电热设备

5.1　电阻加热

5.1.1　一般术语

5.1.1.1

电阻加热　resistance heating

利用电流在导电介质中产生焦耳效应的电加热。

5.1.1.2

空炉升温时间　no-load heating up time

在额定电压下，把一台经过充分干燥的、没有装炉料的电阻炉从冷态加热到最高工作温度所需的时间。

5.1.1.3

空炉损失　no-load power loss

没有装炉料的电阻炉的炉体部分在最高工作温度下的热稳定状态时所损失的功率或称空炉损耗功率。

5.1.1.4

加热导体表面负荷　heating conductor surface load

加热元件表面负荷

加热导体的功率除以其表面积的商。

5.1.1.5

空炉抽气时间　no-load evacuation time

真空炉在空炉冷态情况下，把炉内气体从大气压抽到规定的极限真空度所需的时间。

5.1.1.6

极限真空度　ultimate pressure

真空炉设计规定的，在空炉冷态情况下，炉内所能达到的最低压力。

5.1.1.7

工作真空度　working pressure

真空炉在正常工作时炉内的压力。

5.1.1.8

压升率　pressure rising rate

真空炉在空炉冷态情况下，在单位时间内因漏气而引起的压力上升值。

5.1.2　零部件、构件和配套件

5.1.2.1

发热导体　heating conductor

与电源连接，用于把电能转变成热能的导体，同义词：加热电阻体。

5.1.2.2

加热元件　heating element

由加热电阻器和附件组成，用来把电能转换成热的可拆装或不可拆装的部件。

5.1.2.3

管状加热元件　tubular type heating element

由管材和装入其内的发热导体以及填充其间的绝缘导热材料等组成的加热元件。

5.1.2.4

引出棒　cold lead

引出线　cold tail

连接加热电阻器和电源线且无明显发热的零件。

5.1.2.5

隔热屏　heat shield

装在热源与受热件之间的热屏蔽装置，用来减少热源对受热件的热辐射。在电炉内部通常指真空电阻炉中由金属薄片或其他材料制成，位于加热元件与炉壳之间的热屏蔽构件。

5.1.2.6

冷阱　condensing collector

真空系统中，装有制冷剂用于冷却和捕集各种蒸气的冷凝装置。

5.1.2.7

闸阀　valve

炉体内用于隔离炉室的闸门，使各炉室彼此独立，互不影响。

5.1.2.8

强迫炉气循环系统　forced air circulation system

强迫炉气在炉内循环流动的系统，通常由风扇、导风筒等组成。

5.1.2.9

主电极　main electrode

工作电极

用于浴炉，由导电材料制成，一端接于电源，另一端插入(或埋入)浴槽内，用以传导电流的构件。

5.1.2.10

辅助电极　auxiliary electrode

浴炉的启动电极，当工作电极导通后即停止工作。

5.1.2.11

启动装置　start device

用以启动电极盐浴炉的装置，通常包括辅助电极、启动电阻或碳棒。

5.1.3　炉名

5.1.3.1

电阻炉　resistance furnace

用于电阻加热，具有炉室的电热设备。

5.1.3.2

直接电阻加热装置　direct resistance electro heat installation

用于直接电阻加热的装置。

5.1.3.3

间接电阻电热装置　indirect resistance electro heat installation

用于间接电阻加热的装置。

5.1.3.4

真空电阻炉　vacuum resistance furnace

采用电阻加热的真空炉。

5.1.3.5

非贯通间歇式真空电阻炉　"in and out" type discontinuous vacuum resistance furnace

只有一个供水平装出炉料用的炉门，至少有两个相互间用真空密封门隔开的炉室(加热室和冷却室)组成的间歇式真空电阻炉。

5.1.3.6

贯通间歇式真空电阻炉　"straight through" type discontinuous vacuum resistance furnace

在炉体的前后端分别设有装料门和出料门，至少有两个相互间用真空密封门隔开的炉室(加热室和冷却室)组成的间歇式真空电阻炉。

5.1.3.7

连续式真空电阻炉　continuous vacuum resistance furnace

由相互间用真空密封门隔开的三个炉室组成的，在整个工作过程中，加热室内始终有被加热炉料的真空电阻炉。

5.1.3.8

真空离子轰击热处理炉　ion-bombarding heat treatment vacuum furnace

在真空容器中，利用气体电离的正离子在电场作用下轰击炉料表面，使之加热的热处理炉。

5.1.3.9

真空离子渗碳炉　ion-carburizing vacuum furnace

在真空容器中，利用辉光放电使渗碳气体电离，所产生的碳离子在电场作用下轰击炉料表面进行渗碳的热处理炉。

5.1.3.10

真空离子渗氮炉　ion-nitriding vacuum furnace

在真空容器中，炉料接阴极，容器接阳极，通电使渗氮气体发生电离，所产生的氮离子在电场作用下轰击炉料表面，进行渗氮的热处理炉。

5.1.3.11

油淬真空电阻炉　oil-quenching vacuum resistance furnace

真空炉壳内装有淬火油槽，炉料加热后由转移机构浸入油中淬火的真空电阻炉。

5.1.3.12

气淬真空电阻炉　gas-quenching vacuum resistance furnace

加热后炉内充入惰性气体，使炉料进行强迫冷却淬火的真空电阻炉。

5.1.3.13

内热式浴炉　internally heated bath furnace

电极或加热元件位于浴槽内的浴炉。

5.1.3.14

电极盐浴炉　salt bath electrode furnace

盐浴中具有两根或多根电极的内热式盐浴炉。电流流过电极间的盐浴，在盐浴中产生热能。

5.1.3.15

插入式电极盐浴炉　salt bath furnace with immersed electrodes

电极由盐浴液面插入浴槽的电极盐浴炉。

5.1.3.16

埋入式电极盐浴炉　salt bath furnace with submerged electrodes

电极的一部分埋设在浴槽壁里面的电极盐浴炉。

5.2　感应加热

5.2.1　一般术语

5.2.1.1

感应加热　induction heating

利用感应电流产生的焦耳效应的电加热。

5.2.1.2

纵向磁通感应加热　longitudinal flux induction heating

磁通平行于炉料主轴的感应加热。

5.2.1.3

横向磁通感应加热　transverse flux induction heating

磁通垂直于炉料主轴的感应加热。

5.2.2　零部件、构件和配套装置

5.2.2.1

感应线圈　induction coil

用于感应加热传递电磁能量，由铜管材或线材绕成的线圈。

5.2.2.2

感应器　inductor

由感应线圈及其附件组成的部件。

5.2.2.3

开合式感应器　split inductor

为放置炉料，绕组分单独的两个部分的加热感应器。

5.2.2.4

心式感应器　core type inductor

闭合铁芯穿过其感应线圈和被加热炉料的加热感应器。

5.2.2.5

内感应器　inner inductor

用于感应加热内表面，如在感应淬火过程中加热内孔的加热感应器。

5.2.2.6

线圈导磁体　coil flux guide

由磁性材料，如导磁性良好的变压器硅钢片、铁氧体、可加工铁氧体制成的感应器设备元件。

5.2.2.7

淬火变压器　induction hardening transformer

把电源设备的输出电压降低到淬火感应线圈所需电压的变压器。

5.2.2.8

感应淬火机床　induction hardening machine

卡装炉料并能根据工艺要求使淬火用感应器或炉料移动或(和)转动的机械装置。

5.2.2.9

中频发电机组　medium frequency generator

由中频发电机及其驱动用的交流感应电动机构成的中频电源装置。

5.2.2.10

半导体变频装置　semiconductor frequency converter for induction heating

利用半导体元件把工频交流电转变为所需频率的交流电，作为感应加热电源的装置。

5.2.2.11

磁倍频器　magnetic frequency multiplier

由 3 台、5 台或 9 台单相变压器联接成的静止变频器，其输出频率是工频 50 Hz(60 Hz)的倍数，一般是 150 Hz(180 Hz)，250 Hz(300 Hz)或 450 Hz(540 Hz)。

5.2.2.12

真空管式高频电源装置　vacuum tube type high frequency generator

供感应加热用的一种高频电源装置。在该装置中，通常先由整流器把工频交流转变为直流，再由电子管高频振荡器把直流电流转变为高频电流。

5.2.3 感应加热装置名称

5.2.3.1

感应加热设备 induction heating equipment

没有密闭炉室的由感应加热方法在炉料中产生电流的电热设备。按电源频率分为:工频感应加热设备(mains frequency induction heating equipment)、中频感应加热设备(medium frequency induction heating equipment)、高频感应加热设备(high frequency induction heating equipment)和超高频感应加热设备(hyper frequency induction heating equipment)。

5.2.3.2

感应淬火设备 induction hardening equipment

供炉料淬火用的感应加热设备。

5.2.3.3

感应透热设备 induction through-heating equipment

供炉料透热用的感应加热设备。

5.2.3.4

脉冲感应加热设备 pulse induction heating equipment

采用高频脉冲电源对炉料进行加热的感应加热设备。

5.2.3.5

双频感应加热设备 double-frequency induction heating equipment

采用两个不同工作频率对同一炉料进行加热的感应加热设备。

5.3 其他加热

5.3.1

电子束加热 electron beam heating

由吸收在电场中加速的一个或多个电子束的动能所生的热而进行的电加热。

5.3.2

激光加热 laser heating

基于吸收由电能激励的具有增益介质的激光器所发射的电磁辐射的电加热。

5.3.3

等离子体加热 plasma heating

利用热等离子体作为热源的加热方法。

5.3.4

电子枪 electron gun

产生、成形和加速一个或多个电子束的系统。

5.3.5

激光发生器 laser generator

产生激光束的器件。

5.3.6

[束]扫描系统 (beam) scanning system

用于控制电子束在被加热炉料表面上有规律移动的电磁系统。

5.3.7

电子束热处理设备 electron beam heat treatment equipment

利用电子束的能量对炉料进行热处理的电热设备。

5.3.8

激光热处理设备　laser heat treatment equipment

利用激光加热对炉料进行热处理的设备。

5.3.9

等离子体加热器　plasma heater

用等离子体枪来加热材料的电加热器。

5.3.10

等离子体加热炉　plasma heating furnace

利用等离子体加热的电炉。

5.3.11

火焰加热装置　flame heating installation

利用乙炔或其他可燃气为燃料的加热装置。

6　热处理燃料炉

6.1　一般术语

6.1.1

标准燃料　standard fuel

按发热值为 29 288 J/kg 计算的理想燃料。

6.1.2

燃料发热值　calorific capacity of fuel

单位重量或单位体积燃料,在完全燃烧时所释放的热量。

6.1.3

空气过剩系数　air excess coefficient

燃料燃烧时实际空气消耗量与理论空气消耗量之比。

6.1.4

单位燃料消耗　specific fuel consumption

单位质量炉料加热到一定热处理工艺温度所消耗的燃料量。

6.1.5

炉底热强度　thermo-intensity of hearth

在单位时间内炉底单位面积上消耗最大燃料量所提供的热量。

6.2　零部件、构件和配套装置

6.2.1

燃烧室　combustion chamber

燃料燃烧释放热能的炉室。

6.2.2

挡火墙　fire-wall

防止火焰从燃烧室直接冲入加热室的隔墙。

6.2.3

排烟口　exhaust opening

炉室排出燃烧废气的出口。

6.2.4

烟道　flue

炉室排烟口至烟囱进口之间,用金属或耐火材料构成的排烟通道。

6.2.5

烧嘴　burner

燃烧装置

使燃料或燃料与助燃空气混合进行燃烧的装置。

6.2.6

低压燃气烧嘴　low pressure gas burner

低压烧嘴

燃气与助燃空气在烧嘴内进行部分混合或不经混合，喷到炉内再边混合边燃烧形成有焰燃烧的烧嘴。

6.2.7

高压喷射式燃气烧嘴　high pressure injection gas burner

高压烧嘴

使燃气与空气在烧嘴内部充分混合，喷出后立即着火燃烧形成无焰燃烧的烧嘴。

6.2.8

平焰烧嘴　plain flame burner

使燃料和助燃空气强烈混合后旋转喷出，并沿垂直于烧嘴中心线的炉壁展开，形成圆盘形平燃烧火焰的烧嘴。

6.2.9

高速烧嘴　high speed burner

燃烧气体出口速度可达 100 m/s～300 m/s 的烧嘴。

6.2.10

自身预热烧嘴　self preheating burner

将烧嘴、预热器和排烟道结合为整体的燃烧装置。

6.2.11

预热器　preheater

可充分利用燃料炉烟气热量预热助燃空气或燃气的热交换器。

7　热处理炉通用配套设备

7.1　气体发生与净化装置

7.1.1

可控气氛发生装置　controlled atmosphere generator

控制气氛发生器

利用原料气或有机液体燃料制备一定成分气体的发生装置。

7.1.2

吸热式气氛发生装置　endothermic atmosphere generator

将燃料气与空气按一定比例混合后，在装有催化剂的加热反应罐内经吸热化学反应进行不完全燃烧，制备一定成分的气体的装置。

7.1.3

放热式气氛发生装置　exothermic atmosphere generator

将燃料气与空气按一定比例混合后，在反应罐内进行不完全燃烧经放热化学反应制取一定成分气体的装置。

7.1.4

氨分解气氛发生装置　ammonia dissociated gas generator

使液氨在装有催化剂的反应罐内加热分解，以获得氮氢混合气体的装置。

7.1.5

氨燃烧气氛发生装置　ammonia combustion gas generator

使氨和一定量空气混合经不完全燃烧和除水，制取一定成分气体的装置。

7.1.6

反应罐　reaction retort

控制气体发生装置中发生气体化学反应的容器。

7.1.7

分子筛制氮装置　nitrogen generator with molecular sieve

利用变压吸附原理，用分子筛从空气中分离出氮气的装置。

7.1.8

气体净化装置　gas purification equipment

除去可控气氛中的水分、二氧化碳、氧、硫及其化合物等杂质，使其含量降低到一定范围内的装置。

7.1.9

除硫装置　desulphurizing equipment

用固体吸附剂或液体脱硫剂等去除可控气氛中硫及其化台物的装置。

7.1.10

除水装置　dewaterer

用化学法、冷凝法或吸附法等，使可控气氛脱水干燥的装置。

7.1.11

除二氧化碳装置　carbon dioxide eliminator

用化学吸附、物理吸附法等去除可控气氛中二氧化碳的装置。

7.1.12

露点分析仪　dew point analyzer

用于测定气氛露点，以控制渗碳氛碳势的仪器。

7.1.13

红外线分析仪　infrared analyzer

利用不同气体吸收不同波长红外线的原理，测定所吸收红外线的强度，以确定混合气体中各体组分浓度的仪器，适用于测定 CO_2、CO 及 CH_4 的浓度。

7.1.14

氧探头　oxygen probe

用于测定气氛中氧浓差电动势，以确定气氛中氧的浓度(即氧势)的传感器。

7.2　淬火冷却装置

7.2.1

淬火冷却槽　quenching tank

淬冷槽

淬火槽

供炉料淬火冷却用的盛装淬冷液的槽形容器。

7.2.2

淬火水槽　water quenching tank

淬冷水槽

盛淬火冷却用水或水溶液的淬火冷却槽。

7.2.3

淬火油槽　oil quenching tank

淬冷油槽

盛淬火冷却用油的淬火冷却槽。

7.2.4

双液淬火槽　dual-liquid quenching tank

双液淬冷槽

盛有上下分界的密度不同的两种淬冷液(如油和水)的淬火冷却槽。

7.2.5

双联淬火槽　duplex quenching tank

双联淬冷槽

将盛有不同淬冷液的淬冷槽联接成整体的淬火冷却槽。

7.2.6

输送带式淬火槽　conveyor type quenching tank

输送带式淬冷槽

输送带浸入淬冷液中,用以连续输送炉料进行淬火的淬火冷却槽。

7.2.7

摆动淬冷装置　swing quenching equipment

使炉料在淬火冷却槽中上下或左右摆动,以得到均匀冷却的装置。

7.2.8

循环冷却系统　circulation cooling system

使淬冷液从淬冷槽排出流入储液槽,再用泵输送经过滤器去除杂质及经冷却器冷却后回到淬冷槽的整套循环系统。

7.2.9

油槽灭火装置　fire extinguisher of oil tank

装在淬冷油槽上的紧急灭火装置。

7.2.10

冷却器　cooler

使淬冷液降低湿度的热交换器。

7.2.11

喷液淬冷装置　spray quenching device

喷射液体介质的淬火冷却装置。

7.2.12

喷雾冷却装置　fog spray cooling device

喷雾淬火装置

将加热的炉料在水和空气混合形成的喷雾中冷却的装置。

7.2.13

风冷装置　forced air cooling device

以吹送空气的方式使加热的炉料冷却的装置。

7.2.14

淬火压床　die hardening press

炉料加热到给定温度后在特制夹具中加压淬火以减少畸变的装置。

7.2.15

成形淬火压力机　forming and quenching press

炉料加热后在压力机上的特制夹具中同时成形并淬火冷却的装置。

7.2.16

冷处理设备　subzero treatment equipment

深冷处理设备

使炉料冷却到0℃以下的设备。

7.3 清洗与清理设备

7.3.1

清洗设备　rinsing equipment

用水、碱水或清洗剂溶液等去除炉料上油污和脏物的设备。

7.3.2

室式清洗机　box type rinsing machine

对放置在清洗室工作台上的炉料喷射水流或碱水流等以清洗其表面油污和脏物的装置。

7.3.3

输送带式清洗机　conveyor type rinsing machine

对放置在清洗室输送带上的炉料用水流或碱水流等连续清洗其表面油污和脏物的装置。

7.3.4

酸洗设备　pickling equipment

用稀酸溶液清除炉料上氧化皮及污垢的装置。

7.3.5

清理设备　cleaning equipment

用喷砂机、抛丸机或滚筒等清除炉料上氧化皮及污垢等的设备。

7.3.6

喷砂机　sand blasting equipment

喷丸机　shot blasting equipment

用压缩空气喷射石英砂或金属丸冲刷炉料表面，以去除氧化皮及污垢的装置。

7.3.7

抛丸机　wheel abrator

用高速旋转叶轮抛射金属丸冲击炉料表面，以去除氧化皮及污垢并可起到加工硬化作用的装置。

7.3.8

湿式喷砂机　liquid sand blaster

用压力水流带动石英砂冲刷炉料表面，以去除氧化皮及污垢的装置。

7.3.9

转台式抛丸清理机　rotary table abrator

对放置在清理室可旋转平台上的炉料用抛丸机清除其氧化皮的装置。

7.4 其他辅助设备

7.4.1

矫直机　straightening machine

校直机

用手动机械或压力机加压，以矫正淬火后炉料翘曲畸变的装置。

7.4.2

淬火起重机　quenching crane

具有快速下降吊钩的用于炉料快速下降淬火冷却的专用起重机。

7.4.3

硬度分选设备　hardness separator

将热处理后炉料按硬度要求限度进行自动检验并分级精选的设备。

7.4.4

吊具　hanger

挂具

吊挂炉料的工具，有单件吊具和多件吊具。

7.4.5

夹具　fixture

固定、夹持炉料的器具。

中 文 索 引

英 文 索 引

D

E

F

G

H

I

L

M

N

ICS 77.060
H 25

中华人民共和国国家标准

GB/T 13448—2006
代替 GB/T 13448—1992

彩色涂层钢板及钢带试验方法

Test methods for prepainted steel sheet

2006-02-05 发布　　2006-08-01 实施

中华人民共和国国家质量监督检验检疫总局
中国国家标准化管理委员会　发布

前　言

本标准代替 GB/T 13448—1992《彩色涂层钢板及钢带试验方法》。

本标准与 GB/T 13448—1992 相比主要变化如下：

——对 GB/T 13448—1992 中的涂层厚度测定、镜面光泽测定、弯曲试验、反向冲击试验、铅笔硬度试验、划格试验、耐中性盐雾试验和耐湿热试验等共 8 个试验方法进行了修订；

——将 GB/T 13448—1992 中的加速气候试验修订为氙灯加速老化试验；

——新增了术语和定义、色差测定、耐有机溶剂试验、耐磨性试验、耐划伤试验、杯突试验、耐沸水试验、耐酸碱试验、耐污染试验、耐干热试验、耐二氧化硫湿热试验、紫外灯加速老化试验、大气暴露试验等共 12 个试验方法。

本标准的附录 A 是资料性附录。

本标准由中国钢铁工业协会提出。

本标准由全国钢标准化技术委员会归口。

本标准起草单位：宝山钢铁股份有限公司。

本标准主要起草人：张家琪、李蕾、杨正烨、范纯、时巧云、周星、李和平。

本标准 1992 年 4 月首次发布。

彩色涂层钢板及钢带试验方法

1 范围

本标准适用于彩色涂层钢板及钢带(以下简称彩涂板)涂层性能的测定和评价。

2 规范性引用文件

下列文件中的条款经过本标准的引用而成为本标准的条款。凡是注明日期的引用文件,其随后所有的修改单(不包括勘误的内容)或修订版均不适用于本标准,然而,鼓励根据本标准达成协议的各方研究是否可使用这些文件的最新版本。凡是不注明日期的引用文件,其最新版本适用于本标准。

GB/T 1766—1995 色漆和清漆 涂层老化的评级方法

GB/T 12754 彩色涂层钢板及钢带

3 术语和定义

下列术语和定义及 GB/T 12754 给出的术语和定义适用于本标准。

3.1

相对光反射率 relative luminous reflectance factor

在相同的几何条件下,由试样反射的光通量值与标准面反射的光通量值之间的比值。

3.2

镜面光泽 specular gloss

镜面反射方向上试样的相对光反射率。

3.3

三刺激值 tristimulus values

在三色系统中与待测光达到色匹配所需的三种原刺激的量。

3.4

颜色空间 color space

色度空间

即为减少由于空间的不均匀而带来的复制误差,而不断寻找一种最均匀的色彩空间,这种色彩空间,在不同位置、不同方向上相等的几何距离在视觉上有相对应的色差,把易测的空间距离作为色彩感觉差别量的度量。

3.5

T 弯值 T-bend

依次以被测试样厚度的 n(n=0、1、2…)倍值为曲率半径进行 180°反向弯曲试验,以涂层不产生开裂或脱落的最小 n 值为 T 弯值。

3.6

铅笔硬度 pencil hardness

用一组规定铅芯尺寸、形状和硬度的铅笔划过涂层表面,判断涂层抗犁破的能力。

3.7

杯突高度 cupping height

试验终点时所冲压形变杯体的高度。

3.8

试验用盲板　blank plate

指当试样架上未挂满试样时，为防止漏光而用于遮盖试样架空档的与试样尺寸相同的平板。

4　涂层厚度测定

4.1　通则

本方法适用于彩涂板涂层厚度的测定。

本方法规定了磁性测厚仪法、手持式千分尺法(以下简称千分尺法)、金相显微镜法和钻孔破坏式显微观测法等四种彩涂板涂层厚度测定方法：

磁性测厚仪法：适用于以冷轧板、镀锌板为基板的彩涂板涂层厚度的测定。若涂层厚度低于3 μm时则本方法不适用；

千分尺法：适用于各种材料为基板的彩涂板涂层厚度的测定。在千分尺测量装置负荷下容易变形的涂层则本方法不适用；

金相显微镜法：适用于以各种材料为基板的彩涂板涂层厚度的测定；

钻孔破坏式显微观测察法：适用于各种材料为基板的彩涂板涂层厚度的测定。当各涂层界面可清晰分辨时，亦可适用于各涂层(初涂层、精涂层)厚度的分别测定。

4.2　原理

4.2.1　磁性测厚仪法

利用电磁场磁阻原理，以流入钢铁基板的磁通量大小来测定涂层厚度。

4.2.2　千分尺法

通过测定彩涂板涂层去除前后厚度的差值来测定涂层厚度。

4.2.3　金相显微镜法

利用彩涂板断面涂层和金属基板的光反射率不同，从而测量彩涂板涂层厚度。

4.2.4　钻孔破坏式显微观测法

利用钻孔机在彩涂板涂层中钻出一定锥度的圆孔，通过光学显微镜观测涂层，对涂层界面进行定位，测量出水平距离并根据锥度换算成涂层的厚度。

4.3　试验装置和材料

4.3.1　磁性测厚仪

4.3.1.1　当涂层厚度不大于 50 μm 时，仪器示值误差为±1 μm。

4.3.1.2　当涂层厚度大于 50 μm 时，仪器示值误差为±2 μm。

4.3.1.3　已知厚度的标准片(非磁性薄膜)，其厚度应与被测涂层相近。

4.3.2　千分尺

4.3.2.1　数显型，仪器示值误差为±0.001 mm。

4.3.2.2　测量头为圆形平面状。

4.3.2.3　记号笔。

4.3.3　金相显微镜

4.3.3.1　仪器的测量准确性应优于 2 μm。

4.3.3.2　适当牌号的金相砂纸。

4.3.3.3　固定试样用材料(如树脂)，应对涂层无损害作用，其颜色明显区别于涂层。

4.3.4　钻孔破坏式显微测厚仪

4.3.4.1　仪器的测量准确性应优于涂层厚度的 10%。

4.3.4.2　显微测厚仪，主要由一个自动钻孔装置和一个显微视频图像系统组成。

4.4 试样制备和试验环境

4.4.1 试样尺寸不小于 75 mm×150 mm，试样表面应平整、无油污、无损伤、边缘无毛刺。

4.4.2 试验在试验室环境下进行。如有争议时，应将待测试样在温度为(23℃±2℃)，相对湿度为(50%±5%)的环境中至少放置 24 h 后再进行试验。

4.5 试验步骤

4.5.1 磁性测厚仪法

4.5.1.1 仪器校准

4.5.1.1.1 用与待测试样化学成分和厚度相同的无涂层基板作为调零板，在其表面几个不同位置进行仪器调零。当基板为镀锌板时，应在去除锌层的基板上调零，零位误差不得大于 1 μm。

4.5.1.1.2 选择与被测涂层厚度相近的标准片校准仪器，使其准确指示出标准片的厚度。反复进行调零和校准的操作，直至获得稳定的零位和标准片厚度读数。

4.5.1.1.3 在测量期间应经常进行仪器调零和校准的操作。

4.5.1.2 测定

4.5.1.2.1 当彩涂板基板为冷轧板时，选取距试样边缘距离大于 25 mm 的 3 个不同位置，用磁性测厚仪直接进行涂层厚度测量，并记录厚度值。

4.5.1.2.2 当彩涂板基板为镀锌板时，选取距试样边缘距离大于 25 mm 的 3 个不同位置，用磁性测厚仪测量镀锌层和涂层的总厚度。用对镀锌层无腐蚀作用的脱漆剂将涂层去除，在同样的地方测量镀锌层厚度(或用已知锌层单位面积重量换算成锌层厚度)，总厚度与镀锌层厚度之差即为涂层厚度。

4.5.2 千分尺法

4.5.2.1 在距试样边缘不小于 10 mm 的区域内选取 3 个不同部位做上标记，用千分尺测量标记处的厚度并做记录。操作时注意不能使涂层有可见的变形，否则会影响测量结果。

4.5.2.2 用适当的溶剂或脱漆剂去除标记处的涂层，然后用千分尺测量去除涂层处的基板厚度，记录厚度值。

4.5.3 金相显微镜法

4.5.3.1 用适当的材料固定试样，制样过程应使试样与观测面保持垂直。

4.5.3.2 打磨抛光制备的试样，使其足够平滑，以便在显微镜下观察涂层断面。操作中注意保持试样与砂纸面成直角。

4.5.3.3 用显微镜上的标尺测量试样断面上 5 个不同部位的涂层厚度并记录其值。

4.5.4 钻孔破坏式显微观测法

4.5.4.1 将试样放在钻孔台上，调整自动钻孔装置的钻孔深度控制轮，使钻头刚好穿入基板，在试样上钻出一个圆形浅角缩孔。

4.5.4.2 将试样放在测量台上，调节显微视频图像系统，使缩孔处涂层各界面均可清晰成像于视频上。利用显微视频图像系统的标尺即可直接读出各涂层厚度。

4.6 结果的表示

4.6.1 磁性测厚仪法

3 个不同测量部位涂层厚度的算术平均值，即为该试样的涂层厚度，以微米(μm)表示。

4.6.2 千分尺法

每个测量部位两次厚度读数之差为该部位涂层厚度。3 个不同测量部位涂层厚度的算术平均值，即为该试样的涂层厚度，以微米(μm)表示。

4.6.3 金相显微镜法

5 个不同测量部位涂层厚度的算术平均值，即为该试样的涂层厚度，以微米(μm)表示。

4.6.4 钻孔破坏式显微镜观测法

在所测量的缩孔中至少取3个不同测量部位的算术平均值，即为该试样的涂层厚度，以微米(μm)表示。

4.7 试验报告

试验报告应包括下列内容：

a) 采用的试验标准和协商条款；

b) 仪器型号；

c) 试样信息；

d) 试验结果；

e) 试验日期和试验人员。

5 镜面光泽测定

5.1 通则

本方法适用于彩涂板涂层镜面光泽的测定。

5.2 原理

通过测定涂层镜面相对光反射率即可测出试样的镜面光泽。

5.3 试验装置和材料

5.3.1 60°光泽计或多角度光泽计。

5.3.2 校准板：通常包括高光泽和低光泽两种校准板。

5.4 试样制备和试验环境

5.4.1 试样尺寸不小于75 mm×150 mm，试样应平整、无油污、无损伤、边缘无毛刺。

5.4.2 试验在试验室环境下进行。如有争议时，应将待测试样在温度为(23℃±2℃)，相对湿度为(50%±5%)的环境中至少放置24 h后再进行试验。

5.5 试验步骤

5.5.1 仪器校准

分别用高光泽校准板和低光泽校准板校准仪器，直至校准值与校准板标准值偏差不大于1个单位。

5.5.2 测量

5.5.2.1 通常采用60°入射角的光泽仪。当精确测量时，若60°光泽值高于70单位，宜选用20°入射角；若60°光泽值低于10单位，宜选用85°入射角。

5.5.2.2 将试样置于仪器的光窗孔上，在试样表面3个不同部位进行测定，分别记录光泽读数。

5.5.2.3 若试样表面涂层有线状纹路，测定时应使仪器入射角和反射角的轴线与该纹路平行后测定。

5.6 结果的表示

3个不同测量部位涂层镜面光泽的算术平均值，即为该试样的光泽。

5.7 试验报告

试验报告应包括下列内容：

a) 采用的试验标准和协商条款；

b) 仪器型号，选择的入射角；

c) 试样信息；

d) 试验结果；

e) 试验日期和试验人员。

6 色差测定

6.1 通则

本方法适用于彩涂板色差的定量测定。

6.2 原理

通过色差仪分别测定参照样和试样的光谱三刺激值，即可定量测定出试样与参照样的颜色差异。

6.3 试验装置和材料

6.3.1 色差仪

6.3.1.1 色差仪通常采用的几何结构分为定向型和积分球型两种。其中定向型几何结构分为45°/0°和0°/45°两种，积分球型几何结构分为d/8°和8°/d两种。

6.3.1.2 色差仪应能满足在标准光源和标准色度观察者的条件下，同时测定不同颜色空间中的色度坐标值。通常使用的颜色空间有CIELAB和HunterLab等。选择的色差仪、标准光源、标准色度观察者、颜色空间和观察面积不同，测得的色差值也会有差异。

6.3.2 色差仪校准板

由一组校准白板、校准黑板和校准荧光板等组成。

6.3.3 参照样

为供需双方认可的标准颜色样板。参照样应在避光和试验室环境下保存，以避免颜色发生较大变化而影响测定结果。

6.4 试样制备和试验环境

6.4.1 试样尺寸应满足能覆盖色差仪测量孔径的要求，试样表面应平整、无油污、无损伤、边缘无毛刺。

6.4.2 试验在试验室环境下进行。如有争议时，应将待测试样在温度为(23℃±2℃)，相对湿度为(50%±5%)的环境中至少放置24 h后再进行试验。

6.5 试验步骤

6.5.1 开启色差仪，用色差仪校准板对仪器进行校准。

6.5.2 选择标准光源、标准色度观察者、颜色空间和观察孔径。在选定的仪器条件下测定参照样的色度坐标值CIELAB L^*、a^*、b^*或HunterLab L、a、b，然后在同样的条件下测定试样三个不同部位的色度坐标值。

6.5.3 定向型色差仪如果是非圆环照明，则应对参照样和试样的同一测量点按照四个方位进行90°转动，测定四个色度坐标值，其算术平均值为该测量点的色度坐标值。

6.6 结果的表示

试样与参照样的色差值可用下式计算：

$$\Delta E = [(\Delta L)^2 + (\Delta a)^2 + (\Delta b)^2]^{1/2} \quad \cdots\cdots\cdots\cdots\cdots\cdots(1)$$

式中：

$\Delta L = L_1^* - L_0^*$ 或 $L_1 - L_0$；

$\Delta a = a_1^* - a_0^*$ 或 $a_1 - a_0$；

$\Delta b = b_1^* - b_0^*$ 或 $b_1 - b_0$。

L_1^*，a_1^* 和 b_1^* 或 L_1，a_1 和 b_1——试样的色度坐标值；

L_0^*，a_0^* 和 b_0^* 或 L_0，a_0 和 b_0——参照样的色度坐标值。

如果：ΔL 为正值，试样比参照样偏亮；

ΔL 为负值，试样比参照样偏暗；

Δa 为正值，试样比参照样偏红；

Δa 为负值，试样比参照样偏绿；

Δb 为正值，试样比参照样偏黄；

Δb 为负值，试样比参照样偏蓝。

色差以 ΔE 或 ΔE、ΔL、Δa、Δb 表示。3 个不同测量部位涂层色差的算术平均值，即为该试样的色差。

6.7 试验报告

试验报告应包括下列内容：

a) 采用的试验标准和协商条款；

b) 仪器型号，使用的几何构造，选择使用的仪器条件(标准光源、标准色度观察者、颜色空间和观察孔径)；

c) 试样信息；

d) 试验结果；

e) 试验日期和试验人员。

7 弯曲试验

7.1 通则

本方法适用于评定彩涂板弯曲时涂层抗开裂或抗脱落的能力。

7.2 原理

将试样绕自身弯曲 180°，观察弯曲面的涂层开裂或脱落情况，确定使涂层不产生开裂或脱落的试样的最小厚度倍数值。

7.3 试验装置和材料

7.3.1 弯曲试验机：可将试样弯曲成锐角。

7.3.2 压平机或台钳：用于压平试样。

7.3.3 透明胶带：宽度约为 25 mm，其粘结强度为(11±1)N/25 mm 宽。

7.4 试样制备和试验环境

7.4.1 试样尺寸为宽度不小于 100 mm，长度约为宽度的两倍，试样应平整、无油污、无损伤、边缘无毛刺。

7.4.2 试验在试验室环境下进行。如有争议时，应将待测试样在温度为(23℃±2℃)，相对湿度为(50%±5%)的环境中至少放置 24 h 后再进行试验。

7.5 试验步骤

7.5.1 把试样的一端插入弯曲试验机中约 10 mm，压紧试样，转动手柄将试样弯曲到锐角，然后取出试样插入压平机，将试样的弯曲部分压紧，即为“0T”弯曲(见图 1)。

7.5.2 用目视检查弯曲部分的涂层上是否出现开裂。离边缘 10 mm 内的涂层损伤不计。

7.5.3 沿着弯曲面贴上透明胶带，边去除气泡边将胶带粘贴平整，然后沿弯曲面以 60°方向迅速用力撕下胶带，检查胶带上是否有脱落的涂层。离边缘 10 mm 内的涂层脱落不计。

7.5.4 试样绕“0T”弯曲部分继续作 180°弯曲，折迭中央有一个试样厚度则为“1T”弯曲(见图 1)。同样用肉眼和胶带检查涂层是否有开裂或脱落。离边缘 10 mm 内的涂层损伤不计。

7.5.5 重复 7.5.4，进行 2T、3T……弯曲，直到涂层未出现开裂或脱落为止。试样经弯曲后，重迭部分不应有明显的空隙存在。

图 1 T弯示意图

7.6 **结果的表示**

使涂层不产生开裂或脱落的试样厚度的最小倍数为 T 弯值。

7.7 **试验报告**

试验报告应包括下列内容：

a) 采用的试验标准和协商条款；

b) 仪器型号；

c) 试样信息；

d) 试验结果；

e) 试验日期和试验人员。

8 反向冲击试验

8.1 **通则**

本方法适用于评定彩涂板承受快速形变时涂层抗开裂或抗脱落的能力。

8.2 **原理**

让自由落体的重锤冲击试样，使试样快速变形，形成凸形区域，检查凸形区域的涂层是否有开裂或脱落，从而评定涂层抗开裂或脱落的能力。

8.3 **试验装置和材料**

8.3.1 冲击试验仪：通常由基座，垂直导管、重锤和端部为半球形的冲头组成。冲头直径为 15.87 mm 或采用其他直径的冲头。

8.3.2 透明胶带：宽度约为 25 mm，其粘结强度为(11±1)N/25 mm 宽。

8.3.3 硫酸铜溶液：10 g 硫酸铜($CuSO_4 \cdot 5H_2O$)溶于 75 mL 1.0 mol/L 的盐酸中。

8.3.4 白色法兰绒布或滤纸。

8.4 **试样制备和试验环境**

8.4.1 试样尺寸不小于 75 mm×150 mm，试样应平整、无油污、无损伤、边缘无毛刺。

8.4.2 试验在试验室环境下进行。如有争议时，应将待测试样在温度为(23℃±2℃)，相对湿度为(50%±5%)的环境中至少放置 24 h 后再进行试验。

8.5 **试验步骤**

8.5.1 **规定冲击功试验**

8.5.1.1 将试样的被检测面向下(反冲)放在冲模上。

8.5.1.2 将重锤升到所需的高度，并从此高度自由落下，使冲头打在试样上形成凹陷。

8.5.1.3 将胶带贴于被冲击后的凸形区域，用手指将其压紧，边去除气泡边将胶带粘贴平整，然后与试样面成 60°角迅速撕下胶带，检查胶带上是否有脱落的涂层。

8.5.1.4 可用目视直接观察被冲击后的凸形区域是否有开裂。如果观察开裂有困难，也可用硫酸铜溶液检查。把浸透硫酸铜溶液的白色法兰绒布或滤纸贴于凸形区域，15 min 后，揭开白色法兰绒布或滤纸，检查试验区、绒布或滤纸上有无铜析出，有铜析出说明涂层有开裂。

8.5.1.5 在试样的另两个部位重复上述试验。若其中至少两次试验均不产生开裂或涂层脱落，则试样通过了该规定冲击功试验。

8.5.2 **测定涂层不产生开裂或脱落的最大冲击功**

8.5.2.1 按照步骤 8.5.1.1～8.5.1.5 进行试验。

8.5.2.2 涂层如无开裂或脱落，则固定重锤重量，适当增加重锤落下的高度，重复 8.5.2.1 的试验过程，直到找出涂层不产生开裂或脱落的最大落下高度，此时该高度和锤重的乘积则为最大冲击功，以焦耳(J)表示。

8.5.2.3 涂层如无开裂或脱落，也可固定落下高度，适当增加锤重，重复 8.5.2.1 的试验过程，直到找出涂层不产生开裂或脱落的最大锤重，此时该高度和锤重的乘积则为最大冲击功，以焦耳(J)表示。

8.6 结果的表示

8.6.1 在规定冲击功试验时，结果应表示为规定冲击功试验下试样涂层是否有开裂或脱落。

8.6.2 在测定涂层不产生开裂或脱落的最大冲击功试验时，结果应表示为高度和重锤重量的乘积(J)。

8.7 试验报告

试验报告应包括下列内容：

a) 采用的试验标准和协商条款；

b) 设备型号、冲头直径(mm)；

c) 试样信息；

d) 试验结果；

e) 试验日期和试验人员。

9 铅笔硬度试验

9.1 通则

本方法适用于彩涂板涂层铅笔硬度的测定。

本方法规定了手工铅笔法和仪器铅笔法两种试验方法。

9.2 原理

用一组已知硬度的铅笔测定彩涂板涂层表面相对硬度。

9.3 试验装置和材料

9.3.1 一组经校验的木质铅笔或活动铅笔，其标号为 6H、5H、4H、3H、2H、H、F、HB、B、2B、3B、4B、5B、6B，其中 6H 最硬，6B 最软，由 6H 到 6B 硬度递减。通常情况下，由于不同品牌铅笔或铅芯硬度值不同，会导致测量结果不一致。推荐使用中华牌 505 卷钢涂层硬度测试专用铅笔或铅芯(标号为 5H、4H、3H、2H、H、F、HB、B)。也可由供需双方商定采用其他品牌的铅笔。各标号中华牌 505 卷钢涂层硬度测试专用铅笔或铅芯的努氏硬度范围及其与中华牌 101 绘图铅笔的硬度对应关系见附录 A。

9.3.2 划铅笔用机械小推车，其两侧带两个滑轮的金属基座可在试样上自由移动，基座中间有一呈 45°角度的圆孔和一个固定铅笔用的固定夹，可使铅笔以 45°角与水平面固定，该仪器自重应确保在笔尖处水平方向上的受力为(7.5±0.1)N。

9.3.3 削笔刀。

9.3.4 400＃砂纸。

9.4 试样制备和试验环境

9.4.1 试样尺寸为 75 mm×150 mm，表面应平整、无油污、无损伤。

9.4.2 试验在试验室环境下进行。如有争议时，应将待测试样在温度为(23℃±2℃)，相对湿度为(50%±5%)的环境中至少放置 24h 后再进行试验。

9.5 试验步骤

9.5.1 手工铅笔法

9.5.1.1 用削笔刀将铅笔削至露出(4～6)mm 柱型笔芯(不应松动或削伤笔芯)，握住铅笔使其与 400＃砂纸面垂直，在砂纸上磨划，直至获得端面平整、边缘锐利的笔端为止(边缘不应有破碎或缺口)。

9.5.1.2 将试样水平放置于操作台上，握住已削磨的铅笔使其与涂层成 45°角，向下和向前施加足够、均匀的压力，用力程度以使铅笔边缘破碎或犁破涂层为宜。铅笔推进的行程为 6.5 mm。铅笔使用一次后要旋转 180°再用或重磨后使用。

9.5.1.3 从最硬的铅笔开始，用每级铅笔划 5 次，5 次中若有两次能犁破涂层则换用较软的一支铅笔，直至找出 5 次中至少有 4 次不能犁破涂层的铅笔为止，此铅笔的硬度即为被测涂层的铅笔硬度。

9.5.2 仪器铅笔法

9.5.2.1 将试样水平放置于操作台上，将划铅笔用机械小推车放置于试样上。

9.5.2.2 将按照 9.5.1.1 的步骤处理好的铅笔放入机械小推车中固定，使铅笔笔尖与试样表面可自由接触。推动机械小推车，使其在试样上推进的行程为 6.5 mm。

9.5.2.3 按照 9.5.1.3 的步骤用不同硬度的铅笔进行机械小推车试验，直至找出 5 次中至少有 4 次不能犁破涂层的最硬的铅笔，此铅笔的硬度即为被测涂层的铅笔硬度。

9.6 结果的表示

将划 5 次中至少有 4 次不能犁破涂层的最硬铅笔硬度，作为被测涂层的铅笔硬度。

9.7 试验报告

试验报告应包括下列内容：

a) 采用的试验标准和协商条款；

b) 试验用铅笔的牌号、生产厂；

c) 试样信息；

d) 试验结果(需注明采用人工铅笔法还是仪器铅笔法)；

e) 试验日期和试验人员。

10 耐有机溶剂试验

10.1 通则

本方法适用于彩涂板涂层耐有机溶剂性能的评定。

本方法规定了手工法和仪器法两种试验方法。

10.2 原理

将食指或人造指用棉纱布裹住并浸入指定的有机溶剂中，以一定的速度和摩擦压力在试样板上来回擦拭一定的距离，连续擦拭至涂层破损并记录擦拭次数，或者擦拭至规定的次数看是否出现涂层破损。

10.3 试验装置和材料

10.3.1 带有人造指的设备，该人造指至少有 100 mm^2 圆形或正方形的接触面积。该设备能在(0.1±0.02)MPa 的压力下完成前后纵向两个行程，行程的长度至少是接触区域特征长度的 5 倍。

10.3.2 脱脂棉。

10.3.3 医用棉纱布，剪成不小于 150 mm×150 mm 的方块。

10.3.4 有机溶剂：丁酮(MEK)、二甲苯、石油醚等，或由供需双方协商。如无特殊说明均指丁酮(MEK)。

10.4 试样制备和试验环境

10.4.1 试样尺寸应不小于 100 mm×250 mm，试样表面应平整、无油污、无损伤。

10.4.2 试验在试验室环境下进行。如有争议时，应将待测试样在温度为(23℃±2℃)，相对湿度为(50%±5%)的环境中至少放置 24 h 后再进行试验。

10.5 试验步骤

10.5.1 手工法

10.5.1.1 将四层医用棉纱布裹在食指上浸透指定的溶剂后取出。

10.5.1.2 将食指与试样的测试面成 45°角，施加适当的压力以每秒 1 个来回的擦拭速度在试样测试面选择长度不小于 150 mm 的固定区域来回擦拭。擦拭区域应充分离开试样边缘，以免浸湿边缘。

10.5.1.3 测试中要保持棉纱布湿润。

10.5.1.4 连续擦拭至涂层破损并记录擦拭次数或者连续擦拭至规定的次数，观察是否出现涂层破损现象。擦拭区域两端的涂层破损不计，将中间长度为 125 mm 内的试验区域作为评价区域。

10.5.1.5 每测试新试样时都要使用新的棉纱布。

10.5.2 仪器法

10.5.2.1 用脱脂棉裹住人造指的整个接触区域，将人造指浸透指定的溶剂，然后将人造指尖放在试样表面，充分离开试样边缘，以避浸湿边缘。

10.5.2.2 按指定的擦拭次数移动指尖，速度为每秒一个来回，其间必须连续运动。

10.5.2.3 脱脂棉在测试过程中须保持湿润。

10.5.2.4 经过指定擦拭次数的测试之后，观察是否出现涂层破损现象。擦拭区域两端的涂层破损不计。

10.6 结果的表示

10.6.1 手工法：在规定的擦拭次数下以通过或不通过表示，或者记录出现涂层破损时的擦拭次数（次）。

10.6.2 仪器法：在规定的擦拭次数下以通过或不通过表示。

10.7 试验报告

试验报告应包括下列内容：

a） 采用的试验标准和协商条款；

b） 仪器型号，使用的溶剂；

c） 试样信息；

d） 试验结果（需注明采用手工法还是仪器法）；

e） 试验日期和试验人员。

11 耐磨性试验

11.1 通则

本方法适用于用 Taber 磨耗仪评定彩涂板涂层的耐磨性能。

11.2 原理

采用 Taber 磨耗仪，用标准橡胶砂轮在一定的重力负荷下对试样经规定的磨转次数后，以涂层磨耗的质量大小来评定其耐磨性能。

11.3 试验装置和材料

11.3.1 Taber 磨耗仪，由带砝码可安装磨轮的臂杆和磨轮转数记数器以及一套真空吸尘装置组成。

11.3.2 磨耗轮：一般为弹性橡胶校准轮 CS-10 或 CS-17，磨耗轮应在有效期内使用，磨耗轮使用至直径小于 45 mm 时应停止使用。

11.3.3 修磨表面工具：S-11 磨盘砂纸，用于磨耗轮表面的整新。

11.3.4 分析天平：分析精度不低于 0.1 mg。

11.4 试样制备和试验环境

11.4.1 试样为直径 100 mm 的圆片或边长 100 mm×100 mm 的正方形板，中心钻一个直径约为 6.3 mm圆孔。至少制作 2 块平行试样，试样表面应平整、无油污、无损伤。

11.4.2 试样在试验室环境下至少放置 24h 后进行试验。如有争议时，应将待测试样在温度为（23℃±2℃），相对湿度为（50％±5％）的环境中，至少放置 24 h 后再进行试验。

11.5 试验步骤

11.5.1 用分析天平准确测定每块试样的质量，称量精确到 0.1 mg。

11.5.2 将试样待测面朝上放在样板支架上，用螺丝将其固定。将一对已修磨的磨耗轮安装在磨耗仪两个臂杆上，附加的质量使臂杆总载荷量一般为 500 g 或 1 000 g。将此臂杆放在试样上，开启磨耗仪。磨耗轮转速一般为 60 r/min，最大为 100 r/min。

11.5.3 试验至所规定的磨耗转数或直至露出基板即可停止试验。磨耗仪开启过程中吸尘装置应不断地吸除试样表面磨出的碎屑。

11.5.4 将试样取下，清洁后用分析天平再次准确测定经耐磨性试验后试样的质量。

11.5.5 在磨耗轮连续(500～1 000)次旋转后或使用新磨耗轮前，应用 S-11 磨盘砂纸对磨耗轮进行(25～50)次旋转的修磨。

11.6 结果的表示

结果以经所规定的磨耗转数后试样的失重(试验前后的质量差)来表示，单位为毫克(mg)，或用刚好露出基板时的磨耗转数来表示。试验结果取二个平行试样试验结果的算术平均值。

11.7 试验报告

试验报告应包括下列内容：

a) 采用的试验标准和协商条款；

b) 仪器型号；

c) 总载荷量和磨耗转数；

d) 试样信息；

e) 试验结果；

f) 试验日期和试验人员。

12 耐划伤试验

12.1 通则

本方法适用于绝缘彩涂板涂层的耐划伤性能评定。

12.2 原理

负荷一定重量的钢针在彩涂板涂层表面缓慢移动，若钢针犁破涂层，则钢针与钢板或钢带之间会显示有导电。以一定重量下钢针是否犁破涂层或钢针未犁破涂层的最大负重来评定彩涂板涂层的耐划伤性能。

12.3 试验装置和材料

12.3.1 划伤仪，由马达驱动的可水平移动试样的底座，带负重砝码的钢针支架和导电指示装置组成。

12.3.2 钢针，针尖为半球形，直径为 1 mm，材质为高强度钢或钨碳化合物。

12.4 试样制备和试验环境

12.4.1 试样尺寸应满足划伤仪的要求，试样表面应平整、无油污、无损伤。

12.4.2 试样在试验室环境下至少放置 24 h 后进行试验。如有争议时，应将待测试样在温度为(23℃±2℃)，相对湿度为(50%±5%)的环境中至少放置 24h 后再进行试验。

12.5 试验步骤

12.5.1 固定负重下判断通过/不通过试验

12.5.1.1 将试样待测面朝上固定在划伤仪上。检查钢针针尖，确保针尖无缺损。将钢针在支架上固定好，确保针尖与试样接触。

12.5.1.2 将负重砝码设置到试验要求的重量，即可开启划伤仪开始试验。钢针针尖行程不小于 50 mm。若钢针犁破涂层，则划伤仪显示导电，表明试样未通过该负重下的耐划伤性试验；若钢针未犁破涂层，则划伤仪显示不导电，表明试样通过该负重下的耐划伤性试验。

12.5.1.3 在试样表面 3 个不同部位进行测定，分别记录试验结果。

12.5.2 测定划破涂层的最大负重试验

12.5.2.1 按照 12.5.1 的步骤，逐步增加负重砝码的重量进行重复试验。起始砝码负重应小于预计划破涂层的砝码负重。直至找出未犁破涂层的最大砝码重量。

12.5.2.2 在试样表面3个不同部位进行试验。

12.6 结果的表示

12.6.1 固定负重下判断通过/不通过试验

3次试验中至少有两次试验通过，则试样通过了该固定负重下的耐划伤试验。

12.6.2 测定划破涂层的最大负重试验

3个不同测量部位最大砝码负重的算术平均值，即为划破涂层的最大负重值，以克(g)表示。

12.7 试验报告

试验报告应包括下列内容：

a) 采用的试验标准和协商条款；

b) 仪器型号，钢针材质，划伤仪负重；

c) 试样信息；

d) 试验结果；

e) 试验日期和试验人员。

13 划格试验

13.1 通则

本方法适用于评价彩涂板涂层与基板的附着力或多层涂层系统中涂层间抗分离能力。

13.2 原理

在试样表面的涂层上，用刀具切出每个方向是六条或十一条切口的棋盘式格子图形，并一直切到基板，将透明胶带贴在格子上，然后撕下，通过涂层的脱落面积来评定涂层的附着力。

13.3 试验装置和材料

13.3.1 切划工具：

a) 具有15°～30°刀刃角的单刃刀具；

b) 具有6个刃口(刃口间隔2 mm)或具有11个刃口(刃口间隔1 mm)的划格器。

13.3.2 软毛刷。

13.3.3 透明胶带：宽度约为25 mm，其粘结强度为(11±1)N/25 mm宽。

13.4 试样制备和试验环境

13.4.1 试样尺寸不小于75 mm×150 mm，试样应平整、无油污、无损伤、边缘无毛刺。

13.4.2 试验在试验室环境下进行。如有争议时，应将待测试样在温度为(23℃±2℃)，相对湿度为(50%±5%)的环境中至少放置24 h后再进行试验。

13.5 试验步骤

13.5.1 当涂层厚度不大于50 μm时，选用11个刃口(刃口间隔1 mm)的划格器或刀具在试样的涂层上用均匀的压力和相同的1 mm间距，以平稳的手法划出平行的11条切割线；当涂层厚度大于50 μm小于125 μm时，选用6个刃口(刃口间隔2 mm)的划格器或刀具在试样的涂层上用均匀的压力和相同的2 mm间距，以平稳的手法划出平行的6条切割线。所有的切口需穿透到基板的表面，切入基板不能太深。再与原先的切割线成90°角垂直交叉划出平行的11条或6条切割线，形成格子图形。

13.5.2 用软毛刷沿着格子图形的两对角线轻轻地向后5次和向前5次刷试样。

13.5.3 用胶带粘住和压紧划格区域，以确保胶带与整个划格区域全部粘住，然后用与试样表面成60°角方向的力迅速拉下胶带。

13.5.4 在试样表面3个不同部位进行试验，记录划格试验等级。

13.6 结果的表示

按表1的6级分类，评定试样划格试验等级，报告最差评定等级。表中脱落涂层面积是指划格区域的涂层脱落面积。

表 1 划格试验评级表

等 级	涂 层 脱 落 程 度
0	切口的边完全平滑，格子上没有方格脱落
1	在交叉点有小的片状涂层脱落，脱落涂层面积占划格面积不大于 5%
2	沿着切口的边和交叉点有小的片状涂层脱落，脱落涂层面积占划格面积的 6%～15%
3	沿着切口的边涂层长条式地脱落，方格部分有涂层脱落，脱落涂层面积占划格面积的 16%～35%
4	沿着切口的边涂层长条式地脱落，方格部分有涂层脱落，脱落涂层面积占划格面积的 36%～65%
5	涂层严重脱落，脱落涂层面积占划格面积大于 65%

13.7 试验报告

试验报告应包括下列内容：

a) 采用的试验标准和协商条款；

b) 使用划格工具、切口间距和划格器型号；

c) 试样信息；

d) 试验结果；

e) 试验日期和试验人员。

14 杯突试验

14.1 通则

本方法适用于评定彩涂板承受慢速形变时涂层抗开裂或抗脱落的能力。

14.2 原理

用杯突试验机将冲头恒速地从试样的背面顶出，冲压至规定的深度，以观察涂层是否开裂或从基板上脱落来评定涂层抗开裂或脱落的能力；或将冲头恒速地从试样划格部位的背面顶出，冲压至规定的深度，用透明胶带贴在划格处撕下，通过涂层的脱落面积来评定涂层逐渐形变后的划格附着力。

14.3 试验装置和材料

14.3.1 杯突试验机：由表面淬火且接触试样的表面是抛光面的冲模和接触试样部分是淬火抛光钢制的直径为 20mm 的半球形冲头组成，可显示冲压深度。

14.3.2 切划工具：

a) 具有 15°～30°刀刃角的单刃刀具；

b) 具有 6 个刃口(刃口间隔 2 mm)或具有 11 个刃口(刃口间隔 1 mm)的划格器。

14.3.3 透明胶带：宽度约为 25 mm，其粘结强度为(11±1)N/25 mm 宽。

14.3.4 放大镜：放大倍数为 10 倍。

14.4 试样制备和试验环境

14.4.1 试样尺寸应符合仪器的规定。试样表面应平整且没有形变、无油污、无损伤。

14.4.2 试验在试验室环境下进行。如有争议时，应将待测试样在温度为(23℃±2℃)，相对湿度为(50%±5%)的环境中至少放置 24 h 后再进行试验。

14.5 试验步骤

14.5.1 直接杯突试验

14.5.1.1 将试样固定在固定环与冲头之间，待测涂层背向冲头。当冲头处于零位时，顶端与试样背面接触。调整试样位置，使冲头的中心轴与试样的交点距试样各边均不小于 35 mm。

14.5.1.2 开启杯突试验机，使冲头以(0.2±0.1)mm/s 恒速从试样背面顶出，直至达到规定的冲压深度(即为冲头从零位开始已移动的距离)即可停止试验。

14.5.1.3 用目视或放大镜检查试样涂层是否有开裂或用胶带检查涂层是否从基板上脱落。若试样基板出现开裂,则该试验结果无效。

14.5.2 划格后杯突试验

14.5.2.1 按照13的试验方法对试样进行划格处理。

14.5.2.2 按照14.5.1.1和14.5.1.2的步骤对试样划格区域进行杯突试验。

14.5.2.3 按照13的试验方法评定划格试验等级。

14.6 结果的表示

14.6.1 直接杯突试验

试验达到规定的冲压形变杯体的高度(mm)时,涂层是否出现开裂或从基板上脱落。

14.6.2 划格后杯突试验

报告试样划格试验等级。

14.7 试验报告

试验报告应包括下列内容:

a) 采用的试验标准和协商条款;

b) 使用划格工具、切口间距和划格器型号;

c) 试样信息;

d) 试验结果(注明是直接杯突试验还是划格后杯突试验);

e) 试验日期和试验人员。

15 耐沸水试验

15.1 通则

本方法适用于评定彩涂板涂层耐沸水性能。

15.2 原理

将封边后的试样部分浸入沸水中若干小时,取出后检查涂层是否有失光、变色、开裂、起泡、脱落等现象。

15.3 试验装置和材料

15.3.1 水浴锅。

15.3.2 蒸馏水或去离子水:要求电导率不超过20 μS/cm。

15.3.3 光泽计。

15.3.4 色差仪。

15.4 试样制备和试验环境

15.4.1 试样尺寸一般为70 mm×100 mm,试样应平整、无油污、无损伤、边缘无毛刺;同种试样数量不少于2块,用胶带(耐蚀性不低于试样涂层)将其四周封边。

15.4.2 试样在试验室环境下至少放置24 h后进行试验。如有争议时,应将待测试样在温度为(23℃±2℃),相对湿度为(50%±5%)的环境中,至少放置24 h后再进行试验。

15.5 试验步骤

15.5.1 按照5和6的方法测定试样的光泽和色度坐标值。

15.5.2 将试样浸入装有蒸馏水或去离子水的水浴锅中,以试样浸入1/2为佳。加热水至沸腾。

15.5.3 试样在沸水中加热1h或加热至规定的试验时间。试样在煮沸过程中需保持水沸腾且液面无明显下降。

15.5.4 试验结束后,用冷风吹干表面或用吸水纸吸干表面,按照5和6的方法测定试样浸水部位的光泽和色度坐标值,并计算色差。

15.6 结果的表示

按照 GB/T 1766—1995 对试样的浸水部位进行失光等级、变色等级等评定，平行试样测定结果取最差值为试验结果。

15.7 试验报告

试验报告应包括下列内容：

a) 采用的试验标准和协商条款；

b) 仪器型号；

c) 试样信息；

d) 试验结果；

e) 试验日期和试验人员。

16 耐酸碱试验

16.1 通则

本方法适用于彩涂板涂层耐酸碱性能的评定。

16.2 原理

将试样在一定浓度的酸碱溶液中浸渍一定的时间，取出后评定色差、光泽的变化及是否有涂层起泡、脱落等现象。

16.3 试验装置和材料

16.3.1 玻璃烧杯：1 000 mL 带刻度玻璃烧杯。

16.3.2 蒸馏水或去离子水：要求电导率不超过 20 μS/cm。

16.3.3 浓盐酸：化学纯或分析纯。

16.3.4 氢氧化钠：化学纯或分析纯。

16.3.5 盐酸(50 mL/l)溶液配置：用量筒量取浓盐酸 50 mL 倒入盛有适当蒸馏水的 1 000 mL 烧杯中，用蒸馏水稀释至 1 000 mL，用玻璃棒搅匀。盐酸的浓度也可由供需双方协商。

16.3.6 氢氧化钠(50 g/L)溶液配置：称取化学纯或分析纯氢氧化钠 50 克放入 1 000 mL 烧杯中，用蒸馏水稀释至 1 000 mL，用玻璃棒搅拌溶解均匀。氢氧化钠的浓度也可由供需双方协商。

16.3.7 光泽计。

16.3.8 色差仪。

16.4 试样制备和试验环境

16.4.1 试样尺寸一般为 70 mm×100 mm，试样表面应平整、无油污、无损伤、边缘无毛刺。同种试样数量不少于 2 块，用胶带(耐蚀性不低于试样涂层)将其四周封边。

16.4.2 试样在试验室环境下至少放置 24 h 后进行试验。如有争议时，应将待测试样在温度为(23℃±2℃)，相对湿度为(50%±5%)的环境中，至少放置 24 h 后再进行试验。

16.5 试验步骤

16.5.1 按照 5 和 6 的方法测定试样的光泽和色度坐标值。

16.5.2 在 1 000 mL 烧杯中加入 50 mL/L 的盐酸溶液或 50 g/L 的氢氧化钠溶液，控制酸碱溶液温度为(23℃±2℃)。将制备好的试样放入烧杯中，使约 1/2 的试样面积浸入酸碱溶液中，浸泡至规定的时间。

16.5.3 浸泡结束后，取出试样用流水冲洗，用冷风吹干表面或用吸水纸吸干表面后，按照 5 和 6 的方法测定试样的光泽和色度坐标值，并计算色差。

16.6 结果的表示

按照 GB/T 1766 对试样进行失光等级、变色等级、起泡等级、脱落等级等评定，平行试样测定结果取最差值为试验结果。

16.7 试验报告

试验报告应包括下列内容：

a) 采用的试验标准和协商条款；

b) 仪器型号，试验条件；

c) 试样信息；

d) 试验结果；

e) 试验日期和试验人员。

17 耐污染试验

17.1 通则

本方法适用于评定供需双方协商的污染物对彩涂板涂层的影响。

17.2 原理

通过适当的方法将试样与污染物接触一段时间，然后评定色差、光泽的变化及是否有涂层起泡、脱落等现象。有以下三种方法进行试验：

方法A——点滴试验(加盖)：将污染物滴加在试样表面，并立即用表面皿盖上；

方法B——点滴试验(不加盖)：将污染物滴加在试样表面，并暴露于大气中；

方法C——浸渍试验：将试样浸渍于污染物中。

17.3 试验装置和材料

17.3.1 表面皿：直径50 mm。

17.3.2 带刻度的5 mL移液管。

17.3.3 500 mL玻璃烧杯。

17.3.4 光泽计。

17.3.5 色差仪。

17.3.6 常用污染物推荐如下：

a) 稀释的矿物酸；

b) 醋酸；

c) 肥皂溶液；

d) 洗涤剂溶液；

e) 乙醇(50%，体积分数)；

f) 轻质流体和其他挥发性试剂；

g) 水果汁；

h) 油和脂肪——奶油、人造黄油、猪油、植物油等；

i) 调味品——芥末、番茄酱等；

j) 饮料——咖啡、茶、可乐等；

k) 润滑油和润滑脂；

l) 鞋油；

m) 口红；

n) 记号笔。

17.4 试样制备和试验环境

17.4.1 试样应平整、无油污、无损伤、边缘无毛刺。

17.4.2 试验在试验室环境下进行。如有争议时，应将待测试样在温度为(23℃±2℃)，相对湿度为(50%±5%)的环境中至少放置24 h后再进行试验。

17.5 试验步骤

17.5.1 方法 A:点滴试验(加盖)

17.5.1.1 将供需双方商定的污染物滴加或涂抹在水平放置的试样表面。

17.5.1.2 对于流体物质,用移液管移取 1 mL 液体。对于其他物质,在试样表面涂抹约为表面皿一半的面积。

17.5.1.3 随即用表面皿将点滴部位的试样表面盖住。

17.5.1.4 试验进行至规定时间(推荐为 24 h),擦去或清洗掉试样表面的污染物即可进行评定。

17.5.2 方法 B:点滴试验(不加盖)

17.5.2.1 将供需双方商定的物质或试剂滴加或涂抹在水平放置的试样表面。

17.5.2.2 试验进行至规定时间(推荐为 24 h),擦去或清洗掉试样表面的污染物即可进行评定。

17.5.3 方法 C:浸渍试验

17.5.3.1 将试样(通常为 70 mm×100 mm)浸入盛有供需双方商定的试剂的玻璃烧杯中,浸入深度通常是试样长度的一半。

17.5.3.2 试验温度和试验时间由供需双方商定。

17.5.3.3 试验结束后,将试样取出,擦去或清洗掉试样表面的污染物即可进行评定。

17.6 结果的表示

按照 GB/T 1766—1995 对试样进行失光等级、变色等级、起泡等级、脱落等级等评定。

17.7 试验报告

试验报告应包括下列内容:

a) 采用的试验标准和协商条款;

b) 仪器型号,试验条件;

c) 试样信息;

d) 试验结果;

e) 试验日期和试验人员。

18 耐中性盐雾试验

18.1 通则

本方法适用于评价彩涂板在中性盐雾中的耐蚀性。

18.2 原理

试样暴露在中性氯化钠盐雾气氛中至规定的时间后,评定其表面起泡、锈蚀等级和腐蚀蔓延距离等。

18.3 试验装置和材料

18.3.1 盐雾试验箱:配有一支或多支雾化喷嘴,1 个盐溶液贮存槽,1 个空气饱和器和 1 个无油无尘的空气供给系统。

18.3.2 划线工具:在涂层上划切割线用的小刀,刀角为 30°,或由供需双方商定。

18.3.3 pH 计或精密 pH 试纸(测量精度为 0.3)。

18.3.4 氯化钠:分析纯。

18.3.5 蒸馏水或去离子水:要求电导率不超过 20 μS/cm。

18.3.6 氯化钠溶液(50 g/L):称取 50 g 氯化钠试剂,用蒸馏水溶解并稀释至 1 000 mL,使其混匀。配置的盐溶液的 pH 值,使其在 6.5~7.2 之间。pH 值的测量可使用 pH 计测量,也可使用精密 pH 试纸检测。溶液的 pH 值可用盐酸或氢氧化钠溶液调整。

18.3.7 盐雾收集器:箱内至少放二个收集器,一个靠近喷嘴,一个远离喷嘴。收集器推荐使用直径为 10 cm 的玻璃长颈漏斗以及带有刻度的量筒。

18.4 试样制备和试验环境

18.4.1 试样尺寸为 75 mm×150 mm，试样表面应平整、无油污、无损伤、边缘无毛刺。同种试样数量不少于 3 块。

18.4.2 对试样可进行以下 3 种方法的制备：

a) 平板试样：试样边部用适当的材料(其耐蚀性应不低于试样涂层的油漆或胶带)进行封边处理；

b) 划叉试样：若要测定试样划伤部位腐蚀蔓延情况，试验前在试样中心部位用小刀划一条与试样长边平行的单一直线，长度不小于 50 mm，或沿对角线方向划二条交叉直线。划线必须划透涂层(可借助放大镜检查)，划线距边部不小于 30 mm；

c) 切口试样：若要测定试样切口腐蚀情况，则试样边部不作封边处理。

18.4.3 试样在试验室环境下至少放置 24 h 后进行试验。如有争议时，应将待测试样在温度为(23℃±2℃)，相对湿度为(50%±5%)的环境中，至少放置 24 h 后再进行试验。

18.5 试验步骤

18.5.1 试验条件

18.5.1.1 试验箱内的温度保持在(35℃±2℃)。

18.5.1.2 氯化钠溶液的浓度为(50±5)g/L，冷凝后溶液的 pH 值在 6.5～7.2 之间。

18.5.1.3 在盐雾试验过程中，试验箱内靠近喷嘴和远离喷嘴处的降雾量均应控制在如下范围：每 80 cm^2 水平面内，每小时收集的降雾量平均为(1.0～2.0)mL 之间(以 24 h 收集到的盐雾量计)。

18.5.2 试样与垂直方向成 15°～30°放置，试样摆放方式应能保证盐雾自由地沉落到所有的试样上。

18.5.3 试验箱达到试验条件后，进行连续喷雾。将试样暴露至规定的时间或至规定的表面损坏程度(试验时间应扣除因检查试样而中断喷雾的时间)。

18.5.4 试验结束后，将试样从盐雾箱中取出，在清水中洗净，用冷风吹干，并立即进行评定。

18.6 结果的表示

18.6.1 对于平板试样，按照 GB/T 1766—1995 评定起泡等级、生锈等级等，取平行试样的最差值为试验结果。

18.6.2 对于划叉和切口试样，在划线上选择一个代表性的区域，在至少 6 个等距离的位置上，测量划线处至起泡和锈蚀的最大腐蚀蔓延距离，取其算术平均值，即为平均腐蚀蔓延距离，并记录划线最大和最小腐蚀蔓延距离。

18.7 试验报告

试验报告应包括下列内容：

a) 采用的试验标准和协商条款；

b) 仪器型号，试验条件；

c) 盐雾收集量，收集液的 pH 值；

d) 试样信息；

e) 试验结果；

f) 试验日期和试验人员。

19 耐干热试验

19.1 通则

本方法适用于彩涂板耐干热性能的评定。

19.2 原理

彩涂板经规定温度和规定时间烘烤老化后，评定其涂层失光、变色、起泡、开裂、T 弯性能的变化和涂层抗脱落性能的变化等。预先进行 T 弯处理的彩涂板经烘烤老化后，评定其 T 弯处的涂层抗脱落性能和开裂的变化。试验温度和周期可根据试样的最终用途而定。

19.3 试验装置和材料

19.3.1 强制通风烘烤炉，温控误差应小于±3℃。

19.3.2 光泽计。

19.3.3 色差仪。

19.3.4 弯曲试验机。

19.3.5 放大镜，放大倍数为10倍。

19.3.6 透明胶带：宽度约为25 mm，其粘结强度为(11±1)N/25 mm宽。

19.4 试样制备和试验环境

19.4.1 试样尺寸不小于100 mm×150 mm。试样表面应平整、无油污、无损伤。

19.4.2 试样在试验室环境下至少放置24 h后进行试验。如有争议时，应将待测试样在温度为(23℃±2℃)，相对湿度为(50%±5%)的环境中，至少放置24 h后再进行试验。

19.5 试验步骤

19.5.1 平板试样的加热试验

19.5.1.1 同种试样数量不少于2块。按照5和6的试验方法，测定试样的光泽和色度坐标值。

19.5.1.2 将强制通风烘烤炉设定到规定的试验温度，将试样放入烘烤炉中加热，试样不可以重叠放置。试样加热至规定的时间后取出，在试验室环境下至少放置16 h后进行评定。

19.5.1.3 按照5和6的试验方法，测定试样的光泽和色度坐标值。

19.5.2 经T弯处理后试样的加热试验

19.5.2.1 按照7的试验方法将试样制备成规定T弯值的试验样。试样制备2组，其中1组作为试验对照样保存在试验室环境下。

19.5.2.2 将强制通风烘烤炉设定到规定的试验温度。将T弯成型的试样放入烘烤炉中加热，试样不可以重叠放置。试样加热至规定的时间后取出，在试验室环境下至少放置16 h后进行评定。

19.5.3 试样经加热老化后的T弯试验

19.5.3.1 同种试样数量不少于3块，其中一块作为试验对照样保存在试验室环境下。

19.5.3.2 将强制通风烘烤炉设定到规定的试验温度。将试样放入烘烤炉中加热，试样不可以重叠放置。试验进行至规定的时间后取出。将试样在试验室环境下至少放置16 h后，按照7的试验方法将试样和试验对照样进行T弯试验。

19.6 结果的表示

19.6.1 平板试样的加热试验

按照GB/T 1766—1995评定试样的失光等级和变色等级等，取平行试样的最差值为试验结果。

19.6.2 经T弯处理后试样的加热试验

按照GB/T 1766—1995评定试样T弯处的开裂等级，取平行试样的最差值为试验结果。

19.6.3 试样经加热老化后的T弯试验

评定经加热老化的试样T弯值的变化，取平行试样的最差值为试验结果。

19.7 试验报告

试验报告应包括下列内容：

a) 采用的试验标准和协商条款；

b) 仪器型号，试验条件；

c) 试样信息；

d) 试验结果；

e) 试验日期和试验人员。

20 耐湿热试验

20.1 通则

本方法适用于彩涂板耐涂层湿热性能的评定。

本方法规定了冷凝湿热法和非冷凝湿热法两种试验方法，该两种方法试验结果无可比性。

20.2 原理

冷凝湿热法：将试验样板放置在温度为(38℃±2℃)，相对湿度不小于98%的封闭试验箱中，利用样板和周围蒸汽之间非常细微的温差使样板上形成冷凝水，评定试样涂层的抗水渗透能力。

非冷凝湿热法：将试验样板放置在温度为(40℃±2℃)，相对湿度不小于95%的通风试验箱中，评定试样涂层的耐湿热性能。

20.3 试验装置和材料

20.3.1 潮湿试验箱：通常由底槽、罩盖、支架、加热装置、温湿度测量和温湿度调节装置组成，也可由供需双方协商采取其他类似的设备。在试验期间应保证试验表面始终有冷凝水。

20.3.2 恒温恒湿试验箱：通常由底槽、罩盖、支架、加热装置、温湿度测量、温湿度调节装置和强制通风系统组成，也可由供需双方协商采取其他类似的设备。在试验期间应保证试验表面始终无冷凝水。

20.3.3 蒸馏水或去离子水：要求电导率不超过20 μS/cm。

20.4 试样制备和试验环境

20.4.1 试样尺寸不小于75 mm×150 mm，试样表面应平整、无油污、无损伤、边缘无毛刺。同种试样数量不少于3块。

20.4.2 对试样可进行以下3种方法的制备：

a) 平板试样：试样边部用适当的材料(其耐蚀性应不低于试样涂层的油漆或胶带)进行封边处理；

b) 划叉试样：若要测定试样划伤部位腐蚀蔓延情况，试验前在试样中心部位用小刀划一条与试样长边平行的单一直线，长度不小于50 mm，或沿对角线方向划二条交叉直线。划线必须划透涂层，(可借助放大镜检查)，划线距边部不小于30 mm；

c) 切口试样：若要测定试样切口腐蚀情况，则试样边部不作封边处理。

20.4.3 试样如需吊挂在试验箱内，则在试样顶部钻孔，必要时可对钻孔切口部位进行封闭保护。

20.4.4 试样在试验室环境下至少放置24 h后进行试验。如有争议时，应将待测试样在温度为(23℃±2℃)，相对湿度为(50%±5%)的环境中，至少放置24 h后再进行试验。

20.5 试验步骤

20.5.1 冷凝湿热法

20.5.1.1 潮湿试验箱内加入蒸馏水或去离子水，开启试验箱，调节仪器使试验箱温度保持在(38℃±2℃)或规定的其他温度，相对湿度保持不小于98%时，即可将试样挂放在试验箱内开始试验。

20.5.1.2 试样如需要上下层排放，上面试样与悬挂试样的横梁上的冷凝水不可滴在下面试样上。试样挂放时必须使用不影响试验结果的材料吊挂试样。

20.5.1.3 试验连续进行至规定的时间或规定的表面损坏程度。

20.5.1.4 试验结束取出试样，用冷风吹干表面或用吸水纸吸干表面后即可进行评定。

20.5.2 非冷凝湿热法

20.5.2.1 开启恒温恒湿试验箱，调节仪器使试验箱温度保持在(40℃±2℃)或规定的其他温度，相对湿度保持不小于95%时，即可将试样放入试验箱内开始试验。

20.5.2.2 试验连续进行至规定的时间或规定的表面损坏程度。

20.5.2.3 试验结束取出试样即可进行评定。

20.6 结果的表示

按照GB/T 1766—1995评定试样起泡、开裂、锈蚀的等级，取平行试样的最差值为试验结果。

20.7　试验报告

试验报告应包括下列内容：

a)　采用的试验标准和协商条款；

b)　仪器型号，试验条件；

c)　试样信息；

d)　试验结果(注明是冷凝湿热法还是非冷凝湿热法)；

e)　试验日期和试验人员。

21　耐二氧化硫湿热试验

21.1　通则

本方法适用于彩涂板在二氧化硫(SO_2)湿热气氛中耐腐蚀性能的评定。

21.2　原理

试样暴露在含有 SO_2 的湿热气氛中，在规定的试验周期后，测量其色差、光泽，评定其变色、失光、表面或边部腐蚀状况。

21.3　试验装置和材料

21.3.1　SO_2 潮湿试验箱：通常由具有内容量为 300 L 的试验箱、具有计量装置的 SO_2 供给源、样品托架、加热装置、温度测量和相对湿度调节装置组成，也可由供需双方协商采取其他类似的设备。在试验期间应保证试样表面始终有冷凝水。

21.3.2　瓶装 SO_2 气体：纯度至少为 99.9%，液相。

21.3.3　蒸馏水或去离子水：要求电导率不超过 20 μS/cm。

21.3.4　色差仪。

21.3.5　光泽计。

21.4　试样制备和试验环境

21.4.1　试样尺寸为 75 mm×150 mm，试样表面应平整、无油污、无损伤、边缘无毛刺。同种试样数量不少于 3 块。

21.4.2　对试样可进行以下 3 种方法的制备：

a)　平板试样：试样边部用适当的材料(其耐蚀性应不低于试样涂层的油漆或胶带)进行封边处理；

b)　划叉试样：若要测定试样划伤部位腐蚀蔓延情况，试验前在试样中心部位用小刀划一条与试样长边平行的单一直线，长度不小于 50 mm，或沿对角线方向划二条交叉直线。划线必须划透涂层，(可借助放大镜检查)，划线距边部不小于 30 mm；

c)　切口试样：若要测定试样切口腐蚀情况，则试样边部不作封边处理。

21.4.3　试样需吊挂在试验箱内时，在试样顶部钻孔并将切口封闭保护。

21.4.4　在任一时间所测试的样品总组合表面积应为($0.5\ m^2 \pm 0.1\ m^2$)。

21.4.5　试样在试验室环境下至少放置 24 h 后进行试验。如有争议时，应将待测试样在温度为(23℃±2℃)，相对湿度为(50%±5%)的环境中，至少放置 24 h 后再进行试验。

21.5　试验步骤

21.5.1　按照 5 和 6 的试验方法测定试样的光泽和色度坐标值。

21.5.2　将试样挂放在试验箱内，使试样间距不小于 20 mm，试样距箱壁及箱顶不小于 100 mm，试样距箱底槽水面不小于 200 mm。如果需要上下层排放，上面试样和横梁上的冷凝水不可滴在下面试样上。试样挂放时必须使用不影响试验结果的材料吊挂试样。

21.5.3　将(2 L±0.2 L)的蒸馏水放进试验箱底槽，关闭试验箱。

21.5.4　将 SO_2 气体通过气体容量定量装置通入试验箱内，推荐使用 1 L SO_2 气体，也可根据要求，使用 0.2 L 或 2 L SO_2 气体。

21.5.5 打开加热器，将试验箱温度在约 1.5 h 内升至(40℃±3℃)。

21.5.6 将试样在 SO_2 气氛中暴露 8 h 后，排水、排气，再通入压缩空气 16 h 作为一个试验循环。

21.5.7 反复 21.5.3～21.5.6 操作，将试验连续进行至规定的时间(或循环周期)或规定的表面损坏程度。

21.5.8 试验结束时取出试样，用冷风吹干表面或用吸水纸吸干表面后，按照 5 和 6 的试验方法测定试样的光泽和色度坐标值，并计算色差。

21.6 结果的表示

按照 GB/T 1766—1995 评定试样失光等级、变色等级、起泡等级、生锈等级等，取平行试样的最差值为试验结果。

21.7 试验报告

试验报告应包括下列内容：

a) 采用的试验标准和协商条款；

b) 仪器型号，试验条件；

c) 试样信息；

d) 试验结果；

e) 试验日期和试验人员。

22 氙灯加速老化试验

22.1 通则

本方法适用于彩涂板在氙灯-水暴露气氛中耐加速老化能力的评定。

22.2 原理

试样暴露在氙灯光照、黑暗和喷水气氛中，经规定的试验周期后，测量其光泽、色差，评定其变色、失光、粉化等涂层表面老化现象。

22.3 试验装置和材料

22.3.1 氙灯试验箱：为氙灯光源，模拟室内太阳光和室外太阳光，光谱范围从 270 nm 的紫外到可见光和红外光谱区。氙灯试验箱应分别配有日光过滤器、窗玻璃过滤器以及光强和黑板温度控制系统，确保试样表面的光谱辐照能分别满足表 2 和表 3 的规定：

表 2 带日光过滤器的氙灯相对光谱辐射要求

光谱波长范围 λ/nm	最小光强/%	CIE No. 85/%	最大光强/%
λ≤290			0.15
290<λ≤320	2.6	5.4	7.9
320<λ≤360	28.2	38.2	38.6
360<λ≤400	55.8	56.4	67.5
注：光强百分比是指该波段光强占 290 nm～400 nm 波段内总光强的百分比。			

表 3 带窗玻璃过滤器的氙灯相对光谱辐射要求

光谱波长范围 λ/nm	最小光强/%	CIE No. 85/%	最大光强/%
λ≤300	—	—	0.29
300<λ≤320	0.1	≤1	2.8
320<λ≤360	23.8	33.1	35.5
360<λ≤400	62.4	66.0	76.2
注：光强百分比是指该波段光强占 290 nm～400 nm 波段内总光强的百分比。			

22.3.2 蒸馏水或去离子水：要求电导率不超过 20 μS/cm。

22.3.3 色差仪。

22.3.4 光泽计。

22.4 试样制备和试验环境

22.4.1 试样应符合试验设备的要求，试样表面应平整、无油污、无损伤、边缘无毛刺。同种试样数量不少于 2 块。

22.4.2 试样边部用耐蚀性高于试样的油漆或胶带进行封边。

22.4.3 试样在试验环境下至少放置 24h 后进行试验。如有争议时，应将试样在温度为(23℃±2℃)，相对湿度为(50%±5%)的环境中至少放置 24 h 后进行。

22.5 试验步骤

22.5.1 试验周期和试验条件

推荐四种不同周期的方法和试验条件，见表 4：

表 4 氙灯四种不同周期的试验方法

序号	方法	试验周期和条件	过滤器类型及波长	辐照强度[W/(m²·nm)]	波长/nm
1	连续光照间断喷水	120 min 为一循环周期：102 min 光照，黑板温度为(63℃±3℃)；18 min 光照和喷水。	日光过滤器	0.35	340
		120 min 为一循环周期：102 min 光照，35%RH，黑板温度(63℃±3℃)；18 min 光照加喷水。	窗玻璃过滤器	1.1	420
2	交替光照和黑暗，间断喷水	120 min 为一循环周期：60 min 光照，黑板温度为(63℃±3℃)；60 min 黑暗加喷水。	日光过滤器	0.35	340
		180 min 为一循环周期：40 min 光照，(50±5)%RH，黑板温度为(70℃±2℃)；20 min 光照和喷水；60 min 光照，(50±5)%RH，黑板温度为(70℃±2℃)；60 min 黑暗和喷水，(95±5)%RH，黑板温度为 38℃±2℃。	日光过滤器	0.55	340

22.5.2 按照 5 和 6 的试验方法测定试样的光泽和色度坐标值。

22.5.3 将试样放入氙灯试验箱，如试样架为镂空，则需安装试验用盲板。

22.5.4 开启水阀，并将蒸馏水或去离子水流量控制在约为 8 L/24 h。

22.5.5 调整仪器和设定参数，使其达到选定方法的操作程序、规定的试验循环周期和试验温度即可开始试验。

22.5.6 试验期间，为避免氙灯光源或温度影响试验结果，每隔一周或 1/8 周期对试样位置进行交替轮换。

22.5.7 试验期间按规定的周期检查试样。

22.5.8 试验连续进行至规定的时间(或循环周期)或规定的表面损坏程度后停止。

22.5.9 试验结束后，按照 5 和 6 的试验方法测定试样的光泽和色度坐标值，并计算色差。

22.6 结果的表示

按照 GB/T 1766—1995 评定试样变色等级、失光等级、粉化等级等，取平行试样的最差值为试验结果。

22.7 试验报告

试验报告应包括下列内容：

a) 采用的试验标准和协商条款；

b) 仪器型号，试验条件；

c) 试样信息；

d) 试验结果；

e) 试验日期和试验人员。

23 紫外灯加速老化试验

23.1 通则

本方法适用于彩涂板在紫外光照和(或)凝露气氛中耐加速老化能力的评定。

23.2 原理

试样暴露在紫外光照和(或)凝露气氛中，在规定的试验周期后，测量其光泽、色差，评定其变色、失光、粉化等涂层表面老化现象。

23.3 试验装置和材料

23.3.1 紫外灯试验箱：由荧光紫外灯、光强控制系统、黑板温度控制系统、水喷淋系统等组成。推荐使用 UVA-340 荧光紫外灯和 UVB-313 荧光紫外灯，UVA-340 和 UVB-313 光源应确保试样表面的光谱辐照能满足表 5 的规定。

表 5 UVA-340 和 UVB-313 的光谱能量分布

光谱波长范围 λ/nm	荧光紫外 UVA-340 灯/%	荧光紫外 UVB-313 灯/%	日光/%
260～270	0.0	<0.1	0
271～280	0.0	0.1～0.7	0
281～290	0.0	3.2～4.4	0
291～300	<0.2	10.7～13.7	0
301～320	6.2～8.6	38.0～44.6	5.6
321～340	27.1～30.7	25.5～30.9	18.5
341～360	34.5～35.4	7.7～10.7	21.7
361～380	19.5～23.7	2.5～5.5	26.6
381～400	6.6～7.8	0.0～1.5	27.6
注：所有给定的波段百分比值是指该波段光强占 260 nm 到 400 nm 波段内总光强的百分比。			

23.3.2 蒸馏水或去离子水：要求电导率不超过 20 μS/cm。

23.3.3 色差仪。

23.3.4 光泽计。

23.4 试样制备和试验环境

23.4.1 试样尺寸为 75 mm×150 mm，试样表面应平整、无油污、无损伤、边缘无毛刺。同种试样数量不少于 2 块。

23.4.2 试样边部用耐蚀性高于试样的油漆或胶带进行封边。

23.4.3 试样在试验环境下放置 24 h 后进行试验。如有争议时，应将待测试样在温度为(23℃±2℃)，相对湿度为(50%±5%)的环境中至少放置 24 h 进行。

23.5 试验步骤

23.5.1 可推荐五种不同周期的方法和试验条件，见表 6：

表 6 紫外灯五种不同周期的试验方法

序号	操作方法	试验周期和条件	光源类型	辐照强度[W/(m²·nm)]	波长/nm
1	连续光照	紫外光照,黑板温度 60℃±3℃	UVA-340	0.44	340
2	交替光照和凝露	12 小时为一循环周期:8h 紫外光照,黑板温度(60℃±3℃),4 h 冷凝,黑板温度(50℃±3℃)。	UVA-340	0.77	340
		8 小时为一循环周期: 4h 紫外光照,黑板温度(60℃±3℃),4 h 冷凝,黑板温度(50℃±3℃)。	UVB-313	0.63	310
		12 小时为一循环周期:8h 紫外光照,黑板温度(70℃±3℃),4 h 冷凝,黑板温度(50℃±3℃)。	UVA-340	0.72	340
3	交替光照和水喷淋(黑暗)和凝露	12 小时为一循环周期:8 h 紫外光照,黑板温度(60℃±3℃),0.25 h 水喷淋,3.75 h 冷凝,黑板温度(50℃±3℃)。	UVA-340	1.35	340

23.5.2 按照 5 和 6 的试验方法测定试样的光泽和色度坐标值。

23.5.3 开启水阀,并将蒸馏水或去离子水流量控制在约为 8 L/24 h。

23.5.4 将试样以被测面朝内安装在试样架上,未安装试样处需安装盲板。

23.5.5 按试样类型选择不同用途的灯管。

23.5.6 根据试验要求,设定不同的试验周期和试验条件进行试验。

23.5.7 试验期间,为避免来自水平方向或垂直方向上的紫外线或温度所引起的不利因素,每隔一周或 1/8 周期对试样进行上下、左右交替轮换。

23.5.8 试验连续至规定的时间(或循环周期)或规定的表面损坏程度后停止试验。

23.5.9 试验结束后,按照 5 和 6 的试验方法测定试样的光泽和色度坐标值,并计算色差。

23.6 结果的表示

按照 GB/T 1766—1995 评定试样变色等级、失光等级、粉化等级等,取平行试样的最差值为试验结果。

23.7 试验报告

试验报告应包括下列内容:

a) 采用的试验标准和协商条款;

b) 仪器型号,试验条件;

c) 试样信息;

d) 试验结果;

e) 试验日期和试验人员。

24 大气暴露试验

24.1 通则

本方法适用于彩涂板在户外自然气候条件下的耐久性能的评价。

24.2 原理

彩涂板经自然大气老化后评定其涂层失光、变色、粉化、起泡、生锈、开裂等涂层老化性能。

24.3 试验装置和材料

24.3.1 大气暴露试验场

24.3.1.1 根据彩涂板的不同使用环境，大气暴露试验场应选择能代表各种气候类型最严酷的地区，或选择彩涂板实际使用环境。

24.3.1.2 推荐使用 GB/T 12754 中给出的典型大气暴露试验场。

24.3.2 大气暴露试验架

可根据彩涂板的不同使用要求，自己制作大气暴露试验架，建立大气暴露试验点进行试验。大气暴露试验架的制作和大气暴露试验点的建立应符合下列条件：

a) 大气暴露场地应平坦、空旷、不积水，草高不应超过 0.3 m；

b) 大气暴露试验点内要设置气象观测仪器，位于国家气象站附近的大气暴露点可直接利用该站的气象资料；

c) 大气暴露架通常以同地平线呈 45°角放置并使试样面向赤道。大气暴露架的放置应保证可自由通风，避免互相遮挡阳光。大气暴露架的底端离地面不小于 0.5 m。大气暴露架的结构应使样板背面可自由暴露在大气中，并避免使雨水从一块样板流到另一块样板；

d) 大气暴露架上放置的试样应与金属绝缘，并尽可能不与木材和多孔材料接触。推荐使用陶瓷材料在四角来固定样板。

24.3.3 光泽计。

24.3.4 色差仪。

24.3.5 冲击仪。

24.3.6 T 弯试验机。

24.4 试样制备和试验环境

24.4.1 试样尺寸不小于 100 mm×200 mm，试样应平整、无油污、无损伤、边缘无毛刺。

24.4.2 根据彩涂板的不同使用要求，试样的制备方法和同种试样数量可以由供需双方商定。推荐采用的试样处置方法为：平板试样的试样数量不少于 2 块，用耐候性良好的涂料封边，封边宽度为 5 mm；可根据彩涂板的不同使用要求，对试样进行 T 弯、冲击、划叉、钻孔、铆接、折弯等处理，T 弯级别可由供需双方商定或者为 T 弯处涂层不出现开裂为准，划叉应可见基板，铆接用螺帽的大小和材质可由供需双方商定，折弯的角度可由供需双方商定；如需评定试样切口部位的户外耐久性能，则不封边；也可对试验样板进行模拟实际使用情况的处理。

24.5 试验步骤

24.5.1 将制备好的试样按 5、6、7 和 8 的试验方法测定光泽、色度坐标值，评定 T 弯、冲击性能，观察试样表面划叉部位、钻孔部位、铆接部位和折弯部位的外观性能，并作好原始记录。原始记录应包括基板信息、涂层信息、原始光泽、色度坐标值、T 弯、冲击以及划叉、钻孔、铆接和折弯部位的外观性能和试样开始大气暴露试验的日期等。

24.5.2 将试样试验面朝上投放到大气暴露架上。

24.5.3 大气暴露试验周期不应少于 1 年。

24.5.4 根据大气暴露试验周期来决定对试样的评定周期。如果大气暴露试验周期少于 2 年，则每 3 个月对试样进行 1 次评定；如果大气暴露试验周期为 2 年或更长时间，则每半年对试样进行 1 次评定。评定前推荐不清洗试样，如需清洗则由供需双方商定清洗方法。

24.5.5 按照 5 和 6 的试验方法，测定大气暴露试验平板试样的光泽和色度坐标值。

24.6 结果的表示

24.6.1 对于平板试样，按照 GB/T 1766—1995 评定试样的失光等级、变色等级、粉化等级、起泡等级、生锈等级和开裂等级等，取平行试样的最差值为试验结果。

24.6.2 对于破坏试样，按照 GB/T 1766—1995 评定试样 T 弯、冲击、划叉、铆接、折弯部位的起泡等级、生锈等级和边部腐蚀蔓延距离等，取平行试样的最差值为试验结果。

24.6.3 大气暴露试样的评定也可由各大气暴露试验场完成后提供试验报告。

24.7 试验报告

试验报告应包括下列内容：

a) 采用的试验标准和协商条款；

b) 仪器型号，试验条件；

c) 大气暴露场或大气暴露点的地理位置，气候条件和环境条件；

d) 试样信息；

e) 试验结果；

f) 试验日期和试验人员。

附　录　A
（资料性附录）
中华牌505卷钢涂层硬度测试专用铅笔努氏硬度范围及其与中华牌101绘图铅笔努氏硬度的对应关系

表 A.1

中华牌505卷钢涂层硬度测试专用铅笔		相当于中华牌101绘图铅笔	
铅笔标号	努氏硬度范围(HK)	铅笔标号	努氏硬度范围(HK)
B	20±2	HB	18-23
HB	25±2	H	23-27
F	30±2	2H-3H	25-31,29-36
H	34±2	3H	29-36
2H	38±2	4H	34-41
3H	43±2	5H	39-47
4H	48±2	6H	45-53
5H	53±2	7H	51-57

ICS 29.160.20
A 01

中华人民共和国国家标准

GB/T 13466—2006
代替 GB/T 13466—1992

交流电气传动风机(泵类、空气压缩机)系统经济运行通则

The general principles of economic operation for AC driven fan (pump, air compressor) system

2006-07-18 发布　　　　2006-12-01 实施

中华人民共和国国家质量监督检验检疫总局
中国国家标准化管理委员会　发布

前　言

本标准代替GB/T 13466—1992《交流电气传动风机(泵类、压缩机)系统经济运行通则》。

本标准与GB/T 13466—1992相比主要变化如下：

——本标准名称改为《交流电气传动风机(泵类、空气压缩机)系统经济运行通则》；

——标准技术要求的内容有较大改动，引用标准也有相应改变；

——由于标准内容的调整，删除了一些术语，并新增补了一些术语；

——在原标准基本要求的基础上，将系统经济运行的基本要求分为对机组的要求、对管网的要求、对系统的要求和系统经济运行管理四部分；

——在判别与评价方法中，分为对机组设备、对机组运行、对管网运行和对工质使用的判别与评价。将原“机组额定效率”改为“风机(泵类)机组额定效率”，原“系统电能利用率”改为“风机(泵类)机组运行效率”，其计算公式均适用；另外增补“空气压缩机系统管网泄漏率”的计算；

——在标准最后增补一章“系统经济运行测试方法”，规定了测试条件、测量仪器仪表要求、测量方法和测试数据处理。

本标准由全国能源基础与管理标准化技术委员会提出。

本标准由全国能源基础与管理标准化技术委员会合理用电分技术委员会(SAC/TC 20)归口。

本标准起草单位：中国标准化研究院、国家发展改革委员会能源研究所、中国建筑科学研究院、机械工业节能中心。

本标准主要起草人：翟克俊、赵跃进、辛定国、李先瑞、张新、陶毅、刘英洲。

本标准于1992年首次发布，本次为第一次修订。

交流电气传动风机(泵类、空气压缩机)系统经济运行通则

1 范围

本标准规定了交流电气传动风机(泵类、空气压缩机)系统经济运行的基本要求、判别与评价方法和测试方法。

本标准适用于在用的交流电气传动风机(泵类、空气压缩机)系统,新系统设计可参照执行。

2 规范性引用文件

下列文件中的条款通过本标准的引用而成为本标准的条款。凡是注日期的引用文件,其随后所有的修改单(不包括勘误的内容)或修订版均不适用于本标准,然而,鼓励根据本标准达成协议的各方研究是否可使用这些文件的最新版本。凡是不注日期的引用文件,其最新版本适用于本标准。

GB/T 12497 三相异步电动机经济运行

GB/T 13471 节电措施经济效益计算与评价方法

GB 18613 中小型三相异步电动机能效限定值及节能评价值

GB 19153 容积式空气压缩机能效限定值及节能评价值

GB 19761 通风机能效限定值及节能评价值

GB 19762 清水离心泵能效限定值及节能评价值

3 术语和定义

本标准采用下列术语和定义。

3.1

交流电气传动风机(泵类、空气压缩机)系统 AC driven fan (pump、air compressor) system

交流电动机、风机(泵类、空气压缩机)、调速装置、传动机构、管网和辅助设备所组成的总体。

3.2

交流电气传动风机(泵类、空气压缩机)系统经济运行 economic operation for AC driven fan (pump、air compressor) system

在满足工艺要求、生产安全和运行可靠的前提下,通过科学管理、运行工况调节或技术改进,使系统中的设备、管网与负荷合理匹配,实现系统电耗低、经济性好的运行方式。

3.3

机组 unit

交流电动机、风机(泵类、空气压缩机)、调速装置和传动机构所组成的装置。

3.4

风机(泵类)机组额定效率 rated efficiency of fan (pump) unit

在额定工况下,风机(泵类)机组输出的有效功率与电源输入机组有功功率之比的百分数。

3.5

风机(泵类)机组运行效率 operational efficiency of fan (pump) unit

在实际运行工况下,风机(泵类)机组输出的有效功率与电源输入机组有功功率之比的百分数。

3.6

空气压缩机机组额定输入比功率　rated input specific power of air compressor unit

在额定工况下，空气压缩机机组的输入功率与空气压缩机实际容积流量的比值，单位为千瓦每立方米每分，kW/(m^3/min)。

3.7

空气压缩机机组输入比功率　input specific power of air compressor units

在实际运行工况下，空气压缩机机组的输入功率与空气压缩机实际容积流量的比值，单位为千瓦每立方米每分，kW/(m^3/min)。

3.8

空气压缩机系统管网泄漏率　leak rate of air compressor distribution piping system

在相同状态下，管网的泄漏量与空气压缩机机组输入管网的总容积流量之比的百分数。

3.9

记录期　accounting period

记录系统输入电能参数和输出工质参数的时间段。每年的记录期应大于一个运行周期。

4　系统经济运行基本要求

4.1　对机组要求

4.1.1　设备

电动机、风机、泵类、空气压缩机额定效率应分别符合 GB 18613、GB 19153、GB 19761 和 GB 19762 的要求。

4.1.2　机组

4.1.2.1　机组应与负载特性相匹配，机组控制设备应能满足运行工况变化的要求。

4.1.2.2　在装配多台机组时，应采用高效风机（泵类、空气压缩机）承担基本负荷。采用风机（泵类、空气压缩机）多台联合运行时，应使单位容积工质的耗电量最低。

4.1.2.3　对于变工况运行机组应采用合理的调节控制设备，以实现机组的高效运行。

4.2　对管网要求

4.2.1　风机系统管网

4.2.1.1　应合理布置风机进出口管路，管网中应减少 90°弯管及其他通流截面突变的管件。

4.2.1.2　在工艺过程允许的条件下，管网设计时应保持较低的空气流速，主干管网中空气流速应不大于 7.5 m/s，分支管网中空气流速应不大于 5 m/s。

4.2.1.3　对高速气流管网，转弯处应采用曲率半径大的弯管。分流与汇流时应采用 30°的 Y 形分支管。对中速或低速气流的管网，分流与汇流时应采用 45°或 30°的 Y 形分支管。

4.2.2　泵类系统管网

4.2.2.1　应合理布置泵类系统进出口管路，管路中应减少 90°弯管及其他通流截面突变的管件。为了减少管路局部阻力损失，弯管曲率半径应不小于管道直径的 1.25 倍。

4.2.2.2　管网系统设计与安装时，应减少管网的沿程阻力和局部阻力损失。

4.2.2.3　一般情况下应保持较低的流速。在输送常温清水时，吸入管路流速应不大于 2 m/s，排出管路流速应不大于 3 m/s。

4.2.2.4　管路中选择阀门和流速测量装置时，应减少管路附件阻力损失。

4.2.3　空气压缩机系统配送管网

4.2.3.1　多台机组的压缩空气管路应与集气管轴成 45°夹角排列，管路的布置与连接应平滑过渡。

4.2.3.2　空气压缩机站中的压缩空气流速应不大于 5 m/s；空气压缩机站后的主分配管路的压缩空气流速应不大于 10 m/s；主分配管路到使用点的压缩空气流速应不大于 15 m/s。从空气压缩机出口到主分配管路最远点的压降应不大于压缩机排气压力的10%。

4.2.3.3 系统应减少泄漏，其泄漏率应不大于10%。

4.3 对系统要求

4.3.1 基本要求

4.3.1.1 系统运行时，风机(泵类、空气压缩机)特性应与负荷及管网总阻力特性相匹配，使风机(泵类、空气压缩机)运行工况点在制造厂规定的经济运行工况范围以内。

4.3.1.2 对电动机容量大、压力和流量变化幅度大、年运行时间长的系统，应按要求对其运行工况进行测量。

4.3.1.3 应合理有效地使用系统终端工质。

4.3.2 风机系统

4.3.2.1 风机进口处流速应均匀、无涡区。若有进口连接管道，则应有一段等径直管道，其长度应不小于风机进口当量直径的2.5倍。当进口处有90°弯管时，则应加装导流叶片。

4.3.2.2 应选用适于负载特性的叶轮类型的风机。风机的性能曲线应与负载特性合理匹配，使其在高效区内运行。

4.3.2.3 当流量变化幅度在20%以内，可采用进口导叶调节方式。当流量变化幅度大于20%，年运行时间大于或等于4 000 h，不宜采用旁路分流、截流等方法调节流量。

4.3.3 泵类系统

4.3.3.1 泵类正常工况的运行效率应不低于其额定效率的80%。

4.3.3.2 当流量变化幅度大于20%、年运行时间大于或等于4 000 h，不宜采用旁路分流、截流等方法。

4.3.3.3 应选用适于负载特性的泵类。泵类的性能曲线应与负载特性合理匹配，使其在高效区内运行。

4.3.4 空气压缩机系统

4.3.4.1 对只有一台空气压缩机的系统，应配备自动控制装置使机组适应负载变化。不应采取限制空气压缩机入口流速、开启排气阀等调节方式。

4.3.4.2 对有多台空气压缩机的系统，低负荷运行的空气压缩机不应超过两台。

4.4 系统经济运行管理

4.4.1 基本要求

4.4.1.1 系统中的三相异步电动机的运行状况应符合GB/T 12497的要求。

4.4.1.2 应建立运行管理、维护、检修等规章制度。

4.4.1.3 应建立维护运行日志和技术档案。

4.4.1.4 管理和操作人员要经过培训，经考核合格后持证上岗。

4.4.2 检测与监测

4.4.2.1 对风机(泵类、空气压缩机)系统应定期检测主要部位的压力、流量和温度等参数。

4.4.2.2 流量和压力监测仪器仪表应该安装在风机(泵类、空气压缩机)系统的相关部位。

4.4.3 系统管理

4.4.3.1 新建或更新系统时，不应采用国家相关规定已淘汰的设备，宜选用高效设备。

4.4.3.2 对长期处于低负荷或负荷有昼夜、季节性变化的运行系统，应采取改进措施，以改善系统运行效率。

4.4.3.3 对压力、流量变化幅度较大或年运行总时间较长的系统，在技术经济允许条件下，宜使用调速装置和微机控制，使其满足运行条件的要求。

4.4.3.4 应对系统供给的工质使用情况进行评估，确定系统工质在满足质量、健康和安全要求的前提下，得到最合理的使用。应制定合理使用工质的改进计划，并按计划实施改进措施。

4.4.4 系统的更新与改进

4.4.4.1 对未达到经济运行要求的系统，应组织技术专家对其进行诊断，并做出评估报告。报告内容应包括系统及运行概况、检测方法与数据分析、预防及管理措施、提高能效的改进措施等。报告应保存两年以上。实施改进措施后，应对改进效果进行检测，提供检测报告。

4.4.4.2 风机(泵类、空气压缩机)系统更新改进时，应按 GB/T 13471 规定进行经济效益评价。

5 系统经济运行的判别与评价方法

5.1 系统经济运行计算判别程序

5.1.1 计算步骤

a) 按 5.2.1 条对使用中的机组额定效率进行计算；

b) 按 5.2.2 条对使用中的机组运行效率进行计算；

c) 按 5.2.3 条对空气压缩机系统管网泄漏率进行计算。

5.1.2 判别程序

a) 第一步，按 5.3 条对机组设备进行判别；

b) 第二步，按 5.4 条对机组运行进行判别；

c) 第三步，按 5.5 条对管网运行进行判别；

d) 第四步，按 5.6 条对系统运行进行判别。

当以上每一步出现不符合经济运行情况时，应查找原因，提出改进方案，并在实施改进措施达到本标准要求后，再进行下一步判别。

5.2 计算

5.2.1 风机(泵类)机组额定效率

计算公式见式(1)：

$$\eta_{Je} = \frac{P_{Ye}}{P_{Je}} \times 100\% \qquad \cdots\cdots(1)$$

式中：

η_{Je}——机组额定效率，%；

P_{Ye}——额定状态下，风机(泵类)机组输出的有效功率，单位为千瓦(kW)；

P_{Je}——额定状态下，电源输入机组的有功功率，单位为千瓦(kW)。

风机(泵类)机组额定效率也可用式(2)的简化公式计算：

$$\eta_{Je} \approx \eta_{De} \cdot \eta_{Ce} \cdot \eta_{Te} \cdot \eta_{Fe} \qquad \cdots\cdots(2)$$

式中：

η_{De}——电动机额定效率，%；

η_{Ce}——传动机构效率，%；

η_{Te}——调速装置额定效率，%；

η_{Fe}——风机(泵类)额定效率，%。

注：以上效率均为生产商给出的额定效率。

5.2.2 风机(泵类)机组运行效率

计算公式见式(3)：

$$\eta_J = \frac{\sum_{i=1}^{n} P_{Yi} \times t_i}{\sum_{i=1}^{n} W_i} \times 100\% \qquad \cdots\cdots(3)$$

式中：

η_J——记录期内机组总的平均运行效率，%；

P_{Yi}——记录期机组在第 i 种负荷下运行时，风机或泵输出的有效功率，单位为千瓦(kW)；

t_i——记录期机组在第 i 种负荷下的运行时间，单位为小时(h)；

W_i——记录期机组在第 i 种负荷下运行时，电源输入机组的电能量，单位为千瓦时(kW·h)；

n——记录期内的负荷变化次数。

对于多台风机(泵类)机组，应使用容积流量加权计算平均运行效率。

5.2.3 空气压缩机系统管网泄漏率

计算公式见式(4)：

$$\lambda_l = \frac{Q_l'}{Q_z} \times 100\% \qquad (4)$$

式中：

λ_l——系统管网泄漏率，%；

Q_z——空气压缩机组输入管网的总容积流量，单位为立方米每分(m^3/min)；

Q_l'——换算到与输入总容积流量相同状态下的管网泄漏量，单位为立方米每分(m^3/min)。

$$Q_l' = Q_z - Q_y$$

Q_y——管网输出的总容积流量，单位为立方米每分(m^3/min)。

5.3 对机组设备判别与评价

风机(泵类、空气压缩机)机组设备的额定效率大于或等于 GB 18613、GB 19153、GB 19761 和 GB 19762中规定的能效限定值，则认定机组设备的选型符合系统经济运行要求；机组设备的额定效率小于 GB 18613、GB 19153、GB 19761 和 GB 19762 中规定的能效限定值，则认定机组设备的选型不符合系统经济运行要求。

5.4 对机组运行判别与评价

5.4.1 风机(泵类)机组

5.4.1.1 记录期内实测的机组效率与机组的额定效率相比，其比值大于 0.85，则认定机组运行经济；其比值为 0.70～0.85，则认定机组运行合理；其比值小于 0.70，则认定机组运行不经济。

5.4.1.2 如果机组的效率不同，应用容积流量加权平均效率作为判别指标。

5.4.2 空气压缩机机组

5.4.2.1 在压力和流量满负荷的条件下，当实测比功率小于或等于 GB 19153 规定的节能评价值，则认定机组运行经济；当实测比功率小于或等于 GB 19153 规定的能效限定值，则认定机组运行合理；当实测比功率大于 GB 19153 规定的能效限定值，则认定机组运行不经济。

5.4.2.2 有多台压缩机的系统中，应同时满足 4.3.4.2 的要求，否则认定机组运行不经济。

5.5 对管网运行判别与评价

5.5.1 风机系统管网

5.5.1.1 应保持管网的清洁和部件的有效性，任何过滤或控制装置的压力损失应在厂家规定的范围内。

5.5.1.2 若系统的调节部件失灵或其他零部件不能正常工作、系统连接处有明显泄漏均认定管网运行不经济。

5.5.2 泵类系统管网

5.5.2.1 若系统中存在不能正常工作的阀门或其他部件，则认定管网运行不经济。

5.5.2.2 任何安装在管网中的热交换器、过滤或控制装置，若其压力损失超出厂家规定的范围，应加以清洗或更换，否则认定管网运行不经济。

5.5.3 空气压缩机系统管网

5.5.3.1 分配管路中若存在不能正常工作或开放型的排气孔、废弃的部件，在没有受到管路中阀门或节流部件隔离时，若引起的压降大于空气压缩机排出压力的6%，则认定管网运行不经济。

5.5.3.2 应在记录期内进行泄漏测试。对于压缩空气分配管网及相关部件，泄漏率大于总容积流量10%，认定管网运行不经济；泄漏率在5%～10%之间，认定管网运行合理；泄漏率小于5%，则认定管网运行经济。

5.5.3.3 在记录期内，若无法对设备进行泄漏测试时，应采取管网维护管理措施，在管理文件中应规定具体的泄漏检查、维护程序和对泄漏点进行标识。应在每个月内对空气压缩机管网泄漏及维修情况进行监督检查，并对其进行记录。若符合管理文件规定要求的，则认定管网运行经济；对于不按管理文件要求执行的，则认定管网运行不经济。

5.6 对系统运行判别与评价

系统所有机组和系统管网同时达到5.4和5.5规定的经济运行要求，则认定系统运行经济；系统所有机组和系统管网其中有达到5.4和5.5规定的运行合理，并没有运行不经济项时，则认定系统运行合理；系统所有机组和系统管网有一项被判定为运行不经济，则认定系统运行不经济。

6 系统经济运行测试方法

6.1 测试条件

测试应在风机(泵类、空气压缩机)系统正常运行条件下进行。

6.2 测量仪器仪表要求

a) 有功电能表的准确度应不低于1.5级；
b) 有功功率表的准确度应不低于1.0级；
c) 压力表的准确度应不低于1.0级；
d) 流量计的准确度应不低于1.5级；
e) 转速表的准确度应不低于0.25级。

测量仪器仪表应根据相应的标准或规程进行校准。

6.3 测量方法

a) 在进行风机(泵类、空气压缩机)系统测试之前，应收集并核对设备原始技术数据和运行数据。
b) 记录期内风机(泵类)系统宜采用在线测量和记录数据方法，空气压缩机系统应采用在线测量。
c) 主要测点包括风机(泵类)进出口、主分配管路、系统元件的进出口等。
d) 对没有安装在线测量仪器仪表的风机(泵类)系统，测量的间隔应反映系统负荷变化规律。

6.4 测试数据处理

测试后，应按照5.2的规定进行计算，并根据5.6的要求对系统运行状况进行判别与评价。

ICS 21.220.10
G 42

中华人民共和国国家标准

GB/T 13490—2006/ISO 9608:1994
代替 GB/T 13490—1992

V带　带的均匀性 测量中心距变化量的试验方法

V-belts—Uniformity of belts—Test method for determination of centre distance variation

(ISO 9608:1994,IDT)

2006-09-01 发布　　2007-02-01 实施

中华人民共和国国家质量监督检验检疫总局
中国国家标准化管理委员会　发布

ICS 21.220.10
G 42

中华人民共和国国家标准

GB/T 13490—2006/ISO 9608:1994
代替 GB/T 13160—1992

V带 带的均匀性 测量中心距变化量的试验方法

V-belts—Uniformity of belts—Test method for determination of centre distance variation

(ISO 9608:1994, IDT)

2006-09-01 发布　　2007-02-01 实施

中华人民共和国国家质量监督检验检疫总局
中国国家标准化管理委员会　发布

前　言

本标准等同采用 ISO 9608:1994《V带　带的均匀性　测量中心距变化量的试验方法》(英文版)。

本标准代替 GB/T 13490—1992《V带均匀性规范和试验方法　中心距变化量法》,因为国际上的发展,原标准在技术上已过时。

本标准等同翻译 ISO 9608:1994。

为便于使用,本标准做了下列编辑性修改:

a) “本国际标准”一词改为“本标准”;

b) 删除国际标准的前言;

c) 删除了 2.1。

本标准与 GB/T 13490—1992 相比,主要变化如下:

——删除了V带均匀性规范(1992年版的第4章);

——删除了引用标准(1992年版的第2章);

——删除了试验报告(1992年版的第6章);

——增加了引言;

——增加了中心距变化量计算公式(见第4章);

——增加了资料性附录A《参考文献》(见附录A)。

本标准由中国石油和化学工业协会提出。

本标准由化学工业胶带标准化技术归口单位归口。

本标准起草单位:浙江三力士橡胶股份有限公司、西北工业大学、江阴天祥塑化制带有限公司、青岛橡胶工业研究所。

本标准主要起草人:石水祥、李树军、谭佛元、辛永录。

本标准所代替标准的历次版本发布情况为:

——GB/T 13490—1992。

引　　言

在恒定中心距的初始力状态下，V 带截面的不均匀性产生力的变化量，导致 V 带传动的不均匀运转。

当测量时，在恒定测量力的作用下，力的变化量表现为 V 带中心距变化量。

V带 带的均匀性 测量中心距变化量的试验方法

1 范围

本标准规定了作为一种判断V带均匀性的V带传动中心距变化量试验方法。

2 术语和定义

下列术语和定义适用于本标准。

中心距变化量 centre distance variation

ΔE

在测长机上按规定的方法测得的最大中心距与最小中心距的差值。

3 试验方法

3.1 测量原理

推荐的测量装置(见图1)主要由两个尺寸相同的有槽带轮组成,其中一个带轮在测量力 F 的作用下能够移动。

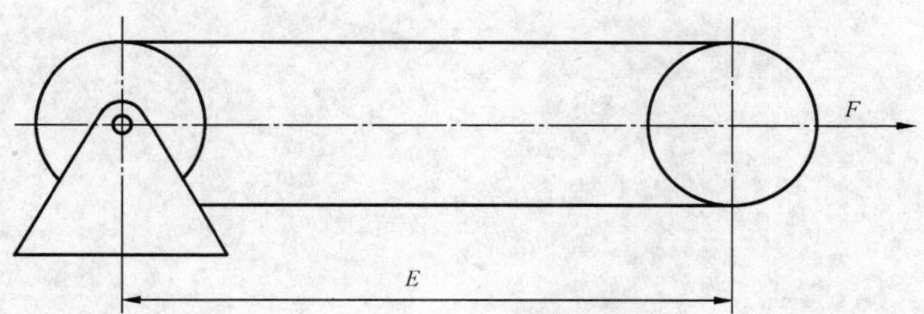

图1 测量装置

各种V带(如普通V带、宽V带、窄V带、联组窄V带等)所使用的测量带轮参数和测量力规定,由适应的国际标准提供(见附录A)。

3.2 程序

把V带正确地安装在两轮的槽中,对可移动带轮施加测量力 F。通过转动带轮而使V带至少转动两周,使总测量力均匀地分配在带的两个直线段上。

然后在V带连续转动过程中,观察测量轮轴的中心距变化情况。记录V带在转动一周过程中的中心距最大值和最小值。

试验中带速不大于1 m/s。

4 结果

用下列公式计算出两轮轴的中心距变化量 ΔE:

$$\Delta E = E_{\max} - E_{\min}$$

附 录 A
（资料性附录）
参 考 文 献

ISO 1604:1989 带传动 工业用环形变速宽V带及其带轮的槽截面
ISO 2790:1989 带传动 汽车窄V带及其带轮 尺寸
ISO 3410:1989 农业机械 环形变速V带及其带轮的槽截面
ISO 4184:1992 带传动 普通V带和窄V带 基准制长度
ISO 8419:1994 带传动 联组窄V带 有效制长度

ICS 29.035.99
K 15

中华人民共和国国家标准

GB/T 13542.3—2006
代替 GB/T 12802—1996

电气绝缘用薄膜　第3部分:电容器用双轴定向聚丙烯薄膜

Film for electrical insulation—
Part 3: Biaxially oriented polypropylene films for capacitors

(IEC 60674-3-1:1998,MOD)

2006-07-17 发布　　　　2007-01-01 实施

中华人民共和国国家质量监督检验检疫总局
中国国家标准化管理委员会　发布

前　言

GB/T 13542《电气绝缘用薄膜》分为以下几个部分：

——第1部分：定义及一般要求；

——第2部分：试验方法；

——第3部分：电容器用双轴定向聚丙烯薄膜；

…………

本部分为GB/T 13542的第3部分。

本部分修改采用IEC 60674-3-1：1998《电气用塑料薄膜　第3部分：单项材料规范　第1篇：电容器用双轴定向聚丙烯(PP)薄膜》(英文版)。

本部分与IEC 60674-3-1：1998的主要差异如下：

——增加了不接触电极法测量ε_r、$\tan\delta$的计算公式(见附录A)；

——删除了命名中的IEC标准号，并增加了示例说明；

——将表面电阻率和体积电阻率要求表示分别改为：$\geqslant 1.0\times 10^{14}\ \Omega$和$\geqslant 1.0\times 10^{15}\ \Omega\cdot \mathrm{m}$；

——将相对电容率要求改为：2.2±0.2；

——将拉伸强度要求分别从120 MPa和90 MPa提高到140 MPa和120 MPa；

——将表3中的电弱点要求略为提高；

——表1中增加了表面粗糙度的要求；

——增加了第6.10条表面粗糙度；

——第5.1条中1型优选厚度增加了“3.0”；

——表2、表3、表5中标称厚度由“4 μm”改为“4 μm及以下”；

——第6.3条施加电气强度由150 V/μm提高到200 V/μm；

——增加了表4，空隙率对要求做相应变化；

——删除空隙率公式中“%”，式中加以注明。

本部分代替GB/T 12802—1996《电容器用聚丙烯薄膜》。

本部分与GB/T 12802—1996相比主要差异如下：

——按IEC 60674-3-1：1998进行分类与命名；

——删除浊度、收缩率等性能要求；

——增加有关吸液性与浸渍剂相容性及浸渍后的ε_r和$\tan\delta$测试和要求方面的规定。

本部分的附录A为规范性附录。

本部分由中国电器工业协会提出。

本部分由全国绝缘材料标准化技术委员会(CSBTS/TC 51)归口。

本部分起草单位：西安交通大学、桂林电力电容器总厂、广东佛塑集团股份有限公司、东方绝缘材料股份有限公司、江门润田投资实业有限公司、安徽铜峰电子股份有限公司、江苏南天集团股份有限公司、桂林电器科学研究所。

本部分主要起草人：刘英、李兆林、王先锋、廖凯明、赵平、柯庆毅、章晓红、罗松华、冯玲。

本部分所代替的历次版本发布情况为：

——GB/T 12802—1996

电气绝缘用薄膜　第3部分：电容器用双轴定向聚丙烯薄膜

1　范围

本部分规定了电容器介质用双轴定向聚丙烯薄膜的要求，该薄膜应具有光滑的表面或粗糙的表面；当要求真空金属化时，还应经过电晕处理。

2　规范性引用文件

下列文件中的条款通过GB/T 13542的本部分的引用而成为本部分的条款。凡是注日期的引用文件，其随后所有的修改单(不包括勘误的内容)或修订版均不适用于本部分，然而，鼓励根据本部分达成协议的各方研究是否可使用这些文件的最新版本。凡是不注日期的引用文件，其最新版本适用于本部分。

ISO 534:1988　纸和纸板　厚度和表观积层密度或表观单层密度的测定

IEC 60674-1:1980　电气用塑料薄膜　第1部分：定义和一般要求

IEC 60674-2:1988　电气用塑料薄膜　第2部分：试验方法(第1次修正(2001))

IEC 61074:1991　用差示扫描量热法测定电气绝缘材料熔融热、熔点及结晶热、结晶温度的试验方法

3　分类与命名

3.1　分类

聚丙烯薄膜按空隙率进行如下分类：

1型：具有光滑表面(空隙率＜5%，见6.9)的薄膜；

1a型：不经电晕处理的薄膜；

1b型：单面预处理以便于金属真空沉积的薄膜；

1c型：双面预处理的薄膜；

2型：至少一面具有粗糙表面(空隙率≥5%，见6.9)的薄膜；

2a型：不经电晕处理的薄膜；

2b型：单面预处理以便于金属真空沉积的薄膜；

2c型：双面预处理的薄膜。

3.2　命名

聚丙烯薄膜应按下述方法命名予以识别：

PP-型号-厚度(μm)-宽度(mm)-长度(m)

例如：

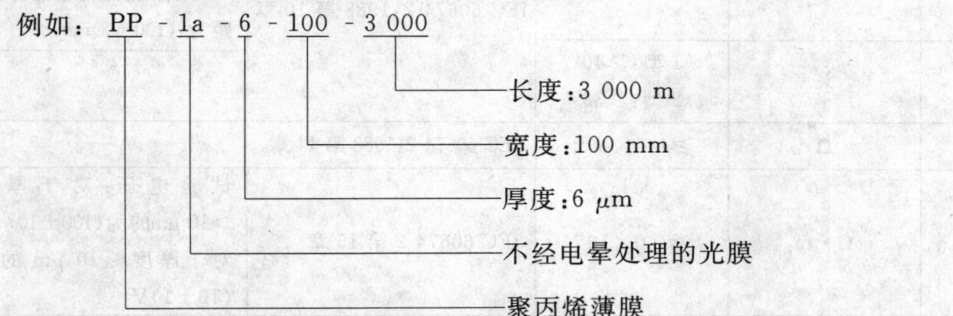

4 一般要求

该薄膜应主要由全同立构型聚丙烯均聚物制成并应符合 IEC 60674-1:1980 规定的要求。

5 尺寸

5.1 厚度

应按 IEC 60674-2:1988 的 3.3 规定采用质量密度法测量薄膜厚度，但对于 2 型材料应分别采用质量密度法和由千分尺法测量薄膜厚度。有争议时应采用质量密度法测量厚度。

千分尺法的厚度测量应按 ISO 534:1988 规定进行。薄膜叠层试样数量为 4 个，每个叠层试样由 12 层薄膜组成。其制备方法如下：从离膜卷的外表面约 0.5 mm 厚处同时切取，并沿薄膜样条的长度方向缠绕于洁净的样板(推荐尺寸为：250 mm×200 mm，其中 200 mm 为板的长度方向尺寸)。在测量之前去掉叠层的最外层和最内层(实际测量 10 层)，再进行测量。

本部分对厚度没有明确的要求，但在采用质量密度法时优选如下厚度(μm)：

1 型：3.0；4.0；5.0；6.0；7.0；8.0；10；12.0；15.0；18.0；20.0 及 25.0。

2 型：7.4；9.0；10.1；11.0；12.0；12.7；13.6；14.4；15.2；16.2 及 17.8。

除非另有规定，其平均厚度偏差应符合 IEC 60674-1:1980 的要求。

5.2 宽度

薄膜宽度应按 IEC 60674-2:1988 第 5 章要求测量。

由于在整个电容器行业中薄膜用途的多样化和对其要求不尽相同，因此，在本部分中对其宽度不作规定。但宽度偏差应符合 IEC 60674-1:1980 中 4.2 的要求。

5.3 长度/直径

按供需双方合同规定。

6 性能

6.1 理化性能

薄膜的理化性能见表 1。

表 1 性能

序号	性 能	单 位	要 求	试验方法	说 明
1	密度	g/cm^3	0.91±0.01	IEC 60674-2:1988 第 4 章	仅适用于 12 μm 以上的薄膜，推荐使用的混合液为：甲醇/乙二醇
2	熔点	℃	165～175	IEC 61074:1991	DSC 法
3	拉伸强度 (任一方向)	MPa	1 型：≥140 2 型：≥120	IEC 60674-2:1988 第 10 章	试样宽度：(15±3)mm 拉伸速度：(100±2) mm/min，以夹持距为基准，夹持距为：(100±2)mm
4	断裂伸长率 (任一方向)	%	1 型：≥40 2 型：≥30		
5	表面电阻率	Ω	$\geqslant 1.0\times 10^{14}$	IEC 60674-2:1988 第 14 章	—
6	体积电阻率	Ω·m	$\geqslant 1.0\times 10^{15}$	IEC 60674-2 第 15 章	试验电压：对于厚度 >10 μm的为(100±10) V；对于厚度≤10 μm 的为(10±1)V

表 1(续)

序号	性　能	单　位	要　求	试验方法	说　明
7	介质损耗因数 (48 Hz～62 Hz 或 1 kHz)	—	≤3.0×10⁻⁴	IEC 60674-2:1988 第 16 章及其第 1 次修正(2001)中 16.1.4	不接触电极或蒸发电极，并按附录 A 计算
8	相对电容率 (48 Hz～62 Hz 或 1 kHz)	—	2.2±0.2		
9	收缩率 纵向 横向	%	—	IEC 60674-2:1988 第 23 章	由供需双方商定
10	表面粗糙度 *Ra* ≤12 μm >12 μm	μm	0.20～0.60 0.25～0.65	见 6.10	—

注 1：尽管诸如结晶度、定向及全立构/无规立构等对薄膜特性存在着潜在影响，但至今尚未就这些特性参数作出推荐，特别在 IEC 60674-2:1988 中尚未规定出相应的方法。

注 2：对于第 5 项、第 6 项测试环境条件为：在(23±2)℃，RH：(50±5)%下处理 24 h，并在该条件下测量。

6.2 电气强度(直流试验)

应按 IEC 60674-2:1988 中 18.2 的规定进行，其中卷制电容器的卷绕拉力应为(2.5±0.5)N/mm²，结果以中值表示，且应不小于表 2 规定的值。

表 2　1 型及 2 型的电气强度(直流试验)

标称厚度 μm	电气强度(中值) V/μm	21 个结果中允许有 1 个低于下列规定值 V/μm
4 及以下	120	40
5	150	60
6	190	80
7 及 7.4	230	100
8	250	120
9	270	145
10 及 10.1	290	165
11	300	175
12	310	185
12.7	315	195
>12.7～25	320	200

6.3 电气弱点

电气弱点应按 IEC 60674-2:1988 中第 19 章的规定测试。施加的电气强度为：200 V/μm，被测试样的最小面积为 5 m²，所测得的弱点数应不超过表 3 规定的值。

表 3　1 型和 2 型的电气弱点数

标称厚度 μm	弱点数 个/m^2
4 及以下	≤2.5
5	≤2.2
6	≤1.8
7.0 及 7.4	≤1.5
8	≤1.0
9	≤0.8
10.0 及 10.1	≤0.6
11	≤0.6
≥12	≤0.5

6.4　长期耐热性

本部分对长期耐热性无要求。

6.5　湿润张力

对于 1b 型及 1c 型和 2b 型及 2c 型，应按 IEC 60674-2:1988 中第 9 章的规定进行，其表面湿润张力应不小于 35 mN/m。

6.6　吸液性

为了使薄膜在浸渍后具有满意的结构，可能需要把薄膜吸收的浸渍剂的量控制在一定的范围内。若有这方面要求时，则所使用的测量方法、测定时间和温度及允许的吸收范围应由供需双方商定。

注：由于当今可得到的浸渍剂种类繁多并正在广泛应用于电容器中，因此，本部分无法就吸液性规定具体的试验方法或极限值。

6.7　与浸渍剂的相容性

应根据供需双方商定的方法，测定薄膜与所选用的介质流体的相容性。例如，可根据薄膜在流体中的溶胀或溶解性，或根据两者间污染特性进行检测。

注：由于当今可得到的浸渍剂种类繁多并正在广泛应用于电容器中，因此，本部分无法就介质流体相容性规定具体的试验方法或极限值。

6.8　浸渍状态下的损耗因数

在电容器行业中所使用的浸渍剂和可供选用的试验方法种类很多，且许多材料及其工艺规程为专利。因此，对浸渍状态下薄膜的损耗因数的测量方法及其极限值需经供需双方商定。

注：由于当今可得到的浸渍剂种类繁多并正在广泛应用于电容器中，因此，本部分无法就浸渍状态下的损耗因数规定具体的试验方法或极限值。

6.9　空隙率

空隙率：由表面粗糙引起的空隙率是以叠层法（千分尺）测得的厚度超过质量密度法测得的厚度的增量的百分数表示。

空隙率按下式计算：

$$SF = \frac{t_b - t_g}{t_g} \times 100$$

式中：

SF——空隙率，%；

t_b——叠层法（千分尺）测得的厚度，μm；

t_g——质量密度法测得的厚度，μm。

本部分对空隙率的要求见表4。

表4 空隙率

标称厚度 μm	平均值 %	最高值 %	最低值 %
≤12	9.0±3.0	≤15	≥5.0
>12	10±3.0	≤17	≥5.0

6.10 表面粗糙度

表面粗糙度按以下规定进行。

6.10.1 测试原理

薄膜经粗化后,形成微小的凹凸不平的表面,利用仪器的触针(或探头)在薄膜表面上移动,从而测出薄膜的平均粗糙度 *Ra*。

6.10.2 试验仪器和用品

a) 能满足薄膜试样的平均粗糙度测试范围及精度要求的表面粗糙度测试仪器均可使用,仪器误差不大于±10%。

b) 丙酮少许及端部包有脱脂棉花的棉签。

6.10.3 试样

从样品上纵、横向各取三块试样,其尺寸以能完全覆盖与仪器配套的测试小平面为准。试样表面必须洁净,无损伤、折皱。

6.10.4 试验步骤

用棉签醮上丙酮清洗仪器的测试平面。将试样放在仪器的测试平面上,试样要完全贴紧平面,无气泡存在。试样的被测面朝向测试触针,读出三块试样纵、横向六个 *Ra* 的数值。

6.10.5 结果的计算与表示

薄膜的表面粗糙度以三个试样的六个 *Ra* 的算术平均值表示,单位为微米(μm)。

7 膜卷特性

7.1 可卷绕性

可卷绕性应按 IEC 60674-2:1988 中第6章的规定测量。

7.1.1 对宽度小于150 mm 的卷盘,应采用方法A。

偏移/弧形　　<10 mm

凹陷(张力5 MPa)　　<2 mm

7.1.2 对宽度150 mm 及以上的卷盘,应采用方法B。

偏移/弧形　　<10 mm

凹陷(张力5 MPa)　　<2 mm

获得偏移/弧形和凹陷极限所需要的延伸应不大于0.1%。

7.2 接头

允许接头(搭接)的场合,其接头的结构应符合 IEC 60674-1:1980 中3.3规定的要求。还应标明断口(未连接上的断头),以便从薄膜端面观察时能清晰可见。连接处两边的偏移均不应超过0.5 mm。

每卷中的接头(搭接)或断头数,应不超过表5规定的值。

表 5 每卷内允许的最大接头数(1 型和 2 型)

薄膜标称厚度 μm	在宽度＞350 mm 的膜卷内的接头数，卷芯内径 150 mm,外径：			在宽度≤350 mm 的膜卷内的接头数，卷芯内径 76 mm,外径＜250 mm
	≤300 mm	＞300 mm ≤400 mm	＞400 mm ≤500 mm	
4 及以下	3	4	—	3
5	2	3	4	3
6	2	3	4	2
7 及 7.4	2	2	3	2
8	2	2	3	2
≥9	2	2	2	1

7.3 膜卷宽度(总宽)

膜卷宽度就是从每一端面最外侧测得的膜卷两端面之间的距离(见 IEC 60674-1:1980 中 3.2)。按 IEC 60674-2:1988 中第 5 章规定测得的薄膜宽度与不包含卷芯的膜卷宽度之间的差应不大于：

——对薄膜宽度≤150 mm,为 0.5 mm;

——对薄膜宽度＞150 mm 和＜300 mm,为 1.0 mm;

——对薄膜宽度≥300 mm,为 2.0 mm。

7.4 卷芯

优选的卷芯内径为 76 mm 和 150 mm。

7.5 标签

经一面预处理的薄膜应在标签上指明经过预处理的表面。

附 录 A
（规范性附录）
介质损耗因数和相对电容率计算方法

a） 若采用不接触电极法测量 ε_r 和 $\tan\delta$，当采用不改变电桥电容值，只改变电极间间距的测量方法时，其计算公式为：

$$\varepsilon_r = \frac{t_g}{t_g - \Delta t} \qquad \text{(A.1)}$$

式中：

ε_r——材料的相对电容率；

t_g——试样叠层的厚度，μm；

Δt——有无试样时测微计测得的两个电极间间距值之差，μm。

$$\tan\delta = \Delta\tan\delta \frac{t_2}{t_g - \Delta t} \qquad \text{(A.2)}$$

式中：

$\tan\delta$——材料介质损耗因数；

$\Delta\tan\delta$——有无试样时测得的两个介质损耗因数值之差；

t_2——无试样时由测微计测得的电极间的间距值，μm；

t_g——试样叠层厚度，μm；

Δt——有无试样时由测微计测得的两个电极间间距值之差，μm。

b） 若采用不接触电极法测量 ε_r 和 $\tan\delta$，当采用改变电桥电容，而不改变电极间的间距的测量方式时，其计算公式为：

$$\varepsilon_r = \frac{1}{1 - \left(1 - \frac{C_2}{C_1}\right) \times \frac{t_0}{t_g}} \qquad \text{(A.3)}$$

式中：

ε_r——材料的相对电容率；

C_1——有试样时测得的电容值，μF；

C_2——无试样时测得的电容值，μF；

t_0——电极之间的间距，μm；

t_g——试样叠层厚度，μm。

$$\tan\delta = \tan\delta_1 + \varepsilon_r \times \Delta\tan\delta \times \left(\frac{t_0}{t_g} - 1\right) \qquad \text{(A.4)}$$

式中：

$\tan\delta$——材料的介质损耗因数；

$\tan\delta_1$——有试样时测得的介质损耗因数值；

$\Delta\tan\delta$——有无试样时测得的两个介质损耗因数值之差；

ε_r——材料的相对电容率；

t_0——电极之间的间距，μm；

t_g——试样叠层厚度，μm。

c） 若采用接触电极法，即蒸发金属电极时，其测试与计算按 IEC 60674-2:1988 规定进行。

ICS 29.035.99
K 15

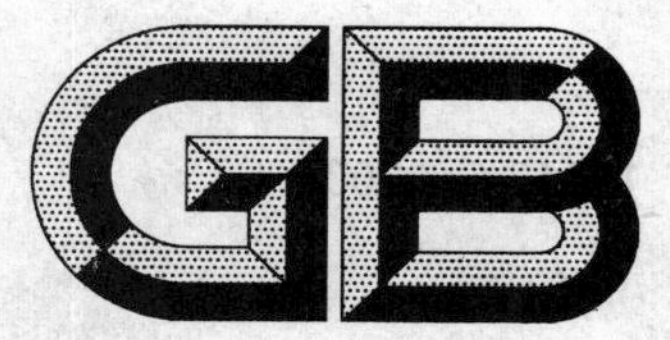

中华人民共和国国家标准

GB/T 13542.6—2006

电气绝缘用薄膜 第6部分:电气绝缘用聚酰亚胺薄膜

Film for electrical insulation—
Part 6:Polyimide films for electrical insulation

(IEC 60674-3-4/6:1993,Plastic films for electrical purposes Part 3:Specifications for individual matorials Sheet 4to6:Requirements for polyimide films for electrical purposes,MOD)

2006-07-17 发布　　2007-01-01 实施

中华人民共和国国家质量监督检验检疫总局
中国国家标准化管理委员会　发布

前　言

GB/T 13542《电气绝缘用薄膜》包括下列几个部分：

——第1部分：定义及一般要求；

——第2部分：试验方法；

——第3部分：电容器用双轴定向聚丙烯薄膜；

……

本部分为本标准系列部分中的第6部分。

本部分修改采用IEC 60674-3-4/6：1993《电气用塑料薄膜规范　第3部分：单项材料规范　第4至6篇：对电气绝缘用聚酰亚胺薄膜的要求》(英文版)。在涉及修改的条款页边空白处用垂直单线标识。

本部分与IEC 60674-3-4/6：1993存在的差异如下：

a) 删除了IEC前言，将IEC 60674-3-4/6的"引言"内容，编入本部分的"前言"之中；

b) 根据GB/T 1.1—2000，修改了IEC 60674-3-4/6：1993中"规范性引用文件"的导语；

c) 规范性引用文件中增加了GB/T 13542.3—2006；

d) 命名中增加了示例说明图示；

e) 表2中2A型标称厚度为150 μm所对应厚度偏差的允许范围中均苯型最小值，IEC的规定有误，现将"110 μm"改为"140 μm"；

f) 表4中"介电常数"改为"电容率"；

g) 表4中吸水性"受潮6 h"改为"受潮24 h"；

h) 表4中增加了不接触电极测量相对电容率，介质损耗因数的计算公式；

i) 表5中断裂伸长率(标称厚度50 μm)的要求由"≥45%"提高到"≥50%"。

本部分由中国电器工业协会提出。

本部分由全国绝缘材料标准化技术委员会归口。

本部分起草单位：桂林电器科学研究所、溧阳华晶电子材料有限公司、天津绝缘材料总厂、上海金山前峰绝缘材料有限公司、江苏亚宝绝缘材料有限公司、杭州泰达实业有限公司。

本部分主要起草人：王先锋、钱时昌、张玉谦、屠强、宋成根、汤昌丹。

本部分为首次制定。

电气绝缘用薄膜
第6部分:电气绝缘用聚酰亚胺薄膜

1 范围

本部分规定了下列聚酰亚胺薄膜的技术要求,这些薄膜可涂覆或不涂覆可热封的氟乙烯-丙烯(FEP)涂层:

1) 以聚(N,N′—P,P′—二苯醚均苯四甲酰亚胺)为基的聚酰亚胺薄膜;

2) 以聚(N,N′—P—对苯撑联苯四甲酰亚胺)为基的聚酰亚胺薄膜;

3) 以聚(N,N′—P,P′—二苯醚联苯四甲酰亚胺)为基的聚酰亚胺薄膜。

2 规范性引用文件

下列文件中的条款通过GB/T 13542的本部分的引用而成为本部分的条款。凡是注日期的引用文件,其随后所有的修改单(不包括勘误的内容)或修订版均不适用于本部分,然而,鼓励根据本部分达成协议的各方研究是否可使用这些文件的最新版本。凡是不注日期的引用文件,其最新版本适用于本部分。

GB/T 13542.3—2006 电气绝缘用薄膜 第3部分:电容器用双轴定向聚丙烯薄膜薄膜(IEC 60674-3-1:1998,MOD)

GB/T 13534—1992 电气颜色标志的代号(eqv IEC 60757:1983)

IEC 60674-1:1980 电气用塑料薄膜 第1部分:定义和一般要求

IEC 60674-2:1988 电气用塑料薄膜 第2部分:试验方法(第1次修正(2001))

3 分类与命名

3.1 分类

聚酰亚胺薄膜分为下列型号:

1型:一般用途;

2A型:单面涂覆;

2B型:双面涂覆;

3型:尺寸稳定(通常仅用于均苯型及对苯型薄膜);

4型:可热收缩(通常仅用于均苯型薄膜)。

注:2型的表面经过涂覆,目的是使其表面可热封。

3.2 命名

聚酰亚胺薄膜按下列命名法予以识别:

PI-型号-厚度(μm)-宽度(mm)-长度(m)-颜色

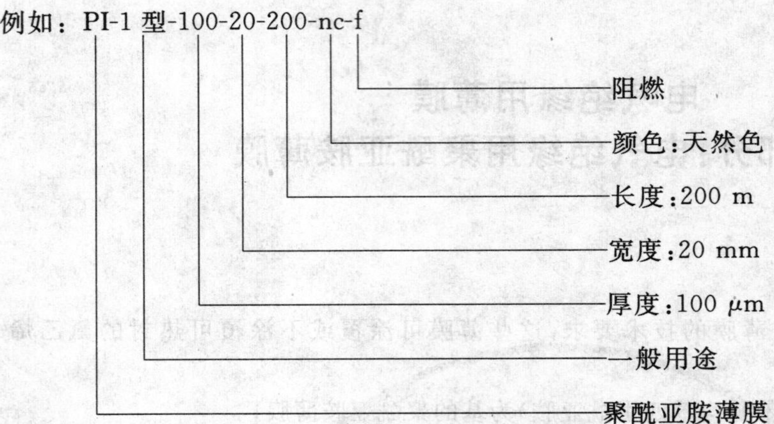

注：f 表示阻燃；r 表示通常；nc 表示天然色；其他颜色按 GB/T 13534—1992。

4 一般要求

1 型材料是由聚酰亚胺聚合物制成的柔软、可自支承的薄膜。

2 型材料是在 1 型材料的单面或双面涂覆可热封的氟乙烯-丙烯(FEP)树脂。

3 型材料除了尺寸稳定性获得改进外，其他应相同于 1 型。

4 型材料除了有热收缩性要求外，其他应相同于 1 型。

所有型号的薄膜应符合 IEC 60674-1:1980 中规定的一般要求。

5 尺寸

5.1 厚度

1 型、3 型和 4 型的薄膜厚度应按 IEC 60674-2:1988 中 3.3 规定用质量密度法测量。2 型薄膜厚度应按 IEC 60674-2:1988 中 3.1 规定使用测微计测量。

厚度应符合表 1 和表 2 中规定的标称厚度及厚度偏差的允许范围。

表 1 1 型、3 型和 4 型的标称厚度及厚度偏差的允许范围 单位为微米

标称厚度	实际厚度	
	均苯型	对苯型及联苯型
7.5	最大值 9 最小值 6	最大值 8.5 最小值 6.5
13[a]	最大值 15.2 最小值 10.2	最大值 13.5 最小值 11.5
20	— —	最大值 22 最小值 18
25	最大值 29 最小值 22	最大值 27 最小值 23
40	— —	最大值 44 最小值 36
50	最大值 57 最小值 44	最大值 54 最小值 46
75	最大值 83 最小值 69	最大值 81 最小值 69

表 1（续）

单位为微米

标称厚度	实际厚度	
	均苯型	对苯型及联苯型
100	— —	最大值 107 最小值 93
125	最大值 136 最小值 118	最大值 133 最小值 117

[a] 若提供标称厚度为 12.5 μm 来代替表中的 13 μm。可按 13 μm 所规定的要求执行。

表 2　2 型的标称厚度及厚度偏差的允许范围

单位为微米

型　号	标称厚度				厚度偏差的允许范围			
	标称厚度	FEP[a] 第一层	聚酰亚胺膜	FEP[a] 第二层	均苯型		对苯型及联苯型	
					最小值	最大值	最小值	最大值
2A	25	无	13[b]	13[b]	19	31	20	30
2A	38[b]	无	25	13[b]	31	44	33.5	41.5
2A	50	无	25	25	42	58	46	54
2A	63[b]	无	50	13[b]	55	71	58.5	66.5
2A	75	无	50	25	65	85	70	80
2A	100	无	50	50	90	110	90	110
2A	100	无	75	25	90	110	90	110
2A	150	无	125	25	140	160	140	160
2B	30	2.5	25	2.5	26	34	26	34
2B	38[b]	13[b]	13[b]	13[b]	30	45	30	45
2B	50	13[b]	25	13[b]	42	58	46	54
2B	75	13[b]	50	13[b]	65	85	70	80
2B	125	25	75	25	110	140	110	140

[a] 氟乙烯-丙烯。

[b] 若提供标称厚度为 12.5 μm，37.5 μm 和 62.5 μm 来分别代替上表中所用的 13 μm，38 μm 和 63 μm，这些材料可分别按 13 μm，38 μm 和 63 μm 的规定执行。

5.2　宽度

薄膜宽度应按 IEC 60674-2:1988 中第 5 章的规定进行测量。

考虑到应用情况很不相同，优选宽度不作规定。

除非供货合同另有规定，否则薄膜宽度与标称值之间的最大偏差应符合表 3A 和表 3B 的要求。

表 3A　均苯型薄膜分切宽度的允许偏差

单位为毫米

分切宽度范围	允许偏差
＜26	±0.4
26～102	±0.8
＞102	±1.6

表 3B 对苯型及联苯型分切宽度的允许偏差

单位为毫米

分切宽度范围	允许偏差
≤25	±0.2
>25～50	±0.3
>50～100	±0.5
>100～300	±1.0
>300～500	±2.0
>500	±2.0

6 性能

6.1 与厚度无关的性能

表 4 与厚度无关的性能要求

性能		单位	要求			IEC 60674-2:1988 中章条号	适用型号
			均苯型	对苯型	联苯型		
密度		kg/m^3	1 425±10	1 480±10	1 390±10	4,方法 D[a]	1,3,4
熔点		—	不熔[d]	不熔[d]	不熔[d]	—	1,2,3,4
相对电容率 23℃	50 Hz	—	3.5±0.4	3.5±0.4	3.5±0.4	16.1[b]	1,3,4
	1 kHz		3.4±0.4	3.4±0.4	3.4±0.4		
介质损耗因数 23℃,50 Hz 或 1 kHz		—	$\leqslant 4.0\times10^{-3}$	$\leqslant 5.0\times10^{-3}$	$\leqslant 5.0\times10^{-3}$	16.1[b]	1,2,3,4
体积电阻率		Ω·m	$\geqslant 1.0\times10^{10}$	$\geqslant 1.0\times10^{13}$	$\geqslant 1.0\times10^{13}$	15.1[c]	1,2,3,4
表面电阻率		Ω	$\geqslant 1.0\times10^{14}$	$\geqslant 1.0\times10^{15}$	$\geqslant 1.0\times10^{15}$	14[c]	1,2,3,4
尺寸稳定性(纵横向的收缩率)[e]	150℃	%	≤0.35	≤0.2	≤0.2	23	1,2
	400℃		≤2.50	≤1.0	≤3.0		1
	200℃		≤0.05	≤0.04	—		3
	200℃		≤5.0	—	—		4
吸水性(受潮 24 h)		%	≤4.0	≤2.0	≤2.0	30	1,2,3,4

注:对 2 型无密度和相对电容率的要求,因为它们在很大程度上取决于 PI 和 FEP 的相对厚度。

a 推荐采用四氯化碳/正-庚烷混合液。

b 采用不接触电极或蒸发金属电极。其中不接触电极法的计算公式按 GB/T 13542.3—2006 中表 1 的规定。

c 经 200℃,1 h 处理后于(200±5)℃下测量。

d 对于 2 型,FTP 涂层将熔化。

e 仅对厚度≥25 μm 的有要求。

6.2 与厚度有关的性能要求

表 5 与厚度有关的性能要求

性能	适用范围	单位	要求									IEC 60674-2:1988 中章条号
			标称厚度 μm									
			7.5	13	20	25	40	50	75	100	125	
拉伸强度（纵横向）	均苯型	MPa	≥110	≥138	—	≥165	—	≥165	≥165	—	≥165	10[a]
	对苯型		≥133	≥176	≥294	≥294	≥294	≥294	≥294	≥294	≥294	
	联苯型		≥110	≥138	≥196	≥196	≥196	≥196	≥196	≥196	≥196	
断裂伸长率（纵横向）	均苯型	%	≥25	≥35	—	≥40	—	≥50	≥50	—	≥50	10[a]
	对苯型		≥6	≥8	≥25	≥25	≥25	≥25	≥25	≥25	≥25	
	联苯型		≥25	≥40	≥80	≥80	≥80	≥80	≥80	≥80	≥80	
交流电气强度（48 Hz～62 Hz）	均苯型	V/μm	≥120	≥120	—	≥235	—	≥195	≥175	—	≥120	18.1[b]
	对苯型		≥150	≥150	≥200	≥200	≥180	≥180	≥130	≥110	≥95	
	联苯型		≥150	≥150	≥200	≥200	≥195	≥195	≥135	≥110	≥110	

a 拉伸速度及断裂伸长率试验条件：拉伸速度为 50 mm/min，标线间距为 100 mm。

b 交流电气强度试验应在空气中进行，所使用的电极为 Φ 6 mm。

表 6 2 型的交流电气强度

型号	总体标称厚度[a] μm	电气强度		IEC 60674-2:1988 中章条号
		均苯型 V/μm	对苯型、联苯型 V/μm	
2A	25	≥120	≥120	18.1
2A	38	≥140	≥130	
2A	50	≥120	≥120	
2A	63	≥100	≥110	
2A	75	≥100	≥100	
2A	100[b]	≥80	≥80	
2A	100[c]	≥105	≥110	
2A	150	≥85	≥85	
2B	30	≥155	≥130	
2B	38	≥120	≥120	
2B	50	≥120	≥120	
2B	75	≥100	≥100	
2B	125	≥80	≥85	

注：交流电气强度试验应在空气中进行，所使用的电极为 Φ 6 mm。

a PI 和 FEP 各层相对标称厚度见表 2。

b FEP 涂层标称厚度为 50 μm。

c FEP 涂层标称厚度为 25 μm。

6.3 其他性能

6.3.1 长期耐热性

长期耐热性按 IEC 60674-2:1988 中第 28 章的规定进行测定。

终点判断标准为拉伸强度保持至起始值的 50%。

温度指数为：

——对于均苯型薄膜应不小于 200；

——对于对苯型及联苯型应不小于 220。

推荐的老化温度为：

——对于均苯型：275℃，300℃和 325℃；

——对于对苯型及联苯型：300℃，325℃和 350℃。

在老化过程中，老化烘箱内空气中的水含量应为 9.5 g/m³～12.5 g/m³，相当于在(23±2)℃时的相对湿度为(50±5)%。

6.3.2 燃烧特性

按 IEC 60674-2:1988 中第 29 章的规定进行测定，其分级应为 VTF0。

6.3.3 水解稳定性

待定。

6.3.4 耐辐射性

待定。

6.3.5 耐表面放电

待定。

7 膜卷特性

7.1 膜卷直径

薄膜按重量出售，视薄膜不同的标称厚度、卷芯尺寸以及用户要求，优选的膜卷外径为 124 mm(不适用于均苯型)，152 mm，241 mm，280 mm 和 356 mm。这些外径的偏差为 6.4 mm。

要求的膜卷近似长度在表 7、表 8 中给出。

表 7 要求的膜卷近似长度

单位为米

膜卷尺寸 mm		适用范围	标称厚度 μm								
芯 (内径)	卷 (外径)		7.5	13	20	25	40	50	75	100	125
76	124	均苯型	—	—	—	—	—	—	—	—	—
		对苯型及联苯型	720	—	—	—	—	—	—	—	—
76	152	均苯型	—	910	—	460	—	230	150	—	91
		对苯型及联苯型	—	910	570	450	280	230	150	—	—
76	241	均苯型	—		—	1 550	—	780	520	—	300
		对苯型及联苯型	—		1 880	1 500	940	750	500	380	300
152	241	均苯型	2 870	1 830	—	910	—	460	300	—	180
		对苯型及联苯型	—	—	1 140	910	570	460	300	230	180
152	280	均苯型	—	—	—	1 550	—	780	520	—	300
		对苯型及联苯型	—	—	1 880	1 500	940	750	500	380	300
152	356	均苯型	—	—	—	—	—	1 520	1 040	—	610
		对苯型及联苯型	—	—	—	—	—	1 500	1 000	760	600
注 1：本表适用于均苯型中 1,3 和 4 型，对苯型中 1,3 型，联苯型中 1 型。											

表 8 对 2 型薄膜要求的膜卷近似长度

单位为米

卷直径 mm		适用范围	2A 标称厚度 μm							2B 标称厚度 μm				
芯（内径）	卷（外径）		25	38	50	63	75	100	150	30	38	50	75	125
76	152	均苯型	460	310	230	190	160	110	78	—	320	230	160	90
		对苯型及联苯型	450	300	230	190	150	110	78	380	300	230	150	90
76	241	均苯型	—	1 040	780	650	520	390	260	—	—	780	520	300
		对苯型及联苯型	—	1 000	750	640	500	380	260	1 300	1 000	750	500	300
152	280	均苯型	—	1 040	—	—	—	390	260	—	—	—	—	300
		对苯型及联苯型	—	1 000	750	640	500	380	260	1 300	1 000	750	500	300

7.2 卷绕性/下垂

均苯型中各型：对于宽度小于 300 mm 及厚度小于 25 μm 的薄膜无此要求。

对苯型及联苯型中各型：对于宽度小于 200 mm 及厚度小于 20 μm 的薄膜无此要求。

下垂应按 IEC 60674-2:1988 中 6.3 方法 A 的规定进行测定，在 2.8 MPa 的张力下下垂应不大于 19 mm。

7.3 接头

在允许接头（搭接）场合，接头的结构应符合 IEC 60674-1:1980 中 3.3 规定的要求，断头（未连接的断片）也应予以标明，以便从膜卷的侧（端）面观察时能清晰可见。

每卷中的接头或断头数应不超过表 9 及表 10 规定的值。

表 9A 每卷薄膜允许的最多接头数

单位为个

膜卷尺寸 mm		适用范围	标称厚度 μm								
芯（内径）	卷（外径）		7.5	13	20	25	40	50	75	100	125
76	124	均苯型	—	—	—	—	—	—	—	—	—
		对苯型及联苯型	4	—	—	—	—	—	—	—	—
76	152	均苯型	—	5	—	2	—	1	1	—	1
		对苯型及联苯型	—	4	2	2	1	1	1	—	—
76	241	均苯型	—	—	—	7	—	5	4	—	4
		对苯型及联苯型	—	—	5	5	4	4	3	3	3
152	241	均苯型	30	11	—	—	—	—	—	—	—
		对苯型及联苯型	a	a	3	3	2	2	2	2	2
152	280	均苯型	—	—	—	7	—	5	4	—	4
		对苯型及联苯型	a	a	5	5	4	4	3	3	3
152	356	均苯型	—	—	—	—	—	11	9	—	9
		对苯型及联苯型	—	—	—	—	—	7	5	5	5

注 1：本表适用于均苯型中 1,3 和 4 型，对苯型中 1,3 型，联苯型中 1 型。

a 最多接头数为每 1 000 mm 五个。

表 9B　各搭接头之间及任一搭接头与膜卷末端之间的最小允许距离　　单位为米

膜卷尺寸 mm		适用范围	标称厚度 μm								
芯（内径）	卷（外径）		7.5	13	20	25	40	50	75	100	125
76	124	均苯型	—	—	—	—	—	—	—	—	—
		对苯型及联苯型	—	—	—	—	—	—	—	—	—
76	152	均苯型	—	30	—	30	—	30	30	—	22
		对苯型及联苯型	—	50	150	150	100	30	30	30	30
76	241	均苯型	—	—	—	30	—	30	30	30	22
		对苯型及联苯型	—	—	150	150	100	30	30	—	30
152	241	均苯型	—	30	—	30	—	30	30	—	22
		对苯型及联苯型	[a]	[a]	150	150	100	30	30	30	30
152	280	均苯型	—	30	—	30	—	30	30	—	22
		对苯型及联苯型	[a]	[a]	150	150	100	30	30	30	30
152	356	均苯型	—	—	—	—	—	30	30	—	22
		对苯型及联苯型	—	—	—	—	—	30	30	30	30

注 1：本表适用于均苯型中 1,3 和 4 型，对苯型中 1,3 型，联苯型中 1 型。

[a] 在 1 000 m 长的卷中，最小距离为每 50 m。

表 10A　2 型薄膜每卷允许的最多接头数　　单位为个

卷直径 mm		适用范围	2A 型标称厚度 μm							2B 型标称厚度 μm				
芯（内径）	卷（外径）		25	38	50	63	75	100	150	30	38	50	75	125
76	152	均苯型	5	3	2	2	2	—	—	—	3	2	2	—
		对苯型及联苯型	5	3	2	2	2	1	—	3	5	2	2	1
76	241	均苯型	—	8	7	5	5	5	4	—	—	7	6	5
		对苯型及联苯型	—	4	4	4	4	4	3	4	—	4	4	4
152	280	均苯型	—	8	—	—	—	5	4	—	—	—	—	5
		对苯型及联苯型	—	4	—	—	—	4	4	4	—	—	—	4

表 10B　2 型薄膜各搭接头之间及任一搭接头与膜卷末端之间的最小允许距离　　单位为米

卷直径 mm		适用范围	2A 型标称厚度 μm							2B 型标称厚度 μm				
芯（内径）	卷（外径）		25	38	50	63	75	100	150	30	38	50	75	125
76	152	均苯型	30	30	30	30	30	—	—	—	30	30	30	22
		对苯型及联苯型	30	30	30	30	30	30	—	30	30	30	30	30
76	241	均苯型	—	30	30	30	30	22	22	—	—	30	30	22
		对苯型及联苯型	—	30	30	30	30	30	30	—	30	30	30	30
152	280	均苯型	—	30	—	—	—	22	22	—	—	—	—	22
		对苯型及联苯型	—	30	—	—	—	30	30	30	—	—	—	30

7.4　膜卷宽度

按 IEC 60674-2:1988 第 5 章测得的薄膜宽度与不计卷芯在内的膜卷宽度之间的最大偏差应符合表 11 规定。

表 11　薄膜宽度与膜卷宽度间的最大偏差

单位为毫米

卷芯内径≤77		卷芯内径＞77	
膜卷外径		膜卷外径	
≤241	＞241	≤280	＞280
3.2	6.4	3.2	6.4

7.5　卷芯

优选的卷芯内径为 76 mm 和 152 mm。

ICS 53.020.20
R 46

中华人民共和国国家标准

GB/T 13561.6—2006

港口连续装卸设备安全规程 第6部分:连续装卸机械

Safety rules for port's continuous handling equipment—
Part 6:continuous handling mechanism

2006-01-10 发布　　2006-06-01 实施

中华人民共和国国家质量监督检验检疫总局
中国国家标准化管理委员会　发布

前　言

GB/T 13561《港口连续装卸设备安全规程》分为6个部分：

——第1部分：散粮筒仓系统；

——第2部分：气力卸船机；

——第3部分：带式输送机械；

——第4部分：埋括板输送机；

——第5部分：斗式提升机；

——第6部分：连续装卸机械。

本部分为GB/T 13561的第6部分。

本部分由中华人民共和国交通部提出。

本部分由交通部水运科学研究所归口。

本部分起草单位：华南理工大学、交通部水运科学研究所、上海港机重工股份有限公司、广州港集团股份有限公司、上海国际港务集团、武汉理工大学。

本部分主要起草人：桂寿平、饶京川、陆丽芳、莫之平。

港口连续装卸设备安全规程
第6部分:连续装卸机械

1 范围

本部分规定了港口连续装卸设备——连续装卸机械(以下简称连续装卸机)在设计、制造、安装与试验、使用与保养、维修与检验等方面的安全技术要求。

本部分适用于港口斗轮连续卸船机、斗轮堆取料机、链斗式卸船机、散货装船机。其他同类的机械亦可参照使用。

2 规范性引用文件

下列文件中的条款通过GB/T 13561的本部分的引用而成为本部分的条款。凡是注日期的引用文件,其随后所有的修改单(不包括勘误的内容)或修订版均不适用于本部分。然而,鼓励根据本部分达成协议的各方研究是否可使用这些文件的最新版本。凡是不注日期的引用文件,其最新版本适用于本部分。

GB/T 699 优质碳素结构钢

GB/T 700 碳素结构钢

GB/T 985 气焊、手工电弧焊及气体保护焊焊缝坡口的基本形式与尺寸

GB/T 986 埋弧焊焊缝坡口的基本形式和尺寸

GB/T 1348 球墨铸铁件

GB/T 1591 低合金高强度结构钢

GB 2893 安全色

GB/T 3323 钢熔化焊对接接头射线照相和质量分级

GB/T 3766 液压系统通用技术条件

GB/T 3811 起重机设计规范

GB 3836.1 爆炸性气体环境用电气设备 第1部分:通用要求(GB 3836.1—2000,eqv IEC 60079-0:1998)

GB/T 5117 碳钢焊条

GB/T 5118 低合金钢焊条

GB/T 5905 起重机试验规范和程序

GB/T 5972 起重机械用钢丝绳检验和报废实用规范(GB/T 5972—1986,eqv ISO 4309:1981)

GB/T 6067 起重机械安全规程

GB/T 8110 气体保护电弧焊用碳钢、低合金钢焊丝

GB/T 8918 钢丝绳

GB/T 9439 灰铸铁件

GB/T 11352 一般工程用铸造碳钢件

GB 12602 起重机械超载保护装置 安全技术规范

GB/T 13561.3 港口连续装卸设备安全规程 带式输送机

GB/T 14957 熔化焊用钢丝

GB/T 17495 港口门座起重机技术条件

GB/T 17496　港口门座起重机修理技术规范

GB 50150　电气装置安装工程电气设备交接试验标准

GB 50254　电气装置安装工程低压电器施工及验收规范

JT/T 295　岸边集装箱起重机修理技术规范

JT/T 323　波状挡边带式输送机技术条件

JT/T 373　斗轮式堆取料机修理技术规范

JT 399　港口大型装卸机械防风安全要求

JT/T 622　港口装卸机械电气安全规程

JTJ 244　港口设备安装工程质量检验评定标准

ISO 6081　声学　机械和设备噪声　要求在司机位置或附近位置作噪声测定的工程分级试验规范准备工作指南

AWSD1.1:2000　钢结构焊接规范

3　基本要求

3.1　连续装卸机应按规定批准的图样、有关技术文件进行制造、安装，并按有关程序进行验收。

3.2　连续装卸机设计、制造应符合 GB/T 3811、GB/T 6067 的要求。

3.3　连续装卸机工作环境条件应符合 GB/T 17495 的规定。

3.4　连续装卸机作业时，密封的司机室内在司机耳旁应按 ISO 6081 确定的等效连续 A 计权声级测量，在 8 h 的一个工作日内不应超过 85 dB。

3.5　连续装卸机上的带式输送机的安全技术要求应符合 GB/T 13561.3 的规定。

3.6　连续装卸机上的波状挡边带式输送机的安全技术要求应符合 JT/T 323 的规定。

3.7　连续装卸机上的提升机安全技术要求应符合 GB/T 13561.3 的规定。

3.8　连续装卸机输送散料流程中，应保证取料、卸料和转运点物流顺畅。在取、卸散料峰值能力时不应有物料溢出或堵塞现象。根据堆、取散料的不同特点，应在取料及落料点等扬尘处采取防尘措施。

3.9　连续装卸机上禁止人员触动的部位、紧急停止按钮、消防设备以及防护栏杆等均应按 GB 2893 的规定涂安全色。

3.10　连续装卸机的电源为三相交流，频率为 50(1±2%)Hz，电压为 380(1±10%)V。采用 500 V 以上电压的电源应符合高压供电相关规定。根据需求亦可采用其他参数三相交流电源或直流电源。高压电器对人体的安全距离应满足相关规定要求，有人员通过处(如高压变压器等)应装设安全栏栅。

4　主要材料

4.1　用于制造连续装卸机的材料应有材料生产厂的出厂合格证书，对重要构件材料应抽样化验和试验，其化学成分、机械性能应符合相关标准的规定。

4.2　金属结构件的材质，碳素结构钢应符合 GB/T 700 的规定，低合金结构钢应符合 GB/T 1591 的规定，重要结构件材料的选用应不低于表 1 的规定。

表 1　重要结构件材料

工作环境温度		≥−20℃	<−20℃
钢材截面尺寸	$\delta \leqslant 20$ mm	Q235-B	Q235D 或 Q345B
	$\delta > 20$ mm	Q235-C	Q235D 或 Q345B
注：在低于−20℃环境中材料的冲击功 A_{kw} 不低于 27 J。			

4.3　卷筒材料应满足以下要求：

——焊接件屈服点 σ_s 应不低于 GB/T 700 中的 235 MPa；

——铸铁件抗拉强度 σ_b 应不低于 GB/T 9439 中的 250 MPa；
——铸钢件屈服点 σ_s 应不低于 GB/T 11352 中的 230 MPa。

4.4 滑轮材料应满足以下要求：
——轧制件、焊接件屈服点 σ_s 应不低于 GB/T 700 中的 235 MPa；
——铸铁件抗拉强度 σ_b 应不低于 GB/T 9439 中的 250 MPa；
——铸钢件屈服点 σ_s 应不低于 GB/T 11352 中的 230 MPa。

4.5 车轮材料应满足以下要求：
——轧制件屈服点 σ_s 应不低于 GB/T 699 中的 400 MPa；
——锻造件屈服点 σ_s 应不低于 GB/T 699 中的 355 MPa；
——铸钢件屈服点 σ_s 应不低于 GB/T 11352 中的 340 MPa。

4.6 齿轮、联轴器材料应满足以下要求：
——锻造件屈服点 σ_s 应不低于 GB/T 699 中的 355 MPa；
——铸钢件屈服点 σ_s 应不低于 GB/T 11352 中的 310 MPa。

4.7 制动轮材料应满足以下要求：
——锻造件屈服点 σ_s 应不低于 GB/T 699 中的 355 MPa；
——铸铁件抗拉强度 σ_b 应不低于 GB/T 1348 中的 600 MPa 或 GB/T 9439 中的 250 MPa；
——铸钢件屈服点 σ_s 应不低于 GB/T 11352 中的 310 MPa。

4.8 齿条、齿轮轴、滑轮轴材料屈服点 σ_s 应不低于 GB/T 699 中的 315 MPa；其他轴材料屈服点 σ_s 应不低于 GB/T 699 中的 355 MPa。

4.9 料斗材料屈服点 σ_s 应不低于 GB/T 700 中的 235 MPa；料斗的切削刃口材料屈服点 σ_s 应不低于 GB/T 699 中的 430 MPa；固定于斗唇上的斗齿材料屈服点 σ_s 应不低于 GB/T 11352 中的 340 MPa。

4.10 无格式斗轮料斗衬板材料屈服点 σ_s 应不低于 GB/T 1591 中的 345 MPa。

4.11 链轮材料应满足以下要求：
——锻造件屈服点 σ_s 应不低于 GB/T 699 中的 355 MPa；
——铸钢件屈服点 σ_s 应不低于 GB/T 11352 中的 340 MPa。

5 整机

5.1 整机在工作状态与非工作状态下的抗倾覆稳定性应符合 GB/T 3811 的规定。

5.2 整机在非工作状态下的防风安全要求应符合 JT 399 的规定。

5.3 应采取有效措施保证连续装卸机平衡重块不脱落，平衡重块之间、平衡重块与其定位固结件之间无相对位移。使用散粒物料作平衡重块时应采取有效措施保证散粒物料不洒落，配重容器内不积水、不腐蚀。

5.4 连续装卸机的明显位置处应设置产品标牌（注明产品型号、制造厂名、制造年份、生产率及生产许可证号）。

5.5 随连续装卸机出厂的技术文件应符合 GB/T 17495 的规定。

5.6 随整机出厂的技术文件包括：
——产品证明书（含合格证）；
——产品说明书；
——总图、主要部件图（可根据订购合同要求确定）、电器系统原理图与布线图、润滑图（并标明各润滑点的油品）、PC 程序清单、外部 I/O 功能与地址清单、内部寄存器功能与地址清单、故障显示清单（或故障编码表）、使用操作维修手册；
——易损件图样及其目录；
——备件清单（含外购件的备件清单）；

——附件清单(含外购件的附件清单);
——主要外购机电产品的合格证和说明书;
——试验报告、调试报告;
——专用工具、仪器清单。

5.7 连续装卸机投产后,用户应建立设备档案,档案内容包括:
——设备运用情况统计(完好率、作业时间、利用率、卸料量或起运吨);
——设备技术改造、维修和保养情况统计(次数、时间、内容和交接检验记录);
——机损事故处理记录;
——安全装置检查、检验情况记录;
——金属结构和各机构的检查、检验情况记录。

5.8 润滑系统宜采用分区集中电动或手动润滑系统。在连续装卸机出厂前应对每个油路逐个检查确保畅通。

6 主要零部件

6.1 一般要求

6.1.1 对人体可能造成危险的运动(转动或移动)零部件,均应采取安全保护措施,并设置警示牌与防护罩。影响使用性能的露天机、电器件应设防雨罩,可视情设置检视孔。

6.1.2 应采取有效措施,防止连续装卸机掉落零件。

6.1.3 具有机械换档有级变速的卷扬机构,应在空载状态下换档。

6.2 钢丝绳及接头

6.2.1 连续装卸机用钢丝绳应符合设计要求与 GB/T 8918 的规定,并应有产品检验合格证。

6.2.2 钢丝绳的检验和报废应符合 GB/T 5972 的有关规定,钢丝绳的更换应保证其型号、直径、公称抗拉强度符合设计要求。钢丝绳直径与设计不符时,首先应保证与设计有相等或大于的总破断拉力,且直径的上、下偏差不得大于:直径 d 小于 20 mm 时为 1 mm;直径 d 不小于 20 mm 时为 1.5 mm。编结接长的钢丝绳接头不得绕过卷筒。俯仰机构不得使用编接接长的钢丝绳。

6.2.3 钢丝绳用压板固定在卷筒上时,每端应不少于 3 块压板,固定在卷筒侧壁上时若用一块板固定则单块板长度不得少于 6 倍钢丝绳直径。采用楔块固定时,钢丝绳应贴紧楔块的圆弧段将其楔紧。钢丝绳端部固定、连接应符合 GB/T 6067 的相关规定。

6.2.4 钢丝绳接头固接后应达到:
——用铝合金套压制固接时,固接强度不得小于钢丝绳破断拉力的 90%;
——用楔与楔套固接时,固接强度不得小于钢丝绳破断拉力的 75%;
——用锥形套浇铸固接时,固接强度应达到钢丝绳的破断拉力;
——用编结固接时,固接强度不得小于钢丝绳破断拉力的 75%,编结长度不得小于钢丝绳直径的 20 倍,并不得小于 300 mm。

6.2.5 连续装卸机使用的钢丝绳至少应每周进行一次检查(包括对钢丝绳的固接处及在卷筒上固定处检查),并作出安全性判断。

6.2.6 钢丝绳的安全系数不得低于设计要求与 GB/T 3811 的相关规定。

6.3 滑轮与卷筒

6.3.1 滑轮、卷筒的卷绕直径与钢丝绳直径的比值应不小于 16。

6.3.2 滑轮、卷筒应设置防止钢丝绳跳出轮槽的装置。

6.3.3 多层缠绕的钢丝绳卷筒应有排绳装置,卷筒两侧边缘的高度应超过最外层钢丝绳,其值应不小于钢丝绳直径的 2.5 倍。

6.3.4 对绕入绕出滑轮与卷筒时易脱槽的钢丝绳应设有防止钢丝绳脱槽装置。

6.3.5 钢丝绳绕进或绕出卷筒时的允许偏角应符合 GB/T 3811 的规定。

6.3.6 卷筒上的钢丝绳在放出最大工作长度后，除固定钢丝绳的圈数外，应留有不少于3圈的钢丝绳安全圈数。

6.3.7 金属制造的滑轮出现下述情况之一时，应报废：

——裂纹；

——轮槽不均匀磨损最大处达 3 mm；

——轮槽壁厚磨损达设计壁厚的 20%；

——因磨损使轮槽底部直径减少量达钢丝绳直径的 50%。

6.3.8 滑轮与卷筒的更换应符合 GB/T 17496 的有关规定。

6.4 车轮

6.4.1 车轮的设计与制造应符合 GB/T 3811 与 GB/T 17495 的有关规定。

6.4.2 车轮上不得有裂纹。车轮宜采用钢材轧制。铸造车轮的踏面和轮缘内侧不得有气孔、夹渣等影响使用的性能缺陷。

6.4.3 车轮的更换应符合 GB/T 17496 的有关规定。

6.5 传动齿轮、齿条

6.5.1 传动齿轮、齿条出现下列情况之一时，应报废：

——齿面裂纹长度超过 1/4 齿长或齿高；

——断齿或在齿长范围内破碎长度超过 1/3；

——齿面点蚀或剥落面积达工作面积的 30%；

——表面硬化处理齿轮或渗碳淬硬齿轮在节圆方向上的齿厚磨损量达设计有效硬化层厚的 85%。

6.5.2 工作性机构的闭式齿轮齿厚磨损量超过设计齿厚的 15%或非工作性机构的闭式齿轮齿厚磨损量超过设计齿厚的 20%时，应报废。

6.5.3 开式齿轮齿厚磨损量达到设计齿厚的 25%时，应报废。

6.6 制动器装置

6.6.1 各机构制动器的选择应符合 GB/T 3811、GB/T 6067 与设计的有关规定。

6.6.2 制动器在出现电压降(为额定电压的－10%)或电气保护元件动作时，应能正常工作，一旦出现事故断电或起重传动装置故障，制动器应能安全地支持住荷载。

6.6.3 链斗提升机应设有制动器，制动器的安全系数不小于 2.0；臂架带式输送机应设有制动器或逆止器。

6.6.4 有下列情况之一时，制动器装置的零件应报废：

——目测有裂纹；

——制动轮磨擦面轮缘厚度磨损大于设计厚度的 20%；

——制动带或制动瓦摩擦片厚度磨损量达设计厚度的 40%(铆接)或达设计厚度 50%(胶接)；

——销轴或轴孔的磨损达名义直径的 1%或圆度达 0.20 mm；

——制动轮、制动盘厚度磨损量达设计厚度的 20%；

——电磁铁杠杆系统无法调整的空行程超过其额定行程的 10%；

——弹簧出现永久变形，弹簧曲线不符合设计要求。

6.7 链轮、链条、料斗

6.7.1 链轮、链条、料斗应符合设计要求与 GB/T 3811 的规定。

6.7.2 链轮应进行时效处理，当出现下述情况之一时，应报废：

——裂纹；

——断齿；

——表面硬化处理的链轮，硬化层厚度磨损量达设计厚度的 85%。

6.7.3 每段链条应能互换。单根链条长度公差为公称长度的±0.55%,二根链条长度误差为公称长度的±0.05%。

6.7.4 链条的安全系数不得低于GB/T 6067规定的起重链安全系数。

6.7.5 焊接环形链、片式链、套筒的材料,应有良好的可焊性且不易产生时效应变脆性。

6.7.6 检验链条时应逐条以50%额定破断拉力进行。

6.7.7 链条出现下述情况之一时,应报废:

——裂纹;

——链条发生塑性变形,伸长达设计长度的5%;

——链环或套筒直径磨损达设计直径的10%。

6.7.8 料斗与斗轮体的连接应保证料斗更换方便。

6.7.9 料斗与链条的连接应保证料斗更换方便。

6.7.10 料斗的斗唇部分应采用耐磨焊条堆焊。

6.7.11 斗齿与斗唇的连接应采用铆钉或高强度螺栓固接。

6.7.12 料斗与焊接环形链条安装时应避开连接环。链斗支撑滚轮安装后应灵活、牢固。

6.8 齿轮减速器

6.8.1 焊接齿轮与箱体应符合设计要求,应进行时效处理。

6.8.2 铸造减速器箱体应进行时效或退火处理。

6.8.3 减速器各连接处与密封处无渗漏现象。

6.8.4 减速器过载能力、安全系数与热功率应符合相关规范要求。

6.8.5 减速器应进行正反方向各2 h的空载试验。试验时,减速器运转应平稳,无异常响声,在箱体剖分面等高线上,距减速器前、后、左、右1 m处的噪声不得大于85 dB(A)。

6.8.6 减速器应进行正反方向各1 h的额定负荷试验。试验时,减速器油池温度不得超过环境温度35℃,轴承温度不得超过环境温度40℃。

6.8.7 减速器在正常润滑条件下,以额定转速无负荷正反运转2 h后,轴承处温升不得超过45 K。

6.8.8 齿轮的毛刺、尖棱应清除干净,确认无裂纹与其他损伤。

7 液压系统

7.1 液压系统应符合GB/T 3766的相关规定。

7.2 主要液压元件(油缸、油泵、液压马达、液力耦合器、阀类等)应有制造厂的合格证。

7.3 液压系统应设置防止过载和冲击的安全装置。溢流阀的调整压力不得大于系统额定工作压力的110%,系统的额定工作压力不得大于液压泵的额定压力。所有元件或管路应安装牢固,并使之不受振动影响。液压系统应有防范发生爆裂的措施。全部液压动力装置(电机、泵、阀、储油箱、过滤器等)均应置于保护罩之中。保护罩应防雨、防尘。

7.4 平衡阀或液压锁应可靠、有效,平衡阀或液压锁与液压缸之间连接应可靠,不得出现渗油。

7.5 液压系统的性能试验应按设计规定进行。液压系统的耐压试验当额定压力p不大于7 MPa时,试验压力为1.50p;当额定压力p大于7 MPa时,试验压力为1.25p。液压系统应按设计要求用油,并定期化验、按质换油。

7.6 液压系统管路及接头更换后,应在系统压力试验时无渗漏现象。

7.7 液压元件的更换应符合GB/T 17496的有关规定。

7.8 液压泵进口处的油温不得超过60℃。

7.9 所有管路和其他元件都应彻底清洗干净,在出厂前,所有的管路开口处都应装有金属或塑料堵塞(或加帽套)。

8 金属结构

8.1 金属结构件的焊缝质量应符合设计要求及 GB/T 17495 的有关规定，对进口的连续装卸机其金属结构件的焊接要求应符合 AWSD1.1:2000 的规定。应根据实际使用状况定期对重要焊缝进行检查。金属结构件形状及位置允许偏差应符合 GB/T 17495 的规定，不符合规定的应修复或更换。金属结构件的腐蚀深度达设计厚度的 20%时，应更换。

8.2 采用高强度螺栓连接时，其连接表面应清除干净，符合 GB/T 17495 的有关规定，并按设计规定值拧紧螺栓。

8.3 重要焊接金属结构件的原材料在焊接前应进行表面预处理，并应符合 GB/T 17495 的有关规定。

8.4 连续装卸机斜梯与水平面的夹角宜不大于 60°。斜梯的踏板应具有防滑功能，踏板横向宽度不小于 160 mm。梯级间距不大于 245 mm，斜梯扶手间宽度不小于 600 mm，斜梯两边扶手高为 1 050 mm，斜梯的高度应不大于 4 m。斜梯扶手上任一处都应能承受 1 kN 集中荷载而无任何明显变形。

8.5 连续装卸机直梯的梯级间距为 250 mm～300 mm，梯宽不小于 300 mm，踏杆直径不小于 16 mm，踏杆距前方立面应不小于 150 mm。高度大于 2 m 的直梯应从 1.9 m 处起装设直径不小于 650 mm 的安全圈，相邻两圈间距为 500 mm，安全圈之间用均匀分布的 5 根纵向板条连接，每根纵向杆件应能承受任意方向施加的 1 kN 集中荷载而无任何明显变形。

8.6 连续装卸机手扶栏杆高度为 1 050 mm，并应设有间距为 350 mm 的水平横杆，底部应设有不小于 70 mm 高度的围护板。手扶栏杆任一处都应能承受 1 kN 集中荷载而无任何明显变形。扶手、栏杆应涂安全警示色。

8.7 活动金属结构件上设置的栏杆，其扶手应能悬挂安全带挂钩，并能够承受 4.5 kN 集中荷载而无任何明显变形。

8.8 连续装卸机平台和走台宽度应不小于 500 mm，并能承受 3 kN 集中荷载而无塑性变形。平台和走台应具有防滑性能。平台和走台的格孔面积应小于 400 mm^2。平台和走台应设置防止操作人员跌落并能承受 1 kN 集中荷载作用无任何明显变形的手扶栏杆。平台和走台的净空高度应不低于 1.8 m，便于人员走动。

8.9 梯子(斜梯、直梯)与平台连接时，梯级踏板或踏杆不得超过平台面。扶手应延伸至平台栏杆的高度。

8.10 连续装卸机司机室与其支撑或悬挂处的连接应牢固可靠。司机室的顶部应能承受 2.5 kN/m^2 的静荷载。

8.11 轮体、门座、门柱、悬臂架、桥架、门架、尾车、平衡架、回转钢结构、走行台车等主要构件的主要焊缝不得低于 GB/T 3323 中Ⅱ级质量要求。

8.12 结构件的布置应便于检查、维修和排水。

8.13 焊条、焊丝和焊剂应符合 GB/T 8110、GB/T 14957、GB/T 5117、GB/T 5118 的规定，并应与被焊接件的材料相适应。

8.14 主要受力杆件其焊缝型式应符合 GB/T 985 和 GB/T 986 的规定。所有焊缝不应有漏焊、烧穿、裂纹、未焊透等影响性能和外观质量的缺陷。

9 电气系统

9.1 一般规定

9.1.1 连续装卸机电气设备的设计、选择和安装应符合 GB/T 3811、GB 50150、GB 50254 和 JT/T 622 的有关规定。

9.1.2 电气设备应保证连续装卸机的传动性能和控制性能准确可靠，在紧急情况下能切断控制及动力电源安全停车。在安装、维修、调整和使用中不得任意改变电路，避免安全装置失效。

9.1.3 连续装卸机金属结构及电气设备的金属外壳、金属管线、安全照明的变压器低压侧等必须可靠接地。整机接地电阻应小于 10 Ω。连续装卸机车轮与轨道应有效接地，轨道接地电阻应小于 4 Ω。

9.1.4 电气设备安装应牢固，电气连接应接触良好并防止松脱。导线、线束应用卡子固牢。

9.1.5 电气设备安装后的交接试验应符合 GB 50150 的规定。

9.2 电气控制与操纵

9.2.1 联动控制台上的操作手柄应具有零位自锁。

9.2.2 电气控制设备和元件应置于柜内，电阻器应置于人员不易接触且通风散热的地方，并有防护措施。

9.2.3 操纵系统中应设有声响信号，此信号对超载、风速过大、连续装卸机故障、整机移动等均具有灵敏与可靠的声效。

9.2.4 接地线应与保护零线分开，并不应用作载流回路。

9.2.5 连续装卸机控制电路应保证控制性能符合机械与电气系统的要求，不应有错误回路、寄生回路和虚假回路。

9.3 电气保护

9.3.1 连续装卸机应设置短路、过流、欠压、过压、失压、零位、电源错相及断相保护。

9.3.2 连续装卸机司机室应设有便于司机操纵的紧急断电开关，在紧急情况下，能切断连续装卸机总控制电源及总动力电源。

9.3.3 连续装卸机终点行程限位开关应动作灵敏、可靠，能在限定的位置处安全地停止机构的运动，但机构可做反向运动。

9.3.4 连续装卸机保护限位开关应动作灵敏、可靠，能有效地发出警告及减速信号。

9.3.5 连续装卸机安全联锁应有效、可靠，符合设计要求。

9.4 照明、信号

9.4.1 固定式照明装置的电源电压应不超过 220 V。严禁用连续装卸机体或接地线作照明回路零线。

9.4.2 可携式照明装置（安全局部照明灯）的电源电压应不超过 36 V。严禁使用自耦变压器直接供电。

9.4.3 连续装卸机高端或顶端处应安装红色障碍指示灯，并保证夜间供电不受任何因素影响。

9.4.4 照明灯具应为防振型，室外和潮湿处还应具有防水性。

9.4.5 安全装置的指示信号或声响报警信号应便于司机和有关人员直接视听。

9.4.6 连续装卸机行走时的警铃、警灯声光显示应有效、可靠。

9.5 电缆卷筒

9.5.1 电缆卷筒的电缆进出口密封措施应有效。滑环箱防水性能应有效、可靠。

9.5.2 连续装卸机电缆卷筒放缆终点开关动作应有效、可靠，当开关动作切断运行机构电动机电源后，电缆卷筒上应至少保留 2 圈电缆。

9.5.3 连续装卸机电缆卷筒应装设有效、可靠的导缆器，导缆器安装时应与电缆卷筒位置对准，保证连续装卸机在运行过程中不发生电缆被卡现象。

9.5.4 连续装卸机的供电电缆卷筒应具有张紧装置，以防电缆被搅乱或落于轨道上，电缆收放速度应与起重机运行速度同步。电缆在卷筒上的连接应牢固，并保证电气接点不被拉曳。

9.6 接地与防雷

9.6.1 连续装卸机所有电气设备、正常不带电的金属外壳、电缆金属外皮、安全照明变压器等均应可靠接地或接零。

9.6.2 可开启的控制柜门应以软导线与接地金属构件可靠地连接。

9.6.3 连续装卸机回转部分电气设备接地严禁通过回转支撑和车轮台车支撑来实现。

9.7 防尘溜筒的电控设备

应根据防尘、防爆的要求设计、选用安装防尘溜筒的电控设备，并符合 GB 3836.1 中的相关规定。

10 司机室

10.1 司机室的构造与布置应有良好的视野，并便于操作和维修。

10.2 司机室应配有门锁、灭火器或警报器等安全设施。

10.3 司机室应设置应急逃生装置、常规故障显示器及监视器等。

10.4 荷载及连续装卸机的活动部件不得撞击司机室。司机室的窗玻璃应采用钢化玻璃或夹层玻璃，并只能在室内安装。

10.5 司机室内部温度高于 35℃时应设置降温装置，温度低于 5℃时应设置安全可靠的采暖设备。

11 安全装置

11.1 保护装置

11.1.1 连续装卸机应设有电气和机械过载保护装置，其综合误差不应超过设计规定值的 8%，并在正常工作条件下，累积工作 3 000 h 无故障。连续装卸机超载保护装置应符合 GB 12602 有关规定。

11.1.2 连续装卸机格栅应设有 300 mm×300 mm 网格，适宜位置应设有金属分离器。

11.1.3 连续装卸机的提升机遇到冲击载荷超过规定值时，过载保护装置应能使电动机在限定时间内停止工作。

11.1.4 连续装卸机的刮板输送机出现断链事故时，紧急停止开关应有效。断链报警装置应在规定的时间内使驱动装置停止工作，并发出报警信号。

11.1.5 连续装卸机的回转机构应设有安全联轴器，俯仰机构应有防止悬臂超速下降的保护措施以及过载保护装置。电缆卷筒应设有过张力保护装置。转载料斗应装设堵塞报警装置。

11.1.6 连续装卸机的斗轮料斗遇到冲击载荷超过规定值时，过载保护装置应能使电动机在限定时间内停止工作。

11.1.7 连续装卸机的带式输送机出现断带事故时，紧急停止开关应有效。断带报警装置应在规定的时间内使驱动装置停止工作，并发出报警信号。

11.1.8 连续装卸机设置的料斗挖掘物料过载保护装置应灵敏、有效。

11.1.9 连续装卸机的物料输送系统中应根据工作需要分别设置防堵塞、防断带、防打滑等保护装置。当堆料或取料作业时，各部分工作机构应按散料输送流程要求联锁。

11.2 防爬、锚定和防风拉索装置

防爬、锚定和防风拉索装置应具有良好的可靠性，能独立承受各设计工况下的防风要求，并符合 JT 399的规定。

11.3 行程限位

11.3.1 连续装卸机在轨道上每个运行方向应装设行程限位开关。行程限位开关与撞块位置的确定应充分考虑连续装卸机的制动行程，保证连续装卸机在行进至轨道末端或与同一轨道上其他连续装卸机相距不小于 0.5 m 范围内能制动停车。在适当位置应有紧急停止开关。

11.3.2 连续装卸机应设置俯仰限位与止挡装置。俯仰限位与止挡装置安装位置应能保证连续装卸机安全工作需要。

11.3.3 连续装卸机的起升高度与下降极限位置限位器允许偏差为公称值的±1%，应能保证连续装卸机的工作范围允许偏差为公称值的±1%。

11.3.4 连续装卸机的回转机构、俯仰机构及行走机构运行的极限位置均应设两级终端限位开关与止挡装置，保证连续装卸机的安全工作。

11.4 风速仪

11.4.1 连续装卸机应安装风速仪。风速仪应安装在便于人员检查与观察处。

11.4.2 风速仪应灵敏、可靠,当风速达到警戒风速或连续装卸机工作极限风速时,应能准确地发出警报声响,便于司机采取有关措施或停止连续装卸机工作。

11.5 缓冲器

11.5.1 连续装卸机运行台车外端处应安装缓冲器,并具有降低冲击的良好性能。当连续装卸机与轨道末端挡架相撞或连续装卸机与其他连续装卸机相撞时,缓冲器应保证连续装卸机能平稳地停止而不产生猛烈地冲击。

11.6 防风安全装置

连续装卸机防风安全装置应有效、可靠,符合 JT 399 的规定。

11.7 联锁保护装置

11.7.1 连续装卸机物料输送系统应按"逆物料输送方向"依次联锁顺序启动;按"顺物料输送方向"依次联锁顺序停止。

11.7.2 主司机室、遥控箱、局部控制箱之间应有联锁保护。

11.8 故障监视诊断装置

连续装卸机应设置有效的故障监视诊断装置,以便及时报警,确保安全作业,缩短排除故障时间。

11.9 防碰撞舱口保护装置

11.9.1 连续装卸机的提升机与链斗应设置防止提升机碰撞船舱口的安全保护装置,以避免提升机与链斗进出船舱或在挖料时船舱口遭受损坏。

11.9.2 连续装卸机的溜筒应设置防止溜筒碰撞舱口的安全保护装置,保证溜筒进出船舱时船舱免遭损坏。

11.10 料位传感器

连续装卸机溜筒下端应安装料位传感器,以便散料堆积到预定高度时溜筒可自动提高。

11.11 船舶波动顶升保护装置

船用连续装卸机应设置防止船舶波动顶升连续装卸机工作机构机头的保护装置,使其能更好地避让船舶顶升力。

11.12 挖料过载保护装置

连续装卸机设置的料斗挖掘物料、提升机、侧向移动取料等过载保护装置应灵敏、有效。

11.13 防止大块异物保护装置

为防止大块异物进入提升机、工作料斗、带式输送机,连续装卸机应设置防大块异物保护装置。

11.14 输送系统特殊保护装置

连续装卸机物料输送系统中应根据工作需要分别设置防过载、防堵塞、防跑偏、防打滑、防断链(带)等保护装置。

11.15 大车行走防碰装置

连续装卸机应设置有效的大车行走防碰装置。

11.16 故障急停保护装置

连续装卸机应设置故障急停保护装置,当后方输送设备出现故障不能正常工作时,且连锁装置失效,可紧急停止连续装卸机的工作。

11.17 安全检测装置

连续装卸机应设有相关的安全检测装置,可选用:

——输送带打滑检测器;

——输送带跑偏检测器;

——输送带纵向撕裂检测装置;

——料堆高度探测器；

——俯仰位置指示器；

——回转角度指示器；

——行走位置检测装置。

11.18 吸尘和泄爆装置

连续装卸机防尘溜筒应设置吸尘装置和泄爆装置。

12 操纵系统

12.1 操纵系统的设计和布置应考虑人、机器和环境的综合因素，保证连续装卸机能安全可靠地运行，有利于司机安全操作，避免出现误操作。

12.2 紧急按钮明显，易控制。

12.3 手操作力应不大于100 N，操作行程不大于400 mm，脚踏操作力应不大于200 N，脚踏行程不大于200 mm。

12.4 连续装卸机性能标牌与操纵指示牌应安置在司机操作时方便可见的位置。

13 安装与试验

13.1 连续装卸机的安装应按有关文件的规定及注意事项进行，并符合JTJ 244的有关规定。

13.2 连续装卸机安装后，投入正式使用前应按GB/T 5905的相关规定和采购合同中规定的试验大纲进行试验，试验合格并经验收后方可正式使用。

14 使用与保养

14.1 连续装卸机的使用及连续装卸机操作司机应符合GB/T 6067的有关规定。

14.2 连续装卸机保养时，应做好安全防护措施，切断主电源，挂上标志牌或加锁。如有未消除的故障，应将详情通知接班人员。连续装卸机处于工作状态时不得进行保养。

14.3 连续装卸机操作人员应做好交接班工作。

14.4 应定期消除连续装卸机溜筒内部灰尘及剩余散料。

15 检验与维修

15.1 连续装卸机的检验应符合GB/T 6067的有关规定。

15.2 连续装卸机的维修应按有关文件规定及注意事项进行，并应符合GB/T 17496与JT/T 295的有关规定，并按JT/T 373的相关规定执行。

15.3 维修更换的零部件应与原零部件的性能和材料相同。

15.4 结构件焊补时，所用的材料、焊条应符合设计要求。

ICS 71.120;83.200
G 95

中华人民共和国国家标准

GB/T 13577—2006
代替 GB/T 13577—1992

开放式炼胶机炼塑机

Mill for rubber and plastics

2006-01-09 发布　　2007-07-01 实施

中华人民共和国国家质量监督检验检疫总局
中国国家标准化管理委员会　发布

前　言

本标准代替 GB/T 13577—1992《开放式炼胶机炼塑机》。

本标准与 GB/T 13577—1992 相比主要变化如下：

——对原标准中表 1、表 2 和表 3 的内容作了补充修改；

——对技术要求作了必要的修改；

——提高了开炼机辊筒工作表面粗糙度的要求；

——增加了开炼机辊筒内部圆柱表面加工的要求；

——删除了有关开炼机安全、噪声要求的具体内容，直接引用安全标准；

——增加了开炼机空运转试验的检查项目。

本标准由中国石油和化学工业协会提出。

本标准由全国橡胶塑料机械标准化技术委员会归口。

本标准负责起草单位：大连冰山橡塑股份有限公司。

本标准参加起草单位：上海橡胶机械厂、无锡市第一橡塑机械有限公司、北京橡胶工业研究设计院。

本标准主要起草人：鲁敬、李香兰、黄树林、王承绪、夏向秀。

本标准所代替标准的历次版本发布情况为：

——GB/T 13577—1992。

开放式炼胶机炼塑机

1 范围

本标准规定了开放式炼胶机炼塑机(以下简称开炼机)的系列与基本参数、技术要求、安全要求、试验、检验规则、标志、包装、运输、贮存。

本标准适用于加工橡胶、再生胶、塑料的开炼机。

2 规范性引用文件

下列文件中的条款通过本标准的引用而成为本标准的条款。凡是注日期的引用文件,其随后所有的修改单(不包括勘误的内容)或修订版均不适用于本标准,然而,鼓励根据本标准达成协议的各方研究是否可使用这些文件的最新版本。凡是不注日期的引用文件,其最新版本适用于本标准。

GB/T 191 包装储运图示标志(GB/T 191—2000,eqv ISO 780:1997)

GB/T 1184—1996 形状和位置公差 未注公差值(eqv ISO 2768-2:1989)

GB/T 1801—1999 极限与配合 公差带和配合的选择(eqv ISO 1829:1975)

GB/T 6388—1986 运输包装收发货标志

GB/T 13306 标牌

GB/T 13384 机电产品包装通用技术条件

GB 20055—2006 开放式炼胶机炼塑机安全要求

HG/T 2149—2004 开放式炼胶机炼塑机检测方法

HG/T 3108—1998 冷硬铸铁辊筒

HG/T 3120—1998 橡胶塑料机械外观通用技术条件

HG/T 3228—2001 橡胶塑料机械涂漆通用技术条件

3 系列与基本参数

开炼机中炼胶机、压片机和热炼机的系列与基本参数见表1,破胶机和精炼机的系列与基本参数见表2。

表 1

辊筒尺寸 (前辊直径×后辊直径 ×辊面宽度) mm×mm×mm	前后辊筒 速比	前辊筒 线速度 m/min ≥	主电机 功率 kW ≤	一次性 投料 kg	用 途
160×160×320	1:1.20~1.35	8	7.5	2~4	橡胶的塑炼、混炼、热炼、压片 塑料的混炼
250×250×620	1:1.00~1.30	13	22	10~15	橡胶的塑炼、混炼、热炼、压片 塑料的塑炼、混炼
300×300×700		14	30	15~20	橡胶的塑炼、混炼、热炼、压片 塑料的塑炼、混炼

表 1(续)

辊筒尺寸 (前辊直径×后辊直径 ×辊面宽度) mm×mm×mm	前后辊筒 速比	前辊筒 线速度 m/min ≥	主电机 功率 kW ≤	一次性 投料 kg	用　途
360×360×900		15	37	15~20	塑料的塑炼、混炼、压片
				20~25	橡胶的塑炼、混炼、热炼、压片
400×400×1 000	1∶1.00~1.30	17	55	18~25	塑料的塑炼、混炼、压片
				25~35	橡胶的塑炼、混炼、热炼、压片
450×450×1 200		22	75	25~35	塑料的塑炼、混炼、压片
				30~50	橡胶的塑炼、混炼、热炼、压片
550×550×1 500 (560×510×1 530)		24	132	50~60	橡胶的塑炼、混炼 橡胶、塑料供密炼机压片
				35~50	塑料的塑炼、混炼
			160	50~60	橡胶的热炼(供料)
610×610×2 000 (610×610×1 830)	1∶1.04~1.30	26	160	90~120	橡胶、塑料的塑炼、混炼、热炼及压片
660×660×2 130		28	280	75~95	塑料的塑炼
				140~160	橡胶、塑料供密炼机压片
		22		70~120	橡胶的热炼
710×710×2 200 (710×710×2 540)		26	350	190~220	橡胶的塑炼、混炼、热炼及压片

表 2

辊筒尺寸 (前辊直径×后辊直径 ×辊面宽度) mm×mm×mm	前后辊筒 速比	主电机 功率 kW ≤	前辊筒 线速度 m/min ≥	生产能力 kg/h	用　途
400×400×600	1∶1.20~3.00	55	18	400	废旧橡胶、生胶的破碎或粉碎
450×450×620	1∶2.50~3.50	45	10	300	废旧橡胶、生胶的破碎
560×510×800	1∶1.20~3.00	95	24	2 000	废旧橡胶的破碎
	1∶1.25~1.35	75		2 000	生胶的破碎
560×560×800	1∶1.50~1.80	110	24	300	再生胶的精炼
610×480×800	1∶1.50~3.20	75	20	150	废旧橡胶的粉碎
			23	300	再生胶的精炼

4 技术要求

4.1 开炼机应符合本标准的规定，并按照经规定程序批准的图样和技术文件制造。

4.2 开炼机辊筒材料选用冷硬铸铁时，其性能和技术要求应符合 HG/T 3108—1998 标准的规定。

4.3 开炼机辊筒工作表面粗糙度 $Ra \leqslant 1.6\ \mu m$。沟槽辊筒工作面的表面粗糙度 $Ra \leqslant 3.2\ \mu m$，沟槽表面粗糙度 $Ra \leqslant 12.5\ \mu m$。

4.4 开炼机辊筒轴颈(轴承部位)表面粗糙度 $Ra \leqslant 1.6\ \mu m$。

4.5 开炼机辊筒内部圆柱表面应加工，其表面粗糙度 $Ra \leqslant 25\ \mu m$。

4.6 开炼机左右机架安装轴承的水平面应处于同一平面上，其平面度不低于 GB/T 1184—1996 中表 B1 中 7 级公差等级的规定。左右机架与后轴承座接触的垂直受力面应处于同一平面上，其平面度不低于 GB/T 1184—1996 中表 B1 中 7 级公差等级的规定(采用球面支承除外)。

4.7 开炼机前轴承和压盖之间的配合间隙应符合 GB/T 1801—1999 中 H9/f9 的规定。

4.8 开炼机辊筒轴颈的两端面与轴承端面的轴向总间隙值应符合表 3 的规定。

表 3

单位为毫米

辊筒工作长度		320	620	800	900	1 000	1 200	1 500	1 530	1 830	2 000	2 130	2 200	2 540
轴向间隙	橡胶	1.0～1.5	1.0～2.0	2.0～4.0			2.5～4.5				3.0～5.0			
	塑料	1.5～2.0	1.5～2.5	3.0～5.0			3.5～5.5		4.0～6.0		5.0～7.0			

4.9 开炼机空运转时，主电机的实际功率不应大于额定功率的 15%。

4.10 开炼机负荷运转时，主电机功率不应大于额定功率(允许瞬时过载)。

4.11 开炼机空运转时，辊筒轴承体温度不应有骤升现象，最大温升不应大于 20℃。

4.12 开炼机负荷运转时，减速器轴承最大温升不应大于 40℃；对于橡胶开炼机，其轴承体温升不应大于 35℃；对于塑料开炼机，当辊筒工作表面温度为 160℃时，其轴承体温升不应大于 80℃，当辊筒工作表面温度为 160℃～200℃时，其轴承体温升不应大于 100℃。

4.13 开炼机的辊筒轴承、传动齿轮、减速机等各润滑点的润滑应充分，每个密封处的渗漏量不应超过 1 滴/h。

4.14 开炼机在负荷运转中，辊筒温度调节装置不应有泄漏现象。

4.15 开炼机外观应整洁，色彩和谐，外观质量应符合 HG/T 3120—1998 的规定。

4.16 开炼机涂漆表面应符合 HG/T 3228—2001 中 3.4.5 的规定。

5 安全要求

开炼机安全要求应符合 GB 20055—2006 的规定。

6 试验

6.1 空运转试验

空运转试验应在整机总装配合格后方可进行，连续空运转时间不少于 2 h，空运转中，检验下列项目：

6.1.1 按 4.6～4.8 要求，检测装配精度；

6.1.2 按 4.9 要求，检测主电机的功率；

6.1.3 按 4.11 要求，检测轴承体的温升；

6.1.4 按 4.13 要求，检测开炼机润滑系统的渗漏情况；

6.1.5 按 GB 20055—2006 检验开炼机安全要求。

6.2 负荷运转试验

空运转试验合格后方能进行负荷运转试验。连续负荷运转时间不少于 2 h,负荷运转中,检验下列项目:

6.2.1 按表 1、表 2 中的要求检测主要性能参数;

6.2.2 按 4.10 要求,检测主电机的功率;

6.2.3 按 4.12 要求,检测轴承体的温升;

6.2.4 按 4.14 要求,检验辊筒温度调节装置的泄漏情况。

6.3 试验方法

开炼机的试验方法按 HG/T 2149—2004 进行。

7 检验规则

7.1 出厂检验

7.1.1 每台产品需经过制造厂质量检验部门检验合格后方能出厂,并附有产品质量合格证书。

7.1.2 每台产品出厂前应按 6.1 进行空运转试验。也可根据用户要求在出厂前按 6.2 进行负荷运转试验。

7.1.3 每台产品出厂前应按 4.15、4.16 进行检验,安全要求应按 GB 20055—2006 中 5.1.1.1.2~5.1.1.1.5、5.1.1.1.8、5.1.1.1.9、5.1.3、5.1.4 a)、5.7 进行检验。

7.2 型式检验

型式检验按本标准各项内容进行检验,安全要求应按 GB 20055—2006 进行检验。型式检验应在下列情况之一时进行:

a) 新产品或老产品转厂时的试制定型鉴定;

b) 正式生产后,如结构、材料、工艺等有较大改变,可能影响产品性能时;

c) 正常生产时,每年最少抽检一台;

d) 产品停产两年后,恢复生产时;

e) 出厂检验结果与上次型式检验有较大差异时;

f) 国家质量监督机构提出型式检验要求时。

7.3 判定

型式检验项目全部符合本标准规定,则判为合格。型式检验每次抽检一台,当检验有不合格时,应再抽检两台,若仍有不合格项时,则应对该产品逐台进行检验。

8 标志、包装、运输、贮存

8.1 每台产品应在适当的明显位置固定产品的标牌,标牌的尺寸及技术要求应符合 GB/T 13306 的规定,产品标牌的内容应包括:

a) 制造厂名称和商标;

b) 产品名称;

c) 产品型号;

d) 执行标准号;

e) 制造日期和产品编号;

f) 产品的主要技术参数。

8.2 产品包装前,机件及工具的外露加工面应涂防锈剂。

8.3 产品包装应符合 GB/T 13384 的规定,并注明制造厂厂址。

8.4 在产品包装箱内应装有下列技术文件(装入防水袋内):

a) 产品质量合格证书;

b) 产品使用说明书;

c) 装箱单。

8.5 产品运输应符合 GB/T 191 和 GB/T 6388—1986 的规定。

8.6 产品应贮存在通风、干燥、无火源、无腐蚀性气体处,如露天存放,应有防雨措施。

ICS 77.120.10
H 61

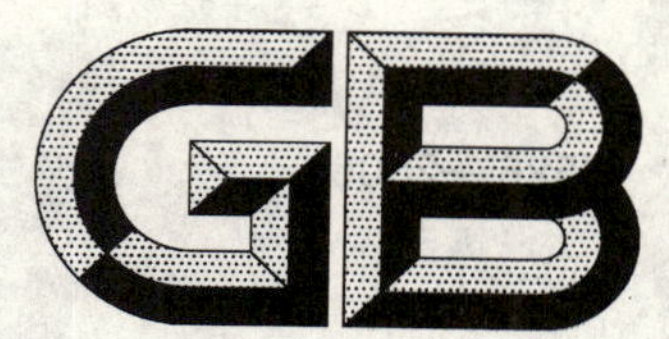

中华人民共和国国家标准

GB/T 13586—2006
代替 GB/T 13586—1992

铝及铝合金废料

Scraps of aluminum and aluminum alloys

2006-09-26 发布

2007-02-01 实施

中华人民共和国国家质量监督检验检疫总局
中国国家标准化管理委员会 发布

前　言

本标准代替 GB/T 13586—1992《铝及铝合金废料、废件分类和技术条件》。

本标准与 GB/T 13586—1992 相比，主要变化如下：

——标准名称改为“铝及铝合金废料”；

——适用范围改为“适用于废铝的国内外贸易及再生有色金属熔炼企业、铝加工企业废铝的回收”；

——参考美国废料再生工业协会(ISRI)编制的《废料规格手册(2004 版)》，重新规定了废铝的分类与要求；

——对试验方法、检验规则和包装、标志、运输及贮存等内容进行了适当的修改。

本标准由中国有色金属工业协会提出。

本标准由全国有色金属标准化技术委员会归口并负责解释。

本标准负责起草单位：北京中色再生金属研究所

本标准参加起草单位：上海新格有色金属有限公司、浙江万泰铝业有限公司、重庆九龙金属回收有色有限公司、怡球金属(太仓)有限公司、中国有色金属工业标准计量质量研究所。

本标准主要起草人：张希忠、黄耀滨、王吉位、葛立新、徐宏、王真见、黄崇胜、叶国梁、李夏蓉。

本标准所代替标准的历次版本发布情况为：

——GB/T 13586—1992。

铝及铝合金废料

1 范围

本标准规定了铝及铝合金废料(以下简称废铝)的分类、要求、试验方法、检验规则和包装、标志、运输及贮存。

本标准适用于废铝的国内外贸易及再生有色金属熔炼企业、铝加工企业废铝的回收。

2 规范性引用文件

下列文件中的条款通过本标准的引用而成为本标准的条款。凡是注日期的引用文件,其随后所有的修改单(不包括勘误的内容)或修订版均不适用于本标准,然而,鼓励根据本标准达成协议的各方研究是否可使用这些文件的最新版本。凡是不注日期的引用文件,其最新版本适用于本标准。

GB/T 6987(所有部分) 铝及铝合金化学分析方法

GB/T 7999 铝及铝合金光电(测光法)发射光谱分析方法

GB 16487.2 进口废物环境保护控制标准 冶炼渣(试行)

GB 16487.7 进口废物环境保护控制标准 废有色金属(试行)

GB 16487.9 进口废物环境保护控制标准 废电线电缆(试行)

3 废铝的分类与要求

废铝的分类与要求如表1所示。

表1 废铝的分类与要求

废铝分类[a) b)]			要求[c) d) e)]
类别	组别	废铝名称	
变形铝及铝合金废料	铝电线、铝电缆、铝导电板	光亮铝线 New Pure Aluminum Wire and Cable (Talon)	新的、洁净的纯铝电线、电缆构成的废铝; 不允许混入铝合金线、毛丝、丝网、铁、绝缘皮和其他杂质
		混合光亮铝线 New Mixed Aluminum Wire and Cable (Tann)	新的、洁净的纯铝电线、电缆与少量6×××系合金电线、电缆混合构成的废铝; 6×××系合金电线、电缆不超过废铝总量的10%; 不允许混入毛丝、丝网、铁、绝缘皮和其他杂质
		旧铝线 Old Pure Aluminum Wire and Cable (Taste)	旧的纯铝电线、电缆构成的废铝; 表面氧化物及污物低于废铝总量的1%; 不允许混入铝合金线、毛丝、丝网、铁、绝缘皮和其他杂质
		旧混合铝线 Old Mixed Aluminum Wire and Cable (Tassel)	旧的纯铝电线、电缆与少量6×××系合金电线、电缆混合构成的废铝; 6×××系合金电线、电缆低于废铝总量的10%,表面氧化物及污物不超过废铝总量的1%; 不允许混入毛丝、丝网、铁、绝缘皮和其他杂质
		废电线 Insulated Aluminum Wire Scrap (Twang)	带有绝缘皮的各类铝电线构成的废铝

表 1（续）

废铝分类[a),b)]			要求[c),d),e)]
类别	组别	废铝名称	
变形铝及铝合金废料	铝电线、铝电缆、铝导电板	新钢芯铝绞线 New Aluminum Cable Steel Reinforced	制造过程中产生的废钢芯铝绞线，无夹杂物
		旧钢芯铝绞线 Old Aluminum Cable Steel Reinforced	旧的钢芯铝绞线，无夹杂物
		导电板 Current-Conducting Plate	各种电器设备和设施中的铝导电板构成的废铝； 不允许混带夹杂物
	铝箔	新铝箔 New Aluminum Foil (Terse)	洁净的、新的、无涂层的1×××和/或3×××和/或8×××系列铝箔构成的废铝； 不允许混入电镀箔、涂铅铝箔、纸、塑料和其他杂质
		旧铝箔 Post Consumer Aluminum Foil (Tesla)	无涂层的1×××、3×××和8×××系旧的家用包装铝箔和铝箔容器构成的废铝； 材料可以被电镀，有机残留物低于废铝总量的5%； 不允许混入涂铅铝箔条、化学腐蚀箔、复合箔、铁、纸、塑料和其他非金属杂质
	铝易拉罐	新易拉罐 New Aluminum Can Stock (Take)	新的、洁净的、低铜的铝易拉罐（表面可覆盖印刷涂层）及其边角料构成的废铝； 油脂不超过废铝总量的1%； 不允许混入罐盖、铁、污物和其他杂物
		旧易拉罐 Post-Consumer Aluminum Can Scrap (Talc)	盛过食物或饮料的铝罐构成的废铝； 不允许混入其他废金属、箔、锡罐、塑料瓶、纸、玻璃和其他非金属杂质
		易拉罐碎片 Shredded Aluminum Used Beverage Can (UBC) Scrap (Talcred)	易拉罐碎片构成的废铝（ρ=190 kg/m³～275 kg/m³）； 通过孔径4 599 μm网筛的碎片小于废铝总量的5%； 废铝必须经过磁选，不允许混入其他任何铝制品、铁、铅、瓶盖、塑料罐及其他塑料制品、玻璃、木料、污物、油脂、垃圾和其他杂物
		易拉罐压块 Densified Aluminum Used Beverage Can (UBC) Scrap (Taldack)	易拉罐压块构成的废铝（ρ=562 kg/m³～802 kg/m³）； 块的两边应有易于捆绑的捆绑槽，每块重量不超过27.2 kg，建议块的公称尺寸范围为(254 mm×330 mm×260 mm)～(508 mm×159 mm×229 mm)； 合成一捆的所有块的尺寸必须相同，建议捆的尺寸范围为(1 040 mm～1 120 mm)×(1 300 mm～1 370 mm)×(1 370 mm～1 420 mm)。捆绑方法：用宽不小于16 mm、厚0.50 mm的钢带，每捆每排垂直捆一道，水平方向最少捆二道。不得使用滑动垫木和/或任何材料的支撑板； 废铝必须经过磁性分离，不允许混入铝易拉罐以外的任何铝产品，不允许混入废钢、铅、瓶盖、玻璃、木料、塑料罐及其他塑料制品、污物、油脂和其他杂物

表 1（续）

废铝分类[a) b)]			要求[c) d) e)]
类别	组别	废铝名称	
变形铝及铝合金废料	铝易拉罐	打捆易拉罐 Baled Aluminum Used Beverage Can (UBC) Scrap (Taldon)	打捆的、未压扁易拉罐（ρ=225 kg/m^3～273 kg/m^3）、或打捆的、压扁易拉罐（ρ=353 kg/m^3）构成的废铝； 捆的最小规格为 0.85 m^3，建议尺寸为（610 mm～1 020 mm）×（760 mm～1 320 mm）×（1 020mm～2 135 mm）。捆绑方法：4～6 条 16 mm×0.50 mm 的钢带，或 6～10 条 13 号钢线（允许使用同等强度和数量的铝带或铝线）。不用滑动的垫木和/或任何材料的支撑板； 废铝必须经过磁选，不允许混入铝易拉罐以外的任何铝产品，不允许混入废钢、铅、瓶盖、玻璃、木料、塑料罐及其他塑料制品、污物、油脂和其他杂物
	铝板	新 PS 基板 New, Clean Aluminum Lithographic Sheets (Tabloid)	1××× 和/或 3××× 系列牌号的印刷用铝板（表面无油漆涂层）构成的废铝； 铝板最小尺寸为 80 mm×80 mm； 不允许混入纸、塑料、油墨和其他任何杂物
		旧 PS 基板 Clean Aluminum Lithographic Sheets (Tablet)	1××× 和/或 3××× 系列牌号的印刷用铝板构成的废铝； 铝板最小尺寸为 80 mm×80 mm； 不允许混入纸、塑料、过多油墨的薄板和其他任何杂物
		涂漆铝板 Painted Siding (Tale)	洁净的低铜铝板（一面或两面有油漆，不含塑料涂层）构成的废铝； 不允许混入铁和污物、腐蚀物、泡沫、玻璃纤维等其他非金属物品
		飞机铝板 Aluminum Aircraft Sheet (Tepid)	飞机用铝板构成的废铝
		低铜铝板 Mixed Low Copper Aluminum Clippings and Solids (Taboo)	由多种牌号[f)]的低铜铝板（厚度大于 0.38 mm）混合构成的新的、洁净的、表面无涂层、无油漆的废铝板； 油脂低于废铝总量的 1%； 不允许混入 2××× 或 7××× 系铝合金板，不允许混入毛丝、丝网、直径小于 1.27 mm 的冲屑、污物和其他非金属物品
		同类铝板 Segregated Aluminum Sheet	同种牌号[f)]的铝板材，厚度＞0.38 mm
		混合新铝板 Mixed New Aluminum Alloy Clippings and Solids (Tough)	由多种牌号[f)]的铝板（厚度大于 0.38 mm）混合构成的新的、洁净的、表面无涂层和漆层的废铝板； 油脂不超过废铝总量的 1%； 不允许混入毛丝、丝网、直径小于 1.27 mm 的冲屑、污物和其他非金属物品
		杂旧铝板 Clean Mixed Old Alloy Sheet Aluminum (Taint 或 Tabor)	由多种牌号[f)]的洁净铝板混合构成的废铝； 涂漆铝板低于废铝总量的 10%，油脂低于废铝总量的 1%； 不允许混入箔、百叶帘、铸件、毛丝、丝网、易拉罐、散热器片、飞机铝板、瓶盖、塑料、污物和其他非金属物品
	散热器片	散热器铝片 Aluminum Copper Radiators (Talk)	洁净的热交换铝片或铜管上的铝翅片构成的废铝； 不允许混入铜管、铁和其他杂物

表 1（续）

废铝分类[a) b)]			要求[c) d) e)]
类别	组别	废铝名称	
变形铝及铝合金废料	边角料	新边角料 New Machine Waste	新的、洁净的、无涂层的、同种牌号[f)]的变形铝及铝合金边角料、废次材、切头、切尾料构成的废铝； 油污和油脂不超过废铝总量的 1%； 不允许混入箔、毛丝、丝网和其他杂质
		混合边角料 Mixed Machine Waste	由多种牌号[f)]的变形铝及铝合金边角料、块构成的、新的、洁净的、无涂层的混合废铝； 油污和油脂不超过废铝总量的 1%； 不允许混入 7×××系铝合金、油、毛丝、丝网和其他杂质
	器具	铝器具 Aluminum Implement	锅、盆、瓶等构成的废铝； 不允许混带夹杂物
	其他	同类铝材 Segregated Aluminum Forgings and Extrusions (Tread A)	同种牌号[f)]的铝锻件、挤压件（表面可覆盖涂层）构成的废铝。主要包括铝门窗型材、铝管、铝棒及其他工业用铝型材； 不允许混入铝箔或其他任何夹杂物
		杂铝材 Mixed Forgings and Extrusions	多种牌号[f)]的铝锻件、铝挤压件（表面可覆盖涂层）构成的废铝； 不允许混带夹杂物
铸造铝合金废料	铸锭	杂铝铸锭 Sweated Aluminum(Throb)	以废铝熔铸成的锭或块； 不允许混带夹杂物
	活塞	无拉杆铝活塞 Clean Aluminum Pistons (Tarry A)	洁净的铝活塞（不含拉杆）构成的废铝； 油污和油脂不超过废铝总量的 2%； 不允许混入轴套、轴、铁环和非金属夹杂
		带拉杆铝活塞 Clean Aluminum Pistons with Struts (Tarry B)	洁净的铝活塞（可以含拉杆）构成的废铝； 油污和油脂不超过废铝总量的 2%； 不允许混入轴套、轴、铁环和非金属夹杂
		夹铁铝活塞 Irony Aluminum Pistons (Tarry C)	由含铁铝活塞构成的废铝
	汽车铝铸件	汽车铝铸件 Aluminum Auto Castings (Trump)	各种汽车用铝铸件构成的废铝； 铸件尺寸应达到目视容易鉴别的程度； 油污和油脂低于废铝总量的 2%。含铁量不超过废铝总量的 3%； 不允许混入污物、黄铜、轴套及非金属物品
	飞机铝铸件	飞机铝铸件 Aluminum Airplane Castings (Twist)	各种洁净的、飞机用铝铸件构成的废铝； 油污和油脂不超过废铝总量的 2%。含铁量不超过废铝总量的 3%； 不允许混入污物、黄铜、轴套和非金属物品
	其他	同类铝铸件 Segregated New Aluminum Castings (Tread B)	同种牌号[f)]的、新的、洁净的、无涂层的铝铸件、锻件和挤压件构成的废铝； 不允许混入屑、不锈钢、锌、铁、污物、油、润滑剂和其他非金属物品
		混合铝铸件 Mixed Aluminum Castings (Tense)	各种洁净的铝铸件（可包括汽车或飞机铝铸件）混合构成的废铝； 油污和油脂不超过废铝总量的 2%。含铁量不超过废铝总量的 3%； 不允许混入铝锭、黄铜、污物和其他非金属物品

表 1(续)

废铝分类[a) b)]			要求[c) d) e)]
类别	组别	废铝名称	
铝及铝合金屑		同类铝屑 Segregated Aluminum Borings and turnings (Teens)	同种牌号[f)]的、洁净的铝合金屑构成的废铝; 通过孔径 833 μm 网筛的细屑低于废铝总量的 3%,不含氧化物; 不允许混入污物、铁、不锈钢、镁、油、易燃液体、水分和其他非金属物品
		混合铝屑 Mixed Aluminum Borings and Turnings (Telic)	由多种牌号[f)]的、洁净的、未腐蚀的铝合金屑混合构成的废铝; 通过孔径 833 μm 网筛的细屑低于废铝总量的 3%,铁含量不超过废铝总量的 10%; 不允许混入污物、铁、不锈钢、镁、油、易燃的车屑混合物、水分和其他非金属物品
铝及铝合金碎片		铝碎片 Floated Fragmentizer Aluminum Scrap (from Automobile Shredders) (Twitch)	含有铝或铝合金的干燥切片构成的废铝; 锌低于废铝总量的 1%,镁低于废铝总量的 1%,铁含量不超过废铝总量的 1%,非金属总含量不超过废铝总量的 2%,橡胶和塑料不超过废铝总量的 1%; 不允许混入过度氧化的材料和气胎罐及密封的、或加压密封的容器
		混合碎片 Recyclable Concentrates of Shredded Mixed Nonferrous Scrap Metal in Pieces-Derived from Fragmentizers for further Separation of Contained Materials (Zorba[g)])	由铝、铜、铅、镁、不锈钢、镍、锡和锌等有色金属的碎料(其中可能混带有石块、玻璃、橡胶、塑料和木料)构成的废铝; 各种金属的比例不限,某种金属可以为零,比例由买卖双方协议决定; 不允许混入放射性的物品、渣或灰
铝灰渣		熔渣(撇渣) Aluminum Dross	铝及铝合金在熔炼过程中产生的松散状或块状撇渣构成的废铝; 不允许混带夹杂物
		炉底结块 Aluminum Slag	铝及铝合金炉底结块构成的废铝
		铝灰 Aluminum Ash	铝及铝合金熔铸过程中产生的铝灰构成的废铝

a 废铝的牌号由供需双方协商确定,并在合同中注明。

b 经供需双方商定,可供应表中未列出的其他废铝。

c 块状废铝单件的最大外形尺寸由供需双方协商确定,并在合同中注明。

d 废铝中不允许混有易燃、易爆、有毒、有腐蚀性或带有放射性的物品,不允许混有医疗废物或密封容器。

e 废铝表面的杂物应尽量予以清除。

f 同种牌号指组别、顺序号均相同的铝及铝合金牌号的集合;多种牌号指组别或顺序号不同的铝及铝合金牌号的集合。

g Zorba 后应加数字(代表其中有色金属含量)形式进一步标注,如 Zorba63,表示废铝中含有 63% 的有色金属。

4 试验方法

4.1 一般通过目视检验废铝的组成成分与形态，并确定废铝质量是否与对应废铝名称的要求相符。

4.2 废铝的化学成分分析按照 GB/T 7999 或 GB/T 6987 或供需双方商定的分析方法进行，仲裁分析应按 GB/T 6987 进行。

4.3 进口废铝中对环境造成影响的夹杂物和放射性污染物的检验应按 GB 16487.7、GB 16487.2、GB 16487.9的规定进行。

4.4 废铝中杂质的扣除方法、废铝外形尺寸及单块重量的测量方法等本标准中未规定的试验方法由供需双方协商确定。

5 检验规则

5.1 检查和验收

5.1.1 废铝宜供方进行检验，或委托其他检验部门进行检验。

5.1.2 需方应对收到的废铝按照本标准以及合同的规定进行检验，如检验结果与本标准以及合同的规定不符时，应单独封存，并在收到之日起 15 天内向供方提出，由供需双方协商解决。

5.2 组批

废铝按表 1 分类后，成批提交检验，批重不限。

5.3 检验项目

应对每批废铝的组成成分与形态及合同要求进行的相关项目(如化学成分分析)进行检验。应对每批进口废铝中对环境造成影响的夹杂物和放射性污染物进行检验。每批废旧武器零部件应由供方做安全检查。

5.4 取样

取样方法由供需双方商定。

5.5 检验结果的判定

废铝的组成成分、形态或化学成分分析试验结果、对环境造成影响的夹杂物、放射性污染物检验结果或安全检查结果不符合要求时，判该批不合格。混入废铝中的国家文物，应按照国家有关规定处理。

6 标志、包装、运输和贮存

6.1 标志

每批废铝宜附有标签，其上注明：

a) 供方名称；

b) 废铝名称；

c) 批号；

d) 批重；

e) 本标准编号。

6.2 包装

6.2.1 经供需双方协商确定，废铝可以打包或压块方式供货。

6.2.2 铝及铝合金屑、铝灰渣均应包装后交货，其包装方式、尺寸和重量由供需双方协商确定，并在合同中注明。

6.3 运输和贮存

6.3.1 不同批次的废铝在运输过程中不应混装。

6.3.2 废铝在运输、装卸、堆放过程中，严禁混入爆炸物、易燃物、垃圾、腐蚀物和有毒、放射性物品，也不得用被以上物品污染的装卸工具装运，有特殊要求时，应有防雨、防雪、防火设施(参见 GB 16487.7)。

6.4　质量证明书

废铝交货时，宜附有质量证明书，其上写明：

a)　供方名称；

b)　废铝名称；

c)　批号及批重；

d)　检验结果；

e)　发货日期；

f)　技术监督部门的印记；

g)　本标准编号。

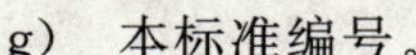

ICS 77.150.30
H 62

中华人民共和国国家标准

GB/T 13587—2006
代替 GB/T 13587—1992

铜及铜合金废料

Scraps of copper and copper alloy

2006-09-26 发布　　2007-02-01 实施

中华人民共和国国家质量监督检验检疫总局
中国国家标准化管理委员会　发布

前　言

本标准代替 GB/T 13587—1992《铜及铜合金废料、废件分类和技术条件》。

本标准与 GB/T 13587—1992 相比，主要有如下变动：

——适用范围改为“适用于废铜的国内外贸易及再生有色金属熔炼企业、加工制造企业废铜的回收”；

——部分采用美国废料再生工业协会（ISRI）废料规格手册（2004 年版），重新规定废铜的分类与要求；

——废铜的分类方式：原标准按照废铜的物理形态分类；本次改为按照废铜的物理形态以及废铜的存在方式将废铜分为八类：纯铜废料、铜合金废料、废水箱、铜及其合金新废料、屑末、切片、带皮的电线电缆和含铜灰渣；

——废铜的分组方式：原标准按照化学成分分组，本次改为按照每类废铜中产品类型的不同分组；

——废铜的分级方式：原标准按照质量分级。本次改为各组废铜主要以名称来区分不同级别；

——对废铜的试验方法、检验规则和包装、标志、运输及贮存等均作了适当的修改。

本标准由中国有色金属工业协会提出。

本标准由全国有色金属标准化技术委员会归口。

本标准由中国有色金属工业再生资源公司负责起草。

本标准由上海新格有色金属有限公司、宁波金田铜业（集团）股份有限公司、芜湖恒鑫铜业集团有限公司、山东金升有色集团有限公司、天津大通铜业有限公司参加起草。

本标准主要起草人：张希忠、姜松、黄耀滨、杨丽娟、楼国君、林家平、王景连、尤海崇、李夏蓉、吴昌业、刘柏林。

本标准由全国有色金属标准化技术委员会负责解释。

本标准所代替版本的历次发布情况为：

——GB/T 13587——1992。

铜及铜合金废料

1 范围

本标准规定了铜及铜合金废料(以下简称废铜)的分类、要求、试验方法、检验规则和包装、标志、运输及贮存。

本标准适用于废铜的国内外贸易及有色金属熔炼企业、加工制造企业废铜的再生回收。

2 规范性引用文件

下列文件中的条款通过本标准的引用而成为本标准的条款。凡是注日期的引用文件,其随后所有的修改单(不包括勘误的内容)或修订版均不适用于本标准,然而,鼓励根据本标准达成协议的各方研究是否可使用这些文件的最新版本。凡是不注日期的引用文件,其最新版本适用于本标准。

GB/T 3884.1 铜精矿化学分析方法 铜量的测定

GB/T 5121(所有部分) 铜及铜合金化学分析方法

GB 16487.2 进口废物环境保护控制标准 冶炼渣

GB 16487.7 进口废物环境保护控制标准 废有色金属

GB 16487.9 进口废物环境保护控制标准 废电线电缆

3 分类

废铜按照物理形态及存在方式分为八类,即Ⅰ类:纯铜废料;Ⅱ类:铜合金废料;Ⅲ类:废水箱;Ⅳ类:铜及其合金新废料;Ⅴ类:屑末;Ⅵ类:切片;Ⅶ类:带皮的电线电缆;Ⅷ类:含铜灰渣。按照每类废铜中的产品类型分成不同组别,每组按照废铜的名称来区分不同级别,具体见表1所示。

表1 铜及铜合金废料的分类

废铜分类			品质与形状
类别	组别	废铜名称	
Ⅰ类:纯铜废料	废裸线	1号铜线 No. 1 Copper Wire (Barley, Berry)[a]	裸铜线构成的废铜料。 1级:由无绝缘皮的纯铜线(无涂层)组成。铜线直径＞1.6 mm 2级:由洁净的纯铜线和铜电缆线(无涂层)组成。铜线直径＞1.6 mm。不允许含有烧过的易碎的铜线
		2号铜线 No. 2 Copper Wire(Birch)	裸铜线组成的废铜料 含铜量≥94% 不允许含有镀铅、镀锡的铜线、焊接过的铜线、黄铜和青铜线、绝缘铜线和脆的过烧线。不大于0.8 mm的细丝线不超过5% 不允许夹杂铁(含钢)和非金属物质,含油量＜5% 需用适当方式清除尘垢
		漆包线 Enamel Copper Wire	1级:纯漆包线,无杂质 2级:经过焚烧脱漆,表面有氧化层,无杂质

表 1(续)

废铜分类			品质与形状
类别	组别	废铜名称	
Ⅰ类：纯铜废料	铜混合废料	特种紫杂铜 Special Copper	纯铜零部件及其他各种纯铜制品(含纯铜裸线)构成的废料 铜含量>99.95% 不允许含有水垢、油污、涂层、油漆等及其他杂质 不许含有毛丝、车屑、磨屑和厚度<1 mm的铜板
		1号紫杂铜 No. 1 Heavy Copper(Candy)	洁净的、无合金、无涂层的加工下脚料、导电板、整流器片以及直径>1.6 mm的铜线组成的废料 允许带有洁净的铜管和其他纯铜块状料 不得含有焚烧过的脆质铜线
		2号紫杂铜 No. 2 Copper(Cliff)	混杂的纯铜制品构成的废料。铜含量≥94% 不得含有：过多的铅、锡、焊接的废铜、黄铜、青铜、过多的油、钢铁、非金属废料、带非铜接头的铜管或带有残渣的铜管、烧过的或有绝缘性的铜线、毛丝、焚烧后的脆质铜线、泥土等
	铜米	1号铜米 No. 1 Copper Nodules	用废电线加工而成的铜颗粒，铜含量≥99% 不含涂层、其他金属及杂质，无绝缘物
		2号铜米 No. 2 Copper Nodules	用废电线加工而成的铜颗粒，表面无涂层，铜含量≥99% 不含其他金属，绝缘物等夹杂物<2%
	废铜板箔	薄铜板 Light Copper(Dream)	混杂的废铜，铜含量≥88% 包括薄铜板、流水槽、落水管(雨水管)、铜壶、热水器及类似的废铜 不允许含有：烧过的细铜线、未完全烧过的带有绝缘皮的电线、镀铜件、镀铜板、磨屑料、散热器、冰箱零件、印刷线路板、筛网；过量含铅、锡、焊料的废铜和黄铜、青铜；过量的油、铁(含废钢)和非金属、灰渣泥土
		铜箔 Copper Foil	铜箔厂和线路板厂产生的铜箔构成的废料 1级：纯废铜箔，无任何夹杂 2级：纯废铜箔，夹杂物≤3% 3级：纯废铜箔，允许含有黏结剂
Ⅱ类：铜合金废料	黄铜废料	普通黄铜 Plain Brass	普通黄铜零部件组成的废料 1级：按照牌号分类的普通黄铜零部件、块状废料。夹杂物<1% 2级：由两种以上牌号的普通黄铜零部件和块状废料组成，夹杂物<1%
		水暖零件 Cocks and Faucets(Grape)	各式各样的红色黄铜[b]和黄铜制成的干净的水暖件(包括镀铬或镀镍构件)组成的废料 不得含有煤气开关(龙头)、啤酒的出酒嘴、以铝和锌为母材制成的水暖件 半红黄铜[c]零件不允许超过35%
		黄铜铸件 Yellow Brass Castings(Ivory)	黄铜铸造的机械零件构成的废料 不得有含量超过15%的镀镍材料 不允许铸件长度超出300 mm

表 1(续)

废铜分类			品质与形状
类别	组别	废铜名称	
Ⅱ类：铜合金废料	黄铜废料	非普通黄铜 Non-Plain Brass	除普通黄铜之外的各种黄铜构成的废料 不允许含有屑末 夹杂物由供需双方商定 1级：按照牌号分类 2级：两种以上牌号的废料混合，如铅黄铜、铝黄铜等
		黄铜管 Brass Pipe(Melon)	不带镀件与焊接材料的黄铜管组成的废料 不允许含有沉淀物、冷凝管及用黄铜铸件连接的黄铜管 管件应完整、洁净
		海军黄铜管 Admiralty Brass Condenser Tubes (Pales)	洁净完整的海军黄铜[d]冷凝管件构成的废料，电镀、非电镀的均可 不允许含有镍合金、铝合金以及腐蚀材料
		黄铜混合料 Yellow Brass Scrap(Honey)	黄铜铸件、轧制黄铜、棒材、管材和多种黄铜组成的废料，包括有镀层黄铜 不允许含有锰青铜、铝青铜、非熔焊散热器及散热器部件、铁以及较脏和受腐蚀的材料
	特殊黄铜废料	黄铜炮弹壳 Brass Shell Cases	发射过的炮弹壳构成的废料 不含雷管及其他杂质 牌号及成分由供需双方商定
		黄铜子弹弹壳 Brass Small Arms and Rifle Shells	发射过的黄铜子弹壳构成的废料 不允许带弹头、铁和其他任何杂质 牌号和成分由供需双方商定
	白铜废料	白铜废件 Copper-Nickel Scrap	按照牌号分类的铜镍合金管件、管、薄片、金属板、板坯或其他经过锻造的废件构成的废料。(铸件、阀门、浇冒口等，根据协议可以包括在内，但需分别包装) 废料中杂质含量＜2％
	青铜废料	锰青铜 Manganese Bronze Solids(Parch)	含铜量不少于55％、含铅量不超过1％的锰青铜块构成的废料 不允许夹杂铝青铜和硅青铜
		车辆无衬里轴瓦 Unlined Standard Red Car Boxes (Clean Joumals)(Fence)	无衬里的和(或)焊接的铁路机车轴瓦及无衬里的和(或)焊接的车辆轴颈轴承构成的废料 不允许混有黄铜轴瓦和铁衬里轴瓦
		车辆带衬里轴瓦 Lined Standard Red Car Boxes (Lined Journals)(Ferry)	标准的巴氏合金衬里的铁路(红)轴瓦或巴氏合金衬里的车辆焊接轴承构成的废料 不允许含黄铜轴瓦和铁衬里轴瓦
		其他青铜 Other Bronze	除以上铜合金之外的废青铜组成的废料 不含车屑、磨屑 1级：单一牌号的青铜废料，夹杂物＜1％ 2级：同一名称的青铜废料混合，如锡青铜的若干个牌号混合的废料，夹杂物＜1％ 3级：不同名称的青铜废料混合在一起，如锡青铜和铝青铜废料。混合在一起，夹杂物＜1％

表 1(续)

废铜分类			品质与形状
类别	组别	废铜名称	
Ⅲ类:废水箱	废水箱	铜水箱 Copper Radiators	各种车辆铜及铜合金水箱构成的废料 1级:由纯铜或相同牌号合金废水箱组成,去掉所有的铁件 2级:由混合牌号的废汽车水箱,去掉所有的铁件
Ⅳ:铜及其合金新废料	铜及其合金新废料	纯铜 Pure Copper	铜材加工厂和制造厂在加工制造过程中产生的纯铜废料构成,如边角料、切头、废次材、半成品、线材、废品等 不允许混入车屑、磨屑和其他夹杂物 1级:表面光亮,无氧化、表面无污物及涂层、无油污 2级:允许表面有油污或氧化物,含量由供需双方确定 3级:表面有镀层、漆层
		铜合金 New Copper Alloy	铜材加工厂、制造厂在加工制造过程中产生的铜合金废料构成,如边角料、切头、废次材、半成品、线材、废品等 不允许含有车屑、磨屑和其他夹杂物 1级:单一牌号,表面无氧化、油污和涂层 2级:单一牌号,允许表面有氧化或油污、涂层 3级:两种以上牌号的混合废料,表面无氧化、油污或涂层 4级:两种以上牌号的混合废料,允许表面有氧化、油污或涂层
Ⅴ类:屑末	铜合金屑末	纯铜屑 Pure Copper Filings	纯铜屑构成的废料 1级:不含油、水分、合金铜屑和杂质 2级:允许含有少量的油或水,不含其他杂质 3级:允许含有油、水或夹杂物,含量由供需双方商定
		铜合金屑 Copper Alloy Filings	铜合金屑构成的废料 1级:单一牌号的铜合金屑,不含杂质、油和水 2级:单一牌号的铜合金屑,夹杂物<5%,允许含少量的油或水 3级:混合的铜合金屑,不含杂质、油和水 4级:混合的铜合金屑,夹杂物<5%,允许含少量的油或水
Ⅵ类:切片	切片	含铜切片 High Density(Zebra)	由中速分离技术产生的重金属,包括铜、黄铜、锌、无磁性不锈钢和铜线 废料必须干燥,不过度氧化 其中含其他金属的种类及其百分比,非金属杂质的含量应由买卖双方商定
Ⅶ类:带皮的电线电缆	废电缆	铅皮电缆、塑料皮电缆、橡胶皮电缆 Cable With Various Types of Insulation	电缆构成的含铜废料 1级:同一名称、同一规格、无夹杂物 2级:同一名称、不同规格,无夹杂 3级:混合废电缆,无夹杂
	废电线	带皮电线 Copper Wire with Insulation	电线组成的含铜废料 1级:同一名称、同一规格、无夹杂物 2级:同一名称、不同规格,无夹杂 3级:不同名称、不同规格的混合废电线

表 1(续)

废铜分类			品 质 与 形 状
类别	组别	废铜名称	
Ⅷ类:含铜灰渣	含铜灰	铜灰、铜泥 Copper Ash and Slurry	含铜的灰尘、烟尘、铜泥等,铜含量由双方议定
	含铜渣	铜渣 Copper Dross	含铜的炉底结块、熔渣,铜含量由双方议定

a 括号中的英文名称为该种废料的美国分类代号。

b 红色黄铜在美国为 C23000,对应我国为 H85。

c 半红黄铜在美国为 C84200、C84400、C84410、C84500、C84800,对应我国大致为 $ZQSnD_{3-11-4}$。

d 海军黄铜在美国为 C44300、C44400、C44500,对应我国为 HSn70-1

4 要求

4.1 本标准对铜及铜合金的牌号一般不作规定,供需双方对牌号有要求时,可以在合同中注明。供需双方对牌号有异议时,可以协商解决。

4.2 废铜应按照本标准规定的类别、组别和名称(级别)进行回收和贸易,不同的类别、组别和名称(级别)不应相互混合。本规定未列入的其他废铜归入相近的类别中。

4.3 废铜中不允许混有密封容器、易燃、易爆物品、有毒、腐蚀性、医疗废物和带有放射性的物品。废铜中对环境造成影响的夹杂物和放射性污染的控制按照 GB 16487.2、GB 16487.7、GB 16487.9 进行。

4.4 废旧武器零部件应由供方做安全检查处理后方可供货。

4.5 废铜表面的杂物应予以清除。

4.6 块状废铜单件的最大外形尺寸,本标准不作具体规定,但应在可运输的情况下,由供需双方协商确定,并在合同中注明。

4.7 混入废铜中的文物,应按照国家有关规定处理。

4.8 废铜中的铜含量指以金属状态存在的铜,不含铜的化合物(铜灰渣、泥除外)。

4.9 需方有其他特殊要求时,可由供需双方协商确定,并在合同中注明。

5 试验方法

5.1 铜及铜合金废料可采用感官确定类别、组别和名称(级别)。

5.2 废铜的化学成分分析按照 GB/T 5121 规定的方法进行,供需双方有异议时,可以协商确定分析方法。但仲裁分析应按照 GB/T 5121 规定的方法进行,含铜灰渣、泥的分析可参照 GB/T 3884.1 的方法进行。

5.3 废铜的洁净程度用目视检验。

5.4 扣除杂质的方法、外形尺寸及单块重量的测量方式由供需双方协商确定,并在合同中注明。

6 检验规则

6.1 检查和验收

6.1.1 废铜应由供方技术监督部门进行检验,也可委托其他检验部门进行检验,保证其质量符合本标准及合同的规定,并填写质量证明书。

6.1.2 需方应对收到的废铜按照本标准以及合同的规定进行检验,如检验结果与本标准或合同的规定不符时,应单独封存,并在收到之日起 15 天内向供方提出,由供需双方协商解决。

6.2 组批

废铜应成批提交检验，每批应由同一类别、同一组别和同一级别组成。

6.3 取样

铜及铜合金废料、废件的取样方法以及其他有关事宜由供需双方协商。

7 标志、包装、运输和贮存

7.1 标志

每批废铜均要附有标签，其上注明：

a. 供方名称；

b. 废铜名称；

c. 废铜类别、组别、级别；

d. 批号；

e. 批重；

f. 本标准编号；

g. 其他。

7.2 包装

7.2.1 经供需双方协商确定，废铜可以打包或压块方式供货。

7.2.2 碎料和铜灰渣应有包装，包装方式、尺寸和重量由供需双方协商确定，并在合同中注明。

7.3 运输和贮存

7.3.1 散装的不同类别的废铜在运输过程中不应混装。

7.3.2 废铜在运输、装卸、堆放过程中，严禁混入爆炸物、易燃物、垃圾、腐蚀物和有毒、放射性物品，也不得用被以上物品污染的装卸工具装运，有特殊要求时，应有防雨、防雪、防火设施。

7.4 质量证明书

每批废铜交货时，必须附有质量证明书，写明：

a. 供方名称；

b. 废铜名称；

c. 废铜类别、组别、级别；

d. 批号及批重；

e. 出厂日期；

f. 检验结果；

g. 技术监督部门的印记；

h. 本标准编号；

i. 其他。

参 考 文 献

[1] 美国废料再生工业协会《废料规格手册(2004 版)》。

ICS 77.150.60
H 62

中华人民共和国国家标准

GB/T 13588—2006
代替 GB/T 13588—1992

铅及铅合金废料

Scraps of lead and lead alloy

2006-09-26 发布　　　　2007-02-01 实施

中华人民共和国国家质量监督检验检疫总局
中国国家标准化管理委员会　发布

前　言

本标准代替 GB/T 13588—1992《铅及铅合金废料、废件分类和技术条件》。

本标准与 GB/T 13588—1992 相比主要变化如下：

——适用范围改为“适用于废铅的国内贸易及再生有色金属熔炼企业、铅加工企业废铅的回收”；

——废铅的分类方式：原标准按照废铅的物理形态分类，本次改为按照废铅的物理形态以及铅的存在方式将废铅分为四类，即铅及铅合金块状废料、废铅蓄电池、铅及铅合金屑料、铅渣和铅灰及铅烟尘；

——废铅的分组方式：原标准按照化学成分分组，本次改为按照每类废铅中产品类型的不同分组；

——废铅的分级方式：原标准按照质量分级，本次改为各组废铅主要以名称来区别不同级别；

——对废铅的试验方法、检验规则和包装、标志、运输及贮存等均作了适当的修改。

本标准由中国有色金属工业协会提出。

本标准由全国有色金属标准化技术委员会归口并负责解释。

本标准负责起草单位：北京中色再生金属研究所。

本标准参加起草单位：河南豫光金铅集团有限责任公司、湖北金洋冶金股份有限公司。

本标准主要起草人：张希忠、李新战、李富元、左淮书、陈精智。

本标准所代替版本的历次发布情况为：

——GB/T 13588—1992。

铅及铅合金废料

1 范围

本标准规定了铅及铅合金废料(以下简称废铅)的分类、要求、试验方法、检验规则和包装、标志、运输及贮存。

本标准适用于废铅的国内贸易及有色金属熔炼企业、加工制造企业废铅的再生回收。

2 规范性引用文件

下列文件中的条款通过本标准的引用而成为本标准的条款。凡是注日期的引用文件,其随后所有的修改单(不包括勘误的内容)或修订版均不适用于本标准,然而,鼓励根据本标准达成协议的各方研究是否可使用这些文件的最新版本。凡是不注日期的引用文件,其最新版本适用于本标准。

GB/T 4103(所有部分) 铅及铅合金化学分析方法

3 分类

废铅按照物理形态和铅的存在方式分为四类,即Ⅰ类:铅及铅合金块状废料;Ⅱ类:废铅蓄电池;Ⅲ类:铅及铅合金屑料;Ⅳ类:铅渣、铅灰及铅烟尘。按照每类废铅中的产品类型分成不同组别,每组按照废铅的名称来区分不同级别,具体见表1所示。

表1 铅及铅合金废料的分类

类别	组别	废料名称	品质与形状
Ⅰ类:铅及铅合金块状废料	纯铅废料	纯铅件 Pure Lead	包括废铅板、管、棒和线,如耐腐蚀用的铅板衬里、铅管、废铅包衬材料、电解残极、废铅锭等 1级:同一牌号的金属铅,无夹杂物 2级:同一牌号的金属铅,夹杂物<1% 3级:牌号混合的金属铅,无夹杂物 4级:牌号混合的金属铅,夹杂物<1%
	铅合金废料	铅合金 Lead Alloy	包括报废的铅合金板、管、棒和线,报废的铅合金制的机械零部件,废印刷铅版、铅字、电器熔断器的保险铅丝等 1级:同一牌号的铅合金,无夹杂物 2级:同一牌号的铅合金,夹杂物<3% 3级:牌号混合的铅合金,无夹杂物 4级:牌号混合的铅合金,夹杂物<3%
	废电缆护套铅	电缆铅 Lead Cable	包括报废的电缆护套铅等 1级:干净的铅护套,不含夹杂物 2级:铅护套,含有夹杂物
	铅及铅合金新废料	铅新料 New Lead	包括铅加工材和铅制品在生产和加工过程中产生的边角料、残次品等 1级:同一牌号的金属铅或铅合金,无夹杂物 2级:同一牌号的金属铅或铅合金,夹杂物<3% 3级:牌号混合的金属铅或铅合金,无夹杂物 4级:牌号混合的金属铅或铅合金,夹杂物<3%

表 1(续)

<table>
<tr><th>类别</th><th>组别</th><th>废料名称</th><th>品 质 与 形 状</th></tr>
<tr><td rowspan="4">Ⅰ类：铅及铅合金块状废料</td><td>废铅基铸造轴承合金</td><td>铅轴承
Lead Bearing</td><td>包括各种机械设备上的废旧轴承
1 级：同一牌号的废铅基铸造轴承，无夹杂物，油污≤1%
2 级：同一牌号的废铅基铸造轴承，允许含有夹杂物，油污<1%
3 级：牌号混合的废铅基铸造轴承，无夹杂物，油污<1%
4 级：牌号混合的废铅基铸造轴承，允许含有夹杂物</td></tr>
<tr><td>杂铅锭</td><td>铅锭
Lead Ingot</td><td>含铅量>90%的各种铅及铅合金废料熔炼而成的不规则铅锭</td></tr>
<tr><td>民用的废铅制品、包装品</td><td>其他铅
Other Lead</td><td>包括废铅容器、药管等包装物、仪表的铅封，铅及其合金的器皿、鱼具的铅坠等</td></tr>
<tr><td>特殊废铅</td><td>弹头
Bullet</td><td>包括报废的子弹头</td></tr>
<tr><td rowspan="4">Ⅱ类：废铅蓄电池</td><td>栅极板</td><td>极板
Polar Plate</td><td>包括汽车、火车、电瓶车等交通运输设备中的废铅蓄电池的栅极板
1 级：洁净的栅极板，不含任何夹杂物
2 级：栅极板，表面含有铅膏</td></tr>
<tr><td>混合废料</td><td>混合铅
Mixed Lead</td><td>包括铅柱头、连接体。主要指碎的铅栅极和铅灰的混合物</td></tr>
<tr><td>铅灰</td><td>铅灰
Lead Ash</td><td>即铅泥或铅膏，主要成分是硫酸铅、氧化铅等，质量由双方商定</td></tr>
<tr><td>整体废铅电池</td><td>铅蓄电池
Lead Battery</td><td>各种交通工具的铅电池，网络通讯、矿山井下大电池、电动车电池、摩托车电池、电瓶车电池等
电池壳完整，酸不外泻
电池壳完整，不带酸</td></tr>
<tr><td rowspan="2">Ⅲ类：铅及铅合金屑料</td><td>纯铅屑</td><td>纯铅屑
Pure Lead Borings and Turnings</td><td>包括铅在机械加工过程中产生的屑料
1 级：单一牌号，不含油和夹杂物
2 级：单一牌号，允许含油和夹杂物，油和夹杂物含量由供需双方商定
3 级：混合牌号，不含油和夹杂物
4 级：混合牌号，允许含油和夹杂物，油和夹杂物含量由供需双方商定</td></tr>
<tr><td>铅合金屑</td><td>铅合金屑
Alloy Lead Borings and Turnings</td><td>包括铅及合金
1 级：单一牌号，不含油和夹杂物
2 级：单一牌号，允许含油和夹杂物，油和夹杂物含量由供需双方商定
3 级：混合牌号，不含油和夹杂物
4 级：混合牌号，允许含油和夹杂物，油和夹杂物含量由供需双方商定</td></tr>
<tr><td>Ⅳ类：铅渣、铅灰及铅烟尘</td><td>铅灰渣</td><td>铅灰渣
Lead Dross</td><td>1 级：铅含量≥80%，含水≤8%的铅废渣
2 级：铅含量≥60%，含水≤8%的铅废渣、铅灰
3 级：铅含量≥30%，含水≤8%的铅废渣、铅烟尘
4 级：铅含量≥10%，含水≤8%的铅废渣、铅烟尘</td></tr>
</table>

4 要求

4.1 本标准对废铅的牌号一般不作规定，供需双方对牌号有要求时，可以在合同中注明；供需双方有异议时，可以协商解决。

4.2 废铅应按照本标准规定的类别、组别和级别进行回收和贸易，不同的类别、组别和级别不应相互混合。

4.3 废铅中不允许混有密封容器、易燃、易爆、有毒、腐蚀性(废电池除外)、医疗废物和带有放射性的物品，废铅蓄电池中的酸液必须集中进行无害化处理，进入流通领域的废铅电池不允许有酸液外溢。

4.4 废旧武器零部件应由供方做安全检查处理后方可供货。

4.5 废铅表面的杂物应予以清除。

4.6 块状废铅单件的最大外形尺寸，本标准不作具体规定，但应在可运输的情况下，由供需双方协商确定，并在合同中注明。

4.7 需要打包供应的废铅由供需双方协商确定。

4.8 混入废铅中的国家文物，应按照国家有关规定处理。

4.9 需方有其他特殊要求时，可由供需双方协商确定，并在合同中注明。

5 试验方法

5.1 铅及铅合金废料可采用感观确定类别、组别和级别。废铅的洁净程度用目视检验。

5.2 铅及铅合金废料的化学成分分析按照 GB/T 4103 规定的方法进行，供需双方有异议时，可以协商确定分析方法。但仲裁分析应按照 GB/T 4103 规定的方法进行。

5.3 扣除杂质的方法、外形尺寸及单块重量的测量方式由供需双方协商确定，并在合同中注明。

6 检验规则

6.1 检查和验收

6.1.1 废铅应由供方技术监督部门进行检验，也可委托其他检验部门进行检验，保证其质量符合本标准或合同的规定，并填写质量证明书。

6.1.2 需方应对收到的废铅按照本标准或合同的规定进行检验，如检验结果与本标准或合同的规定不符时，应单独封存，并在收到之日起 15 天内向供方提出，由供需双方协商解决。

6.2 组批

废铅应成批提交检验，每批应由同一类别、同一组别和同一级别组成。

6.3 取样

废料、废件的取样方法以及其他有关事宜由供需双方商定。

7 标志、包装、运输和贮存

7.1 标志

每批废铅均要附有标签，其上注明：

a. 供方名称；
b. 废铅名称；
c. 废铅类别、组别、级别；
d. 批号；
e. 批重；
f. 本标准编号；
g. 其他。

7.2 包装

7.2.1 经供需双方协商确定，废铅可以打包或压块方式供货。

7.2.2 废铅是有毒的危险物，必须有良好的包装，防止废铅或废酸的泄露。包装方式、尺寸和重量由供需双方协商确定，并在合同中注明。

7.3 运输和贮存

7.3.1 不同类别和组别的废铅在运输过程中不宜混装。

7.3.2 废铅在运输、装卸、堆放过程中，严禁暴露到环境中，并须有防雨、防雪设施。废铅的包装物不得再用于其他的包装。

7.3.3 废铅蓄电池在运输、装卸、堆放过程中，严禁废酸外泄。

7.4 质量证明书

每批废铅交货时，必须附有质量证明书，写明：

a. 供方名称；

b. 废铅名称；

c. 废铅类别、组别、级别；

d. 批号及批重；

e. 出厂日期；

f. 检验结果；

g. 技术监督部门的印记；

h. 本标准编号；

i. 其他。

ICS 91.100.10
Q 11

中华人民共和国国家标准

GB 13590—2006
代替 GB 13590—1992

钢渣硅酸盐水泥

Portland steel slag cement

2006-08-25 发布　　　　2007-02-01 实施

中华人民共和国国家质量监督检验检疫总局
中国国家标准化管理委员会　发布

前　言

本标准中第 4 章、第 5 章、第 6 章为强制性的，其余为推荐性的。

本标准代替 GB 13590—1992《钢渣矿渣水泥》。

本标准中与 GB 13590—1992 相比主要修改如下：

——标准中的名称由钢渣矿渣水泥改为钢渣硅酸盐水泥（1992 年的封面及有关术语；本版的封面及有关术语）。

——定义中将平炉、转炉钢渣改为转炉或电炉钢渣（1992 年版的第 3 章；本版的第 3 章）。

——在组分条款中取消了钢渣和高炉矿渣的总掺入量不小于 60% 的规定（1992 年版的第 3 章；本版的第 4 章）。

——水泥标号改为强度等级，由 3 个等级改为 2 个强度等级（1992 年版的第 4 章；本版的第 5 章）。

——水泥强度检验方法由 GB/T 17671—1999《水泥胶砂强度检验方法》（ISO 法）代替 GB/T 177—1985《水泥胶砂强度检验方法》（1992 年版的第 6.5；本版的第 7.5）。

——取消筛析法测定水泥细度的指标（1992 年版的第 5.2）。

本标准由中国建筑材料工业协会提出。

本标准由全国水泥标准化技术委员会归口。

本标准负责起草单位：中冶集团建筑研究总院。

本标准参加起草单位：北京建源合特种水泥公司、天铁资源有限责任公司、新疆屯河水泥有限责任公司、本溪北营钢铁（集团）有限公司。

本标准主要起草人：朱桂林、孙树杉、赵明友、孟晓杰、侯树明、张成旺、李忠义、徐东。

本标准由中冶集团建筑研究总院负责解释。

本标准首次发布于 1982 年，1992 年第一次修订。

钢渣硅酸盐水泥

1 范围

本标准中规定了钢渣硅酸盐水泥的定义与代号、材料要求、强度等级、技术要求、试验方法、检验规则、标志、包装、运输和贮存。

本标准适用于一般工业与民用建筑、地下工程与防水工程、大体积混凝土工程、道路工程等用的钢渣硅酸盐水泥的生产和检验。

2 规范性引用文件

下列文件中的条款通过本标准的引用而成为本标准的条款。凡是注日期的引用文件，其随后所有的修改单(不包括勘误的内容)或修订版均不适用于本标准，然而，鼓励根据本标准达成协议的各方研究是否可使用这些文件的最新版本。凡是不注日期的引用文件，其最新版本适用于本标准。

GB/T 176 水泥化学分析方法(GB/T 176—1996,eqv ISO 680:1990)

GB/T 203 用于水泥中的粒化高炉矿渣

GB/T 750 水泥压蒸安定性试验方法

GB/T 1346 水泥标准稠度用水量、凝结时间、安定性检验方法(GB/T 1346—2001,eqv ISO 9597:1989)

GB/T 5483 石膏和硬石膏(GB/T 5483—1996,eqv ISO 1587:1975)

GB/T 8074 水泥比表面积测定方法(勃氏法)

GB 9774 水泥包装袋

GB 12573 水泥取样方法

GB/T 17671 水泥胶砂强度检验方法(ISO法)(GB/T 17671—1999,idt ISO 679:1989)

YB/T 022 用于水泥中的钢渣

YB/T 140 水泥用钢渣化学分析方法

JC/T 667 水泥粉磨用工艺外加剂

JC/T 853 硅酸盐水泥熟料

3 定义与代号

凡由硅酸盐水泥熟料和转炉或电炉钢渣(简称钢渣)、适量粒化高炉矿渣、石膏，磨细制成的水硬性胶凝材料，称为钢渣硅酸盐水泥。水泥中的钢渣掺加量(按质量的百分比计)不应少于30%，代号P·SS。

4 材料要求

4.1 钢渣须符合YB/T 022的规定。

4.2 粒化高炉矿渣须符合GB/T 203规定。

4.3 石膏须符合GB/T 5483的规定。

4.4 硅酸盐水泥熟料须符合JC/T 853的规定且强度不低于42.5 MPa。

4.5 助磨剂

粉磨时允许加入助磨剂，其加入量不超过水泥质量的1%，助磨剂须符合JC/T 667的规定。

5 强度等级

钢渣硅酸盐水泥强度等级分为32.5、42.5。

6 技术要求

6.1 三氧化硫

三氧化硫含量不超过4%。

6.2 比表面积

比表面积不小于350 m^2/kg。

6.3 凝结时间

初凝时间不得早于45 min,终凝时间不得迟于12 h。

6.4 安定性

安定性检验必须合格。用氧化镁含量大于13%的钢渣制成的水泥,经压蒸安定性检验,必须合格。

6.5 强度

水泥强度等级按规定龄期的抗压强度和抗折强度来划分,各强度等级水泥的各龄期强度不得低于下表数值。

表1 水泥的强度等级与各龄期强度　　单位为兆帕

强度等级	抗压强度		抗折强度	
	3 d	28 d	3 d	28 d
32.5	10.0	32.5	2.5	5.5
42.5	15.0	42.5	3.5	6.5

7 试验方法

7.1 三氧化硫含量按GB/T 176进行。钢渣中氧化镁含量按YB/T 140的规定进行。

7.2 比表面积的测定方法按GB/T 8074的规定进行。

7.3 凝结时间和安定性按GB/T 1346的规定进行。

7.4 压蒸安定性按GB/T 750的规定进行。

7.5 强度按GB/T 17671的规定进行。

8 检验规则

8.1 编号、取样及留样

水泥出厂前要按同强度等级编号和取样,每一编号为一单位。每一编号数量按水泥厂年产量规定:

10万t～30万t,不超过400 t为一编号;

30万t以上,不超过600 t为一编号;

取样方法按GB 12573进行。

取样应有代表性:可连续取,亦可从20个以上不同部位取等量样品,总量至少12 kg。

每一编号取得的水泥样应充分混匀,分为两等份。一份由水泥厂按本标准规定的方法进行试验;一份密封保存三个月,以备复验或提交国家指定的检验机构进行仲裁。

所取样品按本标准第7章的方法进行出厂检验。

8.2 出厂水泥

出厂水泥应保证出厂强度等级,其余技术要求应符合本标准有关规定。

8.3 废品与不合格品

8.3.1 废品

凡三氧化硫、初凝时间、安定性中的任一项不符合本标准规定时，均为废品。

8.3.2 不合格品

凡比表面积、终凝时间的任一项不符合本标准规定或强度低于出厂强度等级规定的指标时，称为不合格品。

8.4 试验报告

试验报告内容应包括本标准规定的各项技术要求及试验结果。当用户需要时水泥厂应在水泥发出之日起7日内，寄发除28 d强度以外的各项试验结果，28 d强度数值，应在水泥发出之日起32日内补报。

8.5 交货与验收

8.5.1 交货

交货时水泥的质量验收可抽取实物试样以其检验结果为依据，也可以水泥厂同编号水泥的检验报告为依据。采取何种方法验收由供需双方商定，并在合同或协议中注明。

8.5.2 验收

8.5.2.1 以抽取实物试样的检验结果为验收依据时，供需双方应在发货前或交货地共同取样和签封。取样方法按GB 12573进行，取样应在水泥发货前或到达地三日内进行，取样数量为22 kg，缩分为两等份，一份由供方保存40天，一份由需方按本标准规定的项目和方法进行检验。

在40天内，需方检验认为产品质量不符合本标准要求，而供方又有异议时，则双方应将供方保存的另一份试样送省级或省级以上国家认可的水泥质量监督检验机构进行仲裁检验。

8.5.2.2 以水泥厂同编号水泥的检验报告为验收依据时，在发货前或交货时需方在同编号水泥中抽取试样，双方共同签封后保存三个月或委托供方在同编号水泥中抽取试样，签封后保存三个月。

在三个月内，需方对水泥质量有疑问时，则供需双方将共同签封的试样送省级或省级以上国家认可的水泥质量监督检验机构进行仲裁检验。

9 包装、标志、运输、贮存

9.1 包装

水泥可以袋装或散装，袋装水泥每袋净质量50 kg，且不得少于标志质量的98%；随机抽取20袋总质量不得少于1 000 kg。其他包装形式由供需双方协商确定。

水泥包装袋应符合GB 9774的规定。

9.2 标志

包装袋上应清楚标明：产品名称、代号、净质量、强度等级、生产许可证编号、生产厂名和地址、出厂编号、执行标准号、包装年、月、日。包装袋两侧应印有水泥名称和等级，用黑色印刷。

散装时应提交与包装袋标志相同内容的卡片。

9.3 运输与贮存

水泥在运输与贮存时，不得受潮和混入杂物，不同品种和强度等级的水泥应分别贮存，不得混杂。

ICS 75.160.30
P 45

中华人民共和国国家标准

GB/T 13611—2006
代替 GB/T 13611—1992

城镇燃气分类和基本特性

Classification and essential property of city gas

2006-09-12 发布　　　　2007-03-01 实施

中华人民共和国国家质量监督检验检疫总局
中国国家标准化管理委员会　发布

前　言

本标准参考 BS EN437：1994《试验气、试验压力和器具分类》、EN 30-1-1：1999《家用燃气灶具》、JIS S2093—1991《家用燃气燃烧器具试验方法》和 JIS S2093—1996《家用燃气燃烧器具试验方法》等国外标准，并结合我国城镇燃气的实际情况制订。本标准与 BS EN437：1994、EN 30-1-1：1999 的对比参见附录 C。

本标准代替 GB/T 13611—1992《城市燃气分类》，与 GB/T 13611—1992 相比主要变化如下：

——标准名称“城市燃气分类”改为“城镇燃气分类和基本特性”。

——燃气参比条件“0℃”改为“15℃”。

——6T“丁烷混空气”改为“甲烷混氮气”。

——删除了 13T。

——增加了 3R、4R 和 3T。

——增加了城镇燃气的试验气理论干烟气中 CO_2 体积分数。

——增加了低位热值 H_i 和低华白数 W_i。

——增加了术语和定义。

——增加了附录 A、附录 B 和附录 C。

本标准附录 A、附录 B 为规范性附录，附录 C 为资料性附录。

本标准由中华人民共和国建设部提出。

本标准由建设部城镇燃气标准技术归口单位中国市政工程华北设计研究院归口。

本标准起草单位：中国市政工程华北设计研究院、香港中华煤气有限公司、广东万家乐燃气具有限公司、上海帝高燃气电气有限公司、广州迪森家用锅炉制造有限公司、中山华帝燃具股份有限公司、艾欧史密斯（中国）热水器有限公司、樱花卫厨（中国）有限公司、深圳市燃气设备检测有限公司、太原市煤气公司。

本标准主要起草人：高勇、黄霖生、仇明贵、姜鸣、楼英、易洪斌、鞠平、廖金柱、高锦川、李娟、杨小丰。

本标准于 1992 年首次发布。

城镇燃气分类和基本特性

1 范围

本标准规定了城镇燃气的术语和定义、分类和技术要求、特性指标计算方法、特性指标要求和民用燃气燃烧器具的试验气。

本标准适用于作城镇燃料使用的各种燃气的分类。

2 规范性引用文件

下列文件中的条款通过本标准的引用而成为本标准的条款。凡是注日期的引用文件，其随后所有的修改单(不包括勘误的内容)或修订版均不适用于本标准，然而，鼓励根据本标准达成协议的各方研究是否可使用这些文件的最新版本。凡是不注日期的引用文件，其最新版本适用于本标准。

GB/T 11062　天然气发热量、密度、相对密度和沃泊[1]指数的计算方法(GB/T 11062—1998, neq ISO 6976:1995)

3 术语和定义

下列术语和定义适用于本标准。

3.1

城镇燃气　city gas; town gas

符合规范的燃气质量要求，供给居民生活、商业(公共建筑)和工业企业生产作燃料用的公用性质的燃气。城镇燃气一般包括天然气、液化石油气和人工煤气。

3.2

华白数　Wobbe number; Wobbe index

燃气的热值与其相对密度平方根的比值。

3.3

燃烧势　combustion potential

燃烧速度指数。

3.4

基准气(基准燃气)　reference gas

代表某种燃气的标准气体。

3.5

界限气(界限燃气)　limit gas

根据燃气允许的波动范围配制的标准气体。

4 城镇燃气分类和技术要求

4.1 城镇燃气分类原则

城镇燃气应按燃气类别及其燃烧特性指标(华白数 W 和燃烧势 CP)分类，并应控制其波动范围。

4.2 城镇燃气燃烧特性指标计算方法

4.2.1 华白数 W

华白数 W 可按式(1)计算：

---

1) 沃泊＝华白。

$$W = \frac{H}{\sqrt{d}} \qquad \cdots\cdots (1)$$

式中：

W——华白数(分高华白数 W_s 和低华白数 W_i)，MJ/m³；

H——燃气热值(分高位热值 H_s 和低位热值 H_i)，MJ/m³；

d——燃气相对密度(空气相对密度为1)。

4.2.2 **燃烧势 *CP***

燃烧势 CP 可按式(2)计算：

$$CP = K \times \frac{1.0H_2 + 0.6(C_mH_n + CO) + 0.3CH_4}{\sqrt{d}} \qquad \cdots\cdots (2)$$

$$K = 1 + 0.0054 \times O_2^2 \qquad \cdots\cdots (3)$$

式中：

CP——燃烧势；

H_2——燃气中氢体积分数，%；

C_mH_n——燃气中除甲烷以外碳氢化合物体积分数，%；

CO——燃气中一氧化碳体积分数，%；

CH_4——燃气中甲烷体积分数，%；

d——燃气相对密度(空气相对密度为1)；

K——燃气中氧含量修正系数；

O_2——燃气中氧体积分数，%。

4.3 **城镇燃气的类别及特性指标**

城镇燃气的类别及特性指标应符合表1的规定。

4.4 **城镇燃气的试验气**

城镇燃气的试验气宜符合表2的规定，并宜符合附录A、附录B的规定。

表1 城镇燃气的类别及特性指标(15℃，101.325 kPa，干)

类别		高华白数 W_s/(MJ/m³)		燃烧势 CP	
		标准	范围	标准	范围
人工煤气	3R	13.71	12.62～14.66	77.7	46.5～85.5
	4R	17.78	16.38～19.03	107.9	64.7～118.7
	5R	21.57	19.81～23.17	93.9	54.4～95.6
	6R	25.69	23.85～27.95	108.3	63.1～111.4
	7R	31.00	28.57～33.12	120.9	71.5～129.0
天然气	3T	13.28	12.22～14.35	22.0	21.0～50.6
	4T	17.13	15.75～18.54	24.9	24.0～57.3
	6T	23.35	21.76～25.01	18.5	17.3～42.7
	10T	41.52	39.06～44.84	33.0	31.0～34.3
	12T	50.73	45.67～54.78	40.3	36.3～69.3
液化石油气	19Y	76.84	72.86～76.84	48.2	48.2～49.4
	22Y	87.53	81.83～87.53	41.6	41.6～44.9
	20Y	79.64	72.86～87.53	46.3	41.6～49.4

表 1(续)

类别	高华白数 W_s/(MJ/m^3)		燃烧势 CP	
	标准	范围	标准	范围

注 1:3T、4T 为矿井气,6T 为沼气,其燃烧特性接近天然气。

注 2:22Y 高华白数 W_s 的下限值 81.83 MJ/m^3 和 CP 的上限值 44.9,为体积分数(%)C_3H_8=55,C_4H_{10}=45 时的计算值。

表 2　城镇燃气的试验气(15℃,101.325 kPa,干)

类别		试验气	体积分数/%	相对密度 d	热值/(MJ/m^3) H_i	热值/(MJ/m^3) H_s	华白数/(MJ/m^3) W_i	华白数/(MJ/m^3) W_s	燃烧势 CP	理论干烟气中 CO_2 体积分数 %
人工煤气	3R	0	CH_4=8.7,H_2=50.9,N_2=40.4	0.474	8.16	9.44	11.85	13.71	77.7	4.14
		1	CH_4=12.7,H_2=46.1,N_2=41.2	0.501	9.03	10.37	12.74	14.66	70.5	5.38
		2	CH_4=6.6,H_2=55.1,N_2=38.3	0.445	7.87	9.16	11.80	13.72	85.5	3.33
		3	CH_4=16.1,H_2=31.7,N_2=52.2	0.616	8.72	9.92	11.10	12.62	46.5	6.47
	4R	0	CH_4=8.4,H_2=62.9,N_2=28.7	0.368	9.29	10.78	15.31	17.78	107.9	3.84
		1	CH_4=13.3,H_2=57.5,N_2=29.2	0.396	10.40	11.98	16.52	19.03	97.7	5.31
		2	CH_4=5.9,H_2=67.3,N_2=26.8	0.339	8.88	10.37	15.26	17.82	118.7	2.90
		3	CH_4=18.1,H_2=41.3,N_2=40.6	0.522	10.38	11.83	14.37	16.38	64.7	6.64
	5R	0	CH_4=19,H_2=54,N_2=27	0.404	11.98	13.71	18.85	21.57	93.9	6.54
		1	CH_4=25,H_2=48,N_2=27	0.433	13.41	15.25	20.37	23.17	84.3	7.57
		2	CH_4=18,H_2=55,N_2=27	0.399	11.74	13.45	18.58	21.29	95.6	6.34
		3	CH_4=29,H_2=32,N_2=39	0.560	13.13	14.83	17.55	19.81	54.4	8.38
	6R	0	CH_4=22,H_2=58,N_2=20	0.356	13.41	15.33	22.48	25.69	108.3	6.95
		1	CH_4=29,H_2=52,N_2=19	0.381	15.18	17.25	24.59	27.95	98.4	7.97
		2	CH_4=22,H_2=59,N_2=19	0.347	13.51	15.45	22.94	26.23	111.4	6.93
		3	CH_4=34,H_2=35,N_2=31	0.513	15.14	17.08	21.14	23.85	63.1	8.80
	7R	0	CH_4=27,H_2=60,N_2=13	0.317	15.31	17.46	27.19	31.00	120.9	7.59
		1	CH_4=34,H_2=54,N_2=12	0.342	17.08	19.38	29.20	33.12	109.7	8.34
		2	CH_4=25,H_2=63,N_2=12	0.299	14.94	17.07	27.34	31.23	129.0	7.28
		3	CH_4=40,H_2=37,N_2=23	0.470	17.39	19.59	25.36	28.57	71.5	9.23
天然气	3T	0	CH_4=32.5,air=67.5	0.855	11.06	12.28	11.95	13.28	22.0	11.74
		1	CH_4=34.9,air=65.1	0.845	11.87	13.19	12.92	14.35	22.9	11.74
		2	CH_4=16.0,H_2=34.2,N_2=49.8	0.594	8.94	10.18	11.59	13.21	50.6	6.27
		3	CH_4=30.1,air=69.9	0.866	10.24	11.37	11.00	12.22	21.0	11.74
	4T	0	CH_4=41,air=59	0.818	13.95	15.49	15.43	17.13	24.9	11.74
		1	CH_4=44,air=56	0.804	14.97	16.62	16.69	18.54	25.7	11.74
		2	CH_4=22,H_2=36,N_2=42	0.553	11.16	12.67	15.01	17.03	57.3	7.40
		3	CH_4=38,air=62	0.831	12.93	14.36	14.19	15.75	24.0	11.74

表 2(续)

类别		试验气	体积分数/%	相对密度 d	热值/(MJ/m^3)		华白数/(MJ/m^3)		燃烧势 CP	理论干烟气中 CO_2 体积分数 %
					H_i	H_s	W_i	W_s		
天然气	6T	0	$CH_4=53.4$,$N_2=46.6$	0.747	18.16	20.18	21.01	23.35	18.5	10.65
		1	$CH_4=56.7$,$N_2=43.3$	0.733	19.29	21.42	22.53	25.01	19.9	10.77
		2	$CH_4=41.3$,$H_2=20.9$,$N_2=37.8$	0.609	16.18	18.13	20.73	23.23	42.7	9.36
		3	$CH_4=50.2$,$N_2=49.8$	0.760	17.08	18.97	19.59	21.76	17.3	10.51
	10T	0,2	$CH_4=86$,$N_2=14$	0.613	29.25	32.49	37.38	41.52	33.0	11.52
		1	$CH_4=80$,$C_3H_8=7$,$N_2=13$	0.678	33.37	36.92	40.53	44.84	34.3	11.92
		3	$CH_4=82$,$N_2=18$	0.629	27.89	30.98	35.17	39.06	31.0	11.44
	12T	0	$CH_4=100$	0.555	34.02	37.78	45.67	50.73	40.3	11.74
		1	$CH_4=87$,$G_3H_8=13$	0.684	41.03	45.30	49.61	54.78	41.0	11.53
		2	$CH_4=77$,$H_2=23$	0.443	28.54	31.87	42.88	47.88	69.3	11.01
		3	$CH_4=92.5$,$N_2=7.5$	0.586	31.46	34.95	41.11	45.67	36.3	11.63
液化石油气	19Y	0,1,3	$G_3H_8=100$	1.550	88.00	95.65	70.69	76.84	48.2	13.76
		2,3	$G_3H_6=100$	1.476	82.78	88.52	68.14	72.86	49.4	15.06
	22Y	0,1	$G_4H_{10}=100$	2.079	116.48	126.21	80.79	87.53	41.6	14.06
		2	$G_3H_6=100$	1.476	82.78	88.52	68.14	72.86	49.4	15.06
		3	$G_3H_8=100$	1.550	88.00	95.65	70.69	76.84	48.2	13.76
	20Y	0	$G_3H_8=75$,$G_4H_{10}=25$	1.682	95.12	103.29	73.34	79.64	46.3	13.85
		1	$G_4H_{10}=100$	2.079	116.48	126.21	80.79	87.53	41.6	14.06
		2	$G_3H_6=100$	1.476	82.78	88.52	68.14	72.86	49.4	15.06
		3	$G_3H_8=100$	1.550	88.00	95.65	70.69	76.84	48.2	13.76

注 1：相对密度 d、热值 H 和华白数 W 按本标准表 B.1 的规定值计算确定。

注 2：空气(air)的体积分数:$O_2=21\%$,$N_2=79\%$。

注 3：试验气:0—基准气,1—黄焰和不完全燃烧界限气,2—回火界限气,3—脱火界限气。

附 录 A
（规范性附录）
配制试验气用的各种单一气体

A.1 配制试验气用的单一气体，其纯度不应低于下述值：

a) 氮气(N_2)99%；

b) 氢气(H_2)99%；

c) 甲烷(CH_4)95%；

d) 丙烯(C_3H_6)95%；

e) 丙烷(C_3H_8)95%；

f) 丁烷(C_4H_{10})95%。

c)、d)、e)、f)中氢、一氧化碳和氧总含量应低于1%；氮和二氧化碳总含量应低2%。

A.2 当甲烷、丙烯、丙烷和丁烷供应有困难时，可根据情况分别选用天然气或液化石油气代替，但配制试验气的华白数 W 与给定值的误差应在±2%规定范围内。

附　录　B
（规范性附录）
配制试验气用的各种单一气体特性值

各种单一气体的相对密度 d 和热值 H 可按 GB/T 11062 的规定计算确定，常用的单一气体特性值可采用表 B.1 的规定值。

表 B.1　常用的单一气体特性值（15℃，101.325 kPa，干）

成分	相对密度 d	热值/（MJ/m^3）		理论干烟气中 CO_2 体积分数 %
		H_i	H_s	
空气（air）	1.000 0	—	—	—
氧（O_2）	1.105 3	—	—	—
氮（N_2）	0.967 1	—	—	—
二氧化碳（CO_2）	1.527 5	—	—	—
一氧化碳（CO）	0.967 2	11.966 0	11.966 0	34.72
氢（H_2）	0.069 53	10.216 9	12.094 7	—
甲烷（CH_4）	0.554 8	34.016 0	37.781 6	11.74
乙烯（C_2H_4）	0.974 5	56.320 5	60.104 7	15.06
乙烷（C_2H_6）	1.046 7	60.948 1	66.636 4	13.19
丙烯（C_3H_6）	1.475 9	82.784 6	88.516 3	15.06
丙烷（C_3H_8）	1.549 6	87.995 1	95.652 2	13.76
1-丁烯（C_4H_8）	1.966 3	110.783 5	118.536 1	15.06
异丁烷（i-C_4H_{10}）	2.072 2	115.954 0	125.640 9	14.06
正丁烷（n-C_4H_{10}）	2.085 2	116.999 5	126.773 7	14.06
丁烷（C_4H_{10}）	2.078 7	116.476 7	126.207 3	14.06
戊烷（C_5H_{12}）	2.657 5	147.684 1	159.722 5	14.25

注 1：气体的 d、H_i、H_s 均按真实气体计算。

注 2：C_4H_{10} 的体积分数：i-C_4H_{10}＝50％，n-C_4H_{10}＝50％。

注 3：干空气的真实气体密度：ρ_{air}（288.15 K，101.325 kPa）＝1.225 4 kg·m^{-3}。

注 4：干空气的体积分数：O_2＝21％，N_2＝79％。

注 5：燃烧和计量的参比条件均为 15℃、101.325 kPa。

附 录 C
（资料性附录）
本标准与 BS EN437：1994 和 EN 30-1-1：1999 的对比

C.1 燃气分类对比(见表 C.1)。

C.2 燃气分类试验气对比(见表 C.2)。

C.3 某些国家和地区的燃气类别及试验气对比(见表 C.3)。

表 C.1 燃气分类对比(15℃，101.325 kPa，干)

EN 437：1994，EN 30-1-1：1999				本标准	
族	组	高华白数 W_s/(MJ/m³)	燃烧势 *CP*	类别	代号
一	总范围	—	—	人工气	—
	a	22.4～24.8	90.2～105.8		6R
二	总范围	39.1～54.7	31.0～69.3	天然气	10T，12T
	H	45.7～54.7	36.3～69.3		12T
	L	39.1～44.8	31.0～34.5		10T
	E	40.9～54.7	32.5～69.3		10T，12T
三	总范围	72.9～87.3	41.7～49.4	液化石油气	19Y，20Y，22Y
	B/P	72.9～87.3	41.7～49.4		20Y
	P	72.9～76.8	48.2～49.4		19Y
	B	81.8～87.3	41.7～44.9		22Y

表 C.2 燃气分类试验气对比(15℃，101.325 kPa，干)

BS EN437：1994，EN 30-1-1：1999											本标准	
族	组	试验燃气	代号	体积分数 %	W_i MJ/m³	H_i MJ/m³	W_s MJ/m³	H_s MJ/m³	*d*	*CP*	类别	代号
一	a	基准气，黄焰和不完全燃烧界限气，脱火界限气	G110	CH_4=26 H_2=50 N_2=24	21.76	13.95	24.75	15.87	0.411	90.2	人工气	6R-0 6R-1 6R-3
		回火界限气	G112	CH_4=17 H_2=59 N_2=24	19.48	11.81	22.36	13.56	0.367	105.8		6R-2
二	H	基准气	G20	CH_4=100	45.67	34.02	50.72	37.78	0.555	40.3	天然气	12T-0
		黄焰和不完全燃烧界限气	G21	CH_4=87 C_3H_8=13	49.60	41.01	54.76	45.28	0.684	41.6		12T-1
		回火界限气	G222	CH_4=77 H_2=23	42.87	28.53	47.87	31.86	0.443	69.3		12T-2
		脱火界限气	G23	CH_4=92.5 N_2=7.5	41.11	31.46	45.66	34.95	0.586	36.3		12T3

表 C.2(续)

BS EN437:1994,EN 30-1-1:1999											本标准	
族	组	试验燃气	代号	体积分数 %	W_i MJ/m^3	H_i MJ/m^3	W_s MJ/m^3	H_s MJ/m^3	d	CP	类别	代号
二	L	基准气,回火界限气	G25	$CH_4=86$ $N_2=14$	37.38	29.25	41.52	32.49	0.612	33.0	天然气	10T-0 10T-2
		黄焰和不完全燃烧界限气	G26	$CH_4=80$ $C_3H_8=7$ $N_2=13$	40.52	33.36	44.83	36.91	0.678	34.5		10T-1
		脱火界限气	G27	$CH_4=82$ $N_2=18$	35.17	27.89	39.06	30.98	0.629	31.0		10T-3
	E	基准气	G20	$CH_4=100$	45.67	34.02	50.72	37.78	0.555	40.3		12T-0
		黄焰和不完全燃烧界限气	G21	$CH_4=87$ $C_3H_8=13$	49.60	41.01	54.76	45.28	0.684	41.6		12T-1
		回火界限气	G222	$CH_4=77$ $H_2=23$	42.87	28.53	47.87	31.86	0.443	69.3		12T-2
		脱火界限气	G231	$CH_4=85$ $N_2=15$	36.82	28.91	40.90	32.11	0.617	32.5		12T-3
三	3族 3B/P 3B	基准气,黄焰和不完全燃烧界限气	G30	$n\text{-}C_4H_{10}=50$ $i\text{-}C_4H_{10}=50$	80.58	116.09	87.33	125.81	2.075	41.7		22Y-0
		脱火界限气	G31	$C_3H_8=100$	70.69	88.00	76.84	95.65	1.550	48.2		19Y-0
		回火界限气	G32	$C_3H_6=100$	68.14	82.78	72.86	88.52	1.476	49.4		Y-2
	3P	基准气,黄焰和不完全燃烧界限气,脱火界限气	G31	$C_3H_8=100$	70.69	88.00	76.84	95.65	1.550	48.2		19Y-0
		回火界限气,黄焰和不完全燃烧界限气	G32	$C_3H_6=100$	68.14	82.78	72.86	88.52	1.476	49.4		Y-2

表 C.3 某些国家和地区的燃气类别及试验气对比(15℃,101.325 kPa,干)

BS EN437:1994,EN 30-1-1:1999												本标准	
族	组	试验燃气	代号	体积分数 %	W_i MJ/m^3	H_i MJ/m^3	W_s MJ/m^3	H_s MJ/m^3	d	CP	相关国家	类别	代号
一	b	基准气,黄焰和不完全燃烧界限气	G120	$CH_4=32$ $H_2=47$ $N_2=21$	24.40	15.68	27.64	17.77	0.413	88.1	德国 瑞典	人工气	6R-0 6R-1
		回火界限气	G112	$CH_4=17$ $H_2=59$ $N_2=24$	19.48	11.81	22.36	13.56	0.367	105.8			6R-2

表 C.3(续)

BS EN437:1994,EN 30-1-1:1999												本标准	
族	组	试验燃气	代号	体积分数 %	W_i MJ/m³	H_i MJ/m³	W_s MJ/m³	H_s MJ/m³	d	CP	相关 国家	类别	代号
一	c	基准气（丙烷-空气）	G130	C_3H_8=26.9 air=73.1	22.14	23.66	24.07	25.72	1.142	34.3	法国 西班牙	天然气	—
		回火界限气	G132	C_3H_8=13.8 C_3H_6=13.8 air=72.4	22.10	23.56	23.84	25.41	1.136	34.9			—
	d	基准气，脱火界限气	G140	CH_4=26.4 H_2=43.1 N_2=30.5	19.49	13.38	22.12	15.18	0.471	74.3	德国	人工气	5R-0 5R-3
		黄焰和不完全燃烧界限气	G141	CH_4=27.5 H_2=46.3 N_2=26.2	21.27	14.08	24.15	15.98	0.438	82.4			5R-1
		回火界限气	G142	CH_4=17.2 H_2=51.0 N_2=31.8	16.70	11.06	19.13	12.66	0.438	84.9			5R-2
	e	基准气（甲烷-空气）	G150	CH_4=53 air=47	20.65	18.03	22.93	20.02	0.762	27.8	西班牙	天然气	—
		回火界限气	G152	CH_4=40 air=54 C_3H_6=6	19.03	17.26	21.07	19.10	0.822	29.2			—
二	LL	基准气	G25	CH_4=86 N_2=14	37.38	29.25	41.52	32.49	0.612	33.0	德国		10T-0
		黄焰和不完全燃烧界限气	G26	CH_4=80 C_3H_8=7 N_2=13	40.52	33.36	44.83	36.91	0.678	34.5			10T-1
		脱气界限气	G271	CH_4=74 N_2=26	30.94	25.17	34.36	27.96	0.662	27.3			10T-3

ICS 75.160.30
P 45

中华人民共和国国家标准

GB/T 13612—2006
代替 GB 13612—1992

人工煤气

Manufactured gas

2006-09-12 发布 2007-03-01 实施

中华人民共和国国家质量监督检验检疫总局
中国国家标准化管理委员会 发布

前　言

本标准代替 GB 13612—1992《人工煤气》,与 GB 13612—1992 相比主要变化如下：

原标准对煤气热值要求只有一个指标,本标准改为两个指标,分别以一类气和二类气划分。

本标准增加了人工煤气燃烧特性指数波动范围的要求。

原标准规定煤气中萘含量为一固定值。在确保煤气萘不析出的前提下,本标准允许各地区根据当地城市燃气管道埋设处的土壤温度修正煤气中萘含量限值。

对煤气中含氧量控制的指标值进行了修改。

本标准煤气体积由原 0℃改为 15℃状态下的体积。

规范性引用文件中增加了 GB/T 13611《城镇燃气分类和基本特性》。

本标准由中华人民共和国建设部提出。

本标准由建设部城镇燃气标准技术归口单位中国市政工程华北设计研究院归口。

本标准由中国市政工程华北设计研究院负责起草,香港中华煤气有限公司、昆明焦化制气厂参加起草。

本标准主要起草人:王昌遒、顾军、黄霖生、李建兰、杨小丰。

本标准于 1992 年首次发布。

人工煤气

1 范围

本标准规定了由人工制气厂生产的人工煤气的技术要求和试验方法及取样。

本标准适用于以煤或油(轻油、重油)或液化石油气、天然气等为原料转化制取的可燃气体,经城镇燃气管网输送至用户,作为居民生活、工业企业生产的燃料。

2 规范性引用文件

下列文件中的条款通过本标准的引用而成为本标准的条款。凡是注日期的引用文件,其随后所有的修改单(不包括勘误的内容)或修订版均不适用于本标准,然而,鼓励根据本标准达成协议的各方研究是否可使用这些文件的最新版本。凡是不注日期的最新版本适用于本标准。

GB/T 10410.1 人工煤气组分气相色谱分析法

GB/T 12206 城市燃气热值和相对密度测定方法

GB/T 12208 城市燃气中焦油和灰尘含量测定方法

GB/T 12209.1 城市燃气中萘含量测定 苦味酸法

GB/T 12210 城市燃气中氨含量测定

GB/T 12211 城市燃气中硫化氢含量测定

GB/T 13611 城镇燃气分类和基本特性

3 技术要求和试验方法

表 1 技术要求和试验方法

项 目	质量指标	试验方法
低热值[a)]/(MJ/m^3)		
一类气[b)]	＞14	GB/T 12206
二类气[b)]	＞10	GB/T 12206
燃烧特性指数[c)]波动范围应符合	GB/T 13611	
杂质		
焦油和灰尘/(mg/m^3)	＜10	GB/T 12208
硫化氢/(mg/m^3)	＜20	GB/T 12211
氨/(mg/m^3)	＜50	GB/T 12210
萘[d)]/(mg/m^3)	＜$50\times10^2/P$(冬天) ＜$100\times10^2/P$(夏天)	GB/T 12209.1

表 1（续）

项　目	质量指标	试验方法
含氧量[e]（体积分数）/%		
一类气	<2	GB/T 10410.1 或化学分析方法
二类气	<1	GB/T 10410.1 或化学分析方法
含一氧化碳量[f]（体积分数）/%	<10	GB/T 10410.1 或化学分析方法

a　本标准煤气体积（m^3）指在 101.325 kPa，15℃状态下的体积。

b　一类气为煤干馏气；二类气为煤气化气、油气化气（包括液化石油气及天然气改制）。

c　燃烧特性指数：华白数（W）、燃烧势（CP）。

d　萘系指萘和它的同系物 α—甲基萘及 β—甲基萘。在确保煤气中萘不析出的前提下，各地区可以根据当地城市燃气管道埋设处的土壤温度规定本地区煤气中含萘指标，并报标准审批部门批准实施。当管道输气点绝对压力（P）小于 202.65 kPa 时，压力（P）因素可不参加计算；

e　含氧量系指制气厂生产过程中所要求的指标。

f　对二类气或掺有二类气的一类气，其一氧化碳含量应小于 20%（体积分数）

4　采样

采样地点应为人工煤气输入城镇燃气管网入口处。

ICS 27.120
F 82

中华人民共和国国家标准

GB/T 13632.2—2006

监督压水堆堆芯充分冷却的测量要求 第2部分:冷停堆期间监测仪表的要求

Measurements for monitoring adequate cooling within the core of pressurized light water reactors—Part 2: Instrumentation requirements during cold shutdown

(IEC 62117:1999, Nuclear reactor instrumentation—Pressurized light water reactors(PWR)—Monitoring adequate cooling within the core during cold shutdown, MOD)

2006-03-02 发布　　2006-08-01 实施

中华人民共和国国家质量监督检验检疫总局
中国国家标准化管理委员会　发布

前　言

本部分为 GB/T 13632《监督压水堆堆芯充分冷却的测量要求》的第 2 部分。

本部分修改采用 IEC 62117:1999《核反应堆仪表　压水堆(PWR)　监测冷停堆期间堆芯充分冷却要求》(英文版)。

本部分根据 IEC 62117:1999 重新起草。

考虑到我国核电厂的现状,在采用 IEC 62117:1999 时,本部分做了少量技术性修改:

a) 删去“2 规范性引用文件”中的 IEC 60050(393):1996《国际电工词典(IEV)　393 章:核仪器仪表:物理现象和基本概念》;

b) 删去第 3 章的缩写:ALARA(合理可行尽量低)、DBA(设计基准事故)、RCS(反应堆冷却剂系统)、RPV(反应堆压力容器);

c) 删去 5.1.2 中有关沸水堆的内容(见 IEC 61343:1996《核反应堆仪表　沸水堆(BWR)　在反应堆容器内监测堆芯充分冷却的要求》);

d) 将 6.1.2、6.1.4 和 6.4.4 中 RPV 出口管道水位测量应给出的“模拟显示”,改为“显示(模拟或数字式)”;

e) 将 6.2.1 引用标准 IEC 60770-1:1999《工业过程控制系统用变换器　第一部分:性能评价方法》改为 HAD102/14(1988)《核电厂安全有关仪表和控制系统》;

f) 第 8 章增加一条“8.2 人因考虑”,增加“显示信息和仪表的设计详见 EJ/T 759.2。”;

g) 第 9 章增加引用标准“EJ/T 626—1992《核电厂电气、仪表和控制设备的安装、检查和试验要求》”。

为便于使用,对于 IEC 62117:1999 本部分还做了下列编辑性修改:

a) 将 IEC 62117 的引言和“1 范围和目的”中对标准的说明改为本部分的引言;

b) 删除 IEC 62117 的前言;

c) 将 IEC 62117 引用的规范性文件(IEC 标准和 IAEA 规定)改为对应的我国标准和法规。

本部分符合 HAF103《核动力厂运行安全规定》(2004)第 5.3.2 条“…。必须对堆芯状况进行监测,必要时对装、换料大纲进行复查和修改。…”的规定,满足 HAD103/08《核电厂维修》(1993)的有关要求。

与本部分有关的标准是 GB/T 13632—1992《监督压水堆堆芯充分冷却的测量要求》,该标准等同采用 IEC 60911:1987《监督压水堆堆芯充分冷却的测量要求》(英文版),本部分是对 GB/T 13632—1992 的第 1 次补充,说明冷停堆期间堆芯充分冷却的要求,考虑了冷停堆期间为了维修将反应堆压力容器内水位降低的工况下对仪表的具体要求,以保证堆芯充分冷却。这两个标准应结合使用以满足冷停堆期间堆芯充分冷却的要求。

本部分的附录 A 和附录 B 是资料性附录。

本部分由中国核工业集团公司提出。

本部分由全国核仪器仪表标准化技术委员会归口。

本部分起草单位:核工业标准化研究所。

本部分主要起草人:牛祝年、张京长。

引　言

IEC 60911:1987《Measurements for monitoring adequate cooling within the core of pressurized light water reactors》规定了监测压水堆堆芯充分冷却的一般要求，但没有规定具体要求。各国在役压水堆核电厂在冷停堆期间已经发生的事故表明，现有的监测系统虽然符合 IEC 60911:1987 的要求，但不能充分满足冷停堆期间的要求且易发生故障。

因此国际电工委员会(IEC)制定了 IEC 60911:1987 的补充标准 IEC 62117:1999《Nuclear reactor instrumentation-pressurized light water reactors(PWR)-monitoring adequate cooling within the core during cold shutdown》。本部分修改采用 IEC 62117:1999 作为 GB/T 13632—1992(idt IEC 60911:1987)的第一次补充，目的是在冷停堆期间为了维修将反应堆压力容器内水位降低的工况下，规定对仪表的具体要求以保证堆芯充分冷却。

只要流过堆芯的冷却剂流量足以排出堆芯热量就能实现堆芯的充分冷却。冷停堆期间是使用余热排出系统(RHRS)强迫循环来提供堆芯冷却的。但在反应堆冷却剂温度低于 100℃(212℉)的停堆工况下，为了维修将反应堆压力容器(RPV)内水位降低时强迫循环可能停止，堆芯就有可能过热，此时用于堆芯冷却监测的仪表应起作用，本部分描述需要这些监测仪表起作用的情况，给出适用于下述情况的多样性原则、适宜的装置及其要求：

a)　运行工况；

b)　安装；

c)　操纵员显示器；

d)　试验、校准和维修；

e)　设备质量鉴定；

f)　文件资料。

本部分也描述监测仪表在核电厂功率运行期间的典型应用。在超设计基准事故工况期间，堆芯冷却监测的要求不属于本部分的范围。

本部分附录 A 选择国外 PWR 上已经出现过的一些事件，说明水位测量不可靠可能导致冷却剂循环中断和堆芯过热，设计堆芯冷却监测仪表时应考虑这类工况。为了证实通过 RPV 的冷却剂温度和流量足以带走堆芯产生的热量，应向核电厂操纵员提供可靠的信息，这类信息包括从堆芯到余热排出系统(RHRS)循环冷却剂所用的 RPV 出口管道的水位监测、冷却剂温度和流量的监测。

监督压水堆堆芯充分冷却的测量要求
第2部分:冷停堆期间监测仪表的要求

1 范围

本部分规定了冷停堆期间堆芯充分冷却监测仪表的要求。

本部分适用于设计或改造配置类似于图1和图2所示的压水堆(以下简称PWR)时堆芯冷却监测仪表的设计。

2 规范性引用文件

下列文件中的条款通过本部分的引用而成为本部分的条款。凡是注日期的引用文件,其随后所有的修改单(不包括勘误的内容)或修订版均不适用于本部分,然而,鼓励根据本部分达成协议的各方研究是否可使用这些文件的最新版本。凡是不注日期的引用文件,其最新版本适用于本部分。

GB/T 7166 核动力堆堆芯或堆主包壳内温度的测量 特性和测试方法(GB/T 7166—1987,eqv IEC 60737:1982)

GB/T 12727 核电厂安全系统电气设备质量鉴定(GB/T 12727—2002,IEC 60780:1998,MOD)

GB/T 13625 核电厂安全系统电气设备抗震鉴定(GB/T 13625—1992,eqv IEC 60980:1989)

GB/T 13630 核电厂控制室的设计(GB/T 13630—1992,eqv IEC 60964:1989)

GB/T 13632 监督压水堆堆芯充分冷却的测量要求(GB/T 13632—1992,idt IEC 60911:1987)

GB/T 15474 核电厂仪表和控制系统及其供电设备安全分级

EJ/T 529 用于核电厂安全重要系统数字计算机(eqv IEC 60987:1989)

EJ/T 626 核电厂电气、仪表和控制设备的安装、检查和试验要求(eqv IEEE 336—1991)

EJ/T 759.1 核电厂控制室控制器和屏幕显示的应用 第一部分 控制器(IEC 61227:1993,MOD)

EJ/T 759.2 核电厂控制室控制器和屏幕显示的应用 第二部分 屏幕显示的应用(IEC 61772:1995,MOD)

EJ/T 760 核电厂安全重要仪表和控制系统的供电要求(eqv IEC 61225:1993)

EJ/T 1058 核电厂安全系统计算机软件(eqv IEC 60880:1986)

HAD102/14 核电厂安全有关仪表和控制系统(IAEA 安全导则 50.SG-D8—1984)

3 术语和定义

下列术语和定义适用于本部分。

3.1

冷却剂 coolant

排出堆芯热量所使用的水。

3.2

多样性 diversity

为执行某一确定功能设置两个或多个多重的部件或系统,这些不同部件或系统具有不同属性,从而减少了共因故障的可能性。

3.3

监测 monitoring

为连续获取一个系统、子系统、设备或其组合状态的信息而采用的措施。

3.4

压水堆 pressurized water reactor(PWR)

是核蒸汽供给系统的一类,反应堆冷却剂系统中加压的冷却剂通过堆芯加热,然后在蒸汽发生器里将热量传给二次侧产生蒸汽。

3.5

反应堆压力容器 reactor pressure vessei(RPV)

承受一定运行压力的反应堆容器。

3.6

反应堆安全壳 reactor containment

包容反应堆及有关系统并在反应堆事故工况下,防止不可接受量的放射性物质向环境释放的构筑物。安全壳是包容放射性物质的最后一道屏障,它还可以防止外部飞射物、爆炸等对反应堆的影响。

3.7

(冷却剂)总装量减少的状态 reduced inventory condition

在特定维修操作期间反应堆压力容器内水位低于压力容器出口接管上沿(并根据安全要求考虑水位测量的容许不确定度)时的状态。

3.8

冗余(多重性) redundancy

通过设置数量高于最低需要的单元或系统(相同的或不同的),以达到任一单元或系统的失效不至于引起所需总体安全功能丧失的措施。

3.9

余热排出系统 residual heat removal system(RHRS)

是压水堆(PWR)的辅助系统,用于在冷停堆期间从堆芯排出热量。

3.10

单一故障准则 single failure criterion

要求系统或设备组合在任何部位发生可信的单一随机故障时仍能执行其正常功能的设计准则。

3.11

过冷水 sub-cooled water

温度低于所处压力下饱和温度的水。

3.12

过热蒸汽 superheated steam

温度高于所处压力下饱和温度的蒸汽。

4 运行状态

4.1 概述

可以通过反应堆压力容器(以下简称 RPV)循环的冷却剂温度、压力和流量变化的测量,间接测量堆芯热量的排出情况,以便监督冷停堆期间堆芯冷却的情况。对于所有运行模式,包括正常功率运行、运行瞬态、异常、热停堆和冷停堆在内,都要求堆芯充分冷却。附录B列举了核电厂的运行状态(POS),适用于对低功率运行和停堆期间发生严重事故可能性的分析评价,分析也包括评估所考虑的电厂运行状态的持续时间。某些运行状态可能持续几个月。

4.2 冷停堆维修运行

在冷停堆维修运行状态下，冷却剂的温度低于100℃，当反应堆足够次临界（即 $k_{eff}<0.99$）时，RPV顶盖全部紧固螺栓都处于拉伸状态。堆芯余热通过余热排出系统带走，余热排出系统配置冗余设备以便将堆芯丧失冷却的概率减到最小。应急电源在丧失厂用电的事故中能保持余热排出系统有足够的流量以排出余热。

为了特定的维修操作（例如蒸汽发生器堵管或更换反应堆冷却剂泵密封），在考虑水位测量不确定度的允许误差以后，只要 RPV 内水位低于其出口接管上沿标高时就处于冷却剂总装量减少的状态。此时冷却剂总装量应保持 RPV 内的水位与出口水位一样或高于出口水位，这是将冷却剂循环到余热排出系统所必需的。

在冷却剂总装量减少的状态下，冷却剂总装量的意外增加可能导致过量的冷却剂通过反应堆压力边界的开口泄漏，从而可能产生人员沾污或设备污染。冷却剂总装量的意外减少可能导致余热排出系统循环中断和堆芯冷却中断，从而可能导致 RPV 内剩余的水沸腾。为了预防出现上述情况，需要可靠地测量冷却剂的总装量和温度。

4.3 冷停堆换料运行

在冷停堆换料运行状态下，当冷却剂的温度等于或低于60℃时，RPV 的顶盖紧固螺栓有一个或多个没有完全拉伸，堆芯余热通过余热排出系统带走。在换料操作开始和结束时，冷却剂总装量减少，水位恰好低于要拆卸的 RPV 的顶盖紧固螺栓所在的顶盖法兰，但高于冷却剂总装量减少状态下的水位。冗余的余热排出系统设备和适用的应急电源将堆芯丧失冷却的概率减到最小。

在拆卸 RPV 顶盖紧固螺栓期间，冷却剂总装量的意外增加可能导致过量的冷却剂穿过 RPV 的法兰，从而导致人员沾污。为了警示操作人员，需要可靠测量冷却剂的总装量。

5 测量方法

5.1 概述

为保证压水堆在冷停堆期间堆芯的充分冷却，应使流量足够的冷却剂通过堆芯，连续监测 RPV 内和出口管道的水位以及余热排出系统的温度和流量，以便判断堆芯冷却的充分程度。许多类型的监测装置都可用于监测水位、温度、压力和流量，但其适宜性主要取决于待测参数的具体要求。

目前在役压水堆核电厂监测 RPV 内水位使用差压仪表或温差仪表这两种装置，且符合GB/T 13632的规定。但在换料期间打开 RPV 顶盖时，这些仪表可能不可用。监测 RPV 出口管道水位使用差压仪表或超声波水位测量装置。

目前在役压水堆核电厂监测堆芯出口温度的典型方法是使用堆芯出口热电偶（换料期间不可用）、安装在 RPV 出口管道内的温度传感器或安装在余热排出系统内的温度传感器。监测堆芯流量的典型方法是使用安装在余热排出系统内的差压仪表。

如果未来开发的监测装置能满足特定的要求也可采用。

5.2 RPV 水位测量

保证压水堆堆芯充分冷却需要足够的堆芯冷却水，因此 RPV 内的水位测量是反映堆芯冷却状态的一种重要途径。5.2.1 和 5.2.2 给出在压水堆中验证过的两种方法。

5.2.1 差压测量

在 RPV 内外的水都处于同一系统总压力下时，RPV 内的水位测量是基于探测其内、外部水的静压之差，正比于静压差的力施加在机电转换器上，如图3“R”所示的差压变送器，这个力由公式(1)确定：

$$\Delta p = g d_0 h - g[d_f h_f + d_g(h - h_f)] \quad \cdots\cdots(1)$$

式中：

Δp——传感器测量的差压；

d_0——参考管（测量基准段）内水的密度；

h——测量区间；

d_f——RPV 内水的密度；

h_f——RPV 内水位实际高度(如果存在气泡则是被扰动的水位)；

d_g——RPV 内蒸汽的密度；

g——重力加速度。

对于冷停堆维修或换料运行，蒸汽和(或)空气的密度对 Δp 的贡献可忽略不计，则公式(1)简化为：

$$\Delta p = gd_0h - gd_fh_f \qquad \cdots\cdots\cdots(2)$$

5.2.2 温差测量

温差测量的原理是基于热量在水中的传输要比在停滞的蒸汽或空气中快，与具有恒定功率的发热元件装在一起的温度传感器，其指示的温度与发热元件周围蒸汽或空气的温度相比更接近其周围水的温度。再用一个用于测量外围环境温度的参考温度传感器，这两个温度传感器共同组成一个探测器，其测量的温差表示发热元件周围水的状态：温差小表示存在水或两相流，温差大表示存在蒸汽或空气，因此探测器能指示其所在标高处存在的是水还是蒸汽。在 RPV 上部腔室内不同标高处安装若干探测器可提供多处水位指示。这些传感器用套管封住，只在上下两端留有很小的开口，以便在所有流动情况下测量 RPV 上部水腔内受扰动的水位。由温度计或热电偶组成的探测器已用于压水堆(见 GB/T 13632)，更多的温度测量信息见 GB/T 7166。

5.3 RPV 出口管水位测量

在冷却剂总装量减少期间，RPV 出口管道中水位的测量是反映堆芯冷却状态的一种重要途径。5.3.1和5.3.2给出目前在压水堆中使用的两种监测方法(差压法和超声波法)。考虑到在冷却剂总装量减少期间，在 RPV 内选定的标高处或出口管道中安装的温度传感器用于水位控制其准确度可能不够，因此不推荐使用。

5.3.1 差压水位监测

正如 5.2.1 中 RPV 水位测量所述，在 RPV 出口管道中的水和该管道以外的水都处于同一系统总压力下时，RPV 出口管道水位的测量是基于出口管内水的静压和该管道以外的水压之差，如图 3"M"处所示的差压传感器。

5.3.2 超声波水位监测

超声波传感器牢固地固定在 RPV 出口管道底部的外壁，只在冷停堆且冷却剂总装量减少期间使用，而在其他运行模式下可留在该处或拆走。超声波信号通过管壁和管道中的水向上传播，该信号的一部分经管道底部的内表面反射，当管道内充满水时管道顶部的内表面也反射该信号，当管道部分充水时由水面反射。通过测量发射信号和反射信号之间的时间差可确定管道内的水位。

5.4 堆芯出口温度测量

测量堆芯出口或出口下游冷却剂的温度能直接指示堆芯冷却是否充分，5.4.1～5.4.3 给出目前采用的方法。

5.4.1 堆芯出口热电偶测量

GB/T 13632 给出正常运行和异常运行期间的堆芯出口温度监测系统(使用热电偶)，可用于冷停堆维修运行期间监测堆芯冷却是否充分，但在冷停堆换料运行期间不适用。

5.4.2 RPV 出口温度测量

对于运行温度下监测 RPV 出口管道冷却剂温度的传感器，如果水位测量证实在冷却剂总装量减少期间该传感器淹没在水中且余热排出系统实际处于循环状态下，在冷停堆维修运行期间或冷停堆换料运行期间就可使用该传感器监测堆芯冷却是否充分。

5.4.3 余热排出系统温度测量

在连接 RPV 出口管道和余热排出系统热交换器入口的余热排出系统管道中安装的温度传感器，如果其信号响应时间从堆芯出口到该传感器传输延迟后仍能满足监测要求，在冷停堆维修运行期间或冷停堆换料运行期间就可使用该传感器监测堆芯冷却是否充分。

6 仪表要求

6.1 一般要求

在冷停堆期间监测堆芯冷却所用仪表的设计应考虑下列因素，尤其应注意在冷却剂总装量减少期间堆芯冷却的监测要求。

6.1.1 安全分级

在包括冷却剂总装量减少状态在内的冷停堆期间，堆芯冷却监测系统通常不属于安全级，除非也用于执行其他安全功能。

应依据国家核安全监管部门批准的运行许可证的要求，确定堆芯冷却监测系统的安全级别。根据其安全级别，确定设计要求(例如冗余度、多样性、隔离和电源)、特定的质量合格鉴定、质量保证、监督、维护和文件化要求应符合 GB/T 15474 的相应规定。

如果该系统属于安全级，应考虑 6.1.2～6.1.4 的要求。

6.1.2 准确度和响应时间

堆芯冷却监测系统的显示也用于冷停堆和应急规程，以保证运行安全、控制异常并从异常状态恢复到正常，因此显示的准确度和响应时间应满足规程的要求。例如在冷却剂总装量减少的工况下，RPV 出口管道水位的测量应给出准确度和响应时间适宜的显示(模拟或数字式)，以便预测由于水位下降和空气进入余热排出系统而导致余热排出系统流量的丧失。RPV 内水位测量也应满足准确度要求(可采用模拟或数字显示)。

6.1.3 可靠性

包括电源在内的堆芯冷却监测系统的设计，应保证该系统有足够的运行可靠性且满足相应的设计要求，例如适用于正常工况的设计要求和适用于地震情况的抗震要求。

6.1.4 单一故障准则

温度和水位的测量装置应有适宜的冗余度，以便在单一故障准则适用的情况下满足其要求。对于冷却剂总装量减少的工况至少应考虑：

a) 提供 RPV 出口管道水位的连续显示(模拟或数字式)，由于余热排出系统入口接管处存在涡流现象，RPV 出口管道水位的测量应代表余热排出系统入口处的状态；

b) 确保堆芯持续充分冷却的其他可用措施，以提供冗余的水位监测。

对于冷停堆期间 RPV 内水位高于出口管道水位的情况，至少应提供两套相互独立的 RPV 水位的连续显示(模拟或数字式)。

对于冷停堆的所有工况，至少应提供两套相互独立的、代表堆芯出口状态的温度连续显示。

冗余度的适用要求见 GB/T 15474，安全重要电源的适用要求见 EJ/T 760。

6.2 差压测量

6.2.1 差压变送器

对于变送器的采购、安装和维护要求见 HAD102/14。

配置变送器应考虑最优化(ALARA)的原则。

6.2.2 差压测量参考管

差压测量参考管(差压测量基准段)的设计及其在核电厂所有工况下的状态是影响水位测量准确度和可靠性的一个主要因素，理论上应保持其温度、高度和密度不变。

在冷停堆期间，参考管不承受异常工况下可能的环境条件，因此能保持温度、高度和密度不变。持续运行后期参考管中水装量可能减少，水柱高度可能下降，此时应保证给参考管补充水。图 3“4”处所示的参考管顶部的集气罐是减轻参考管总量损失影响的一种方法。如果能保证参考管始终是干的，并且通过共用的排气口或大气排气口保持其压力总是和被测水位上部的压力相同，可采用带干式参考管的直接作用式传感器。

图 1～图 3 表示作用方向可逆的水位传感器的例子，这些传感器配备充水的参考管。

卸压后不可凝气体的释放可能影响某些水位测量的参考管的高度(例如：压水堆稳压器水位的参考管)，但只有在仪表取样口与蒸汽和(或)气体正常排放区相连(设计上不连)时才会导致高压气体进入参考管，因此 RPV 水位测量一般不考虑这种情况。

6.2.3 差压测量取样口的位置

差压测量的取样口应尽可能靠近被测水位区间，以保证参考管和被测区间之间的压差只由水位引起。这一要求适用于 RPV 内水位和出口管道水位的测量，对于测量区间较小和允许误差较小的 RPV 出口管道水位测量就更为重要。

当取样口不靠近被测区间时，参考管和被测区间之间的连接设计应考虑：

a) 上部取样口：参考管顶部和被测区间顶部之间的连接应保证不会由于连接通路内气体排出或连接管道内的集水产生压差；
b) 下部取样口：参考管底部和被测区间底部之间的连接应保证不会由于连接通路内的动态过程(例如余热排出系统流量引起的进水丧失和水位波动)产生压差，或基准段与连接通路垂直段之间与密度有关的温差产生的压差(或在测量的不确定度分析中要考虑的压差)。图 4 表明连接管道和被测区间之间，尤其是在余热排出系统连接处可能存在的热力条件和动态过程，包括流体冲击力的变化、密度差和速度变化。

图 1 和图 2 表示在压水堆中采用差压测量法监测水位时推荐的连接位置，图示的取样口尽可能靠近被测区间，以便将测量误差减到最小。对于采用 6.2.2 所述的直接作用式传感器，只要能满足上述同样压力和集水的要求，上部取样口可设置在反应堆冷却剂系统压力边界的任何位置，例如 RPV 顶部或稳压器顶部。

6.2.4 仪表管道的安装

仪表管道有水流过时安装应考虑：

a) 除采取特殊的排气和充水措施以外，所有仪表管道都应是自排空的，敷设坡度通常不小于 1∶12。如果存在密封的仪表管道，应水平敷设以避免对倾斜的长管道温差需要进行密度补偿；
b) 仪表管道应有足够的直径以便于排气和充水；
c) 不应利用仪表管道承载压力表、阀门等；这些物项应由钢管、罗纹接头、连接件或合适的支架支撑；
d) 只要有可能，应使仪表管道的支撑件离开振动结构或设备；
e) 仪表管道应有足够的支撑且按规定的最小距离固定，以便能承受振动和地震；
f) 采用柔性仪表管以减少地震耦合，但应考虑柔性管正常运行的振动可能放大过程信号的噪声，从而影响测量结果；
g) 仪表管道及其支撑件在正常和异常工况下的热膨胀；
h) RPV 和管道的热膨胀对支撑件的影响。

6.2.5 仪表管道的温度

仪表管道的垂直部分与被测水位区间之间的温差在指示水位时将产生误差。冷停堆期间这些温差很小，但在测量的不确定度分析中应予以考虑。如果分析不能证明该项误差是可以接受的，就应在仪表管道上有疑问的垂直部分进行温度测量来修正温差的影响。

6.2.6 仪表管道中流体的种类和品质

仪表管道和反应堆内的水质应一样。

为了将反应堆压力传送到传感器而需要仪表管道中有其他类型的流体时，应考虑该流体对反应堆所用水的污染风险。

6.3 温差传感器

对5.2.2所述温差传感器，至少应要求：

a) 输出的信号能区分传感器被水淹没或裸露时之间的差别；

b) 如果信号显示传感器裸露应触发一个报警。

在5.3所述情况下，不应使用只在RPV内或出口管道中选定标高处设置的温差传感器，因为其测量的准确度不满足冷却剂总装量减少期间的水位控制要求。

6.4 超声波水位测量

6.4.1 应用

超声波水位监测实际上仅用于RPV出口管道水位的测量。应将超声波传感器固定在RPV出口管道底部的外壁且靠近余热排出系统的连接处。固定方式的设计应将传感器与管壁之间界面的声反射减到最小。

6.4.2 准确度和时间响应

超声波水位监测的响应时间应快到足以成为RPV出口管道冷却剂装量减少的第一个可用指示，应优于堆芯冷却情况劣化的其他指示，例如余热排出系统泵电机电流的变化或反应堆冷却剂温度的升高。准确度的要求应考虑：

a) 为了维持运行在RPV出口管道中所需的最低水位；

b) 在停堆维修期间为了排出假定的最大余热，需要余热排出系统的最大流量，以及在此最大流量下涡流的范围。

6.4.3 安装考虑

超声波水位传感器宜临时安装，以便在传感器与管道界面处使用一个集气罐来消除可能影响声信号传送的空气隙。传感器应置于RPV出口管道和余热排出系统吸入口之间（该处的水位稍低于其他部分的水位），传感器的位置应使水位测量不受余热排出系统吸入口涡流的影响。

6.4.4 特定的人机考虑

RPV出口管道所需的水位是余热排出系统泵吸流速的函数，在控制室应提供水位显示（模拟或数字式），并且能校准余热排出系统的流速和所需水位。校准过程可以是人机接口显示的一部分。

6.5 温度传感器

本条规定的具体要求适用于5.4所述的所有传感器。

设在堆芯热量排出通路中的温度传感器应被水淹没，应考虑从堆芯到传感器的传输延迟对要求的响应时间的影响。冷却剂总装量减少期间使用的水位测量仪表应能证明冗余的温度传感器都淹没在水中。

7 数据处理

对于属于安全级的水位测量仪表，数据处理的设计应符合EJ/T 1058和EJ/T 529的规定。

8 信息的提供

8.1 功能要求

堆芯冷却监测系统提供的信息应符合GB/T 13630和EJ/T 759.1的规定，仪表显示的设计尤其应考虑：

a) 测量范围和灵敏度的充分性；

b) 特定运行状态下扩展显示范围的需求识别和所需规程的识别；

c) 标识，例如符号和颜色编码；

d) 响应时间；

e) 人机接口，例如显示器的类型（数字式/模拟式、模拟图、记录仪、屏盘仪表或显示器）；

f) 在正常和故障情况下信息的真实性；

g) 操纵员在理解信息及其真实性方面的培训。

提供的信息应易于识别和定位，有助于更换、修理或校准发生故障的部件或模块。

8.2 人因考虑

监测仪表的设计应符合人因工程原则，例如：

a) 将仪表、显示器、记录仪、报警器等给出的可能使操纵员混淆的异常情况减到最少；

b) 只要有可能，冷停堆状态的监测仪表应与正常运行和事故工况下所用的监测仪表相同，以便使操纵员在冷停堆期间也能使用他们最熟悉的仪表。

显示信息和仪表的设计详见 EJ/T 759.2。

9 验证和校准

仪表的安装、检查和试验应符合 EJ/T 626 的规定，安装后应定期校准。

10 在役试验和维护

堆芯冷却监测系统的设计和安装应保证能在使用前进行检查，验证它们是否满足预期的功能要求，应易于进行定期校准(见第 9 章)、例行的性能检查和满足规定要求的其他试验。

如果在役试验或维护期间装卸放射性材料，设计应按最优化(ALARA)的原则采取减少放射性剂量的措施。

11 质量合格鉴定

如果堆芯冷却监测所用仪表需要满足安全要求，就应按 GB/T 12727 的规定进行质量合格鉴定，鉴定范围包括从传感器到显示器的整个仪表通道(这里的显示器包括显示仪表或记录装置)。如果该仪表通道包括使用微处理器的设备，还应符合 EJ/T 529 和 EJ/T 1058 的规定。

抗震质量合格鉴定应符合 GB/T 13625 的规定。属于压力边界一部分的系统部件应满足压力边界的抗震要求，地震后监测仪表还应正常运行且准确度符合规定的要求。

12 文件资料

堆芯冷却监测系统的设计和运行历史应形成文件，该文件应包括计算、报告、图纸、质量合格鉴定证明、校准时间表、故障报告等，并且总能表明设备的真实状态和历史状态。

文件应符合 GB/T 13625、EJ/T 529 和的 EJ/T 1058 的有关规定。

图中：1——反应堆压力容器(RPV)；

2——堆芯；

3——蒸汽发生器；

4——反应堆冷却剂泵；

5——余热交换器；

6——余热排出泵；

R——RPV 水位差压(Δp)测量；

M——RPV 出口管道水位差压(Δp)测量；

PDT——压力(探测)传感器。

图 1 压水堆(PWR)配置：立式 U 型管蒸汽发生器

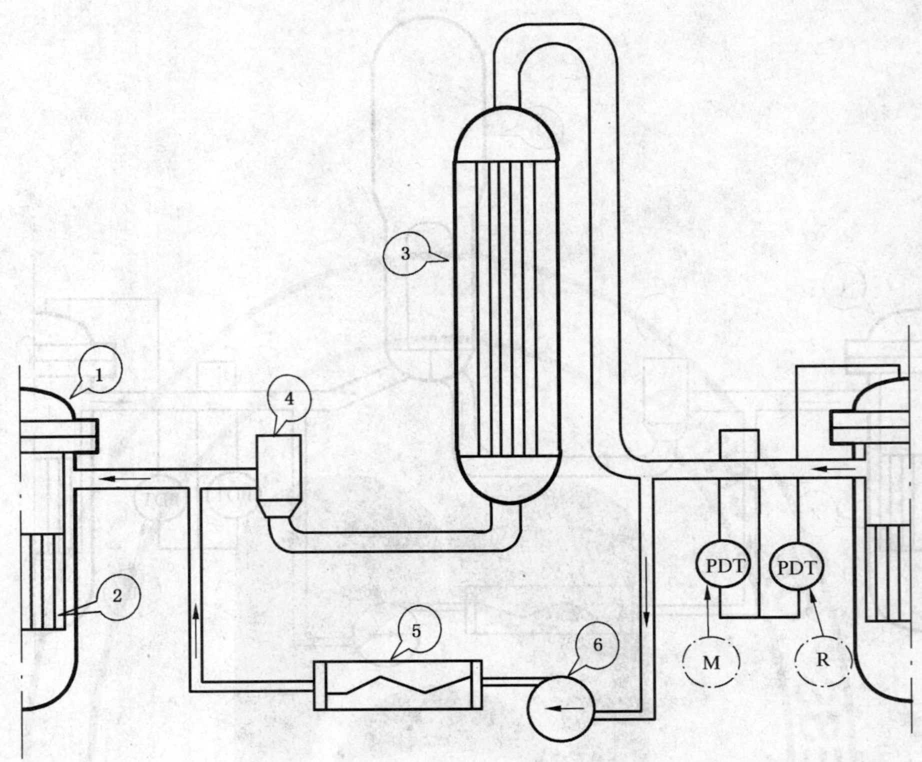

图中：1——反应堆压力容器(RPV)；

2——堆芯；

3——蒸汽发生器；

4——反应堆冷却剂泵；

5——余热交换器；

6——余热排出泵；

R——RPV 水位差压(Δp)测量；

M——RPV 出口管道水位差压(Δp)测量；

PDT——压力(探测)传感器。

图 2 压水堆(PWR)配置：过热蒸汽发生器

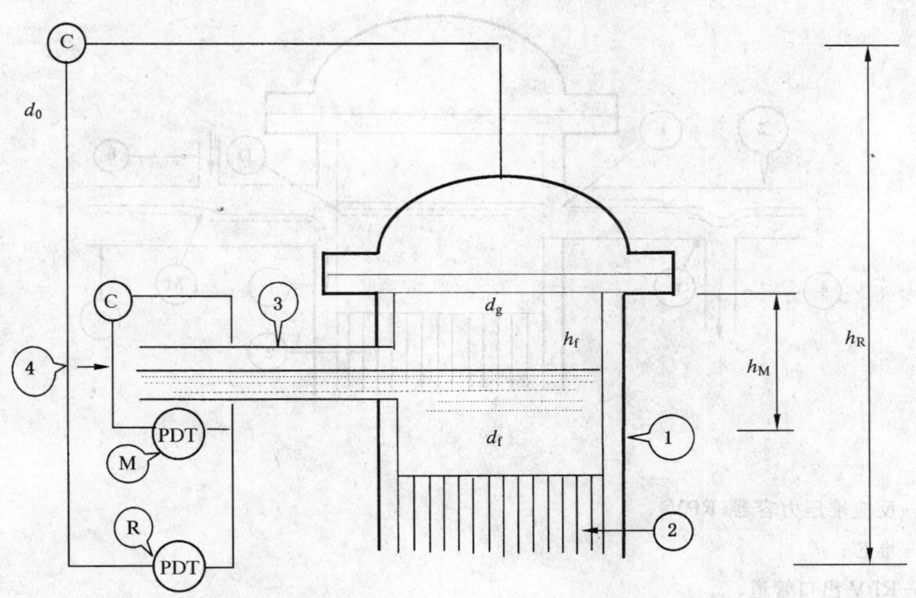

图中：1——反应堆压力容器(RPV)；

2——堆芯；

3——RPV 出口管道；

4——高度 h_M 和 h_R 的参考管；

R——RPV 水位差压(Δp)测量；

M——RPV 出口管道水位差压(Δp)测量；

C——集气罐(运行时)；

Δp——传感器测量的差压，$\Delta p = gd_0h - g[d_fh_f + d_g(h-h_f)]$ 或 $\Delta p = gd_0h - gd_fh_f$；

d_0——参考管内水的密度；

h——测量区间(高度)，即 h_M 或 h_R；

d_f——RPV 内水的密度；

h_f——RPV 内水位实际高度(如果存在气泡则是被扰动的水位)；

d_g——RPV 内蒸汽的密度；

g——重力加速度；

PDT——压力(探测)传感器。

图 3　差压法测量水位

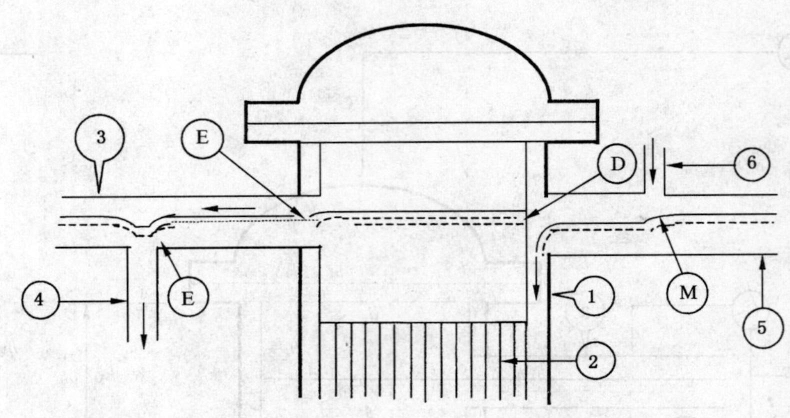

图中：1——反应堆压力容器(RPV)；

2——堆芯；

3——RPV 出口管道；

4——余热排出入口管道；

5——RPV 入口管道；

6——余热排出系统回水管道；

D——密度差；

E——出口损失，速度增加；

M——动量变化。

图 4 影响水位测量的热工因素

附 录 A
（资料性附录）
压水堆(PWR)冷停堆期间丧失堆芯冷却的事故

在核电厂所有工况下都应保证堆芯充分冷却，包括冷停堆在内。应向操纵员提供可靠的信息证实堆芯冷却是否充分。不可靠的信息可能导致堆芯冷却中断，这是在役压水堆已经出现过的情况。除非能恢复冷却，否则这些事故通常会引起冷却剂温度升高直至沸腾。1979 年三哩岛 2 号机组事故后不久建立了国际事故报告系统(IRS)，该系统已汇集这些事故中的绝大多数。表 A.1 汇总了 1978 年至 1990 年间发生的事故。

表 A.1 1978～1990 年间发生的事故表

日期	核电厂/国家	参考文献	温升/℃	事故描述
1978-08	Neckarwestheim 德国	GRS-A-2336	1.5	动力丧失 20 min
1979-08	Neckarwestheim 德国	GRS-A-2336	1.5	动力丧失 20 min
1980-04	Davis-Besse 美国	IRS 0030.02	6	流量丧失并且冷却剂穿过打开的阀门流失
1980-04	Bugey 3 法国	IRS 0019	10	余热排出系统调节阀故障
1980-04	Davis-Besse 美国	IRS 0030	55	动力丧失 150 min
1981-03	BeavarValley 1 美国	IRS 0238.G1	39	环路中间水位运行期间液位测量故障
1984-08	Arkansas 美国	IRS 0492	36	环路中间水位运行期间仪表故障
1986-03	San Onofre 美国	IRS 0708	50	环路中间水位运行期间仪表故障
1986-07	Waterford 美国	IRS 0749	48	禁止的维修规程更改
1987-11	Bugey 2 法国	IRS 0981	21	环路中间水位运行期间冷却剂丧失
1988-05	Salem 1 美国	IRS 1056	17	来自安注箱的惰性气体进入
1988-09	Trillo 西班牙	IRS 0954	5	辅助电源不能用于余热排出系统
1988-09	Vogtie 美国	IRS 1088.02	26	丧失辅助电源 36 min
1990-05	Ringhals 2 瑞典	IRS 1100.02	5	燃料贮存水池余热排出系统卡泵
1990-09	Almarazl 西班牙	IRS 1186	30	关闭的阀门不能打开

附 录 B
（资料性附录）
核电厂运行状态

在核电厂热停堆和冷停堆期间，电厂的运行阶段不同且采用不一样的系统配置，堆芯冷却由不同的系统提供。运行许可证规定了核电厂的运行模式，表明这些运行阶段和系统配置。为 Surry 电厂 1 号机组进行的 1 级分析（见 NUREG/CR-6144:《在 Surry 电厂 1 号机组低功率运行和停堆期间潜在严重事故的评价：在环路中间水位运行期间由于内部事故产生的堆芯严重损坏概率分析》，BNL 于 1994 年 6 月为美国核管会准备）考虑了核电厂不同的停堆状态，每次停堆都用若干运行步骤（POS）、每一步所耗时间（根据电厂运行记录确定的一个变量）和在该步所进行的活动来表征。例如，换料停堆用下面列举的 15 个步骤来表征，同时也指出每一步所采用的冷却系统或过程。

表 B.1 在 Surry 电厂 1 号机组停堆换料期间的运行步骤

电厂运行步骤	运行状态	定 义	温度/℃	冷却系统
1	低功率	热停堆	290	P,E,R,A,S,F
2	停堆	带蒸汽发生器的冷停堆	94	P,E,R,A,S,F
3	停堆	带余热排出系统的冷停堆	94	P,E,R,A,S,F
4	停堆	带余热排出系统的冷停堆	环境	P,R,A,S,F
5	停堆	带余热排出系统的冷停堆		R
6	环路中间水位	环路中间水位		R
7	换料	堆芯充满水		R
8	换料	换料		R
9	换料	反应堆冷却剂系统排空到环路中间水位		R
10	换料	换料后环路中间水位运行		R
11	启动	反应堆冷却剂系统充水		R,A
12	启动	反应堆冷却剂系统水密实热启动、形成气腔		P,E,R,A,S,F
13	启动	用反应堆冷却剂泵热启动	94	P,E,R,A,S,F
14	启动	反应堆启动、蒸汽发生器投运	260	P,E,R,A,S,F
15	启动	反应堆升功率到低功率运行		P,E,R,A,S,F

注：冷却系统所用符号含义：

P—— 反应堆冷却剂泵；

E——高压应急堆芯冷却系统（ECCS）；

R——余热排出系统（RHRS）；

A——安注箱；

S——蒸汽发生器安全阀；

F——辅助给水系统

ICS 13.340.99
C 73

中华人民共和国国家标准

GB/T 13641—2006
代替 GB/T 13641—1992

劳动护肤剂通用技术条件

General technical requirements
of skin-protective agent for workers

2006-01-12 发布　　2006-09-01 实施

中华人民共和国国家质量监督检验检疫总局
中国国家标准化管理委员会　发布

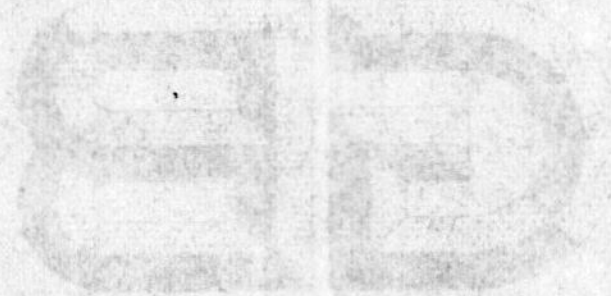

前　言

本标准代替 GB/T 13641—1992《劳动护肤剂通用技术条件》。本标准是对 GB/T 13641—1992 的修订。

本标准与 GB/T 13641—1992 相比主要变化如下：

——对术语和定义进行了调整：引用了 GB/T 12903—1991 中第 11 章的术语和定义，删除了术语“劳动护肤剂安全性”、“劳动护肤剂防护效果”和“劳动护肤剂使用性”及其定义(GB/T 13641—1992 的 3.2～3.4)，增加了“洁肤型护肤剂”和“驱避型护肤剂”两条术语和定义(本标准的 3.1 和 3.2)，并对其他术语和定义在词语上作了些变动(本标准的 3.3；GB/T 13641—1992 的 3.1)；

——将劳动护肤剂的分类由五类改为分成六种类型，删除了“皮膜型”(GB/T 13641—1992 的第 4 章 c))，增加了“洁肤型护肤剂”和“驱避型护肤剂”两种类型(本标准的第 4 章 d)和 e))；

——增加了劳动护肤剂中原料的使用要求(本标准的 5.1)；

——增加了霉菌和酵母菌总数检测(本标准的表 1)；

——根据劳动护肤剂分类规定了相应的毒理学检测和人体安全性试验项目，并规定了指标(本标准的 5.4；GB/T 13641—1992 的 5.2)；

——删除了劳动护肤剂使用性的要求及评定方法(GB/T 13641—1992 的 5.5 和 6.5)；

——规定了遮光型、洁肤型和驱避型护肤剂的防护性能试验项目和指标(本标准的 5.5.2～5.5.4；GB/T 13641—1992 的 5.3)；

——删除了感官指标及其评定方法(GB/T 13641—1992 的 5.4.1 和 6.4)；

——具体规定了 pH 值、耐热性和耐寒性的指标，删除了黏度指标，对产品标准规定有效组分含量提出了具体的要求(本标准的 5.6.1、5.6.2 和 5.6.4；GB/T 13641—1992 的 5.4.2)；

——增加了具有易燃性的劳动护肤剂的闪点指标及其测定方法(本标准的 5.6.3 和 6.6.3)；

——具体规定了包装外观指标(本标准的 5.7；GB/T 13641—1992 的 5.4.3)；

——增加了新原料的毒理学检测方法(本标准的 6.1)；

——增加了急性吸入毒性试验方法(本标准的 6.4.2)；

——防护效果评价所采用的方法以推荐的形式给出。同时规定具体评价方法应在产品标准中予以规定(本标准的 6.5.1；GB/T 13641—1992 的 6.3)；

——增加了防晒指数(SPF 值)的测定和去污时间和有效保护时间的测试方法(本标准的 6.5.2～6.5.4 和附录 B)；

——规定了 pH 值的测试温度和优先采用直测法(本标准的 6.6.1；GB/T 13641—1992 的 6.6.4)；

——修改了耐热性和耐寒性的试验方法，规定了试验温度、保持时间和在室温下的继续保持时间(本标准的 6.6.2 和附录 C；GB/T 13641—1992 的 6.6.1 和 6.6.2)；

——删除了黏度检验方法(GB/T 13641—1992 的 6.6.3)；

——修改了应进行型式检验的情况：对何为“长期停产”作了规定(本标准的 7.2c)；GB/T 13641—1992 的 7.2c))；增加了“出厂检验结果与上次型式检验有较大差异时”这一情况(本标准的 7.2e))；

——增加了型式检验周期的规定(本标准的 7.3)；

——对型式检验的项目作了相应的调整，并把“原料毒理学检测的安全性评价”、“毒理学检测和人体安全性试验”和“防护性能评价和检测”三个检验项目的判别水平修改为Ⅰ，样本量相应修改

为 1(本标准的 7.4 和表 5;GB/T 13641—1992 的 7.1.1 和 7.3);

——对出厂检验的项目作了相应的调整,并对包装外观检测的不合格分类作了具体规定(本标准的 7.5.2 和表 6;GB/T 13641—1992 的 7.1.2、7.4.2 和表 1);

——对包装的材料增加了“销售包装不会与劳动护肤剂发生化学反应”的要求(本标准的 9.1;GB/T 13641—1992 的 8.1.1);

——劳动护肤剂的贮存条件修改为“不高于 40℃,不低于 −10℃,相对湿度低于 90%”(本标准的 9.3;GB/T 13641—1992 的 8.3)。

本标准的附录 B 和附录 C 为规范性附录,附录 A 为资料性附录。

本标准由国家安全生产监督管理总局提出。

本标准由全国个体防护装备标准化技术委员会(SAC/TC 112)归口。

本标准负责起草单位:上海市劳动保护科学研究所、江苏亚美日用化工有限公司。

本标准主要起草人:徐文辉、邵宝仁、尹建国、唐一鸣、叶爱根、吴甫林、周利明。

本标准于 1992 年 9 月首次发布。

劳动护肤剂通用技术条件

1 范围

本标准规定了劳动护肤剂的术语、分类、要求、试验方法、检验规则、标志和标签,以及包装、运输、贮存和保质期等要求。

本标准适用于劳动护肤剂的生产、使用和销售。

2 规范性引用文件

下列文件中的条款通过本标准的引用而成为本标准的条款。凡是注日期的引用文件,其随后所有的修改单(不包括勘误的内容)或修订版均不适用于本标准,然而,鼓励根据本标准达成协议的各方研究是否可使用这些文件的最新版本。凡是不注日期的引用文件,其最新版本适用于本标准。

GB/T 261—1983 石油产品闪点测定法(闭口杯法)

GB 443 L-AN 全损耗系统用油(GB 443—1989)

GB 2828.1—2003 计数抽样检验程序 第 1 部分:按接收质量限(AQL)检索的逐批检验抽样计划(ISO 2859-1:1999,IDT)

GB/T 2829—2002 周期检验计数抽样程序及表(适用于对过程稳定性的检验)

GB 5296.3—1995 消费品使用说明 化妆品通用标签

GB/T 12903—1991 个人防护用品术语

GB/T 13531.1—2000 化妆品通用检验方法 pH 值的测定

GB 15670—1995 农药登记毒理学试验方法

GB/T 17322.10—1998 农药 登记卫生用杀虫剂的室内药效评价 驱避剂

QB/T 1684—1993 化妆品检验规则

QB/T 1685—1993 化妆品产品包装外观要求

SH 0039 工业凡士林

SH 0391 701 防锈剂(油溶性石油磺酸钡)

中华人民共和国卫生部《化妆品卫生规范》(2002 年版)

3 术语和定义

GB/T 12903—1991 中第 11 章确定的以及下列术语和定义适用于本标准。

3.1

洁肤型护肤剂 cleaner for skin

清除皮肤上的油、尘、毒等沾污所用的护肤剂。

注:洁肤型护肤剂有需用水的洗涤剂和不需水的干洗膏两种。

3.2

驱避型护肤剂 repellent for skin protection

涂抹皮肤上,能驱避蚊、蠓、蚋等刺叮骚扰性卫生害虫的护肤剂。

3.3

有效组分 effective component

直接影响防护性能或防护效果的组分。

4 分类

劳动护肤剂分为六种类型：

a) 防水型护肤剂；

b) 防油型护肤剂；

c) 遮光型护肤剂；

d) 洁肤型护肤剂；

e) 驱避型护肤剂；

f) 其他用途型护肤剂。

5 技术要求

5.1 劳动护肤剂中原料的使用应符合《化妆品卫生规范》(2002 年版)中第 1 部分第 6 章的要求。新原料在使用前应通过毒理学检测的安全性评价。

注：新原料是指在《化妆品卫生规范》(2002 年版)第 1 部分第 6 章中没有列出的、又没有经过毒理学检测的安全性评价的原料。

5.2 劳动护肤剂的微生物学质量按 6.2 检测，应符合表 1 的规定。

表 1 劳动护肤剂微生物学质量规定

单位为菌落数每毫升或菌落数每克[a]

微生物学检验项目	质量规定
菌落总数	≤1 000
粪大肠菌群	不得检出
绿脓杆菌	不得检出
金黄色葡萄球菌	不得检出
霉菌和酵母菌总数	≤100

a 单位符号的表示为“CFU/mL”或“CFU/g”。CFU：菌落形成单位。

5.3 劳动护肤剂中所含有毒物质按 6.3 检测，不得超过表 2 中规定的限量。

表 2 劳动护肤剂中有毒物质限量

单位为毫克每千克

有毒物质	限 量
汞	1
铅	40
砷	10
甲醇	2 000

5.4 劳动护肤剂应根据分类进行相应的毒理学检测和人体安全性试验(见表 3)，按 6.4 规定的方法检测应符合表 4 规定的指标。

5.5 防护性能

5.5.1 防水型、防油型和其他用途型护肤剂按 6.5.1 的规定，根据具体防护对象进行的防护效果评价应有效。

5.5.2 遮光型护肤剂按 6.5.2 测定，防晒指数(SPF 值)应不小于 10。

5.5.3 洁肤型护肤剂按 6.5.3 测试，去污时间应小于 120 s。

5.5.4 驱避型护肤剂按 6.5.4 测试，有效保护时间应不小于 6 h。

5.6 理化指标

5.6.1　pH 值按 6.6.1 的规定测定应在 4.0～10.0 之间。

5.6.2　耐热性和耐寒性按 6.6.2 测试后观察试样应无油水分离、沉淀(不溶性颗粒沉淀除外)、变色等异常现象出现。

5.6.3　对于具有易燃性的劳动护肤剂,其闪点按 6.6.3 测定应不低于 38℃。

5.6.4　有效组分含量及偏差由产品标准根据既能达到规定的防护性能又不影响其他性能的原则予以规定。

5.7　包装外观应符合 QB/T 1685—1993 中第 3 章的规定。

表 3　劳动护肤剂毒理学检测和人体安全性试验项目

测试项目	劳动护肤剂类型					
	防水型护肤剂	防油型护肤剂	遮光型护肤剂	洁肤型护肤剂	驱避型护肤剂	其他用途型护肤剂[a]
急性经口毒性试验			○		○	
急性经皮毒性试验					○	
急性皮肤刺激性试验				○		
多次皮肤刺激性试验	○	○	○		○	○
皮肤变态反应试验			○		○	
皮肤光毒性试验			○			
急性吸入毒性试验					○	
人体斑贴试验			○			

注:“○”表明应进行测试。

[a] 产品标准应按《化妆品卫生规范》(2002 年版)第 2 部分中总则的第 3 章规定,针对具体用途考虑是否增加其他必要的试验。

表 4　劳动护肤剂毒理学检测和人体安全性试验指标

测试项目	指　标
急性经口毒性试验	LD_{50}＞5 000 mg/kg
急性经皮毒性试验	LD_{50}＞5 000 mg/kg
急性皮肤刺激性试验	无刺激性
多次皮肤刺激性试验	无刺激性
皮肤变态反应试验	无变态反应或弱变态反应
皮肤光毒性试验	无光毒性
急性吸入毒性试验	LC_{50}(2 h)＞5 000 mg/m^3
人体斑贴试验	对人体无不良反应

6　试验方法

6.1　新原料的毒理学检测按《化妆品卫生规范》(2002 年版)中第 2 部分的规定进行。

6.2　微生物学质量按《化妆品卫生规范》(2002 年版)中第 4 部分的规定进行检测。

6.3　有毒物质含量按《化妆品卫生规范》(2002 年版)中第 3 部分的规定进行检测。

6.4　毒理学检测和人体安全性试验

6.4.1　急性经口毒性试验、急性经皮毒性试验、急性皮肤刺激性试验、多次皮肤刺激性试验、皮肤变态反应试验和皮肤光毒性试验按《化妆品卫生规范》(2002 年版)中第 2 部分规定的方法进行。

6.4.2 急性吸入毒性试验除最高给药浓度改为 5 000 mg/m^3 外,其余按 GB 15670—1995 中第 4 章规定的方法进行。

6.4.3 人体斑贴试验按《化妆品卫生规范》(2002 年版)中第 5 部分规定的方法进行。

6.5 防护性能的评价和检测

6.5.1 防护效果评价宜采用人群现场试用观察方法进行,建议设立对照组,应有客观观察评价指标。示例参见附录 A。评价方法应在产品标准中根据具体防护对象予以规定。

6.5.2 防晒指数(SPF 值)按《化妆品卫生规范》(2002 年版)中第 5 部分的规定进行测定。

6.5.3 去污时间的测试见附录 B。

6.5.4 有效保护时间按 GB/T 17322.10—1998 进行测试。

6.6 理化指标的检测

6.6.1 pH 值按 GB/T 13531.1—2000 进行测定,测试温度为(20±1)℃,优先采用直测法。

6.6.2 耐热性和耐寒性的测试见附录 C。

6.6.3 闪点按 GB/T 261—1983 进行测定。

6.6.4 有效组分含量测定

成品中的有效组分的测定按产品标准规定的化学分析方法进行。配制工艺过程中的有效组分含量测定采用称重法。

6.7 包装外观按 QB/T 1685—1993 中第 4 章的规定进行检测。

7 检验规则

7.1 劳动护肤剂的检验分为型式检验和出厂检验两类。

7.2 有下列情况之一时,应进行型式检验:

a) 产品试制定型鉴定;

b) 正式生产后,如原料、配方、工艺等有较大改变,可能会影响产品性能时;

c) 产品长期(一年以上)停产后,恢复生产时;

d) 成批大量生产,到了规定的检验周期时;

e) 出厂检验结果与上次型式检验有较大差异时;

f) 监督管理机构提出进行型式检验要求时。

7.3 当成批大量生产时,型式检验的检验周期应不超过 2 年。

7.4 型式检验按 GB/T 2829—2002 的规定进行,采用一次抽样方案,不合格质量水平 RQL=50,合格判定数 Ac=0,不合格判定数 Re=1,检验项目、判别水平和样本量按表 5。

表 5 型式检验项目的判别水平和样本量

检验项目	判别水平 DL	样本量 n
原料毒理学检测的安全性评价(仅适用于新原料)	Ⅰ	1
微生物学质量检测	Ⅱ	3
有毒物质含量检测	Ⅱ	3
毒理学检测和人体安全性试验	Ⅰ	1
防护性能评价和检测	Ⅰ	1
理化指标检测	Ⅱ	3
包装外观检测	Ⅱ	3

7.5 出厂检验按 GB 2828.1—2003 的规定逐批检验。

7.5.1 产品以一次生产投料量为一批。

7.5.2 采用正常检验一次抽样方案，检验项目、不合格分类、检验水平和接收质量限按表 6。

表 6 出厂检验项目的不合格分类、检验水平和接收质量限

检验项目	不合格分类	检验水平	接收质量限 AQL
微生物学质量中的菌落总数检测	A	S—2	6.5
理化指标检测	A	S—2	6.5
包装外观检测[a]	B	Ⅱ	6.5
	C	Ⅱ	10

a 包装外观检测的不合格分类按 QB/T 1684—1993 中表 2 的规定。

8 标志和标签

8.1 销售包装按 GB 5296.3—1995 的规定执行，标志内容应包括特定的防护用途。

8.2 中盒和大箱按 QB/T 1685—1993 中 3.9.5、3.10.2.3 和 3.10.3.3 的规定执行。

9 包装、运输、贮存和保质期

9.1 包装

包装材料应无毒和清洁，销售包装不会与劳动护肤剂发生化学反应。

9.2 运输

在运输中应轻装轻卸，防止倒置，避免剧烈振动和日晒雨淋。

9.3 贮存

应贮存在温度不高于 40℃，不低于－10℃，相对湿度低于 90％且通风的仓库内，堆放时应按包装箱标记，不得倒置，应离地面 20 cm 以上，中间留通道。

9.4 保质期

在符合规定的贮存条件下，劳动护肤剂若包装完整、未经启封，其保质期应不短于 1 年。

附 录 A
（资料性附录）
防皲裂型护肤剂防护效果观察评价方法

A.1 观察对象

选择皮肤皲裂多发工种，并确定有皮肤皲裂病史的患者300人，随机分为试验组和对照组，每组150人。

A.2 观察步骤

A.2.1 拟定统一观察表，分别记录姓名、性别、年龄、工种、工龄、生活习惯、发病季节、好发部位、诱因及未发或发病日期、皲裂程度、自我感觉等观察了解内容。

A.2.2 在发病季节前半个月开始，采用双盲法同时按规定步骤给试验组和对照组分别施用护肤剂和安慰剂，如无不适，每次洗手后施用，连续施用2个月～3个月。安慰剂的感官性状应与护肤剂类似，可用不含有效成分的纯基质或赋形剂作安慰剂。

A.2.3 观察发病季节全过程，每星期观察一次，记录两组发病情况（未发、发病日期、程度）及自我感觉。施用期结束后，逐人作出效果评定（凡明显延缓、减轻或终止发病均按有效计），分别计算两组的发病率和有效率，经统计学处理后作出最终评价。

A.2.4 记录发病程度应符合以下分级原则：

a) Ⅰ度（轻度）皲裂——皮肤角质层沿皮纹方向有浅裂缝，不痛；
b) Ⅱ度（中度）皲裂——皮肤裂缝较深，稍痛，不出血；
c) Ⅲ度（重度）皲裂——皮肤裂缝深达真皮层，疼痛出血。

A.3 防护效果的评价

应按以下原则进行分级评价：

a) 有效率≥90％为高效；
b) 有效率≥80％为有效；
c) 有效率＜80％为低效；
d) 有效率＜60％为无效。

附　录　B
（规范性附录）
去污时间的测试方法

B.1　试剂

人造油污。

人造油污的成分按质量分数配方如下：

a)　羊毛脂镁皂：15%；

b)　701防锈剂（油溶性石油磺酸钡）（SH 0391）：15%；

c)　工业凡士林（SH 0039）：30%；

d)　全损耗系统用油（润滑油）：（GB 443，L-AN 32）：25%；

e)　氧化铝（层析用，中性，200目～300目）：15%。

人造油污的制备方法如下：

按配方规定，将计算量的全损耗系统用油（润滑油）加热，并倒入羊毛脂镁皂和701防锈剂（油溶性石油磺酸钡），搅拌溶解，温度不应超过130℃。待全部溶解后，停止加热。加入工业凡士林和氧化铝，搅拌均匀。冷却至室温即成。

B.2　装置

B.2.1　天平：精度0.5 g。

B.2.2　秒表：精度0.1 s。

B.3　程序

B.3.1　由三人组成受试小组，在室温下准备测试。先用肥皂净手，用纸巾擦干。在每只手掌内约30 mm的直径范围内涂一层薄而均匀的人造油污。5 min后，称量约2.5 g试样并移至每人左手。

B.3.2　两手合并轻轻摩擦时按秒表计时。待试样进入人造油污后，根据试样规定的使用方法，或再用手摩擦各点，使人造油污与皮肤毛孔脱离，或用清水冲洗。记下油垢被全部除去（污点无法看清）的时间，精确到1 s。

B.3.3　用纸巾把手擦净或擦干，再重复测试两次。

B.4　结果的表述

取去污时间的平均值，单位为秒（s），计算结果表示到个位。

附 录 C
(规范性附录)
耐热性和耐寒性试验方法

C.1 装置

C.1.1 无色透明玻璃试剂瓶:带有密封盖子,容量为 60 mL。

C.1.2 天平:精度 0.5 g。

C.1.3 温度计:精度 1℃。

C.1.4 恒温箱:能维持(48±1)℃的温度。

C.1.5 冰箱:能维持(-18±1)℃的温度。

C.2 程序

C.2.1 预先将恒温箱和冰箱的温度分别维持在(48±1)℃和(-18±1)℃。

C.2.2 用天平各称取约 35 g 试样,分别放入两只玻璃试剂瓶内,把盖子盖好。

C.2.3 将该两只玻璃试剂瓶分别放到恒温箱和冰箱里,保持 24 h 后取出,在室温下继续保持 24 h,然后对试样进行观察。

C.3 结果的表述

有无油水分离、沉淀、变色等异常现象。

ICS 83.140.30
G 33

中华人民共和国国家标准

GB/T 13664—2006
代替 GB/T 13664—1992

低压输水灌溉用硬聚氯乙烯(PVC-U)管材

Unplasticized poly(vinyl chloride)(PVC-U)pipes for low-pressure conveyance in irrigation

2006-03-10 发布　　2006-10-01 实施

中华人民共和国国家质量监督检验检疫总局
中国国家标准化管理委员会　发布

前　言

本标准代替 GB/T 13664—1992《低压输水灌溉用薄壁硬聚氯乙烯(PVC-U)管材》。

本标准与 GB/T 13664—1992 相比主要修改如下：

——增加 0.4 MPa 的公称压力等级(见 4.3)；

——管材公称外径增加至 315 mm(见 4.3)；

——增加了最小壁厚的要求(见 4.3)；

——修改了对密度的要求(见 4.5)。

本标准由中华人民共和国水利部、中国轻工业联合会提出。

本标准由全国塑料制品标准化技术委员会管材、管件和阀门分技术委员会(TC48/SC3)归口。

本标准起草单位:中国水利水电科学研究院水利所、河北宝硕管材有限公司。

本标准主要起草人:高长全、代启勇、李艳英、余玲、高本虎。

本标准所代替标准的历次版本发布情况为:GB/T 13664—1992。

低压输水灌溉用硬聚氯乙烯(PVC-U)管材

1 范围

本标准规定了以聚氯乙烯树脂为主要原料，经挤出成型的低压输水灌溉用硬聚氯乙烯管材(以下简称管材)的产品分类、技术要求、试验方法及检验规则、标志、包装、运输、贮存。

本标准适用于公称压力 0.4 MPa 及以下的低压输水灌溉用管材。

2 规范性引用文件

下列文件中的条款通过本标准的引用而成为本标准的条款。凡是注日期的引用文件，其随后所有的修改单(不包括勘误的内容)或修订版均不适用于本标准，然而，鼓励根据本标准达成协议的各方研究是否可使用这些文件的最新版本。凡是不注日期的引用文件，其最新版本适用于本标准。

GB/T 1033—1986 塑料密度和相对密度试验方法(eqv ISO/DIS 1183:1984)

GB/T 2828.1—2003 计数抽样检验程序 第1部分：按接收质量限(AQL)检索的逐批检验抽样计划(ISO 2859-1:1999,IDT)

GB/T 6111—2003 流体输送用热塑性塑料管材 耐内压试验方法(ISO 1167:1996,IDT)

GB/T 6671—2001 热塑性塑料管材 纵向回缩率的测定(eqv ISO 2505:1994)

GB/T 8804.1—2003 热塑性塑料管材 拉伸性能测定 第1部分：试验方法 总则(ISO 6259-1:1997,IDT)

GB/T 8804.2—2003 热塑性塑料管材 拉伸性能测定 第2部分：硬聚氯乙烯(PVC-U)、氯化聚氯乙烯(PVC-C)和高抗冲聚氯乙烯(PVC- HI)管材(ISO 6259-2:1997,IDT)

GB/T 8806 塑料管材尺寸测量方法(GB/T 8806—1988,eqv ISO 3126:1974)

GB/T 9647—2003 热塑性塑料管材环刚度的测定(ISO 9969:1994,IDT)

GB/T 14152—2001 热塑性塑料管材耐外冲击性能试验方法 时针旋转法(eqv ISO 3127:1994)

3 产品分类

管材规格用 d_n(公称外径)×e_n(公称壁厚)表示。管材的公称外径、公称壁厚、公称压力见表1。

4 技术要求

4.1 颜色

一般为灰色，其他颜色可由供需双方协商确定。

4.2 外观

管材内外壁应光滑，不允许有气泡、裂纹、分解变色线及明显的痕纹、杂质、颜色不均等。管材的两端应切割平整并应与轴线垂直。

4.3 规格尺寸及偏差

4.3.1 长度

管材长度一般为 4 m、6 m，也可由供需双方商定。长度不应有负偏差。

4.3.2 平均外径

平均外径及极限偏差应符合表1的规定。

4.3.3 壁厚

管材壁厚应符合表1的规定。管材同一截面的壁厚极限偏差不得超过14%。

表 1 管材外径和壁厚

单位为毫米

公称外径 d_n	平均外径极限偏差	壁厚 e							
		公称压力 0.2 MPa		公称压力 0.25 MPa		公称压力 0.32 MPa		公称压力 0.4 MPa	
		公称壁厚	极限偏差	公称壁厚	极限偏差	公称壁厚	极限偏差	公称壁厚	极限偏差
75	+0.3 0	—	—	—	—	1.6	+0.4 0	1.9	+0.4 0
90	+0.3 0	—	—	—	—	1.8	+0.4 0	2.2	+0.5 0
110	+0.4 0	—	—	1.8	+0.4 0	2.2	+0.4 0	2.7	+0.5 0
125	+0.4 0	—	—	2.0	+0.4 0	2.5	+0.4 0	3.1	+0.6 0
140	+0.5 0	2.0	+0.4 0	2.2	+0.4 0	2.8	+0.5 0	3.5	+0.6 0
160	+0.5 0	2.0	+0.4 0	2.5	+0.4 0	3.2	+0.5 0	4.0	+0.6 0
180	+0.6 0	2.3	+0.5 0	2.8	+0.5 0	3.6	+0.5 0	4.4	+0.7 0
200	+0.6 0	2.5	+0.5 0	3.2	+0.6 0	3.9	+0.5 0	4.9	+0.8 0
225	+0.7 0	2.8	+0.5 0	3.5	+0.6 0	4.4	+0.7 0	5.5	+0.9 0
250	+0.8 0	3.1	+0.6 0	3.9	+0.6 0	4.9	+0.8 0	6.2	+1.0 0
280	+0.9 0	3.5	+0.6 0	4.4	+0.7 0	5.5	+0.9 0	6.9	+1.1 0
315	+1.0 0	4.0	+0.6 0	4.9	+0.8 0	6.2	+1.0 0	7.7	+1.2 0

注：公称壁厚(e_n)根据设计应力(σ_s)8 MPa 确定。

4.4 弯曲度

管材同方向弯曲度应不大于 1.0%，不应呈 S 型弯曲。

4.5 物理力学性能

管材的物理力学性能应符合表 2 的规定。

表 2　管材的物理力学性能

项　　目	指　　标	试　验　方　法
密度/(kg/ m³)	1 350～1 550	见 5.5
纵向回缩率/(%)	≤5	见 5.6
拉伸屈服应力/MPa	≥40	见 5.7
静液压试验 (20℃,4 倍公称压力,1 h)	不破裂 不渗漏	见 5.8
落锤冲击(0℃)	9/10 为通过	见 5.9
环刚度/(kN/m²) 公称压力 0.2 MPa 管材 公称压力 0.25 MPa 管材 公称压力 0.32 MPa 管材 公称压力 0.4 MPa 管材	 ≥0.5 ≥1.0 ≥2.0 ≥4.0	见 5.10
扁平试验 (压至 50%)	不破裂	见 5.11

5　试验方法

5.1　状态调节和试验的标准环境

状态调节温度为 23℃±2℃,时间为 24 h,并在同样条件下进行试验。

试验方法标准中有规定的按照试验方法标准规定进行状态调节和试验。

5.2　颜色和外观

用肉眼观察。

5.3　尺寸测量

5.3.1　长度

用精度为 1 mm 的量具测量。

5.3.2　平均外径

按 GB/T 8806 的规定测量。

5.3.3　壁厚

按 GB/T 8806 的规定测量。

5.3.4　同一截面壁厚偏差

管材同一截面壁厚偏差 e' 按式(1)计算:

$$e' = \frac{e_1 - e_2}{e_1} \times 100 \qquad \cdots\cdots(1)$$

式中:

e_1——管材同一截面的最大壁厚,单位为毫米(mm);

e_2——管材同一截面的最小壁厚,单位为毫米(mm)。

5.4　弯曲度

5.4.1　试样及其制备

生产后的管材在常温下至少放置 24 h。试样两端截面应与轴线垂直。

5.4.2　量具

用精度不小于 0.5 mm 的量具测量,测量线为长度大于试样长度的细线。

5.4.3　测量步骤

5.4.3.1　将试样置于一平面上,使其滚动,当试样与平面呈最大间隙时,标记试样两端与平面接触点。然后将试样滚动 90°,使凹面面向操作者,用卷尺从试样一端贴外壁拉向另一端,测量其长度。

5.4.3.2　在试样两端标记点将测量线沿长度方向水平拉紧,测量线至管壁的最大垂直距离,即弦到弧的最大高度,如图 1 所示。

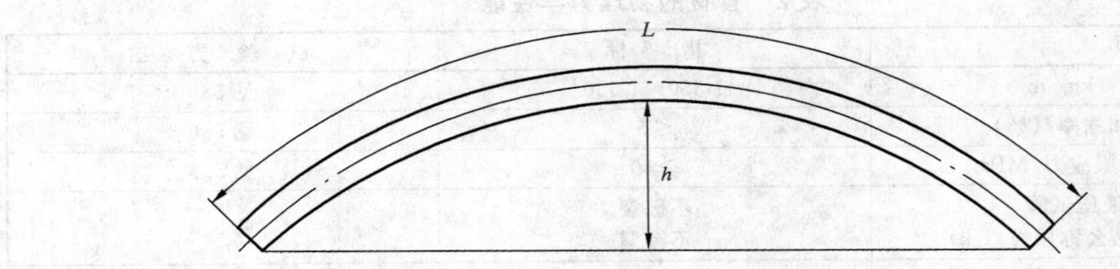

L——管材长度；

h——弦到弧的最大高度。

图 1 弯曲度测量示意图

5.4.4 测量结果计算

管材弯曲度 R，数值以%表示，按式(2)计算：

$$R=\frac{h}{L}\times 100 \quad \cdots\cdots(2)$$

式中：

h——弦到弧的最大高度，单位为毫米(mm)；

L——管材长度，单位为毫米(mm)。

试验结果取小数点后一位数字。

5.5 密度

按 GB/T 1033—1986 中 4.1A 浸渍法测定。

5.6 纵向回缩率

按 GB/T 6671—2001 中方法 B 的规定测定。

5.7 拉伸屈服强度

按 GB/T 8804.1—2003 和 GB/T 8804.2—2003 的规定测定。

5.8 静液压试验

按 GB/T 6111—2003 的规定测定。试验温度为 20℃，试验压力为 4 倍公称压力，保压时间 1 h。

5.9 落锤冲击试验

按 GB/T 14152—2001 的规定测定，选取 10 个试样，每个试样冲击 1 次，使用 d90 型落锤，落锤质量1 kg，冲击高度为 1 m。

5.10 环刚度试验

按 GB/T 9647—2003 的规定测定。

5.11 扁平试验

按 GB/T 9647—2003 的规定，将试样压至原内径的 50%，观察试样是否破裂。

6 检验规则

6.1 产品需经生产厂质量检验部门检验合格并附有合格证，方可出厂。

6.2 组批

同一原料、配方和工艺情况下生产的同一规格管件为一批，每批数量不超过 30 t，如生产数量少，生产期 7 天尚不足 30 t，则以 7 天产量为一批。

6.3 出厂检验

6.3.1 出厂检验项目为 4.1～4.4 及 4.5 中的静液压试验、环刚度和扁平试验。

6.3.2 4.1～4.4 检验按 GB/T 2828.1—2003 采用正常检验一次抽样方案，取一般检验水平Ⅰ，接收质量限(AQL)6.5，见表 3。

表 3 抽样方案

单位为根

批量范围 *N*	样本大小 *n*	合格判定数 Ac	不合格判定数 Re
≤150	8	1	2
151～280	13	2	3
281～500	20	3	4
501～1 200	32	5	6
1 201～3 200	50	7	8
3 201～5 000	80	10	11

6.3.3 在计数抽样合格的产品中，随机抽取足够的样品，进行 4.5 中的静液压试验、环刚度和扁平试验。

6.4 型式检验

型式检验项目为全部技术要求项目。

按本标准技术要求，并按 6.3.2 规定对 4.1～4.4 进行检验，在检验合格的样品中随机抽取足够的样品，进行 4.5 中的各项检验。一般情况下每两年至少一次。若有下列情况之一，应进行型式检验：

a) 新产品或老产品转厂生产的试制定型鉴定；
b) 结构、材料、工艺有较大改变，可能影响产品性能时；
c) 产品长期停产后，恢复生产时；
d) 出厂检验结果与上次型式检验结果有较大出入时；
e) 国家质量监督机构提出进行型式检验的要求时。

6.5 判定规则

项目 4.1～4.4 按表 3 规定进行判定。物理力学性能中有一项达不到规定指标时，可在计数抽样合格的产品中再随机抽取双倍样品进行该项的复验。复验样品均合格，则判该批为合格。

7 标志、包装、运输、贮存

7.1 标志

产品出厂时应有永久性标志，且间距不超过 2 m。

标志至少应包括下列内容：

——生产厂名称和地址；
——公称外径；
——公称壁厚；
——公称压力；
——生产日期；
——本标准编号。

7.2 包装

由供需双方协商确定。

7.3 运输

产品在装卸运输时，不得受撞击、抛摔和重压。

7.4 贮存

管材存放场地应平整，堆放应整齐，距热源不少于 1 m，堆放高度不应超过 2 m。不得露天曝晒。

ICS 59.060.10
B 32

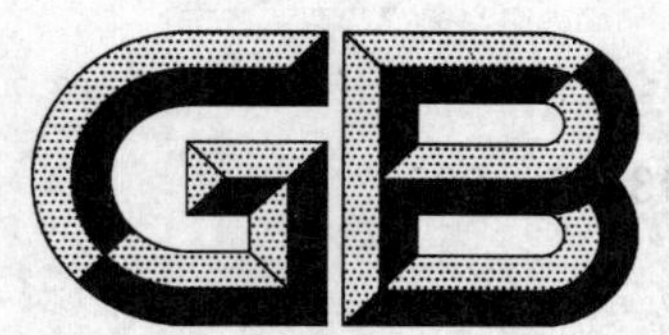

中华人民共和国国家标准

GB/T 13777—2006
代替 GB/T 13777—1992

棉纤维成熟度试验方法 显微镜法

Test method for maturity of cotton fibres—Microscopic method

(ISO 4912:1981,Textiles—Cotton fibres—Evaluation of maturity—Microscopic method,MOD)

2006-12-29 发布　　2007-05-01 实施

中华人民共和国国家质量监督检验检疫总局
中国国家标准化管理委员会　发布

前　言

本标准修改采用ISO 4912:1981《纺织品——棉纤维——成熟度的评定——显微镜法》。本标准与ISO 4912:1981的主要技术差异为：

a) 取样方法不同；

b) 制备试验试样时将短纤维梳理掉；

c) 增加了精密度的规定；

d) 试验报告由文字描述改为表格式的试验记录单。

本标准代替GB/T 13777—1992《棉纤维成熟度试验方法　显微镜法》。

本标准与GB/T 13777—1992相比较主要变化如下：

a) 合并了试验样品的制备和试验试样的制备两个章节，同时改变了各章节序号；

b) 规范性引用文件中增加了GB/T 8170；

c) 修订了术语和定义；

d) 修订了试验对环境条件的要求；

e) 增加了正常纤维平均百分率和死纤维平均百分率的计算；

f) 增加了精密度。

本标准的附录A、附录B为资料性附录。

本标准由中国纤维检验局提出。

本标准由中国纤维检验局归口。

本标准由上海纤维检验所负责起草。

本标准主要起草人：李颖、眭华明、裘惠敏。

本标准于1992年首次发布，本次为第一次修订。

棉纤维成熟度试验方法　显微镜法

1　范围

本标准规定了用显微镜测定经氢氧化钠溶液膨胀后棉纤维成熟度的试验方法。

本标准适用于未经化学处理的原棉、棉卷、棉条以及纱线中取出的棉纤维。

2　规范性引用文件

下列文件中的条款通过本标准的引用而成为本标准的条款。凡是注日期的引用文件，其随后所有的修改单(不包括勘误的内容)或修订版均不适用于本标准，然而，鼓励根据本标准达成协议的各方研究是否可使用这些文件的最新版本。凡是不注日期的引用文件，其最新版本适用于本标准。

GB/T 6097　棉纤维试验取样方法

GB/T 8170　数值修约规则

3　术语和定义

下列术语和定义适用于本标准。

3.1

成熟度比　mature ratio

胞壁的增厚度对人为选定的0.577标准增厚度之比。

3.2

死纤维　dead fibre

棉纤维按规定条件膨胀后，胞壁厚度等于或小于最大宽度的五分之一的纤维。死纤维有各种形态，如：无转曲扁平带状或转曲较多的带状。

3.3

正常纤维　normal fibre

棉纤维按规定条件膨胀后，呈现不连续中腔或几乎没有任何中腔痕迹、无明显转曲的棒状纤维。

3.4

薄壁纤维　thin-walled fibre

棉纤维按规定条件膨胀后，不符合正常纤维或死纤维特征的纤维。

3.5

胞壁增厚度　degree of fibre wall thickening

纤维胞壁的实际横截面积对相同周长的圆面积之比。

3.6

成熟纤维百分率　percent maturity

棉花试样中成熟纤维根数占纤维总根数的平均百分率。

3.7

未成熟纤维　immature fibre

棉纤维按规定条件膨胀后，呈螺旋或扁平带状、胞壁极薄几乎呈透明轮廓的纤维。其胞壁厚度小于其最大宽度的四分之一。

3.8

成熟纤维　mature fibre

棉纤维按规定条件膨胀后，无转曲且形状近似棒状，胞壁发育充分的纤维。其胞壁厚度等于或大于其最大宽度的四分之一。

4　原理

棉纤维经18%氢氧化钠溶液处理膨胀后，用显微镜逐根观察棉纤维胞壁厚度与最大宽度的比值及纤维形态来测定棉纤维成熟度。

5　仪器、工具和试剂

5.1　显微镜或显微投影仪：放大倍数为400倍。

5.2　计数器。

5.3　氢氧化钠溶液：18%±0.2%。

5.4　显微镜载玻片、盖玻片、限制器绒板、50 mm小钢尺、镊子、稀梳、密梳、挑针、胶水等。

6　试验用大气

无需调湿，试验可在任何大气环境中进行。为了使纤维能更容易被固定在载玻片上，宜在相对湿度不小于40%且无剧烈气流的条件下进行。

7　样品制备

7.1　试验样品的抽取

从实验室样品的不同部位取出至少32丛纤维约10 mg，组成一份试验样品，共抽取两份；或按GB/T 6097的规定抽取两份试验样品，每份约10 mg。

7.2　试验试样的制备

7.2.1　用手扯或用限制器绒板将一份试验样品整理成平行且一端整齐平直、厚薄均匀、层次清晰的棉束。

7.2.2　按照先稀梳、后密梳的顺序，从棉束整齐一端梳去细绒棉为16 mm及以下、长绒棉为20 mm及以下的短纤维。纵向劈开，分成大致相等的五份小棉束。

7.2.3　沿载玻片边缘涂抹少许胶水，一只手握住小棉束的一端，另一只手用镊子从小棉束整齐一端夹取少量纤维均匀地排列在载玻片上。重复此过程，直到100根或以上的纤维排列在载玻片上。

7.2.4　用挑针拨动载玻片上的纤维，使纤维间的排列平行、伸直、分布均匀，排列宽度约为25 mm。

7.2.5　轻轻地盖上盖玻片，滴入氢氧化钠溶液于盖玻片的一角，轻压盖玻片，使溶液渗入，浸润每一根纤维并防止产生气泡。

7.2.6　用纸巾沿盖玻片边缘吸取外溢的溶液，防止腐蚀显微镜镜头。

7.2.7　其他四份小棉束，按7.2.3到7.2.6程序制作。

7.2.8　另一份试验样品按以上程序制备试验试样。

8　试验步骤

8.1　调整显微镜的聚光器，获得一照度适中、照明均匀的视场，使纤维胞壁和中腔之间的反差增强。

8.2　将载玻片放在显微镜的载物台上，使纤维中部处于视场中心，对纤维逐根进行观察分类并分别记录每个试样的各类纤维根数，测试纤维的成熟度比或成熟纤维百分率。

8.2.1　成熟度比的测试，将各试样的所有纤维分为三类：

a) 正常纤维；

b) 死纤维；

c) 薄壁纤维。

8.2.2 成熟纤维百分率的测试，将各试样的所有纤维分为两类：

a) 成熟纤维；

b) 未成熟纤维。

8.3 由两名试验人员各测试五个试验试样的测试结果。

9 试验结果计算

9.1 正常纤维的平均百分率

按式(1)计算一个试验样品正常纤维的平均百分率。

$$N=\frac{\sum_{i=1}^{5} N_i'}{\sum_{i=1}^{5} T_i}\times 100\% \qquad (1)$$

式中：

N——正常纤维的平均百分率，%；

N_i——每个载玻片上正常纤维的根数；

T_i——每个载玻片测试根数。

9.2 死纤维的平均百分率

按式(2)计算一个试验样品死纤维的平均百分率。

$$D=\frac{\sum_{i=1}^{5} D_i'}{\sum_{i=1}^{5} T_i}\times 100\% \qquad (2)$$

式中：

D——死纤维的平均百分率，%；

D_i'——每个载玻片上死纤维的根数。

9.3 成熟度比

按式(3)计算一个试验样品正常纤维的成熟度比。

$$M=\frac{N-D}{200}+0.7 \qquad (3)$$

式中：

M——成熟度比。

计算两份试验样品的平均成熟度比。

9.4 成熟纤维百分率

按式(4)计算一个试验样品成熟纤维的百分率。

$$PM=\frac{M'}{T}\times 100\% \qquad (4)$$

式中：

PM——成熟纤维百分率，%；

M'——每个载玻片上成熟纤维根数；

T——每个载玻片上测试根数。

计算10个试样成熟纤维百分率的算术平均数。

9.5 数值修约

按GB/T 8170的规定，平均成熟度比修约至两位小数，平均成熟纤维百分率修约至一位小数。

10 精密度

试验精密度要求在95%的概率水平下，置信界限的相对值在5%以内，置信界限的相对值Δ(%)按式(5)计算：

$$\Delta = \frac{1.96\ CV}{\sqrt{n}} \times 100\% \quad \cdots\cdots(5)$$

式中：

n——测试试样数；

CV——测试变异系数。

如果试验结果的置信界限的相对值小于5%，则测试的试样数便足够了。如果置信界限的相对值大于或等于5%，则应增加测试的试样数，直至置信界限的相对值小于5%时，将各试样的测试结果的平均值作为试验结果。

11 试验报告

试验报告包括成熟度比和成熟纤维百分率，并写明样品编号、试验日期、仪器型号或编号和检验依据等。试验报告单见表1和表2。

表1 成熟纤维百分率(显微镜法)试验记录单

样品编号			仪器型号/编号		试验日期	
检验依据						
试样		成熟纤维/根	未成熟纤维/根	测试根数/根	成熟纤维百分率/(%)	平均成熟纤维百分率/(%)
试验样品Ⅰ	1					
	2					
	3					
	4					
	5					
试验样品Ⅱ	1					
	2					
	3					
	4					
	5					

试验员： 复核员：

表 2　成熟度比(显微镜法)试验记录单

样品编号			仪器型号/编号		试验日期	
检验依据						
试样		正常纤维/根	死纤维/根	薄壁纤维/根	测试根数/根	成熟度比
试验Ⅰ	1					
	2					
	3					
	4					
	5					
	6					
	合计					
平均百分率/(%)				—	—	
试验员：			复核员：			
试验Ⅱ	1					
	2					
	3					
	4					
	5					
	6					
	合计					
平均百分率/(%)				—	—	
平均成熟度比			备注：			

试验员：　　　　　　　　　　　　复核员：

附　录　A
（资料性附录）
经18%氢氧化钠溶液膨胀后的棉纤维的典型图例

图A.1～图A.9列示了经18%氢氧化钠溶液膨胀后的典型纤维的图形。然而，它们不能表明人们可能遇到的成熟度变化范围内的各种情况。

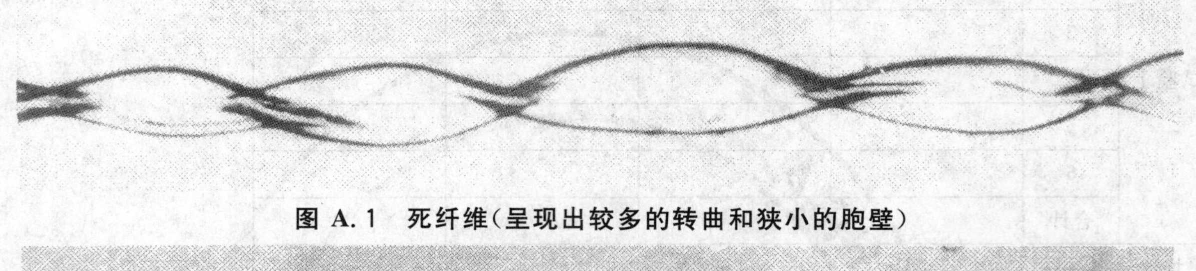

图A.1　死纤维（呈现出较多的转曲和狭小的胞壁）

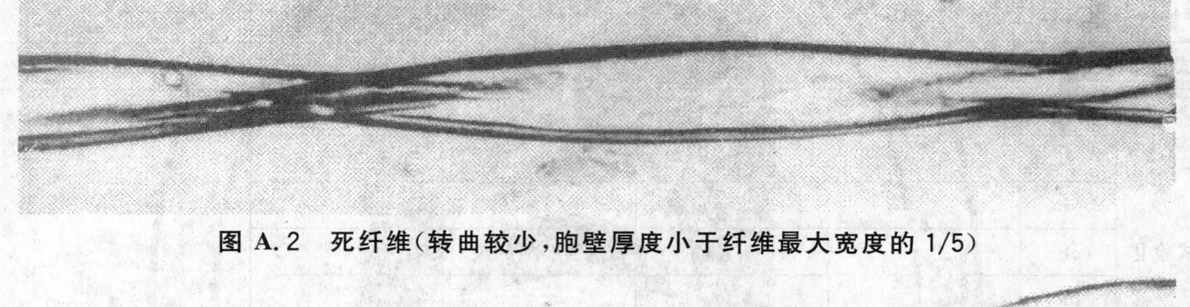

图A.2　死纤维（转曲较少，胞壁厚度小于纤维最大宽度的1/5）

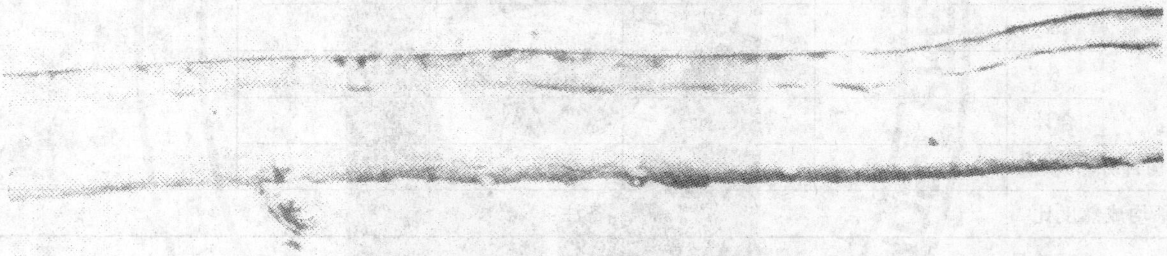

图A.3　薄壁纤维（无转曲形状，胞壁厚度大于纤维最大宽度的1/5）

图A.4　薄壁纤维（有转曲形状，胞壁厚度大于纤维最大宽度的1/5）

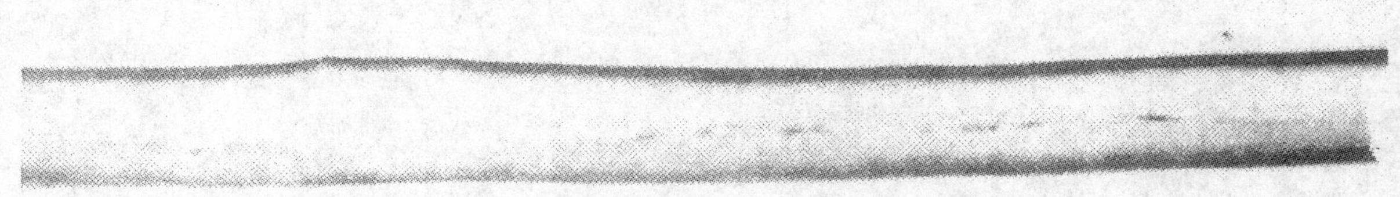

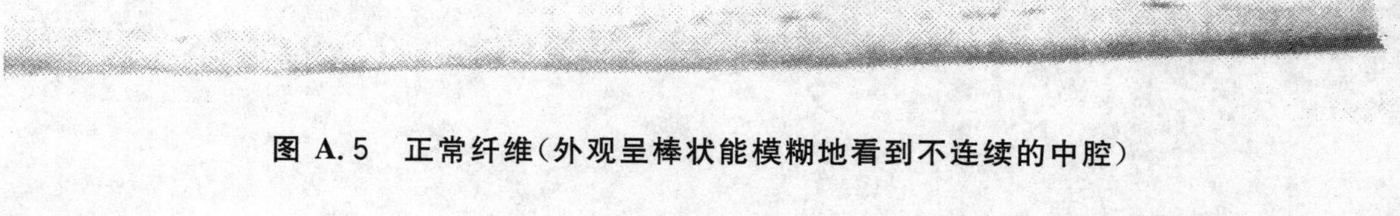

图A.5　正常纤维（外观呈棒状能模糊地看到不连续的中腔）

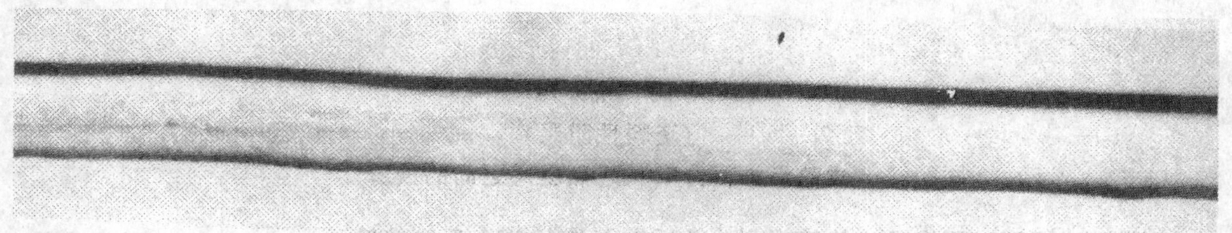

图 A.6 正常纤维(外观呈棒状,几乎没有任何中腔的痕迹)

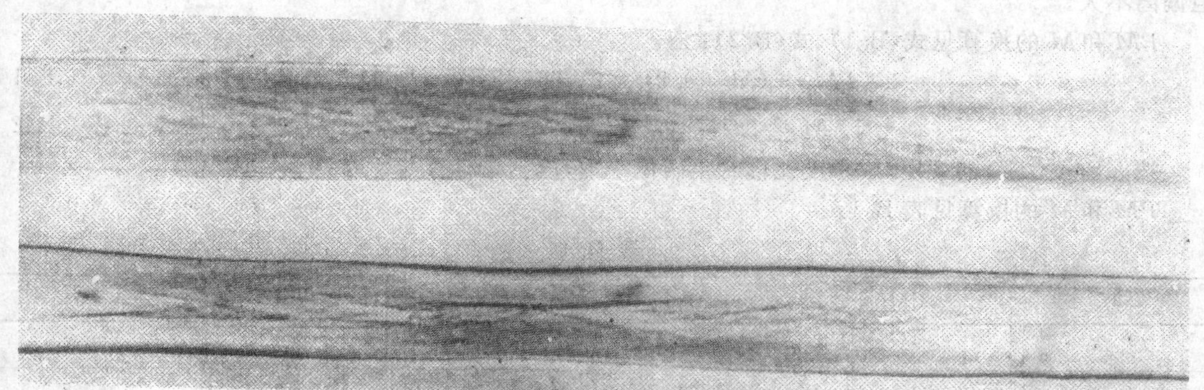

图 A.7 成熟纤维

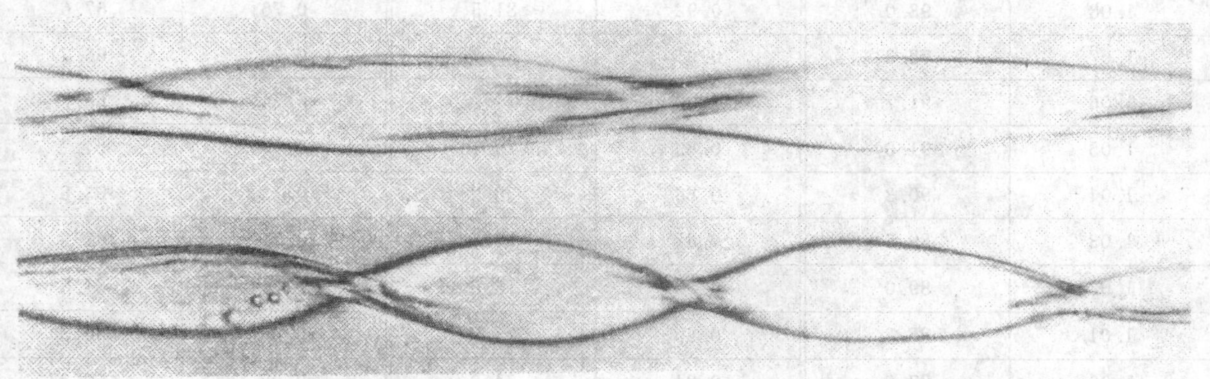

图 A.8 未成熟纤维(A 型)

图 A.9 未成熟纤维(B 型)

附 录 B
（资料性附录）
成熟纤维百分率和成熟度比之间的换算

成熟度比 M 可以用表 B.1 换算得到成熟纤维百分率 PM，反之亦然。

成熟纤维百分率和成熟度比之间的关系不是线性的，PM 与 M 之间的关系与直线有一定的偏离，但偏离不大。

PM 和 M 的换算见式(B.1)、式(B.2)：

$$PM=(M-0.2)\times(1.5652-0.471M) \quad \cdots\cdots(B.1)$$

$$M=1.762-\sqrt{(2.439-2.123PM)} \quad \cdots\cdots(B.2)$$

按 GB/T 8170 的规定，成熟度比修约至两位小数，成熟纤维百分率修约至一位小数。

PM 和 M 的换算见表 B.1。

表 B.1

M	*PM*	*M*	*PM*	*M*	*PM*
1.11	94.9	0.95	83.8	0.79	70.4
1.10	94.2	0.94	83.1	0.78	69.5
1.09	93.6	0.93	82.3	0.77	68.5
1.08	93.0	0.92	81.5	0.76	67.6
1.07	92.3	0.91	80.7	0.75	66.7
1.06	91.7	0.90	79.9	0.74	65.7
1.05	91.0	0.89	79.1	0.73	64.7
1.04	90.3	0.88	78.2	0.72	63.8
1.03	89.6	0.87	77.4	0.71	62.8
1.02	89.0	0.86	76.6	0.70	61.8
1.01	88.2	0.85	75.7	0.69	60.8
1.00	87.5	0.84	74.9	0.68	59.8
0.99	86.8	0.83	74.0	0.67	58.7
0.98	86.1	0.82	73.1	0.66	57.7
0.97	85.3	0.81	72.2	0.65	56.7
0.96	84.6	0.80	71.3	0.64	55.6

ICS 07.040
A 75

中华人民共和国国家标准

GB/T 13923—2006
代替 GB/T 13923—1992,GB 14804—1993,GB/T 15660—1995

基础地理信息要素分类与代码

Specifications for feature classification and codes of fundamental geographic information

2006-05-24 发布　　　　2006-10-01 实施

中华人民共和国国家质量监督检验检疫总局
中国国家标准化管理委员会　发布

ICS 07.040
A 75

中华人民共和国国家标准

GB/T 13923—2006
代替 GB/T 13923—1992、GB 14804—1993、GB/T 15660—1995

基础地理信息要素分类与代码

Specifications for feature classification and codes of fundamental geographic information

2006-05-24 发布　　　　2006-10-01 实施

中华人民共和国国家质量监督检验检疫总局
中国国家标准化管理委员会　发布

前　言

本标准代替 GB/T 13923—1992《国土基础信息数据分类与代码》、GB 14804—1993《1∶500　1∶1 000　1∶2 000地形图要素分类与代码》和 GB/T 15660—1995《1∶5 000　1∶10 000　1∶25 000　1∶50 000　1∶100 000地形图要素分类与代码》。

本标准与所替代的3个标准相比主要变化如下：

——引入了面向实体对象而非地形图的对象概念；

——各级比例尺地形要素统一考虑，并对原3个标准中要素分类以及同一要素名称的不同进行了统一；

——要素的分类及其要素代码具有唯一性；

——对要素重新进行六位编码。

本标准的附录A、附录B为规范性附录。

本标准由国家测绘局提出。

本标准由全国地理信息标准化技术委员会归口。

本标准起草单位：国家测绘局测绘标准化研究所。

本标准主要起草人：张坤、肖学年、周一、马晓萍、段怡红、吕玉霞。

本标准所替代标准的历次版本发布情况为：

——GB/T 13923—1992。

——GB 14804—1993。

——GB/T 15660—1995。

引　言

本标准在我国现有1∶500　1∶1 000　1∶2 000,1∶5 000　1∶10 000　1:25 000　1∶50 000　1∶100 000,1∶250 000　1∶500 000　1∶1 000 000地形图图式及其相关的地形要素分类与代码的基础上,采用科学的分类体系,从基础地理信息角度对地理信息要素进行了系统而全面的整理、归类与补充。通过要素的分类和编码,确定类别、等级明确的代码结构,最终形成我国统一和协调一致的基础地理信息要素分类代码标准文本,以满足我国当前大、中、小不同比例尺基础地理信息数据的采集、建库以及数据交换、应用等需求。

基础地理信息要素分类与代码

1 范围

本标准规定了基础地理信息要素分类与代码，用以标识数字形式的基础地理信息要素类型。

本标准适用于基础地理信息数据的采集、更新、管理、分发服务和产品开发，包括 1∶500 至 1∶1 000 000比例尺的基础地理信息数据库的建设与应用，各种专业信息系统的基础地理信息公共平台建设，不同系统间的基础地理信息交换与共享，以及数字化测图、编图和地图更新等。

2 术语和定义

下列术语和定义适用于本标准。

2.1

基础地理信息 fundamental geographic information

作为统一的空间定位框架和空间分析基础的地理信息。

2.2

基础地理信息要素 fundamental geographic information feature

基础地理信息所描述的地理要素，包括水系、居民地及设施、交通、管线、境界与政区、地貌、植被与土质、地名以及空间定位基础等。

2.3

要素类型 feature type

具有共同特征的真实世界现象的种类。

3 分类编码原则

3.1 科学性

以适合现代计算机和数据库技术应用和管理为目标，按基础地理信息的要素特征或属性进行科学分类，形成系统的分类体系。

3.2 体系一致性

同一要素在 1∶500 至 1∶1 000 000 比例尺基础地理信息数据库中有一致的分类和唯一的代码。

3.3 稳定性

分类体系选择各要素最稳定的特征和属性为分类依据，能在较长时间里不发生重大变更。

3.4 完整性和可扩展性

分类体系覆盖已有的多尺度基础地理信息的要素类型，既反映要素的类型特征，又反映要素的相互关系，具有完整性。代码结构留有适当的扩充余地。

3.5 适用性

分类体系充分考虑与原有体系的衔接，要素名称尽量沿用习惯名称。

4 要素分类

4.1 要素分类采用线分类法，要素类型按从属关系依次分为四级：大类、中类、小类、子类。

4.2 大类包括：定位基础、水系、居民地及设施、交通、管线、境界与政区、地貌、土质与植被等 8 类；中类在上述各大类基础上划分出共 46 类，见附录 A。地名要素作为隐含类以特殊编码方式在小类中具体体现。

4.3 小类、子类按照 1∶500 1∶1 000 1∶2 000、1∶5 000～1∶100 000、1∶250 000～1∶1 000 000 三个比例尺段进行类别划分，见附录 B。

4.4 大类、中类不得重新定义和扩充。小类、子类不得重新定义，根据需要可进行扩充。

5 要素编码

5.1 代码结构

分类代码采用 6 位十进制数字码，分别为按数字顺序排列的大类、中类、小类和子类码，具体代码结构如下：

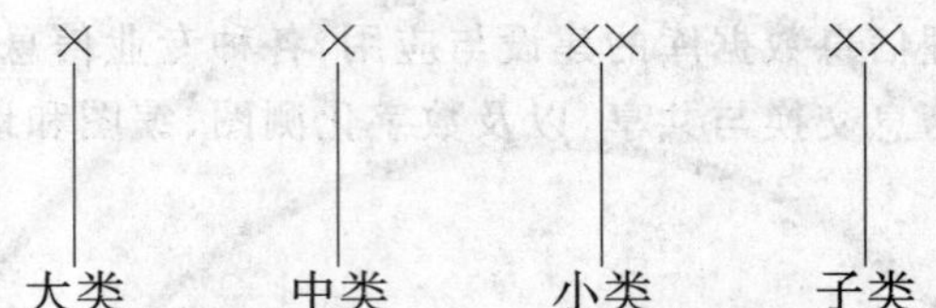

(1) 左起第一位为大类码；

(2) 左起第二位为中类码，在大类基础上细分形成的要素类；

(3) 左起第三、四位为小类码，在中类基础上细分形成的要素类；

(4) 左起第五、六位为子类码，在小类基础上细分形成的要素类。

5.2 要素代码

各级比例尺基础地理信息要素分类与代码见附录 B。

6 分类与代码扩充原则

6.1 当附录 B 提供的要素类型仍不能满足分类需要时，可按 6.2、6.3 的原则扩充，但码位不应扩充。

6.2 要素的小类、子类应在同级的分类上进行扩充，扩充的小类和子类应归入相应的中类和小类，同时在相关数据中说明。

6.3 扩充类型与代码应符合第 5 章的规定。已有的 1∶500 至 1∶1 000 000 代码不得重新定义。

附 录 A
（规范性附录）
基础地理信息要素分类（大类、中类）

序　　号	要素大类	要素中类
1	定位基础	测量控制点 数学基础
2	水系	河流 沟渠 湖泊 水库 海洋要素 其他水系要素 水利及附属设施
3	居民地及设施	居民地 工矿及其设施 农业及其设施 公共服务及其设施 名胜古迹 宗教设施 科学观测站 其他建筑物及其设施
4	交通	铁路 城际公路 城市道路 乡村道路 道路构造物及附属设施 水运设施 航道 空运设施 其他交通设施
5	管线	输电线 通信线 油、气、水输送主管道 城市管线
6	境界与政区	国外地区 国家行政区 省级行政区 地级行政区 县级行政区 乡级行政区 其他区域

续表

序　　号	要素大类	要素中类
7	地貌	等高线 高程注记点 水域等值线 水下注记点 自然地貌 人工地貌
8	植被与土质	农林用地 城市绿地 土质

附 录 B
（规范性附录）
各级比例尺基础地理信息要素分类与代码

表中“√”表示该比例尺段应包括的基础地理信息要素类。

分类代码	要素名称	1∶500 1∶1 000 1∶2 000	1∶5 000～1∶100 000	1∶250 000～1∶1 000 000
100000	**定位基础**	√	√	√
110000	**测量控制点**	√	√	√
110100	平面控制点	√	√	√
110101	大地原点	√	√	√
110102	三角点	√	√	√
110103	图根点	√	√	√
110200	高程控制点	√	√	√
110201	水准原点	√	√	√
110202	水准点	√	√	√
110300	卫星定位控制点	√	√	√
110301	卫星定位连续运行站点	√	√	√
110302	卫星定位等级点	√	√	√
110400	其他测量控制点	√	√	√
110401	重力点	√	√	√
110402	独立天文点	√	√	√
119000	测量控制点注记	√	√	√
120000	**数学基础**	√	√	√
120100	内图廓线	√	√	√
120200	坐标网线	√	√	√
120300	经线		√	√
120400	纬线		√	√
120401	北回归线		√	√
200000	水系	√	√	√
210000	河流	√	√	√
210100	常年河	√	√	√
210101	地面河流	√	√	√
210102	地下河段	√		
210103	地下河段出入口	√	√	√
210104	消失河段	√	√	√
210200	时令河	√	√	√
210300	干涸河(干河床)	√	√	√
210301	河道干河		√	

续表

分类代码	要素名称	1∶500 1∶1 000 1∶2 000	1∶5 000～ 1∶100 000	1∶250 000～ 1∶1 000 000
210302	漫流干河		√	
219000	河流注记		√	√
220000	**沟渠**	√	√	√
220100	运河	√	√	√
220200	干渠	√	√	√
220201	地面干渠	√	√	
220202	高于地面干渠	√	√	
220300	支渠	√	√	√
220301	地面支渠	√	√	
220302	高于地面支渠	√	√	
220303	地下渠	√		
220304	地下渠出水口	√		
220400	坎儿井	√	√	√
220500	渠首		√	
220600	输水渡槽	√	√	√
220700	输水隧道	√	√	√
220800	倒虹吸	√	√	
220900	涵洞	√	√	√
221000	干沟	√	√	
229000	沟渠注记	√	√	√
230000	**湖泊**	√	√	√
230100	常年湖、塘	√	√	√
230101	湖泊	√	√	√
230102	池塘	√	√	√
230200	时令湖	√	√	√
230300	干涸湖	√	√	√
239000	湖泊注记	√	√	√
240000	**水库**	√	√	√
240100	库区	√	√	√
240101	水库	√	√	√
240102	建筑中水库	√	√	√
240200	溢洪道	√	√	
240300	泄洪洞、出水口	√	√	
249000	水库注记	√	√	√
250000	**海洋要素**	√	√	√
250100	海域	√	√	√
250200	海岸线	√	√	√
250300	干出线	√	√	√

续表

分类代码	要素名称	1∶500 1∶1 000 1∶2 000	1∶5 000～1∶100 000	1∶250 000～1∶1 000 000
250400	干出滩、滩涂	√	√	√
250401	沙滩	√	√	√
250402	沙砾滩、砾石滩	√	√	√
250403	岩石滩	√	√	√
250404	珊瑚滩	√	√	√
250405	淤泥滩	√	√	√
250406	沙泥滩	√	√	√
250407	红树林滩	√	√	√
250408	贝类养殖滩	√	√	√
250409	狭窄干出滩	√	√	√
250410	干出滩中河道	√	√	√
250411	潮水沟	√	√	√
250500	危险区	√	√	√
250501	危险岸区	√	√	√
250502	危险海区	√	√	√
250600	礁石	√	√	√
250601	明礁	√	√	√
250602	暗礁	√	√	√
250603	干出礁	√	√	√
250604	适淹礁	√	√	
250700	海岛	√	√	√
259000	海洋要素注记	√	√	√
260000	**其他水系要素**	√	√	√
260100	水系交汇处	√	√	√
260200	河、湖岛	√	√	√
260300	沙洲	√	√	√
260400	高水界	√	√	√
260500	岸滩	√	√	√
260600	水中滩	√	√	√
260700	泉	√	√	√
260800	水井	√	√	√
260900	地热井	√	√	√
261000	贮水池、水窖	√	√	√
261100	瀑布、跌水	√	√	√
261200	沼泽、湿地	√	√	√
261201	能通行	√	√	√
261202	不能通行	√	√	√
261300	流向	√	√	√

续表

分类代码	要素名称	1∶500 1∶1 000 1∶2 000	1∶5 000～1∶100 000	1∶250 000～1∶1 000 000
261301	河流流向	√	√	√
261302	沟渠流向	√	√	√
261303	潮汐流向	√	√	√
261304	海流流向			√
269000	其他水系要素注记	√	√	√
270000	**水利及附属设施**	√	√	√
270100	堤	√	√	√
270101	干堤	√	√	√
270102	一般堤	√	√	√
270200	闸	√	√	√
270201	水闸	√	√	√
270202	船闸	√	√	
270300	扬水站	√	√	
270400	行、蓄、滞洪区			√
270500	滚水坝	√	√	
270600	拦水坝	√	√	√
270700	制水坝	√	√	√
270800	加固岸	√	√	
270801	有防洪墙	√	√	
270802	无防洪墙	√	√	
279000	水利及附属设施注记	√	√	√
300000	**居民地及设施**	√	√	√
310000	**居民地**	√	√	√
310100	城镇、村庄			√
310101	首都			√
310102	特别行政区			√
310103	省级城市			√
310104	地级城市			√
310105	县级城镇			√
310106	乡、镇			√
310107	行政村			√
310108	自然村			√
310109	农林牧渔单位			√
310200	街区		√	
310300	单幢房屋、普通房屋	√	√	√
310301	建成房屋	√		
310302	建筑中房屋	√		
310400	突出房屋	√	√	

续表

分类代码	要素名称	1∶500　1∶1 000 1∶2 000	1∶5 000～ 1∶100 000	1∶250 000～ 1∶1 000 000
310500	高层房屋	√	√	
310600	棚房	√	√	
310700	破坏房屋	√	√	
310800	架空房	√		
310900	廊房	√		
311000	其他房屋	√	√	√
311001	地面窑洞	√	√	
311002	地下窑洞	√	√	
311003	蒙古包、放牧点	√	√	√
311100	行政机构位置标识	√	√	
311101	国务院	√	√	
311102	省级政府	√	√	
311103	地级政府	√	√	
311104	县级政府	√	√	
311105	乡级政府	√	√	
311106	村委会	√	√	
319000	居民地注记	√	√	√
320000	**工矿及其设施**	√	√	√
320100	工矿企业		√	√
320101	发电厂(站)		√	√
320102	水厂		√	
320103	污水处理厂		√	
320200	矿井	√	√	√
320201	竖井井口	√	√	
320202	斜井井口	√	√	
320203	平峒洞口	√	√	
320300	露天采掘场	√	√	
320400	乱掘地	√	√	√
320500	管道井(油、气)	√	√	√
320600	盐井	√	√	
320700	废弃矿井	√	√	
320800	海上平台	√	√	√
320900	地质勘探设施	√	√	
320901	探井	√	√	
320902	探槽	√	√	
320903	钻孔	√	√	
321000	液、气贮存设备	√	√	
321100	工业塔形、塔类建筑	√	√	

续表

分类代码	要素名称	1∶500　1∶1 000　1∶2 000	1∶5 000～1∶100 000	1∶250 000～1∶1 000 000
321101	散热塔	√	√	
321102	蒸馏塔	√	√	
321103	瞭望塔	√	√	
321104	水塔	√	√	
321105	水塔烟囱	√	√	
321106	烟囱	√	√	
321107	烟道	√		
321108	放空火炬	√	√	
321200	盐田、盐场	√	√	√
321300	窑	√	√	
321400	露天设备	√	√	
321500	装卸设备	√	√	
321501	传送带	√	√	
321502	起重机	√	√	
321503	吊车	√	√	
321504	装卸漏斗	√		
321505	滑槽	√		
321506	地磅	√		
321600	露天货栈	√		
329000	工矿及其设施注记	√	√	√
330000	**农业及其设施**	√	√	√
330100	排灌设施	√	√	
330101	抽水站	√	√	
330200	饲养场	√	√	
330300	水产养殖场	√	√	√
330400	温室、大棚	√	√	
330500	粮仓(库)	√	√	
330600	附属设施	√	√	
330601	水磨房、水车	√	√	
330602	风磨房、风车	√	√	
330603	打谷场	√	√	
330604	贮草场	√	√	
330605	药浴池	√	√	
330606	积肥池	√	√	
339000	农业及其设施注记	√	√	√
340000	**公共服务及其设施**	√	√	√
340100	文教卫生	√	√	
340101	学校	√	√	

续表

分类代码	要素名称	1∶500 1∶1 000 1∶2 000	1∶5 000～1∶100 000	1∶250 000～1∶1 000 000
340102	医院	√	√	
340103	馆	√	√	
340200	商业设施	√		
340201	宾馆、饭店	√		
340202	超市	√		
340300	休闲娱乐、景区	√	√	
340301	游乐场	√	√	
340302	公园	√	√	
340303	陵园	√	√	
340304	动物园	√	√	
340305	植物园	√	√	
340306	剧场、电影院	√		
340400	体育	√	√	
340401	露天体育场	√	√	
340402	高尔夫球场		√	
340403	体育馆	√	√	
340404	游泳场、池	√	√	
340405	跳伞塔	√	√	
340406	露天舞台	√		
340500	公共传媒与通信	√	√	√
340501	电视台	√		
340502	电信局	√		
340503	邮局	√		
340504	电视发射塔	√	√	√
340505	移动通信塔	√	√	
340506	微波塔	√	√	
340600	环卫设施	√	√	
340601	厕所	√	√	
340602	垃圾台(场)	√	√	
340700	殡葬设施	√	√	
340701	公墓	√	√	
340702	坟地	√	√	
340703	独立大坟	√	√	
340704	殡葬场所	√	√	
349000	公共服务及其设施注记	√	√	√
350000	**名胜古迹**	√	√	√
350100	古迹、遗址	√	√	√
350101	烽火台	√	√	

续表

分类代码	要素名称	1∶500 1∶1 000 1∶2 000	1∶5 000～1∶100 000	1∶250 000～1∶1 000 000
350200	碑、像、坊、楼、亭	√	√	
350201	纪念碑、柱、墩	√	√	
350202	北回归线标志塔	√	√	
350203	牌楼、牌坊、彩门	√	√	
350204	钟鼓楼、城楼、古关塞	√	√	
350205	亭	√	√	
350206	文物碑石	√	√	
350207	旗杆	√	√	
350208	塑像	√	√	
359000	名胜古迹注记	√	√	√
360000	**宗教设施**	√	√	√
360100	庙宇	√	√	√
360200	清真寺	√	√	
360300	教堂	√	√	
360400	宝塔、经塔	√	√	√
360500	敖包、经堆	√	√	
369000	宗教设施注记	√	√	√
370000	**科学观测站**	√	√	√
370100	科学观测台(站)	√	√	√
370101	气象站	√	√	√
370102	水文站	√	√	√
370103	地震台	√	√	√
370104	天文台	√	√	√
370105	环保监测站	√	√	
370200	卫星地面站	√	√	√
370300	科学试验站	√	√	
379000	科学观测站注记	√	√	√
380000	**其他建筑物及其设施**	√	√	√
380100	城墙、长城	√	√	√
380101	砖石城墙(完好)	√	√	
380102	砖石城墙(破坏)	√	√	
380103	土城墙	√	√	
380200	垣栅	√	√	
380201	围墙	√	√	
380202	栅栏	√	√	
380203	篱笆	√	√	
380204	活树篱笆	√	√	
380205	铁丝网、电网	√	√	

续表

分类代码	要素名称	1∶500　1∶1 000　1∶2 000	1∶5 000 ～ 1∶100 000	1∶250 000 ～ 1∶1 000 000
380300	地下建筑物	√	√	
380301	出入口	√	√	
380302	天窗	√		
380303	通风口	√		
380400	建筑附属设施	√	√	
380401	柱廊	√	√	
380402	门顶	√		
380403	阳台	√		
380404	台阶	√	√	
380405	室外楼梯	√		
380406	院门	√		
380407	门墩	√		
380408	支柱、墩	√		
380500	街道设施	√	√	
380501	路灯	√		
380502	照射灯	√		
380503	岗亭、岗楼	√	√	
380504	宣传橱窗、广告牌	√		
380505	喷水池	√		
380506	假石山	√	√	
380600	避雷针	√		
389000	其他建筑物及其设施注记	√	√	√
400000	**交通**	√	√	√
410000	**铁路**	√	√	√
410100	标准轨铁路	√	√	√
410101	单线标准轨	√	√	√
410102	复线标准轨	√	√	√
410103	建设中铁路	√	√	√
410200	窄轨铁路	√	√	√
410201	单线窄轨	√	√	
410202	复线窄轨	√	√	
410300	车站及附属设施	√	√	√
410301	火车站	√	√	√
410302	机车转盘	√	√	
410303	车挡	√	√	
410304	信号灯柱	√	√	
410305	站线		√	
410306	水鹤	√	√	

续表

分类代码	要素名称	1∶500 1∶1 000 1∶2 000	1∶5 000～ 1∶100 000	1∶250 000～ 1∶1 000 000
410307	站台	√		
419000	铁路注记	√	√	√
420000	**城际公路**	√	√	√
420100	国道	√	√	√
420101	建成	√	√	√
420102	建筑中	√	√	√
420200	省道	√	√	√
420201	建成	√	√	√
420202	建筑中	√	√	√
420300	县道	√	√	√
420301	建成	√	√	√
420302	建筑中	√	√	√
420400	乡道	√	√	√
420500	专用公路	√	√	√
420600	匝道(连接道、交换道)	√	√	√
420700	公路控制点	√	√	√
420701	高速路入口	√	√	
420702	高速路出口	√	√	
420703	高速公路临时停车点	√	√	
429000	城际公路注记	√	√	√
430000	**城市道路**	√	√	√
430100	轨道交通	√	√	√
430101	地铁	√	√	√
430102	轻轨	√	√	√
430103	有轨电车	√		
430200	快速路	√	√	
430300	高架路	√	√	√
430400	引道	√	√	
430500	街道	√	√	√
430501	主干道	√	√	√
430502	次干道	√	√	
430503	支线	√	√	
430600	内部道路	√	√	
430700	阶梯路	√		
439000	城市道路注记	√	√	√
440000	**乡村道路**	√	√	√
440100	机耕路(大路)	√	√	√
440200	乡村路	√	√	√

续表

分类代码	要素名称	1∶500　1∶1 000　1∶2 000	1∶5 000～1∶100 000	1∶250 000～1∶1 000 000
440300	小路	√	√	√
440400	时令路		√	
440500	山隘		√	√
440600	栈道		√	
449000	乡村道路注记	√	√	√
450000	**道路构造物及附属设施**	√	√	√
450100	服务设施	√	√	
450101	地铁站	√	√	
450102	轻轨站	√	√	
450103	长途汽车站	√	√	
450104	加油(气)站	√	√	
450105	停车场	√	√	
450106	收费站	√	√	
450200	门洞、下跨道	√	√	
450300	车行桥	√	√	√
450301	单层桥	√	√	√
450302	双层桥	√	√	√
450303	并行桥	√	√	√
450304	引桥	√	√	
450400	桥墩、柱	√		
450500	人行桥	√	√	
450501	过街天桥	√	√	
450502	人行桥	√	√	
450503	缆索桥	√	√	
450504	级面桥、人行拱桥	√	√	
450505	亭桥、廊桥	√	√	
450506	溜索桥		√	
450507	栈桥		√	
450600	隧道	√	√	√
450601	火车隧道	√	√	√
450602	汽车隧道	√	√	√
450700	明峒	√	√	
450800	地下人行通道	√		
450900	道路交汇处	√	√	
451000	公路标志	√	√	√
451001	中国公路零公里标志	√	√	√
451002	路标	√	√	
451003	里程碑	√	√	

续表

分类代码	要素名称	1∶500 1∶1 000 1∶2 000	1∶5 000～1∶100 000	1∶250 000～1∶1 000 000
459000	道路构造物及附属设施注记	√	√	√
460000	**水运设施**	√	√	√
460100	船码头	√	√	
460101	水运港客运站	√	√	
460102	固定顺岸码头	√	√	
460103	固定堤坝码头	√	√	
460104	栈桥式码头	√	√	
460105	浮码头	√	√	
460106	干船坞	√	√	
460200	防波堤	√	√	√
460300	停泊场	√	√	
460400	助航标志	√	√	√
460401	灯塔	√	√	√
460402	灯桩	√	√	√
460403	灯船	√	√	
460404	浮标	√	√	
460405	岸标、立标	√	√	
460406	信号杆	√	√	
460407	系船浮筒	√	√	
460408	过江管线标	√		
460500	航行险区	√		
460501	沉船(露出)	√		
460502	沉船(淹没)	√		
460503	急流区域	√		
460504	旋涡区域	√		
460600	港口			√
469000	水运设施注记	√	√	√
470000	**航道**	√	√	√
470100	通航河段起迄点	√	√	√
470200	航海线			√
479000	航道注记			√
480000	**空运设施**	√	√	√
480100	机场	√	√	√
489000	空运设施注记	√	√	√
490000	**其他交通设施**	√	√	
490100	缆车道	√	√	
490200	简易轨道	√	√	
490300	架空索道	√	√	

续表

分类代码	要素名称	1∶500 1∶1 000 1∶2 000	1∶5 000～1∶100 000	1∶250 000～1∶1 000 000
490301	索道	√	√	
490302	端点、转折点支架	√	√	
490400	滑道		√	
490500	渡口	√	√	
490501	火车渡	√	√	
490502	汽车渡	√	√	
490503	人渡	√	√	
490504	汽车徒涉场	√	√	
490505	行人徒涉场	√	√	
490506	跳墩	√		
490507	漫水路面	√		
490508	过河缆	√		
499000	其他交通设施注记	√	√	
500000	**管线**	√		
510000	**输电线**	√	√	
510100	高压输电线	√	√	
510101	架空线	√	√	
510102	地下线	√		
510103	入地口	√	√	
510200	配电线	√		
510201	架空线	√		
510202	地下线	√		
510203	入地口	√		
510300	附属设施	√		
510301	电杆	√		
510302	电线架	√		
510303	电线塔(铁塔)	√		
510304	电缆标	√		
510305	检修井孔	√		
510400	变电设备	√	√	
510401	变电站(所)	√	√	
510402	变压器	√		
519000	输电线注记	√	√	
520000	**通信线**	√	√	√
520100	陆地通信线	√	√	
520101	地上	√	√	
520102	地下	√	√	
520103	入地口	√	√	

续表

分类代码	要素名称	1:500　1:1 000 1:2 000	1:5 000～ 1:100 000	1:250 000～ 1:1 000 000
520104	电缆标	√		
520105	检修井孔	√		
520200	海底光缆			√
529000	通信线注记	√	√	√
530000	**油、气、水输送主管道**	√	√	√
530100	油管道	√	√	√
530101	地上管道	√	√	
530102	地下管道	√	√	
530103	出入口	√	√	
530104	架空管道	√	√	
530200	天然气主管道	√	√	√
530201	地上管道	√	√	
530202	地下管道	√	√	
530203	出入口	√	√	
530204	架空管道	√	√	
530300	水主管道	√	√	√
530301	地上管道	√	√	
530302	地下管道	√	√	
530303	出入口	√	√	
530304	架空管道	√	√	
539000	油、气、水输送主管道注记	√	√	√
540000	**城市管线**	√		
540100	不明管线	√		
541000	电力线	√		
541100	供电线	√		
541200	照明线	√		
541300	电车线	√		
542000	电信线	√		
543000	给水管线	√		
543001	地上管线	√		
543002	地下管线出入口	√		
543003	架空管线	√		
543004	墩架	√		
543005	检修井	√		
543006	水龙头	√		
543007	消火栓	√		
544000	排水管线	√		
544100	雨水管线	√		

续表

分类代码	要素名称	1∶500 1∶1 000 1∶2 000	1∶5 000～1∶100 000	1∶250 000～1∶1 000 000
544101	检修井	√		
544102	雨水篦子	√		
544200	污水管线	√		
544201	检查井	√		
544300	合流管线	√		
544301	检查井	√		
545000	燃气管线	√		
545100	煤气管线	√		
545101	地上管线	√		
545102	地下管线出入口	√		
545103	架空管线	√		
545104	墩架	√		
545105	检修井	√		
545200	天然气管线	√		
545201	地上管线	√		
545202	地下管线出入口	√		
545203	架空管线	√		
545204	墩架	√		
545205	检修井	√		
545300	液化气管线	√		
545301	地上管线	√		
545302	地下管线出入口	√		
545303	架空管线	√		
545304	墩架	√		
545305	检修井	√		
546000	热力管线	√		
546001	地上管线	√		
546002	地下管线出入口	√		
546003	架空管线	√		
546004	墩架	√		
546005	检修井	√		
547000	工业管线	√		
547001	地上管线	√		
547002	地下管线出入口	√		
547003	架空管线	√		
547004	墩架	√		
547005	检修井	√		
548000	综合管廊	√		

续表

分类代码	要素名称	1∶500 1∶1 000 1∶2 000	1∶5 000～1∶100 000	1∶250 000～1∶1 000 000
548001	检查井	√		
549000	城市管线注记	√		
600000	**境界与政区**	√	√	√
610000	**国外地区**		√	√
610100	国外区域		√	√
610200	国界线		√	√
619000	国外地区注记		√	√
620000	**国家行政区**	√	√	√
620100	行政区域		√	√
620200	国界线	√	√	√
620201	已定界	√	√	√
620202	未定界	√	√	√
620300	界桩、界碑	√	√	
629000	国家行政区注记	√	√	√
630000	**省级行政区**	√	√	√
630100	行政区域		√	√
630200	行政区界线	√	√	√
630201	已定界	√	√	
630202	未定界	√	√	
630300	界桩、界碑	√	√	
639000	省级行政区注记	√	√	√
640000	**地级行政区**	√	√	√
640100	行政区域		√	√
640200	行政区界线	√	√	√
640201	已定界	√	√	
640202	未定界	√	√	
640300	界桩、界碑	√	√	
649000	地级行政区注记	√		√
650000	**县级行政区**	√	√	√
650100	行政区域		√	√
650200	行政区界线	√	√	√
650201	已定界	√	√	
650202	未定界	√	√	
650300	界桩、界碑	√	√	
659000	县级行政区注记	√	√	√
660000	**乡级行政区**	√	√	√
660100	行政区域		√	√
660200	行政区界线	√	√	√

续表

分类代码	要素名称	1∶500　1∶1 000 1∶2 000	1∶5 000～ 1∶100 000	1∶250 000～ 1∶1 000 000
660201	已定界	√	√	
660202	未定界	√	√	
660300	界桩、界碑	√	√	
669000	乡级行政区注记	√	√	√
670000	**其他区域**	√	√	√
670100	自然、文化区	√	√	√
670101	自然、文化保护区域		√	√
670102	自然、文化保护区界	√	√	√
670200	特殊地区		√	√
670201	特殊地区区域		√	√
670202	特殊地区界线		√	√
670300	国有农场、林场、牧场区	√	√	
670301	国有农场、林场、牧场区域		√	
670302	国有农场、林场、牧场界线	√	√	
670400	开发区、保税区	√	√	
670401	开发区、保税区区域	√	√	
670402	开发区、保税区界线	√	√	
670500	村界	√		
670501	已定界	√		
670502	未定界	√		
670503	界桩、界碑	√		
679000	其他区域注记	√	√	√
700000	**地貌**	√	√	√
710000	**等高线**	√	√	√
710100	等高线	√	√	√
710101	首曲线	√	√	√
710102	计曲线	√	√	√
710103	间曲线	√	√	√
710104	助曲线	√	√	√
710200	草绘等高线		√	√
710201	首曲线		√	
710202	计曲线		√	
710300	雪山等高线		√	√
710301	首曲线		√	√
710302	计曲线		√	√
710400	示坡线	√	√	√
719000	等高线注记	√	√	√
720000	**高程注记点**	√	√	√

续表

分类代码	要素名称	1∶500　1∶1 000 1∶2 000	1∶5 000～ 1∶100 000	1∶250 000～ 1∶1 000 000
720100	高程点	√	√	√
720200	比高点	√	√	
720300	特殊高程点	√	√	
730000	**水域等值线**	√	√	√
730100	水下等高线	√	√	
730101	首曲线	√	√	
730102	计曲线	√	√	
730103	间曲线	√	√	
730104	当地平均海水面		√	
730200	等深线		√	√
739000	水域等值线注记	√	√	√
740000	**水下注记点**	√	√	√
740100	水深点	√	√	√
740200	水下高程点	√	√	
740300	干出高度点		√	
750000	**自然地貌**	√	√	√
750100	峰、柱	√	√	√
750101	岩峰		√	√
750102	黄土柱		√	
750103	独立石	√	√	
750104	土堆	√	√	
750105	石堆	√	√	
750200	漏斗	√	√	√
750201	岩溶漏斗	√	√	
750202	黄土漏斗	√	√	
750203	坑穴	√	√	
750300	山洞、溶洞	√	√	√
750400	火山口	√	√	√
750500	沟壑	√	√	√
750501	冲沟	√	√	√
750502	地裂缝	√	√	
750600	陡崖(坎、岸)	√	√	√
750601	土质陡崖、土质有滩陡岸	√	√	√
750602	石质陡崖、石质有滩陡岸	√	√	√
750603	土质无滩陡岸	√	√	√
750604	石质无滩陡岸	√	√	√
750700	陡石山、露岩地	√	√	√
750701	陡石山	√	√	√

续表

分类代码	要素名称	1∶500　1∶1 000 1∶2 000	1∶5 000～ 1∶100 000	1∶250 000～ 1∶1 000 000
750702	露岩地	√	√	√
750703	岩墙		√	
750800	沙地	√	√	√
750801	平沙地		√	√
750802	灌丛沙堆		√	√
750803	新月形沙丘		√	√
750804	垄状沙丘		√	√
750805	窝状沙地		√	√
750806	格状沙丘			√
750807	金子塔状沙丘			√
750900	雪山		√	√
750901	粒雪原		√	
750902	冰川		√	√
750903	冰裂隙		√	
750904	冰陡崖		√	
750905	冰碛		√	√
750906	冰塔		√	√
750907	雪域范围线		√	√
751000	地质灾害地貌	√	√	
751001	沙土崩崖	√	√	
751002	石崩崖	√	√	
751003	滑坡	√	√	
751004	泥石流	√	√	
751005	熔岩流	√	√	
759000	自然地貌注记	√	√	√
760000	**人工地貌**	√	√	√
760100	斜坡	√		
760101	未加固	√		
760102	已加固	√		
760200	田坎、路堑、沟堑、路堤	√	√	√
760201	未加固	√		
760202	已加固	√		
760300	垄	√	√	√
760301	石垄	√	√	√
760302	土垄	√	√	√
769000	人工地貌注记	√	√	√
800000	**植被与土质**	√	√	√
810000	**农林用地**	√	√	√

续表

分类代码	要素名称	1∶500 1∶1 000 1∶2 000	1∶5 000～1∶100 000	1∶250 000～1∶1 000 000
810100	地类界	√	√	√
810200	田埂	√		
810300	耕地	√	√	√
810301	稻田	√	√	
810302	旱地	√	√	
810303	菜地	√	√	
810304	水生作物地	√	√	
810305	台田、条田	√	√	
810400	园地	√	√	√
810401	果园	√		
810402	桑园	√		
810403	茶园	√		
810404	橡胶园	√		
810405	其他园地	√		
810500	林地	√	√	√
810501	成林	√	√	√
810502	幼林	√	√	√
810503	灌木林	√	√	√
810504	竹林	√	√	
810505	疏林	√	√	
810506	迹地	√	√	
810507	苗圃	√	√	
810508	防火带	√	√	√
810509	零星树木	√	√	
810510	行树	√	√	
810511	独立树	√	√	
810512	独立树丛	√	√	
810513	特殊树	√	√	
810600	天然草地	√	√	
810601	高草地(芦苇地)	√	√	
810602	草地	√	√	
810603	半荒草地	√	√	
810604	荒草地	√	√	
819000	农林用地注记	√	√	√
820000	**城市绿地**	√	√	
820100	人工绿地	√	√	
820200	花圃花坛	√	√	
820300	带状绿化树	√	√	

续表

分类 代码	要素名称	1∶500　1∶1 000 1∶2 000	1∶5 000～ 1∶100 000	1∶250 000～ 1∶1 000 000
829000	城市绿地注记	√	√	
830000	**土质**	√	√	√
830100	盐碱地	√	√	√
830200	小草丘地	√	√	√
830300	裸土地	√	√	
830301	龟裂地	√	√	
830302	白板地		√	
830400	石砾地	√	√	√
830401	沙砾地、戈壁滩	√	√	√
830402	石块地	√	√	
830403	残丘地	√	√	√
839000	土质注记	√	√	√

ICS 83.060
G 40

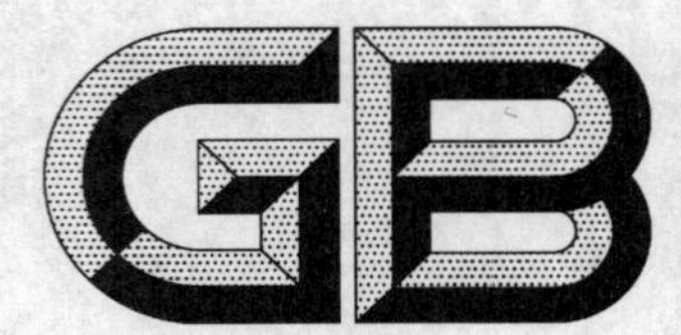

中华人民共和国国家标准

GB/T 13934—2006
代替 GB/T 13934—1992,GB/T 13935—1992

硫化橡胶或热塑性橡胶 屈挠龟裂和裂口增长的测定(德墨西亚型)

Rubber, vulcanized or thermoplastic—Determination of flex cracking and crack growth (De mattia)

(ISO 132:1999,MOD)

2006-12-29 发布　　2007-06-01 实施

中华人民共和国国家质量监督检验检疫总局
中国国家标准化管理委员会　发布

前　言

本标准修改采用 ISO 132:1999(E)《硫化橡胶或热塑性橡胶　屈挠龟裂和裂口增长的测定(德墨西亚型)》(英文版)。

本标准代替 GB/T 13934—1992《硫化橡胶屈挠龟裂的测定》和 GB/T 13935—1992《硫化橡胶裂口增长的测定》。

本标准根据 ISO 132:1999 重新起草,其技术性差异及原因如下:

——本标准增加了半圆形断面试样和图 3(本版 4.1.2)。因为半圆形断面试样与 ISO 132 中规定的矩形断面试样相比有很多优点,且半圆形断面试样在我国已经得到广泛应用与认可。

——本标准增加了 4.1.3"试样形状不同,其试验结果不能比较"一句,因为在 ISO 132 中只有一种矩形断面试样,本标准增加了一个半圆形断面试样,两种试样都可以用于屈挠龟裂和裂口增长的试验,但两种形状的试样没有可比性,因此必须增加此句加以限制。

——本标准将 ISO 132 中的图 3 改为图 4(本版图 4)。因为本标准增加了半圆形断面试样的图 3,因此将 ISO 132 中割口刀具的图 3 顺延为图 4。

——本标准将 ISO 132 中的 4.1 进行了重新编辑,将 ISO 132 中的 4.1 分列为 4.1.1、4.1.2、4.1.3、4.1.4。因为比 ISO 132 增加了一个半圆形断面的试样,与矩形断面的试样并列。

——本标准第 9 章"b)试样详情"中增加了"4)试样形状"。因为本版共有两种不同形状的试样供选择。

——本标准 3.1 第三段后增加了"其他频率的试验速度也可应用,其试验结果不能与标准速度下所做的试验结果相比较"。

为便于使用,本标准还做了下列编辑性修改:

a)　'本国际标准'一词改为'本标准';

b)　用小数点'.'代替作为小数点的逗号',';

c)　删除了国际标准的前言。

本标准与 GB/T 13934—1992、GB/T 13935—1992 相比主要变化如下:

——将上一版的两个标准 GB/T 13934—1992《硫化橡胶屈挠龟裂的测定》和 GB/T 13935—1992《硫化橡胶裂口增长的测定》合并为一个标准,为了同国际标准保持一致;

——删除了一个试验速度 8.3 Hz±0.28 Hz(500 r/min±20 r/min)(1992 版的 3.3);

——增加了警告语部分(本版第 1 页);

——增加了两个引用标准(本版第 2 章);

——增加了成品取样(本版 4.1.4);

——增加了屈挠龟裂的结果的取值方法(本版 7.1);

——修订了裂口增长屈挠结果的取值方法,由算术平均值(1992 版的第 7 章)改为中位数(本版 7.2)。

本标准由中国石油和化学工业协会提出。

本标准由全国橡标委橡胶通用物理和化学试验方法分技术委员会(TC 35/SC 2)归口。

本标准起草单位:青岛黄海橡胶集团。

本标准主要起草人:聂凯、刘恒、赵智伟。

本标准所代替标准的历次版本发布情况为:

——GB/T 13934—1992、GB/T 13935—1992。

引　言

硫化橡胶在反复屈挠作用下，表面的某一区域会因应力集中而容易产生龟裂。如果这部分表面有一个裂口，就会引起这个裂口在垂直于应力的方向上扩展。某些软的硫化橡胶，特别是丁苯胶制备的那些软硫化橡胶，虽然表现出明显的抗初始龟裂性能，但裂口一旦形成扩展速度较快。因此，通过屈挠测定抗龟裂引发和抗裂口增长都是很重要的。

本方法适用于那些强伸性能稳定的橡胶，至少在循环一段时间以后，不显示出过分拉伸或永久变形。如果一些热塑性橡胶在屈服点伸长较低，所得结果要小心处理，或在试验期间在应变最大时关闭机器。

硫化橡胶或热塑性橡胶
屈挠龟裂和裂口增长的测定(德墨西亚型)

警告:使用本标准的人员应有正规实验室工作的实践经验。本标准并未指出所有可能的安全问题。使用者有责任采取适当的安全和健康措施,并保证符合国家有关法规规定的条件。

1 范围

本标准规定了用德墨西亚类型试验机对硫化橡胶或热塑性橡胶进行屈挠龟裂和裂口增长的试验方法。

本标准适用于测定硫化橡胶或热塑性橡胶反复屈挠后耐屈挠龟裂和耐裂口增长性能。为测定耐裂口增长的性能,应事先在试样上做一个人工割口以便引发裂口的增长。

2 规范性引用文件

下列文件中的条款通过本标准的引用而成为本标准的条款。凡是注日期的引用文件,其随后所有的修改单(不包括勘误的内容)或修订版均不适用于本标准,然而,鼓励根据本标准达成协议的各方研究是否可使用这些文件的最新版本。凡是不注日期的引用文件,其最新版本适用于本标准。

GB/T 2941 橡胶试样环境调节和试验的标准温度、湿度及时间(GB/T 2941—1991,eqv ISO 471:1983)

GB/T 9868 橡胶获得高于或低于常温试验温度通则(GB/T 9868—1988,idt ISO 3383:1985)

GB/T 9865.1 硫化橡胶或热塑性橡胶样品和试样的制备 第1部分:物理试验(GB/T 9865.1—1996,idt ISO 4661-1:1993)

3 装置

3.1 德墨西亚型(De Mattia)试验机

德墨西亚型(De Mattia)屈挠试验机的基本特征如下:

单位为毫米

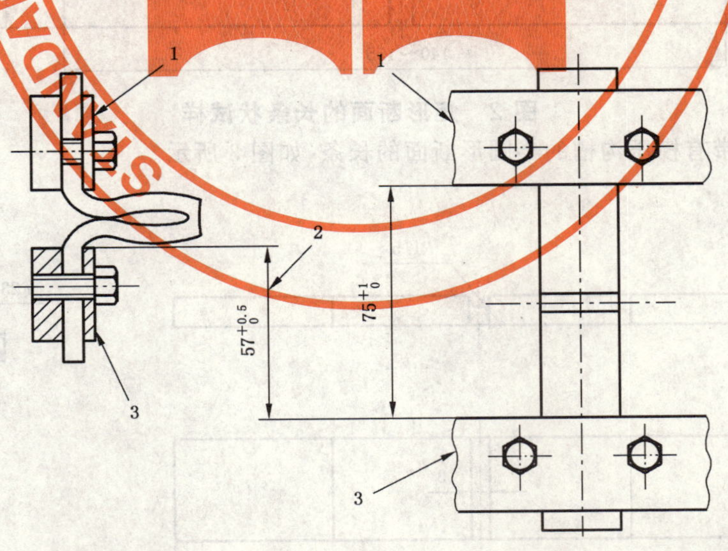

1——上夹持器;

2——行程;

3——下夹持器。

图1 屈挠试验机示意图

试验机应有固定部件，备有能使每个试样的一端保持在固定位置上的夹持器。还有用来夹住试样的另一端的可作往复运动的夹持器，往复运动的行程为($57^{+0.5}_{0}$)mm，两夹持器间的最大距离(75^{+1}_{0})mm(见图1)。

往复运动的部件应这样安装，使它们沿着每对夹持器的中心线方向，并在这些中心线构成的平面内作直线运动，每对夹持器的夹持平面在运动中始终保持平行。

驱动往复运动部件的偏心轮用5.00 Hz±0.17 Hz的恒速电机来带动。并且有足够的功率能在一次试验中至少屈挠6个试样，最好为12个试样。在没有过分压缩的情况下，夹持器牢固地夹住试样，并能对试样做个别调整，以确保试样插入位置准确。其他频率的试验速度也可应用，其试验结果不能与标准速度下所做的试验结果相比较。

可以依据仪器情况把试样安排成相等的两组，当一组试样屈挠时，另一组试样拉直，这样可以减少仪器振动。

试验若需在高温或低温下进行，可把试验机密封在有温度控制的装置内，试样中心附近的温度应控制在试验温度的±2℃以内。如果需要，可使用空气循环器。

3.2　割口刀具和合适的支架用于穿刺试样(见4.2)。

4　试样

4.1　形状、尺寸和制备

4.1.1　试样为带有模压沟槽的矩形断面的长条，如图2所示。

单位为毫米

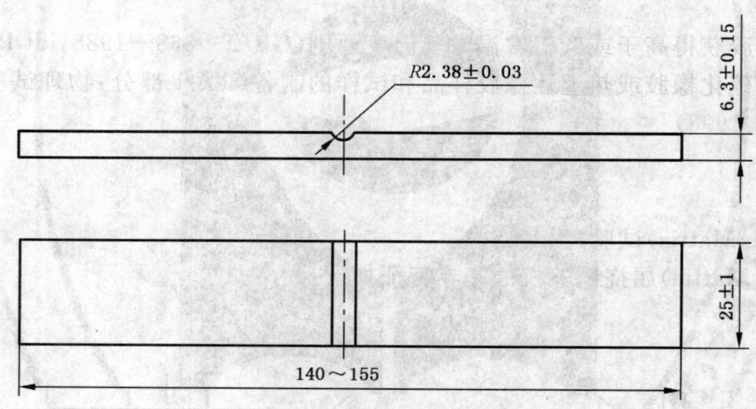

图2　矩形断面的长条状试样

4.1.2　试样也可为带有模压沟槽的半圆形断面的长条，如图3所示。

单位为毫米

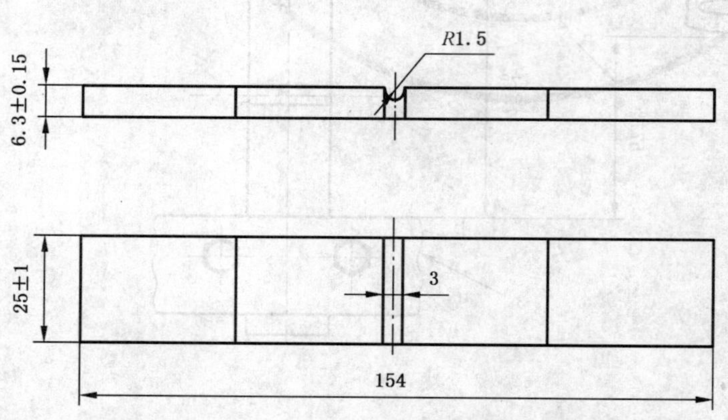

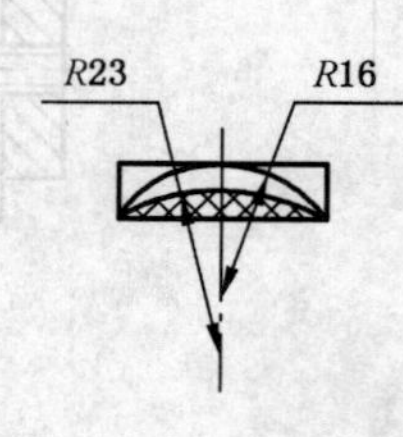

图3　半圆形断面的长条状试样

4.1.3 试样形状不同，其试验结果不能比较。

注：仲裁试验时应首选矩形断面试样。

4.1.4 试样可用一个多模腔的模具单独模压，也可从一个带有模压沟槽的宽板上裁取。

试样的沟槽应具有光滑的表面，不应有可能使龟裂过早出现的不规则缺陷。通过模腔中心的半圆形凸脊把沟槽压到试样或宽板上。半圆形凸脊的半径为 2.38 mm±0.03 mm。模压沟槽应垂直于压延方向。

由于试样厚度对试验结果影响很大，所以测量时应接近试样沟槽，只有厚度在公差范围以内的试样之间的结果才是可以比较的。

如果是成品试验，没有沟槽的试样也可以被应用。它们将根据 GB/T 9865.1 进行处理。经切割或打磨的表面不能用来进行龟裂的评价。从成品上切割和/或打磨的试样应在试验报告中注明。

4.2 用于测量割口增长的试样的制备

单位为毫米

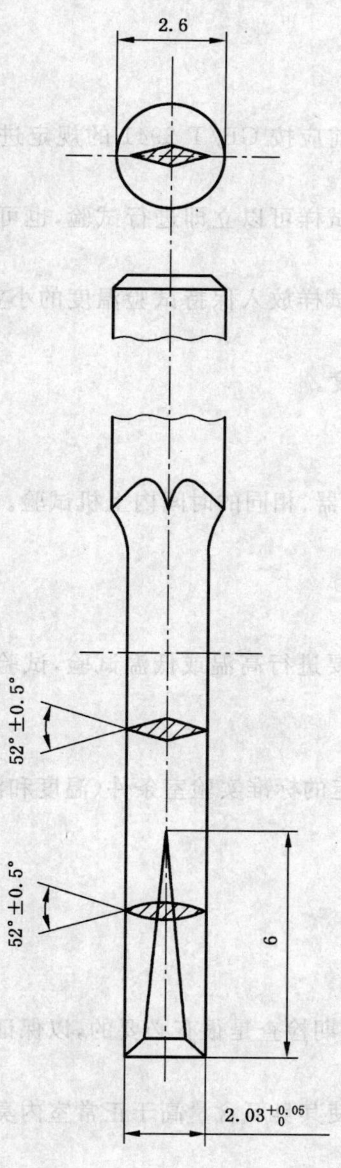

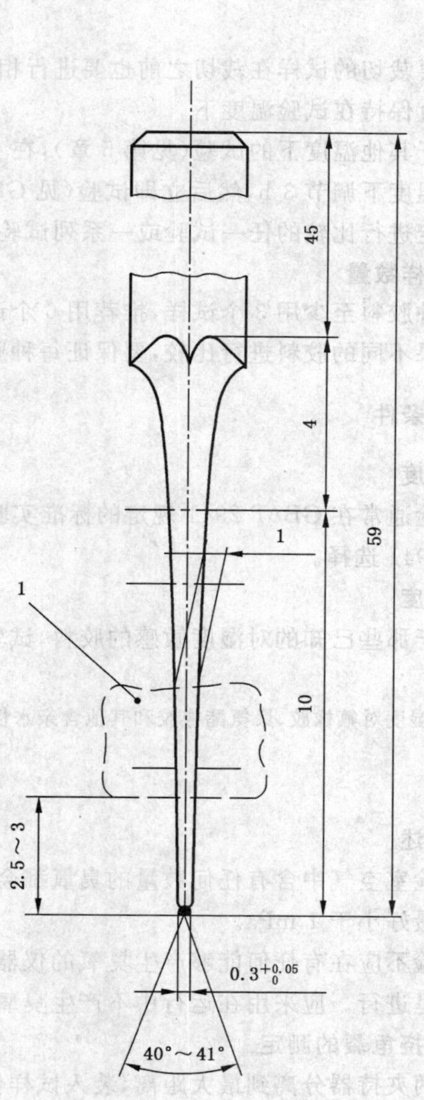

1——试样。

图 4 割口刀具

用一个合适的支架，在与两端部等距离的点上将沟槽底部穿刺来制备每一个试样。割口工具应符合图4给出的尺寸。割口工具要保持与试样的横轴和纵轴都垂直，并将工具一插一拉一次切割完成。割口应与沟槽的纵轴平行。切割时可使用含有适当润滑剂的水湿润刀口。

这里虽然没有规定支撑切割刀具用的合适的支架的确切细节，但其操作原理应如下所述：试样应平放在一个牢固的支架上，切割工具应垂直支架，并要放在相当于试样沟槽的中心位置上。切割工具的刀缘平行于槽轴。应装设一种使切割刀具通过橡胶整个厚度的装置。该装置应有一个小孔，其孔径大小正好使切割工具穿过试样底部之外不小于2.5 mm也不超过3 mm。

4.3 硫化和试验之间的时间间隔

对于所有试验，按照GB/T 2941规定硫化与试验之间的最少时间间隔为16 h。

对于非产品试验，硫化与试验之间的最长时间应为4周。如果是比对试验，试验应尽可能在相同的时间间隔内进行。

试样和试片应避免阳光直接照射。

4.4 环境调节

在标准试验室条件下(见第5章)，单独模压的试样在试验之前应按GB/T 2941的规定进行环境调节。

需要裁切的试样在裁切之前也要进行相同的调节。裁切后的试样可以立即进行试验，也可在试验之前一直保持在试验温度下。

对于其他温度下的试验(见第5章)，在上述的调节之后，要将试样放入保持试验温度的小室里，在该试验温度下调节3 h，然后立即试验(见GB/T 9868)。

指定进行比较的任一试验或一系列试验要始终使用同样的温度。

4.5 试样数量

每种胶料至少用3个试样，推荐用6个试样进行试验。

如果不同的胶料进行比较，要保证每种胶料的试样在相同的机器、相同的时间内上机试验。

5 试验条件

5.1 温度

试验通常在GB/T 2941规定的标准实验室温度下进行，如果要进行高温或低温试验，试验温度按GB/T 2941选择。

5.2 湿度

对于那些已知的对湿度敏感的胶料，试验应在GB/T 2941规定的标准实验室条件(温度和湿度)下进行。

注：湿度对氟橡胶、聚氨酯橡胶和其他含亲水性填料的橡胶影响较大。

6 程序

6.1 概述

实验室空气中含有任何数量的臭氧都会影响试验结果，因此定期检查是很有必要的，以保证室内臭氧分压最好小于1 mPa。

试验不应在有任何能够产生臭氧的仪器如日光灯或其他原因使其臭氧含量高于正常室内臭氧含量的房间里进行。应采用在运行中不产生臭氧的电机驱动试验机。

6.2 屈挠龟裂的测定

把两夹持器分离到最大距离，装入试样使其展平并没有拉伸。每个试样的沟槽都应位于两夹持器之间的中心位置上。当试样屈挠时，沟槽应在所形成折角的外侧。

保证试样同夹具成90°角。

开动试验机连续试验，随之不断地观察，直到每个被测试的试样上初次出现细小裂纹的迹象为止。记录下这一刻的屈挠次数，重新启动试验机，按时间间隔逐次停机检查。例如 1 h，2 h，4 h，8 h，24 h，48 h，72 h，96 h，或者根据屈挠循环次数按几何级数增加的间隔逐次停机检查，适当的比例是 1.5。每次检查屈挠试样时，两夹持器分离的距离为 65 mm。

在试样边缘发生的裂口应忽略不计。

7.1 中规定了龟裂程度的标准等级。不要使试样屈挠到完全断裂，但要屈挠到某个龟裂级别。

6.3 裂口增长的测定

最好使用低倍率放大镜测量割口的初始长度 L。

按照 6.2 第一段描述的那样装上试样。开动试验机，每屈挠一定的次数停机测量裂口的长度。例如隔 1，3，5 千周，或按显示的需要选择更长或中间的周期。每次测量时应把两夹持器分离到 65 mm 的距离，最好借助低倍率放大镜测量裂口的长度。

不需要使试样屈挠到完全断裂，但要屈挠到 7.2 规定的某个龟裂等级。

7 结果表示

7.1 屈挠龟裂的测定

比较包括裂口长度、宽度和龟裂数量的评价。

龟裂应按下列标准进行分级：

1 级：这一级龟裂用肉眼看上去象“针刺点”一样，如果这些“针刺点”的数目为 10 个或小于 10 个就作为 1 级。

2 级：如有下列情况之一可为 2 级：

a) “针刺点”数目超过 10 个；

b) “针刺点”数目少于 10 个，但有一个或多个龟裂点已经扩展到超出“针刺点”的范围，即裂口有明显的长度，深度很浅，其长度不超过 0.5 mm。

3 级：一个或多个针刺点扩展成明显龟裂，可以看出明显的长度和较小的深度，其裂口长度大于 0.5 mm但不大于 1.0 mm。

4 级：最大龟裂处的长度大于 1.0 mm，但不大于 1.5 mm。

5 级：最大龟裂处的长度大于 1.5 mm，但不大于 3.0 mm。

6 级：最大龟裂处的长度大于 3.0 mm。

注：单独增长的裂口和那些联合增长的裂口要同等评价。

计算达到每一龟裂等级的千周数的中位数。用 1 级到 6 级屈挠千周数的中位数在线性坐标纸上标点，并通过这些点画出一条光滑的曲线，使用图解内插法，可以找出每一裂口等级的千周数。

达到 3 级需要的千周数是平均抗屈挠龟裂的千周数。

也可用计算机程序代替图解内插法。

7.2 裂口增长的测定

用每一试样的裂口长度对屈挠周期数作图，画出一条光滑的曲线并可以读出：

a) 裂口从 Lmm 扩展到(L+2)mm 所需的千周数；

b) 裂口从(L+2)mm 扩展到(L+6)mm 所需的千周数；

c) 如果需要，可以读出裂口从(L+6)mm 扩展到(L+10)mm 所需的千周数。

对每一个裂口的扩展，用千周数的中位数表示。

8 精密度

对于这个试验在当前没有通用的精密度数据。

9 试验报告

试验报告应包括下列内容。

a) 采用的国家标准及编号。

b) 试样详情

1) 试样及其来源的详细描述；

2) 胶料的详情及其硫化条件；

3) 试样制备的详细描述；

4) 试样形状。

c) 试验

1) 试验的温度及湿度；

2) 任何与本试验方法的偏差；

3) 试样的数量。

d) 试验数据

1) 龟裂的测定

——达到7.1中规定的1级到6级每一个龟裂等级所需的千周数的中位数；或

——抗屈挠龟裂中位数；或

——至龟裂没有发生时的千周数。

2) 裂口增长的测定

——裂口从Lmm到(L+2)mm的千周数的中位数；

——裂口从(L+2)mm到(L+6)mm的千周数的中位数；

——如果需要，报告裂口从(L+6)mm到(L+10)mm的千周数的中位数。

e) 试验日期。

ICS 65.050
B 72

中华人民共和国国家标准

GB/T 14020—2006
代替 GB/T 14020—1992

氢化松香

Hydrogenated rosin

2006-07-12 发布　　2006-12-01 实施

中华人民共和国国家质量监督检验检疫总局
中国国家标准化管理委员会　发布

前　言

本标准代替 GB/T 14020—1992《氢化松香》。

本标准与 GB/T 14020—1992《氢化松香》相比主要变化如下：

——增加了高度氢化松香的各项指标(见表 1)；

——将玻璃色块比色、外观、酸值、软化点、乙醇不溶物、不皂化物的测定方法改为直接引用 GB/T 8146—2003《松香试验方法》中的相应规定；

——修改了酸值的单位符号(见表 1)；

——修改了枞酸、去氢枞酸的测定方法(见 5.6)；

——增加了四氢枞酸的测定方法(见 5.8)；

——增加了出厂检验和型式检验(见 6.1.1、6.1.2)；

——氢化松香包装桶要求改为引用行业标准 LY/T 1145(见 7.1.1)；

——规定了氢化松香的最大允许称量范围，增加了最大允许称量误差(见 7.1.2)；

——在标志中将批号的标识方法具体化，使得产品具有可溯源性质(见 7.2.1)；

——增加了运输的相关规定(见 7.3)。

——增加了高度氢化松香四氢枞酸的测定方法(见附录 A)。

本标准由国家林业局提出并归口。

本标准由中国林业科学研究院林产化学工业研究所负责起草。

本标准主要起草人：高宏、宋湛谦、叶伯蕙。

本标准于 1992 年首次发布。

氢 化 松 香

1 范围

本标准规定了氢化松香的技术要求、试验方法、检验规则、标志、包装、运输、贮存。

本标准适用于普通氢化松香和高度氢化松香。

2 规范性引用文件

下列文件中的条款通过本标准的引用而成为本标准的条款。凡是注日期的引用文件,其随后所有的修改单(不包括勘误的内容)或修订版均不适用于本标准,然而,鼓励根据本标准达成协议的各方研究是否可使用这些文件的最新版本。凡是不注日期的引用文件,其最新版本适用于本标准。

GB/T 8146—2003 松香试验方法

LY/T 1145 松香包装桶

3 术语和定义

下列术语和定义适用于本标准。

3.1

普通氢化松香 hydrogenated rosin

以脂松香为原料,在一定温度和压力下,采用钯/碳催化剂,使松香树脂酸的双键部分被氢饱和而制得的氢化松香。主要化学成分是二氢枞酸,分子式为 $C_{20}H_{32}O_2$。

3.2

高度氢化松香 high-hydrogenated rosin

以脂松香为原料,在一定温度和压力下,采用钯/碳催化剂,使松香树脂酸的双键大部分被氢饱和而制得的氢化松香。主要化学成分是四氢枞酸和二氢枞酸,分子式为 $C_{20}H_{34}O_2$ 和 $C_{20}H_{32}O_2$。四氢枞酸含量应不小于30%。

4 要求

4.1 性状

氢化松香是一种无定形的透明固体树脂。

4.2 项目和指标

项目和指标见表1。

表1 氢化松香技术指标

项目			指标				
			普通氢化松香			高度氢化松香	
			特级	一级	二级	特级	一级
外观			透明				
颜色	玻璃色块比色		符合松香色度标准块的要求				
	不深于罗维邦色号	黄	12	20	30	12	20
		红	1.4	2.1	2.5	1.4	2.1

表 1(续)

项　　目		指　　标				
		普通氢化松香			高度氢化松香	
		特　级	一　级	二　级	特　级	一　级
酸值/(mg/g)	≥	162.0	160.0	158.0	164.0	160.0
软化点(环球法)/℃	≥	72.0	71.0	70.0	73.0	72.0
乙醇不溶物/(%)	≤	0.020	0.030	0.040	0.020	0.030
不皂化物/(%)	≤	7.0	8.0	9.0	7.0	8.0
枞酸/(%)	≤	2.00	2.50	3.00	0.50	1.00
去氢枞酸/(%)	≤	10.0	10.0	15.0	8.0	10.0
氧吸收量[a]/(%)	≤	0.20	0.20	0.30	0.20	0.20
四氢树脂酸/(%)	≥	—			30.0	

[a] 根据用户需要选测。

5 试验方法

试验中除特殊规定外,所用试剂为分析纯。

5.1 颜色及外观的测定

5.1.1 玻璃色块比色

依据 GB/T 8146—2003 3.2 的方法进行。

5.1.2 罗维邦比色

5.1.2.1 仪器

罗维邦色调计。

5.1.2.2 试样的制备

把要测定的氢化松香试样块用电熨斗快速、断续地熨成边长略大于 22 mm 的立方体,并用软纸或棉花把每次熨后产生的熔化氢化松香擦净。最后用来比色的一对工作面应是光滑而平行的平面,其厚度为 22 mm。

5.1.2.3 定级

将试样放入罗维邦色调计的试样槽座上,先把色调计的黄色色调调到试样标准的数值上作为基色,然后用红色色调调到相当于试样的颜色,读取的黄色和红色色号数小于或等于表 1 所规定的色号,则符合该级颜色的规定。

5.1.1 与 5.1.2 具有同等效果;当二者结果不一致时,以 5.1.2 方法为仲裁结果。

5.1.3 外观的测定

依据 GB/T 8146—2003 3.3 的方法进行。

5.2 酸值的测定

依据 GB/T 8146—2003 第 5 章的方法进行。

5.3 软化点的测定(环球法)

依据 GB/T 8146—2003 第 4 章的方法进行。

5.4 乙醇不溶物含量的测定

依据 GB/T 8146—2003 第 7 章的方法进行。

5.5 不皂化物的测定

依据 GB/T 8146—2003 第 6 章的方法进行。

5.6 枞酸、去氢枞酸含量的测定

5.6.1 仪器

5.6.1.1 紫外分光光度计。

5.6.1.2 容量瓶,50 mL。

5.6.2 试剂

无水乙醇(符合 GB 678)。

5.6.3 测定方法

称取去除外表部分的试样约 0.015 g(准确至 0.000 1 g)于洁净、干燥的 50 mL 容量瓶中,加入少量无水乙醇使试样完全溶解后,再加无水乙醇至标线,充分摇匀待用(如需稀释可用移液管准确吸取 5 mL 入另一 50 mL 容量瓶中,再加乙醇至标线。

将待测液和无水乙醇分别移入两只厚度为 1 cm 的洁净石英比色皿中,用擦镜纸将比色皿外壁擦净。放入分光光度计的比色皿架,调节仪器狭缝宽度为 1.0 nm,分别在波长 241 nm 与 250 nm,273 nm 与 276 nm 及附近波长的紫外光进行测定,取其消光值的峰谷处的值进行计算。

5.6.4 结果计算和报告

5.6.4.1 计算

枞酸含量以枞酸的质量分数 w_k 计,数值以%表示,按式(1)计算,去氢枞酸含量以去氢枞酸的质量分数 w_m 计,数值以%表示,按式(2)计算:

$$w_k = \frac{(E_{241} - E_{250})}{c\,k\,l} \times 100 \qquad (1)$$

$$w_m = \frac{(E_{276} - E_{273})}{c\,f\,l} \times 100 \qquad (2)$$

式中:

E_{241}、E_{250}、E_{273}、E_{276}——分别为波长 241 nm、250 nm、273 nm、276 nm 附近紫外光的消光值峰谷处的值;

c——试样浓度,单位为克每升(g/L);

l——比色皿的厚度,单位为厘米(cm);

k——纯枞酸比吸收系数(k=28);

f——纯去氢枞酸比吸收系数(f=1.06)。

计算结果表示到小数点后第二位。

5.6.4.2 报告

枞酸含量两次平行试验结果允许相差 0.05%,以算术平均值表示,报告至小数点后第二位。

去氢枞酸含量两次平行试验结果允许相差 0.5%,以算术平均值表示,报告至小数点后第一位。

5.7 氧吸收量的测定

5.7.1 方法提要

将粉碎为一定粒度的氢化松香置于一定压力的氧气中,7 d 后测定其吸氧量。反映了氢化松香的对氧稳定性。

5.7.2 仪器

5.7.2.1 10 目、20 目分样筛。

5.7.2.2 耐压容器。

5.7.2.3 氧气瓶。

5.7.3 测定方法

将除去外表部分的氢化松香研碎、过筛,取其 10 目～20 目粒度的试样 10 g 左右于 50 mL 已知质量的洁净烧杯中,置干燥器中 24 h 后取出称量(准确至 0.000 1 g),杯上盖一多孔罩,以免试样飞出,然后放入在(25±5)℃条件下的耐压容器内,用氧气充压至2.1 MPa,在(25±5)℃,保持7 d,取出置干燥器中24 h后称量。

5.7.4 结果计算和报告

5.7.4.1 计算

氧吸收量以氧吸收量的质量分数 w_v 计,数值以%表示,按式(3)计算:

$$w_v = \frac{(m_1 - m_2)}{m} \times 100 \quad \cdots\cdots(3)$$

式中:

m_2——吸氧后试样和烧杯的质量,单位为克(g);

m_1——吸氧前试样和烧杯的质量,单位为克(g);

m——试样的质量,单位为克(g)。

计算结果报告至小数点后两位。

5.7.4.2 报告

两次平行试验结果允许相差0.01%,以算术平均值计,报告结果保留小数点后两位。

5.8 四氢枞酸的测定(气相色谱法)

5.8.1 原理

氢化松香的主要成分为不同饱和度的枞酸型和海松酸型树脂酸,可用气相色谱法测定,并用氢火焰检测器检测其信号,经色谱数据处理机或色谱工作站处理即得到各种树脂酸酯的色谱图和百分含量。

5.8.2 试剂

5.8.2.1 无水乙醇(符合GB/T 678)

5.8.2.2 1%酚酞指示剂　称取1.0 g酚酞(符合GB/T 10729)溶于乙醇,用95%乙醇溶解并稀释至100 mL。

5.8.2.3 6%四甲基氢氧化铵甲醇溶液。

5.8.2.4 甲醇。

5.8.3 仪器

5.8.3.1 气相色谱仪(氢火焰检测器)。

5.8.3.2 色谱数据处理机或色谱工作站。

5.8.3.3 色谱柱,推荐使用国产OV-17毛细管柱30 m×0.25 mm×0.5 μm,或达到同等分离效果的色谱柱。

5.8.4 气相色谱条件

汽化室为260℃;采用程序升温:初温200℃(保留2 min),升温速率1 ℃/min,终温250 ℃;载气为氮气,流速30 mL/min;分流比为1∶50;进样量0.2 μL。

5.8.5 分析步骤

5.8.5.1 样品的制备

用分析天平称取去除外表部分的氢化松香试样(50±2) mg于10 mm×100 mm的试管中,加入0.5 mL无水乙醇溶解,加入1滴1%酚酞指示剂溶液,用6%四甲基氢氧化铵甲醇溶液滴至粉红色30 s不褪为止。

5.8.5.2 树脂酸含量的测定

色谱仪通入载气(N_2),启动色谱仪。设定色谱条件,加热升温。当各部件(汽化室、检测器、柱箱)的温度达到设定值时,通入氢气、空气,检测器点火燃烧。待仪器稳定时,进样。当样品的色谱峰全部检出后,仪器就将各个色谱峰(树脂酸峰)的相对百分比含量打印出来。

通过对树脂酸色谱峰的辨认,并按同类相加,得到氢化松香样品的四氢枞酸百分比含量,精确至小数点后一位。

6 检验规则

6.1 检验分类

产品检验分出厂检验和型式检验。

6.1.1 出厂检验

产品应经公司检验部门检验合格，并附有产品质量合格证方可出厂。出厂检验项目为：外观、颜色、酸值、软化点、枞酸含量、四氢枞酸含量。

6.1.2 型式检验

型式检验包括表1所列的全部检验项目。

下列情况之一时，应进行型式检验：

a) 当原辅材料及生产工艺发生较大变动时；

b) 长期停产恢复生产时；

c) 正常生产时，每半年不少于一次。

6.2 批次划分

生产当日0时至24时收集的氢化松香为一批次。

6.3 取样方法

氢化松香检验应在同级品中进行，试样在包装完整的桶中选取。抽样数量按表2规定。

取样部位需离桶壁50 mm以内，氢化松香表面50 mm以下，取块状试样，每桶约取200 g，桶数少时可增加到400 g。

在取得的试样中，选取颜色最深的作为该批测定氢化松香颜色的试样。用于测定其他指标的试样按所取试样等量混合，共取300 g装入磨口暗色玻璃瓶中，用作检验。

表2 氢化松香取样抽检的最少桶数

每批氢化松香桶数	抽检数/(%)	备 注
50以下	8	不少于2桶
51～150	6	不少于4桶
151～500	5	不少于8桶
501～1 000	4	不少于20桶

6.4 定级

氢化松香的等级评定是根据各项指标全部符合同一等级来定级，如果检验结果有一项指标不符合本标准中同一等级要求时，则降为与之相应的等级。

6.5 仲裁

用户对氢化松香应及时验收或复检，当供需双方对产品质量发生异议时，可请国家认可的质量检验机构进行仲裁。

7 包装、标志、运输、贮存

7.1 包装

7.1.1 氢化松香包装桶，应符合LY/T 1145的要求。

7.1.2 氢化松香用镀锌铁桶包装，每桶氢化松香净重(225±0.5) kg。

7.1.3 氢化松香的其他包装由供需双方商定。

7.2 标志

7.2.1 包装上应有明显而牢固的标志，其内容为：产品名称、标准编号、批号、毛重、净重、等级、厂名、厂址。

7.2.2 批号的表示方法：用"×××××××××"九位数字表示，前面六位数分别代表年、月、日，末尾三位数代表生产当日0时至24时收集氢化松香的流水编号(001～999)。

7.2.3 出口产品的标志按出口要求进行标志。

7.3 运输

氢化松香在运输过程中应防止进水、污染和激烈碰撞，应保持包装的完好性。

7.4 贮存

氢化松香宜存放在室内阴凉干燥处，不可靠近火源。

附 录 A
（资料性附录）
氢化松香四氢枞酸的气相色谱图

A.1 色谱柱

国产 OV-17 毛细管柱 30 m×0.25 mm×0.5 μm。

A.2 氢化松香四氢枞酸的气相色谱图

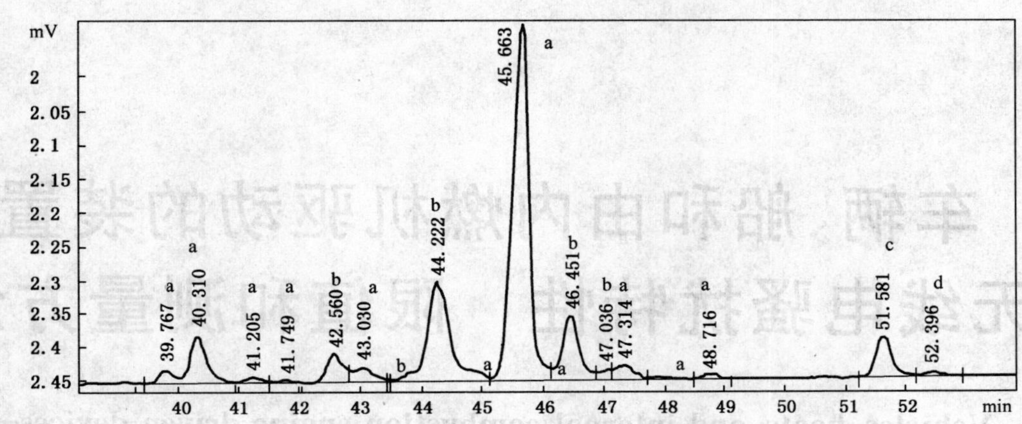

a——二氢枞酸；

b——四氢枞酸；

c——去氢枞酸；

d——枞酸。

图 A.1 氢化松香四氢枞酸的气相色谱图

ICS 33.100
L 06

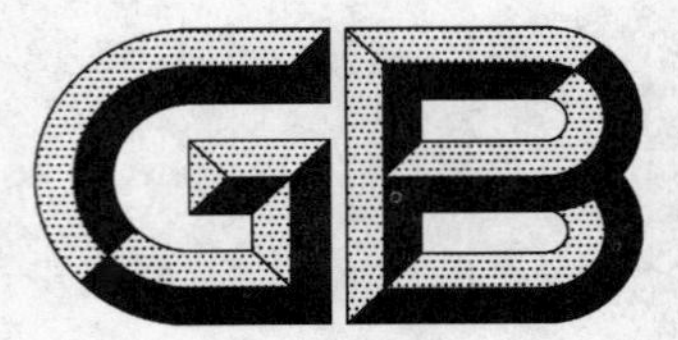

中华人民共和国国家标准

GB 14023—2006/CISPR 12:2005
代替 GB 14023—2000

车辆、船和由内燃机驱动的装置 无线电骚扰特性 限值和测量方法

Vehicles, boats, and internal combustion engine driven devices—Radio disturbance characteristics—Limits and methods of measurement

(CISPR 12:2005, IDT)

2006-07-17 发布　　　　2007-05-01 实施

中华人民共和国国家质量监督检验检疫总局
中国国家标准化管理委员会　发布

前　言

本标准为条文强制性国家标准，除6.6为非强制性，其余均为强制性。

本标准等同采用国际无线电干扰特别委员会出版物 CISPR 12:2005《车辆、船和由内燃机驱动的装置　无线电骚扰特性　限值和测量方法》（第5.1版）。

本标准代替 GB 14023—2000《车辆、机动船和由火花点火发动机驱动的装置的无线电骚扰特性的限值和测量方法》。

本标准适用频率范围为 30 MHz～1 000 MHz。

本标准对 GB 14023—2000 作出的重大技术变动情况如下：

a) 标准名称的变化：由原来2000版的《车辆、机动船和由火花点火发动机驱动的装置的无线电干扰特性的测量方法及限值》改为新版的《车辆、船和由内燃机驱动的装置　无线电骚扰特性　限值和测量方法》。

注：CISPR 12:2001 原文中的名称为 Vehicles, boats, and internal combustion engine driven devices—Radio disturbance characteristics—Limits and methods of measurement for the protection of receivers except those installed in the vehicle/boat/device itself or in adjacent vehicles/boats/devices，由于在本标准范围中已有明确规定，因此未将 for the protection of receivers except those installed in the vehicle/boat/device itself or in adjacent vehicles/boats/devices（用于保护除安装或邻近于车辆/船/装置以外的接收机）放在标准名称之中。

b) 本标准新增3.2船的定义，并对2000版中的“车辆”和“装置”进行了重新定义。

c) 在5.2.1开阔试验场(OATS)的要求中，划分为用于车辆和装置的开阔场和用于船的开阔场。在用于船的开阔场中又分位于陆地上的测量设备和位于水面上的测量设备。

d) 在5.2.4中对多个天线位置（仅用于3 m测量距离）进行了详细描述。

e) 5.3.2车辆/船中删除“同一车辆或船（混合车）中的不同动力系统，应分别进行测试。”，用“对于仅装有内燃机的车辆或船在每次测量时发动机应按表3规定运转。对于峰值或准峰值测量，发动机的转速相同。”来代替；新增加对“装有独立电驱动和内燃机驱动系统的车辆或船”及“装有混合动力系统的车辆”的测试要求。

f) 将6.6研发样机的快速检验（适用宽带发射）定为非强制性条款。

g) 与 GB 14023—2000 版标准在附录方面的重大差异如下：

1) 附录B的名称由原来的“鞭天线校准——等效电容替代法”改为新版的“鞭天线（单极天线）性能方程和鞭天线匹配放大器的特性——等效电容替代法”，并在附录B中新增模拟天线中安装电容举例。

2) 新增附录G“检查 GB 14023 适用性的流程图”（资料性附录）和附录H“距离天线3 m处测量时替代发射限值的确定程序”（规范性附录）。

3) 本标准的附录A和附录H为规范性附录；附录B～附录G为资料性附录。

本标准由全国无线电干扰标准化技术委员会提出并归口。

本标准主要起草单位：上海电器科学研究所（集团）有限公司、中国汽车技术研究中心。

本标准主要起草人：寿建霞、徐立、张君、隋修武、林艳萍、樊文琪、王昌文、陈碧峰、谢宁。

CISPR 引 言

1) 国际电工委员会(IEC)是由所有参加国的国家委员会(IEC 国家委员会)在内的世界性标准化组织。其宗旨是促进电气和电子技术领域有关标准化的全部问题的国际一致。为此,除开展其他活动之外,还出版国际标准,并委托技术委员会制定标准。对制定项目感兴趣的任何 IEC 国家委员会均可参加。与 IEC 有联络的国际组织、政府和非政府机构也可参加这一工作。IEC 与国际标准化组织(ISO)按照两组织间的协商确定的条件密切合作。

2) 由于各个技术委员会中都有来自对相关制定项目感兴趣的所有国家的代表,所有 IEC 对有关技术内容作出的正式决定或协议都尽可能地接近于国际意见的一致。

3) IEC 出版物在国际上采用建议的形式,同样也被 IEC 国家委员会接受。然而,所有的工作都确保了 IEC 出版物技术上的正确性,但 IEC 不对其使用途径和错误的理解负责。

4) 为了促进国际上的一致,IEC 国家委员会应尽可能最大限度地把 IEC 国际标准转化为其国家标准和地区标准,对相应国家标准或地区标准与 IEC 国际标准之间的任何分歧均应在标准中清楚地说明。

5) IEC 不对符合标准与否的争议表态,也不对任何声明符合某一标准的设备承担责任。

6) 所有的使用者必须确保其使用的是最新的出版物。

7) 对于任何人身伤害、损伤或其他自然损害,无论什么,直接或间接,产生的任何费用或开支,其责任与 IEC 或其主管、雇员或代理人等无关,包括个人专家、技术委员会和 IEC 国家委员会。

8) 关注出版物中引用的标准参考。对于此出版物的正确应用,参考标准的引用是不可缺少的。

9) 应注意本国际标准的某些部分可能涉及到专利权的内容。IEC 也不承担鉴别任何或全部这样的专利权的责任。

此出版物由 CISPR D 分技术委员会制定:无线电干扰/机动车辆和内燃机。

本标准基于第五版(2001)CISPR/D/255/FDIS 和 CISPR/D/263/RVD,以及修订版 1(2005)CISPR/D/302/FDIS CISPR/D/310/RVD

车辆、船和由内燃机驱动的装置
无线电骚扰特性　限值和测量方法

1　范围

本标准规定的限值是用于对居住环境中使用的广播接收机在 30 MHz～1000 MHz 频率范围内提供保护。但满足本标准的要求并不能对距离车辆或装置在 10m 内的居住环境中使用的新型无线电发射或接收机提供足够的保护。

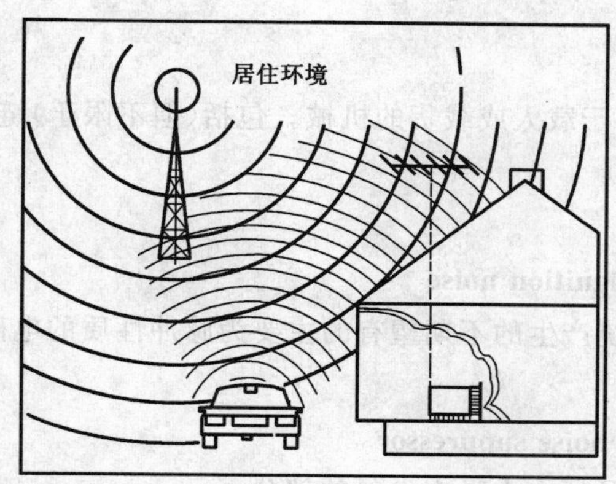

注 1：经验表明：符合本标准可以为用于居住环境中的其他发射类型(包括规定频率范围以外的无线电发射)的接收机提供满意的保护。

本标准适用于可能对无线电接收造成干扰的宽带和窄带电磁发射源。

这类发射源为：

a)　由内燃机、电驱动或两者共同驱动的车辆(见 3.1)；

b)　由内燃机、电驱动或两者共同驱动的船(见 3.2)，测量方式与车辆相同，除非在本标准中对它们的独特性能有明确的规定。

c)　配备有内燃机的装置(见 3.3)。

本标准包括宽带发射和窄带发射的限值和测量方法。

本标准不适用于飞行器、牵引系统(火车、有轨电车和无轨电车)和非完整车辆。

注 2：车载接收机的保护见 GB 18655。

本标准不包括车辆连接到电源上充电时的电磁骚扰的测量。用户可以参考对这种状况作出规定的测量方法和限值的相关 IEC 标准和 CISPR 标准。

2　规范性引用文件

下列文件中的条款通过本标准的引用而成为本标准的条款。凡是注日期的引用文件，其随后所有的修改单(不包括勘误的内容)或修订版均不适用于本标准，然而，鼓励根据本标准达成协议的各方研究是否可使用这些文件的最新版本。凡是不注日期的引用文件，其最新版本适用于本标准。

GB/T 4365　电工术语　电磁兼容(GB/T 4365—2003，IEC 60050(161)：1990，IDT)

GB/T 6113.1—1995　无线电骚扰和抗扰度测量设备规范

GB 18655　用于保护车载接收机的无线电骚扰特性的限值和测量方法(GB 18655—2002，idt CISPR 25：1995)

3 术语和定义

除采用 GB/T 4365 的定义外，本标准还采用下列专门的术语和定义。

3.1

车辆 vehicle

工作在陆地上的载人或载货的机械。包括(但不限于)乘用车、货车、客车、摩托车、农业机械、工程机械、物资装卸设备、采矿设备和雪上机动车等。

3.2

船 boat

行驶在水面上，长度不超过 15 m 的船只。

3.3

装置 device

由内燃机驱动的、主要不用于载人或载货的机械。包括(但不限于)链锯、灌溉泵、扫雪机、空气压缩机和园林设备等。

3.4

脉冲点火噪声 impulsive ignition noise

由车辆或装置内的点火系统产生的不期望有的主要为脉冲性质的电磁发射。

3.5

点火噪声抑制器 ignition noise suppressor

高压点火线路中用以限制脉冲点火噪声发射的部分。

3.6

电阻性分电器电刷 resistive distributor brush

装在点火分电器盖内的电阻性电刷。

3.7

子频段 frequency sub-band

为统计评定由扫频测量得到的试验数据，而对 30 MHz～1 000 MHz 频率范围规定的一段频谱。

3.8

典型频率 representative frequency

某一个子频段中用于与限值作比较的指定频率(仅用于 6.4 和 6.5 及附录 A)。

3.9

特征电平 characteristic level

在每个子频段中的主导发射电平。特征电平是在天线的极化方向上以及在车辆或装置的所有规定的测量方位所获得的最大测量值(已知的环境信号不作为特征电平的一部分)。

3.10

跟踪信号发生器 tracking generator

频率锁定在测量仪器接收频率上的试验信号(连续波)发生器。

3.11

射频骚扰功率 RF disturbance power

用吸收钳的电流互感器和射频测量仪所测得的射频功率。如同测量射频骚扰电压一样，它也用峰值或准峰值方式进行测量。

3.12

火花放电　spark discharge

本标准中火花放电是指储存在点火线圈中的能量以电弧形式在测量用火花塞电极间进行的释放。

3.13

电阻性高压点火电缆　resistive high-tension(HT)ignition cable

具有高阻尼(衰减)导线的点火电缆。

3.14

居住环境　residential environment

骚扰源与无线电接收点之间具有 10 m 保护距离并使用公共低压电网系统或以电池作为电源的环境场所。例如,公寓、私人住宅、娱乐场所、剧场、学校、街道等。

4　骚扰限值

4.1　适用限值电平的确定

如果不知道骚扰类型,则可以用图 1 所示的流程图来确定应采用哪种限值。

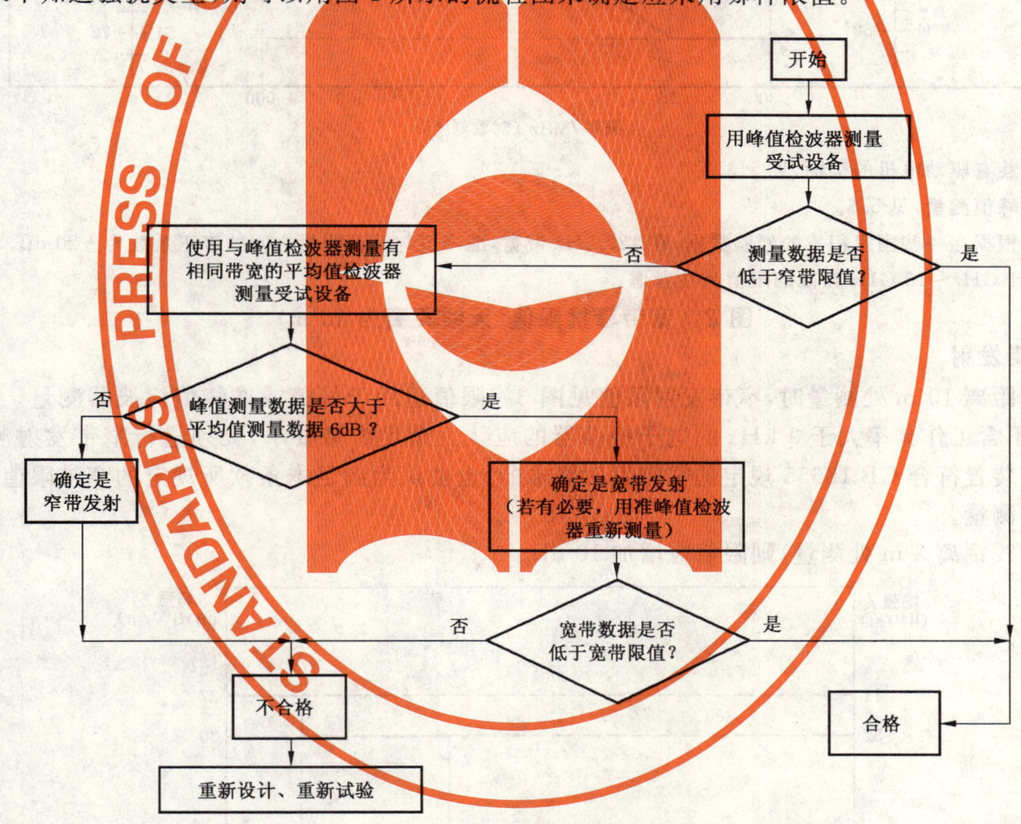

图 1　确定辐射骚扰合格与否的流程图

4.2　宽带发射

当测量天线距离 10 m 时,宽带发射限值见图 2 中的表格和曲线。测量时,只需要选择图 2 中的一种带宽。为了更准确地确定限值,应使用图 2 给出的限值计算公式。若测量距离为 3 m,则限值应增加 10 dB。*

---

* 当采用不同的检波器模式和测量距离时,若测量结果发生矛盾,本标准规定以准峰值检波器及 10 m 测量距离的测量结果为准。

对应带宽、检波器和频率函数的限值 L_{bw}/dB (μV/m) f/MHz

带宽	30～75 MHz	75～400 MHz	400～1000 MHz	测量仪类型
120 kHz	L=34	L=34+15.13lg(f/75)	L=45	准峰值
120 kHz	L=54	L=54+15.13lg(f/75)	L=65	峰值
1 MHz	L=72	L=72+15.13lg(f/75)	L=83	峰值

准峰值

带宽

120 kHz

当以 dB——频率对数标绘时，为直线

峰值

带宽

120 kHz　1 MHz

线性 dB (μV/m)　对数 μV/m

45　180

40　100

34　50

线性 dB (μV/m /120kHz)　线性 dB (μV/m /MHz)

65　83

60　78

54　72

30　75　400　1 000

频率 /MHz（对数刻度）

注 1：装有驱动电机的车辆，见 5.3.2。

注 2：峰值测量，见 5.5。

注 3：根据在一些国家积累的经验数据，在 120 kHz 带宽，准峰值与峰值测量之间的修正系数为＋20 dB。

注 4：1 GHz～18 GHz 频段的限值尚在考虑。

图 2　宽带骚扰限值(天线距离为 10 m)

4.3　窄带发射

天线距离 10 m 处测量时，窄带发射限值见图 3。限值适用于峰值或准峰值检波器测量。若车辆/船/装置不含工作频率大于 9 kHz 的电子振荡器的应认为满足窄带要求，无须进行窄带发射测试。若车辆/船/装置符合 GB 18655 规定的窄带发射要求的，也被认为满足本条款所规定的窄带限值要求，不必再进行测量。

若天线距离 3 m 处测量，则限值应增加 10 dB。

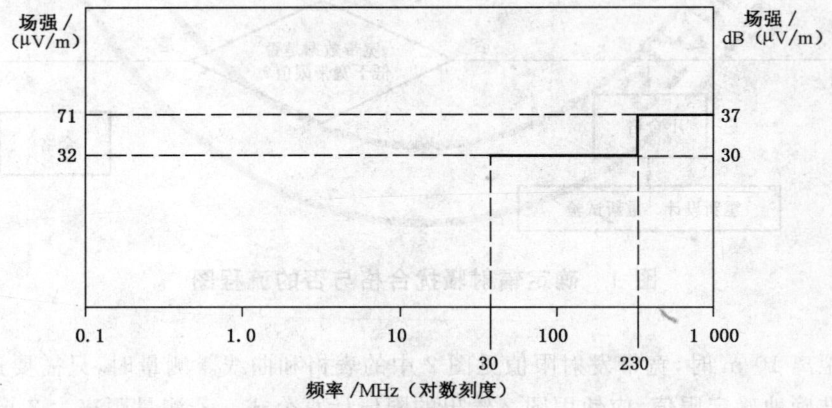

注：150 kHz～30 MHz 频段的限值尚在考虑。

图 3　窄带骚扰限值(天线距离为 10 m)

5　测量方法

注：1 GHz～18 GHz 频段的测量方法尚在研究。

5.1 测量设备的要求

5.1.1 测量仪器

5.1.1.1 仪器类型

测量仪器应符合 GB/T 6113.1 的要求，手动或自动频率扫描方式均可使用。

注：频谱分析仪和扫频接收机特别适用于骚扰测量。对于相同的带宽，频谱分析仪和扫频接收机的峰值检波器方式所显示的峰值均大于准峰值。由于峰值检波比准峰值检波扫描速度快，所以发射测量采用峰值检波更方便。

在采用准峰值限值时，为了提高效率也可使用峰值检波器测量。任何测量的峰值等于或超过单个样品型式试验限值时，则使用准峰值检波器重新测量。

5.1.1.2 最小扫描时间

应按照所用的 CISPR 频段和检波方式，来调整频谱分析仪或扫频接收机扫描速度。最小扫描时间/频率(即最快扫描速率)列于表 1。

表 1 最小扫描时间

频段	频率范围	峰值检波器	准峰值检波器
A	9 kHz～150 kHz	不采用	不采用
B	0.15 MHz～30 MHz	100 ms/MHz	200 s/MHz
C,D	30 MHz～1 000 MHz	1 ms/MHz	20 s/MHz
频段定义根据 GB/T 6113.1。本标准不使用 A 频段和 B 频段。			
注：某些信号(例如低重复率的信号)可能需要较慢的扫描速率或多次扫描以确保测出最大幅值。			

5.1.1.3 测量仪器带宽

应选择测量仪器的带宽，使仪器的本底噪声值至少比限值低 6dB。推荐的仪器带宽见表 2。

注：当测量仪器的带宽大于窄带信号带宽时，所测得的信号幅值将不会受影响；测量仪器带宽减小时，宽带脉冲噪声的指示值将减小。

表 2 推荐的测量仪器带宽(6 dB)

频率范围/MHz	仪器宽带/kHz
0.15～30 (本版标准不使用该频段)	9
30～1 000	120

若用频谱分析仪进行峰值测量，其视频带宽至少为分辨率带宽的 3 倍。

5.1.2 天线类型

5.1.2.1 150 kHz～30 MHz 频率范围的基准天线

该天线为 GB/T 6113.1 所述的 1 m 长垂直极化鞭天线，鞭天线的端电压与接地板(或地网)有关，接地板(或地网)的尺寸和形状要与天线设计相称(其尺寸和形状则由天线制造商来确定)。

鞭天线应通过一个有源或无源耦合单元(或耦合器)与测量仪器连接。耦合单元提供高阻抗到低阻抗的阻抗变换，它可安装在接地板(或地网)之下(优先)或之上，应用 50 Ω 同轴馈线将天线输出传送至测量仪器输入端。

5.1.2.2 30 MHz～1 000 MHz 频率范围的基准天线

该天线为平衡偶极子天线(见 GB/T 6113.1)，采用自由空间天线系数。频率等于或高于 80 MHz 时，天线长度应为谐振长度；频率低于 80 MHz 时，天线长度应等于 80 MHz 的谐振长度。应使用一个适当的平衡-不平衡变换器与馈线相匹配。

5.1.2.3 30 MHz～1 000 MHz 频率范围的宽带天线

只要能归一化到基准天线，任何线性极化的接收天线均可采用。

使用扫描测量仪自动接收系统进行测量时，须采用宽带天线。如果在测量场地的实际测试环境中宽带天线的输出能归一化到基准天线的输出，则这种宽带天线可用于发射电平的测量(在本标准覆盖的频谱范围内)。

当采用宽带天线时，应满足 GB/T 6113.1 对复杂天线的要求。考虑的因素包括：

(1) 该天线的有效口径，包括它的极化响应(水平和垂直平面)；

(2) 相位中心随频率移动的影响；

(3) 地面反射特性的影响(包括可能在特殊频率点,如大约 500 MHz 的垂直极化和 900 MHz 的水平极化产生的多路径电磁波反射)。

5.1.3 天线特性

5.1.3.1 150 kHz～30 MHz 频率范围

鞭天线(单极天线)特性方程和匹配放大器特性见附录 B。

5.1.3.2 30 MHz～1 000 MHz 频率范围

替代天线特性见附录 C。

5.1.4 准确度

在不包括发射源和测试场的情况下,由天线、馈线和测量仪器组成的测量系统,在 30 MHz～1 000 MHz频率范围内,其测量电场强度的准确度为±3 dB。见 GB/T 6113.1—1995 的 5.5。频率准确度应优于±1%。

注:为确保本标准规定的测量处在指定的容许偏差范围内,应考虑测量设备的所有有关特性(例如频率和幅值的稳定性、镜像抑制、交叉调制、过载电平、选择性、时间常数、信噪比),以及那些对天线和馈线有影响的特性。

5.1.5 重复性

应定期检查测量系统的变化情况以保证测量的重复性,并要以更短的周期检查测量仪器的输入/输出特性。

注:在 30 MHz～1 000 MHz 的范围内,在电场的测量中有±3 dB 的测量偏差是合理的(见 C.12),这些偏差是由于地面的电导率的变化和影响重复性的其他因素所产生的。

5.2 测量场地的要求

5.2.1 开阔试验场(OATS)的要求

5.2.1.1 用于车辆和装置的开阔场

该试验场应是一个在以车辆或装置与测量天线之间的中点为圆心,最小半径为 30 m 的圆形区域内没有电磁波反射物的空旷场地。测量设备、测量棚或装有测量设备的车辆可置于试验场内,但只能处在图 4 用交叉阴影线标示的允许区域内。

注:在 5.2.1.1 和图 4 中规定的场地要求是将 GB/T 6113.1 应用于大型汽车的情况。

在长度和宽度上小于 2 m 的车辆和装置,可以在 GB/T 6113.1—1995 的图 16 或图 17 所示尺寸的开阔试验场(OATS)上测量。

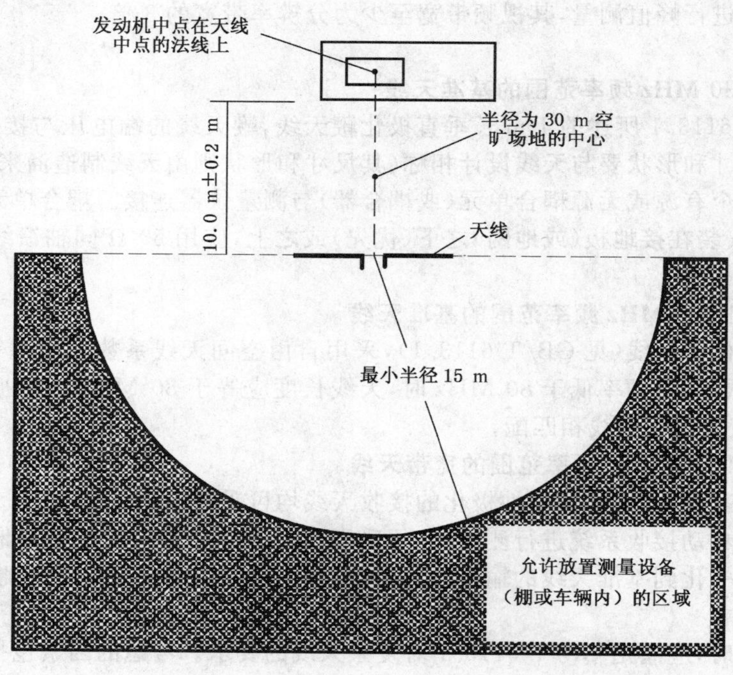

注:按照 5.2.3.2 和 5.2.3.4 的规定,尺寸 10.0 m±0.2 m 可以改变为 3.00 m±0.05 m。

图 4 车辆和装置的测量场地(开阔试验场)

5.2.1.2 用于船的开阔试验场

该试验场应是一个在以受试发动机和测量天线之间的中点为圆心，最小半径为 30 m 的圆形区域内没有电磁波反射物的空旷场地。此外关于设备的情况见 5.2.1.2.1 和 5.2.1.2.2 中规定。

船或需单独测试的船用发动机/电动机，应在图 5 所示的测量场地的盐水和淡水中进行测试。

5.2.1.2.1 位于陆地上的测量设备

当测量设备位于陆地上时，在测试棚或车辆里面的测量设备可能位于测试场地内，但是只能安放在允许的区域内，如图 5 的交叉阴影所示。如果测量设备并不在测试棚或车辆内，也可以位于测试场地如图 5 阴影或交叉阴影的区域内。

5.2.1.2.2 位于水上的测量设备

测量设备应安装在可以位于测试场地内的非金属的船或非金属的测试装置内，但只能在允许的区域内，如图 5 所示的阴影或交叉阴影。

注：允许测量设备在阴影的区域内(相对于图 4 车辆的测试场地)是一种解决船测试特殊问题的折衷办法。

图 5 船的测量场地(开阔试验场)

5.2.1.3 环境要求

为了保证没有足以影响测量值的外界噪声或信号，应在测量之前和测量之后，车辆、船或装置没有运转的状态下测量环境噪声。这两次测量到的环境噪声电平应比第 4 章规定的骚扰限值至少低 6 dB，有意的发射载体除外。当按照第 6 章作评定时，超过限值的任何发射都需要检查，以确保排除那些不属于车辆/船/装置的外界噪声或信号。

注：更具体的说明见 GB/T 6113.1—1995 的 5.6。

5.2.2 装有吸波材料的屏蔽室(ALSE)的要求

5.2.2.1 相关性

如果在装有吸波材料的屏蔽室中的测量结果与 5.2.1 要求的开阔试验场(OATS)所测量的结果具有相关性，则可以使用装有吸波材料的屏蔽室。

注：这样的试验室，其具有稳定的电特性，有可全天候测试、环境可控和重复性更好的优点。

5.2.2.2 环境要求

环境噪声电平应比第4章规定的骚扰限值至少低6 dB。环境噪声电平必须定期验证或者在试验结果显示出有不合格的可能性时进行验证。

5.2.3 天线的要求

在30 MHz～1 000 MHz频率范围内的每一个测量频率点上(包括起止频率)，应分别进行水平极化和垂直极化的测量(见图6、图7)。在150 kHz～30 MHz频率范围内的每一个测量频率点上，仅进行垂直极化的测量。

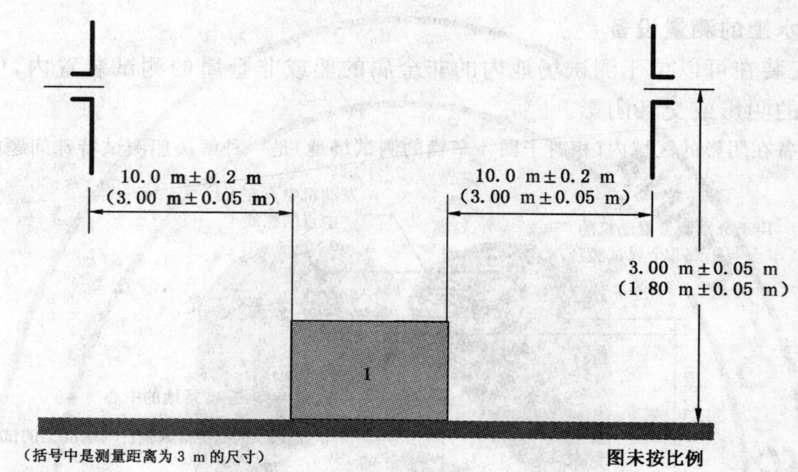

注：1为受试设备。

图6 测量辐射骚扰的天线位置——垂直极化

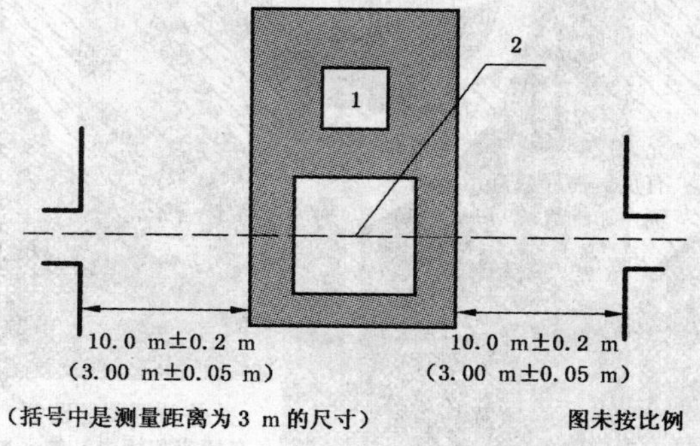

2
1
10.0 m±0.2 m
(3.00 m±0.05 m)
10.0 m±0.2 m
(3.00 m±0.05 m)
(括号中是测量距离为3 m的尺寸)
图未按比例

注：1为受试设备；

2为发动机中心点正对天线中心点。

图7 测量辐射骚扰的天线位置——水平极化

应避免天线单元与天线支架或升降系统之间的电耦合。

从理论上考虑天线和馈线的几何形状，要求馈线与天线单元之间不发生电耦合。

注：当偶极子天线高度为3m(或测量距离为3 m，天线高度为1.8 m)时，馈线下降至地平面之前，馈线走向应水平地向后延伸6 m。其他的馈线走向若不影响测量结果或者这些影响可以包括在设备的校准中，也可以采用。

5.2.3.1 高度

在30 MHz～1 000 MHz频率范围内(包括起止频率)，天线距离为10 m时，天线中心离地面或地板(或水面)的高度为3.00 m±0.05 m；测量距离为3 m时，高度为1.80 m±0.05 m。在150 kHz～30 MHz频率范围内，天线的平衡网络应尽可能地接近地面或地板。用最大长宽比为7∶1的导线搭接到地面或地板上。

5.2.3.2 距离

天线到车辆或装置边缘的金属部分的水平距离优先选用 10.0 m±0.2 m。作为一种替代，只要满足 5.2.4 的要求，也可选用 3.00 m±0.05 m 距离进行测量。

5.2.3.3 辅助(多个)天线

5.2.3.3.1 150 kHz～30 MHz 频率范围

在车辆的每一侧允许使用相同极化方向的鞭天线。

5.2.3.3.2 30 MHz～1 000 MHz 频率范围

允许使用辅助天线。但是如果两根天线相对，则一根应处于垂直极化，另一根应处于水平极化。

以车辆或装置与辅助天线之间的中点为圆心的空旷场地应符合 5.2.1.1 所述的试验场地要求。

5.2.4 天线的多个位置(仅适用于 3 m 测量距离)

在 3 m 测量距离时，如果车辆或装置的长度大于 3dB 天线波束宽度值，就需要确定多个天线位置。对于每一位置均要进行水平极化和垂直极化测量。

若辐射骚扰的测量值低于限值减去增益损耗后的值，可不必确定天线的多个位置。增益损耗由试验配置的几何尺寸和天线增益数据计算得到(见附录 H)。

注：典型对数周期天线的 3dB 天线波束宽度近似为 60°。在 3 m 测量距离时，这种天线将产生大约 3.5 m 的照射宽度，即天线中心线两侧各 1.75 m，因此 8 m 长车辆的每一侧要求三个天线位置，以便定量确定该车辆的辐射特性。

5.3 试验条件

5.3.1 一般要求

应优先考虑在车辆、船或装置干燥时或雨停 10 min 之后的测量值。外置的发动机或驱动电机和装置，通常在使用时与水接触的那些表面无干燥的要求。

注：露水和轻度受潮可能会严重影响具有塑料外壳的受试装置的测量值。

评估合格的方法基于受试装置的干燥程度，见第 6 章。

5.3.2 车辆/船

应在车辆或船左右两侧进行测量(见图 6 和图 7)。

在进行测量时，所有和动力系统一起自动接通的电气设备，都应尽可能处在典型的正常工作状态，发动机应处于正常工作温度。

对于仅装有内燃机的车辆或船在每次测量时发动机应按表 3 规定运转。对于峰值或准峰值测量，发动机的转速相同。

表 3 内燃机运转速度

缸　数	发动机转速/(r/min)
单　缸	2 500±250
多　缸	1 500±150

对于装有驱动电机的车辆，每次测量时按下述规定运转：

车辆在空载的底盘测功机或非导电车轴架上，以 40 km/h 的恒速驱动。如果最高车速达不到 40 km/h，则以最大车速驱动。

仅用峰值检波器进行测量。

注：电驱动船的技术条件正在考虑中。

对于同时装有独立电机驱动和内燃机驱动系统的车辆或船，驱动系统应分别测试。

装有混合动力系统的车辆，应在电机和内燃机同时驱动下，使车辆以 40 km/h 的速度工作的情况下测试。如果不可能，则车辆需在内燃机按表 3 规定转速运转下，以及用电牵引系统使车辆以 40 km/h 的速度工作的情况下分别测试，如果最高车速达不到 40 km/h，则以最大车速驱动。

如果可能，辅助发动机应按预定的正常方式运转并应与主发动机分别进行测量。

对装有多个发动机的车辆或船应要进行多次测量。测量时，应将几个发动机依次定位在天线正前方，具体视辅助发动机的位置而定。

当分别测量时，舷内、船尾驱动装置和舷外发动机或驱动电机应安装在非金属船或非金属试验架上，并按对装有舷内发动机或电动机的船的类似方法进行测量。

5.3.3 装置

受试装置应在正常工作位置和高度，以正常满载和怠速空载的状态下测量其最大辐射骚扰值。如果可行的话，应在受试装置的三个正交面进行测量。

根据情况应考虑以下条件：

——若装置的工作位置和高度可变动，受试装置火花塞的位置应高出地面 1.0 m±0.2 m。

——测量时，操作人员不应在测量场地内。必要时可用非金属装置在尽可能远的地方操作，使受试装置保持正常的位置和规定的发动机转速。

5.4 测量频率

本标准规定的限值适用于 30 MHz～1 000 MHz 的宽带和窄带发射，应在整个频率范围内评定骚扰特性。

5.5 数据采集

应在整个频率范围内进行扫描测量。点频测量仅适用于 6.5 所述的情况。

为了统计评定，宽带准峰值的测量结果应以 dB(μV/m)表示。

根据图 2 所示的带宽之一，为了统计评定，宽带峰值测量的结果应采用对数单位 dB(μV/m)。

用峰值检波器进行宽带测量时，图 2 所示限值加上修正系数 20 lg(带宽(kHz)/120 kHz)或 20 lg(带宽(MHz)/MHz)就可作为非 120 kHz 或非 1 MHz 的带宽时的限值。

为了统计评定，用窄带测量的结果应采用对数单位 dB(μV/m)表示。

6 评定方法

6.1 总则

车辆或装置结构上的某些差异对点火噪声发射未必有显著的影响，附录 D 给出了道路车辆结构差异的例子。

6.2 限值曲线的应用

6.2.1 干燥条件下的测量

在车辆/船/装置干燥时或在雨停 10 min 后的情况下进行的测量(见 5.3.1)，应采用图 2 或图 3 所示的限值。

6.2.2 潮湿条件下的测量

如果在下雨或雨停后 10 min 之内进行测量，若所测得的电平低于图 2 或图 3 所示限值至少 10 dB，则认为车辆、船或装置符合本标准的要求。

如果对符合性持有任何异议，应以干燥条件下进行的测量为准。

在潮湿条件下测量合格(如上所述)，应保持有效直到对它产生异议并在干燥条件下的测量证明不合格为止。对于这类情况，在认为合格的期间售出的车辆/船/装置，不需要重新改进。

在潮湿条件下的测量符合标准时，还应特别注意批量生产的监督。

6.3 评定(总则)

评定单个车辆/船/装置，应采用扫描测量的全部数据。

多个车辆/船/装置的统计评定，应采用附录 A 所述的特征电平和计算方法，此特征电平应与对应的子频段内的典型频率点的限值进行比较。

多个车辆的峰值宽带数据的统计分析要采用相同测量带宽的有关数据进行分析。

6.4 型式批准试验

应按第4章的要求进行检验。

6.4.1 单个样品

对新产品系列中的样品车辆/船/装置进行测量。测量结果应比第4章规定的限值至少低2 dB。

6.4.2 多个样品(可选项)

选择多个样品进行测试,应增加5个或5个以上的车辆/船/装置进行测试,测试结果应与6.4.1的测量数据相结合。每个子频段的结果应低于第4章中子频段典型频率点上的限值(见6.3)。

6.5 批量产品的监督检验(质量监督)

6.5.1 单个样品

单个车辆或装置的测量结果比第4章规定的限值最多高2 dB。

6.5.2 多个样品(可选项)

选择多个样品进行测试,应增加5个或5个以上的车辆/船/装置进行测试,测试的结果应与6.5.1测得的结果相结合。在每一个子频段的测量数据都要按照附录A规定的方法进行统计评定,其结果与第4章中在该子频段典型频率点上的规定限值相比最多允许高2 dB(见6.3)。

6.6* 研发样机的快速检验(适用宽带发射)

任选一种测量方法以测定车辆或装置发射电平的近似值,从而确认该电平是否有可能满足第4章规定的限值。建议在典型频率点上进行专门的测量。见附录A。

* 非强制性项目。

附　录　A
（规范性附录）
测量结果的统计分析

A.1　车辆/船/装置的数量

为了以80%的置信度保证大量生产的车辆/船/装置中，有80%的产品符合规定的限值 L，应满足下列条件：

$$\overline{X}+kS_n \leqslant L \qquad \cdots\cdots\cdots\cdots(\text{A.1})$$

式中：

$\overline{X}$——n 个车辆/船/装置测量结果的算术平均值；

$$\overline{X}=\frac{1}{n}\sum_{i=1}^{n}X_i \qquad \cdots\cdots\cdots\cdots(\text{A.2})$$

式中：

X_i——单个车辆/船/装置的测量结果；

k——随 n 而定的统计系数，由表A.1给定；

表 A.1　统计系数

n	6	7	8	9	10	11	12
k	1.42	1.35	1.30	1.27	1.24	1.21	1.20

S_n——n 个车辆/船/装置测量结果的标准偏差；

$$S_n^2=\frac{1}{n-1}\sum_{i=1}^{n}(X_i-\overline{X})^2 \qquad \cdots\cdots\cdots\cdots(\text{A.3})$$

S_n，X_i，$\overline{X}$ 及 L 都以相同的对数单位表示（例如：dB(μV/m)或dB(μV)等）。

如果第一次的 n 个车辆/船/装置样品不能满足规定值，则应对第二次的 N 个车辆/船/装置样品进行测量，并将所有结果作为由 $n+N$ 个样品产生的结果加以评定。

注：更详细的讨论见CISPR16-3的统计理论和应用。

A.2　用于分析的子频段

为便于分析，150 kHz～30 MHz频率范围至少分成22个子频段；30 MHz～1 000 MHz频率范围至少分成14个子频段。每个倍频程（2∶1的频率比率）近似具有3个子频段。对于那些限值不为常数（即倾斜）的区间，每个子频段的最高频率与最低频率的比率应不大于1.34。子频段的范例见表A.2。

A.3　数据采集

在每个子频段内进行扫描测量，以确定其最大发射电平（即特征电平），按第6章的方法将每个子频段的特征电平与该子频段内典型频率点的限值进行比较作出评定。

表 A.2 子频段的范例

（本标准不采用低于 30 MHz 的子频段）

子频段/MHz	典型频率/MHz	子频段/MHz	典型频率/MHz
0.15～0.20	0.18	12～15	13.5
0.20～0.26	0.23	15～19	17
0.26～0.33	0.30	19～24	21
0.33～0.40	0.37	24～30	27
0.40～0.52	0.46	30～34	32
0.52～0.66	0.60	34～45	40
0.66～0.80	0.74	45～60	55
0.80～1.05	0.95	60～80	70
1.05～1.40	1.2	80～100	90
1.40～1.80	1.6	100～130	115
1.80～2.40	2.1	130～170	150
2.40～3.20	2.8	170～225	200
3.20～3.80	3.5	225～300	270
3.80～4.80	4.3	300～400	350
4.80～6.00	5.4	400～525	460
6.00～7.50	6.8	525～700	600
7.50～9.50	8.0	700～850	750
9.50～12.00	10.8	850～1000	900
注：150 kHz～30 MHz 频率范围的限值尚在考虑。			

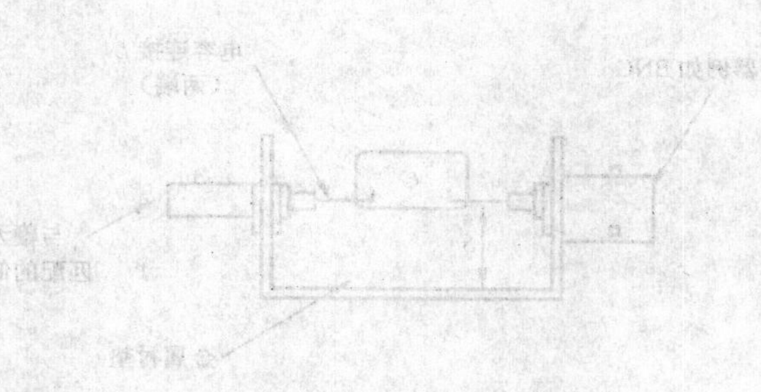

附 录 B
（资料性附录）
鞭天线（单极天线）性能方程和鞭天线匹配放大器的特性——等效电容替代法[1)]

B.1 标定方法

等效电容替代法采用模拟天线代替实际的鞭天线辐射单元。模拟天线的主要元件是一个电容器，其电容量等于鞭天线或单极子天线的自身电容。这个模拟天线由信号源馈给信号，从耦合器或天线的底部单元输出，采用如图 B.1 所示的试验布置进行测量，天线系数（AF）由公式（B.1）给出，其单位为 dB(1/m)。

$$AF = V_D - V_L - C_h \qquad \cdots\cdots(B.1)$$

式中：

V_D——测得的信号发生器输出电平，单位为 dB(μV)；

V_L——测得的耦合器输出电平，单位为 dB(μV)；

C_h——高度修正系数（用于有效高度），单位 dB(m)。

对于通常用于 EMC 测量的 1 m 鞭天线，有效高度（h_e）为 0.5m，高度修正系数（C_h）为 −6 dB(m)，自身电容（C_a）为 10 pF。

注：特殊尺寸的鞭天线的有效高度、高度修正系数和自身电容的计算见 B.3。

标定应采用下列两种方法中的一种：网络分析仪法 B.1.1 或无线电噪声计和信号发生器法 B.1.2。这两种方法都采用同样的模拟天线。制作模拟天线的指南见 B.2。应在足够的频率点上进行测量，以便获取天线工作频率范围内或 9 kHz～30 MHz 频率范围内的一条平滑的天线系数-频率曲线，两者取较小者。

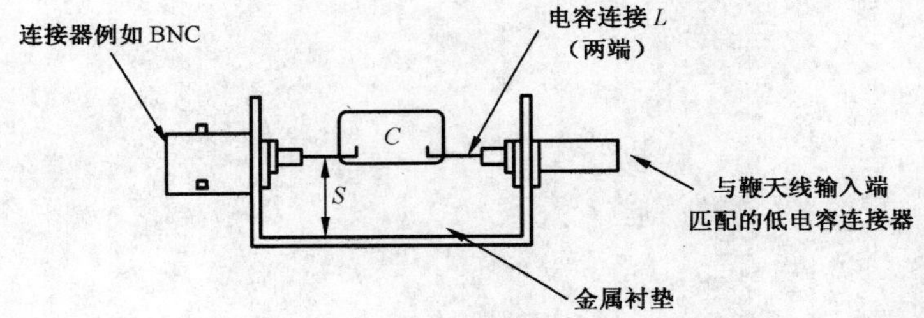

元器件：

C——10 pF，误差 5%，镀银云母。

S——引线间距，5 mm 到 10 mm（如果封闭在盒子里，则距每个表面均为 10 mm）。

L——引线长度，尽可能短，不大于 8 mm（总长度不大于 40 mm，包括电容引线和鞭天线端口连接器的长度）。

图 B.1 模拟天线中电容安装举例

B.1.1 网络分析仪法

a) 用测量中使用的电缆来校准网络分析仪；

b) 按图 B.2a）所示，设置被校准的天线和测量设备；

c) 试验通道的信号电平 V_D（dB(μV)）减去基准通道的信号电平 V_L（dB(μV)），再减去 C_h（对于 1 m的鞭天线为−6 dB），即可得到天线系数，单位为 dB(1/m)。

注：因为网络分析仪通道阻抗非常接近 50 Ω，网络分析仪在校准中会修正误差。因此，网络分析仪不需要衰减器。如果需要，也可以使用衰减器，但是会使网络分析仪的校准变得复杂。

1) 本附录以 IEEE 291:1991《30 Hz～30 GHz 频率范围内测量正弦连续波电磁场场强的 IEEE 校准方法》为依据。

B.1.2 无线电噪声计和信号发生器法

a) 按图 B.2b)所示，设置被校准的天线和测量设备；

b) 用如图示所连接的设备和端接在 T 型连接器(A)上的 50 Ω 终端负载，在射频端口(B)测量被接收的信号电压 V_L，单位为 dB(μV)；

c) 保持信号发生器射频输出不变，将 50 Ω 终端负载转接到射频端口(B)上，再将接收机输入电缆转接到 T 型连接器(A)上，测量驱动信号电压 V_D，单位为 dB(μV)；

d) V_D 减去 V_L，再减去 C_h(对于 1 m 的鞭天线为－6 dB)，即得到天线系数，单位为 dB(1/m)。

50 Ω 终端负载应具有很小的驻波比(SWR)(小于 1.05：1)。无线电噪声计应校准并具有小的驻波比(小于 2)。信号发生器的输出具有稳定的频率和幅值。

注：信号发生器不需要校准，因为它被用作传递标准。

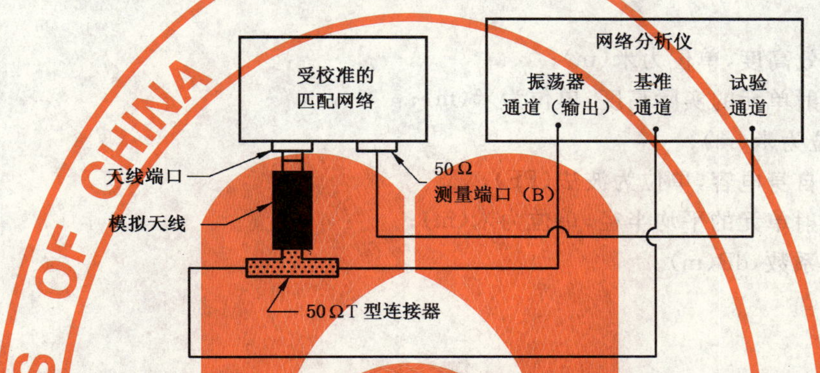

注 1：使模拟天线尽可能接近 EUT 端口，T 型连接器尽可能接近模拟天线。在 T 型连接器与基准通道输入端之间以及 50 Ω 测量端口(B)与试验通道输入端口之间，应使用相同长度、相同型号的电缆。

注 2：网络分析仪无须使用衰减器，也不作推荐。

a) 采用网络分析仪的校准方法

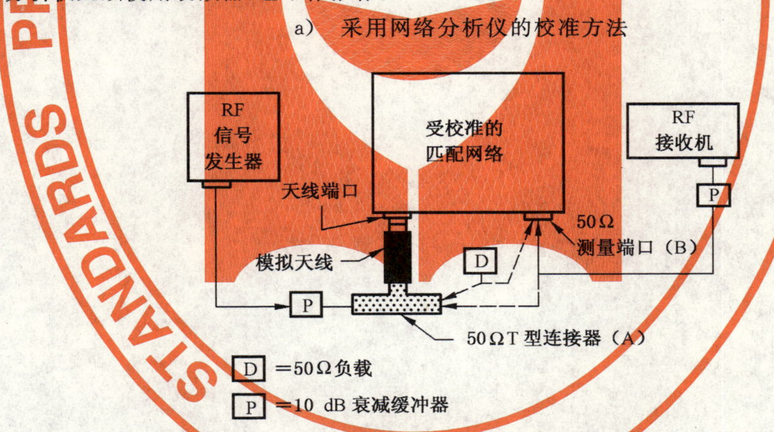

注 1：使模拟天线尽可能接近 EUT 端口，T 型连接器尽可能接近模拟天线。

注 2：如果接收机和信号发生器的驻波比较低，则无须使用衰减器或者可减小到 6 dB 或 3 dB。

注 3：模拟天线可以与其他匹配元件共同控制其输入与信号发生器电平测量端口的驻波比。

b) 采用无线电噪声计和信号发生器的校准方法

图 B.2 1 m 单极天线系数的测量

B.2 模拟天线的一些考虑

注：用作模拟天线的电容器应安装在小金属盒内或金属架上，引线应尽可能短，不长于 8 mm，与金属盒或金属架的表面间距为 5 mm～10 mm。见图 B.1。

天线系数校准测量装置中使用的 T 型连接器可以装在模拟天线盒内，提供与信号发生器匹配的电阻衰减器也可以装在模拟天线盒内。

B.3 鞭天线(单极天线)特性公式

下列公式用于确定特殊尺寸的鞭天线或单极天线的有效高度,自身电容和高度修正系数,它们适用于长度小于 $\lambda/4$ 的鞭天线。

$$h_e = \frac{\lambda}{2\pi}\tan\frac{\pi h}{\lambda} \qquad \text{(B.2)}$$

$$C_a = \frac{55.6h}{\ln\left(\frac{2h}{a}\right)-1} \times \frac{\tan\frac{2\pi h}{\lambda}}{\frac{2\pi h}{\lambda}} \qquad \text{(B.3)}$$

$$C_h = 20\lg h_e \qquad \text{(B.4)}$$

式中:

h_e——天线的有效高度,单位为米(m);

h——鞭天线辐射单元的实际高度,单位为米(m);

λ——波长,单位为米(m);

C_a——鞭天线的自身电容,单位为波法(PF);

a——鞭天线辐射单元的平均半径,单位为米(m);

C_h——高度修正系数,dB(m)。

附 录 C
（资料性附录）
天线和馈线的维护与标定

C.1 引言

本附录包含一个符合 5.1.2 所述的天线和馈线的标定方法的示例，它可作为推荐的标定方法。适当的天线和馈线标定方法对于说明馈线损耗和失配误差以及表征宽带天线（如果使用）的特性是非常重要的。因为馈线用的同轴电缆容易受到很多的磨损和可能被不恰当使用，当需要替换电缆时，应使用推荐的标定方法。

本附录也具有指导性，旨在帮助那些可能不熟悉天线和馈线校准方法的人员。其他方法，例如跟踪发生器法、网络分析仪法或者窄带信号源法，同样可满足要求，本附录没有涉及的内容并非排斥对它们的应用。

C.2 维护

天线和电缆是单独标定还是组合标定由用户选择。优先推荐单独标定方法，因为：

提供天线时经常不带电缆；

任何电缆可与任何天线一起使用，而不需要将它们一起标定。

电缆比天线容易标定，几乎任何测试机构均可以标定它们。但有些实验室可能不易将复杂天线与其连带的馈线一起标定。

天线或电缆中的任何一个被更改或替换，不需要重新标定另一个。

C.2.1 定期校验

C.2.1.1 电缆

应每月作校验。是否做临时校验取决于电缆使用或弯曲的频率，以及它们是否长期地暴露在太阳下或风雨中。

注：如果温度和湿度不可控制，即使在导管中的电缆仍可能发生问题。

C.2.1.2 天线

因为天线比电缆磨损机会少，可不常校验，每年可能仅需一次或两次。

C.2.1.3 物理检查

C.2.1.3.1 电缆

严重的弯折（很尖锐的弯折），扁平点，磨损，拉长点，损坏的连接器/编织带，内绝缘层的污染，或者电缆的老化，均需要替换电缆并重新标定。

C.2.1.3.2 天线

损坏的部件或其他明显的机械问题，均需被修复或部分替换，并且应重新标定。

C.2.1.4 电气检查

应定期校验天线和电缆是否有较高的损耗或其他问题。如果某一特性（例如损耗）已经变化，则天线、电缆或其组合，均需要重新标定。对于一些严重的特性变化，它们就可能需要更换并重新标定。

C.2.2 电缆和天线的标定

替换馈线电缆或天线时，要应用下述要求：

C.2.2.1 如果天线系数中包括与天线配合使用的专用电缆的损耗及其他特性，那么应认为它们是匹配的一对。如果两者中任何一个被替换，则天线和电缆应一起被标定。

C.2.2.2 如果天线和电缆已经分别进行标定并有各自的损耗等，其中任何一个被替换，仅需标定替换的部分。

C.3 天线特性

C.3.1 电场强度

电场强度应以 dB(μV/m)为单位。测量系统的电场强度关系表达式是：

$$F = R + AF + T \quad \cdots\cdots\cdots\cdots\cdots\cdots\cdots\cdots (C.1)$$

式中：

F——电场强度，单位为 dB(μV/m)；

R——测量仪器读数，单位为 dB(μV)；

AF——天线系数(见 C.4 或 C.5 的定义)，单位为 dB(1/m)；

T——馈线系数(见 C.6 的定义)，单位为 dB。

对于宽带测量，F 和 R 是测量仪器带宽的函数。

C.4 基准天线

见 5.1.2.2。

C.5 天线系数

说明天线基准点的场强与带负载的天线端电压[2)]之间关系的系数称为天线系数，用 AF 来表示，单位为 dB(1/m)。天线系数应包括平衡-不平衡变换器、阻抗匹配器、任何失配损耗和在天线谐振频率之外工作等诸因素所造成的影响。

注：这个系数是频率的函数，它通常由谐振偶极子天线的制造商提供。关于谐振偶极子天线在自由空间工作的天线系数的资料，用于本附录是足够准确的。更高的准确度可以通过了解在试验环境中所使用的特定谐振偶极子天线的天线系数来获得。确定天线系数的方法在 ANSI C63.5 中描述(见 C.14)。

C.6 替代天线

替代天线的天线系数即为基准天线(谐振偶极子天线)的天线系数减去替代天线相对于基准天线的增益(dB)。

C.7 馈线

作为频率函数的馈线损耗系数是已知的，该系数用 T(dB)来表示，即

$$T = 20\ \lg \frac{输入电压}{输出电压} \quad \cdots\cdots\cdots\cdots\cdots\cdots\cdots\cdots (C.2)$$

注：推荐的馈线是双层编织或实心屏蔽的同轴电缆，以获得合适的屏蔽。允许把馈线损耗和失配误差计入测量仪器校准中的电缆中去。若做到这一点，就可以将 T 从公式 C.1 中去除。

C.8 替代天线的标定设备

标定设备的主要功能是提供一个具有重复性的射频(RF)场强，用于将替代天线与基准偶极子天线作比对。

C.8.1 标定信号发生器

替代天线的校准应使用具有内置跟踪发生器的测量仪器或网络分析仪，或同时使用信号发生器和

2） 因为这个系数是电压比，转换为分贝时应该用那些参数比值的 20lg 因子来完成。

测量仪器。

标定信号发生器的输出误差不超过±1.0 dB。标定信号发生器应能产生一个高于测量仪器最小可测场强至少 6 dB 的电场，最好至少高 10 dB。

脉冲发生器是准确性较差的信号发生器。

注 1：如果使用宽带脉冲发生器，它应能在 30 MHz～1 000 MHz 频率范围内产生误差±3.0 dB 以内的均匀频谱。

注 2：经验表明：如果在脉冲发生器的输出端使用一个 10 dB 的阻抗匹配衰减器，具有标称电压为 100 dB(μV/kHz)的脉冲发生器能在接收天线上产生一个大约 10 dB(μV/m/kHz)的场强。这个场强随着发射天线的损耗和辐射特性以及反常传播而变化。提供这个近似值以便能确定天线系数，然而这样就可能要评估测量系统需要的灵敏度和允许的损耗。

C.8.2 发射天线

为了便于测量和避免由调整天线引起的变化，推荐使用宽带天线。典型的宽带天线是 30 MHz～200 MHz 的双锥天线和 200 MHz～1 000 MHz 的对数周期天线。

C.9 替代天线系数的确定

如果使用替代天线(见 C.6)，则天线系数应通过在预定的试验环境中用替代方法来确定。基准天线应为偶极子天线(见 C.4)。替代方法要测量的辐射场是由 C.8 规定的发射天线和校准信号发生器产生的。

注：由这一方法伴随产生的误差因素包括测量仪器的非线性，周围物体对基准天线的影响以及替代天线相位中心相对于基准天线相位中心的位置变化。

C.10 试验的几何条件

替代天线应置于其预定的试验位置。替换时，应使偶极子天线的基准点放置在替代天线的基准点相同位置上。

C.10.1 发射天线距离替代天线基准点的水平距离为 10 m，如图 C.1 所示(代替最近的车辆边缘)，高度为 1 m。

C.10.2 对于 3 m 的测量距离，发射天线距离替代天线的水平距离为 3 m，详见图 C.1。

C.11 试验程序

所采用的程序是按 C.10 所述位置，用基准天线测量基准场，得到测量仪的读数(通常是电压)；然后用替代天线取代基准天线，测出第二个读数。

按 C.6 所述的方法计算出替代天线的天线系数。对水平极化和垂直极化都用这种方法进行测量，从而确定两种情况下各自所需的不同天线系数。

注：两种极化方向下基准天线的天线系数可以假定是相同的。

C.12 频率

确定天线系数值所需要的频率点数取决于被评定的替代天线。为充分描述这个函数，应考虑取足够多的频率点数。

C.13 整个系统校验

由天线、馈线电缆、测量仪器和读出装置组成的整个测量系统应通过测量由 C.8 所述的用标定信号发生器和天线产生的脉冲电场来校验。应定期进行这种系统校验，以便可以检测出系统性能的任何变化(见图 C.1)。

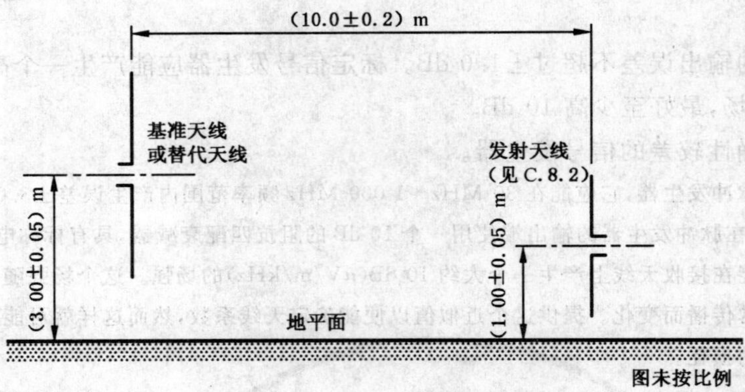

注：测量距离为3 m时，10.0 m±0.2 m的水平尺寸应改为3.00 m±0.05 m，3.00 m±0.05 m的垂直尺寸应改变1.80 m±0.05 m。

图 C.1 替代天线系数的确定(测量距离为10 m)

C.14 参考文献

ANSI C63.5:1998，电磁兼容 电磁干扰(EMI)控制辐射发射测量 天线的校准(9 kHz～40 GHz)

附 录 D
（资料性附录）
影响点火噪声发射的机动车辆的结构特点

D.1 引言

为了指导产品试验和批准，应该注意车辆结构上的某些差异对点火噪声发射不一定有显著的影响。因此，对一种变型车辆的测量可认为是具有代表性的，而且就影响点火噪声发射来说，这样的变型车辆也可作为评估陆路车辆设计特性的基础。

D.2 下列结构的差异[3] 对点火噪声发射影响不大

a) 两门或四门的车辆，或者车辆全长相似的旅行汽车；

b) 散热器金属护栅的结构不同，而栅格比例和安装方法大致相同；

c) 翼子板的形状或发动机罩（机罩）的轮廓；

d) 不同尺寸的车轮或轮胎；

e) 等效电气特性（电容、电感、电阻）相同，厂商、牌号不同的非电阻性普通火花塞；

f) 等效电气特性（电容、电感、电阻）相同，厂商、牌号不同的点火线圈和分电器；

g) 安装在同样位置上的装饰件、加热器或空调器。

h) 等效电气特性（电容、电感、电阻）相同，热值不同的电阻性普通火花塞。

i) 发动机运转所需的辅助电气装置（包括它的线束）的尺寸、形状和位置。

D.3 预期下列结构差异[3] 对点火噪声发射可能有显著影响

a) 压缩比有显著不同；

b) 翼子板、顶篷或车身是采用塑料还是金属的；

c) 金属空气滤清器的大小、形状和位置，以及使用塑料空气滤清器还是使用金属空气滤清器；

d) 分电器和点火线圈在发动机上或发动机舱内的位置；

e) 发动机舱的大小、形状以及高压线束的位置；

f) 发动机舱在车轮周围的开口显著不同；

g) 转向机构是右置还是左置可能会影响车辆其他零部件的位置；

h) 装有非驱动用辅助发动机的车辆。

3） 不包括所有情况，仅仅是举例而已。

附 录 E
（资料性附录）
点火噪声抑制器插入损耗的测量

E.1 引言

测量点火噪声抑制器插入损耗有以下两种方法。

E.1.1 CISPR 箱式法（50/75 Ω 实验室法）

本方法见 E.3 所述。

E.1.2 场强比较法

在这一方法中，抑制器（或抑制器组）的插入损耗由在开阔试验场上的测量车辆或装置所引起的骚扰场强来确定。按式（E.1）计算插入损耗 A：

$$A = E_1 - E_2 \quad \cdots\cdots\cdots\cdots\cdots\cdots\cdots\cdots\text{（E.1）}$$

式中：

E_1——未装抑制器时点火系统产生的场强，单位为 dB(μV/m)；

E_2——同一点火系统装上抑制器（或抑制器组）后所产生的场强，单位为 dB(μV/m)。

注：按第 5 章规定测量场强。

E.2 测量方法的比较

E.2.1 CISPR 箱式法

用 CISPR 箱式法，只能在标准的实验室条件下，比较同类的单个抑制器的特性。目前，此方法适用于 30 MHz～300 MHz 频率范围。测得的结果与实际观测到的抑制器效能之间没有显著的相关性。不允许采用这种方法来测量抑制器组。例如，由四个电阻器和五根具有分布阻尼的电缆组成的抑制器组。然而，在实际使用条件下事先已验证过的抑制器效能之后，此种方法能在它们的生产过程中提供一种快捷的监控手段。

E.2.2 场强比较法

场强比较法可看作一种基准方法，因为所测得的结果，给出了实际使用观测到的抑制器插入损耗。这种方法能自动地将影响插入损耗的各种因素都考虑进去，而且频率范围没有限制。其主要缺点是必须在开阔试验场上（或 5.2.2 所规定的装有吸波材料的屏蔽室里）进行测量，并且必须测量完整的车辆或装置。

E.3 CISPR 箱式法（点火噪声抑制器插入损耗的 50/75Ω 实验室测量法）

E.3.1 一般条件和测量限制

点火噪声抑制器插入损耗按图 E.1 所示的试验电路进行测量。这种方法仅作为对同类型抑制装置的一种比较法，并非想给出与发射测量的直接关系。

E.3.2 测量程序

在图 E.1 中，调节同轴开关②，以便信号发生器①的信号通过试验箱④和受试样品⑤，使测量仪器⑦的输出指示器给出一个读数。固定衰减器③有 10 dB 的衰减损耗。

随后，转动同轴开头②，让信号通过经校准的可变衰减器⑥并调节它，使测量仪器⑦的输出指示器给出相同的读数。于是由校准的可变衰减器⑥的衰减读数减去固定衰减器③的衰减值，即得到点火噪声抑制器的插入损耗。

E.3.3　试验箱结构

常用试验箱详见图 E.2、图 E.3 和图 E.4。对多数用途而言，该试验箱是适用的，然而对某些用途，孔的位置和箱体尺寸可能需要修改。试验箱内抑制器的布置方法如图 E.5～图 E.11 所示。连接受测抑制器的所有非同轴引线应保持尽量短，或者按照图上标明的长度。在所有的布置中，火花塞要改装以接受同轴输入，并由标准火花塞组件制成，这种组装件的火花塞端子与中心电极之间直接连接。

E.3.4　测量结果

对于高阻抗点火噪声抑制器，特性阻抗为 Z_1 的电路插入损耗 a_1 可换算为特性阻抗为 Z_2 的电路插入损耗 a_2。所用公式如下：

$$a_2 = a_1 + 20\lg(Z_1/Z_2) \quad \cdots\cdots(E.2)$$

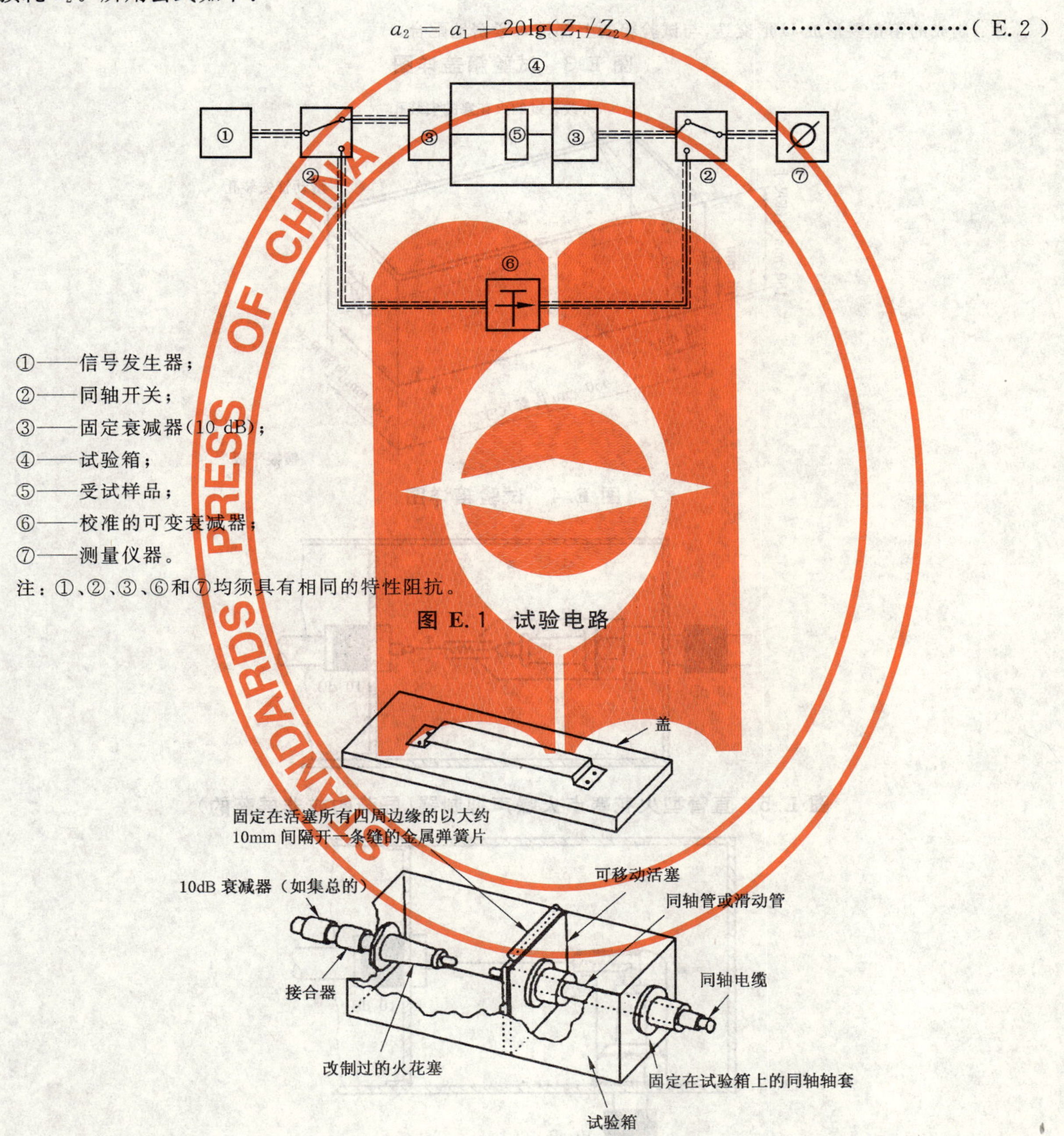

①——信号发生器；
②——同轴开关；
③——固定衰减器(10 dB)；
④——试验箱；
⑤——受试样品；
⑥——校准的可变衰减器；
⑦——测量仪器。

注：①、②、③、⑥和⑦均须具有相同的特性阻抗。

图 E.1　试验电路

图 E.2　试验箱总体布置

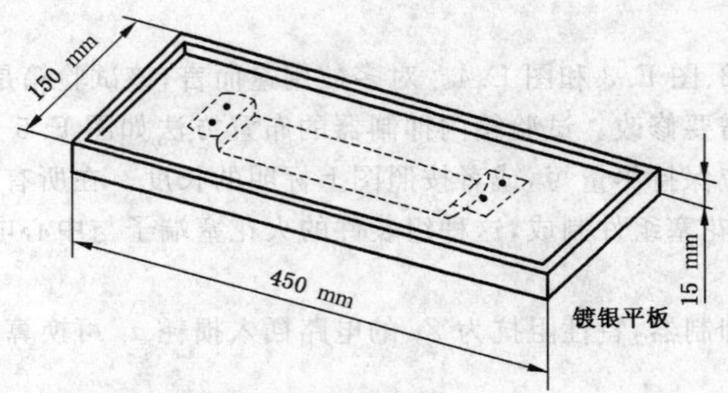

注：制成的箱盖要形成U形交迭，与试验箱的上部推入紧密地配合。

图 E.3 试验箱盖详图

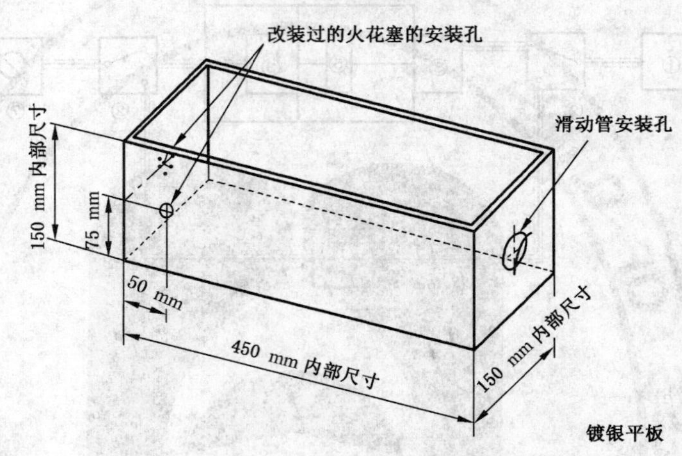

图 E.4 试验箱详图

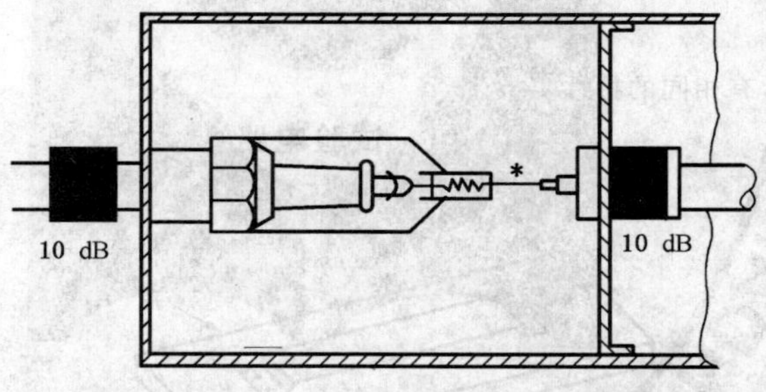

图 E.5 直管型火花塞点火噪声抑制器(屏蔽的或非屏蔽的)

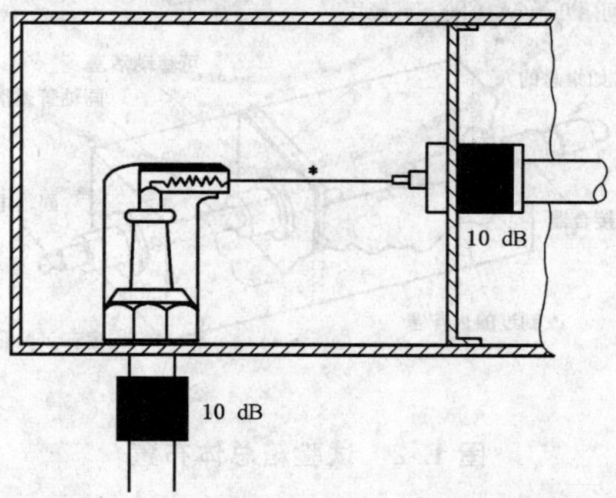

图 E.6 直角型火花塞点火噪声抑制器(屏蔽的或非屏蔽的)

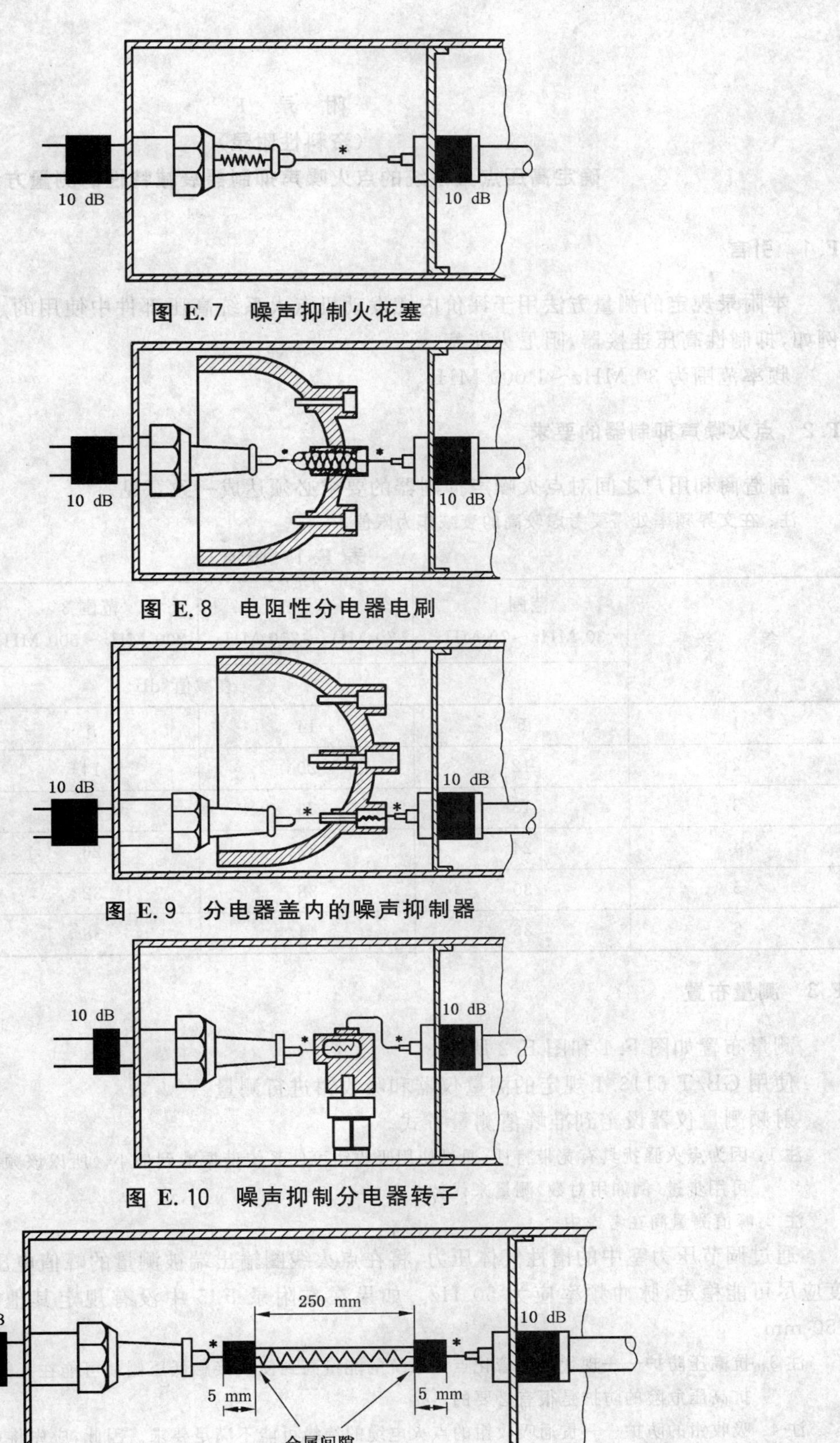

图 E.7 噪声抑制火花塞

图 E.8 电阻性分电器电刷

图 E.9 分电器盖内的噪声抑制器

图 E.10 噪声抑制分电器转子

图 E.11 噪声抑制点火电缆(电阻性或电抗性)

* 表示受测噪声抑制器的所有连接导线应尽量短，或者按照图中所示。

附　录　F
（资料性附录）
确定高压点火系统的点火噪声抑制器衰减特性的测量方法

F.1　引言

本附录规定的测量方法用于评价内燃发动机点火系统高压部件中使用的点火噪声抑制器的效能。例如，抑制性高压连接器，阻尼火花塞。

频率范围为 30 MHz～1 000 MHz。

F.2　点火噪声抑制器的要求

制造商和用户之间对点火噪声抑制器的要求必须达成一致意见。

注：在交界频率处需要考虑较高的衰减作为限值。

表 F.1　限值

等　　级	范围 1 30 MHz～70 MHz	范围 2 70 MHz～200 MHz	范围 3 200 MHz～500 MHz	范围 4 500 MHz～1 000 MHz
	衰减值/dB			
1	6	14	8	6
2	12	20	14	12
3	18	26	20	18
4	24	32	26	24
5	30	38	32	30
6	36	44	38	36

F.3　测量布置

测量布置如图 F.1 和图 F.2 所示。

使用 GB/T 6113.1 规定的测量仪器和吸收钳进行测量。

射频测量仪器设定到准峰值测量方式。

注 1：因为点火骚扰具有宽带特性，通过使用吸收钳可使系统谐振减到最小。所以该频率范围内不需要连续扫描，可用步进(例如用对数)测量来代替。

注 2：峰值测量尚在考虑中。

通过调节压力室中的惰性气体压力，将在点火线圈输出端被测量的峰值电压设定到 10 kV，脉冲幅度应尽可能稳定，脉冲频率应为 50 Hz。如果在本附录 F.5 中没有规定其他数值，测量距离 a 应为 150 mm。

注 3：抗高压防护——现代晶体管化点火系统的能量高到使人接触低压侧就可能在人体内产生危险的电流。因此抗高压危险的防护是很有必要的。

注 4：吸收钳的防护——贯通吸收钳的点火电缆的绝缘可能不满足要求。因此，应先将点火电缆放置在吸收钳内，再装入绝缘管内。

为了使火花放电稳定从而使射频频谱稳定，推荐使用空气流通的气压室。

离金属部分(例如金属壁)的侧向最小距离应保持 400 mm。如果使用不同的金属片来构成测量布置，则不同的金属片应保证良好的电气连接。

接地片最小截面积为 5 mm²,最小宽度为 8 mm,最大长度为 1 200 mm。

EUT 与测量设备之间的连接要接近实际情况。

F.4 测量程序

按 F.5 的规定安装测量火花塞。

首先,在无点火噪声抑制器的情况下测量射频骚扰功率;然后,插入点火噪声抑制器重复进行测量。

注:测量仪器输入端的过载保护——在记录无点火噪声抑制情况的过程中,大约有 1 kV 的脉冲电压到达测量仪器的输入端,这可能会损坏测量仪器。使用有足够的电压或脉冲阻尼的 20 dB 衰减器,能够避免这个过载问题。

两次测量值的差即为点火噪声抑制器的插入损耗。

单位为毫米

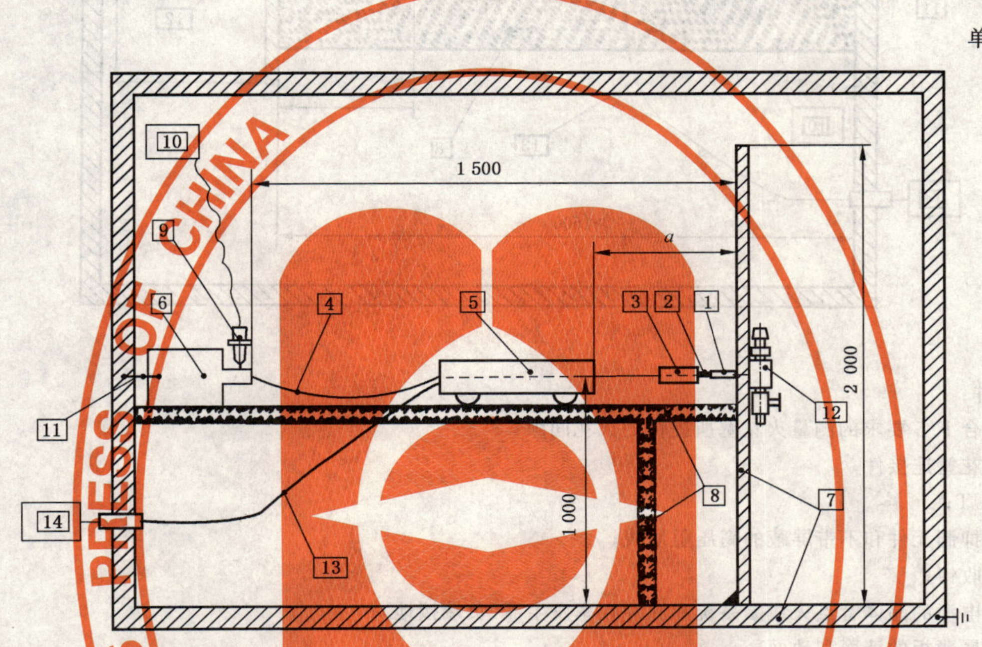

关键部件:

1——符合 F.5 要求的测量火花塞所提供的火花间隙;

2——火花塞连接件;

3——EUT;

4——无抑制元件和不带屏蔽的高压阻尼线;

5——吸收钳;

6——带电源的晶体管点火线圈系统和脉冲频率发生器(负端接地);

7——金属薄板的墙面和地面;

8——桌面及其支承(非金属);

9——高压探头;

10——峰值电压测量仪(例如,示波器);

11——接地片;

12——F.3 所述的带通风的压力室;

13——测量电缆;

14——射频骚扰测量仪。

a 是测量距离(见 F.3)。

图 F.1 测量布置(侧视图)

单位为毫米

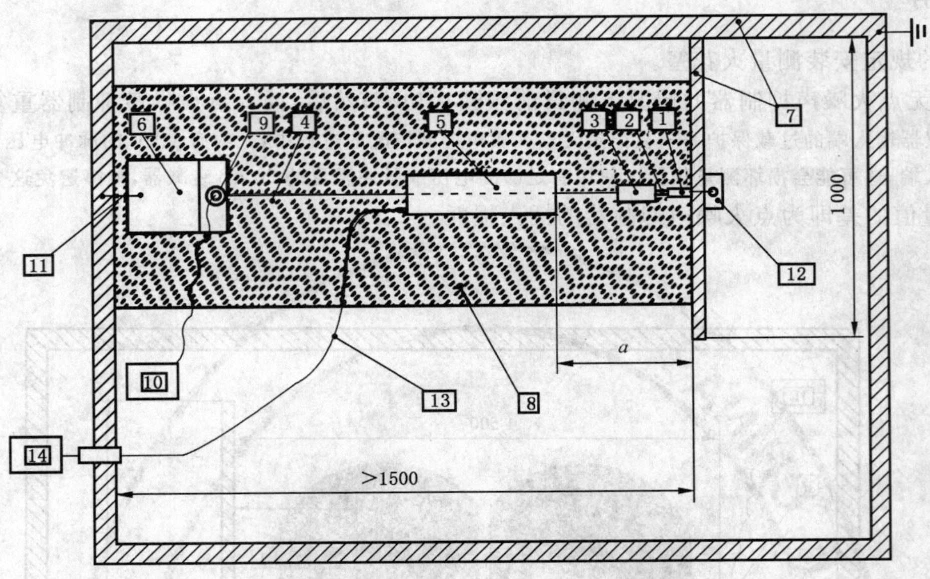

关键部件：

1——符合 F.5 要求的测量火花塞所提供的火花间隙；

2——火花塞连接件；

3——EUT；

4——无抑制元件和不带屏蔽的高压阻尼线；

5——吸收钳；

6——带电源的晶体管点火线圈系统和脉冲频率发生器(负端接地)；

7——金属薄板的墙面和地面；

8——桌面及其支承(非金属)；

9——高压探头；

10——峰值电压测量仪(例如，示波器)；

11——接地片；

12——F.3 所述的带通风的压力室；

13——测量电缆；

14——射频骚扰测量仪。

a 是测量距离(见 F.3)。

图 F.2　测量布置(俯视图)

单位为毫米

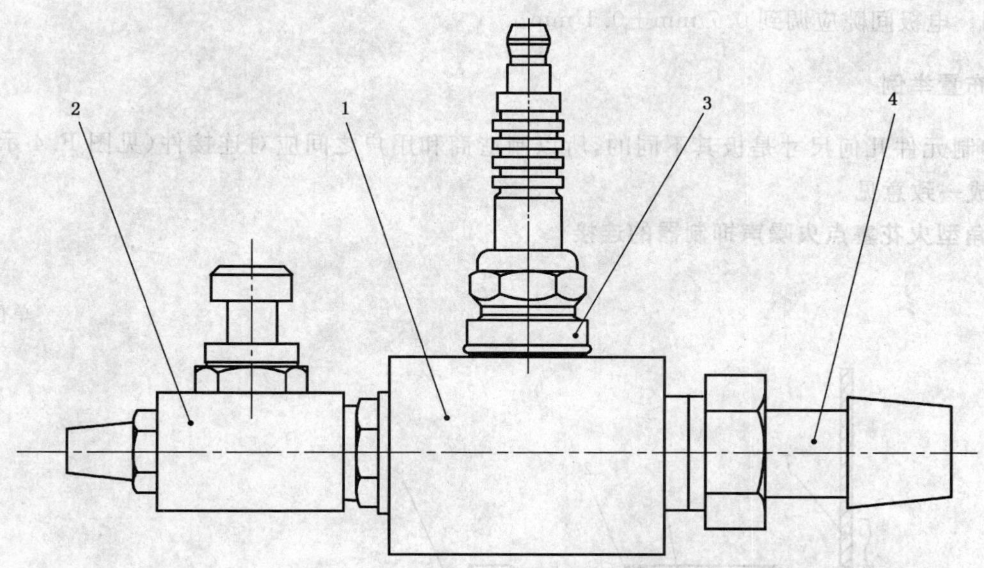

关键部件：

1——压力室；

2——带阻尼器的节流阀（要着重评价通风要求）；

3——测量火花塞；

4——无油无水压缩惰性气体的连接件。

a） 总图

单位为毫米

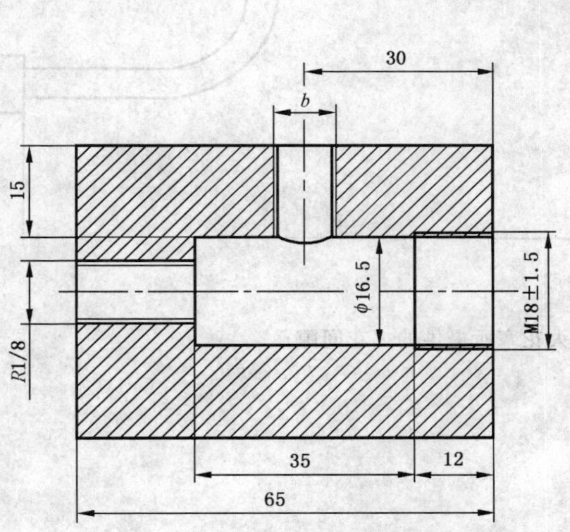

b——M10×1，M12×1.25 或 M14×1.25。

没有规定的数值可由制造商自行选择。

材料：金属。

b） 剖面图

图 F.3 通风的压力室

F.5 无抑制元件的测量火花塞

评价点火噪声抑制器应使用测量火花塞，它是火花塞组件的部件，亦可用其他方法（例如阻尼点火电缆）来评价。

根据 ISO 1919、ISO 2344、ISO 2704 和 ISO 2705 等有关文件规定，所有无点火噪声抑制器的火花塞均可使用。电极间隙应调到 0.7 mm±0.1 mm。

F.6 测量布置举例

由于抑制元件几何尺寸是极其不同的，所以制造商和用户之间应对连接件（见图 F.4 示例中第 2 个零件）达成一致意见。

F.6.1 直角型火花塞点火噪声抑制器的连接

单位为毫米

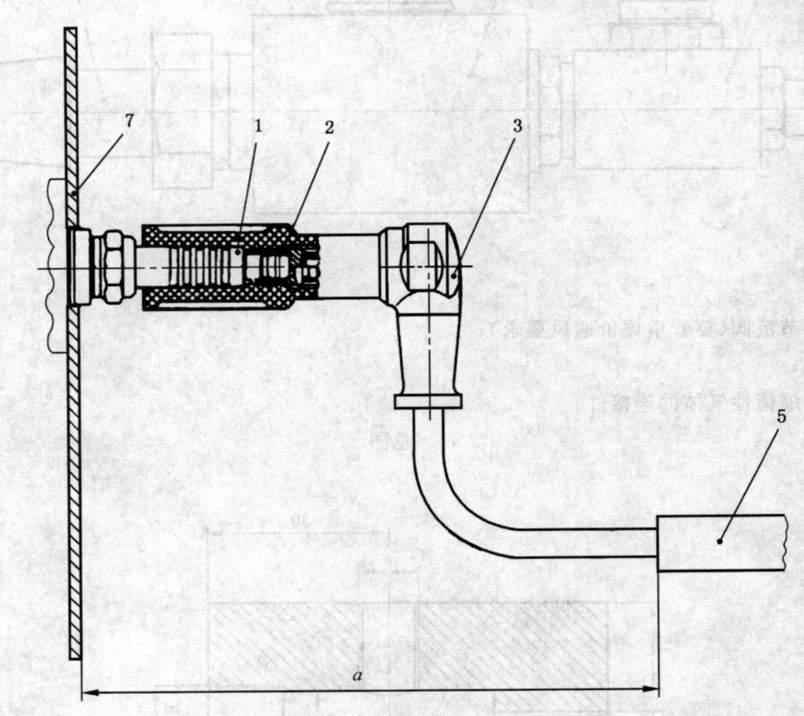

关键部件：

1——符合 F.5 要求的测量火花塞所提供的火花间隙；

2——火花塞连接件；

3——EUT；

5——吸收钳；

7——金属薄板墙面。

注：连接到吸收钳的高压阻尼线应尽可能短。

图 F.4 分电器的直角型点火噪声抑制器的布置（俯视图）

F.6.2 分电器转子的连接

单位为毫米

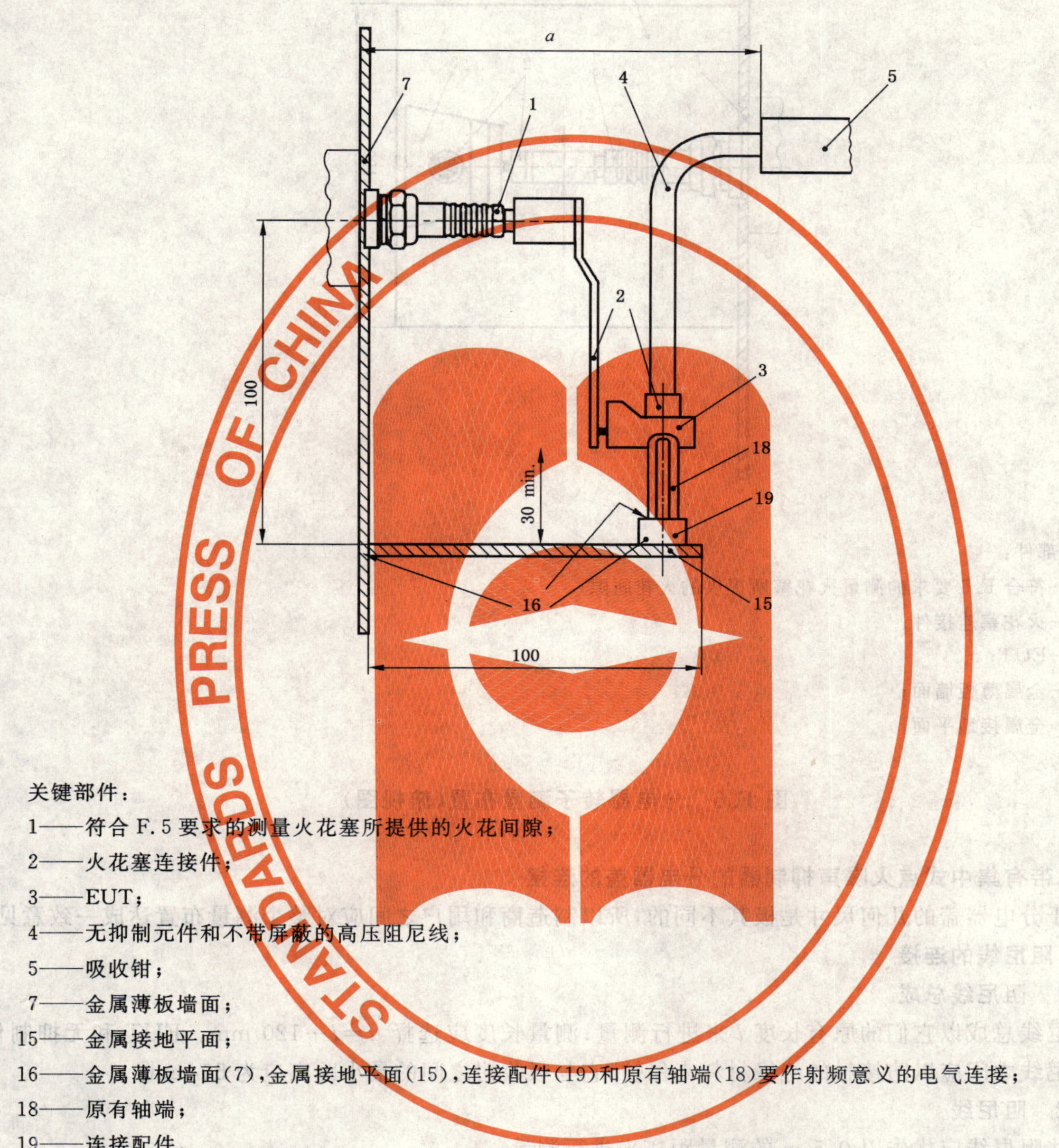

关键部件：

1——符合 F.5 要求的测量火花塞所提供的火花间隙；

2——火花塞连接件；

3——EUT；

4——无抑制元件和不带屏蔽的高压阻尼线；

5——吸收钳；

7——金属薄板墙面；

15——金属接地平面；

16——金属薄板墙面(7)，金属接地平面(15)，连接配件(19)和原有轴端(18)要作射频意义的电气连接；

18——原有轴端；

19——连接配件。

a 是测量距离(见 F.3)。

图 F.5 分电器转子测量布置(侧视图)

单位为毫米

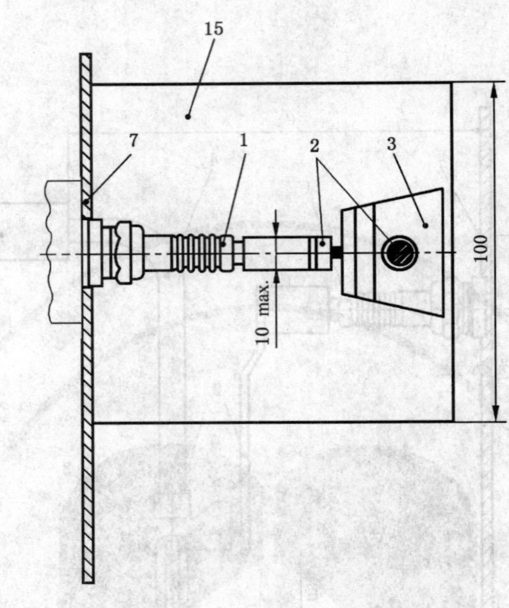

关键部件：

1——符合 F.5 要求的测量火花塞所提供的火花间隙；

2——火花塞连接件；

3——EUT；

7——金属薄板墙面；

15——金属接地平面。

图 F.6 分电器转子测量布置(俯视图)

F.6.3 带有集中式点火噪声抑制器的分电器盖的连接

由于分电器盖的几何尺寸是极其不同的，所以制造商和用户之间应对整个测量布置达成一致意见。

F.6.4 阻尼线的连接

F.6.4.1 阻尼线总成

阻尼线总成以它们的原有长度 l 来进行测量；测量长度应选择 $a=l+120$ mm。EUT 和无抑制作用的阻尼线之间应以防接触的绝缘材料来保护，它与吸收钳之间的最小距离应为 50 mm。

F.6.4.2 阻尼线

这些阻尼线应优先以 0.5 m 的测量距离来进行测量。

EUT 的长度是从火花塞连接件(图 F.1 示例中第 2 个零件)测量到点火系统(图 F.1 示例中第 6 个零件)。

单位为毫米

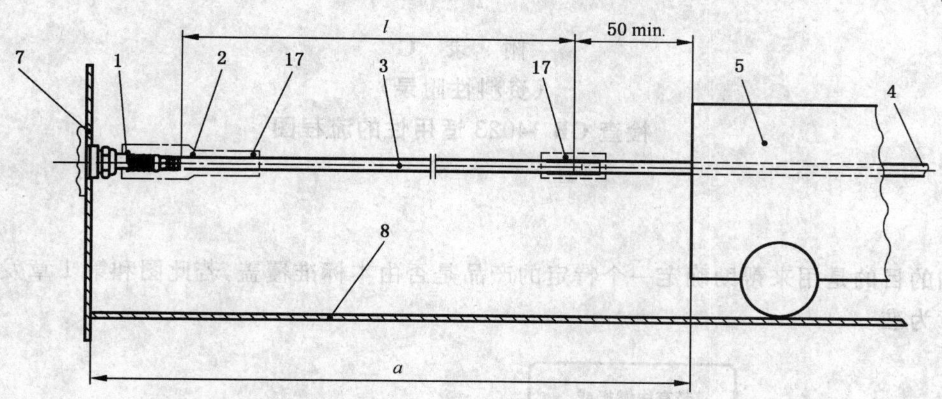

关键部件：

1——符合 F.5 要求的测量火花塞所提供的火花间隙；

2——火花塞连接件；

3——EUT；

7——金属薄板墙面；

8——桌面及其支承(非金属)；

17——防护绝缘物和现成的防护盖。

a 是测量距离(见 F.6.4.1)；l 是现成的阻尼线长度。

图 F.7 阻尼线总成的测量布置(侧视图)

F.7 参考文献

ISO 1919:1988 道路车辆——M14×1.25 平座火花塞及其气缸盖安装孔

ISO 2344:1998 道路车辆——M14×1.25 锥座火花塞及其气缸盖安装孔

ISO 2704:1998 道路车辆——M10×1 平座火花塞及其气缸盖安装孔

ISO 2705:1999 道路车辆——M12×1.25 平座火花塞及其气缸盖安装孔

附 录 G
（资料性附录）
检查 GB 14023 适用性的流程图

G.1 引言

这个图的目的是用来帮助确定一个特定的产品是否由本标准覆盖，若此图和第 1 章发生冲突的话，应以第 1 章为准。

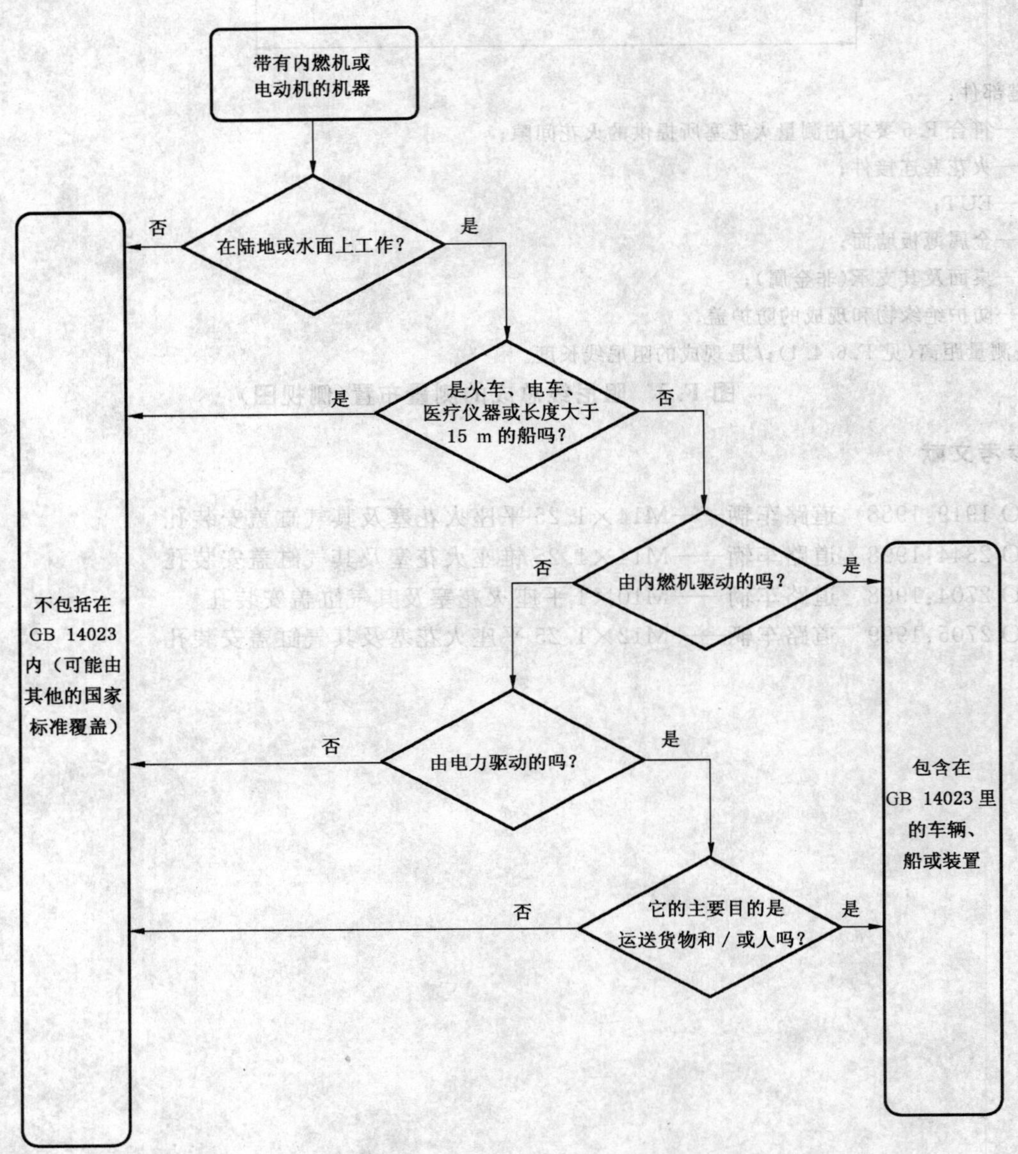

附 录 H
（规范性附录）
距离天线 3 m 处测量时替代发射限值的确定程序

H.1 由车辆长度尺寸、测量距离（车辆表面到天线参考点）以及天线的位置，计算出 α_{right} 与 α_{left}，最大天线角 α_{max} 为 α_{right} 与 α_{left} 之间的最大值（见图 H.1）

例：测量距离 $d=3$ m，车辆长度 $L=5$ m，天线如图所示正对汽车前保险杠后 1 m 处，可以得出 $\alpha_{max}=53°$。

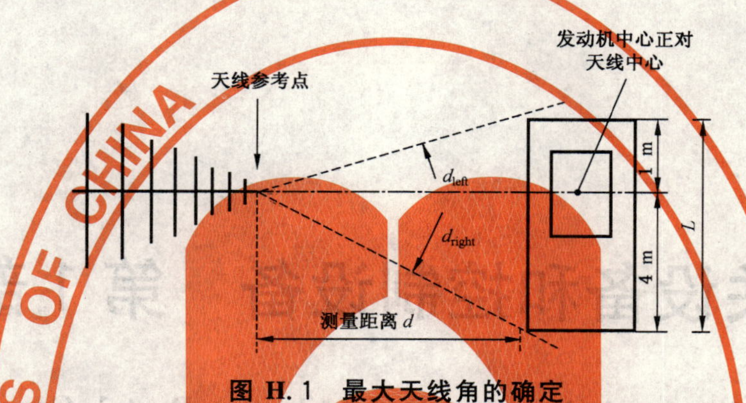

图 H.1 最大天线角的确定

H.2 从天线方向图上，在最大天线角 α_{max} 处读得天线增益损耗 a_{max}（见图 H.2）。

因为天线有一个与频率相关的增益，最大增益损耗在整个频率范围内（通常在最高频率处）都用到，或者增益损耗由一组频率步长来决定。在那些频段的每个子频段，需要用到相应的最大增益损耗。

例：对于一个对数周期天线（80 MHz～1 000 MHz）以及 $\alpha_{max}=53°$ 可以得出 $a_{max}=7$dB。

注 1：增益的参考基准就是基准天线（见 5.1.2.2）。

注 2：可以使用由制造商提供的方向图，除非天线有可见的损坏。

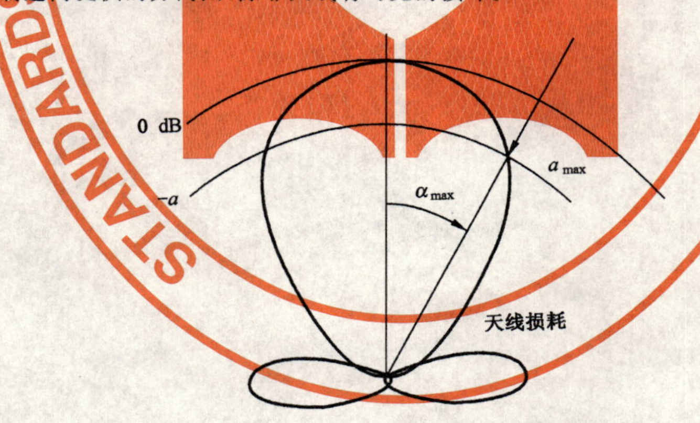

图 H.2 增益损耗 a 的计算

H.3 计算替代发射限值可以通过原限值线减去依据条款 H.2 计算得出的最大增益损耗 a_{max} 的绝对值而得到。

ICS 29.120.01
K 30

中华人民共和国国家标准

GB 14048.1—2006
代替 GB/T 14048.1—2000

低压开关设备和控制设备 第1部分:总则

Low-voltage switchgear and controlgear—Part 1:General rules

(IEC 60947-1:2001,MOD)

2006-04-30 发布 2007-01-01 实施

中华人民共和国国家质量监督检验检疫总局
中国国家标准化管理委员会 发布

前　言

本部分为条文强制性标准。本部分中7.1.1.1、7.1.3、7.1.6、7.1.9、7.2.3、7.2.4(除7.2.4.3外)、7.2.5、7.2.7、7.3、8.2.1.1、8.2.5、8.3.3.4、8.3.3.5、8.3.3.6、8.3.4、8.4及附录K为强制性，其余为推荐性。

本部分是《低压开关设备和控制设备》的第1部分，是基础标准，它包括了适用于低压开关设备和控制设备的基本要求和试验方法。其他部分均为产品标准，产品标准中引用了大量的本部分中规定的技术要求和试验方法，因此产品标准必须与本部分结合使用。《低压开关设备和控制设备》包括：

——GB 14048.1　低压开关设备和控制设备　第1部分:总则

——GB 14048.2　低压开关设备和控制设备　低压断路器

——GB 14048.3　低压开关设备和控制设备　第3部分:开关、隔离器、隔离开关及熔断器组合电器

——GB 14048.4　低压开关设备和控制设备　机电式接触器和电动机起动器

——GB 14048.5　低压开关设备和控制设备　第5-1部分:控制电路电器和开关元件　机电式控制电路电器

——GB 14048.6　低压开关设备和控制设备　接触器和电动机起动器　第2部分:交流半导体电动机控制器和起动器

——GB 14048.7　低压开关设备和控制设备　辅助电器　第1部分:铜导体的接线端子排

——GB 14048.8　低压开关设备和控制设备　辅助电器　第2部分:铜导体的保护导体接线端子排

——GB 14048.9　低压开关设备和控制设备　多功能电器(设备)　第2部分:控制与保护开关电器(设备)

——GB/T 14048.10　低压开关设备和控制设备　控制电路电器和开关元件　第2部分:接近开关

——GB/T 14048.11　低压开关设备和控制设备　第6部分:多功能电器　第1篇:自动转换开关电器

本部分修改采用IEC 60947-1:2001(3.2版)《低压开关设备和控制设备　总则》。IEC 60947-1第3.2版由第3版IEC 60947-1:1999，勘误表(1999.4)，修正件1(2000)和修正件2(2001)组成。

本部分是对GB/T 14048.1—2000《低压开关设备和控制设备　总则》的修订。

本部分与IEC 60947-1:2001的技术性差异：

——1 140 V低压电器可参照本部分执行；

——本部分规定了低压电器的耐湿性能要求和试验方法(见附录K)，这部分要求IEC标准正在考虑中，我国该项标准已执行多年。

本部分与GB/T 14048.1—2000的主要区别：

——补充了EMC性能及试验要求；

——删除了8.2.6“通过绝缘材料(除陶瓷外)传递接触压力的紧固部件”；

——表12A“与额定绝缘电压对应的介电试验电压”中，交流试验电压值有所降低，并增加了直流试验电压。

——增加了资料性附录O“环境因素”；

——增加了资料性附录P“与铜导体相连的低压开关设备和控制设备的接线端子片”。

本部分的附录C、附录K、附录L、附录M和附录N是规范性附录。

本部分的附录A、附录B、附录D、附录E、附录F、附录G、附录H、附录J、附录O和附录P是资料性附录。

本部分由中国电器工业协会提出。

本部分由全国低压电器标准化技术委员会归口。

本部分由上海电器科学研究所负责起草。

本部分参加起草单位:北京ABB低压电器有限公司、施耐德电气(中国)投资有限公司、德力西电器股份有限公司、上海人民电器厂、常熟开关制造有限公司、广东珠江开关有限公司。

本部分主要起草人:季慧玉、包革、黄兢业。

本部分参加起草人:于祖洪、何才夫、黄蓉蓉、徐忠民、麦绍谦。

本部分所代替标准的历次版本发布情况:GB 14048.1—1993、GB/T 14048.1—2000。

低压开关设备和控制设备 第1部分：总则

1 基本要求

本部分的目的是尽实际可能统一适用于低压开关设备和控制设备的基本性能的所有规则和要求，以使相应范围内的设备的性能要求和试验获得一致，避免根据不同的标准进行所需试验。

本部分中包含了各类产品标准中所有被认为是基本要求的内容以及具有广泛意义和用途的特定项目，例如：温升、介电性能等。

对各类低压开关设备和控制设备，确定其所有要求和试验只需两个主要标准：

1） 本基本标准，在各类低压开关设备和控制设备的标准中简称："GB 14048.1"；

2） 相关的产品标准，在下文中称作"有关产品标准"或"产品标准"。

对适用于某一特定的产品标准的基本要求，在产品标准中应明确，并应标出引用 GB 14048.1 标准的有关条款号，例如：GB 14048.1 中 7.2.3。

对某一特定的产品标准可不规定基本要求，因此可以省略该项内容（当不适用时），或可以增加某些内容（如认为基本要求在某些情况下不适用时），除非有充分的技术理由，产品标准不允许与基本规则相违背。

注：作为《低压开关设备和控制设备》组成部分的产品标准为：

GB 14048.2—2001 低压开关设备和控制设备 低压断路器

GB 14048.3—2002 低压开关设备和控制设备 第3部分：开关、隔离器、隔离开关及熔断器组合电器

GB 14048.4—1993 低压开关设备和控制设备 机电式接触器和电动机起动器

GB 14048.5—2001 低压开关设备和控制设备 第5-1部分：控制电路电器和开关元件 机电式控制电路电器

GB 14048.6—1998 低压开关设备和控制设备 接触器和电动机起动器 第2部分：交流半导体电动机控制器和起动器

GB 14048.7—1998 低压开关设备和控制设备 辅助电器 第1部分：铜导体的接线端子排

GB 14048.8—1998 低压开关设备和控制设备 辅助电器 第2部分：铜导体的保护导体接线端子排

GB 14048.9—1998 低压开关设备和控制设备 多功能电器（设备） 第2部分：控制与保护开关电器（设备）

GB/T 14048.10—1999 低压开关设备和控制设备 控制电路电器和开关元件 第2部分：接近开关

GB/T 14048.11—2002 低压开关设备和控制设备 第6部分：多功能电器 第1篇：自动转换开关电器

1.1 适用范围和目的

本部分适用于（当有关产品标准有要求时）开关设备和控制设备（以下简称"电器"），该电器用于连接额定电压交流不超过 1 000 V 或直流不超过 1 500 V 的电路。[1)]

本部分不适用于 GB 7251 规定的低压成套开关设备和控制设备。

本部分的目的是规定开关设备和控制设备共有的基本规则和要求，它包括：

——定义；

——特性；

——电器的有关资料；

——正常使用、安装和运输条件；

——结构和性能要求；

——特性和性能验证。

1） 交流额定电压 1 140 V 的电器可参照本部分执行。有关电器的性能等要求由制造厂和用户协商确定。

1.2 规范性引用文件

下列文件中的条款通过本部分的引用而成为本部分的条款。凡是注日期的引用文件，其随后所有的修改单(不包括勘误的内容)或修订版均不适用于本部分，然而，鼓励根据本部分达成协议的各方研究是否可使用这些文件的最新版本。凡是不注日期的引用文件，其最新版本适用于本部分。

GB 156—2003 标准电压 (IEC 60038:1983,IEC standard voltages,NEQ)

GB 311.1—1997 高压输变电设备的绝缘配合(neq IEC 60071-1:1993)

GB/T 2423.3—1993 电工电子产品基本环境试验规程 试验 Ca:恒定湿热试验方法(eqv IEC 60068-2-3:1984)

GB/T 2423.4—1993 电工电子产品基本环境试验规程 试验 Db:交变湿热试验方法(eqv IEC 60068-2-30:1980)

GB/T 2900.1—1992 电工术语 基本术语(eqv IEC 60050(151):1978)

GB/T 2900.18—1992 电工术语 低压电器(eqv IEC 60050(441):1984)

GB/T 2900.57—2002 电工术语 发电、输电及配电 运行(eqv IEC 60050(604):1987)

GB/T 4026—2004 人机界面标志标识的基本方法和安全规则 设备端子和特定导体终端标识及字母数字系统的应用通则(IEC 60445:1999,IDT)

GB/T 4205 人机界面(MMI)操作规则(GB/T 4205—2003,IEC 60447:1993,IDT)

GB/T 4207—2003 固体绝缘材料在潮湿条件下相比电痕化指数和耐电痕化指数的测定方法(IEC 60112:1979,IDT)

GB 4208—1993 外壳防护等级(IP 代码)(eqv IEC 60529:1989)

GB/T 4728.7—2000 电气简图用图形符号 第 7 部分:开关、控制和保护器件(IDT IEC 60617-7:1996)

GB 4824—2004 工业、科学和医疗(ISM)射频设备电磁骚扰特性 限值和测量方法(CISPR 11:2003,IDT)

GB/T 5169.5—1997 电工电子产品着火危险试验 第 2 部分:试验方法 第 2 篇:针焰试验(idt IEC 60695-2-2:1991)

GB/T 5169.10—1997 电工电子产品着火危险试验 试验方法 灼热丝试验方法 总则(idt IEC 60695-2-1/0:1994)

GB/T 5169.11—1997 电工电子产品着火危险试验 试验方法 成品的灼热丝试验和导则(idt IEC 60695-2-1/1:1994)

GB/T 5465.2 电气设备用图形符号(GB/T 5465.2—1996,idt IEC 60417:1994)

GB 7251.1—2005 低压成套开关设备和控制设备 第 1 部分:型式试验和部分型式试验成套设备(IEC 60439-1:1999,IDT)

GB 7327—1987 交流系统用碳化硅阀式避雷器 (neq IEC 60099-1:1970)

GB/T 11020—1989 测定固体电气绝缘材料暴露在引燃源后燃烧性能的试验方法(eqv IEC 60707:1981)

GB/T 11021—1989 电气绝缘的耐热性评定和分级(eqv IEC 60085:1984)

GB/T 12501.2—1997 电工电子设备按电击防护分类 第 2 部分:对电击防护要求的导则(idt IEC 60536-2:1992)

GB 13140.1—1997 家用和类似用途低压电路用的连接器件 第 1 部分:通用要求(idt IEC 60998-1:1990)

GB 13539.1—2002 低压熔断器 第 1 部分:基本要求(IEC 60269-1:1998,IDT)

GB/T 13539.2—2002 低压熔断器 第 2 部分:专职人员使用的熔断器的补充要求(主要用于工业的熔断器)(IEC 60269-2:1986,MOD)

GB 14048.5—2001 低压开关设备和控制设备 第5-1部分:控制电路电器和开关元件 机电式控制电路电器(eqv IEC 60947-5-1:1997)

GB 16895.12—2001 建筑物的电气装置 第4部分:安全防护 第44章:过电压保护 第443节:大气过电压或操作过电压保护(idt IEC 60364-4-443)

GB/T 16927 高电压试验技术(IEC 60060)

GB/T 16935.1—1997 低压系统内设备的绝缘配合 第1部分:原理、要求和试验(idt IEC 60664-1:1992)

GB/T 17193—1997 电气安装用超重荷型刚性钢导管(idt IEC 60981:1989)

GB 17625.1—2003 电磁兼容 限值 谐波电流发射限值(设备每相输入电流≤16 A)(IEC 61000-3-2:2001,IDT)

GB 17625.2—1999 电磁兼容 限值 对额定电流不大于16 A的设备在低压供电系统中产生的电压波动和闪烁的限制(idt IEC 61000-3-3:1994)

GB/T 17626.2—1998 电磁兼容 试验和测量技术 静电放电抗扰度试验(idt IEC 61000-4-2:1995)

GB/T 17626.3—1998 电磁兼容 试验和测量技术 射频电磁场辐射抗扰度试验(idt IEC 61000-4-3:1995)

GB/T 17626.4—1998 电磁兼容 试验和测量技术 电快速瞬变脉冲群抗扰度试验(idt IEC 61000-4-4:1995)

GB/T 17626.5—1999 电磁兼容 试验和测量技术 浪涌(冲击)抗扰度试验(idt IEC 61000-4-5:1995)

GB/T 17626.6—1998 电磁兼容 试验和测量技术 射频场感应的传导骚扰抗扰度(idt IEC 61000-4-6:1996)

GB/T 17626.8—1998 电磁兼容 试验和测量技术 工频磁场抗扰度试验(idt IEC 61000-4-8:1993)

GB/T 17626.11—1999 电磁兼容 试验和测量技术 电压暂降、短时中断和电压变化的抗扰度试验(idt IEC 61000-4-11:1994)

IEC 60028 铜电阻

IEC 60038:1983 标准电压

IEC 60050(826):1982 国际电工词汇(IEV) 第826篇 建筑物电气装置

IEC 60073:1991 人机界面、标志和标识的基本和安全要求——编码规则

IEC 60216 确定电气绝缘材料长期耐热性的导则

IEC 61000-4-13:2002 电磁兼容 第4-13部分:试验和测量技术 谐波和谐间波 包括交流信号在低频、交流电场抗干扰试验

IEC 61140:1997 电击防护 安装和设备的总则

2 术语和定义

下列术语和定义适用于本部分。

注:本章中所列的大部分术语和定义与IEV相同,当为此种情况时,IEV的参考条款号写在定义后的括号中(第一组的三个数字表示IEV章节)。

当IEV的定义修改时,IEV的章节号不标出,但有一解释性注。

2.1 基本术语

2.1.1

开关设备和控制设备 switchgear and controlgear

开关设备以及开关电器和相关联的控制、检测、保护和调节设备的组合的通称。也指由这些电器和

设备以及相关联的内连接线、辅助件、外壳和支持机构件的组合体。(441-11-01)

2.1.2

开关设备 switchgear

主要用于发电、输电、配电和电能转换有关的开关电器以及这些开关电器和相关联的控制、检测、保护及调节设备的组合的通称。也指由这些电器和设备以及相关联的内连接线、辅助件、外壳和支持机构件的组合体。(441-11-02)

2.1.3

控制设备 controlgear

主要用来控制受电设备的开关电器以及这些开关电器和相关联的控制、检测、保护及调节设备的组合的通称。也指由这些电器和设备以及相关联的内连接线、辅助件、外壳和支持机构件的组合体。(441-11-03)

2.1.4

过电流 over-current

超过额定电流的任何电流。(441-11-06)

2.1.5

短路 short circuit

对电路中正常情况下处于不同电压下的两个或多个点之间,通过一较低的电阻或阻抗进行的偶然的或有意的连接。(151-03-41)

2.1.6

短路电流 short-circuit current

由于电路中的故障或连接错误造成的短路而引起的过电流。(441-11-07)

2.1.7

过载 overload

在正常电路中产生过电流的运行条件。(441-11-08)

2.1.8

过载电流 overload current

在电气上尚未受到损伤的电路中的过电流。

2.1.9

周围空气温度 ambient air temperature

在规定的条件下,围绕整个开关电器或熔断器周围的空气温度。(441-11-13)

注:对于有封闭外壳的开关电器或熔断器,此温度是指壳外温度。

2.1.10

导电部分 conductive part

能导电,但不一定承载工作电流的部分。(441-11-09)

2.1.11

外露导电部分 exposed conductive part

容易被操作者触及的导电部件和虽在正常情况下不带电,但在故障情况下可变为带电的部件。(441-11-10)

注:典型的外露导电部件如外壳壁、操作手柄等。

2.1.12

外接导电部分 extraneous conductive part

虽不作为电气装置的部件但容易引入一个电位(通常是地电位)的部分。(826-03-03)

2.1.13

带电部分　live part

正常使用时带电的导体和导电部分，包括中性导体，但按惯例不包括保护中性(PEN)导体。(826-03-01)

注：这一定义不一定包含电击危险。

2.1.14

保护性导体(符号 PE)　protective conductor(symbol PE)

为了防止电击，采取某些措施把下列部件电气上连接起来的所需导体，所连接部件包括：

——外露导电部件；

——外接导电部件；

——主接地端子；

——接地极；

——电源接地点或人工接地中性点。(826-04-05)

2.1.15

中性导体(符号 N)　neutral conductor(symbol N)

连接到系统中性点上并能传输电能的导体。(826-01-03)

注：在某些情况下，中性导体和保护性导体的功能在规定的条件下可合二为一，该导体称为 PEN 导体(符号 PEN)。

2.1.16

外壳　enclosure

能提供一个规定的防护等级来防止某些外部影响和防止接近或触及带电部分和运动部分的部件。

注：这一定义与适用于成套电器的定义 IEV 441-13-01 相类似。

2.1.17

整体外壳　integral enclosure

构成电器一部分的外壳。

2.1.18

(开关电器或熔断器的)使用类别　utilization category (for a switching device or a fuse)

与开关电器或熔断器完成本身用途所处的工作条件有关的规定要求的组合。其要求是从表征实际使用的一个特性组选出的。(441-17-19)

注：规定的要求包括：接通能力(如适用)、分断能力、其他特性、连接的电路以及有关的使用条件和性能。

2.1.19

隔离(隔离功能)　isolation (isolating function)

出于安全原因，通过把装置或其中一部分与电源分开的办法以达到切断装置一部分或整个装置电源的功能。

2.1.20

电击　electric shock

电流通过人体或动物体时产生的病理生理学效应。(826-03-04)

2.2　开关电器

2.2.1

开关电器　switching device

用于接通或分断一个或几个电路中电流的电器。(441-14-01)

注：一个开关电器可以完成一个或两个操作。

2.2.2

机械开关电器　mechanical switching device

借助可分开的触头的动作闭合和断开一个或多个电路的开关电器。(441-14-02)

注：任何机械开关电器可根据触头断开或闭合所处的介质(例如：空气、SF_6、油)来命名。

2.2.3

半导体开关电器　semiconductor switching device

利用半导体的导电可控性接通和/或阻断电路电流的开关电器。

注：半导体开关电器也用于分断电流，所以此定义与 IEV 441-14-03 的定义不同。

2.2.4

熔断器　fuse

当电流超过规定值足够长时间后通过熔断一个或几个特殊设计的和相应的部件，断开其所接入的电路，并分断电流的电器。熔断器包括组成完整电器的所有部件。(441-18-01)

2.2.5

熔断体　fuse - link

熔断器动作后要进行更换的熔断器部件(包括熔体)。(441-18-09)

2.2.6

熔体　fuse-element

在超过规定动作电流值一定时间后熔化的熔断体部件。(441-18-08)

2.2.7

熔断器组合电器　fuse-combination unit

由制造厂或根据说明书将一个机械开关电器与一个或多个熔断器组装在同一单元内的一种电器组合。(441-14-04)

2.2.8

隔离器　disconnector

在断开位置上能符合规定隔离功能要求的一种机械开关电器。

注：此定义与 IEV 441-14-05 定义不同，因为隔离功能要求不仅只限于对隔离距离的要求。

2.2.9

(机械的)开关　switch (mechanical)

在正常的电路条件(包括过载工作条件)下能接通、承载和分断电流，也能在规定的非正常条件(例如短路条件下)下承载电流一定时间的一种机械开关电器。(441-14-10)

注：开关可以接通短路电流，但不能分断短路电流。

2.2.10

隔离开关　switch-disconnector

在断开位置上能满足对隔离器隔离要求的一种开关。(441-14-12)

2.2.11

断路器　circuit-breaker

能接通、承载和分断正常电路条件下的电流，也能在规定的非正常条件(例如短路条件)下接通、承载一定时间和分断电流的一种机械开关电器。(441-14-20)

2.2.12

(机械的)接触器　contactor (mechanical)

仅有一个起始位置，能接通、承载和分断正常电路条件(包括过载运行条件)下的电流的一种非手动操作的机械开关电器。(441-14-33)

注：接触器可根据提供闭合主触头所需的力的方式来命名。

2.2.13

半导体接触器(固态接触器)　semiconductor contactor (solid-state contactor)

利用半导体开关电器来完成接触器的功能的电器。

注：半导体式接触器可包含机械开关电器。

2.2.14

接触器式继电器　contactor relay

用作控制开关的接触器。(441-14-35)

2.2.15

起动器　starter

起动和停止电机所需的所有开关电器与适当的过载保护电器组合的电器。(441-14-38)

注：起动器可根据提供闭合主触头所需力的方式来命名。

2.2.16

控制电路电器　control circuit device

用于开关设备和控制设备中作控制、信号、联锁等用途的电器。

注:控制电路电器可包括其他标准中涉及的控制电路电器,例如仪器、电压表、继电器等有关电器,而这些电器主要用于规定用途。

2.2.17

(控制和辅助电路的)控制开关　control switch (for control and auxiliary circuit)

用于控制开关设备和控制设备的操作(包括信号、电气连锁)的一种机械开关电器。(441-14-46)

注：控制开关由一个或几个具有共同操作系统的触头元件组成。

2.2.18

指示开关　pilot switch

在规定的操动量下反应而使之动作的一种非人力控制开关。(441-14-48)

注：操动量可为压力、温度、速度、液位、经过时间等。

2.2.19

按钮　push-button

具有用人体某一部分(通常为手指或手掌)施加力而操作的操动器,并具有储能(弹簧)复位的控制开关。(441-14-53)

2.2.20

端子块(排)　terminal block

承载一个或多个相互绝缘的端子组件并被固定在支持件上的绝缘部件。

2.2.21

短路保护电器(SCPD)　short-circuit protective device

用分断短路电流来保护电路或电路部件免受短路电流损坏的电器。

2.2.22

浪涌抑制器　surge arrester

保护电器免受较高的瞬时过电压,并能限制持续电流的持续时间和幅度的一种器件。(604-03-51)

2.3　开关电器的部件

2.3.1

开关电器的极　pole of a switching device

仅与开关电器的主电路的一个电气上分开的导电路径相连的电器部件,它不包括那些用来将所有各极固定在一起和使各极一起动作的部件。(441-15-01)

注：如果开关电器有一个极,可称为单极开关。如果有两个以上的极,可称为多极(二极、三极)开关电器,这些极被连在一起或能被连在一起操作。

2.3.2

(开关电器的)主电路　main circuit (of a switching device)

电路中用作闭合或断开电路的开关电器的所有导电部件。(441-15-02)

2.3.3

(开关电器的)控制电路　control circuit (of a switching device)

除主电路外,接入电路中用作开关电器的闭合操作和/或断开操作的开关电器所有导电部件。(441-15-03)

2.3.4

(开关电器的)辅助电路　auxiliary circuit (of a switching device)

除电器的主电路和控制电路外,在电路中使用的开关电器的所有导电部件。(441-15-04)

注:某些辅助电路需完成附加功能,例如信号、连锁等,因此这些辅助电路有可能是另一个开关电器的控制电路的一部分。

2.3.5

(机械开关电器的)触头　contact (of a mechanical switching device)

当接触时构成电路接通的导电部件,操作时由于触头的相对运动而断开或闭合电路,或靠触头的转动或滑动保持电路的接通。(441-15-05)

2.3.6

触头块　contact piece

构成触头的导电部件的一部分。(441-15-06)

2.3.7

主触头　main contact

在闭合位置上承载机械开关电器主电路电流的触头。(441-15-07)

2.3.8

弧触头　arcing contact

旨在其上形成电弧的触头。(441-15-08)

注:弧触头也可兼作主触头,也可以把弧触头设计成一个单独的触头,使它比其他触头后断开和先闭合,以保护其他触头免受伤害。

2.3.9

控制触头　control contact

接在开关电器的控制电路中并由该开关电器用机械方式操作的触头。(441-15-09)

2.3.10

辅助触头　auxiliary contact

接在开关电器辅助电路中并由该开关电器用机械方式操作的触头。(441-15-10)

2.3.11

(机械开关电器的)辅助开关　auxiliary switch (of a mechanical switching device)

具有一个或多个控制和/或辅助触头由机械开关电器用机械方式操作的开关。(441-15-11)

2.3.12

"a"触头-接通触头　"a" contact-make contact

当机械开关电器的主触头闭合时闭合,主触头断开时断开的控制或辅助触头。(441-15-12)

2.3.13

"b"触头-分断触头　"b" contact-break contact

当机械开关电器的主触头闭合时断开,主触头断开时闭合的控制或辅助触头。(441-15-13)

2.3.14

(电气式)继电器　relay (electrical)

当控制电器的电气输入量在电路中的变化达到规定的要求时,在电器的一个或多个电气输出电路中使被控量发生预定的阶跃变化的开关电器。(446-11-01)

2.3.15

(机械开关电器的)脱扣器　release (of a mechanical switching device)

与机械开关电器相连的、用它来释放保持机构而使开关电器断开或闭合的电器。(441-15-17)

注：脱扣器可以有瞬时、延时等动作。各种类型的脱扣器定义见2.4.24至2.4.35。

2.3.16

(机械开关电器的)操作系统　actuating system (of a mechanical switching device)

把操动力传递到机械开关电器的触头块上的所有操作部件。

注：操动系统的操作方式可以是机械的、电磁的、液压的、气动的、热动的等。

2.3.17

操动器　actuator

将外部操动力施加到操作系统上的部件。(441-15-22)

注：操动器可以用手柄、手把、按钮、滚轮或柱塞等形式。

2.3.18

位置指示器　position indicating device

表示机械开关电器是否在断开位置、闭合位置或接地位置(如适用)的机械开关电器部件。(441-15-25)

2.3.19

指示灯　indicator light

用亮信息或暗信息来提供光信号的灯。

2.3.20

防跳跃机构　anti-pumping device

在闭合—断开操作之后，只要引起闭合操作的部件保持在闭合位置上，就能防止再次闭合的机构。(441-16-48)

2.3.21

联锁装置　interlocking device

使开关电器的操作取决于电器的一个或多个其他部件的操作位置的装置。(441-16-49)

2.3.22

接线端子　terminal

用来与外部电路进行电气连接的电器导电部分。

2.3.23

螺纹型接线端子　screw-type terminal

用于连接或拆卸导体或用于两个或多个导体相互连接的接线端子，这种连接可直接或间接地用各种螺钉或螺栓来完成。

注：螺纹型接线端子的举例见附录D。

2.3.24

非螺纹型接线端子　screwless-type terminal

用于连接或拆卸导体或用于两个或多个导体相互连接的接线端子，这种连接可直接或间接地用弹簧、楔形块、偏心轮或锥形轮来完成。

注：非螺纹型接线端子的举例见附录D。

2.3.25

紧固部件　clamping unit

导体的机械性紧固或电气联接所需的端子部件。

2.3.26

非预制导体　unprepared conductor

为插入到接线端子中，割断后并剥去其绝缘的导体。

注：导体的形状易于放入到接线端子中或将多股导体拧在一起并拧牢端部的这种导体可以认为是非预制导体。

2.3.27

预制导体　prepared conductor

将多股导线焊在一起或将其端部装上电缆接头、套环等的导体。

2.4 开关电器操作

2.4.1

(机械开关电器的)操作　operation (of a mechanical switching device)

电器的活动零部件(如动触头)从一个位置转换到另一个位置。(441-16-01)

注1：例如对断路器，操作可以是闭合操作或断开操作。

注2：如果有必要区分的话，可分为：电气意义上的操作，例如接通或分断，称作通断操作。机械意义上的操作，例如闭合或断开，称作机械操作。

2.4.2

(机械开关电器的)操作循环　operating cycle (of a mechanical switching device)

从一个位置转换到另一个位置再返回到起始位置的连续操作。如有多个位置，则需要通过其他所有位置。(441-16-02)

2.4.3

(机械开关电器的)操作顺序　operating sequence (of a mechanical switching device)

在规定的时间间隔内完成规定的连续操作。(441-16-03)

2.4.4

人力控制　manual control

由人力参与操作的控制。(441-16-04)

2.4.5

自动控制　automatic control

无人参与而按照预定条件操作的控制。(441-16-05)

2.4.6

就地控制　local control

在被控开关电器上或其近旁操作的控制。(441-16-06)

2.4.7

远距离控制　remote control

在远离被控开关电器处操作的控制。(441-16-07)

2.4.8

(机械开关电器的)闭合操作　closing operation (of a mechanical switching device)

使电器由断开位置转换到闭合位置的操作。(441-16-08)

2.4.9

(机械开关电器的)断开操作　opening operation (of a mechanical switching device)

使电器由闭合位置转换到断开位置的操作。(441-16-09)

2.4.10

(机械开关电器的)肯定断开操作　positive opening operation (of a mechanical switching device)

按规定的要求，当操动器位置与开关电器的断开的位置相对应时，能保证全部主触头处于断开位置的断开操作。(441-16-11)

2.4.11

肯定驱动操作 positively driven operation

按规定的要求,用于保证机械开关电器的各辅助触头都分别处于对应于主触头断开或闭合的相对位置的操作。(441-16-12)

2.4.12

(机械开关电器的)有关人力操作 dependent manual operation (of a mechanical switching device)

完全靠直接施加人力的一种操作,操作速度和力取决于操作者的动作。(441-16-13)

2.4.13

(机械开关电器的)有关动力操作 dependent power operation (of a mechanical switching device)

用人力以外的其他能量进行的一种操作,操作的完成取决于能源(螺线管、电动机或气动机械等)供给的连续性。(441-16-14)

2.4.14

(机械开关电器的)储能操作 stored energy operation (of a mechanical switching device)

利用操作前储存于机构本身的并且在预定条件下足以完成操作的能量所进行的操作。(441-16-15)

注:储能操作可分为:

1) 储能方式(弹簧、重力等);

2) 能量的来源(人力、电力等);

3) 释能方式(人力、电力等)。

2.4.15

(机械开关电器的)无关人力操作 independent manual operation (of a mechanical switching device)

能源来源于人力,并在一个连续的操作过程中储能和释能的一种储能操作,操作的力和速度与操作者的动作无关。(441-16-16)

2.4.16

(机械开关电器的)无关动力操作 independent power operation (of a mechanical switching device)

储存的能量来源于外部的动力源,在一个连续的操作过程中释放储存能量的储能操作,操作的力和速度与操作者的动作无关。

2.4.17

操动力(力矩) actuating force (moment)

为完成预定操作而需施加到操动器上的力(力矩)。(441-16-17)

2.4.18

恢复力(力矩) restoring force (moment)

为使操动器或触头元件返回到初始位置所需的力(力矩)。(441-16-19)

2.4.19

(机械开关电器或其部件的)行程 travel (of a mechanical switching device or a part thereof)

运动部件上某一点的位移(平移或旋转)。(441-16-21)

注:预行程和超行程等之间是有区别的。

2.4.20

(机械开关电器的)闭合位置 closed position (of a mechanical switching device)

保证电器的主电路中的触头处于预定的通电位置。(441-16-22)

2.4.21

(机械开关电器的)断开位置 open position (of a mechanical switching device)

保证电器的主电路断开触头间满足预定的介质耐受电压要求的位置。

注:上述定义与 IEV 441-16-23 规定要满足介电性能要求不同。

2.4.22

脱扣(操作)　tripping (operation)

由继电器或脱扣器引起的机械开关电器的断开操作。

2.4.23

自由脱扣的机械开关电器　trip-free mechanical switching device

在闭合操作开始后,即使闭合指令仍保持,只要断开(如脱扣)操作开始进行,其动触头就能返回到并保持在断开位置的机械开关电器。

注1:为保证将可能已接通的电流正常分断,必须使触头瞬时达到闭合位置。

注2:由于自由脱扣机械开关电器的断开操作是自动控制的,IEV 441-16-31 的词句已作了全面补充(如脱扣)。

2.4.24

瞬时继电器或脱扣器　instantaneous relay or release

无任何人为延时动作的继电器或脱扣器。

2.4.25

过电流继电器或脱扣器　over-current relay or release

当继电器或脱扣器的电流超过预定值时,使机械开关电器有延时或无延时地动作的继电器或脱扣器。

注:在某些情况下,预定值取决于电流的上升率。

2.4.26

定时限过电流继电器或脱扣器　definite time-delay over-current relay or release

经一定延时后动作的过电流继电器或脱扣器,其延时动作时间可以调整,但不受过电流值的影响。

2.4.27

反时限过电流继电器或脱扣器　inverse time-delay definite time-delay over-current relay or release

经一定延时后动作的过电流继电器或脱扣器,延时动作时间与所通过的过电流成反比。

注:上述继电器或脱扣器可设计成在较高过电流时接近一个确定的最小值。

2.4.28

直接过电流继电器或脱扣器　direct over-current relay or release

直接由开关电器主电路电流激励的过电流继电器或脱扣器。

2.4.29

间接过电流继电器或脱扣器　indirect over-current relay or release

由机械开关电器的主电路电流通过电流互感器或分流器激励的过电流继电器或脱扣器。

2.4.30

过载继电器或脱扣器　overload relay or release

用作过载保护的过电流继电器或脱扣器。

2.4.31

热过载继电器或脱扣器　thermal overload relay or release

取决于流过继电器或脱扣器电流所产生的热效应而反时限动作(包括延时)的继电器或脱扣器。

2.4.32

电磁过载继电器或脱扣器　magnetic overload relay or release

利用流过主电路并激励电磁铁线圈电流所产生的力而动作的过载继电器或脱扣器。

注:上述继电器或脱扣器通常有反时限的时间/电流特性。

2.4.33

分励脱扣器　shunt release

由电压源激励的脱扣器。(441-16-41)

注:电压源可与主电路电压无关。

2.4.34

欠电压继电器或脱扣器　under-voltage relay or release

当继电器或脱扣器的端电压降至预定值时，使机械开关电器有延时或无延时断开或闭合的继电器或脱扣器。

2.4.35

逆电流继电器或脱扣器(仅适用直流)　reveres current relay or release(d.c. only)

直流电路中当电流的方向改变并超过预定值时，使机械开关电器有延时或无延时断开的继电器或脱扣器。

2.4.36

(过电流继电器或脱扣器的)动作电流　operating current (of an over-current relay or release)

当电流等于或大于此值时，继电器或脱扣器能动作的电流值。

2.4.37

(过电流或过载继电器或脱扣器的)电流整定值　current-setting (of an over-current or overload relay or release)

与继电器或脱扣器的动作特性有关且用来确定继电器或脱扣器动作的主电路电流值。

注：继电器或脱扣器可有一个以上的电流整定值，整定值可用可调的刻度盘、可更换的加热器等方式确定。

2.4.38

(过电流或过载继电器或脱扣器的)电流整定值范围　current setting range (of an over-current or overload relay or release)

可调整的继电器或脱扣器电流整定值的最大值与最小值之间的范围。

2.5　特性量

2.5.1

标称值　nominal value

用以标志或识别一个开关电器或部件以及设备的合适的近似量值。(151-04-01)

2.5.2

极限值　limiting value

在规范和标准中一个量值的最大或最小允许值。(151-04-02)

2.5.3

额定值　rated value

一般由制造厂对开关电器、器件或设备在规定的工作条件下所规定的一个量值。(151-04-03)

2.5.4

定额　rating

一组额定值和工作条件。(151-04-04)

2.5.5

(电路及其有关开关电器或熔断器的)预期电流　prospective current (of a circuit and with respect to a switching device or a fuse)

当开关电器的每一极或熔断器被一个阻抗可以忽略不计的导体代替时，电路中可能流过的电流。(441-17-01)

注：用于计算或表示预期电流的方法在有关产品标准中规定。

2.5.6

预期峰值电流　prospective peak current

在电路接通后瞬态期间的预期电流峰值。(441-17-02)

注：此定义假设电流是由一个理想的开关电器接通，即阻抗瞬时地由无穷大变至零，对于有几条电流路径的电路，例如多相电路，此定义进一步假设各极同时接通电流，甚至仅考虑一个极的电流。

2.5.7

(交流电路的)预期对称电流 prospective symmetrical current (of an a.c. circuit)

在交流电路接通后瞬态现象消失瞬间起的预期电流。(441-17-03)

注1：对于多相电路，预期对称电流只有一次在一个极上符合无瞬态周期状态。

注2：预期对称电流用有效值(r.m.s)表示。

2.5.8

(交流电路的)最大预期峰值电流 maximum prospective peak current (of an a.c. circuit)

当电流开始发生在导致最大可能值的瞬间的预期电流峰值。(441-17-04)

注：对于多相电路中的多极电器，最大预期峰值电流只考虑一极。

2.5.9

(开关电器的一个极的)预期接通电流 prospective making current (of a pole of a switching device)

在规定的条件下接通时所产生的预期电流。(441-17-05)

注：规定的条件可能与预期电流产生的方式有关，例如利用一个理想的开关电器；或与其产生的预期电流瞬间有关，例如交流电路中导致最大预期电流的瞬间；或与最大上升率有关，这些条件在有关产品标准中规定。

2.5.10

(开关电器的一个极或熔断器的)预期分断电流 prospective breaking current(of a pole of a switching device or a fuse)

相应于分断过程开始瞬间所确定的预期电流。(441-17-06)

注：有关分断过程瞬间的规定应在有关产品标准中给出。对于机械开关电器和熔断器，通常是在分断过程中燃弧产生瞬间。

2.5.11

(开关电器或熔断器的)分断电流 breaking current (of a switching device or a fuse)

在分断过程中，产生电弧的瞬间流过开关电器一个极或熔断器的电流。(441-17-07)

注：对于交流，电流用交流分量对称有效值表示。

2.5.12

(开关电器或熔断器的)分断能力 breaking capacity (of a switching device or a fuse)

在规定的使用和性能条件下，开关电器或熔断器在规定的电压下能分断的预期分断电流值。(441-17-08)

注1：规定的电压和条件见有关产品标准。

注2：对交流，电流用交流分量对称有效值表示。

注3：短路分断能力见2.5.14。

2.5.13

(开关电器的)接通能力 making capacity (of a switching device)

在规定的使用和性能条件下，开关电器能在规定的电压下能接通的预期接通电流值。(441-17-09)

注1：规定的电压和条件见有关产品标准。

注2：短路接通能力见2.5.15。

2.5.14

短路分断能力 short-circuit breaking capacity

在规定的条件下，包括开关电器接线端短路在内的分断能力。(441-17-11)

2.5.15

短路接通能力 short-circuit making capacity

在规定的条件下，包括开关电器接线端短路在内的接通能力。(441-17-10)

2.5.16

临界负载电流 critical load current

在使用条件范围内燃弧时间明显延长的分断电流。

2.5.17

临界短路电流　critical short-circuit current

小于额定短路分断能力，但其电弧能量明显高于额定短路分断能力时电弧能量的分断电流值。

2.5.18

焦耳积分　joule integral

I^2t

电流的平方在给定时间内的积分。(441-18-23)

$$I^2t = \int_{t_0}^{t_1} i^2 \mathrm{d}t$$

2.5.19

截断电流(允通电流)　cut-off current (let-through current)

开关电器或熔断器在分断动作中达到的最大瞬时电流值。(441-17-12)

注：当电路电流尚未达到预期电流峰值情况下，开关电器或熔断器分断动作时这一概念特别重要。

2.5.20

时间-电流特性　time-current characteristic

在规定的运行条件下，表示弧前时间或熔断时间为预期电流的函数曲线。(441-17-13)

2.5.21

截断电流特性　cut-off (current) characteristic

允通电流特性　let-through (current) characteristic

在规定的运行条件下，截断电流为预期电流的函数曲线。(441-17-14)

注：在交流情况下，截断电流是任何非对称程度下所能达到的最大值。在直流情况下截断电流是在规定的时间常数下所达到的最大值。

2.5.22

过电流保护电器的过电流保护配合　over-current protective co-ordination of over-current protective device

两个或多个过电流保护电器串联起来，用以保证过电流选择性保护和/或后备保护。

2.5.23

过电流选择性　over-current discrimination

两个或多个过电流保护电器之间的动作特性的配合。在给定的范围内出现过电流时，指定在这个范围动作的电器动作，而其他电器不动作。(441-17-15)

注：串联选择性和网络选择性是有区别的，串联选择性包含不同的过电流保护电器同时通过同一过电流；网络选择性包含同一保护电器通过不同大小的过电流。

2.5.24

后备保护　back-up protection

两个串联的过电流保护电器的一种过电流配合。电源侧保护电器(一般是电源侧，但并非一定是电源侧电器)在有/无另一保护电器的帮助下实现过电流保护，并防止另一个保护电器的过负荷。

2.5.25

交接电流　take-over current

对应于两个过电流保护电器的时间-电流特性曲线的交点处的电流值。(441-17-16)

2.5.26

短延时　short-time delay

在额定短时耐受电流范围内动作的故意延时。

2.5.27

短时耐受电流　short-time withstand current

在规定的使用和性能条件下，电路或在闭合位置上的开关电器在指定的短时间内所能承载的电流。(441-17-17)

2.5.28

峰值耐受电流　peak withstand current

在规定的使用和性能条件下，电路或在闭合位置上的开关电器所能承受的电流峰值。(441-17-18)

2.5.29

(电路或开关电器的)限制短路电流　conditional short-circuit current (of a circuit or a switching device)

在规定的使用和性能条件下，由规定的短路保护电器来保护的电路或开关电器在该短路保护电器动作期间所能承受的预期电流。

注1：对于本部分，短路保护电器一般指断路器或熔断器。

注2：上述定义与IEV 441-17-20是有区别的。上述定义已把限流电器的概念扩展到短路保护电器，短路保护电器的功能不仅只局限于限流作用。

2.5.30

(过电流继电器或脱扣器的)约定不脱扣电流　conventional non-tripping current (of an over-current relay or release)

在规定的时间(约定时间)内，继电器或脱扣器能承载而不动作的规定电流值。

2.5.31

(过电流继电器或脱扣器的)约定脱扣电流　conventional tripping current (of an over-current relay or release)

在规定的时间(约定时间)内，引起继电器或脱扣器动作的规定电流值。

2.5.32

(开关电器)外施电压　applied voltage (for a switching device)

在接通电流前，加在开关电器一个极的两接线端子间的电压。(441-17-24)

注：这一定义适用于单极电器，对于多极电器，外施电压指电器电源接线端子间的相对相电压。

2.5.33

恢复电压　recovery voltage

在分断电流后，在开关电器的一个极或熔断器的两接线端子间出现的电压。(441-17-25)

注1：该电压可认为有两个连续的时间间隔，在第一个时间间隔内为瞬态电压，在随后的第二个时间间隔内仅存在稳态恢复电压或工频电压。

注2：上述定义适用于单极电器，对于多极电器，恢复电压指电器电源接线端子间的相对相电压。

2.5.34

瞬态恢复电压　transient recovery voltage

在具有显著瞬态特征的时间内的恢复电压。(441-17-26)

注：瞬态电压可以是振荡的或非振荡的或二者的结合，这取决于电路、开关电器或熔断器的特性。瞬态电压包括多相电路的中性点电压偏移。

2.5.35

工频恢复电压　power-frequency recovery voltage

在瞬态电压现象消失后的恢复电压。(441-17-27)

2.5.36

直流稳态恢复电压　d.c. steady-state recovery voltage

在直流电路中瞬态电压现象消失后的恢复电压，如存在波纹，此电压用平均值表示。(441-17-28)

2.5.37

(电路的)预期瞬态恢复电压 prospective transient recovery voltage (of a circuit)

由理想的开关电器分断预期对称电流后的瞬态恢复电压。(441-17-29)

注：上述定义假设对所有要测量的预期瞬态恢复电压的开关电器或熔断器是由一理想的开关电器所代替，即在零电流(即自然过零)瞬间阻抗立即从零变到无穷大，对于电流能流经几个不同路径的电路，如多相电路，此定义进一步假设由理想开关电器分断电流只在所考虑的一极上发生。

2.5.38

(机械开关电器的)电弧电压峰值 peak arc voltage (of a mechanical switching device)

在规定的条件下，在燃弧期间内出现在开关电器一个极的两端子间的电压最大瞬时值。(441-17-30)

2.5.39

(机械开关电器的)断开时间 opening time (of a mechanical switching device)

开关电器从断开操作开始瞬间到所有极的弧触头都分开瞬间为止的时间间隔。(441-17-36)

注：断开操作开始的瞬间，即发出断开命令的瞬间(例如施加脱扣电流等)在有关产品标准规定。

2.5.40

(一极或熔断器的)燃弧时间 arcing time (of a pole or a fuse)

从开关电器一极或熔断器开始出现燃弧的瞬间起到该极或该熔断器中电弧最终熄灭的瞬间止的时间间隔。(441-17-37)

2.5.41

(多极开关电器的)燃弧时间 arcing time (of a multipole switching device)

从第一个电弧产生的瞬间起到所有极电弧最终熄灭的瞬间止的时间间隔。(441-17-38)

2.5.42

分断时间 break time

从机械开关电器的断开瞬间(或熔断器的弧前时间)开始时起，到燃弧时间结束瞬间止的时间间隔。(441-17-39)

2.5.43

接通时间 make time

从机械开关电器闭合操作开始瞬间起到电流开始流过主电路瞬间止的时间间隔。(441-17-40)

2.5.44

闭合时间 closing time

开关电器从闭合操作开始瞬间起到所有极的触头都接触时瞬间止的时间间隔。(441-17-41)

2.5.45

通断时间 make-break time

对在主电路内电流开始流过的瞬间通电而断开的脱扣器来说，是指从电流开始在开关电器的一个极流过瞬间起到所有极电弧最终熄灭瞬间止的时间间隔。(441-17-43)

2.5.46

电气间隙 clearance

两个导电部件间最短的直线距离。(441-17-31)

2.5.47

极间的电气间隙 clearance between poles

相邻极间的任何导电部件间的电气间隙。(441-17-32)

2.5.48

对地电气间隙 clearance to earth

任何导电部件与任何接地部件或用作接地的部件之间的电气间隙。(441-17-33)

2.5.49

断开触头间的电气间隙(开距) clearance between open contacts (gap)

在断开位置时机械开关电器一极的触头间或与触头相连的任何导电部件间的总电气间隙。(441-17-34)

2.5.50

(机械开关电器一极的)隔离距离 isolating distance (of a pole of a mechanical switching device)

在满足规定的隔离器安全要求时处于断开位置触头间的电气间隙。(441-17-35)

2.5.51

爬电距离 creepage distance

两导电部件间沿绝缘材料表面的最短距离。

注:两个绝缘材料部件间的接缝认为是表面部分。

2.5.52

工作电压 working voltage

在额定电源电压下可能产生(局部地)在任何绝缘端实际出现的最高交流电压有效值或最高直流电压值。

注1:此定义不考虑瞬态电压。

注2:开路条件和正常工作条件应考虑在内。

2.5.53

暂态过电压 temporary overvoltage

在一定的位置上的和具有持续相当长时间(几秒钟)的相对地、相对中性点或相对相过电压。

2.5.54

瞬态过电压 transient overvoltage

本部分瞬态过电压含义有以下几种:

2.5.54.1

通断过电压 switching overvoltage

因特定的通断操作或故障,在系统中的一定位置上出现的瞬态过电压。

2.5.54.2

雷击过电压 lightning overvoltage

因特定的雷击放电,在系统中的一定位置上出现的瞬态过电压(见GB/T 16927和GB 311.1)。

2.5.54.3

功能过电压 functional overvoltage

为了电器的功能所需而有意识地施加的过电压。

2.5.55

冲击耐压 impulse withstand voltage

在规定的试验条件下,不造成击穿的具有一定形状和极性的冲击电压最高峰值。

2.5.56

工频耐压 power-frequency withstand voltage

在规定的试验条件下,不引起击穿的工频正弦电压有效值。

2.5.57

污染 pollution

能影响到介电强度或表面电阻率的任何外部物质条件,如固体,液体或气体(游离气体)。

2.5.58

(环境条件的)污染等级 pollution degree (of environmental conditions)

根据导电的或吸湿的尘埃、游离气体或盐类和相对湿度的大小以及由于吸湿或凝露导致表面介电强度和/或电阻率下降事件发生的频度而对环境条件作出的分级。

注1：暴露装置的污染等级可不同于提供外壳或内部加热方法防止其吸湿或凝露的处于宏观环境的装置的污染等级。

注2：就本部分而言，污染等级指的是微观环境的污染等级。

2.5.59

（电气间隙或爬电距离的）微观环境 micro-environmental (of a clearance or creepage distance)

按所考虑的电气间隙或爬电距离处的周围环境条件。

注：电气间隙或爬电距离的微观环境确定对绝缘的影响，而不是电器的环境确定其影响。微观环境可能好于电器的环境或比其差。微观环境包括所有影响绝缘的因素，例如：气候条件、电磁条件、污染的产生等。

2.5.60

（电路或电气系统中的）过电压类别（安装类别） overvoltage category (of a circuit or within an electrical system)

根据限定（或控制）电路中（或具有不同标称电压的电气系统中）产生的预期瞬态过电压和为限制过电压而采用的有关方法为基础而确定的分类。

注：在一个电气系统中，从一个过电压类别转换到另一个较低的过电压类别是通过采取满足把瞬态过电压降低到较低过电压类别规定值的交接面要求的方法获得的，例如采取能吸收、消耗或转换浪涌电流能量的过电压保护器或串联或并联阻抗组合方式。

2.5.61

绝缘配合 co-ordination of insulation

电气设备的绝缘特性一方面与预期过电压和过电压保护装置的特性有关，另一方面与预期的微观环境和污染保护方式有关。

2.5.62

均匀电场 homogeneous (uniform) field

电极之间的电压梯度基本上恒定的电场，例如两球之间，每一球的半径均大于二者间的距离的电场。

2.5.63

非均匀电场 inhomogeneous (non-uniform) field

电极之间的电压梯度不恒定的电场。

2.5.64

漏电起痕 tracking

固体绝缘材料表面在电场或电解液的联合作用下逐渐形成导电通路的过程。

2.5.65

相比漏电起痕指数（CTI） comparative tracking index (CTI)

材料能经受住50滴试验溶液而没有形成漏电起痕的最高电压值，用V表示。

注1：每个试验电压值和CTI应是25的倍数。

注2：上述定义选自GB/T 4207—2003中的2.3条。

2.6 试验

2.6.1

型式试验 type test

对按某一设计而制造的一个或多个电器进行的试验，以表明这一电器设计符合一定的规范。(151-04-15)

2.6.2

常规试验 routine test

对每个电器在制造中和/或制造后进行的试验，用以判断其是否符合某些标准。(151-04-16)

2.6.3

抽样试验　sampling test

从一批电器中随机提取若干个电器所进行的试验。(151-04-17)

2.6.4

特殊试验　special test

除型式试验和常规试验外由制造厂确定的或根据制造厂和用户的协议确定的试验。

3　分类

本章主要根据电器的特性和特点对电器进行分类,这些特性和特点可以由制造厂确定,本章所列的项目不需用试验来验证。

在产品标准中,本章不是强制的,但在产品标准中应有这一章以便在需要时列出分类准则。

4　特性

特　性	符　号	条 款 号
约定封闭发热电流	I_{the}	4.3.2.2
约定自由空气发热电流	I_{th}	4.3.2.1
八小时工作制	—	4.3.4.1
断续工作制	—	4.3.4.3
周期工作制	—	4.3.4.5
额定分断能力	—	4.3.5.3
额定限制短路电流	—	4.3.6.4
额定控制电路电压	U_c	4.5.1
额定控制电源电压	U_s	4.5.1
额定电流	I_n	a
额定频率	—	4.3.3
额定冲击耐受电压	U_{imp}	4.3.1.3
额定绝缘电压	U_i	4.3.1.2
额定接通能力	—	4.3.5.2
额定工作电流	I_e	4.3.2.3
额定工作功率	—	4.3.2.3
额定工作电压	U_e	4.3.1.1
额定转子绝缘电压	U_{ir}	a
额定转子工作电流	I_{er}	a
额定转子工作电压	U_{er}	a
额定运行短路分断能力	I_{cs}	a
额定短路分断能力	I_{cn}	4.3.6.3
额定短路接通能力	I_{cm}	4.3.6.2
额定短时耐受电流	I_{cw}	4.3.6.1
自耦减压起动器的额定起动电压	—	a
额定定子绝缘电压	U_{is}	a
额定定子工作电流	I_{es}	a

表(续)

特 性	符 号	条款号
额定定子工作电压	U_{es}	a
额定极限短路分断能力	I_{cu}	a
额定不间断电流	I_u	4.3.2.4
转子发热电流	I_{thr}	a
选择性极限电流	I_s	a
定子发热电流	I_{ths}	a
交接电流	I_B	2.5.25
短时工作制	—	4.3.4.4
不间断工作制	—	4.3.4.2
使用类别	—	4.4

[a] 这些值由产品标准规定。

4.1 特性概述

电器的特性应在产品标准中规定,特性包括如下内容(如适用):

——电器型式(4.2);

——主电路的额定值和极限值(4.3);

——使用类别(4.4);

——控制电路(4.5);

——辅助电路(4.6);

——继电器和脱扣器(4.7);

——与短路保护电器的协调配合(4.8);

——通断操作过电压(4.9)。

4.2 电器型式

产品标准应规定如下内容(如适用):

——电器的种类:例如接触器、断路器等;

——极数;

——电流的种类;

——分断时介质类型;

——运行条件(操作方式、控制方法等)。

注:以上所列项目并非全面,可以增减。

4.3 主电路的额定值和极限值

额定值和极限值是由制造厂规定的,额定值和极限值应根据4.3.1至4.3.6及有关产品标准的要求来规定,但不必列出所有的额定值和极限值。

4.3.1 额定电压

电器应规定以下几种额定电压:

注:一定型式的电器可以有一个或多个额定电压或一个额定电压范围。

4.3.1.1 额定工作电压(U_e)

电器的额定工作电压是一个与额定工作电流组合共同确定电器用途的电压值,它与相应的试验和使用类别有关。

对于单极电器,额定工作电压一般规定为跨极二端电压。

对于多极电器,额定工作电压规定为相间电压。

注1：对于某些电器和特殊用途电器，可采用不同的方法确定U_e，具体方法在有关产品标准中规定。

注2：对用在多相电路中的多极电器，应区分以下两点：

a) 用于单一对地故障不会在一极两端出现相间全电压的系统的电器：

——中性点接地系统；

——不接地和用阻抗接地的系统。

b) 用于单一对地故障会在一极两端出现相间全电压的系统（即相接地系统）的电器。

注3：对于不同的工作制和使用类别，电器可以规定一组额定工作电压和额定工作电流或额定功率组合。

注4：对于不同的工作制和使用类别，电器可以规定一组工作电压和相应的接通和分断能力。

注5：应注意的是额定工作电压可能与电器内的实际工作电压不同（见2.5.52）。

4.3.1.2 额定绝缘电压（U_i）

电器的额定绝缘电压是一个与介电试验电压和爬电距离有关的电压值。

在任何情况下最大的额定工作电压值不应超过额定绝缘电压值。

注：若电器没有明确规定额定绝缘电压，则规定的工作电压的最高值被认为是额定绝缘电压值。

4.3.1.3 额定冲击耐受电压（U_{imp}）

在规定的条件下，电器能够耐受而不击穿的具有规定形状和极性的冲击电压峰值。该值与电气间隙有关。

电器的额定冲击耐受电压应等于或大于该电器所处的电路中可能产生的瞬态过电压规定值。

注：额定冲击耐受电压优先值见表12。

4.3.2 电流

电器应规定下列几种电流：

4.3.2.1 约定自由空气发热电流（I_{th}）

约定自由空气发热电流是不封闭电器在自由空气中进行温升试验时的最大试验电流值（见8.3.3.3）。

约定自由空气发热电流值应至少等于不封闭电器在八小时工作制（4.3.4.1）下最大额定工作电流值（4.3.2.3）。

自由空气应理解为在正常的室内条件下无通风和外部辐射的空气。

注1：约定自由空气发热电流值并非额定值，不强制在电器上标志。

注2：不封闭电器是指制造厂不提供外壳的电器或制造厂提供的外壳是构成完整电器的一部分和预期不作为电器的防护外壳。

4.3.2.2 约定封闭发热电流（I_{the}）

约定封闭发热电流由制造厂规定，用此电流对安装在规定外壳中的电器进行温升试验。有关温升试验见8.3.3.3，如果制造厂的样本中规定电器是封闭电器而且通常与一个或几个规定型式和尺寸的外壳结合使用时上述试验必须进行（见注2）。

约定封闭发热电流值应至少等于封闭电器在八小时工作制（4.3.4.1）下最大额定工作电流值（4.3.2.3）。

如果电器一般不用在规定的外壳中且约定自由空气发热电流（I_{th}）试验已通过，则约定封闭发热电流试验可以不必进行。在这种情况下，制造厂应提供约定封闭发热电流值或降容系数。

注1：约定封闭发热电流不是额定值，可不必标在电器上。

注2：约定封闭发热电流值是对无通风电器而言，试验时采用的外壳应是制造厂规定的实际应用的最小尺寸的外壳。对有通风电器，该值可采用制造厂规定数据。

注3：封闭电器是指一般用于规定的型式和尺寸的外壳中的电器或用于多个型式的外壳中的电器。

4.3.2.3 额定工作电流（I_e）或额定工作功率

电器的额定工作电流由制造厂规定，额定工作电流的确定应考虑到额定工作电压（4.3.1.1）、额定频率（4.3.3）、额定工作制（4.3.4）、使用类别（4.4）和外壳防护的型式（如有）。

对于直接开闭单独电动机的电器，额定工作电流指标可在考虑额定工作电压的条件下由该电器所控制的电动机的最大额定输出功率指标代替或补充。制造厂应规定工作电流与工作功率（如有）间的关系。

4.3.2.4 额定不间断电流(I_u)

额定不间断电流是由制造厂规定的电器能在不间断工作制下(4.3.4.2)承载的电流值。

4.3.3 额定频率

用于设计电器且与其他特性值有关的电源频率。

注:同一电器可以有一组额定频率或额定频率范围,也可交直流两用。

4.3.4 额定工作制

正常条件下额定工作制有如下几种:

4.3.4.1 八小时工作制

电器的主触头保持闭合且承载稳定电流足够长时间使电器达到热平衡,但达到八小时必须分断的工作制。

注1:该工作制是确定电器的约定发热电流 I_{th} 和 I_{the} 的基本工作制。

注2:上述分断意指由电器操作分断电流。

4.3.4.2 不间断工作制

没有空载期的工作制,电器的主触头保持闭合且承载稳定电流超过八小时(数周、数月甚至数年)而不分断。

注:该工作制区别于八小时工作制,因为氧化物和灰尘堆积在触头上可导致触头过热。因此电器用于不间断工作制时应考虑采用降容系数或采用特殊设计(例如用银或银基触头)。

4.3.4.3 断续周期工作制或断续工作制

此工作制指电器的主触头保持闭合的有载时间与无载时间有一确定的比例值,此两个时间都很短,不足以使电器达到热平衡。

断续工作制是用电流值、通电时间和负载因数来表征其特性,负载因数是通电时间与整个通断操作周期之比,通常用百分数表示。

负载因数的标准值为:15%,25%,40%和60%。

根据电器每小时能够进行的操作循环次数,电器可分为如下等级:

级别	每小时操作循环次数
1	1
3	3
12	12
30	30
120	120
300	300
1 200	1 200
3 000	3 000
12 000	12 000
30 000	30 000
120 000	120 000
300 000	300 000

对于每小时操作循环次数较高的断续工作制,制造厂应根据实际每小时操作循环次数(如已知)或根据其约定的每小时操作循环次数来给出额定工作电流值,并应满足下式:

$$\int_0^T i^2 \mathrm{d}t \leqslant I_{th}^2 \times T \text{ 或 } I_{the}^2 \times T$$

式中：

T—— 整个操作循环时间。

注：上述公式没有考虑通断时电弧能量。

用于断续工作制的开关电器可根据断续周期工作制的特征标明。

例如：在每五分钟有二分钟流过 100A 电流的断续工作制可表示为：100 A，12 级，40%。

4.3.4.4 短时工作制

短时工作制是指电器的主触头保持闭合的时间不足以使其达到热平衡，有载时间间隔被无载时间隔开，而无载时间足以使电器的温度恢复到与冷却介质相同的温度。

短时工作制的通电时间的标准值为：3 min、10 min、30 min、60 min 和 90 min。

4.3.4.5 周期工作制

周期工作制指无论稳定负载或可变负载总是有规律的反复运行的一种工作制。

4.3.5 正常负载和过载特性

电器在正常负载和过载条件下应考虑以下基本要求。

注：如适用的话，4.4 中规定的使用类别可以包括过载条件下的相应的性能要求。

具体要求见 7.2.4。

4.3.5.1 耐受通断电动机的过载电流能力

用于通断电动机的电器应能耐受起动和加速电动机至正常转速产生的热应力和操作过载产生的热应力。

满足上述条件的具体要求在有关产品标准中规定。

4.3.5.2 额定接通能力

电器的额定接通能力是指在规定的接通条件下电器能良好接通的电流值，该值由制造厂规定。

应规定的接通条件为：

——外施电压(2.5.32)；

——试验电路的特性。

应根据有关的产品标准规定且考虑额定工作电压和额定工作电流来确定电器的接通能力。

注：如果适用的话，有关产品标准应规定额定接通能力和使用类别的关系。

对于交流，额定接通能力用电流(假设为稳态的)的对称分量有效值(r.m.s)表示。

注：对于交流，在电器的主触头闭合后第一个半波的电流峰值(峰值的大小取决于电路的功率因数和闭合瞬间的电压相位)可能明显大于接通能力中所用的稳态条件下的电流峰值。无论固有的直流分量多少，只要在有关产品标准的规定的功率因数范围内，电器应能接通等于定义其额定接通能力的交流分量电流。

4.3.5.3 额定分断能力

电器的额定分断能力是指在规定的分断条件下能良好分断的电流值，该值由制造厂规定。

应规定的分断条件为：

——试验电路的特性；

——工频恢复电压。

应根据有关产品标准的规定及考虑额定工作电压和额定工作电流来确定额定分断能力。

电器应能分断小于和等于其额定分断能力的任何电流值。

注：开关电器可能有多个分断能力，每一分断能力对应一个工作电压和一个使用类别。

对于交流，额定分断能力用电流对称分量有效值(r.m.s)表示。

注：如果适用的话，有关产品标准应规定额定分断能力与使用类别的关系。

4.3.6 短路特性

电器在短路条件下应考虑以下基本要求。

4.3.6.1 额定短时耐受电流(I_{cw})

电器的额定短时耐受电流是在有关产品标准规定的试验条件下电器能够无损地承载的短时耐受电流值，该值由制造厂规定。

4.3.6.2 额定短路接通能力(I_{cm})

电器的额定短路接通能力是在额定工作电压、额定频率、规定的功率因数(交流)或时间常数(直流)下由制造厂对电器所规定的短路接通能力电流值。在规定的条件下,它用最大预期峰值电流表示。

4.3.6.3 额定短路分断能力(I_{cn})

电器的额定短路分断能力是在额定工作电压、额定频率和规定的功率因数(交流)或时间常数(直流)下由制造厂对电器所规定的短路分断能力电流值。在规定的条件下,它用预期分断电流值(对交流,交流分量有效值)表示。

4.3.6.4 额定限制短路电流

电器的额定限制短路电流是在有关产品标准规定的试验条件下,用制造厂指定的短路保护电器进行保护的电器,在短路保护电器动作时间内能够良好地承受的预期短路电流值,该值由制造厂规定。

指定的短路保护电器的具体要求应由制造厂规定。

注1:对交流,额定限制短路电流用交流分量有效值(r. m. s)表示。

注2:短路保护电器可以构成电器的一部分或为一个独立单元。

4.4 使用类别

电器的使用类别确定电器的用途,有关产品标准应规定使用类别。使用类别用以下一个或多个使用条件来表征:

——电流,用额定工作电流的倍数表示;

——电压,用额定工作电压的倍数表示;

——功率因数或时间常数;

——短路性能;

——选择性;

——其他使用条件(如适用)。

低压开关设备和控制设备的使用类别的举例见附录A。

4.5 控制电路

4.5.1 电气控制电路

电气控制电路的特性:

——电流种类;

——额定频率,如果是交流的话;

——额定控制电路电压U_c(电压性质,如为交流,指明频率);

——额定控制电源电压U_s(电压性质,如为交流,指明频率),如适用。

注:控制电路电压和控制电源电压是有区别的,控制电路电压是电路中接通触头(a触头)(见2.3.12)两端出现的电压,控制电源电压是施加到电器控制电路输入端的电压。由于控制电路中有内存变压器、整流器、电阻等,该电压可能与控制电路电压不同。

额定控制电路电压和额定频率(如适用)决定控制电路的工作和温升特性参数。正确的工作条件是控制电源电压值既不应小于85%额定控制电源电压(当控制电路通过最大电流时),也不应超过110%额定控制电源电压。

注:制造厂应提供额定控制电源电压下的控制电路的电流值。

控制电路电器的额定值和特性应满足GB 14048.5—2001(见第1章注)的要求。

4.5.2 压缩空气源控制电路(气动的或电控气动的电器)

压缩空气源控制电路的特性:

——额定压强及其极限值;

——在大气压力下,每次闭合和断开操作所需的空气量。

气动或电控气动电器的额定压缩空气源的压强是指决定气动控制系统工作特性的压强。

4.6 辅助电路

辅助电路的特性为每个电路中的触头(a 触头,b 触头等)数量和种类及其额定值,额定值见 GB 14048.5—2001。

辅助触头和辅助开关的特性应满足 GB 14048.5—2001 的要求。

4.7 继电器和脱扣器

在有关产品标准中应规定继电器和脱扣器的特性(如适用),其特性如下:

——继电器或脱扣器的型式;

——额定值;

——电流整定值或电流整定范围;

——时间/电流特性(时间/电流特性表示方法见 4.8);

——周围空气温度的影响。

4.8 与短路保护电器(SCPD)的协调配合

制造厂应规定与电器配合使用的 SCPD 或用在电器内部的 SCPD(当有这种情况时)的型式和特性以及在额定工作电压下适用于电器(包括 SCPD)的最大预期短路电流。

注:本部分推荐时间-电流特性采用对数坐标,电流用横坐标,时间用纵坐标。推荐在标准的坐标纸上电流用电流的整定倍数表示,时间用秒表示。具体细节见 GB 13539.1—1992(5.6.4)和 GB/T 13539.2—2002(图 1 至图 7)。

4.9 通断操作过电压

当有关产品标准有要求时,制造厂应规定由开关电器操作引起的通断过电压最大值。

该值应不超过额定冲击耐受电压值(4.3.1.3)。

5 产品的有关数据和资料

5.1 资料的内容

如果有关产品标准有要求的话,制造厂应规定下列有关资料:

标识方面:

——制造厂的名称或商标;

——产品的设计型号或系列号;

——符合的产品标准号(如制造厂认为符合)。

特性方面:

——额定工作电压(4.3.1.1);

——在电器额定工作电压下的使用类别和额定工作电流(或额定工作功率或额定不间断电流)(4.3.1.1、4.3.2.3、4.3.2.4 和 4.4),某些情况下,上述资料应包括校正电器所处的基准环境空气温度值;

——额定频率,例如:50 Hz,50 Hz/60 Hz,和/或标明"d.c."或符号⎓;

——额定工作制,并标明间断工作制级别(如有)(4.3.4);

——额定接通和/或分断能力,这两个指标可用使用类别代替(如适用);

——额定绝缘电压(4.3.1.2);

——额定冲击耐受电压(4.3.1.3);

——通断操作过电压(4.9);

——额定短时耐受电流及其持续时间(如适用)(4.3.6.1);

——额定短路接通和/或分断能力(如适用)(4.3.6.2 和 4.3.6.3);

——额定限制短路电流(如适用)(4.3.6.4);

——IP 代号,对有外壳的封闭电器而言(附录 C);

——污染等级(6.1.3.2);

——短路保护电器的型式和最大值(如适用)；
——防电击的保护等级(IEC 61140)(如适用)；
——额定控制电路电压，电流种类和频率；
——额定控制电源电压，电流种类和频率(如果控制线圈的电压与额定控制电路电压不同时)；
——压缩空气的额定压缩空气源压强和压力变化极限(对压缩空气控制电器)；
——隔离的适用性。

注：以上所列项目并非全面，可以增减。

5.2 标志

5.1 中规定的有关资料，如需要标志在电器上，则有关产品标准应做相应的规定。

标志应不易磨灭和易于识别。

为了尽可能从制造厂获得全部资料，制造厂的名称和商标及产品的设计型号或系列号必须标在电器上，最好是在铭牌上。

电器上还应标志下列数据且在安装后是易见的：
——操动器的运动方向(7.1.4.2)(如适用)；
——操动器位置标记(7.1.5.1 和 7.1.5.2)；
——合格标记和认证标志(如适用)；
——对于微型电器，则标以符号、颜色代号或字母代号；
——接线端子的识别和标志(7.1.7.4)；
——IP 代号和防电击保护等级(当适用时)(尽可能标在电器上)；
——隔离适用性(当适用时)，其隔离功能符号参见 GB/T 4728.7—2000 中 07-01-03 其相应的符号为：

隔离用断路器：

隔离开关：

上述符号应达到：

a) 清楚和明显；

b) 当电器按使用要求安装且接近操动器时符号应是可见的。

无论电器是不封闭的还是封闭的(根据 7.1.10 的规定)，上述要求均适用。

如果上述符号作为线路图的一部分，且该线路图仅用于标志隔离的适用性，则上述要求同样适用。

5.3 安装、操作和维修说明

制造厂在其文件或样本 (如有) 中应规定电器在运行期间和出现故障后的安装、操作和维修条件。

制造厂在其文件中还应规定电器涉及 EMC(如有)时需要采取的措施。对只适用于环境 A(7.3.1)的电器，制造商应在其文件作如下警告：

警告
本产品适用于环境 A。在环境 B 中使用本产品会产生有害电磁干扰，在此情况下用户需采取适当防护措施。

如有需要，电器的运输、安装和操作说明书中应指明电器进行适当的和正确的安装、运输和操作的方法。

上述文件应指明推荐使用的范围和维修次数(如有)。

注：本部分包括的电器不一定设计成可维修的电器。

6 正常的使用、安装和运输条件

6.1 正常使用条件

满足本部分规定的电器应能在如下条件下运行。

注：非标准使用条件要求见附录B。非标准使用条件可按制造厂和用户的协议确定。

6.1.1 周围空气温度

周围空气温度不超过＋40 ℃，且其24 h内的平均温度值不超过＋35℃。

周围空气温度的下限为－5℃。

对不具有外壳的电器，周围空气温度是指存在其周围的空气温度。对具有外壳的电器，周围空气温度是指外壳周围的空气温度。

注1：对于使用在周围空气温度高于＋40℃（例如在锻压车间、锅炉房、热带国家）或低于－5℃（例如－25℃，该要求是按GB 7251.1对用于户外的低压成套开关设备和控制设备提出的）的电器应根据有关产品标准（如适用时）或根据制造厂和用户的协议进行设计和使用。制造厂样本中给出的数据可以代替上述协议。

注2：有关产品标准应明确某些型式的电器（例如：断路器或起动器的过载继电器）的标准参考空气温度。

6.1.2 海拔

安装地点的海拔不超过2 000 m。

注：对用于海拔高于2 000 m的电器，需要考虑到空气冷却作用和介电强度的下降。对用于上述条件下运行的电气设备应根据制造厂和用户的协议进行设计或使用。

6.1.3 大气条件

6.1.3.1 湿度

最高温度为＋40℃时，空气的相对湿度不超过50％，在较低的温度下可以允许有较高的相对湿度，例如20℃时达90％。对由于温度变化偶尔产生的凝露应采取特殊的措施。

6.1.3.2 污染等级

污染等级(2.5.58)与电器使用所处的环境条件有关。

注：电气间隙或爬电距离的微观环境确定对电器绝缘的影响，而不是电器的环境确定其影响。电气间隙或爬电距离的微观环境可能好于或差于电器的环境。微观环境包括所有影响绝缘的因素，例如：气候条件、电磁条件、污染的产生等。

对用在外壳中的电器或本身带有外壳的电器，其污染等级可选用壳内的环境污染等级。

为了便于确定电气间隙和爬电距离，微观环境可分为四个污染等级（不同污染等级的电气间隙和爬电距离见表13和表15）。

污染等级1：

无污染或仅有干燥的非导电性污染。

污染等级2：

一般情况仅有非导电性污染，但是必须考虑到偶然由于凝露造成短暂的导电性。

污染等级3：

有导电性污染，或由于凝露使干燥的非导电性污染变为导电性的。

污染等级4：

造成持久性的导电性污染，例如由于导电尘埃或雨雪所造成的污染。

工业用电器的标准污染等级：

除非其他有关产品标准另有规定外，工业用电器一般适用于污染等级3的环境。但是，对于特殊的用途和微观环境可考虑采用其他的污染等级。

注：电器微观环境的污染等级可能受外壳安装方式的影响。

家用及类似用途电器的标准污染等级：

除非其他有关产品标准另有规定外，家用及类似用途的电器一般用于污染等级2的环境。

6.1.4 冲击和振动

电器所能承受的标准冲击和振动条件正在考虑中。

6.2 运输和储存条件

如果电器的运输和储存条件,例如温度和湿度,不同于6.1中规定的条件,制造厂和用户应达成一个特殊协议。除非另有规定,下列温度范围适用于运输储存:－25℃至＋55℃之间,短时间内,(24 h内)可达＋70℃。

处于极端温度下而不操作的电器不应承受不可逆的损坏,在置于正常条件下电器应能按规定正常操作。

6.3 安装

电器应按制造厂的说明书安装。

7 结构和性能要求

7.1 结构要求

具有外壳的电器(如有外壳,外壳可作为电器的一部分或独立外壳)应设计成能耐受安装和正常使用时所产生的应力,此外电器还应具有耐非正常热和火的能力及耐湿性能。

注:在产品寿命的各个阶段,将产品对自然环境的影响减小到最小的必要性已被公众所认可。GB 14048系列产品基于环境方面的考虑见附录O。

7.1.1 材料

材料的验证试验可按下述适当的方式进行:

在电器上;或

在电器的部件上;或

在具有适当横截面积的相同材料的试品上。

电器的材料应具有相应的耐非正常热和火的能力。

如果具有相同截面积的同一种材料已满足8.2.1规定的试验要求,则可不必重复进行该项试验。

7.1.1.1 耐非正常热和火

在电的作用下可能受到热应力影响且有可能使电器的安全性降低的绝缘材料,在非正常热和火的作用下不应产生不利的影响。

在电器上进行的材料试验应采用GB/T 5169.10和GB/T 5169.11规定的方法进行试验。

用于固定载流部件所使用的绝缘材料部件应满足8.2.1.1.1规定的灼热丝试验,试验强度根据绝缘材料部件预期的着火危险性应选择850℃或960℃。产品标准应根据GB/T 5169.11—1997附录A的规定选择适用于产品的相应的温度值。

除上述规定的绝缘材料部件外,其他绝缘材料部件应满足8.2.1.1.1规定的灼热丝试验要求,温度值为650℃。

注:对于小的绝缘材料部件(表面尺寸不超过14 mm×14 mm),有关产品标准可以规定其他的试验要求(例如针焰试验,见GB/T 5169.5)。对于其他情况,如金属部件大于绝缘材料(如接线端子排)时,也可采用该方法。

当在材料上进行试验时,可根据8.2.1.1.2规定的可燃性分类法,采用热丝引燃和电弧引燃(如适用)方法进行试验。

有关产品标准应规定根据GB/T 11020确定的可燃性类别。

在材料上进行的试验应根据附录M的规定进行。与材料可燃性类别有关的热丝引燃(HWI)和电弧引燃(AI)试验要求应符合表M.1的规定。

制造厂应提供绝缘材料供应商所供应的绝缘材料满足上述要求的数据。

7.1.2 载流部件及其联接

载流部件应具有适合其预定用途所必需的机械强度和载流能力。

电气连接的接触压力不应通过绝缘材料(但陶瓷或性能更适宜的其他材料除外)来传递,除非金属部件中有足够的弹性来补偿绝缘材料任何可能发生的收缩和变形。

可采用目测和相关产品标准中执行的试验顺序进行验证。

7.1.3 电气间隙和爬电距离

电器按本部分 8.3.3.4 要求进行电气间隙和爬电距离的测量,其最小值如表 13 和表 15 所示。

电器的介电性能要求在 7.2.3 中列出。

在其他情况下电气间隙和爬电距离的最小值也可按有关产品标准确定。

7.1.4 操动器

7.1.4.1 操动器的绝缘

电器的操动器应与带电部件绝缘,电气绝缘按额定绝缘电压和额定冲击耐受电压(如适用)确定。此外:

——如果操动器由金属制成,则它应良好地接至保护导体,除非它装有附加的可靠绝缘。

——如果操动器由绝缘材料制成或用绝缘材料覆盖,一旦绝缘损坏将使内部金属部件有可能触及,则内部金属部件也应与带电部件绝缘,其电气绝缘按额定绝缘电压确定。

7.1.4.2 操动器的运动方向

操动器的运动方向应符合 GB/T 4205 的要求。对于不能符合 GB/T 4205 规定的电器,例如电器具有特殊用途或电器具有不同的安装位置,这些电器应明确无误的标明 | 和 ○位置和运动方向。

7.1.5 触头位置指示

7.1.5.1 指示方法

当电器带有指示其闭合和断开位置的装置时,这些位置都应明显而清楚地指示出来。位置指示器(2.3.18)可用作指示装置。

注:对具有外壳的电器,位置指示可以从外部看得见或看不见。

有关产品标准可规定电器是否具有位置指示器。

如果采用符号,则根据 GB/T 5465.2 的规定,采用下述符号分别表示电器的闭合和断开位置:

| 闭合(电源)

○ 断开(电源)

对于用两个按钮来操作的电器,只允许作断开操作的按钮采用红色或标有符号"○"。

红色不能用于其他按钮。

其他按钮、指示灯式按钮和指示灯的颜色应按 IEC 60073 的规定。

7.1.5.2 用操动器来指示触头位置

用操动器来指示触头位置,当释放时操动器应自动地占据或停留在对应于动触头的位置,在这种情况下,操动器应有二个对应于动触头的不同休止位置,但对于自动断开,操动器可以保持在第三个不同位置。

7.1.6 适用于隔离的电器的附加要求

7.1.6.1 适用于隔离的电器的附加结构要求

适用于隔离的电器在断开位置(2.4.21)时必须具有符合隔离功能安全要求的隔离距离(7.2.3.1 和 7.2.7),并应提供一种或几种方法显示主触头的位置:

——用操动器的位置;

——独立的机械式指示器;

——动触头可视。

电器提供的每种指示方式有效性和机械强度应根据 8.2.5 的规定验证。

当制造厂规定或提供在断开位置锁定电器的方式时,在断开位置的锁定只能在主触头处于断开位置时是可能的,这一结构方式应根据 8.2.5 的规定进行验证。

电器应设计成操动器、前面板或盖板的安装能确保正确指示触头位置和锁定的方式(如提供)。

注1:对于特殊用途也允许在闭合位置上锁扣。

注2:如果辅助触头用于联锁用途,制造厂应提供辅助触头和主触头的动作时间。更详细的要求可在有关产品标准中规定。

7.1.6.2 对与接触器或断路器具有电气联锁要求的适用于隔离的电器的补充要求

如果适用于隔离的电器具有用于与接触器或断路器电气联锁的辅助触头,且该电器用于电动机电路,本部分规定如下要求(除电器用于AC-23使用类别以外):

根据制造厂要求,适用于隔离的电器辅助触头应满足GB 14048.5的要求。

适用于隔离的电器辅助触头的断开与其主触头的断开之间应有足够的时间间隔,以确保与其联锁的接触器或断路器在适用于隔离的电器主触头断开之前分断电流。

除非制造厂的技术文件另有规定,当适用于隔离的电器根据制造厂的说明书操作时,其主触头断开与辅助触头断开的时间间隔不应小于20 ms。

适用于隔离的电器应根据制造厂说明书在无载条件下验证其辅助触头断开瞬间与主触头断开瞬间的时间间隔。

在闭合操作过程中,适用于隔离的电器的辅助触头应在其主触头闭合后闭合或同时闭合。

也可用一个中间位置(适用于隔离的电器的接通和断开状态之间)来提供一个适当的断开时间间隔。在此位置,联锁用辅助触头断开而其主触头保持闭合。

7.1.6.3 具有在断开位置锁定装置的适用于隔离的电器的补充要求

适用于隔离的电器锁定装置应设计成不能与安装的相应挂锁一起移去。当适用于隔离的电器仅具有一个挂锁时,操作其操动器不应使其断开触头间的电气间隙小于7.2.3.1 b)的规定。

此外,也可设计一个挂锁装置防止接近适用于隔离的电器的操动器。

验证用锁定装置锁住适用于隔离的电器的操动器是否满足要求应采用以下方法:用一个制造厂规定的挂锁或一个相当的量规(在适用于隔离的电器的操动器处于最不利的条件下)模拟锁扣,将8.2.5.2.1规定的力F施加到操动器上,操作该电器从断开位置向闭合位置运动。当力F施加时,在适用于隔离的电器的断开触头间施加试验电压,应能承受表14规定的额定冲击耐受电压。

7.1.7 接线端子

7.1.7.1 接线端子的结构要求

接线端子的结构应保证良好的电接触和预期的载流能力,其所有的接触部件和载流部件都应由导电的金属制成,并应有足够的机械强度。

接线端子的连接应该用螺钉、弹簧或其他等效方法与导体连接以保证维持必要的接触压力。

接线端子的结构应能在适合的接触面间压紧导体,而不会对导体和接线端子有任何显著的损伤。

接线端子应设计成不允许导体移动或其移动不应有害于电器的正常运行及不应使绝缘电压值下降至低于额定值。

如使用需要,接线端子和导体之间可仅通过铜导体的电缆接线片连接。

注:可与电器接线端子直接相连的接线端子连接片的全部尺寸示例见附录P。

接线端子的举例见附录D。

如果适用的话,结构要求应通过8.2.4.2,8.2.4.3和8.2.4.4的试验来验证。

7.1.7.2 接线端子连接导线的能力

制造厂应规定接线端子适用联接的导线的类型(硬线或软线,单芯线或多股线),最大和最小导线截面以及同时能接至接线端子的导线根数(如适用)。接线端子能够联接的最大截面导线应不小于8.3.3.3温升试验所规定的导线截面,可用于接线端子的导体应是同一类型(硬线或软线,单芯线或多股线),而相同导线类型的最小截面应至少要比温升试验规定的小两个等级的标准截面尺寸(如表1相应栏中所列值)。

注1：在不同的产品标准中，可以要求导线截面小于规定的最小截面。

注2：由于考虑电压降和其他因素，产品标准可以要求接至接线端子的导线截面大于温升试验所规定的截面积。导线截面与额定电流之间的关系可以在有关产品标准中规定。

圆铜导线(公制尺寸和 AWG/MCM 尺寸)截面积的标准值见表1，表中列出 ISO 公制尺寸和 AWG/MCM 尺寸之间的近似关系。

7.1.7.3 接线端子的连接

用于连接外部导线的接线端子在安装时应容易进入并便于接线。

接线端子紧固用螺钉和螺母除固定接线端子本身就位或防止其松动外，不应作为固定其他任何零部件之用。

7.1.7.4 接线端子的识别和标志

除非产品标准另有规定，接线端子根据 GB/T 4026 和附录 L 的要求，其标志应清楚和永久地识别。

专门用于中性线的接线端子按 GB/T 4026 的要求应标以字母“N”来识别。

保护接地端子的识别按 7.1.9.3 的规定。

7.1.8 具有中性极电器的附加要求

当电器有一个极专门用于中性极时，此极的标志应能清楚的识别，并以字母“N”代表(7.1.7.4)。

可以通断的中性极不允许比其他极先分断后接通。

如果一个具有短路分断和接通能力的极(见 2.5.14 和 2.5.15)被用作中性极，则所有极(包括中性极)要同时动作。

注：中性极可以装备过电流脱扣器。

对约定发热电流(自由空气或封闭发热电流，见 4.3.2.1 和 4.3.2.2)不超过 63 A 的电器，其所有极的约定发热电流值应相同。

约定发热电流较大的电器，其中性极的约定发热电流可以与其他极不同，但不小于其他极的约定发热电流的 1/2 或 63 A(二者取较大者)。

7.1.9 保护性接地要求

7.1.9.1 结构要求

对外露的导体部件(如底板、框架和金属外壳的固定部件)，除非它们不构成危险，都应在电气上相互连接并连接到保护接地端子上，以便连接到接地极或外部保护导体。

电气上连续的正规结构部件能满足此要求，并且此要求对单独使用的电器和组装在成套装置中的电器都适用。

注：如有必要，可以在有关产品标准中规定要求和试验。

如果外露的导体部件可以触及的面积不大，或用手不能握住，或尺寸很小(大约 50 mm×50 mm)，或设置在不会触及带电部件之处，则可以认为它们不构成危险。

例如螺钉、铆钉、铭牌、变压器铁心、开关电器的电磁铁和脱扣器的某些部件，不管它们的尺寸如何，都认为不构成危险。

7.1.9.2 保护接地端子

保护接地端子应设置在容易接近便于接线之处，并且当罩壳或任何其他可拆卸的部件移去时其位置仍应保证电器与接地极或保护导体之间的连接。

保护接地端子应具有适当的抗腐蚀措施。

在电器具有导体构架、外壳等的情况下，如有必要应提供相应的措施，以保证电器的外露导体部件和连接电缆的金属护套之间有电气上的连续性。

保护接地端子不应兼作它用，但在指定连接到接地中性线(PEN)导体(2.1.15 中注)的情况下，则 PEN 端子即作保护接地之用又应作中性线端子之用。

7.1.9.3 保护接地端子的标志和识别

保护接地端子的标志应能清楚而永久的识别。

根据 GB/T 4026—2004 中 5.3 的规定，保护接地端子应采用颜色标志(绿-黄的标志)或适用的 PE、PEN 符号来识别，或在 PEN 情况下应用图形符号标志在电器上。

根据 GB/T 5465.2 规定，采用的图形符号：⏚ 保护接地

注：以前推荐的符号 ⏚ 应逐步改用上述符号来代替。

7.1.10 **电器外壳**

电器提供的外壳和预期用于电器的外壳应符合以下要求。

7.1.10.1 **外壳的设计**

外壳应设计成当外壳打开且其他保护措施(如有)移去时，在按制造厂规定进行安装和维修中需要接近的所有部件都能容易接近。

为了接纳外部导体从进口孔进入壳内，在外壳内应有足够的空间以确保导体可靠连接到接线端子上。

金属外壳的固定部分应与电器的其他外露导电部件在电气上连接并连接到接地端子上，使它们能良好地接地或接到保护导体上去。

外壳的可拆卸金属部分当它就位时决不应该与带有接地端子的部件绝缘。

外壳的可拆卸部分应采取措施稳固地固定在其固定部分上，必须采取措施防止因电器的操作或振动的影响而导致偶然松动或分离。

当外壳设计成允许不使用工具可打开其罩壳时，应提供措施防止紧固件的失落。

整体外壳被认为是电器不可移动的部件，它应作为电器不可分离的部分。

如果电器的外壳装有按钮，则按钮应从外壳的内部拆除。如从电器的外壳外部拆除，则需要专用工具。

7.1.10.2 **外壳的绝缘**

为了防止金属外壳与带电部件之间的意外接触，如果外壳部分或全部衬垫了绝缘材料，则此绝缘材料应牢固地固定在外壳上。

7.1.11 **封闭电器的防护等级**

封闭电器的外壳防护等级及有关试验要求见附录 C。

7.1.12 **导线管的拔出、扭转和弯曲**

电器的聚酯外壳，无论是电器的一部分或独立的部分，如果具有连接重负荷的螺纹式导线管孔(刚性螺纹式金属导线管符合 GB/T 17193 的要求)，则该外壳应耐受安装导线管时产生的应力(拔出、扭转、弯曲)。

应采用 8.2.7 规定的试验方法验证外壳是否满足要求。

7.2 **性能要求**

除非有关产品标准另有规定，以下要求适用于新的完好的电器。

7.2.1 **动作条件**

7.2.1.1 **动作条件的一般要求**

电器的操作应按制造厂的说明书或有关产品标准的要求进行，尤其是人力操作电器，其接通和分断能力可能与操作者的操作技巧熟练程度有关。

7.2.1.2 **动力操作电器的动作范围**

除非产品标准另有规定，电磁操作和电控气动操作的电器在周围空气温度为－5℃至＋40℃范围内、在控制电源电压为额定值 U_s 的 85％至 110％范围内均应可靠吸合。此极限范围适用于交流或直流。

除非另有规定，气动和电控气动电器在施加气压范围为额定气压的 85％至 110％范围内均应可靠吸合。

在规定的动作范围情况下，额定值的85%应该是下限值，而额定值110%应是上限值。

注：对锁扣式电器，其动作值由制造厂与用户协商。

电磁操作电控气动电器的释放电压应不高于75%额定控制电源电压U_s，对交流在额定频率下其释放电压应不低于20% U_s，或对直流应不低于10% U_s。

除非另有规定，电控气动和气动电器应在75%至10%额定气压下断开。

在规定的动作(释放)范围情况下，20%或10%(对交流或直流情况下)应是上限值，而75%应是下限值。

对动作线圈而言，上述释放电压极限值适用于当线圈电路的电阻等于−5℃下所得的阻值时。可用在正常周围温度下测得的电阻值为基础进行计算来验证。

7.2.1.3 欠电压继电器和脱扣器的动作范围

a) 动作电压：

欠电压继电器或脱扣器与开关电器组合在一起，当外施电压下降，甚至缓慢下降至额定电压的70%至35%范围内，与开关电器组合一起的欠电压继电器和脱扣器应动作，使电器断开。

注：零电压(失压)脱扣器是一种特殊型式的欠电压脱扣器，其动作电压是在额定(电源)电压的35%至10%之间。

当外施电源电压低于欠电压继电器或脱扣器的额定电压的35%时，欠电压继电器或脱扣器应防止电器闭合。当电源电压等于或高于其额定电压的85%时，欠电压继电器和脱扣器应保证电器能闭合。

除非产品标准另有规定，外施电源电压的上限值应是欠电压继电器或脱扣器额定值的110%。

以上数据适用于直流，也适用于在额定频率下的交流。

b) 动作时间：

对于延时欠电压继电器或脱扣器，其延时的测定应从电压达到动作值瞬时开始，至继电器或脱扣器操动电器的脱扣器件(脱扣机构)动作瞬时为止。

7.2.1.4 分励脱扣器的动作范围

当分励脱扣器的电源电压(在脱扣动作期间测得)保持在额定控制电源电压U_s的70%和110%之间时(交流在额定频率下)，在电器的所有工作条件下分励脱扣器应脱扣，使电器断开。

7.2.1.5 电流动作继电器和脱扣器的动作范围

电流动作继电器和脱扣器的动作范围应在有关产品标准中规定。

注：术语“电流动作继电器和脱扣器”包括过电流继电器或脱扣器、过载继电器或脱扣器、逆电流动作继电器和脱扣器等。

7.2.2 温升

在按8.3.3.3指定的条件下进行试验时测量电器各部件的温升，其值不应超过本条规定。

注1：正常使用条件下的温升可能与试验值有所差异，这取决于安装条件和连接导体的尺寸。

注2：表2和表3所列的温升极限适用于全新的和完好的条件下进行试验的电器。产品标准对不同的试验条件和小尺寸(容积)的器件可以规定不同温升值，但不可超过上述温升值10 K。

7.2.2.1 接线端子

接线端子的温升不应超过表2中的规定值。

7.2.2.2 易接近部件

易接近部件的温升不应超过表3中的规定值。

注：其他部分的温升极限见7.2.2.8。

7.2.2.3 周围空气温度

表2和表3所列的温升极限仅适用于周围空气温度保持在6.1.1所规定的范围内。

7.2.2.4 主电路

电器的主电路应能承载其约定发热电流，按8.3.3.3.4进行试验时，其温升不超过表2和表3规定的极限值。

7.2.2.5 **控制电路**

电器的控制电路，包括用作闭合和断开的控制电路器件，应按4.3.4额定工作制根据8.3.3.3.5规定进行温升试验，其温升不超过表2和表3规定的极限值。

7.2.2.6 **线圈和电磁铁的绕组**

在主电路通电的条件下，线圈和电磁铁的绕组应按8.3.3.3.6规定施加其额定电压进行试验，其温升不超过7.2.2.8规定的极限值。

注：本条不适用于脉动操作线圈，其操作条件由制造厂规定。

7.2.2.7 **辅助电路**

电器的辅助电路包括辅助开关，应能承载其约定发热电流，按8.3.3.3.7进行试验时，其温升不超过表2和表3规定的极限值。

注：如果辅助电路作为主电路的组合部件，则其试验应随主电路同时进行试验，但应通以实际使用电流。

7.2.2.8 **其他部分**

试验中测定的温升应不危及电器的载流部件和邻近部件。特别是对绝缘材料，制造厂应表明它仍符合绝缘材料耐热分级(用IEC 60216规定的方法确定)，或符合GB/T 11021的规定。

7.2.3 **介电性能**

a) 下列要求是以GB/T 16935.1的规则为基础，并提供了电器在其安装环境条件下绝缘配合的方式。

b) 电器应能耐受如下电压：

——根据附录H规定，采用过电压类别确定额定冲击耐受电压(见4.3.1.3)；

——根据表14规定，适用于隔离电器触头间的冲击耐受电压；

——工频耐受电压。

注：电源系统的名义电压与电器的额定冲击耐受电压的关系见附录H。

对于规定了额定工作电压(见4.3.1.1的注1和注2)的电器，其额定冲击耐受电压应不低于该电器所使用点线路的电源系统名义电压所对应于附录H的额定冲击耐受电压和相应的过电压类别所对应的额定冲击耐受电压。

c) 本条规定的要求采用8.3.3.4规定的方法验证。

7.2.3.1 **冲击耐受电压**

1) 主电路的冲击耐受电压

a) 从带电部件至接地部件和极与极之间的电气间隙应承受表12所列对应额定冲击耐受电压的试验电压的考核。

b) 断开触头间的电气间隙应承受：

——在有关产品标准中规定的冲击耐受电压(如适用)；

——对具有隔离功能的电器，表14所列的对应于额定冲击耐受电压的试验电压。

注：与上述a)和/或b)电气间隙有关的电器的固体绝缘应承受a)和/或b)规定的冲击电压(如适用)。

2) 辅助电路和控制电路的冲击耐受电压

a) 直接从主电路引入额定工作电压的辅助电路和控制电路应按7.2.3.1中1)a)的规定进行验证(见7.2.3.1中1)注)。

b) 不直接从主电路引入额定电压的辅助电路和控制电路，其过电压能力不同于主电路，这类电路的电气间隙和有关的固体绝缘无论是交流还是直流，都应承受附录H规定的适当电压。

7.2.3.2 **主电路、辅助电路和控制电路的工频耐受电压**

a) 工频试验电压应在下列情况下采用：

——介电试验作为型式试验，用于验证电器的固体绝缘；

——用于电器试验后的故障判别依据，在电器的分断试验和短路试验后进行介电性能验证；

——在耐湿试验后进行介电性能验证；

——常规试验。

b) 介电性能的型式试验：

介电性能试验作为型式试验项目应根据8.3.3.4的规定进行。

对于隔离电器其最大泄漏电流应按7.2.7和8.3.3.4规定验证。

c) 分断试验和短路试验后的介电性能验证：

介电性能验证作为电器分断试验和短路试验后的故障判断依据，是在工频电压下根据8.3.3.4.1中4)的规定验证。

对于隔离电器其最大泄漏电流应按7.2.7和8.3.3.4的规定进行，其值不应超过有关产品标准的规定。

d) 耐湿试验后的介电性能验证：

见附录K。

e) 常规试验中的介电性能验证：

常规试验中的介电性能试验作为检验电器的材料和加工质量缺陷判别依据，在工频电压下根据8.3.3.4.2中2)的规定进行。

7.2.3.3 电气间隙

电气间隙应使电器有足够的能力来承受7.2.3.1要求的额定冲击耐受电压。

电气间隙应大于表13对应于情况B——均匀电场(2.5.62)所列之值，并按8.3.3.4.3规定以抽样试验来验证。如果与额定冲击耐受电压和污染等级有关的电气间隙大于表13情况A——非均匀电场所列之值，则不需进行试验。

测量电气间隙的方法见附录G。

7.2.3.4 爬电距离

a) 确定尺寸：

对于污染等级1和2，爬电距离应不小于关联的电气间隙(按7.2.3.3要求选定)。对于污染等级3和4而言，爬电距离应不小于情况A的电气间隙，为了减少由于过电压引起的破坏性放电的危险，即使按7.2.3.3的规定允许电气间隙小于情况A所规定之值，但电器的最小爬电距离应不小于情况A规定的最小电气间隙。

测量爬电距离的方法见附录G。

爬电距离值应与6.1.3.2指定的污染等级相对应或与有关产品标准规定的污染等级相对应，并与在表15中列出的额定绝缘电压或实际工作电压下相应材料组别相对应。

按相比电痕化指数(CTI，见2.5.65)之值的范围，材料组别可划分如下：

——材料组别Ⅰ　600≤CTI

——材料组别Ⅱ　400≤CTI<600

——材料组别Ⅲa　175≤CTI<400

——材料组别Ⅲb　100≤CTI<175

注1：CTI值是按GB/T 4207规定的方法所测得的值，供绝缘材料使用。

注2：对于无机绝缘材料，例如玻璃或陶瓷，它们不起痕，爬电距离不需要大于关联的电气间隙，但破坏性放电的危险必须考虑。

b) 筋的使用：

不管筋的数量有多少，如果采用筋的最小高度为2 mm时，则爬电距离能减少至表15之有关值的0.8倍。筋的最小底宽由机械要求确定(附录G.2)。

c) 特殊应用：

用于某些特殊场合的电器，如使用在必须考虑绝缘故障而引起严重后果的电器应利用表 15 的一个或多个影响因素(距离、绝缘材料、微观环境中的污染)，以便取得比表 15 规定的额定绝缘电压更高的绝缘电压。

7.2.3.5 固体绝缘

固体绝缘应根据 8.3.3.4.1 中 3)的规定采用工频电压试验或对直流电器采用直流电压试验。

固体绝缘尺寸的确定原则和直流试验电压正在考虑中。

7.2.3.6 分离电路间的空间

确定分离电路间的电气间隙、爬电距离和固体绝缘，应该采用最高电压额定值(额定冲击耐受电压确定电气间隙和关联的固体绝缘，额定绝缘电压或实际工作电压确定爬电距离)。

7.2.3.7 具有保护性隔离的电器的要求

具有保护性隔离的电器的要求见附录 N。

7.2.4 在空载、正常负载和过载条件下接通、承载和分断电流的能力

7.2.4.1 接通和分断能力

电器在有关产品标准规定的条件下应能接通和分断负载和过载电流而不发生故障，接通和分断所要求的使用类别和操作次数应在有关产品标准中规定(见 8.3.3.5 的一般试验条件)。

7.2.4.2 操作性能

与电器操作性能有关的试验是用来验证电器在对应于规定使用类别的条件下能够接通、承载和分断其主电路的电流而不发生故障的试验。

操作性能的特殊要求和试验条件应在有关产品标准中规定，并可涉及以下二点：

——空载操作性能是在控制电路通电而主电路不通电的条件下进行试验，目的是验证电器的闭合和断开操作符合控制回路规定的上限和下限的外施电压和/或气压的操作条件。

——有载操作性能是验证电器应接通和分断对应于有关产品标准规定的使用类别下的电流和操作次数。

如果相关产品标准有规定，则有载和空载操作性能验证可组合在同一顺序试验中进行。

7.2.4.3 寿命

注：选用术语“寿命 durability”代替“耐磨损 endurance”，以表示电器在修理或更换部件前能完成的操作循环次数的概率，另外术语“耐磨损”也通常用于涉及 7.2.4.2 中规定的操作性能，所以本部分中不采用术语“耐磨损”，以免混淆两种概念。

7.2.4.3.1 机械寿命

关于电器的抗机械磨损能力，可用有关产品标准规定的空载操作循环(即主触头不通电流)次数来表征，该次数是电器在需要修理或更换任何机械部件前能达到的机械寿命次数，如果电器设计成可维修的，则按制造厂的说明书进行正常的维护是允许的。

每次操作循环包括一次闭合操作件随着一次断开操作。

试验时电器应按制造厂的说明书安装。

有关产品标准应规定电器无载操作循环次数的优先值。

7.2.4.3.2 电寿命

电器的抗电磨损能力用有关产品标准规定的使用条件下的有载操作循环次数来表征，该次数是电器在不修理或不更换部件前能达到的电寿命次数。

有关产品标准应规定电器的有载操作循环次数优先值。

7.2.5 接通、承载和分断短路电流能力

电器应制造成能够承受在有关产品标准规定的条件下承载短路电流引起的热效应、电动力效应和电场强度效应。特别指出的是应验证电器按 8.3.4.1.8 规定进行试验时应满足相应的要求。

电器可能在下列情况下承受短路电流：

——在接通电流时；

——在闭合位置承载电流时；

——在分断电流时。

电器的接通、承载和分断短路电流能力用以下一个或几个参数来确定：

——额定短路接通能力(4.3.6.2)；

——额定短路分断能力(4.3.6.3)；

——额定短时耐受电流(4.3.6.1)；

——在电器与短路保护电器(SCPD)配合的情况下：

a) 额定限制短路电流(4.3.6.4)；

b) 其他配合型式，在有关产品标准单独规定。

按照上述 a)和 b)中额定值和极限值，制造厂应规定电器保护所需 SCPD 的型式和特性(例如额定电流、分断能力、截断电流、I^2t 等)。

7.2.6 通断操作过电压

产品标准应规定电器的通断操作过电压(如适用)。

如产品标准有规定，则应明确试验程序和试验要求。

7.2.7 隔离电器的泄漏电流

对于额定工作电压 U_e 高于 50 V 的隔离电器应验证其允许泄漏电流，在每一断开触头间测量泄漏电流。

电器在施加试验电压为额定工作电压 1.1 倍时，其泄漏电流不应超过以下规定的允许值：

——新的电器每极的允许泄漏电流为 0.5 mA；

——按有关产品标准的要求接通和分断试验后的电器，每极的泄漏电流为 2 mA。

对于任何情况，隔离电器在 $1.1U_e$ 下的极限泄漏电流不应超过 6 mA。验证上述要求的试验方法应在有关产品标准中规定。

7.3 电磁兼容性(EMC)

7.3.1 一般要求

对属于本部分范围内的产品，应考虑在下述两种电磁环境条件中使用，它们是：

a) 环境 A；

b) 环境 B。

环境 A 主要与低压非公用电网或工业电网场所/建筑有关，它包括有较高的骚扰源。

注：环境 A 适合 GB 4824 中的 A 类设备。

环境 B 主要与低压公用电网有关，例如：民用、商用、轻工业场所/建筑和/或相应的使用环境，它不包括有较高骚扰源的场合，例如：弧焊机。

注：环境 B 适合 GB 4824 中的 B 类设备。

7.3.2 抗扰度

7.3.2.1 无电子线路电器的抗扰度

在正常使用条件下，无电子线路的电器对电磁骚扰是不敏感的。因此，此类电器不需要进行抗扰度试验。

7.3.2.2 具有电子线路电器的抗扰度

具有电子线路的电器对电磁骚扰应有良好抗扰性。

对这类电器应采用 8.4 规定的试验来验证。

详细性能标准应根据表 24 的验收标准在相关产品标准中规定。

使用全部由无源电子元件(如：二极管、电阻、变阻器、电容、浪涌抑制器、电感等)组成的电子线路的电器不需进行试验。

7.3.3 发射

7.3.3.1 无电子线路电器的发射

对无电子线路电器而言，电磁骚扰只是在电器开关操作瞬间偶然产生，骚扰的持续时间是毫秒级的。

上述发射频率、水平及影响是属于低压线路正常电磁环境的组成部分。

因此，这些电器的电磁发射的要求已满足，不需进行电器的发射验证试验。

7.3.3.2 具有电子线路电器的发射

7.3.3.2.1 高频发射极限

具有电子线路的电器(例如：与开关电源、具有高频时钟微处理器连接线路的电器)可能产生不间断的电磁骚扰。

对这类电器，参照 GB 4824(环境 A 和环境 B)，其发射应不超过有关产品标准规定的极限。

试验只在控制电路和/或辅助电路包含具有超过 9kHz 基本开关频率的电子元件时进行。

产品标准应规定具体试验方法。

7.3.3.2.2 低频发射极限

对产生低频谐波(如适用)的电器要求见 GB 17625.1。

对产生电压低频波动(如适用)的电器要求见 GB 17625.2。

8 试验

8.1 试验的分类

8.1.1 一般规定

试验应证明电器符合本部分(如适用)及有关产品标准规定的要求。

试验如下：

——型式试验(2.6.1)应在每一特定电器的典型试品上进行；

——常规试验(2.6.2)应在按本部分(如适用)和有关产品标准制造的电器的每一单独的产品上进行；

——抽样试验(2.6.3)，当有关产品标准有此要求时进行，对电气间隙的抽样试验见 8.3.3.4.3。

根据有关产品标准的要求，上述试验可由试验程序(顺序)组成。

对于在产品标准中规定了试验顺序，某些试验项目的试验结果不受顺序试验的影响和对规定的顺序试验中的后续试验无影响，则这些试验项目可根据制造厂的规定在顺序试验中省略，并在单独的新的试品上进行试验。

产品标准应规定此类试验，如适用。

除非另有规定，试验可由制造厂选择在工厂内或任何适合的试验室进行。

当适合时，电器的特殊试验(见 2.6.4)可根据有关产品标准及制造厂与用户的协议进行。

8.1.2 型式试验

型式试验旨在验证电器的设计是否符合本部分(如适用)和有关产品标准的要求。

型式试验可以由以下验证项目组成：

——结构要求；

——温升；

——介电性能(8.3.3.4.1，如适用)；

——接通和分断能力；

——短路接通和分断能力；

——动作范围；

——操作性能；

——电器外壳的防护等级；

——EMC试验。

注：以上项目并非完整无遗。

在有关产品标准中应规定该电器需进行的型式试验项目、获得的试验结果以及试验程序（顺序）和试品数量（如有关系）。

8.1.3 常规试验

常规试验旨在检查电器的材料和加工质量的缺陷，并检测电器的固有功能。常规试验应在每台产品上进行。

常规试验包括：

a) 功能试验；

b) 介电试验。

常规试验的细节和进行试验条件应在有关产品标准中规定。

8.1.4 抽样试验

如果工程和统计分析表示常规试验没有必要在每台产品上进行，而可由抽样试验来代替，则在有关产品标准中应予以规定。

抽样试验包括：

a) 功能试验；

b) 介电试验。

抽样试验同样是用来验证电器规定的性能或特性，这些规定可由制造厂提出或是由制造厂和用户协商。

8.2 验证结构要求

有关结构要求的验证见7.1，包括：

——材料；

——电器结构；

——封闭电器的外壳防护等级；

——接线端子的机械性能；

——操动器；

——位置指示器件（2.3.18）。

8.2.1 材料

8.2.1.1 抗非正常热和火试验

8.2.1.1.1 灼热丝试验（在电器上进行）

灼热丝试验应在7.1.1.1规定的条件下根据GB/T 5169.10和GB/T 5169.11规定进行。

对本试验而言，保护导体不认为是承载电流部件。

注：如果试验必须在试品上的多个地方进行，应注意保证首次试验引起的材料损坏不应影响后续试验。

8.2.1.1.2 火焰试验、电热丝引燃试验和电弧引燃试验（在材料上进行）

应选择合适的试品进行下述试验：

a) 火焰试验，根据GB/T 11020进行；

b) 电热丝引燃（HWI）试验，见附录M；

c) 电弧引燃（AI）试验，见附录M。

c）项试验只在与燃弧部件距离13 mm内的材料上或会使带电部件连接松动的材料上进行。如果电器用于接通和分断试验，与燃弧部件距离13 mm内的这部分材料不需进行这项试验。

8.2.2 电器的结构

8.2各条中包含的内容。

8.2.3　封闭电器的外壳防护等级

封闭电器的外壳防护等级见附录C。

8.2.4　接线端子的机械性能

本条不适用于铝接线端子，也不适用于连接铝导体的接线端子。

8.2.4.1　试验的一般条件

除非制造厂另有规定，每一试验应在完好的和新的接线端子上进行。

当采用圆铜导线进行试验时，应采用符合IEC 60028规定的铜线。

当采用扁铜导体进行试验时，铜导体应具有以下特性：

——最小纯度：99.5%；

——极限抗张强度：200 N/mm²～280 N/mm²；

——维氏硬度：40～65。

8.2.4.2　接线端子的机械强度试验

试验应采用具有最大截面的合适型号的导体来进行试验。

每个接线端子应接上和拆下导体5次。

对螺纹型接线端子，拧紧力矩应按表4规定或制造厂规定的力矩的110%（取其大者）来进行试验。

试验应在2个紧固部件上分别进行。

具有六角头也可用螺丝刀拧紧的螺钉，并且表4第Ⅱ和第Ⅲ列之值不同，则试验应进行2次，首先按表4第Ⅲ列规定力矩施加至六角头螺钉上来进行试验，然后在另一组试品上按表4第Ⅱ列规定的力矩用螺丝刀拧紧螺钉进行第二次试验。

如果表第Ⅱ和第Ⅲ列之值相同，只需进行螺丝刀拧紧试验。

每次拧紧的螺钉或螺母松掉后，应采用新的导体来进行下一次拧紧试验。

在试验中，紧固部件和接线端子不应松掉并且不应有会影响其进一步使用的损坏，例如螺纹滑牙或者螺钉头的槽、螺纹、垫圈、镫形件的损坏。

8.2.4.3　导线的偶然松动和损坏试验（弯曲试验）

本试验用于连接非预制圆铜导线的接线端子，连接导线的根数、截面和类型（软线和/或硬线，多股线和/或单芯线）由制造厂规定。

注：用于扁铜导体的接线端子试验可由供需双方协商。

用2个新试品进行以下试验：

a）　用最小截面导线及其允许的最多根数连接至接线端子进行试验；

b）　用最大截面导线及其允许的最多根数连接至接线端子进行试验；

c）　用最小和最大截面导线及其允许的最多根数连接至接线端子进行试验。

预期要连接软线或硬线（多股线和/或单芯线）的接线端子应采用每种类型导线在不同的试品组上进行试验。

预期将软线和硬线（多股线和/或单芯线）一起接入的接线端子应同时进行上述c）项规定的试验。

试验应在合适的试验设备上进行，规定的导线根数应连接至接线端子。试验导线长度应比表5规定的高度H长75 mm。紧固螺钉应拧紧，施加的拧紧力矩按表4的规定或制造厂规定的力矩，被试电器应按图1所示固定。

按以下程序试验，使每根导线承受圆周运动的考核：

被试导体的末端应穿过压板中合适尺寸的衬套孔，压板处于电器接线端子向下高度H之处，高度H值见表5。除被试导线外其余导线均应弄弯，以免影响试验结果。衬套应处在水平位置的压板中，且压板与导线同轴。衬套作圆周运动应使衬套中心在水平面上围绕压板中心画一直径为75 mm的圆，运动速度为每分钟8转至12转。接线端子出口至衬套的上表面距离应是高度H，允差为±13 mm。衬套应加润滑油，以防止绝缘导线的弯曲、扭转或自转。表5规定的质量挂在导线的末端。试验应连续旋转

135 转。

试验过程中，导线应既不脱出接线端子又不在夹紧件处折断。

弯曲试验后应把被试电器上每根经过弯曲试验的导线立即进行 8.2.4.4 规定的拉出试验。

8.2.4.4 拉出试验

8.2.4.4.1 圆铜导线的拉出试验

8.2.4.3 的试验后，应将表 5 规定的拉力作用到进行过 8.2.4.3 试验的导线上。

本试验的紧固被试导线的螺钉不应再拧紧。

拉力应平稳的持续作用 1 min，拉力不应突然施加。

试验过程中，导线应既不脱出接线端子又不在夹紧件处折断。

8.2.4.4.2 扁铜导线拉出试验

适当长度的导线固定在接线端子上，将表 6 规定的拉力平稳的作用 1 min，拉力方向与导体插入方向相反。拉力不应突然施加。

试验过程中，导线应既不脱出接线端子又不在夹紧件处折断。

8.2.4.5 最大规定截面的非预制圆铜导线的接入能力试验

8.2.4.5.1 试验程序

试验采用表 7 规定的型式 A 或型式 B 模拟量规进行。

量规的测量截面应能穿进接线端子的孔中，在量规重力的作用下插入接线端子的底部(见表 7 的注)。

8.2.4.5.2 模拟量规的尺寸

模拟量规的结构见图 2。

尺寸 a 和 b 及允差见表 7。模拟量规的测量部分应用量规钢制成。

8.2.4.6 矩形截面扁导体的接入能力试验

正在考虑中。

8.2.5 验证指示隔离电器主触头位置机构的有效性

对于验证 7.1.6 要求的主触头位置指示机构的有效性，所有指示主触头位置方法的验证都应在电器的操作性能型式试验和特殊的寿命试验后(如进行)，仍应保持正确的功能。

8.2.5.1 电器试验的条件

用于试验的电器的条件应在有关产品标准中规定。

8.2.5.2 试验方法

8.2.5.2.1 有关人力和无关人力操作

首先应确定把电器操作到断开位置时在其操动器末端所需的正常操作力 F。

对闭合位置上的电器，应把被认为试验最严酷的一极的动静触头固定在一起，例如焊在一起。

操动器应施加 $3F$ 的操动力，但该试验力不应小于表 17 相应类型操动器所规定的最小试验力，也不应大于表 17 相应类型操动器所规定的最大试验力。

试验力应无冲击地施加到操动器的末端，试验力施加的持续时间为 10 s。试验力的方向是使电器的触头断开。

试验力的方向在整个试验过程中必须保持不变，如图 16 所示。

8.2.5.2.2 有关动力操作

电器处于闭合位置时，在试验中承受最严酷考核一极的触头的固定的和移动的部分应固定在一起，例如焊在一起。

提供操动器动力的电源电压应为正常额定值的 110%，施加电源电压以便打开电器的触头系统。

对电器的试验应进行 3 次，每次试验时间为 5 s，每次间隔 5 min。只有相应的由动力操作的保护器对此时间有限制时，该时间可以缩短。

动力操作的验证方法见 8.2.5.3.2。

8.2.5.2.3 无关动力操作

电器处于闭合位置时，在试验中承受最严酷考核一极的触头的固定的和移动的触头应固定在一起，例如焊在一起。

动力操作系统储存的能量应释放，以便打开电器的触头系统。

通过释放储存能量的方式，对电器进行 3 次打开试验。

其验证方法见 8.2.5.3.2。

8.2.5.3 电器试验时和试验后条件

8.2.5.3.1 有关人力和无关人力操作的电器

试验后，当操动力不再施加，操动器处于自由状态时，不能用其他任何方式指示电器的断开位置。同时电器不能有任何影响其正常使用的损坏。

当电器在断开位置具有锁扣方式时，在施加操动力时电器不能被锁住。

8.2.5.3.2 有关动力和无关动力操作

在试验期间和试验后，不能用其他任何方式指示电器的断开位置。同时电器不能有任何影响其正常使用的损坏。

当设备在断开位置配有锁定装置时，在试验过程中设备不能被锁定。

8.2.6 空白

8.2.7 金属导线管的拉出试验、弯曲试验和扭转试验

试验应在具有相当尺寸长(300±10) mm 的导线管上进行。

电器的聚酯外壳应按制造厂的说明，以试验考核最严酷的方式安装。

试验应在同一导线管通道上进行，该通道口应是考核最严的。

试验应根据 8.2.7.1，8.2.7.2 和 8.2.7.3 的顺序进行。

8.2.7.1 拉出试验

将导线管向通道口方向旋转，旋转力不能突然施加，施加的力矩为表 22 规定值的 2/3。之后，拉导线管 5 min，拉力不应突然施加。

除非有关产品标准另有规定，施加的拉力应符合表 20 的规定。

试验后，导线管在通道口上的位移不应超过通道口深度的 1/3。同时，导线管不应有明显影响电器外壳进一步使用的损坏。

8.2.7.2 弯曲试验

应缓慢施加弯曲力矩至导线管的自由端(力不能突然施加)。

当在每 300 mm 长的导线管产生 25 mm 的偏移或弯曲力矩已达到表 21 规定的值时，保持该值 1 min。之后，在相反的方向重复该试验。

试验后，不应有明显影响电器外壳进一步使用的损坏。

8.2.7.3 扭转试验

导线管应按表 22 的规定力矩进行扭转试验，力矩不能突然施加。

对不具备预组装导线管通道的外壳，扭矩试验不必进行，这表明导线管通道口是先与导线管机械联接后再与外壳联接。

对具有可连接 16H 及以下规格的导线管的外壳，只提供引入导线管而无引出导线管，扭转力矩可减小到 25 Nm。

试验后，导线管应可以旋出，并不应有明显影响电器外壳进一步使用的损坏。

8.3 验证性能要求

8.3.1 试验顺序

如适用，有关产品标准应规定进行电器试验的试验顺序。

8.3.2 一般试验条件

注：根据本部分要求进行试验的电器不排除在成套装置的使用中需增加附加试验，例如根据 GB 7251.1 的要求增加附加试验。

8.3.2.1 一般要求

除非有关产品标准另有规定，每项试验无论是单项试验还是顺序试验都应在完好的电器上进行。

除非另有规定，试验采用的电流种类应与预期使用情况一致，在交流情况下还应规定相同的额定频率和相数。

凡本部分未规定的试验参数值，应在有关产品标准中规定。

如果为了便于试验而采用提高试验严酷度的方法，例如为了缩短试验时间而采用较高的操作频率进行试验，则仅在制造厂同意的情况下方可进行，而试验结果应认为是有效的。

根据制造厂的说明书和 6.1 规定的环境条件，被试电器应如正常使用情况一样接线和完整安装在其固有支架或等效的支架上。

施加到电器接线端子螺钉上的拧紧力矩应按制造厂说明书的规定，如说明书中无此规定，则按表 4 规定施加拧紧力矩。

具有整体外壳(见 2.1.17)的电器应完整的安装，正常工作中关闭的孔，试验时应关闭。

预期使用在单独外壳中的电器，应在制造厂规定的最小外壳中进行试验。

注：单独外壳是仅为容纳一台电器而设计和确定尺寸的外壳。

所有电器应在自由空气中进行试验。如果电器也可用在规定的单独外壳中，且在自由空气中做过试验，则这类电器应增加一个在制造厂规定的最小外壳中的附加试验，规定的试验要求应在产品标准中明确并应记录在试验报告中。

如果电器也可在规定的单独外壳中，且全部试验是在制造厂规定的最小外壳中进行，则该电器在自由空气中的试验不必进行，条件是外壳为裸金属、无绝缘。具体细节，包括外壳的尺寸，应记录在试验报告中。

对在自由空气中进行试验的电器，除非产品标准另有规定，涉及电器接通和分断能力及短路性能的试验时，在电器周围的各点应设置金属丝网模拟有一电源可能发生击穿现象，丝网的布置及距离由制造厂规定。具体细节，包括电器至丝网的距离应记录在试验报告中。

金属丝网特性要求应包括：

——结构：金属丝编制网；或
　　　　打孔金属板；或
　　　　拉制的金属板；

——材料：钢；

——材料厚度：最小 1.5 mm；

——开孔面积与全部面积之比：0.45～0.65；

——网孔面积：不超过 30 mm^2；

——表面处理：裸露或镀金属；

——电阻：熔断元件的电阻应包括在电路预期故障的电流计算中，见 8.3.3.5.2 的 g)项和 8.3.4.1.2的 d)项，电阻值从电弧喷射在金属网上可能达到的最远点测得。

除非另有规定，试验时不允许维修和更换零部件。

电器在试验前可以空载操作几次。

除非本部分或有关产品标准另有规定，在试验中，机械开关器件的操动系统应如同在制造厂规定的预定的使用情况下一样的操作，并应在控制参数(例如电压、气压)的额定值下操作。

8.3.2.2 试验参数

8.3.2.2.1 试验参数值

所有试验应按有关产品标准中有关的表和数据确定的试验参数进行试验，而试验参数应与制造厂规定的额定值相对应。

8.3.2.2.2 试验参数的允差

除非有关条款另有规定，记录在试验报告中的试验参数的允差应在表 8 规定的允差范围之内。然而经制造厂同意，试验可以在比规定的要求严酷的条件下进行。

8.3.2.2.3 恢复电压

a) 工频恢复电压：

对所有分断能力和短路分断能力试验，工频恢复电压值应为额定工作电压值 1.05 倍，该额定工作电压值由制造厂规定或在有关产品标准中规定。

注 1：根据 IEC 60038，规定工频恢复电压为 1.05 倍额定工作电压值及表 8 中试验参数的允差，被认为包括了在正常工作条件下电源系统的电压变化。

注 2：可以要求增高外施电压，但未经制造厂同意预期接通峰值电流不应超过规定值。

注 3：在制造厂同意下，可以增高工频恢复电压的上限值(8.3.2.2.2)。

b) 瞬态恢复电压：

瞬态恢复电压在有关产品标准提出要求时其值按 8.3.3.5.2 确定。

8.3.2.3 试验结果的评定

有关产品标准应规定试验中电器的特性和试验后电器的条件，而对短路试验见 8.3.4.1.7 和 8.3.4.1.9。

8.3.2.4 试验报告

制造厂应提供有效的电器型式试验报告证实电器符合有关产品标准。试验布置的详情，如外壳的尺寸和型式(如有)、导体的尺寸、带电部件至外壳或接地部件之间的距离、操动系统的操作方式等，应在试验报告中列出。

试验值和试验参数应作为试验报告的主要内容。

8.3.3 空载、正常负载和过载条件下的性能

8.3.3.1 验证动作条件的一般要求

试验按 7.2.1.1 的规定进行，验证电器是否满足动作性能要求。

8.3.3.2 验证动作范围

8.3.3.2.1 动力操作电器的动作范围

应验证电器在控制参数的极限范围内能否正确地断开和闭合，控制参数，如电压、电流、气压和温度，应在有关产品标准中规定。除非另有规定，试验在主电路不通电的情况下进行。

8.3.3.2.2 继电器和脱扣器的动作范围

继电器和脱扣器的动作范围应符合 7.2.1.3,7.2.1.4 和 7.2.1.5 的要求，并应按有关产品标准规定试验顺序进行验证。

欠压继电器和脱扣器的动作范围见 7.2.1.3。

分励脱扣器的动作范围见 7.2.1.4。

电流动作继电器和脱扣器的动作范围见 7.2.1.5。

8.3.3.3 温升试验

8.3.3.3.1 周围空气温度的测量

在试验周期的最后 1/4 时间内应记录周围空气温度。测量时至少用两个温度检测器(如温度计或热电偶)，均匀分布在被试电器的周围，放置在被试电器高度的 1/2 处离开被试电器的距离约为 1 m。温度检测器应保证免受气流、热辐射影响和由于温度迅速变化产生的显示误差。

试验中，周围空气温度应在 +10℃～+40℃ 之间，其变化应不超过 10 K。

如果周围空气温度的变化超过 3K，应按电器的热时间常数用适当的修正系数对测得的部件温升予以修正。

8.3.3.3.2 **部件温度的测量**

除线圈外，电器的所有部件应用合适的温度检测器来测量其可能达到最高温度的不同位置上各点，这些点应记录在试验报告中。

油浸式电器的油温测量，可以用温度计测量油的上部温度作为油的温度。

温度测量选用的温度检测器应不会影响被测量部件的温升。

试验中，温度检测器与被试部件的表面应保证良好的热传导。

电磁线圈的温度测量一般应采用电阻变化确定温度的方法，只有在电阻法难以实行时才允许用其他方法。

温升试验开始前线圈的温度与周围介质温度的差异不应超过 3K。

线圈的热态温度 T_2 可以用以下公式从冷态温度 T_1 和热态电阻 R_2 与冷态电阻 R_1 之比值的函数得到，

$$T_2 = \frac{R_2}{R_1}(T_1 + 234.5) - 234.5$$

式中：

T_1，T_2——用摄氏温度(℃)表示；

R_1，R_2——用欧姆(Ω)表示。

试验应进行到足以使温升达到稳定值时为止，但不超过 8 h。当每小时温升变化不超过 1 K 时，可认为温升达到稳定状态。

8.3.3.3.3 **部件的温升**

部件的温升是按 8.3.3.3.2 测得的该部件温度与按 8.3.3.3.1 测得的周围空气温度之差。

8.3.3.3.4 **主电路的温升**

被试电器应按 8.3.2.1 的规定安装，并应防止外来非正常的加热或冷却的影响。

电器具有构成整体所必须的外壳和预定仅使用在规定型式外壳中的电器应在其外壳中以约定自由空气发热电流或封闭发热电流进行试验。外壳上不应有非正常的通风孔。

预期用于几种型式外壳中的电器，应在制造厂规定的合适的最小外壳中进行温升试验或不带外壳进行温升试验。如果电器在不带外壳的情况下进行试验，则制造厂还应规定约定封闭发热电流值(4.3.2.2)。并应为此进行必要的验证。

对多相电流试验，各相电流应平衡，每相电流在±5%的允差范围内，多相电流的平均值应不小于相应的试验电流值。

除非有关产品标准另有规定，主电路的温升试验应按 4.3.2.1 和 4.3.2.2 的规定通以约定自由空气发热电流或(和)约定封闭发热电流，试验可在任何合适的电压下进行。

当主电路、控制电路和辅助电路间的热交换显著时，应同时进行 8.3.3.3.4、8.3.3.3.5、8.3.3.3.6 和 8.3.3.3.7 规定的试验，详细要求应在产品标准中规定。

为了便于试验，在制造厂的同意下，直流电器可以用交流电流进行试验。

具有各极相同的多极电器用交流电流进行试验时，如果电磁效应能够忽略，经制造厂同意，可以将所有极串联起来通以单相交流电流进行试验。

具有中性极与其他各极不同的四极电器，温升试验可以按如下方式进行：

——在三个相同的极上通以三相电流进行试验；

——中性极与邻近极串联起来通以单相电流进行试验，试验值按中性极的约定发热电流(自由空气或封闭发热电流)确定(7.1.8)。

具有短路保护装置的电器应根据有关产品标准的要求进行温升试验。

除非有关产品标准另有规定，试验终了，主电路的不同部件的温升应不超过表 2 和表 3 规定值。

温升试验用导体应根据试验电流(由约定自由空气发热电流或约定封闭发热电流确定)按以下规定

选取：

1） 试验电流值不大于 400 A：

a） 连接导线应采用单芯聚氯乙烯(PVC)绝缘铜导线，其截面按表 9 的规定。

b） 连接导线应置于大气中，导线之间的间距约等于电器端子间的距离。

c） 单相或多相试验，从电器一个端子至另一端子或至试验电源或至星形点的连接导线长度规定如下：

——截面为 35 mm^2(或 AWG2)及以下，长度 1 m；

——截面大于 35 mm^2(或 AWG2)，长度 2 m。

2） 试验电流值大于 400 A，但不超过 800 A：

a） 连接导线应采用单芯聚氯乙烯(PVC)绝缘铜导线，导线截面积见表 10，或采用等效铜排，见表 11，由制造厂推荐。

b） a)中规定的连接导体之间的间隔距离应与电器端子间的距离近似相同，铜排应涂黑色无光漆。每个端子接有多个并联导线应捆在一起，并应排列成相互间约有 10 mm 的空气间隙。每个端子接多个铜排，铜排隔开间距应近似等于铜排的厚度。如果规定的铜排尺寸不适合接线端子或难以获得，则可采用截面近似相同和冷却面积近似相同或较小的其他尺寸的铜排。铜导体或铜排不应叠加组成规定的尺寸。

c） 单相或多相温升试验，从电器的端子至另一端子或至试验电源的任何试验连接导体之间的最小长度为 2 m，而至星形接点之间的最小长度可以减少到 1.2 m。

3） 试验电流值大于 800 A，但不超过 3 150 A：

a） 连接导体应是铜排，其尺寸在表 11 中规定。如果电器的设计规定仅用电缆连接，则电缆的截面和尺寸应由制造厂规定。

b） 连接铜排之间的间隔距离应与电器端子间的距离近似相同，铜排应涂黑色无光漆。每个端子连接多根并联铜排，铜排隔开间距应近似等于铜排的厚度。如果规定的铜排尺寸不适合接线端子或难以获得，则可采用截面近似相同和冷却面积近似相同或较小的其他尺寸的铜排。铜排不应叠加组成规定的尺寸。

c） 单相或多相温升试验，从电器的端子至另一端子或至试验电源的任何试验连接导体之间的最小长度为 3 m，但如果连接导体在电源端的温升低于连接导体长度中间(约长度的 1/2处)的温升，且温差不超过 5 K，则连接导体的长度允许减少到 2 m，端子连接至星形接点的最小长度为 2 m。

4） 试验电流大于 3 150 A：

温升试验的所有有关项目，如电源的类型、相数和频率(如有)、试验连接导体的尺寸和根数及其布置等，都应由制造厂和用户双方商定，并应详细记录在试验报告中。

8.3.3.3.5 控制电路的温升试验

控制电路的温升试验应采用规定的电流种类，在交流情况下应在额定频率下进行，控制电路应在其额定电压下进行试验。

预定持续运行的控制电路，温升试验应进行足够长的时间直至温升达到稳定值。

断续周期工作制的控制电路应按有关产品标准的规定进行温升试验。

试验终了，除非有关产品标准另有规定，控制电路不同部位的温升应不超过 7.2.2.5 的规定值。

8.3.3.3.6 电磁铁线圈的温升

线圈和电磁铁应按 7.2.2.6 规定的条件进行温升试验。

温升试验应进行足够长的时间直至温升达到稳定值。

应在主电路和电磁铁线圈的温升二者都达到热平衡时测量温升。

预定用于断续周期工作制的电器，其线圈和电磁铁应按有关产品标准的规定进行温升试验。

试验终了,不同部位的温升应不超过 7.2.2.6 的规定值。

8.3.3.3.7 辅助电路的温升试验

辅助电路的温升试验应在 8.3.3.3.5 规定的同样条件下进行,但可以在任意合适的电压下进行试验。

试验终了,辅助电路不同部位的温升应不超过 7.2.2.7 的规定值。

8.3.3.4 介电性能的验证

8.3.3.4.1 型式试验的介电性能验证

1) 介电性能验证的一般条件

被试电器应符合 8.3.2.1 规定的一般要求。

如果电器不使用在外壳中,试验时应把电器安装在金属板上,并应将正常工作中连接至保护接地的所有外露导电部件(框架等)接至金属板。

当电器的基座为绝缘材料,电器的金属部件应联接到电器正常安装条件规定的固定连接点上,这些部件应被看作是电器框架的一部分。

由绝缘材料制成的电器的操动器和构成电器整体所需的非金属外壳(不附加另外的外壳)应包以金属箔,并应接至框架或安装板上,金属箔应包覆在可能被标准试指触及的电器所有表面上。如果附加外壳的存在使标准试指无法触及电器的整体外壳的绝缘部件,则电器的绝缘外壳不需覆盖金属箔。

注:上述规定是指在正常使用中操作者易于接近的部件,例如:正常使用中按钮的操动器。

当电器的介电性能与电器的引线绝缘层或特殊绝缘的使用有关,则在进行介电性能试验时应考虑这些引线绝缘层和特殊绝缘的使用。

注:半导体器件的介电性能试验正在考虑中。

2) 冲击耐受电压的验证

a) 一般要求:

电器应符合 7.2.3.1 规定的要求。

电器绝缘的验证应采用额定冲击耐受电压进行。

如果电器的某些部分其介电性能受海拔影响较小(如:联接器 、密封部分),则其绝缘验证可选择无海拔修正系数的额定冲击耐受电压进行试验。这些部分是独立的,而电器的其他部分应该选择有海拔修正系数的额定冲击耐受电压进行试验。

根据附录 G 规定的方法,电气间隙等于或大于表 13 情况 A 之值时,可以用测量来验证。

b) 冲击试验电压:

试验电压按 7.2.3.1 的规定。

装有过电压抑制装置的电器,试验电流的能量应不超过过电压抑制装置的能量规定值。过电压抑制装置的额定值必须适合于使用。

注:这一额定值正在考虑中。

1.2/50 μs 的冲击电压应每一极性各施加 5 次,最小时间间隔为 1 s。

如果在试验顺序过程中要求重复进行介电试验,则有关产品标准应规定介电试验条件。

注:试验设备的举例正在考虑中。

c) 试验电压的施加:

被试电器按上述 a)项规定方式安装和准备,试验电压按如下方法施加:

① 触头处于所有正常工作位置,主电路所有接线端子连接一起(包括控制电路和辅助电路接至主电路)和外壳或安装板之间。

② 触头处于所有正常工作位置,主电路每极与其他极连接一起并接至外壳或安装板之间。

③ 正常工作不接至主电路的每个控制电路和辅助电路与以下部位之间：

——主电路；

——其他电路；

——外露导体部分；

——外壳或安装板。

以上部位任何合适者可以连接在一起。

④ 对隔离电器，主电路电源端的接线端子连接在一起，负载端的接线端子连接在一起。

试验电压应施加在电器触头处于断开位置的电源端子和负载端子之间，试验电压应按7.2.3.1中1）b）的规定。

对不具有隔离功能的电器，断开位置触头间的试验要求应在有关产品标准中规定。

d） 试验结果的判别：

试验过程中应无非故意的击穿放电。

注1：故意击穿放电是一个例外情况，例如：瞬态过电压抑制措施；

注2：术语"击穿放电（disruptive discharge）"与绝缘在电应力作用下的故障现象有关，在这种情况下放电使被试绝缘完全短路，并使电极间电压降低至零或接近零；

注3：术语"击穿跳火（sparkover）"用于击穿放电发生在气体或液体的介质中；

注4：术语"闪络（flashover）"用于击穿放电发生在气体或液体的介质表面；

注5：术语"击穿（puncture）"用于击穿放电发生在贯穿固体介质中；

注6：击穿放电发生在固体介质中使之永久失去介电强度，在气体和液体介质中其失去介电强度可能是暂时的。

3） 固体绝缘的工频耐受电压的验证

a） 一般要求：

本试验是验证固体绝缘及固体绝缘耐受暂态过电压的能力。

b） 试验电压值：

试验电压的波形应为正弦波，频率应在45 Hz至65 Hz之间。

试验所用的高压变压器在输出电压调整到相应的试验电压后，将输出端子短路时，其输出电流至少为200 mA。

当输出电流小于100 mA时，过电流继电器应不脱扣。

试验电压值如下：

① 对主电路、控制电路和辅助电路，按表12A的规定，试验电压测量的不准确度不应超过规定值的±3%；

② 如果不能施加交流试验电压（如由于EMC滤波器件），可应用表12A第3列中的直流试验电压值。试验电压测量的不准确度不应超过规定值的±3%；

所施加的电压的有效值应在规定值的±3%范围内。

c） 试验电压的施加：

当电器线路包含有电机、仪表、瞬动开关、电容器、固态电子器件等，且这些器件的相关规范规定的介电试验电压低于上述b）的规定值时，则在进行电器规定的介电性能试验之前，将这些器件与电器分开，具有保护功能的电路在试验时不应拆除。

根据上述2）c）的项①、②、③的规定，试验电压应施加5 s。

对于特殊情况，例如：具有多个打开位置的电器或固态电器等，有关产品标准应规定具体试验要求。

在绝缘试验中，印制电路板和多触点连接器模块的试验应分开进行或由样品代替。

本试验不适用于下列附件：该类附件在出现绝缘故障情况时，电压可以传到未连接至机架的易近部件或从高压侧传到低压侧，如辅助变压器、测量装置、脉冲变压器，其绝缘应力等同于主回路。

d) 试验结果的判别：

试验时，电器应无内部或外部的绝缘闪络和击穿或任何破坏性放电现象的发生，但辉光放电是允许的。

4) 电器分断试验和短路试验后工频耐受电压试验

a) 一般要求：

电器应保持电流分断试验和短路试验时的安装方式。在实际试验中如不能实现，可以把电器与试验电路断开或把电器移开，但必须注意的是这一做法不应影响试验结果。

b) 试验电压值：

上述3)b)适用，但试验电压值为 $2U_e$，最小值为 1 000 V(有效值)。

如果交流电压试验不适用，则直流试验电压的最小值为 1 415V。上述试验值在分断试验和/或短路试验完成后进行试验。

注：如产品标准有要求时，应按此规定。

c) 试验电压的施加：

上述 3)c)的规定适用。根据 8.3.3.4.1 中 1)对金属箔的应用不作要求。

d) 试验结果的判别：

上述 3)d)的规定适用。

5) 耐湿性能试验后的工频耐受电压验证

见附录 K。

6) 直流耐受电压的验证

正在考虑中。

7) 爬电距离的验证

应测量极与极之间、不同电压的电路导体之间和带电导体部件与外露导电部件之间的最小爬电距离。所测得的与相应的材料组别和污染等级有关的爬电距离应满足 7.2.3.4 的要求。

8) 隔离电器的泄漏电流验证

试验方法应在有关产品标准中规定。

8.3.3.4.2 常规试验的介电性能验证

1) 冲击耐受电压验证

试验应按 8.3.3.4.1 中 2)的规定进行，试验电压应不小于额定冲击耐受电压(不需海拔系数修正)的 30%或 2 倍的额定绝缘电压，二者取其大者。

2) 工频耐受电压的验证

a) 试验电压：

试验设备应与 8.3.3.4.1 中 3)b)的规定相同，但试验设备的过电流继电器整定值为 25 mA。如果制造厂同意，出于安全原因，可以采用具有较低整定电流或小容量的试验设备，但试验设备的短路电流应至少是过电流继电器名义整定值的八倍，例如：对于具有 40 mA短路电流的变压器，过电流继电器应整定在电流不大于 5 mA±1 mA。

注 1：应考虑电器的容量。

试验电压值为 $2U_e$，最小值为 1 000 V(有效值)。

注 2：在多值情况时，U_e 指设备上标注的最高值或制造厂文件中的规定值。

b) 试验电压的施加：

8.3.3.4.1 中 3)c)的规定适用，但试验电压仅施加 1 s。

作为替代的方法，如果认为电器的绝缘具有足够的介电强度，则可以采用简化的试验程序。

c) 试验结果的判别：

试验设备的过电流继电器应不动作。

3) 冲击耐受电压和工频耐受电压的混合试验

产品标准可以规定用单相工频耐受电压试验代替上述1)和2)的试验，条件是单相电压的正弦波的峰值应与1)和2)（两者取大者)的规定相对应。

4) 常规试验的介电性能试验不需要使用8.3.3.4.1中1)规定的金属箔。

8.3.3.4.3 验证电气间隙的抽样试验

1) 一般要求

本试验是用来验证电器的电气间隙是否符合设计要求，并仅适用于电气间隙小于表13情况A规定的电器。试验电压应对应于额定冲击耐受电压。

2) 试验电压

试验电压应与额定冲击耐受电压相对应。

有关产品标准应规定抽样方案和程序。

3) 试验电压的施加

8.3.3.4.1中2)c)的要求适用，但金属箔不必覆盖在操动器和外壳上。

4) 试验结果的判别

试验时不应发生破坏性放电。

8.3.3.4.4 具有保护性隔离的电器的试验

具有保护性隔离的电器的试验方法见附录N。

8.3.3.5 接通和分断能力试验

8.3.3.5.1 一般试验条件

接通和分断能力验证试验应按8.3.2规定的一般试验条件进行。

除非另有规定，每相电流的误差应符合表8的规定。

四极电器应按三极电器进行试验，不用极(电器具有中性极则为中性极)接至框架。如果所有极都相同，则3个相邻极的试验就足以代表所有极的接通和分断能力试验。如果有不同极，则在中性极及相邻极间进行附加试验，按图4，在相电压和对应于中性极额定电流的试验电流下进行试验，其余不用的2极接至框架。

在正常负载和过载条件下的分断能力试验，瞬态恢复电压值应在有关产品标准中规定。

8.3.3.5.2 试验电路

a) 单极、双极、三极和四极的电器接通和分断能力试验电路图如下：

——单极电器的单相交流或直流试验电路图(图3)；

——双极电器的单相交流或直流试验电路图(图4)；

——三极或三个单极电器的三相交流试验电路图(图5)；

——四极电器的三相四线交流试验电路图(图6)。

试验所用的电路图应记录在试验报告中。

b) 电器的电源端(进线端)的预期短路电流应不小于10倍的试验电流或50 kA，二者取其小者。

c) 试验电路由电源、被试电器D和负载电路组成。

d) 负载电路应由电阻器串联空芯电抗器组成，且任何相的空芯电抗器应并联分流电阻，分流值约为通过电抗器的电流的0.6%。

如果对瞬态恢复电压有规定的话，则用并联电阻和电容取代0.6%分流电阻跨接在负载上，完整的试验电路图见图8。

注：对于直流接通和分断能力试验，当时间常数 $T=L/R>10$ ms，可以用铁心电抗器与电阻器串联组成负载电路。如果用示波器测量的话(如果适用)时间常数 $T=L/R$ 应等于规定值(允差0～+15%)，而要求达

到 95%稳定电流的时间 $T_{0.95}$ 等于 $3\times L/R$，其允差为±20%。

如果对瞬态浪涌电流有规定的话，例如：AC-5b、AC-6a、AC-6b 和 DC-6 等使用类别，则不同型式的负载及其构成的电路应由有关产品标准规定。

e) 在规定试验电压下，调整负载应达到以下要求：

——有关产品标准规定的电流值和功率因数或时间常数 T 或 $T_{0.95}$；

——工频恢复电压；

——如有要求的话，瞬态恢复电压的振荡频率 f 和过振荡系数 γ。

系数 γ 是瞬态恢复电压最大峰值 U_1 和电流过零瞬间工频恢复电压分量的瞬时值 U_2 之比(见图 7)。

f) 试验电路应仅有一点接地，接地点可以是负载端的星形点或电源端的星形点。接地点的位置应记录在试验报告中。

注：R 和 X 的联接顺序在试验电路调整和试验之间不应改变。

g) 在正常运行中的电器所有接地部件(包括外壳或金属丝网)应与地绝缘，并应接至图 3、图 4、图 5 和图 6 中的指定点。

为了检测故障电流，在电器的接地部件与接地指定点之间应接入熔断元件 F，熔断元件采用直径 ϕ0.8 mm，长度至少 50 mm 铜丝或等效的熔断体。

熔断元件电路中的预期故障电流应为 1 500A±10%，但下述注 2 和注 3 的规定除外。如有必要的话，应采用限制电流的电阻器。

注 1：直径 ϕ0.8 mm 的铜丝通过频率在 45 Hz 至 67 Hz 间的 1 500 A 电流时，大约在半个周波间会熔化(或对直流约 0.01 s)。

注 2：在供电系统中，具有人为中性点的情况下，经制造厂同意，可以允许有较小的预期故障电流，应采用较小直径的铜丝(见下表)。

铜丝直径 mm	熔断元件电路中预期故障电流 A
0.1	50
0.2	150
0.3	300
0.4	500
0.5	800
0.8	1 500

注 3：熔断元件的电阻值见 8.3.2.1。

8.3.3.5.3 瞬态恢复电压特性

为了模拟包含单独电动机负载(感性负载)的电路条件，负载电路的振荡频率应调整到按以下公式所得之值：

$$f = 2\ 000 I_c^{0.2} U_e^{-0.8} \pm 10\%$$

式中：

f——振荡频率，单位为千赫(kHz)；

I_c——分断电流，单位为安(A)；

U_e——额定工作电压，单位为伏(V)。

而过振荡系数 γ 应调整为如下值：

$$\gamma = 1.1 \pm 0.05$$

为了获得所需要的电抗值，如果采用几个电抗器并联连接的话，则各个并联电抗器的瞬态恢复电压应具有同一振荡频率，即并联的电抗器具有实际上相同的时间常数。

电器的负载接线端子连接至可调负载电路的端子应尽可能靠近，调整应在连接线固定下来的情况下进行。

由于瞬态恢复电压的特性与试验电路的接地点有关，本部分在附录E中给出了两种调整负载电路的方法。

8.3.3.5.4 空白

8.3.3.5.5 接通和分断能力试验过程

被试电器的试验操作次数、接通和分断的倍数及环境条件应在有关产品标准中规定。

8.3.3.5.6 接通和分断能力试验中和试验后电器的状态

电器试验中和试验后的判别要求应在有关产品标准中规定。

8.3.3.6 操作性能试验

操作性能试验用来验证电器符合7.2.4.2的要求。试验电路应符合8.3.3.5.2和8.3.3.5.3的规定。

详细的试验条件应在有关产品标准中规定。

8.3.3.7 寿命试验

寿命试验用来验证电器在修理或更换部件之前所能完成的操作循环次数。

寿命试验作为电器在批量生产条件下统计寿命的基础。

8.3.3.7.1 机械寿命试验

机械寿命试验时电器的主电路应无电压或电流。如果正常运行中规定要加润滑剂，则试验前可以加润滑剂。

控制电路应施加其额定电压和额定频率(如适用)。

气动和电控气动电器应施加额定气压的压缩空气。

人力操作电器应按正常情况进行操作。

电器的操作循环次数应不小于有关产品标准规定的次数。

对装有断开继电器或脱扣器的电器，由继电器或脱扣器完成的断开操作的总次数应在有关产品标准中规定。

试验结果的评定应在有关产品标准中规定。

8.3.3.7.2 电寿命试验

根据有关产品标准的规定，除了主电路通以电流以外，其他条件与8.3.3.7.1相同。

试验结果的评定应在有关产品标准中规定。

8.3.4 短路条件下的性能试验

本条规定的试验条件是为了验证7.2.5规定的额定值和极限值。附加要求，例如试验过程、操作和试验顺序、试验后电器的条件以及电器与短路保护电器(SCPD)的协调配合试验等，应在有关产品标准中规定。

8.3.4.1 短路试验的一般条件

8.3.4.1.1 一般要求

8.3.2.1规定的一般要求适用，控制机构应按有关产品标准规定的条件操作。如果机构是电动的或气动控制的，则应施加有关产品标准规定的最小电压或最小气压。当在上述条件下操作时应验证电器在无载情况下能正确地动作。

附加的试验条件可以在有关产品标准中规定。

8.3.4.1.2 试验电路

a) 图9、图10、图11和图12列出了用于以下试验的电路图：

——单极电器的单相交流或直流试验电路图(图9)；

——双极电器的单相交流或直流试验电路图(图10)；

——三极电器的三相交流试验电路图(图 11);

——四极电器的三相四线交流试验电路图(图 12)。

采用电路的详图应记录在试验报告中。

注:对与短路保护电器配合方面,有关产品标准应规定试验中电器和短路保护电器之间的布置图。

b) 试验中,电源 S 供电给由电阻器 R_1、电抗器 X 和被试电器 D 的组成的电路。

在所有情况下,电源应有足够的容量以保证制造厂规定的电器特性能够得到验证。

试验电路的电阻器和电抗器应能调整到满足规定的试验条件。电抗器 X 应是空芯的,应与电阻器 R_1 串联连接,电抗值应由各个电抗器串联耦合得到。当只有并联的电抗器具有实际上相同时间常数的条件下,才允许电抗器并联连接。

当具有大型空芯电抗器试验电路的瞬态恢复电压特性不能代表通常使用条件的情况下,除非制造厂和用户另有协议,在每相空芯电抗器上应并联电阻,这一电阻应分流约 0.6%通过电抗器的电流。

c) 在试验电路中(图 9、图 10、图 11 和图 12),电阻器和电抗器应在试验中连接在电源 S 和被试电器 D 之间。接通电器 A 和电流传感器(I_1,I_2,I_3)的位置可以与图 9、图 10、图 11 和图 12 的规定有差异。被试电器接到试验电路的连接线应在有关产品标准中规定。

当进行试验的电流小于额定值时,要求的附加阻抗应连接在电器的负载端和短路点之间。然而也可连接在电器的电源端,这应在试验报告中记录。

上述规定不必在短时耐受电流试验中采用(见 8.3.4.3)。

除非制造厂与用户已达成特殊协议,并详细记录在试验报告中,则试验电路图应采用图 9、图 10、图 11 和图 12。

试验电路中应有一点接地也仅允许一点接地,接地点可以是短路连接点、电源中性点或任何其他合适点,接地方法应记录在试验报告中。

d) 在正常运行中的电器所有接地部件(包括外壳或金属丝网)应与地绝缘,并应接至图 9、图 10、图 11 和图 12 中的指定点。

为了检测故障电流,在电器的接地部件与接地指定点之间应接入熔断元件 F,熔断元件采用直径 ϕ0.8 mm,长度至少 50 mm 铜丝或等效的熔断体。

熔断元件电路中的预期故障电流应为 1 500(1±10%) A,但下述注 2 和注 3 的规定除外。如有必要的话,应采用限制电流的电阻器。

注 1:直径 ϕ0.8 mm 的铜丝通过频率在 45 Hz 至 67 Hz 间的 1 500 A 电流,大约在半个周波时间熔化(对直流约 0.01 s);

注 2:在供电系统中,具有人为中性点的情况下,经制造厂同意,可以允许有较小的预期故障电流,应采用较小直径的铜丝(见下表);

铜丝直径 mm	熔断元件电路中预期故障电流 A
0.1	50
0.2	150
0.3	300
0.4	500
0.5	800
0.8	1 500

注 3:熔断元件的电阻值见 8.3.2.1。

8.3.4.1.3 试验电路的功率因数

对交流,试验电路的每相功率因数必须按规定的方法予以确定,其方法应在试验报告中说明。

附录 F 中列出了二种功率因数确定方法。

多相电路的功率因数应认为是各相功率因数的平均值。

功率因数应按表 16 选定。

不同相的功率因数最大值和最小值与平均值之差应保持在±0.05 范围内。

8.3.4.1.4　试验电路的时间常数

对直流，试验电路的时间常数按附录 F 的 F.2 方法确定。

时间常数应按表 16 选定。

8.3.4.1.5　试验电路的调整

试验电路整定时应采用阻抗值可忽略的临时连接线 B 代替被试电器，连接线 B 应尽可能靠近端子连接，该端子用来连接被试电器。

对交流，电阻器 R_1 和电抗器 X 应调整至使在外施电压下能得到电流的最大值等于额定短路分断能力值以及 8.3.4.1.3 规定的功率因数。

为了从整定波形上确定被试电器的短路接通能力，必须调整电路以便保证其中一相达到预期接通电流。

注：外施电压是开路电压，应产生规定的工频恢复电压(见 8.3.2.2.3 注 1)。

对直流，电阻器 R_1 和电抗器 X 应调整至使在试验电压下能得到电流的最大值等于额定短路分断能力以及 8.3.4.1.4 规定的时间常数。

试验电路在所有极同时通电，记录电流波形曲线的时间至少为 0.1 s。

对直流开关电器，在整定电流波形曲线达到峰值之前分断其触头的情况下，可用附加纯电阻接入电路中进行整定波形记录，确定以 A/s 表示的电流上升率与规定的试验电流和时间常数的电流上升率相同即可(见图 15)。附加电阻应该使整定电流波形曲线的峰值至少等于分断电流的峰值。在实际试验中，此电阻应拆除(见 8.3.4.1.8 中 b))。

8.3.4.1.6　试验过程

试验电流按 8.3.4.1.5 的规定整定后，用被试电器及其连接电缆(如有)取代临时连接线。

在短路条件下的电器性能试验应按有关产品标准规定的要求进行。

8.3.4.1.7　短路接通和分断试验中电器的状况

电器的极间或极与框架之间不应发生电弧也不应有闪络，检测电路(见 8.3.4.1.2)中的熔断元件 F 应不熔断。

有关产品标准可以规定附加要求。

8.3.4.1.8　记录波形图的说明

a)　外施电压和工频恢复电压的确定：

从被试电器进行分断试验所记录的波形图确定外施电压和工频恢复电压，交流按图 13 确定，直流按图 14 确定。

电源侧的电压应在所有极电弧熄灭后和电压高频分量已衰减后的第一个完全周波中测量(见图 13)。

如果需获得更多的参数(如跨接各单极的电压、燃弧时间、电弧能量、通断操作过电压等)，可以借助跨接在各极间的附加传感器获得。在此情况下，各组测量电路中与每极触头并联的电阻应不小于 100 Ω/V(跨接在各单独极的电压有效)，该值应记录在试验报告中。

b)　预期分断电流的确定：

用电路整定中记录的整定电流波形曲线和电器分断试验中记录的波形曲线进行比较确定预期分断电流(见图 13)。

对交流，预期分断电流的交流分量等于对应于电弧触头分开瞬间的整定电流波形上的交流分量有效值(其值对应于图 13 a)中的 $A_2/2\sqrt{2}$)。预期分断电流应是各相预期电流的平均值，其允差按表 8 的规定。任何相的预期电流应在±10%额定值范围内。

注：如果制造厂同意，每相电流可以在±10%的平均电流值范围内。

对直流，电器的分断在电流达到最大值之前则取对应于预期分断电流值等于从整定电流曲线确定的最大值 A_2。在电流超过最大值之后电器分断，则预期分断电流等于 A 值(见图 14 a)和 b))。

对直流电器按 8.3.4.1.5 的要求进行试验，当进行试验电路整定的整定电流 I_1 小于额定分断电流时，如果实际分断电流 I_2 大于 I_1，则认为试验无效。应在电路整定到整定电流 I_3 大于 I_2 后再次进行试验(见图 15)。

从对应于整定电路的电阻器 R_1，计算出试验电路的电阻 R，应能确定预期分断电流 $A_2=U/R$，用以下公式：

$$T = A_2/(\mathrm{d}i/\mathrm{d}t)$$

得到试验电路的时间常数。

允差见表 8。

c) 预期接通电流峰值的确定：

预期接通电流峰值从整定电流波形中确定，对于交流其值应取对应于图 13a)中的 A_1，对于直流取对应于图 14 中的 A_2。在三相试验的情况下，预期接通电流峰值应取波形中的三个 A_1 值的最大者。

注：对单极电器试验，从整定电流波形上确定的预期电流峰值可以与试验的实际接通电流峰值有差异，这主要取决于接通瞬间(接通相角)。

8.3.4.1.9 试验后电器的条件

在上述试验后，电器应符合有关产品标准的规定。

8.3.4.2 短路接通和分断能力

电器的额定短路接通能力和分断能力验证试验过程应在有关产品标准中规定。

8.3.4.3 额定短时耐受电流的承载能力试验

电器应处于闭合位置进行试验，预期电流等于额定短时耐受电流，并在相应的工作电压和 8.3.4.1 规定的一般条件下进行试验。

若试验站用额定工作电压进行本试验有困难的话，则试验可在任何合适的较低的电压下进行试验，在此情况下实际试验电流等于额定短时耐受电流 I_{cw}，有关试验的情况应记录在试验报告中。然而如果试验中发生触头瞬时分离，则应在额定工作电压下重新进行试验。

对本试验，如果电器有过电流脱扣器，在试验中有可能动作，为此在试验时应使脱扣器失效。

a) 交流试验：

试验应在电器的额定频率下进行，频率允差±25%，功率因数根据表 16 所对应的额定短时耐受电流确定。

整定电流值是所有相交流分量有效值的平均值(见 4.3.6.1)，平均值应等于额定值，允差见表 8 的规定。

每相的电流应是额定值的±5%。

当试验在额定工作电压下进行时，则整定电流是预期电流。

当试验在任何较低的电压下进行，则整定电流是实际试验电流。

通电时间应达到规定时间，在此时间内交流分量的有效值应保持恒定。

注：如果试验站的试验条件不能满足上述试验要求，根据制造厂和用户的协议，每相试验电流可以为平均电流的±10%。

电流在第一个周波中最大峰值应不小于 n 倍额定短时耐受电流，对应于该电流值的 n 值按表

16选择。

当试验站的特性不能满足上述要求时，允许作以下适当变更，但应满足如下要求：

$$\int_0^{t_{试验}} i_{试验}^2 \, dt \geqslant I^2 \times t_{短时}$$

式中：

$t_{试验}$——试验的通电时间；

$t_{短时}$——规定的通电时间；

$i_{试验}$——交流分量不是恒定或其有效值不等于额定短时耐受电流 I_{cw} 时的试验整定电流；

I——交流分量恒定且其有效值等于额定短时耐受电流 I_{cw} 时的试验整定电流。

如果试验站的短路电流的衰减使在通电起始没有过高的电流就不能得到规定时间的额定短时耐受电流，则试验时电流的有效值允许下降至低于规定值，通电时间适当增加，但最大峰值电流应不小于规定值。

如果为了得到规定的电流峰值，而电流的有效值必须增加至规定值以上，则试验时间应相应减少。

b) 直流试验：

通电时间应为规定时间，从电流波形记录中确定的平均值应至少等于规定值。

当试验站的特性在通电起始没有过高的电流就不能达到以上要求的规定时间的额定短时耐受电流，则试验时电流允许下降至低于规定值，通电时间适当增加，但最大电流值应不小于规定值。

如果试验站不能进行上述直流试验，则在制造厂与用户的同意下，可以用交流试验代替直流试验。但应采取适当的防护措施，例如电流的峰值应不超过允许电流。

c) 试验中和试验后电器的状况：

试验中电器的状况应在有关产品标准中规定。

试验后，要求电器用正常操动方式操作应能正常动作。

8.3.4.4 短路保护电器和额定限制短路电流的配合试验

试验的条件和过程(如适用)应在有关产品标准中规定。

8.4 EMC试验

电器的抗扰度和发射试验是型式试验，应按制造厂安装说明书规定的相应的运行和环境条件进行试验。

试验应根据相关EMC标准进行，但产品标准可规定必要的附加措施来验证产品的性能。

8.4.1 抗扰度试验

8.4.1.1 无电子线路的电器的抗扰度试验

不需进行验证试验，见7.3.2.1。

8.4.1.2 具有电子线路的电器的抗扰度试验

除非产品标准中给出不同的试验标准，试验应根据表23的要求进行。

产品性能标准应以表24的验收标准为基础，在产品标准中列出。

8.4.2 发射试验

8.4.2.1 无电子线路的电器的发射试验

不需进行验证试验，见7.3.3.1。

8.4.2.2 具有电子线路的电器的发射试验

产品标准应规定试验方法的具体细节，见7.3.3.2。

表 1 圆铜导线的标准截面积
(见 7.1.7.1)

ISO 截面积 mm²	AWG/MCM	
	线 号	等效截面积/mm²
0.2	24	0.205
—	22	0.324
0.5	20	0.519
0.75	18	0.82
1	—	—
1.5	16	1.3
2.5	14	2.1
4	12	3.3
6	10	5.3
10	8	8.4
16	6	13.3
25	4	21.2
35	2	33.6
50	0	53.5
70	00	67.4
95	000	85
—	0 000	107.2
120	250 MCM	127
150	300 MCM	152
185	350 MCM	177
240	500 MCM	253
300	600 MCM	304

注：当出现"—"时，也作为考虑连接能力(见 7.1.7.2)的一个规格。

表 2 接线端子的温升极限
(见 7.2.2.1 和 8.3.3.3.4)

接线端子材料	温升极限[a,c]/K
裸铜	60
裸黄铜	65
铜(或黄铜)镀锡	65
铜(或黄铜)镀银或镀镍	70
其他金属	[b]

[a] 在实际使用中外接导体不应显著小于表 9 和表 10 规定的导体，否则会促使接线端子和电器内部部件温度较高，并导致电器损坏。为此在未得到制造厂同意的情况下不应采用这种导体。

[b] 温升极限是按使用经验或寿命试验来确定，但不应超过 65 K。

[c] 产品标准对不同试验条件和小尺寸器件可以规定不同的温升值，但不应超过本表规定的 10 K。

表 3 易接近部件的温升极限

（见 7.2.2.2 和 8.3.3.3.4）

易接近部件	温升极限[a]/K
人力操作部件：	
金属的	15
非金属的	25
可触及但不能握住的部件：	
金属的	30
非金属的	40
正常操作时不触及的部件：[b]	
外壳接近电缆进口处外表面：	
金属的	40
非金属的	50
电阻器外壳的外表面	200[b]
电阻器外壳通风口的气流	200[b]

[a] 产品标准对不同的试验条件和小尺寸器件可以规定不同的温升值，但不应超过本表规定的 10 K。

[b] 应防止电器与易燃材料接触或与人的偶然接触。如果制造厂有此规定，则 200K 的极限可以超过。确定安装位置和提供防护措施以免发生危险是安装者的责任。制造厂应根据 5.3 的规定提供适当的信息。

表 4 验证螺纹型接线端子机械强度的拧紧力矩

（见 8.2.4.2 和 8.3.2.1）

螺纹直径 mm		拧紧力矩 N·m		
米制标准值	直径范围	Ⅰ	Ⅱ	Ⅲ
2.5	$\phi \leqslant 2.8$	0.2	0.4	0.4
3.0	$2.8 < \phi \leqslant 3.0$	0.25	0.5	0.5
—	$3.0 < \phi \leqslant 3.2$	0.3	0.6	0.6
3.5	$3.2 < \phi \leqslant 3.6$	0.4	0.8	0.8
4	$3.6 < \phi \leqslant 4.1$	0.7	1.2	1.2
4.5	$4.1 < \phi \leqslant 4.7$	0.8	1.8	1.8
5	$4.7 < \phi \leqslant 5.3$	0.8	2.0	2.0
6	$5.3 < \phi \leqslant 6.0$	1.2	2.5	3.0
8	$6.0 < \phi \leqslant 8.0$	2.5	3.5	6.0
10	$8.0 < \phi \leqslant 10.0$	—	4.0	10.0
12	$10 < \phi \leqslant 12$	—	—	14.0
14	$12 < \phi \leqslant 15$	—	—	19.0
16	$15 < \phi \leqslant 20$	—	—	25.0
20	$20 < \phi \leqslant 24$	—	—	36.0
24	$24 < \phi$	—	—	50.0

第Ⅰ列：适用于拧紧时不突出孔外的无头螺钉和不能用刀口宽度大于螺钉顶部直径的螺丝刀拧紧的其他螺钉；

第Ⅱ列：适用于可用螺丝刀拧紧的螺钉和螺母；

第Ⅲ列：适用于不可用螺丝刀拧紧的螺钉和螺母。

表 5　圆铜导体拉出和弯曲试验数值

（见 8.2.4.4.1）

导体截面		衬套孔直径[a]	高度 $H\pm13$ mm	质量	拉力
mm^2	AWG/MCM	mm	mm	kg	N
0.2	24	6.4	260	0.3	10
—	22	6.4	260	0.3	20
0.5	20	6.4	260	0.3	30
0.75	18	6.4	260	0.4	30
1.0	—	6.4	260	0.4	35
1.5	16	6.4	260	0.4	40
2.5	14	9.5	279	0.7	50
4.0	12	9.5	279	0.9	60
6.0	10	9.5	279	1.4	80
10	8	9.5	279	2.0	90
16	6	12.7	298	2.9	100
25	4	12.7	298	4.5	135
—	3	14.3	318	5.9	156
35	2	14.3	318	6.8	190
—	1	15.9	343	8.6	236
50	0	15.9	343	9.5	236
70	00	19.1	368	10.4	285
95	000	19.1	368	14	351
—	0 000	19.1	368	14	427
120	250	22.2	406	14	427
150	300	22.2	406	15	427
185	350	25.4	432	16.8	503
—	400	25.4	432	16.8	503
240	500	28.6	464	20	578
300	600	28.6	464	22.7	578

[a] 如果规定的衬套孔直径不足以容纳包扎导线则可以用一个较大孔径的衬套。

表 6　扁铜导体拉出试验数值

（见 8.2.4.4.2）

扁导体的最大宽度 mm	拉力 N
12	100
14	120
16	160
20	180
25	220
30	280

表 7 最大导线截面和相应的模拟量规

（见 8.2.4.5.1）

导线截面		模拟量规(见图 2)					
		型式 A			型式 B		
软线 mm²	硬线(实心或多股的) mm²	标号	直径 *a* mm	宽度 *b* mm	标号	直径 *a* mm	*a* 和 *b* 的允差 mm
1.5	1.5	A1	2.4	1.5	B1	1.9	0 −0.05
2.5	2.5	A2	2.8	2.0	B2	2.4	
2.5	4	A3	2.8	2.4	B3	2.7	
4	6	A4	3.6	3.1	B4	3.5	0 −0.06
6	10	A5	4.3	4.0	B5	4.4	
10	16	A6	5.4	5.1	B6	5.3	
16	25	A7	7.1	6.3	B7	6.9	0 −0.07
25	35	A8	8.3	7.8	B8	8.2	
35	50	A9	10.2	9.2	B9	10.0	
50	70	A10	12.3	11.0	B10	12.0	0 −0.08
70	95	A11	14.2	13.1	B11	14.0	
95	120	A12	16.2	15.1	B12	16.0	
120	150	A13	18.2	17.0	B13	18.0	
150	185	A14	20.2	19.0	B14	20.0	
185	240	A15	22.2	21.0	B15	22.0	0 −0.09
240	300	A16	26.5	24.0	B16	26.0	

注：对于导体截面不同于上表的实心或多股的导体，可以用适当截面的预制导线作为模拟量规，插入力应不大于 5 N。

表 8 试验参数的允差

（见 8.3.4.3a)）

所有试验		空载、正常负载和过载条件下的试验		短路条件下的试验	
电流	+5% 0	功率因数	±0.05	功率因数	0 −0.05
电压 (包括工频恢复电压)	+5% 0	时间常数	+15% 0	时间常数	+25% 0
		频率	±5%	频率	±5%

注 1：表中给定的允差不适用于动作范围，最大和/或最小动作极限在产品标准中规定。

注 2：制造厂和用户双方同意，在 50 Hz 下进行的试验可以认为允许在 60 Hz 条件下运行。反之亦然。

表 9 试验电流为 400 A 及以下的试验铜导线

(见 8.3.3.3.4)

试验电流范围[a] A		导线尺寸[b,c,d] mm²	AWG/MCM
0	8	1.0	18
8	12	1.5	16
12	15	2.5	14
15	20	2.5	12
20	25	4.0	10
25	32	6.0	10
32	50	10	8
50	65	16	6
65	85	25	4
85	100	35	3
100	115	35	2
115	130	50	1
130	150	50	0
150	175	70	00
175	200	95	000
200	225	95	0 000
225	250	120	250
250	275	150	300
275	300	185	350
300	350	185	400
350	400	240	500

a,b,c,d 见表 11 的注。

表 10 试验电流大于 400 A 而不超过 800 A 的试验铜导线

(见 8.3.3.3.4)

试验电流范围[a] A		导线[b,c,d] 公制 根数	公制 尺寸 mm²	MCM 根数	MCM 尺寸 MCM
400	500	2	150	2	250
500	630	2	185	2	350
630	800	2	240	3	300

a,b,c,d 见表 11 的注。

表 11 试验电流大于 400 A 而不超过 3 150 A 的试验铜排

（见 8.3.3.3.4）

试验电流范围[a] A		铜排[b,c,d,e,f]		
		根数	尺寸 mm	尺寸 inches
400	500	2	30×5	1×0.250
500	630	2	40×5	1.25×0.250
630	800	2	50×5	1.5×0.250
800	1 000	2	60×5	2×0.250
1 000	1 250	2	80×5	2.5×0.250
1 250	1 600	2	100×5	3×0.250
1 600	2 000	3	100×5	3×0.250
2 000	2 500	4	100×5	3×0.250
2 500	3 150	3	100×10	6×0.250

对表 9、表 10 和表 11 的注。

[a] 试验电流应大于第一栏的第一个数值，并应小于或等于第二个数值。

[b] 为了便于试验，在制造厂的同意下，可以采用较小试验电流规定的导体。

[c] 表中列出了公制和 AWG/MCM 制的尺寸变换和铜排的 mm 和 inches 的尺寸变换。公制和 AWG/MCM 制的对照表见表 1。

[d] 按试验电流范围规定的两种导体的任一种都可以采用。

[e] 铜排采用其长边处于垂直的位置的布置。如果制造厂同意，铜排可采用置其长边呈水平位置的布置。

[f] 在采用四根铜排时，应分成二组，一组二根，每组中心间的距离不大于 100 mm。

表 12 冲击耐受电压

额定冲击耐受电压 U_{imp} kV	试验电压和相应的海拔 $U_{1.2/50}$ kV				
	海平面	200 m	500 m	1 000 m	2 000 m
0.33	0.35	0.35	0.35	0.34	0.33
0.5	0.55	0.54	0.53	0.52	0.5
0.8	0.91	0.9	0.9	0.85	0.8
1.5	1.75	1.7	1.7	1.6	1.5
2.5	2.95	2.8	2.8	2.7	2.5
4	4.8	4.8	4.7	4.4	4
6	7.3	7.2	7	6.7	6
8	9.8	9.6	9.3	9	8
12	14.8	14.5	14	13.3	12

注：表 12 适用均匀电场，情况 B（见 2.5.62）。

表 12A 与额定绝缘电压对应的介电试验电压

额定绝缘电压 U_i V	交流试验电压(有效值) V	直流试验电压[b,c] V
$U_i \leqslant 60$	1 000	1 415
$60 < U_i \leqslant 300$	1 500	2 120
$300 < U_i \leqslant 690$	1 890	2 670
$690 < U_i \leqslant 800$	2 000	2 830
$800 < U_i \leqslant 1\ 000$	2 200	3 110
$1\ 000 < U_i \leqslant 1\ 500$[a]	—	3 820

a 仅适用于直流。

b 试验电压值依据 GB/T 16935.1 中 4.1.2.3.1 第 2 段。

c 直流试验电压仅在交流试验电压不适用时使用,见 8.3.3.4.1 中 3)b)②规定。

表 13 空气中最小电气间隙

<table>
<tr><th rowspan="4">额定冲击耐受电压
U_{imp}
kV</th><th colspan="8">最小电气间隙/mm</th></tr>
<tr><th colspan="4">情况 A 非均匀电场条件(2.5.63)</th><th colspan="4">情况 B 均匀电场条件(2.5.62)</th></tr>
<tr><th colspan="4">污 染 等 级</th><th colspan="4">污 染 等 级</th></tr>
<tr><th>1</th><th>2</th><th>3</th><th>4</th><th>1</th><th>2</th><th>3</th><th>4</th></tr>
<tr><td>0.33</td><td>0.01</td><td rowspan="3">0.2</td><td rowspan="4">0.8</td><td rowspan="5">1.6</td><td>0.01</td><td rowspan="3">0.2</td><td rowspan="5">0.8</td><td rowspan="6">1.6</td></tr>
<tr><td>0.5</td><td>0.04</td><td>0.04</td></tr>
<tr><td>0.8</td><td>0.1</td><td>0.1</td></tr>
<tr><td>1.5</td><td>0.5</td><td>0.5</td><td>0.3</td><td>0.3</td></tr>
<tr><td>2.5</td><td>1.5</td><td>1.5</td><td>1.5</td><td>0.6</td><td>0.6</td></tr>
<tr><td>4</td><td>3</td><td>3</td><td>3</td><td>3</td><td>1.2</td><td>1.2</td><td>1.2</td></tr>
<tr><td>6</td><td>5.5</td><td>5.5</td><td>5.5</td><td>5.5</td><td>2</td><td>2</td><td>2</td><td>2</td></tr>
<tr><td>8</td><td>8</td><td>8</td><td>8</td><td>8</td><td>3</td><td>3</td><td>3</td><td>3</td></tr>
<tr><td>12</td><td>14</td><td>14</td><td>14</td><td>14</td><td>4.5</td><td>4.5</td><td>4.5</td><td>4.5</td></tr>
<tr><td colspan="9">注:空气中最小电气间隙是以 1.2 /50 μs 冲击电压为基础,其气压为 80 kPa 相当于 2 000 m 海拔处正常大气压。</td></tr>
</table>

表 14 隔离电器断开触头间的试验电压

额定冲击耐受电压 U_{imp} kV	试验电压和相应的海拔 $U_{1.2/50}$/kV				
	海平面	200 m	500 m	1 000 m	2 000 m
0.33	1.8	1.7	1.7	1.6	1.5
0.5	1.8	1.7	1.7	1.6	1.5
0.8	1.8	1.7	1.7	1.6	1.5
1.5	2.3	2.3	2.2	2.2	2
2.5	3.5	3.5	3.4	3.2	3
4	6.2	6.0	5.8	5.6	5
6	9.8	9.6	9.3	9	8
8	12.3	12.1	11.7	11.1	10
12	18.5	18.1	17.5	16.7	15

表 15 最小爬电距离

电器的额定绝缘电压或实际工作电压，交流有效值或直流[d] V	承受长期电压的电器的最小爬电距离，mm														
	污染等级			污染等级			污染等级				污染等级			
	1[e]	2[e]	1	2			3				4			
	材料组别			材料组别			材料组别				材料组别			
	[a]	[b]	[c]	Ⅰ	Ⅱ	Ⅲa Ⅲb	Ⅰ	Ⅱ	Ⅲa	Ⅲb	Ⅰ	Ⅱ	Ⅲa	Ⅲb
10	0.025	0.04	0.08	0.4	0.4	0.4	1	1	1		1.6	1.6	1.6	
12.5	0.025	0.04	0.09	0.42	0.42	0.42	1.05	1.05	1.05		1.6	1.6	1.6	
16	0.025	0.04	0.1	0.45	0.45	0.45	1.1	1.1	1.1		1.6	1.6	1.6	
20	0.025	0.04	0.11	0.48	0.48	0.48	1.2	1.2	1.2		1.6	1.6	1.6	
25	0.025	0.04	0.125	0.5	0.5	0.5	1.25	1.25	1.25		1.7	1.7	1.7	
32	0.025	0.04	0.14	0.53	0.53	0.53	1.3	1.3	1.3		1.8	1.8	1.8	
40	0.025	0.04	0.16	0.56	0.8	1.1	1.4	1.6	1.8		1.9	2.4	3	
50	0.025	0.04	0.18	0.6	0.85	1.2	1.5	1.7	1.9		2	2.5	3.2	
63	0.04	0.063	0.2	0.63	0.9	1.25	1.6	1.8	2		2.1	2.6	3.4	
80	0.063	0.1	0.22	0.67	0.95	1.3	1.7	1.9	2.1		2.2	2.8	3.6	
100	0.1	0.16	0.25	0.71	1	1.4	1.8	2	2.2		2.4	3.0	3.8	
125	0.16	0.25	0.28	0.75	1.05	1.5	1.9	2.1	2.4		2.5	3.2	4	
160	0.25	0.4	0.32	0.8	1.1	1.6	2	2.2	2.5		3.2	4	5	
200	0.4	0.63	0.42	1	1.4	2	2.5	2.8	3.2		4	5	6.3	
250[f]	0.56	1	0.56	1.25	1.8	2.5	3.2	3.6	4		5	6.3	8	
320	0.75	1.6	0.75	1.6	2.2	3.2	4	4.5	5		6.3	8	10	
400	1	2	1	2	2.8	4	5	5.6	6,3		8	10	12.5	
500	1.3	2.5	1.3	2.5	3.6	5	6.3	7.1	8		10	12.5	16	
630	1.8	3.2	1.8	3.2	4.5	6.3	8	9	10		12.5	16	20	
800	2.4	4	2.4	4	5.6	8	10	11	12.5		16	20	25	
1 000	3.2	5	3.2	5	7.1	10	12.5	14	16		20	25	32	
1 250			4.2	6.3	9	12.5	16	18	20		25	32	40	
1 600			5.6	8	11	16	20	22	25		32	40	50	
2 000			7.5	10	14	20	25	28	32		40	50	63	
2 500			10	12.5	18	25	32	36	40		50	63	80	
3 200			12.5	16	22	32	40	45	50	[c]	63	80	100	
4 000			16	20	28	40	50	56	63		80	100	125	
5 000			20	25	36	50	63	71	80		100	125	160	
6 300			25	32	45	63	80	90	100		125	160	200	
8 000			32	40	56	80	100	110	125		160	200	250	
10 000			40	50	71	100	125	140	160		200	250	320	

a 材料组别Ⅰ、Ⅱ、Ⅲa、Ⅲb；

b 材料组别Ⅰ、Ⅱ、Ⅲa；

c 该区域的爬电距离尚未确定，因此材料组别Ⅲb一般不推荐用在污染等级3、电压630 V以上和污染等级4；

d 作为例外，额定绝缘电压127 V、208 V、415/440 V、660/690 V和830 V的爬电距离可采用相应的较低的电压值125 V、200 V、400 V、630 V和800 V的爬电距离。

e 印刷线路材料专用的最小爬电距离可以在此两列数值中选定。

f 对应250 V的爬电距离值可用于230 V(±10%)标称电压。

注1：绝缘在实际工作电压32 V及以下不会产生电痕化，但必须考虑电解腐蚀的可能性，因此规定最小爬电距离。

注2：表中电压值按 R_{10} 系数选定。

表 16　对应于试验电流的功率因数、时间常数和电流峰值与有效值的比率 *n*

（见 8.3.4.3a））

试验电流 I A	功率因数	时间常数 ms	*n*
$I \leqslant 1\ 500$	0.95	5	1.41
$1\ 500 < I \leqslant 3\ 000$	0.9	5	1.42
$3\ 000 < I \leqslant 4\ 500$	0.8	5	1.47
$4\ 500 < I \leqslant 6\ 000$	0.7	5	1.53
$6\ 000 < I \leqslant 10\ 000$	0.5	5	1.7
$10\ 000 < I \leqslant 20\ 000$	0.3	10	2.0
$20\ 000 < I \leqslant 50\ 000$	0.25	15	2.1
$50\ 000 < I$	0.2	15	2.2

表 17　规定型式的操动器试验力极限值

（见 8.2.5.2.1）

操动器的型式[a]	最小试验力 N	最大试验力 N
按钮(图 16(a))	50	150
单指操作(图 16(b))	50	150
两指操作(图 16(c))	100	200
单手操作(图 16(d)和(e))	150	400
双手操作(图 16(f)和(g))	200	600

[a] 见图 16。

表 18　空白

表 19　空白

表 20　导线管拉出试验的试验值

（见 8.2.7.1）

导线管型号 见 GB/T 17193—1997	导线管直径		拉出力 N
	内径 mm	外径 mm	
12 H	12.5	17.1	900
16 H～41 H	16.1～41.2	21.3～48.3	900
53 H～155 H	52.9～154.8	60.3～168.3	900

表 21　导线管弯曲试验的试验值

（见 8.2.7.2）

导线管型号 见 GB/T 17193—1997	导线管直径		弯曲力矩 Nm
	内径 mm	外径 mm	
12 H	12.5	17.1	35[a]
16 H～41 H	16.1～41.2	21.3～48.3	70
53 H～155 H	52.9～154.8	60.3～168.3	70

[a] 对于仅用于引入导线而不用于引出导线的导线管，其试验值可减少到 17 Nm。

表 22 导线管扭转试验的试验值
(见 8.2.7.3)

导线管型号 见 GB/T 17193—1997	导线管直径		弯曲力矩 Nm
	内径 mm	外径 mm	
12 H	12.5	17.1	90
16 H～41 H	16.1～41.2	21.3～48.3	120
53 H～155 H	52.9～154.8	60.3～168.3	180

表 23 EMC 试验——抗扰度
(见 8.4.1.2)

试验的型式	所要求的试验电平
静电放电抗扰度试验 GB/T 17626.2—1998	8 kV/空气放电或 4 kV/接触放电
射频电磁场辐射抗扰度试验 GB/T 17626.3—1998	10 V/m
电快速瞬变脉冲群抗扰度试验 GB/T 17626.4—1998	2 kV 对电源端[a] 1 kV 对信号端[b]
1.25/50 μs～8/20 μs 浪涌抗扰度试验 GB/T 17626.5[c]—1998	2 kV(线对地) 1 kV(线对线)
射频传导抗扰度试验(150 KHz 至 80 MHz) GB/T 17626.6—1998	10 V
工频磁场抗扰度试验 GB/T 17626.8[d]—1998	30 A/m
电压暂降、中断抗扰度试验 GB/T 17626.11—1999	半个周波下降 30% 5～50 个周波下降 60% 250 个周波下降 100%
电源谐波抗扰度试验 IEC 61000-4-13:2002	[e]

[a] 电源端:由导体或电缆输送电器与其相连的并联设备运行所需主要电能的端口。

[b] 信号端:由导体或电缆传送与设备相连的数据或信号等信息的端口。可应用端口在产品标准中规定。

[c] 额定直流电压 24 V 及以下不适用。

[d] 仅适用于含有易受工频磁场影响元件的电器。

[e] 要求待制定。

表 24 存在电磁干扰时的验收标准

项目	验收标准 (试验中应执行的标准)		
	A	B	C
全部运转	工作特性无明显变化 按预期计划执行	性能暂时降低或丧失，但能自恢复	性能暂时降低或丧失(需操作者干预或系统复位)
电源和控制电路运转	无不正确运转	性能暂时降低或丧失，但能自恢复[a]	性能暂时降低或丧失(需操作者干预或系统复位)
显示器和控制面板运转	显示信息无变化 仅LED有轻微的光亮度变化或轻微字符移动	暂时的可视变化或信息丢失 非预想LED照明显示	停机或显示死机 有明显的或显示错误信息和/或非法操作模式 不能自恢复
信息处理和传感功能	与外部设备进行无干扰通信和数据交换	临时干扰通信，有内、外部设备的错误报表	信息的错误处理 数据和/或信息丢失 通信有错误 不能自恢复

[a] 特殊要求应在产品标准中规定。

单位为毫米

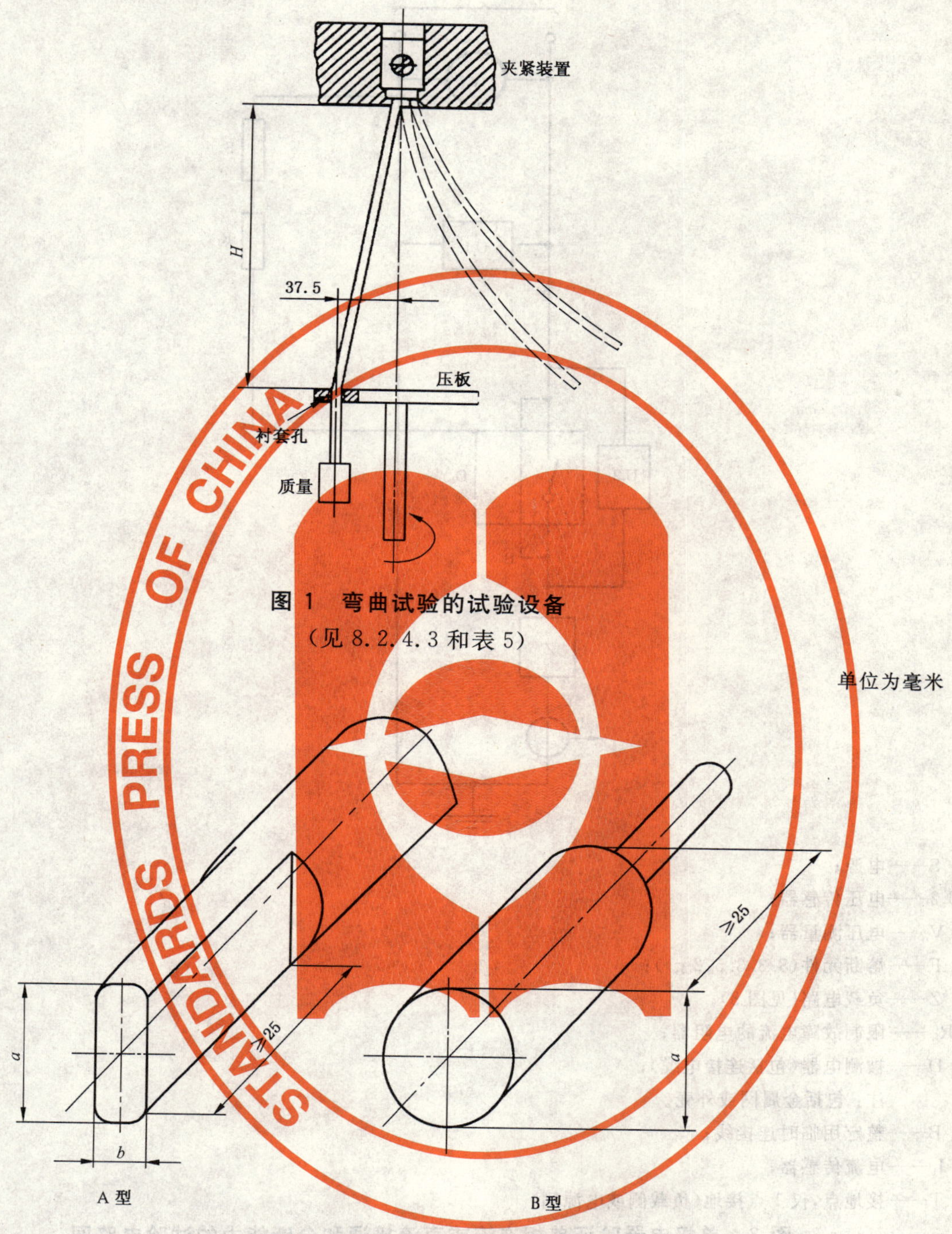

图1 弯曲试验的试验设备
（见8.2.4.3和表5）

单位为毫米

图2 A型和B型模拟量规
（见8.2.4.5.2和表7）

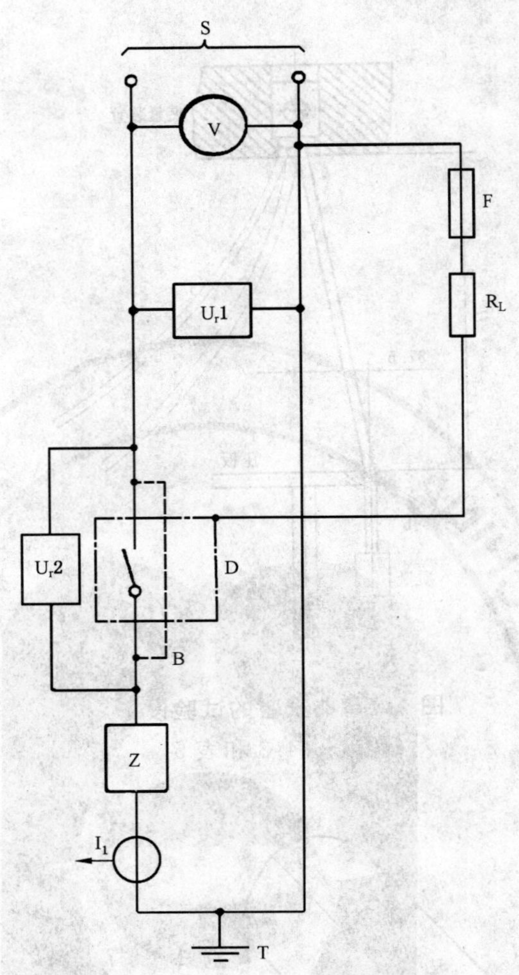

S——电源；

U_r1,U_r2——电压传感器；

V——电压测量器；

F——熔断元件(8.3.3.5.2 g))；

Z——负载电路(见图8)；

R_L——限制故障电流的电阻器；

D——被测电器(包括连接电缆)；

注：包括金属网或外壳。

B——整定用临时连接线；

I_1——电流传感器；

T——接地点,仅1点接地(负载侧或电源侧)。

图3 单极电器验证单相交流或直流接通和分断能力的试验电路图

(见8.3.3.5.2)

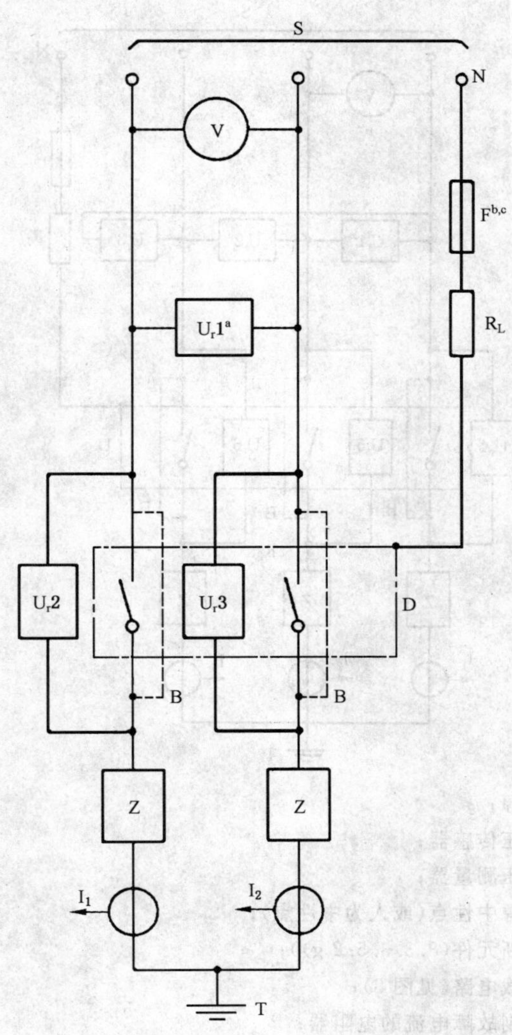

S——电源；

U_r1，U_r2，U_r3——电压传感器；

V——电压测量器；

N——电源中性点(或人为中性点)；

F——熔断元件(8.3.3.5.2 g))；

Z——负载电路(见图 8)；

R_L——限制故障电流的电阻器；

D——被测电器(包括连接电缆)；

注：包括金属网或外壳。

B——整定用临时连接线；

I_1 I_2——电流传感器；

T——接地点，仅 1 点接地(负载侧或电源侧)。

a U_r1 可以改变为连接在相与中性点之间。

b 在电器指定用于相接地系统或者如果此图用于 4 极电器的中性极与相邻极试验，F 应接至电源的一相。

c 直流的情况下，F 应接至电源的负端。

图 4 双极电器验证单相交流或直流接通和分断能力的试验电路图

(见 8.3.3.5.2)

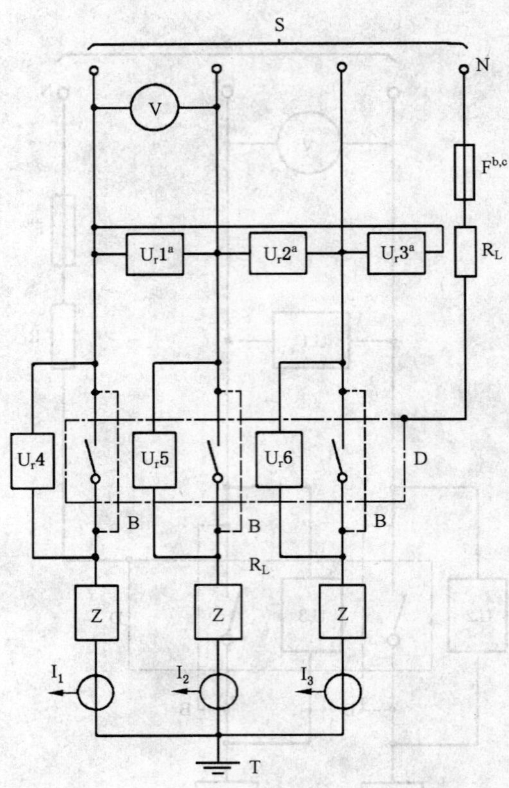

S——电源；

U_r1, U_r2, U_r3 U_r4, U_r5, U_r6——电压传感器；

V——电压测量器；

N——电源中性点(或人为中性点)；

F——熔断元件(8.3.3.5.2 g))；

Z——负载电路(见图 8)；

R_L——限制故障电流的电阻器；

D——被测电器(包括连接电缆)；

注：包括金属网或外壳。

B——整定用临时连接线；

I_1, I_2, I_3——电流传感器；

T——接地点，仅 1 点接地(负载侧或电源侧)；

[a] U_r1, U_r2, U_r3 可以改变为连接在相与中性点之间。

[b] 在电器指定用于相接地系统或者如果此图用于 4 极电器的中性极与相邻极试验，F 应接至电源的一相。

[c] 直流的情况下，F 应接至电源的负端。

图 5 三极电器验证接通和分断能力的试验电路图

(见 8.3.3.5.2)

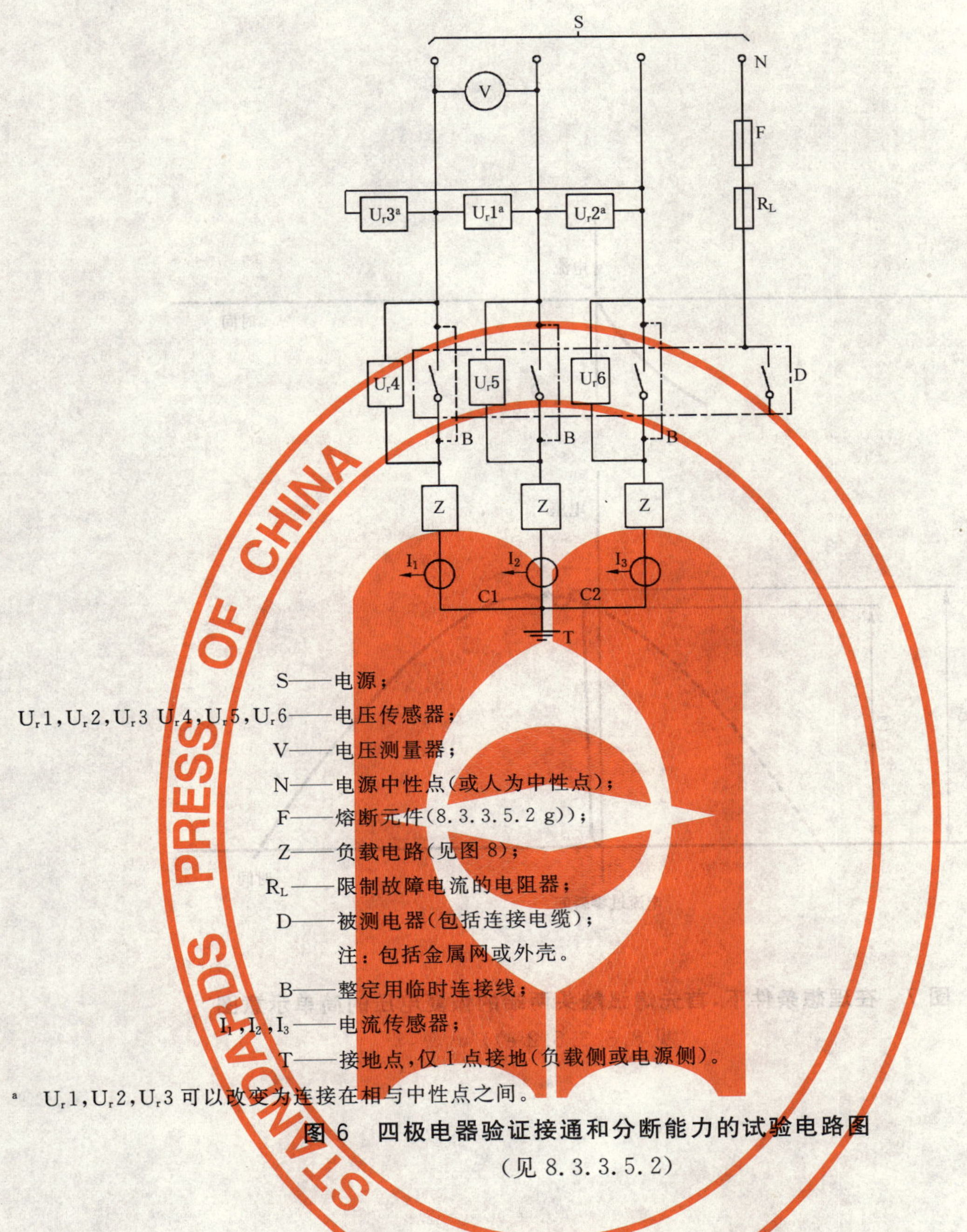

S——电源；

U_r1,U_r2,U_r3 U_r4,U_r5,U_r6——电压传感器；

V——电压测量器；

N——电源中性点(或人为中性点)；

F——熔断元件(8.3.3.5.2 g))；

Z——负载电路(见图8)；

R_L——限制故障电流的电阻器；

D——被测电器(包括连接电缆)；

注：包括金属网或外壳。

B——整定用临时连接线；

I_1,I_2,I_3——电流传感器；

T——接地点，仅1点接地(负载侧或电源侧)。

[a] U_r1,U_r2,U_r3 可以改变为连接在相与中性点之间。

图6 四极电器验证接通和分断能力的试验电路图

(见8.3.3.5.2)

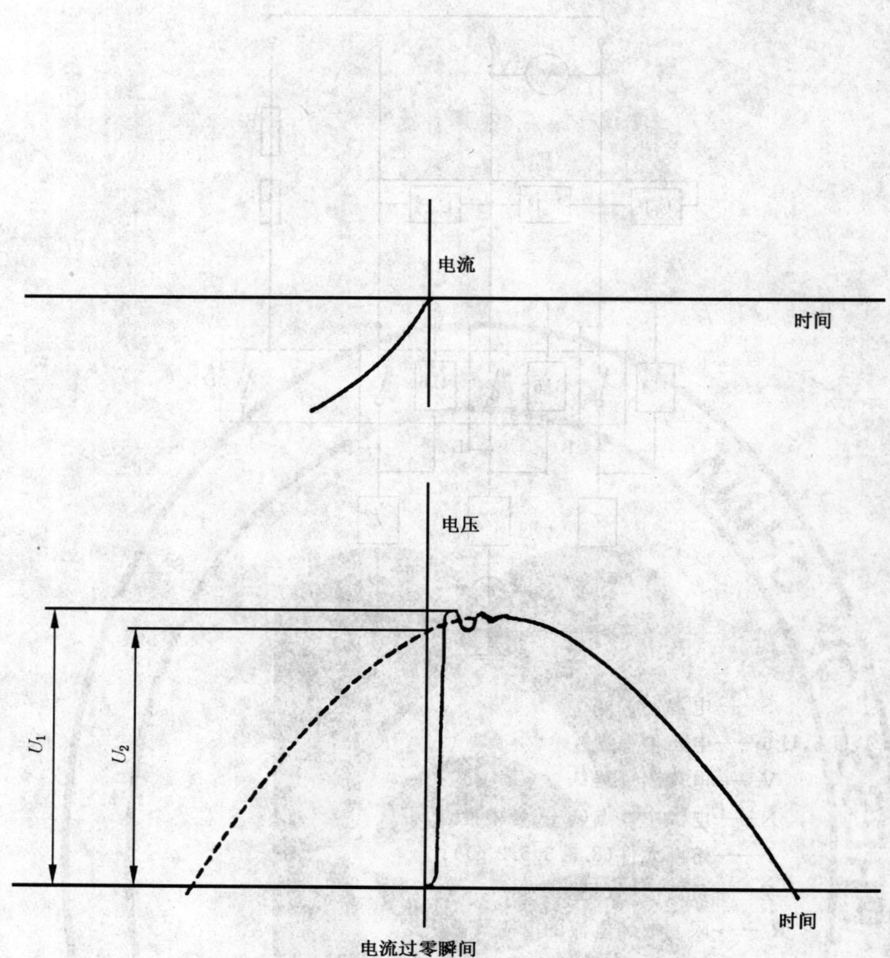

图7 在理想条件下，首先熄弧触头两端的恢复电压的简单示意图
（见8.3.3.5.2 e))

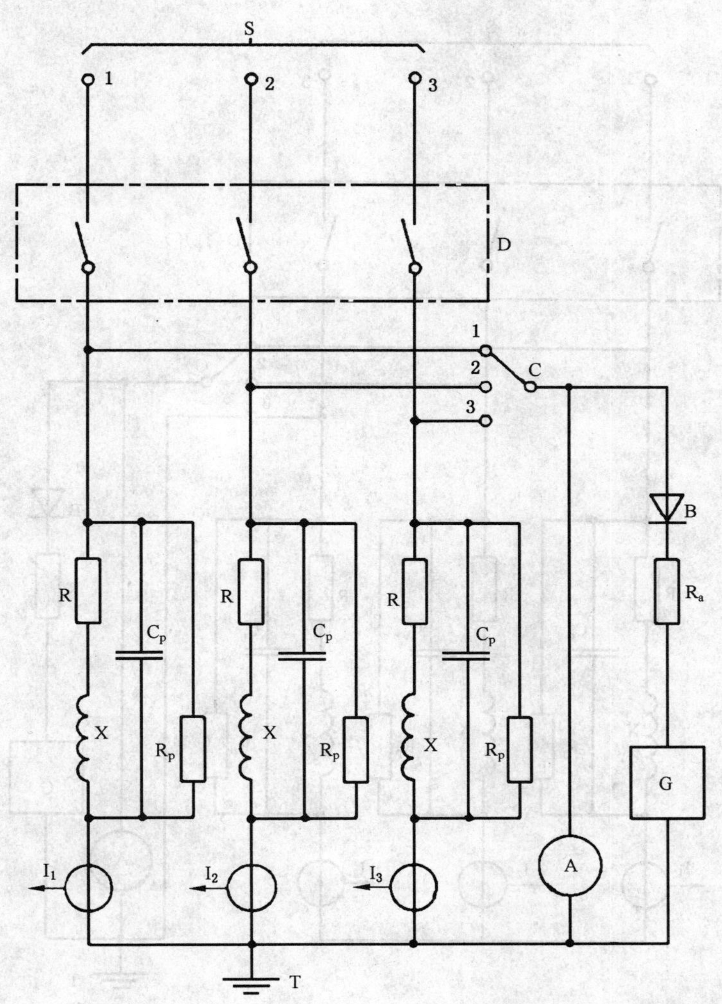

S——电源；

D——被试电器；

C——调整相的选择开关；

B——二极管；

A——记录仪；

R_a——电阻器；

G——高频发生器；

R——负载电路电阻器；

X——负载电路电抗器(8.3.3.5.2 d))；

R_p——并联电阻器；

C_p——并联电容器；

I_1,I_2,I_3——电流传感器。

高频发生器(G)和二极管(B)的有关位置应如图所示，只能在如图所示的位置接地。

图 8a 负载电路调整方法原理图：负载星形点接地

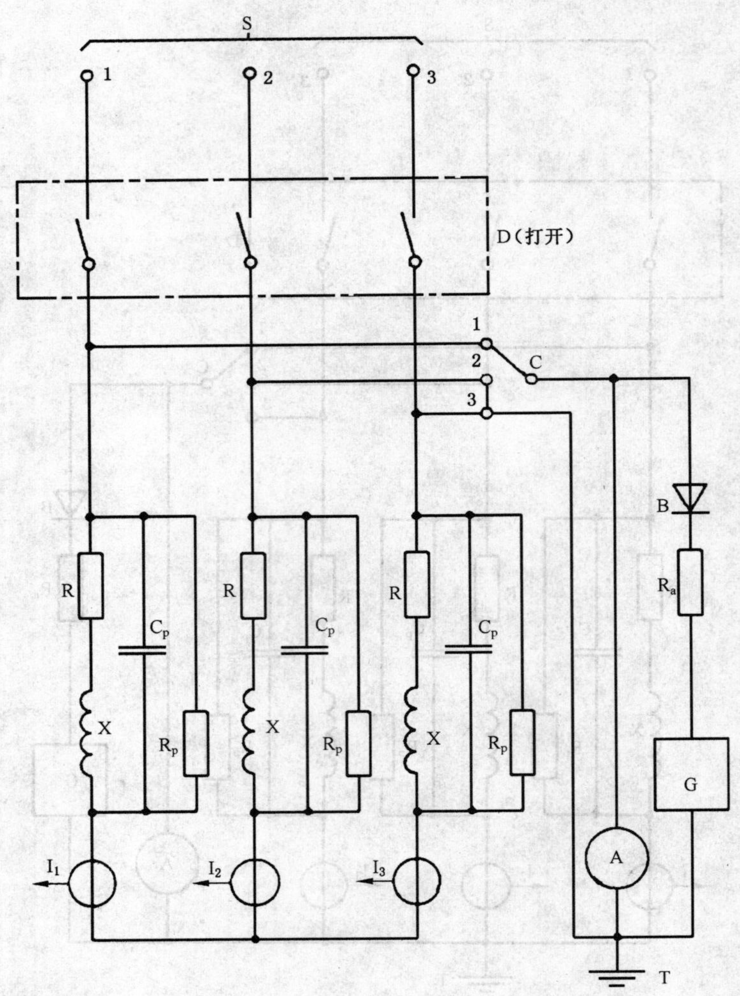

S——电源；

D——被试电器；

C——调整相的选择开关；

B——二极管；

A——记录仪；

R_a——电阻器；

G——高频发生器；

R——负载电路电阻器；

X——负载电路电抗器(8.3.3.5.2 d))；

R_p——并联电阻器；

C_p——并联电容器；

I_1，I_2，I_3——电流传感器。

高频发生器(G)和二极管(B)的有关位置应如图所示。在试验中，只能在如图所示的位置接地。

图中，1、2 和 3 三个位置表示相 1 与并联的相 2 和相 3 串联的连接方式。

图 8b 负载电路调整方法原理图：电源星形点接地

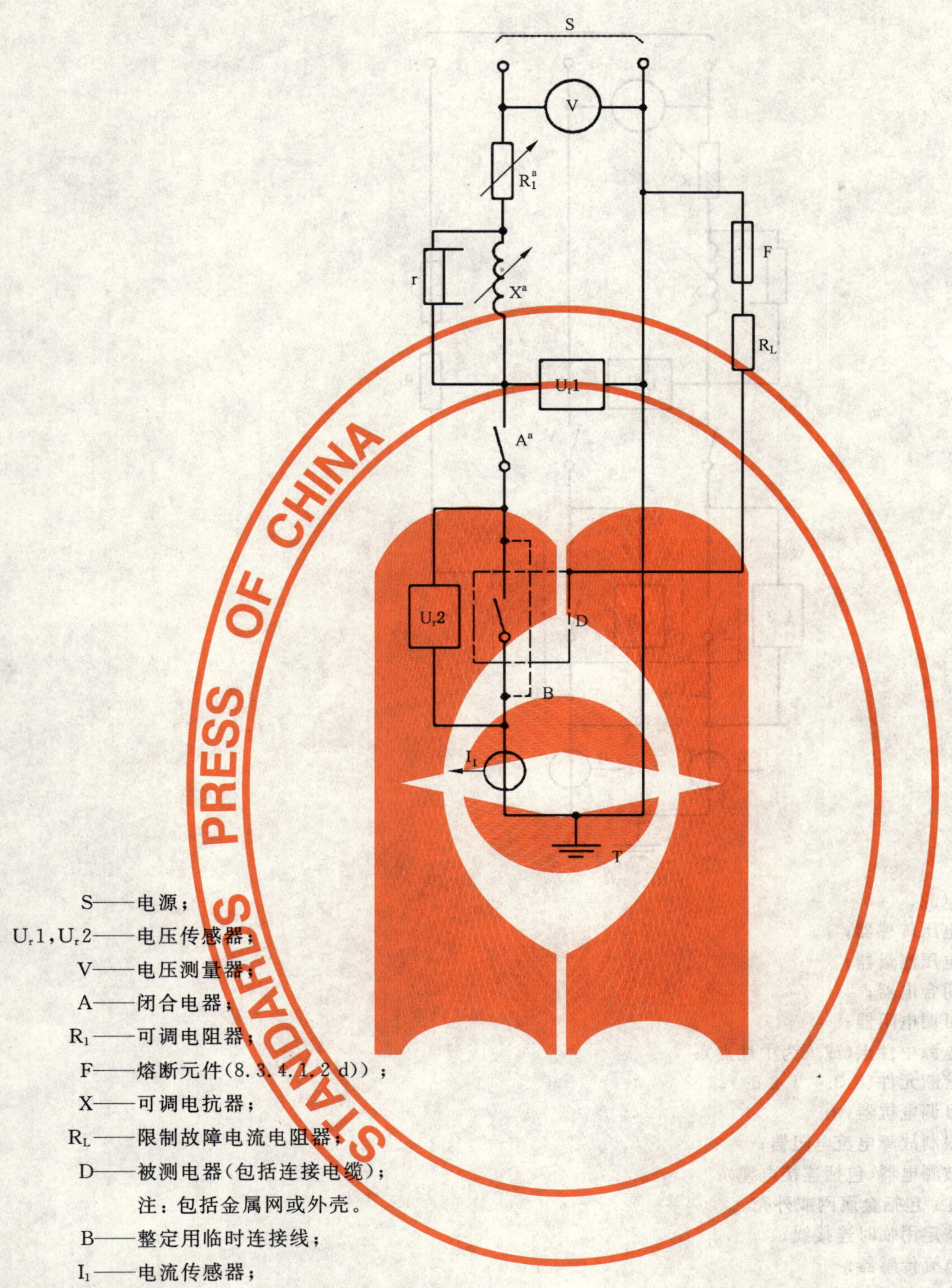

S——电源；

U_r1,U_r2——电压传感器；

V——电压测量器；

A——闭合电器；

R_1——可调电阻器；

F——熔断元件(8.3.4.1.2 d))；

X——可调电抗器；

R_L——限制故障电流电阻器；

D——被测电器(包括连接电缆)；

注：包括金属网或外壳。

B——整定用临时连接线；

I_1——电流传感器；

T——接地点，仅1点接地(负载侧或电源侧)；

r——分流电阻器(8.3.4.1.2 b))。

[a] 可调负载X与R_1可以设置在电源电路的高压侧也可在电路的低压侧。闭合电器A设置在电路的低压侧。

图9 单极电器验证单相交流或直流短路接通和分断能力的试验电路图

(见8.3.4.1.2)

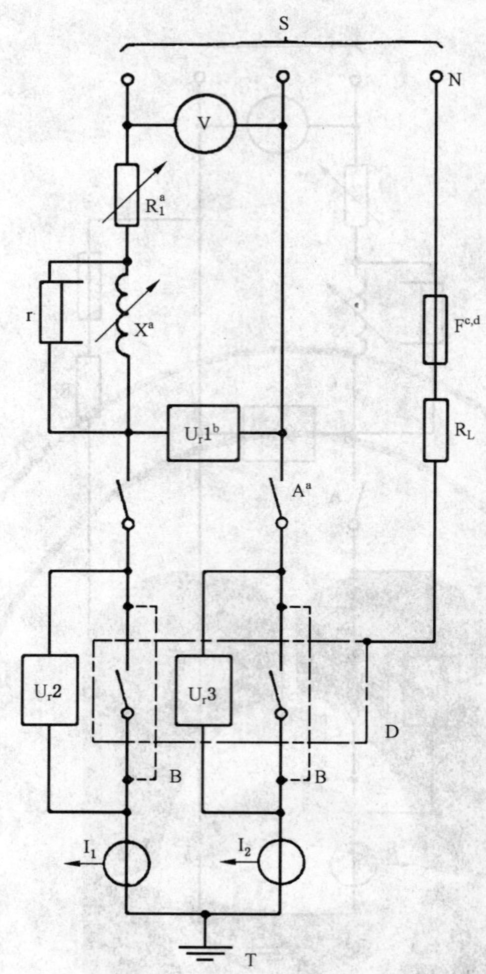

S——电源；

U_r1, U_r2, U_r3——电压传感器；

V——电压测量器；

A——闭合电器；

R_1——可调电阻器；

N——电源中性点(或人为中性点)；

F——熔断元件(8.3.4.1.2 d))；

X——可调电抗器；

R_L——限制故障电流电阻器；

D——被测电器(包括连接电缆)；

注：包括金属网或外壳。

B——整定用临时连接线；

I_1, I_2——电流传感器；

T——接地点，仅1点接地(负载侧或电源侧)；

r——分流电阻器(8.3.4.1.2 b))。

[a] 可调负载 X 与 R_1 可以设置在电源电路的高压侧也可在电路的低压侧。闭合电器 A 设置在电路的低压侧。

[b] U_{r1} 可以改变为连接在相与中性点之间。

[c] 在电器指定用于相接地系统或者如果此图用于4极电器的中性极与相邻极试验，F 应接至电源的一相。

[d] 直流的情况下，F 应接至电源的负端。

图 10　双极电器验证单相交流或直流短路接通和分断能力的试验电路图

(见 8.3.4.1.2)

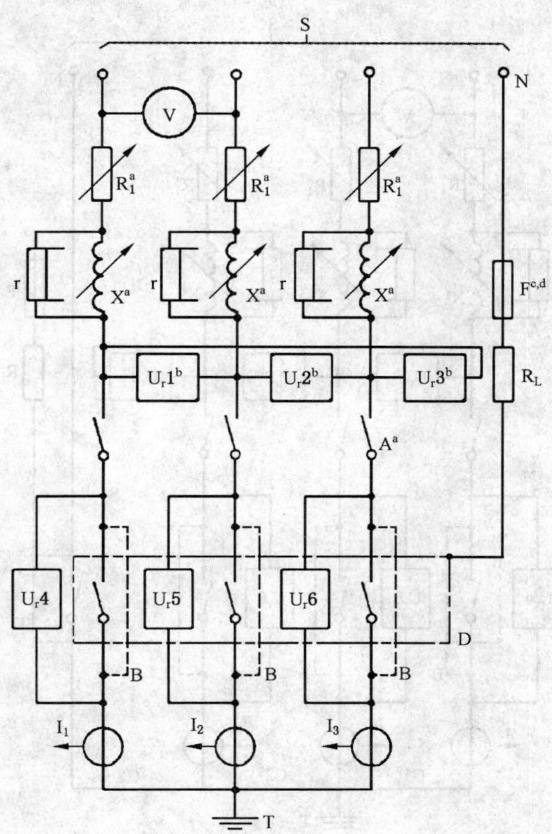

S——电源；

U_r1，U_r2，U_r3，U_r4，U_r5，U_r6——电压传感器；

V——电压测量器；

A——闭合电器；

R_1——可调电阻器；

N——电源中性点(或人为中性点)；

F——熔断元件(8.3.4.1.2 d))；

X——可调电抗器；

R_L——限制故障电流电阻器；

D——被测电器(包括连接电缆)；

注：包括金属网或外壳。

B——整定用的临时连接线；

I_1，I_2，I_3——电流传感器；

T——接地点，仅1点接地(负载侧或电源侧)；

r——分流电阻器(8.3.4.1.2 b))。

[a] 可调负载X与R_1可以设置在电源电路的高压侧也可在电路的低压侧。闭合电器A设置在电路的低压侧。

[b] U_r1、U_r2、U_r3可以改变为连接在相与中性点之间。

[c] 在电器指定用于相接地系统或者如果此图用于4极电器的中性极与相邻极试验，F应接至电源的一相。

[d] 直流的情况下，F应接至电源的负端。

图11 三极电器验证短路接通和分断能力的试验电路图

(见8.3.4.1.2)

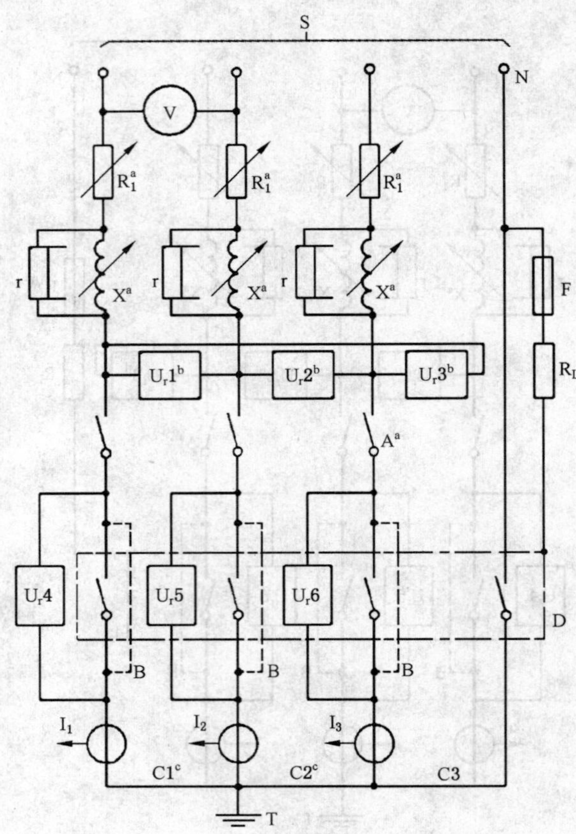

S——电源；

U_r1、U_r2、U_r3、U_r4、U_r5、U_r6——电压传感器；

V——电压测量器；

R_1——可调电阻器；

N——电源中性点；

F——熔断元件(8.3.4.1.2 d))；

X——可调电抗器；

R_L——限制故障电流电阻器；

A——闭合电器；

D——被测电器(包括连接电缆)；

注：包括金属网或外壳。

B——整定用的临时连接线；

I_1，I_2，I_3——电流传感器；

T——接地点，仅1点接地(负载侧或电源侧)；

r——分流电阻器(8.3.4.1.2.b))。

[a] 可调负载X与R_1可以设置在电源电路的高压侧也可在电路的低压侧。闭合电器A设置在电路的低压侧。

[b] U_r1、U_r2、U_r3可以改变为连接在相与中性点之间。

[c] 如果要求在中性极与相邻极间进行附加试验，则连接线C1和C2拆除。

图12　四极电器验证短路接通和分断能力的试验电路图

(见8.3.4.1.2)

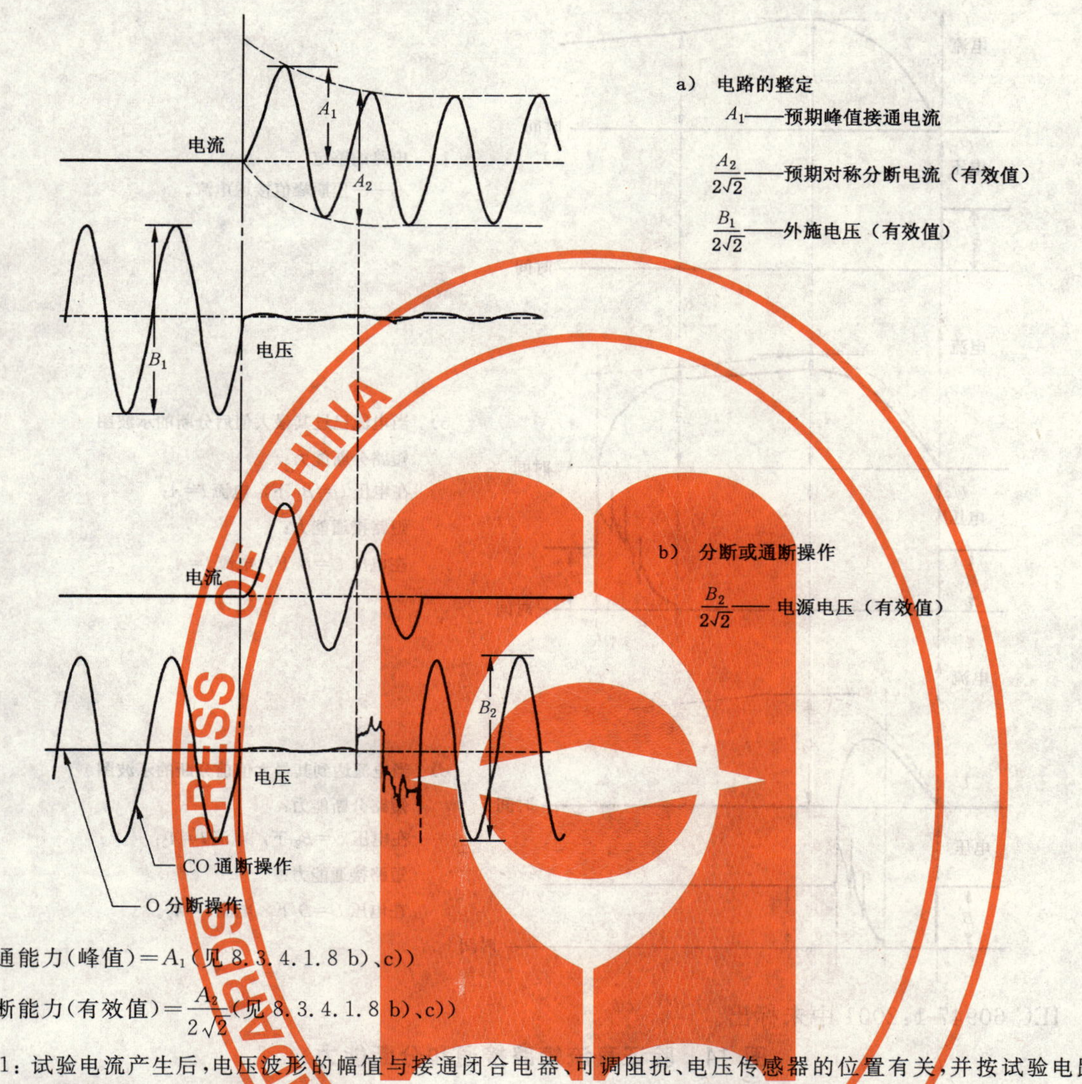

接通能力(峰值)$=A_1$(见 8.3.4.1.8 b)、c))

分断能力(有效值)$=\frac{A_2}{2\sqrt{2}}$(见 8.3.4.1.8 b)、c))

注 1：试验电流产生后，电压波形的幅值与接通闭合电器、可调阻抗、电压传感器的位置有关，并按试验电路图而变化。

注 2：假定整定波和试验时接通是同一瞬间。

图 13　单极电器在单相交流短路接通和分断试验波形记录的实例

(见 8.3.4.1.8)

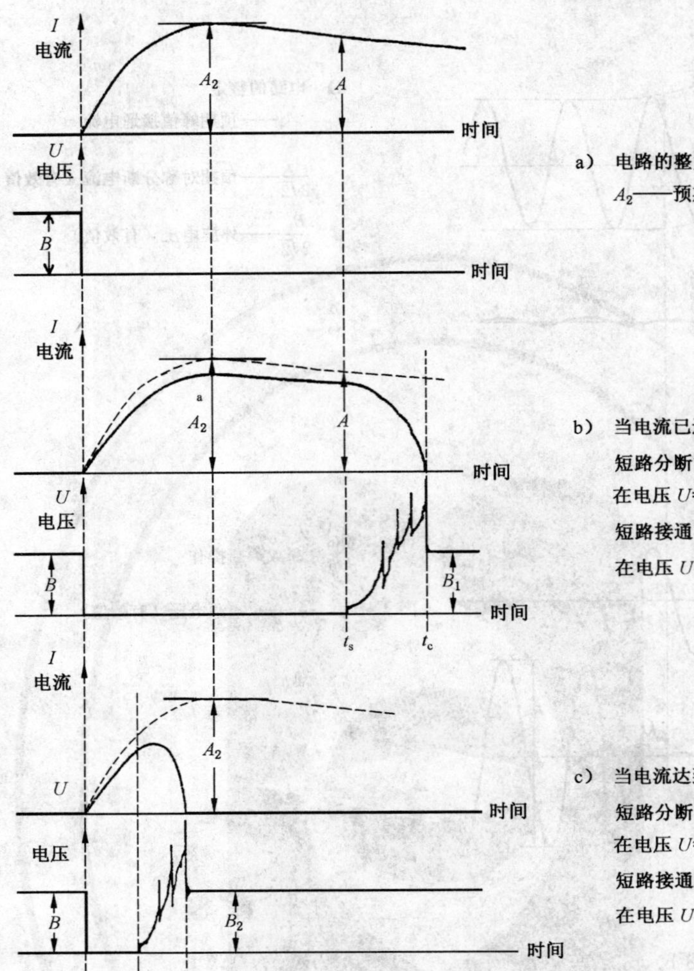

a） 电路的整定

A_2——预期峰值接通电流。

b） 当电流已过其最大值后分断的示波图

短路分断能力：

在电压 $U=B_1$ 下，电流 $I=A$；

短路接通能力：

在电压 $U=B$ 下，电流 $I=A_2$。

c） 当电流达到其最大值前分断的示波图

短路分断能力：

在电压 $U=B_2$ 下，电流 $I=A_2$；

短路接通能力：

在电压 $U=B$ 下，电流 $I=A_2$。

[a] IEC 60947-1:2001 中未标出。

图 14 验证直流短路接通和分断能力

（见 8.3.4.1.8）

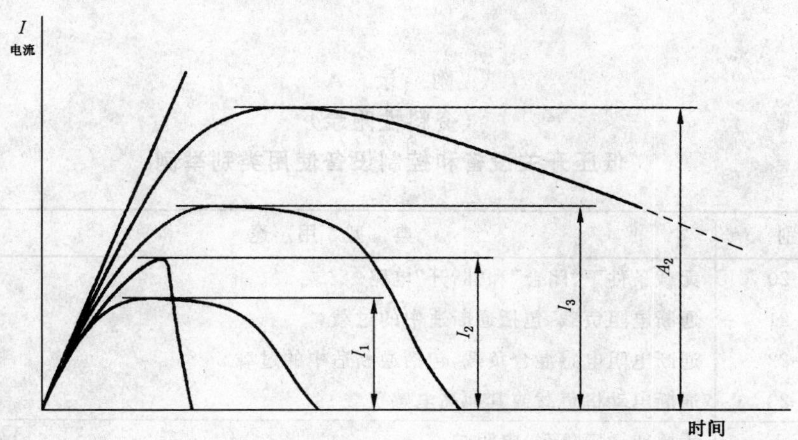

I_1——第一次整定电流；

I_2——实际分断电流；

I_3——第二次整定电流；

A_2——分断能力。

图 15　第一次试验电路整定所得的整定电流低于额定分断能力时预期分断电流的确定

(8.3.4.1.8 b))

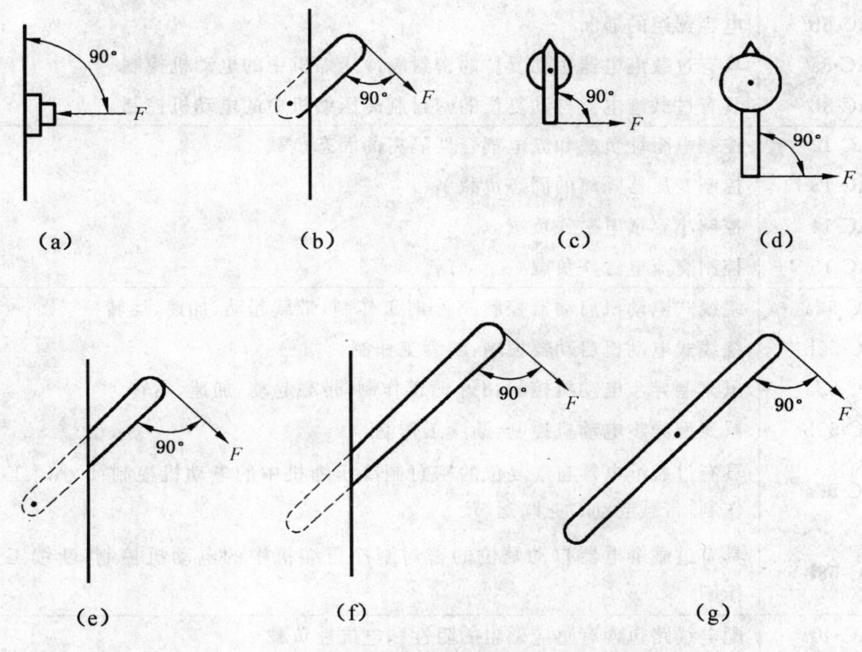

图 16　操动器试验力

(8.2.5.2.1 和表 17)

附 录 A
(资料性附录)
低压开关设备和控制设备使用类别举例

电流种类	类别	典 型 用 途	有关产品标准
交流	AC-20	无载条件下“闭合”和“断开”电路	GB 14048.3
	AC-21	通断电阻负载,包括通断适中的过载	
	AC-22	通断电阻电感混合负载,包括通断适中的过载	
	AC-23	通断电动机负载或其他高电感负载	
	AC-1	无感或微感负载、电阻炉	GB 14048.4
	AC-2	绕线式电动机的起动、分断	
	AC-3	鼠笼型异步电动机的起动,运转中分断	
	AC-4	鼠笼型异步电动机的起动、反接制动与反向运转[a]、点动[b]	
	AC-5a	控制放电灯的通断	
	AC-5b	白炽灯的通断	
	AC-6a	变压器通断	
	AC-6b	电容器组的通断	
	AC-8a	具有过载继电器手动复位的密封制冷压缩机中的电动机控制	
	AC-8b	具有过载继电器自动复位的密封制冷压缩机中的电动机控制	
	AC-12	控制电阻性负载和光电耦合器隔离的固态负载	GB 14048.5
	AC-13	控制变压器隔离的固态负载	
	AC-14	控制小容量电磁铁负载	
	AC-15	控制交流电磁铁负载	
	AC-52a	绕线式电动机启动器控制:8 小时工作制,带载起动、加速、运转	GB 14048.6
	AC-52b	绕线式电动机启动器控制:断续工作制	
	AC-53a	鼠笼型异步电动机控制:8 小时工作制,带载起动、加速、运转	
	AC-53b	鼠笼型异步电动机控制:断续工作制	
	AC-58a	具有过载继电器自动复位的密封制冷压缩机中的电动机控制:8 小时工作制,带载起动、加速、运转	
	AC-58b	具有过载继电器自动复位的密封制冷压缩机中的电动机控制:断续工作制	
	AC-40	配电线路包含有感应磁阻的阻性和电抗性负载	GB 14048.9
	AC-41	无感或微感负载、电阻炉	
	AC-42	绕线式电动机的起动、分断	
	AC-43	鼠笼型异步电动机的起动,运转中分断	
	AC-44	鼠笼型异步电动机的起动、反接制动与反向运转[a]、点动[b]	
	AC-45a	控制放电灯的通断	
	AC-45b	白炽灯的通断	
	AC-12	控制电阻性负载和带光频隔离器的固态负载	GB/T 14048.10
	AC-140	控制维持(封闭)电流≤0.2A 小型电机负载,如接触器式继电器	

表(续)

电流种类	类别	典型用途	有关产品标准
交流	AC-31	无感或微感负载	GB/T 14048.11
	AC-33	电动机负载或包括电机\阻性负载和达到30%白炽灯的混合负载	
	AC-35	控制放电灯负载	
	AC-36	白炽灯负载	
	AC-7a	家用及类似用途的微感负载	GB 17885
	AC-7b	家用电动机负载	
	AC-51	无感或微感负载、电阻炉	IEC 60947-4-3
	AC-55a	控制放电灯的通断	
	AC-55b	白炽灯的通断	
	AC-56a	变压器通断	
	AC-56b	电容器组的通断	
交流和直流	A	无额定短时耐受电流要求的电路保护	GB 14048.2
	B	具有额定短时耐受电流要求的电路保护	
直流	DC-20	无载条件下"闭合"和"断开"电路	GB 14048.3
	DC-21	通断电阻负载,包括通断适中的过载	
	DC-22	通断电阻电感混合负载,包括通断适中的过载(例如并励电机)	
	DC-23	通断高电感负载(例如串励电动机)	
	DC-1	无感或微感负载、电阻炉	GB 14048.4
	DC-3	并励电动机的起动、反接制动与反向运转[a]、点动[b]、电动机的动态分断	
	DC-5	串励电动机的起动、反接制动与反向运转[a]、点动[b]、电动机的动态分断	
	DC-6	白炽灯的通断	
	DC-12	控制电阻性负载和光电耦合器隔离的固态负载	GB 14048.5
	DC-13	控制电磁铁负载	
	DC-14	控制电路中有经济电阻的直流电磁铁负载	
	DC-40	配电线路包含有感应磁阻的阻性和电抗性负载	GB 14048.9
	DC-41	无感或微感负载、电阻炉	
	DC-43	并励电动机的起动、反接制动与反向运转[a]、点动[b]、电动机的动态分断	
	DC-45	串励电动机的起动、反接制动与反向运转[a]、点动[b]、电动机的动态分断	
	DC-46	白炽灯的通断	
	DC-12	控制电阻性负载和带光频隔离器的固态负载	GB/T 14048.10
	DC-13	控制电磁铁负载	
	DC-31	阻性负载	GB/T 14048.11
	DC-33	电动机负载或混合负载(包括电动机)	
	DC-36	白炽灯负载	

a 反接制动与反向运转意指当电动机正在运转时通过反接电动机原来的联接方式,使电动机迅速停止或反转。

b 点动意指在短时间内激励电动机一次或重复多次,以此使被驱动机械获得小的移动。

附 录 B
（资料性附录）
电器在实际运行条件不同于正常使用条件时的适应性

如果电器的实际运行和使用条件与本部分规定的条件不同时，用户应提出电器在该条件下使用时与标准条件的差异，并与制造厂协商电器在该条件下使用的适应性。

B.1 与正常使用条件下不同的使用条件的举例

B.1.1 周围空气温度

预期周围空气温度范围可能低于－5℃或高于＋40℃。

B.1.2 海拔

电器安装处的海拔高于 2 000 m。

B.1.3 大气条件

电器安装处的大气相对湿度可能大于 6.1.3 的规定值或大气中含有过量的灰尘、酸性物质、腐蚀气体等。

电器安装在近海处。

B.1.4 安装条件

电器本身是一个移动部件，或电器的支持件处于长期或短期的倾斜位置（例如安装在轮船上），或电器在使用中受到非正常的冲击或振动。

B.2 与其他电器的联接

用户应向制造厂说明与其他电器联接部件的尺寸和型式，以便制造厂能提供满足本部分和/或有关产品标准规定的安装和温升条件的外壳和接线端子，并在外壳中提供敷设导体的空间（当需要时）。

B.3 辅助触头

用户应规定满足信号、联锁及类似功能所要求使用的辅助触头的数量和型式。

B.4 特殊用途

用户应向制造厂说明可能用于本部分和/或有关产品标准规定以外的特殊用途。

附 录 C
（规范性附录）
封闭电器的外壳防护等级

对制造厂规定了IP代码的封闭电器和具有整体外壳的电器应满足GB 4208—1993规定的要求，同时还应符合如下的修正和补充要求。

注：图C.1给出了进一步了解GB 4208—1993规定的IP代码的图表。

GB 4208—1993中适用于封闭电器的有关条款详述将在本附录中具体明确。

本部分的条款号与GB 4208—1993标准的条款号一一对应。

C.1 适用范围

本附录适用于额定电压不超过1 000 V（交流）或1 500 V（直流）的封闭式开关设备和控制设备（下称“电器”）的外壳防护等级。

C.2 目的

除GB 4208—1993中第2章适用外，本附录增加了附加要求。

C.3 定义

GB 4208—1993中第3章适用，但定义（3.1）“外壳”除外，注1和注2保留。

外壳 enclosure

能提供一个规定的防护等级来防止某些外部影响和防止接近或触及带电部分和运动部分的部件。

注：本部分2.1.16规定的定义与应用于成套电器的IEV 441-13-01定义相类似。

C.4 标示

GB 4208—1993中第4章适用，但字母H、M和S除外。

C.5 由第一个特征数字表示的防止接近危险部件和防止外界固体物体进入的防护等级

GB 4208—1993中第5章适用。

C.6 由第二个特征数字表示的防水的防护等级

GB 4208—1993中第6章适用。

C.7 由附加字母表示的防止接近危险部件的防护等级

GB 4208—1993中第7章适用。

C.8 补充字母

GB 4208—1993中第8章适用，但字母H、M和S除外。

C.9 IP符号的代号举例

GB 4208—1993中4.2适用。

C.10 标志

GB 4208—1993中第9章适用，并补充如下：

如指定 IP 代码只用于一种安装位置，则应采用 ISO 7000 中的 0623 符号来标明，该符号位于规定电器这个安装位置的 IP 代码后面，例如垂直：

C.11 试验的基本要求

C.11.1 GB 4208—1993 中 10.1 适用。

C.11.2 GB 4208—1993 中 10.2 适用，并补充如下：

所有试验应在无电的状态下进行。

某些器件（如按钮的外露表面）可通过目测检验。

试品的温度与实际环境温度之差不应超过 5 K。

对安装在已具有 IP 代码的空的外壳内的电器（见 GB 4208—1993 中 10.5)，并补充如下要求：

a) 对于 IP1X 至 IP4X 和附加字母 A 至 D：

用目测方法进行验证，应满足制造厂说明书的要求。

b) 对于 IP6X 防尘试验：

用目测方法进行验证，应满足制造厂说明书的要求。

c) 对于 IP5X 防尘试验和 IPX1 至 IPX8 防水试验：

封闭电器只要求在灰尘和水的进入可能影响电器的运行时进行验证。

注：IP5X 防尘和 IPX1 至 IPX8 防水试验，允许一定量的灰尘和水进入，但不能对电器产生有害的影响。每个内部电器的布置应另外考虑。

C.11.3 GB 4208—1993 中 10.3 适用，并补充如下要求：

泄水孔和通风口应如同正常使用一样打开。

C.11.4 GB 4208—1993 中 10.4 适用。

C.11.5 如空的外壳是作为封闭电器的一个部件，GB 4208—1993 中的 10.5 适用。

C.12 由第一个特征数字表示的防止接近危险部件的防护试验

GB 4208—1993 中第 11 章适用，但 11.3.b 除外。

C.13 由第一个特征数字表示的防止外界固体物体进入的防护试验

GB 4208—1993 中第 12 章适用，并补充如下要求：

C.13.4 第一个特征数字是 5 和 6 的防尘试验

防护等级 IP5X 的封闭电器应根据 GB 4208—1993 中 12.4 种类 2 进行试验。

注 1：特定产品标准中防护等级 IP5X 的电器可以根据 GB 4208—1993 中 12.4 种类 1 进行试验。

防护等级 IP6X 的封闭电器应根据 GB 4208—1993 中 12.4 种类 1 进行试验。

注 2：根据本部分，防护等级 IP5X 的封闭电器一般认为符合防尘试验要求。

C.13.5.2 第一个特征数字 5 的验收条件

本附录增加下述内容：

对灰尘的沉积是否会对电器的正常功能和安全产生影响有疑问时，应按下述方法进行电器的预处理和介电试验：

防尘试验后，采用 GB/T 2423.3—1993 规定的 Ca 恒定湿热试验方法在下述条件下验证预处理：

为了便于进行灰尘沉积验证试验，应把不借助工具可打开的罩壳和/或可移动部件移开。

在将电器放置在试验箱中进行试验之前，应把其放在具有正常环境温度处至少 4 h。

试验时间为连续 24 h。

在试验结束后，15 min 内把电器从试验箱中拿出，进行工频介电试验，试验时间为 1 min，电压值为 $2U_e$（最大 U_e 值，至少 1 000 V）。

C.14 由第二个特征数字表示的防水试验

C.14.1 GB 4208—1993 中 13.1 适用。

C.14.2 GB 4208—1993 中 13.2 适用。

C.14.3 GB 4208—1993 中 13.3 适用，并补充如下：

电器应进行工频介电试验，试验时间为 1 min，电压值为 2 U_e（最大 U_e 值，至少 1 000 V）。

C.15 由附加字母表示的防止接近危险部件的试验

GB 4208—1993 中第 14 章适用。

C.16 对有关产品标准的要求

有关产品标准应根据 GB 4208—1993 附录 B 的规定制定具体的技术细节（作为指南），同时考虑在本附录 C 中规定的补充要求。

图 C.1 给出了 IP 代码的表示内容的进一步描述。

C.1a 第一位数码			
防止固体异物进入			防止人体接近危险部件
IP	要 求	举 例	
0	无防护		无防护
1	直径 50 mm 的球形物体不得完全进入，不得触及危险部件	 50	手背
2	直径 12.5 mm 的球形物体不得完全进入，试指应与危险部件有足够的间隙	 12.5	手指
3	直径 2.5 mm 的试具不得进入		工具
4	直径 1.0 mm 的试具不得进入		金属线
5	允许有限的灰尘进入（没有有害的沉积）		金属线
6	完全防止灰尘进入		金属线

图 C.1 IP 数码

C.1b　第二位数码			
防止进水造成有害影响			防水
IP	简　　述	举　　例	
0	无防护		无防护
1	防止垂直下落滴水，允许少量水滴入		垂直滴水
2	防止当外壳在15°范围内倾斜时垂直下落滴水，允许少量水滴入		与垂直面成15°滴水
3	防止与垂直面成60°范围内淋水，允许少量水进入		少量淋水
4	防止任何方向的溅水，允许少量水进入		任何方向的溅水
5	防止喷水，允许少量水进入		任何方向的喷水
6	防止强烈喷水，允许少量水进入		任何方向的强烈喷水
7	防止15 cm～1 m深的浸水影响	 15cm ～ 1m	短时间浸水
8	防止在有压力下长期浸水		持续浸水

图 C.1（续）

C.1c　附加字母(可选择)			
IP	要　求	举　例	防止人体接近危险部件
A 用于第一位数码为0	直径50 mm的球形物体进入到隔板，不得触及危险部件	 50	手背
B 用于第一位数码为0、1	试指进入最大为80 mm不得触及危险部件		手指
C 用于第一位数码为1、2	当挡盘部分进入时，直径为2.5 mm，长为100 mm的金属线不得触及危险部件		工具
D 用于第一位数码为2、3	当挡盘部分进入时，直径为1.0 mm，长为100 mm的金属线不得触及危险部件		金属线

图 C.1（续）

附 录 D
（资料性附录）
接线端子的举例

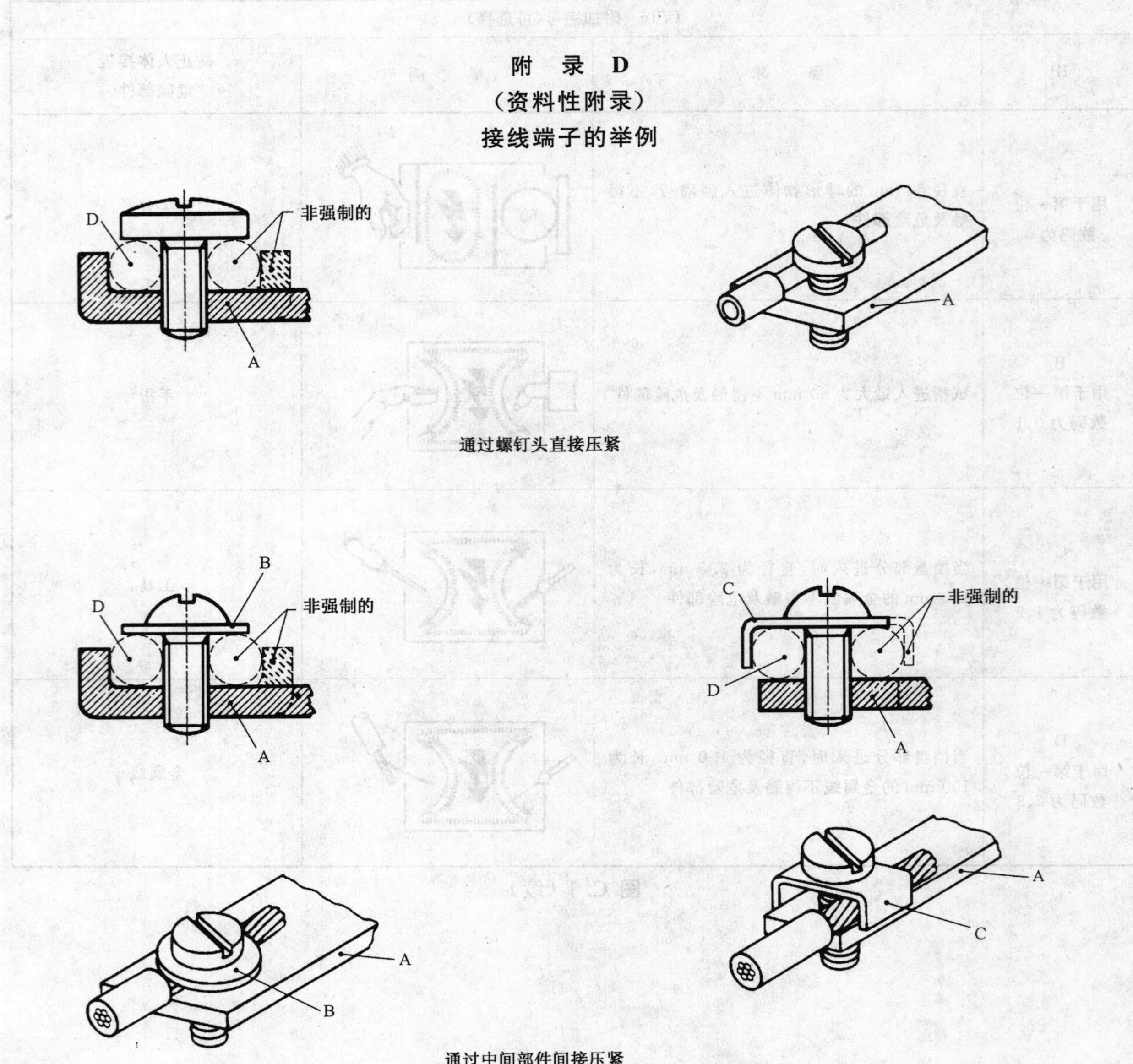

A——固定部件；

B——垫圈或夹板；

C——防松脱板；

D——导体空间。

注：上述例子并不禁止把导体分开放置在螺钉的两边。

螺钉型接线端子：是一种将导体压紧在一个或多个螺钉头下的螺纹型接线端子，其压紧力可直接由螺钉头施加或通过中间部件(例如：垫圈，压板或防松脱板)施加。

图 D.1 螺钉型接线端子

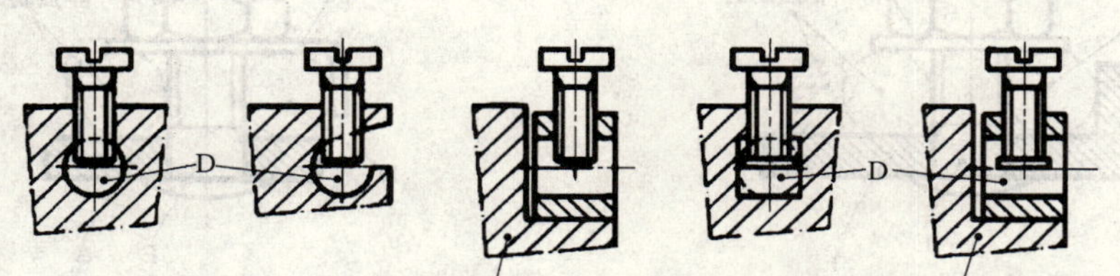

无压板的接线端子　　具有压板的接线端子

具有直接压力的接线端子

具有间接压力的接线端子

A——固定部件；

B——压紧装置本体；

D——导体空间。

柱式接线端子：是一种将导体插入到孔中或空间中，导体由一个或多个螺钉的底部压紧的螺纹型接线端子，压紧力可用螺钉底部直接施加或由中间部件施加，中间部件的压力是由螺钉的底部施加的。

图 D.2　柱式接线端子

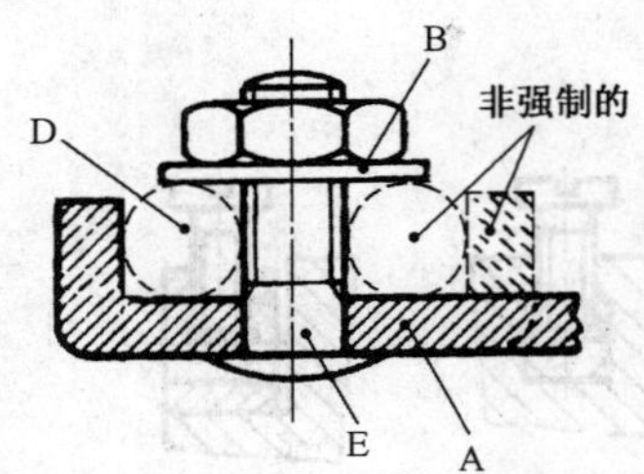

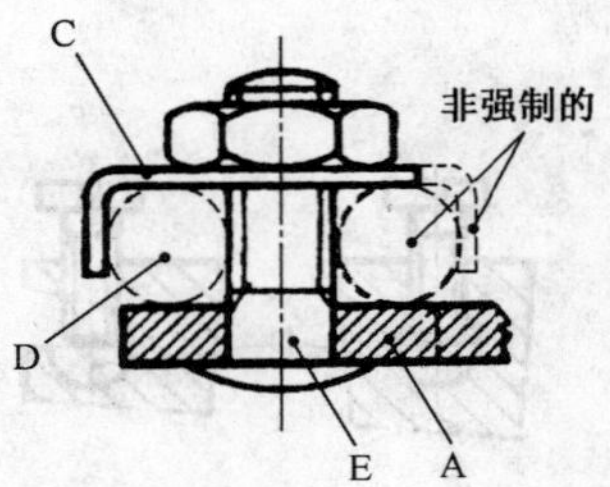

A——固定部件；

B——垫圈或夹紧板；

C——防松脱板；

D——导体空间；

E——螺栓。

注：只要紧固导体的压力不是通过绝缘材料传递的，则导体定位的部件可以是绝缘材料。

螺栓型接线端子：是一种由一个或两个螺母压紧导体的螺纹型接线端子，压紧力可由一个适当形状的螺母直接施加，或通过中间部件（例如：垫圈，压板或防松脱板）施加。

图 D.3 螺栓型接线端子

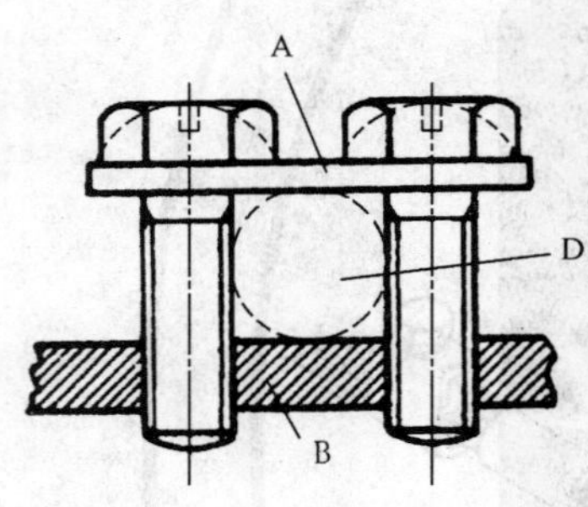

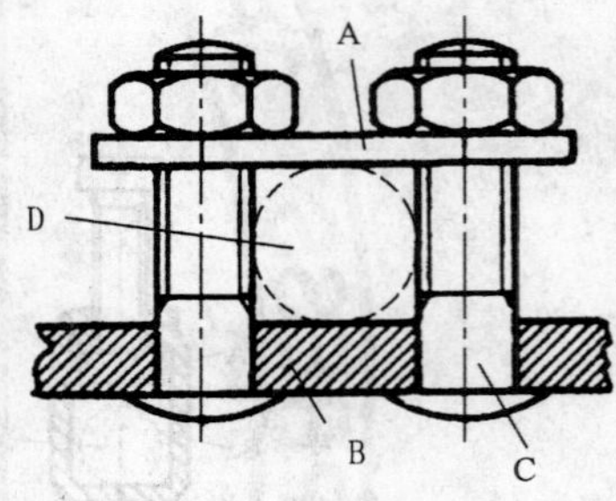

A——鞍型压板；
B——固定部件；
C——螺栓；
D——导体空间。

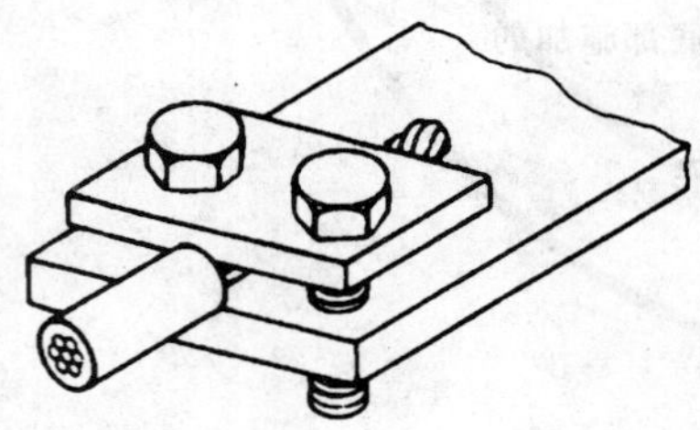

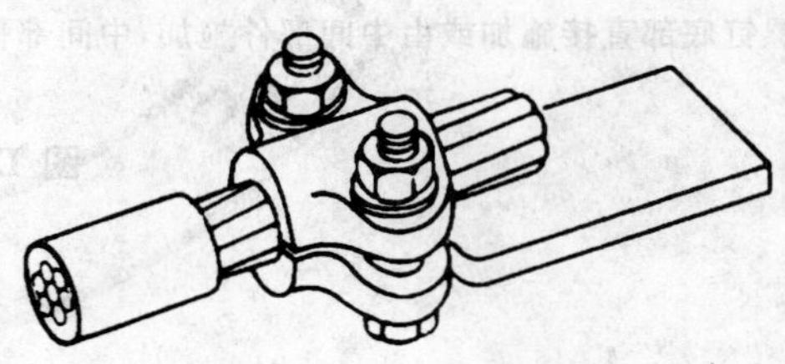

鞍形接线端子：是一种借助两个或多个螺母或螺钉由鞍形压板压紧导体的螺纹型接线端子。

图 D.4 鞍形接线端子

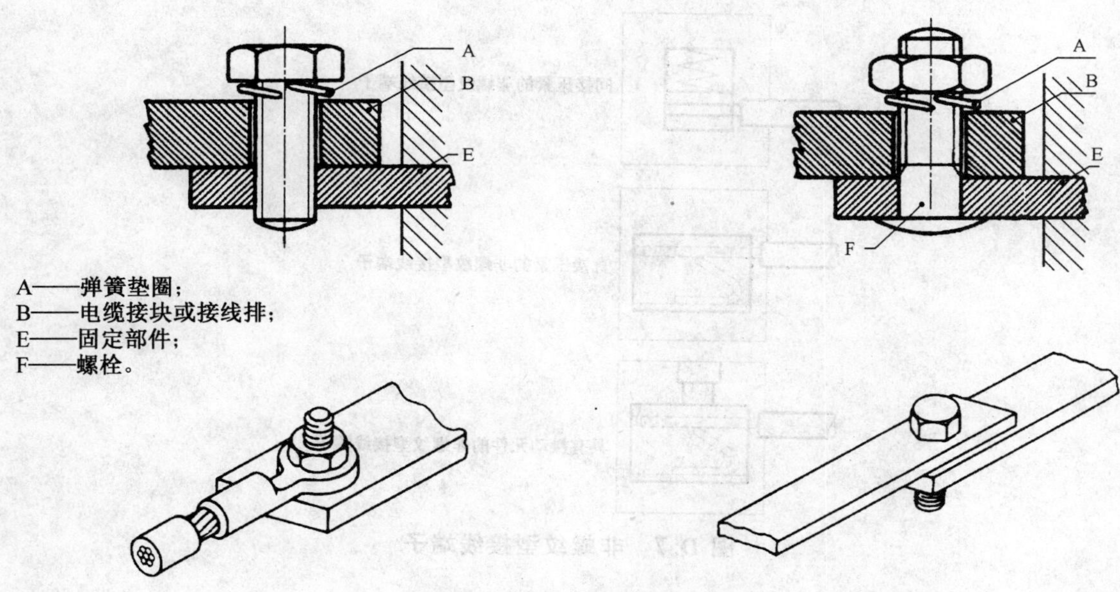

A——弹簧垫圈；
B——电缆接块或接线排；
E——固定部件；
F——螺栓。

接线片式接线端子：是一种利用螺钉或螺母压紧电缆接线片或接线杆的螺钉接线端子或螺栓接线端子。

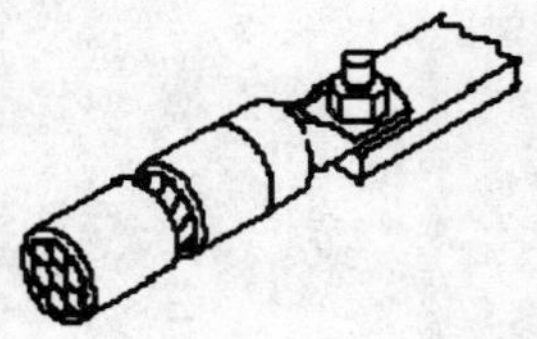

注：电缆接线片的全部尺寸示例见附录 P。

图 D.5　接线片式接线端子

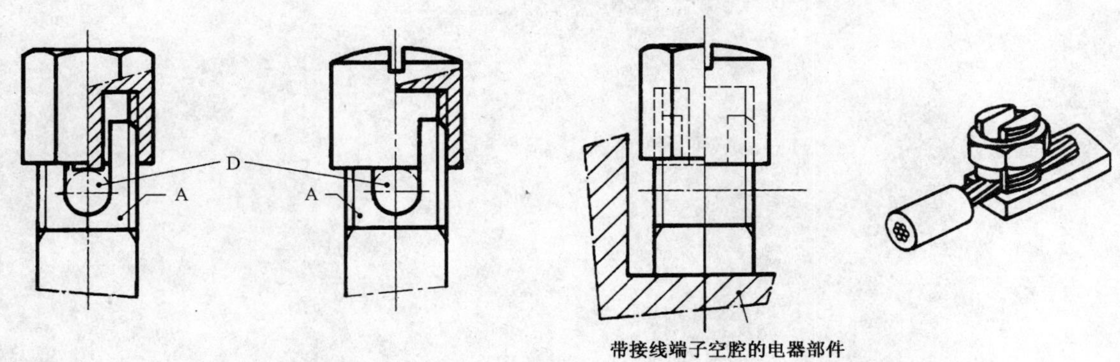

A——固定部件；

D——导体空间。

套形接线端子：是一种利用螺母将导体压在一个具有螺纹的螺杆内的槽中的螺纹型接线端子，导体靠螺母下的一个适当形状的垫圈压紧在槽中，如果螺母为杯形螺母，靠中心销或用相同效用的方法把压力从螺母传递到槽中导体上。

图 D.6　套形接线端子

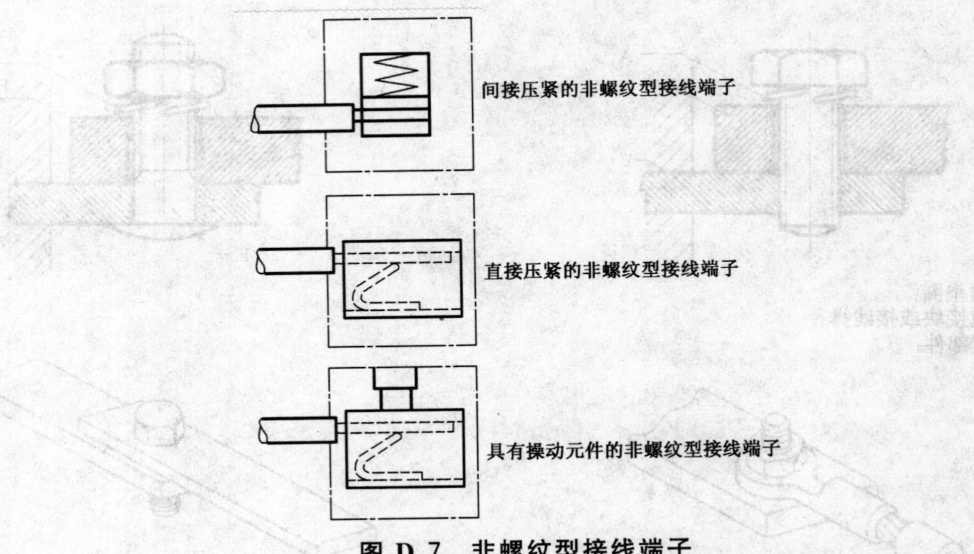

图 D.7 非螺纹型接线端子

附 录 E
（资料性附录）
调整负载电路方法的说明

为了调整负载电路以获得规定的特性，在实际试验中可以采用几种方法。下面介绍一种方法。

原理图见图 8。

瞬态恢复电压的振荡频率 f 和 γ 主要取决于负载电路的固有振荡频率及其阻尼。因为这些数值和外部施加电路的电压及频率无关，因此可用一交流电源供电给负载电路进行调整，该电源的电压和频率可不同于用以试验的电器的电源的电压和频率。电流过零时电路由一个二极管分断，恢复电压的振荡波形可在阴极射线示波器上显示出来，其示波器扫描频率应与电源频率相同（见图 E.1）。

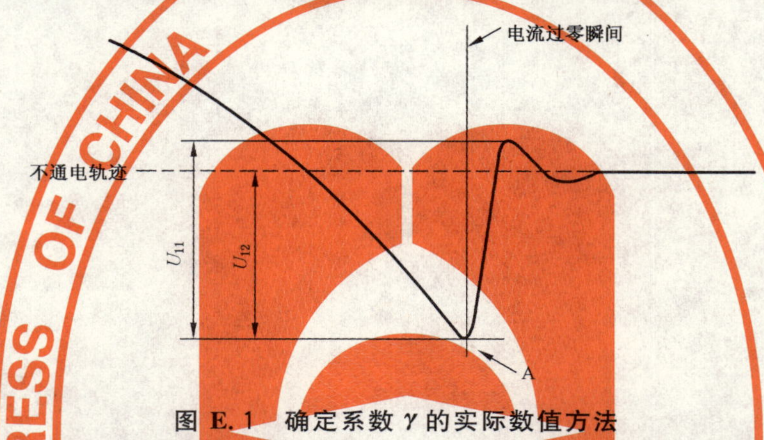

图 E.1 确定系数 γ 的实际数值方法

为了进行可靠的测量，负载电路由高频信号发生器 G 供电，高频信号发生器应提供一个适合二极管的电压，选取发生器的频率等于：

a) 试验电流小于等于 1 000 A 为 2 kHz；

b) 试验电流高于 1 000 A 为 4 kHz。

与发生器串联的有：

——对上述 a) 和 b) 两种情况，分别具有电阻值 R_a 大于负载电路阻抗的降压电阻（$R_a \geqslant 10\ Z$，此处 $Z=\sqrt{R^2+(\omega L)^2}$，式中 $\omega=2\ \pi\times2\ 000\ \mathrm{s}^{-1}$ 或 $\omega=2\ \pi\times4\ 000\ \mathrm{s}^{-1}$。

——瞬时截止的开关二极管 B，一般为用于计算机的二极管，例如正向额定电流不超过 1 A 的扩散结硅开关二极管。

由于发生器产生高频值，负载电路实际上是纯电感性的。因此在电流过零瞬间，负载电路两端的外施电压为其峰值。为保证负载电路元件是适合的，必须在屏幕上进行检验，使瞬态电压曲线在其起始点上（图 E.1 中 A 点）具有实际上为水平的切线。

实际的系数 γ 是 U_{11}/U_{12} 的比值，U_{11} 是屏幕上的读数，U_{12} 是 A 点的纵坐标与高频发生器不再供电给负载电路时波形的纵坐标之间的读数（见图 E.1）。

若在没有并联电阻 R_p 或并联电容 C_p 的负载电路中观察瞬态电压时，则可在屏幕上读到负载电路的固有振荡频率。应注意示波器的电容或引线不应影响负载电路的共振频率。

如果固有振荡频率超过所需 f 值的上限，则可并联适当值的电容 C_p 和 R_p 来获得适当的频率值和系数 γ。电阻 R_p 应是非电感性的。

由于负载电路的特性与电路的接地点有关，本附录推荐两种负载电路的调整方法：

a) 对于接地点位于负载端星形点的情况：三相负载电路的每一相应单独进行调整，见图 8a；

b) 对于接地点位于电源端星形点的情况：三相负载电路中的一相与并联联接的另外两相串联联

接后进行电路的调整，见图 8b。

注 1：高频发生器产生的频率愈高，则在屏幕上愈容易观察并改善结果。

注 2：可采用其他的确定频率和系数 γ 的方法(如用方波电流供给负载电流)。

注 3：对于负载联接成星形的试验电路，如果在调整电路与试验之间短接负载的方式不变(接地或悬空)，则 R 的两端或 X 的两端都可以联接。

注 4：必须注意的是，对高频发生器接地点的泄漏电容量不应对电路的实际振荡频率有任何影响。

附　录　F
（资料性附录）
短路功率因数或时间常数的确定

目前尚无精确的方法确定短路功率因数或时间常数，但为了本部分的需要，可以用以下的方法之一确定试验电路的功率因数或时间常数。

F.1　短路功率因数的确定

方法 1——根据直流分量确定功率因数或时间常数

根据短路瞬间和触头分开瞬间的非对称电流波形的直流分量曲线可确定相角 ϕ，其方法如下：

1）　用直流分量公式确定时间常数 L/R。

直流分量公式为：

$$i_{\mathrm{d}} = I_{\mathrm{do}} \mathrm{e}^{-Rt/L}$$

式中：

i_{d}——在瞬间 t 时的直流分量值；

I_{do}——开始瞬间的直流分量值；

L/R——电路的时间常数，单位为秒(s)；

t——从开始瞬间算起的时间，单位为秒(s)；

e——自然对数的底。

时间常数 L/R 可按下述方式确定：

a)　测量短路瞬间的 I_{do} 值和触头分开前另一瞬间 t 时的 i_{d} 值；

b)　用 i_{d} 除以 I_{do}，确定 $\mathrm{e}^{-Rt/L}$；

c)　根据 e^{-x} 值表确定与 $i_{\mathrm{d}}/I_{\mathrm{do}}$ 之比相应的 $-x$ 值。

x 值代表 Rt/L，由此得到 L/R 值。

2）　用 $\phi = \mathrm{arctg}\ \omega L/R$ 确定

根据 $\phi = \arctan \omega L/R$ 确定相角 ϕ，其中 ω 等于实际频率的 2π 倍。

当用电流互感器测量电流时不应采用本方法，除非有适当的措施消除如下两点引起的误差：

——互感器的时间常数和它的初级线路负载；

——瞬时磁通与可能的剩磁叠加产生的磁饱和。

方法 2——用辅助发电机确定功率因数或时间常数

当辅助发电机与试验发电机同轴运行时，首先可在波形图上比较辅助发电机和试验发电机电压相位，然后比较辅助发电机电压与试验发电机的电流相位。

用辅助发电机电压和主发电机电压间的相角差和辅助发电机电压与试验发电机电流的相角差可求出试验发电机电压和电流的相角，由此可确定功率因数。

F.2　短路时间常数的确定（波形图法）

电路校正波形图上升曲线上相应于纵坐标 $0.632A_2$ 的横坐标即为时间常数值（见图 14）。

附 录 G
（资料性附录）
电气间隙和爬电距离的测量

G.1 基本要求

在例 1 至例 11 中规定的槽的宽度 X 基本上适用于以污染等级为函数的所有例子，如下表：

污染等级	槽宽度的最小值/mm
1	0.25
2	1.0
3	1.5
4	2.5

对于承载触头的固定的和移动的绝缘材料间的爬电距离，具有相对运动的绝缘材料间无最小 X 值的要求。

如果有关的电气间隙小于 3 mm，槽最小宽度可以减小至该电气间隙的三分之一。

测量电气间隙和爬电距离的方法示于以下例 1 至例 11 中，这些举例对气隙与槽之间或绝缘型式之间没有区别。

而且：

——假定任意角被宽度为 X mm 的绝缘联接在最不利的位置下桥接(见例 3)；

——当横跨槽顶部的距离为 X mm 或更大时，沿着槽的轮廓测量爬电距离(见例 2)；

——当运动部件处于最不利的位置时，测量运动部件之间的电气间隙和爬电距离。

G.2 筋的使用

由于筋受污染物的影响小以及筋的干透效果较好，筋的使用大大地减少了泄漏电流的形成。因此假设筋的最小高度为 2 mm 时，爬电距离可以减少至规定值的 0.8 倍。

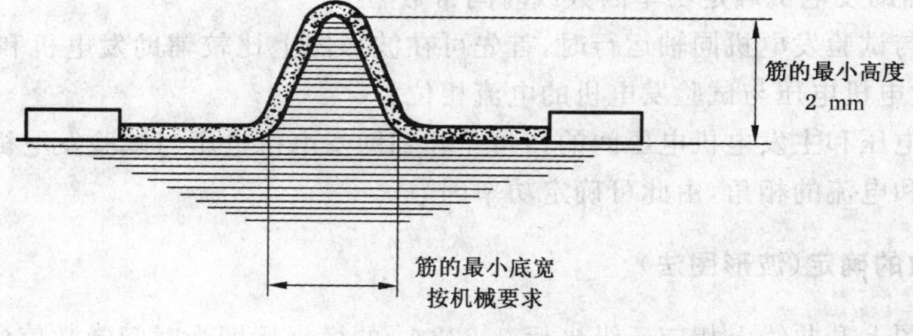

图 G.1 筋的测量

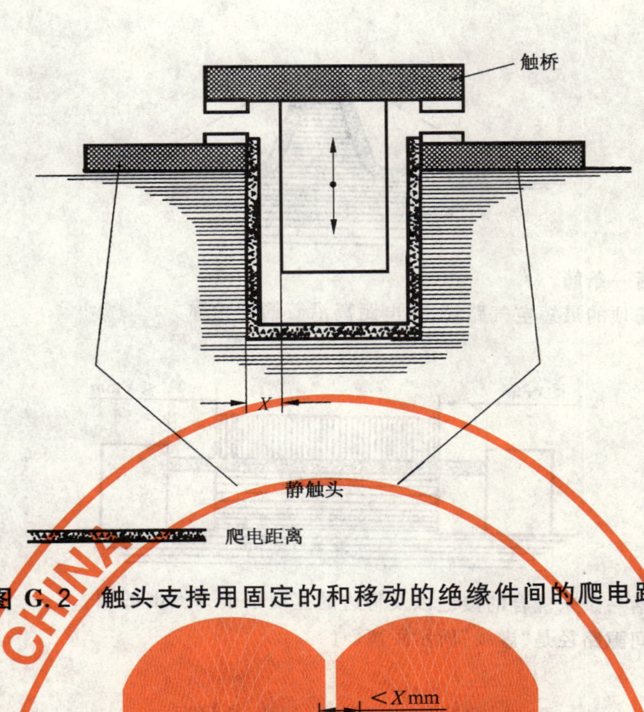

图 G.2　触头支持用固定的和移动的绝缘件间的爬电距离

例 1：

条件：该爬电距离路径包括宽度小于 X mm 而深度为任意的平行边或收敛形边槽。

规则：爬电距离和电气间隙如图所示，直接跨过槽测量。

例 2：

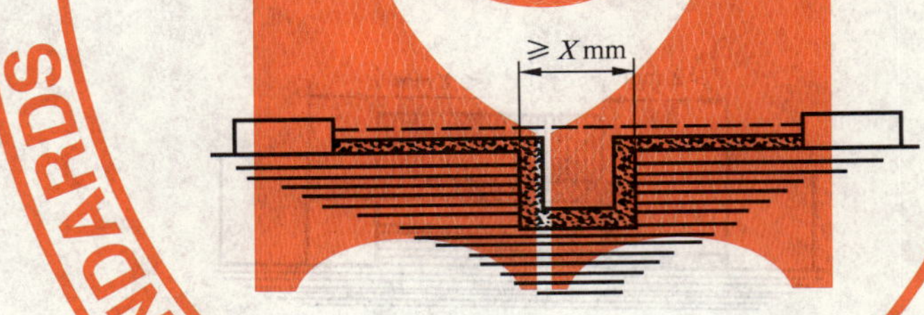

条件：爬电距离路径包括任意深度且宽度等于或大于 X mm 的平行边槽。

规则：电气间隙是“虚线”的距离，爬电距离路径沿槽的轮廓。

例 3：

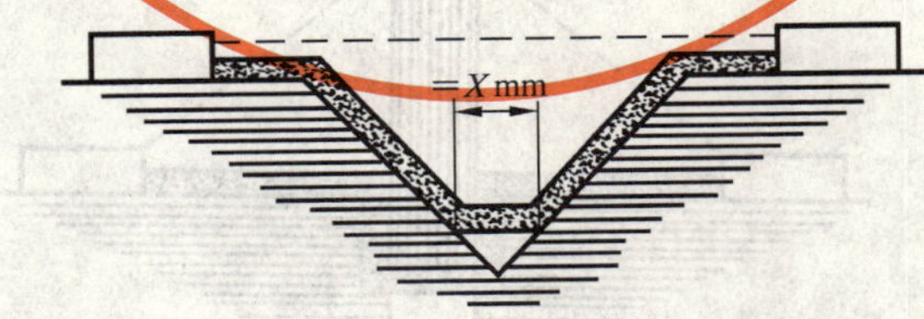

条件：爬电距离路径包括宽度大于 X mm 的 V 形槽。

规则：电气间隙是“虚线”的距离，爬电距离路径沿着槽的轮廓但被 X mm 联结把槽底“短路”。

------ 电气间隙　　　爬电距离

例 4：

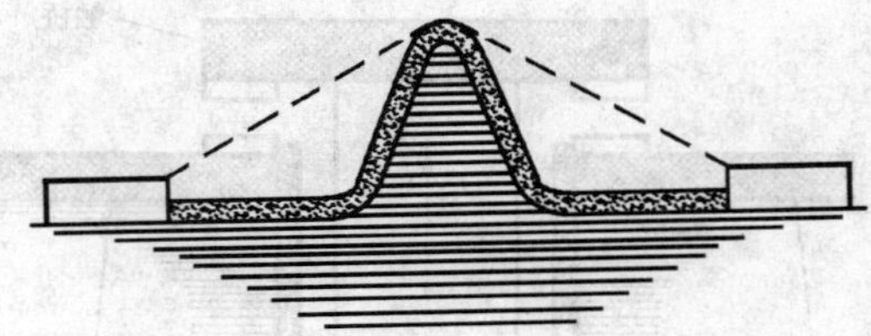

条件：爬电距离路径包括一条筋。

规则：电气间隙是通过筋顶的最短空气路径，爬电距离沿着筋的轮廓。

例 5：

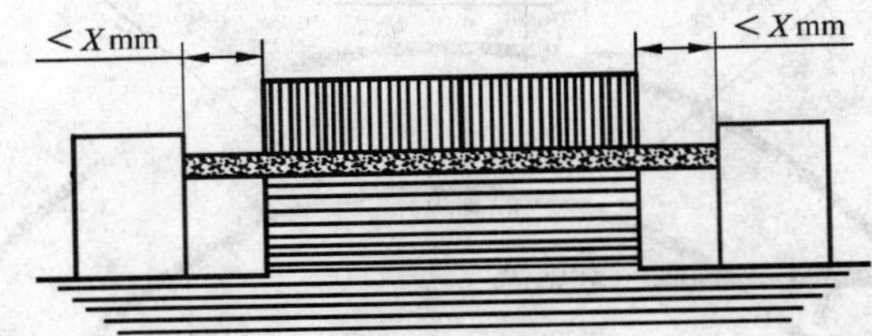

条件：爬电距离路径包括一条未浇合的接缝以及每边的宽度小于 X mm 的槽。

规则：爬电距离和电气间隙路径是“虚线”所示距离。

例 6：

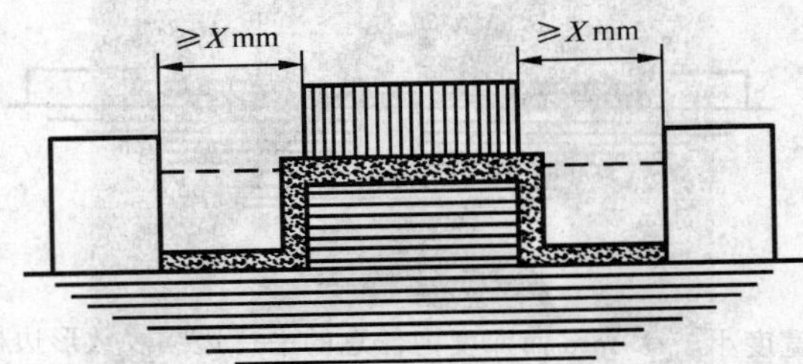

条件：爬电距离路径包括一条未浇合的接缝以及每边的宽度等于或大于 X mm 的槽。

规则：电气间隙为“虚线”的距离，爬电途径沿着槽的轮廓。

例 7：

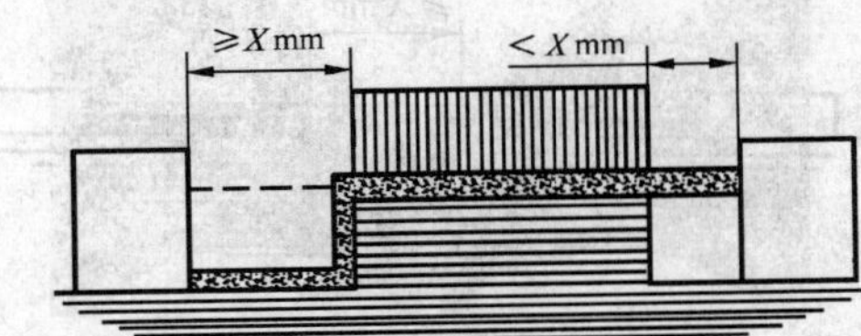

条件：爬电距离路径一条未浇合的接缝以及一边宽度小于 X mm 而另一边宽度大于或等于 X mm 的槽。

规则：电气间隙和爬电距离路径如图所示。

例 8：

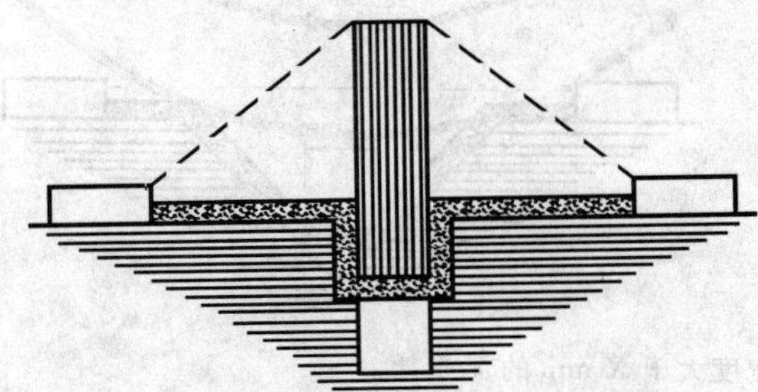

条件：穿过一条未浇合的接缝的爬电距离小于通过隔板的爬电距离。

规则：电气间隙是通过隔板顶部的最短直接空气路径。

— — — — —　电气间隙　　　　爬电距离

例 9:

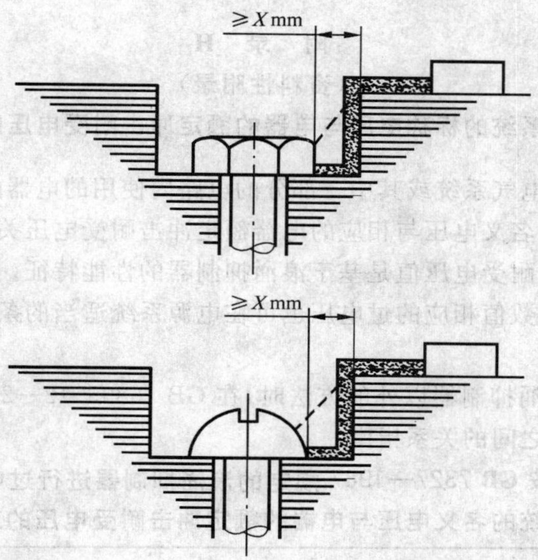

条件:螺钉头与凹壁之间的间隙足够宽应加以考虑。

规则:电气间隙和爬电距离路径如图所示。

例 10:

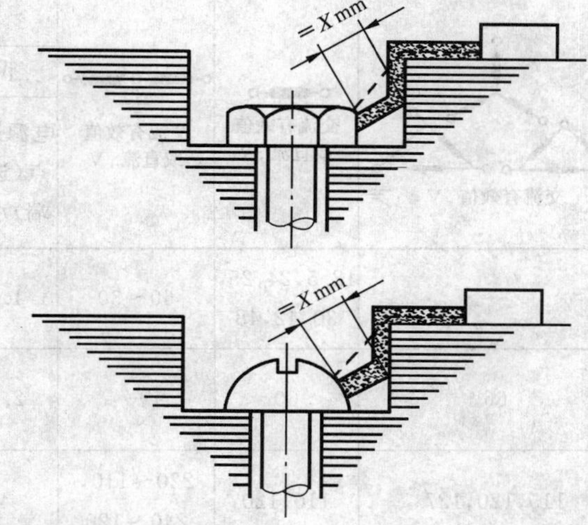

条件:螺钉头与凹壁之间的隙过分窄小而不被考虑。

规则:当螺钉头到壁的距离为 X mm 时的测量爬电距离。

例 11:

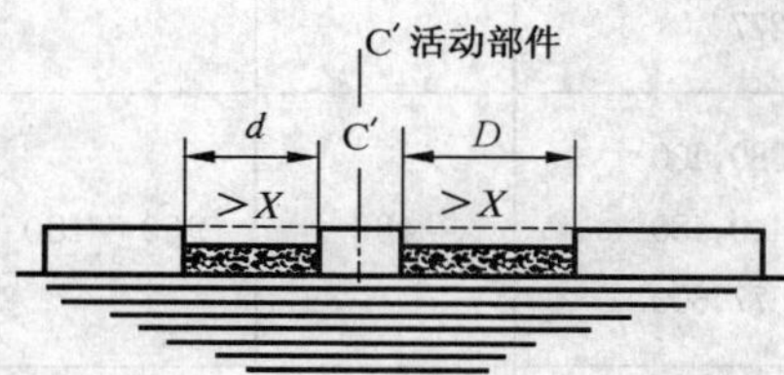

电气间隙为 $d+D$ 的距离,爬电距离也为 $d+D$

- - - - - - 电气间隙　　　　爬电距离

附 录 H
（资料性附录）
电源系统的标称电压与电器的额定冲击耐受电压的关系

本附录给出了如何选择电气系统或其中一部分的电路内使用的电器的有关数据。

表 H.1 提供了电源系统名义电压与相应的电器额定冲击耐受电压关系的实例。

表 H.1 给出的额定冲击耐受电压值是基于浪涌抑制器的性能特征。

应该认识到控制表 H.1 数值相应的过电压也可在电源系统适当的条件下取得，例如存在适当的阻抗或电缆馈线。

当控制过电压是采用浪涌抑制器以外的方法时，在 GB 16895.12—2001 中给出了电源系统标称电压与电器额定冲击耐受电压之间的关系指南。

表 H.1 按 GB 7327—1987 规定的浪涌抑制器进行过电压保护时，电源系统的名义电压与电器的额定冲击耐受电压的对应关系

额定工作电压对地最大值 交流有效值或直流，V	电源系统的名义电压（≤电器的额定绝缘电压）				在海拔 2 000 m 处额定冲击耐受电压优先值 (1.2/50 μs) kV			
					过电压类别			
					Ⅳ	Ⅲ	Ⅱ	Ⅰ
	交流有效值，V	交流有效值，V	交流有效值或直流，V	交流有效值或直流，V	电源进线点（进线端）水平	配电电路水平	负载（装置电器）水平	特殊保护水平
50	—	—	12.5,24,25,30,42,48	60～30	1.5	0.8	0.5	0.33
100	66/115	66	60	—	2.5	1.5	0.8	0.5
150	120/208 127/220	115,120,127	110,120	220～110, 240～120	4	2.5	1.5	0.8
300	220/380,230/400 240/415,260/440 277/480	220,230 240,260 277	220	440～220	6	4	2.5	1.5
600	347/600,380/660 400/690,415/720 480/830	347,380,400 415,440,480 500,577,600	480	960～480	8	6	4	2.5
1 000	—	660 690,720 830,1 000	1 000	—	12	8	6	4

附 录 J
(资料性附录)
涉及制造厂与用户的协议条款

注:对本部分而言:

——“协议”包括非常广泛的内容;

——“用户”包括试验站。

标准条款号	条款内容及名称
2.6.4	特殊试验。
6.1	非标准使用条件见附录 B。
6.1.1	用于环境温度高于+40℃或低于-5℃范围的电器,见注 1。
6.1.2	用于海拔高于 2 000 m 电器,见注。
6.2	如运输和储存时的条件不同于本款规定时。
7.2.1.2	锁扣机械的操作极限。
7.2.2.1(表 2)	连接导体的截面积明显小于表 9 和表 10 所列要求时的使用。
7.2.2.2(表 3)	制造厂应提供电阻器外壳温升极限数据。
7.2.2.6	脉动操作线圈的工作条件(由制造厂确定)。
7.2.2.8	绝缘材料满足 GB/T 11021—1989 和/或 IEC 60216(由制造厂说明)。
8.1.1	特殊试验。
8.1.4	抽样试验。
8.2.4.3	扁铜导体的弯曲试验。
8.3.2.1	为了方便试验提高试验的严酷度。 使用时用在多种型式或尺寸外壳中的电器在最小外壳中试验。
8.3.2.2.2	较严酷的试验(与制造厂协商)。 在 50 Hz 条件下试验合格的电器也可用于 60 Hz(或相反),见表 8 注 2。
8.3.2.2.3	增加工频恢复电压的上限(与制造厂协商),见注 3。
8.3.3.3.4 主电路的温升试验	用交流电源试验直流电器(与制造厂协商)。 用单相电流试验多极电器。 试验电流高于 3 150 A 时的导线连接。 横截面积小于表 9、表 10 和表 11 规定值导体的使用(与制造厂协商),见表 9、表 10 和表 11 注中的注 2。
8.3.3.4.1	工频电压或直流电压下的介电试验(与制造厂协商)。
8.3.3.5.2(注 3) 8.3.4.1.2(注 3)	a) 预期故障电流小于 1 500 A 的认可条件(与制造厂协商)。 b) 在短路试验时的试验电路,分流空心电抗器的电阻不同于 b)规定时。 c) 短路试验时的试验电路图不同于图 9、图 10、图 11 或图 12 时。
8.3.4.3	提高试验电流 I_{cw} 值。 验证直流电器承载交流 I_{cw} 的能力。

附 录 K
（规范性附录）
耐湿性能及其要求

K.1 电器耐湿性能

电器应具有适应在正常工作条件中可能发生的湿度作用的能力，因此应验证电器适应潮湿环境的能力。本部分规定有2种耐湿试验方法，有关产品标准应根据产品自身的特点选择相应的考核方法。

K.1.1 试验Ca：恒定湿热试验（GB/T 2423.3—1993）

电器在使用中不考虑表面凝露和呼吸作用时，可选用恒定湿热试验。试验期间温度应保持在40℃±2℃；相对湿度应保持在90%至95%范围内；试验严酷等级由试验持续时间决定，分为2，4，10，21，56昼夜。电器优先采用4昼夜的试验严酷等级。

注：对于指定用于具有空调设备的环境中的电器，恒定湿热试验期间温度保持在25℃±5℃；试验严酷等级可用2昼夜，其余要求由有关产品标准补充规定。

K.1.2 试验Db：交变湿热试验（GB/T 2423.4—1993）

电器以凝露为主要受潮机理或呼吸作用能加快水气进入电器时，宜采用交变湿热试验。试验时温度、湿度在每个周期中交替地作"高温高湿"和"低温高湿"的变化，试验严酷等级由高温温度和周期数来决定，高温温度为40℃，周期数为2、6、12、21、56昼夜；高温温度为55℃时周期数分为1、2、6昼夜。电器优先采用高温温度为40℃、周期数为6昼夜的严酷等级。

对于预期用于周围空气温度上限值高于40℃而不超过55℃的电器，交变湿热试验严酷等级可采用高温温度55℃、周期数为2昼夜，其余要求由有关产品标准补充规定。

K.2 被试电器的试前条件

除非另有规定，电器如有出口孔或敲落孔的话，应把出口孔或至少一个敲落孔打开。不借助工具能拆卸的部件应拆卸并与主部件一起承受潮湿试验，如盖罩等都应打开。被试电器（试品）在放入湿热试验室（或箱）以前应存放在室温条件下不少于4 h。

K.3 试验方法

a) 恒定湿热试验室（箱）的要求见GB/T 2423.3—1993中第2章。条件试验见GB/T 2423.3—1993中3.2，在条件试验结束前1 h或2 h中验证试品工频耐压。
b) 交变湿热试验室（箱）的要求见GB/T 2423.4—1993中第2章。条件试验见GB/T 2423.4—1993中第5章，降温时相对湿度应选用不低于95%，在条件试验结束前（"低温高湿"阶段）1 h或2 h中验证试品工频耐压。

K.4 试验结果的判定

a) 结束前，按$2U_e$，不小于1 000 V，进行1 min的工频耐压试验，应无绝缘击穿闪络现象；
b) 试验后，被试电器进行外观检查，应无影响其继续使用的变化；
c) 如有关产品标准有要求的话，试验后试品应进行动作条件的复验或其他性能要求的复验。

附　录　L
（规范性附录）
接线端子的标志和识别数码

L.1　总则

给开关电器接线端子做出识别标志的目的是为了提供有关每个接线端子的功能信息，或它相对于其他接线端子的位置，或为了其他用途。

接线端子的标志适用于由制造厂提供的开关电器。标志应是明确的，每个标志只能出现一次，但结构上相连的两个接线端子处可以有相同的标志。

一个线路元件的不同接线端子将表明他们具有相同的电流路径。

阻抗的接线端子标志是字母数字混合的标志，用一个或二个字母表示功能，接下来是数字。字母应是大写的罗马字母，数字是阿拉伯数字。

对于触头元件接线端子，接线端子之一用奇数标志，相同触头元件的其他接线端子用相邻的较高的偶数标志。

如果元件的输入和输出接线端子要明确的做出识别标志，则应选择较低的数码作为输入接线端子标志（输入接线端子为 11 和输出接线端子为 12，输入为 A1 和输出为 A2）。

注 1：下述 L.2 和 L.3 所涉及的电器根据 GB/T 4728 也规定了图形符号。这些符号不用于电器上的接线端子标志。

注 2：本附录的图例所表示的接线端子的位置不包含电器本身的接线端子实际位置的任何信息。

L.2　阻抗的接线端子的标志（字母数字）

L.2.1　线圈

L.2.1.1　电磁操动线圈的两个接线端子应标志为 A1 和 A2。

A1　A2

L.2.1.2　对于有抽头的线圈，抽头的接线端子标志应为连续的序号 A3，A4 等。

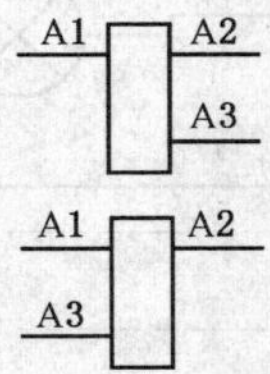

L.2.1.3　对于具有双绕组的线圈，第一个绕组的接线端子的应标志 A1 和 A2，第二个绕组接线端子应标志 B1 和 B2。

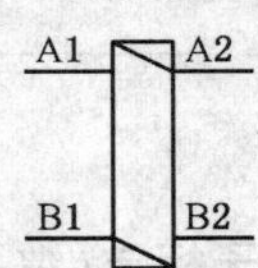

L.2.2　电磁脱扣器

L.2.2.1　分励脱扣器

分励脱扣器的二个接线端子应标志 C1 和 C2。

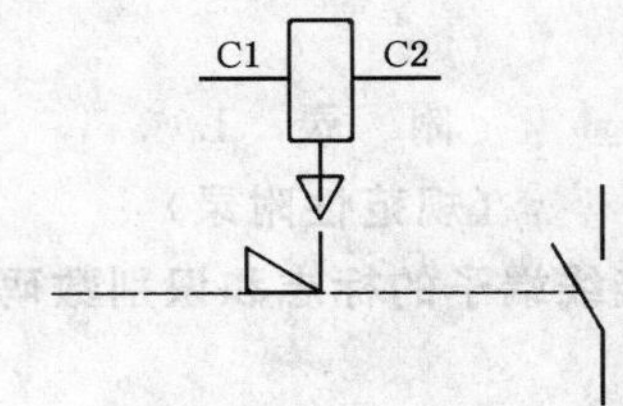

注：对于具有二个分励脱扣器的电器(例如具有不同额定值的脱扣器)，第二个脱扣器的接线端子推荐标志 C3 和 C4。

L.2.2.2 欠压脱扣器

仅作为欠压脱扣器的使用的线圈的接线端子应标志 D1 和 D2。

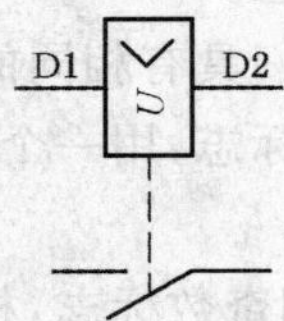

注：对于具有二个分励脱扣器的电器(例如具有不同额定值的脱扣器)，第二个脱扣器的接线端子推荐标志 D3 和 D4。

L.2.3 联锁电磁铁线圈

联锁电磁铁线圈的二个接线端子应标志 E1 和 E2。

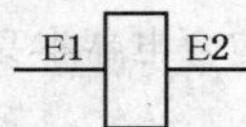

L.2.4 指示灯器件

指示灯器件的二个接线端子应标志 X1 和 X2。

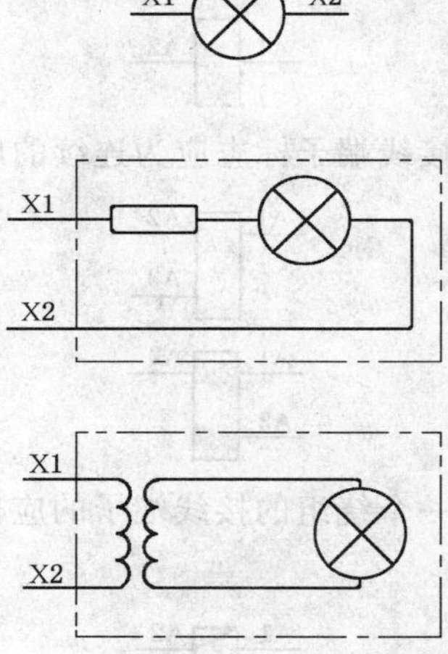

注：术语“指示灯器件”包括电阻器和变压器。

L.3 具有双位置开关电器触头元件的接线端子标志(数字)

L.3.1 主电路的触头元件(主触头元件)

主开关元件的接线端子应标以单个数字。

每个标志了奇数的接线端子应与标志相应偶数的接线端子配对使用。

当开关电器具有多于五个主触头元件时，字母数字标志应根据 GB/T 4026 确定。

例：

二个主触头元件　　　　五个主触头元件

L.3.2　辅助电路的触头元件(辅助触头元件)

辅助触头元件的接线端子应采用双位数标识：

——个位上的数字是功能数；

——十位上的数字是顺序号。

L.3.2.1　功能数字

L.3.2.1.1　功能数字 1 和 2 用于分断触头元件，功能数字 3 和 4 用于接通触头元件(接通触头元件，分断触头元件的定义见 GB/T 2900.18—1992)。

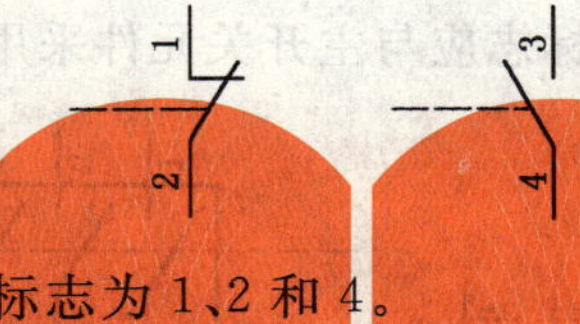

转换触头元件接线端子功能数字标志为 1、2 和 4。

L.3.2.1.2　具有特殊功能的辅助触头，例如：延时辅助触头元件，分别标志功能数字，5 和 6 为分断触头元件，7 和 8 为接通触头元件。

延时闭合的分断触头

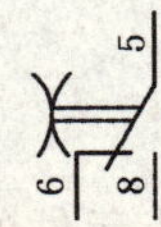

延时闭合的接通触头

具有特殊功能的转换触头元件的接线端子的标志的功能数字为 5、6 和 8。

L.3.2.2　顺序号

L.3.2.2.1　属于同一触头元件的接线端子应标志相同的顺序号，具有相同功能的不同的接线端子应标志不同的顺序号。

例：

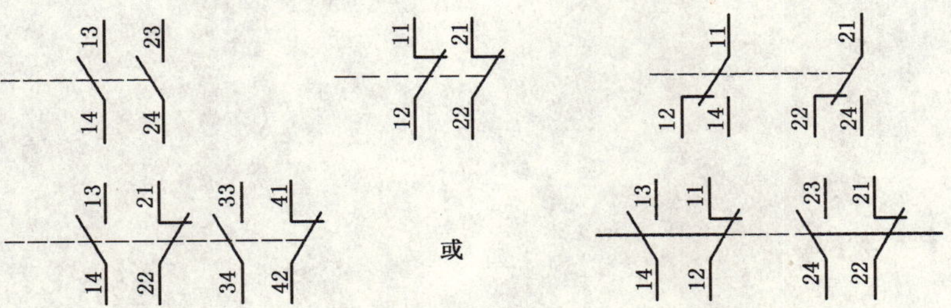

L.3.2.2.2 如果制造厂提供了附加的信息或用户给出下述数码，则顺序号可以省略。

例：

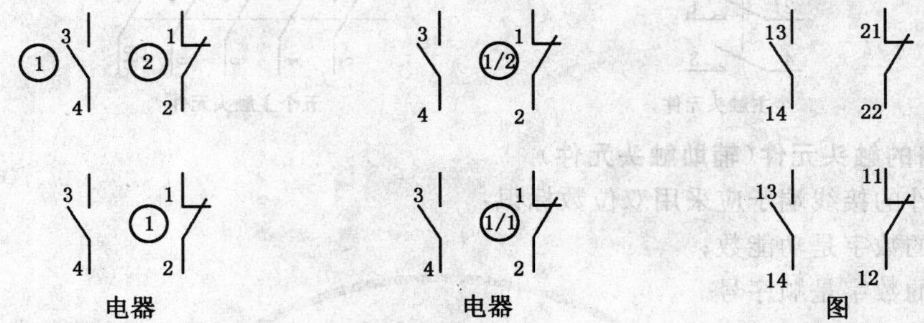

注：举例中的圆点只是表示一种关系，不需要在实际中使用。

L.4 过载保护电器的接线端子的标志

主电路过载保护电器的接线端子的标志应与主开关元件采用相同的标识方法。

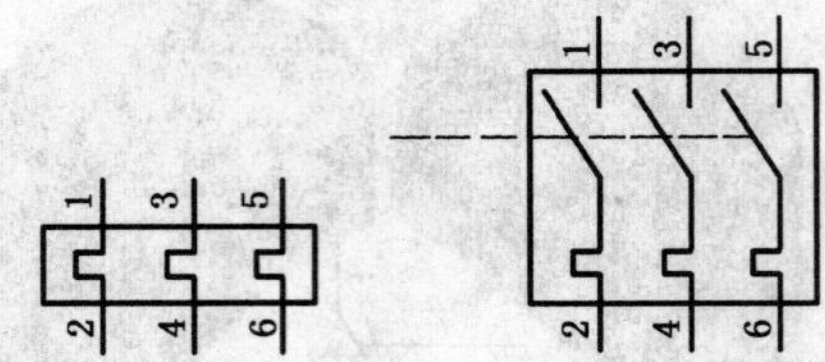

过载保护电器辅助触头元件的接线端子的标志应与规定的触头元件采用相同的标识方法(L.3.2.1.2)。但顺序号为9。

如果需要第二个顺序号，应采用数字0。

例：

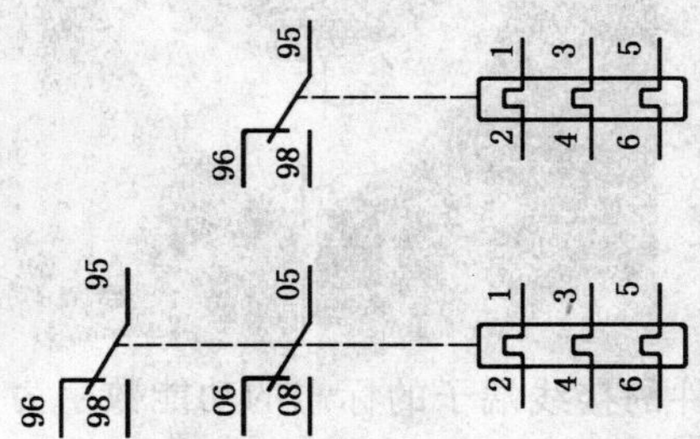

L.5 识别数码

对具有固定数量的接通触头元件和分断触头元件的电器可以规定一个双位数的识别数码。

第一位数字表示接通触头元件的数量，第二位数字表示分断触头元件的数量。

识别数码 31

附　录　M
(规范性附录)
易燃性试验

M.1　电热丝引燃试验

M.1.1　每种材料用5件样品进行试验，试样应是长为150 mm，宽为13 mm，并且试样厚度均匀，材料的厚度由材料制造厂规定。

材料的各边应无毛刺、飞边等。

M.1.2　应采用直径约为0.5 mm、长(250±5) mm、冷电阻约为5.28 Ω/m的镍铬(80%镍、20%铬，无铁)电阻丝。电阻丝应以直线长度的方式接到可调节的电源上，该电源被调节到在8 s至12 s内使电阻丝内的功率损耗为0.26 W/mm。冷却后，电阻丝应当被绕在试样上5圈，各圈之间的距离6 mm。

M.1.3　被绕上电阻丝的试样放在水平位置上，电阻丝的两个接线端子接到可调的电源上，重新调整电源至电阻丝的内耗为0.26 W/mm(见图M.1)。

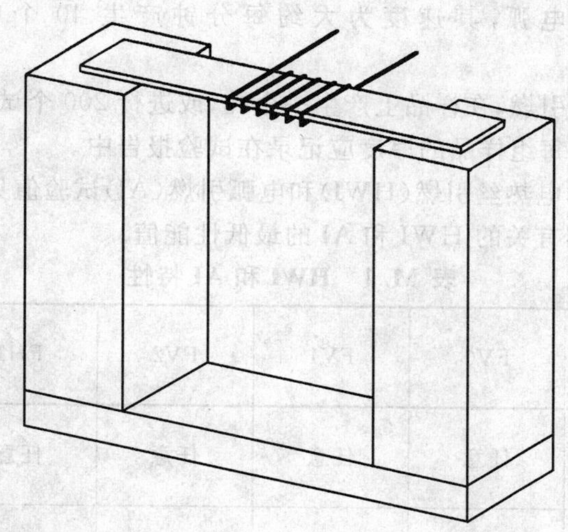

图 M.1　电热丝引燃试验装置

M.1.4　开始试验，接通电路电源使得通过电阻丝的电流产生的线功率密度为0.26 W/mm。

M.1.5　继续加热直到试样引燃，当引燃一旦发生，断开电源，记录引燃时间。

如果在120 s时间内不引燃，结束试验。对于穿过电阻丝绕组被熔化但不燃烧的试样，当试样不再与所有5圈加热电阻丝紧密接触时结束试验。

M.1.6　试验应在其余的试样上重复进行。

M.1.7　平均引燃时间和每组样品的厚度应记录下来。

M.2　电弧引燃试验

M.2.1　本试验在3个样品上进行试验，试样的长为150 mm、宽为13 mm，并具有均匀的厚度，试样的厚度由材料制造厂规定。试样的边应无毛刺、飞边等。

M.2.2　试验在一对电极下进行，试验电路与具有50 Hz或60 Hz、230 V的交流电源连接(见图M.2)，电路中应具有可变的感性阻抗。

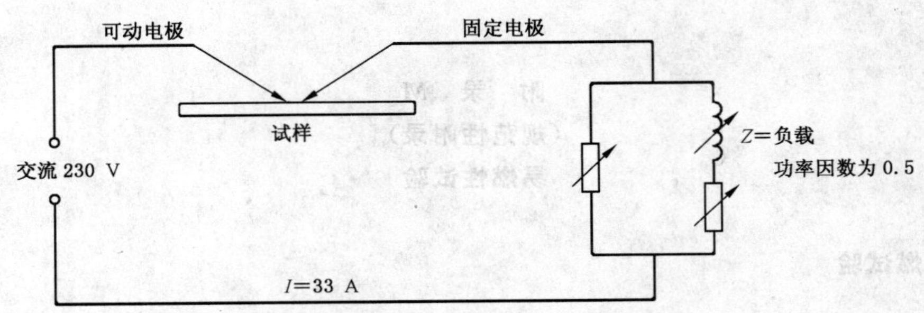

图 M.2 电弧引燃试验电路图

M.2.3 一个电极应是固定的，另一个电极应是可以移动的。固定的电极由一个 8 mm²～10 mm² 的硬质铜导体制成，并应具有一个与水平线成 30°角的凿状横刃。可移动电极是一个直径 3 mm 的不锈钢圆棒，具有一个 60°角的圆锥头，该电极可在自身的轴线方向移动，电极顶尖的曲线弧度的半径在开始试验时，不应超过 0.1 mm。电极应相对放置，与水平线成 45°角。将电极短路时，调整可变的感性负载，使在功率因数为 0.5 时电流为 33 A。

M.2.4 被试样品应水平放置在空气中，在两个电极接触时可以触及试品的表面。可移动电极应采用人力或其他可控方式使其沿自身的轴线向后移动，与固定的电极分开，使电路断开。之后，放低电极重新接通电路，以产生一系列电弧，其速度为大约每分钟产生 40 个电弧。电极的分开速度为(250±25) mm/s。

M.2.5 试验进行到样品发生引燃，在样品上产生一个孔，或进行 200 个试验循环为止。

M.2.6 引燃电弧的平均数和每组样品的厚度应记录在试验报告中。

与材料可燃性类别有关的电热丝引燃(HWI)和电弧引燃(AI)试验值见表 M.1 规定。

每一栏表征与可燃性类别有关的 HWI 和 AI 的最低性能值。

表 M.1 HWI 和 AI 特性

可燃性类别	FV0	FV1	FV2	FH1	FH3≤ 40 mm/ min	FH3≤ 75 mm/ min
部件厚度 mm	任意	任意	任意	任意	≥3	<3
HWI 引燃时间最小值/s	7	15	30	30	30	30
AI 引燃电弧的 最小次数	15	30	30	60	60	60

例如：任何厚度的具有可燃性类别 FV1 的材料必须具有至少 15 s 的 HWI 值和至少 30 个电弧 AI 值。

附 录 N
（规范性附录）
具有保护性隔离的电器的性能要求和试验方法

本附录适用于这样的电器，它的一个或多个电路能用于 SELV(PELV)电路[1]（电器本身不具备类别Ⅲ——见 GB/T 12501.2—1997 中 5.2.4）。

N.1 一般要求

本附录的目的是尽实际可能统一具有保护性隔离（该隔离施加在用于 SELV(PELV)电路的部件与其他电路的部件之间）的低压开关设备和控制设备的所有规则和要求，以使相应范围内的设备的性能要求和试验获得一致，避免根据不同的标准进行所需试验。

N.2 定义

N.2.1 功能绝缘 functional insulation

导体部分之间仅适用于设备特定功能所需的绝缘。

N.2.2 基本绝缘 basic insulation

设置在带电部分上，作为触电基本保护的绝缘。

注：基本绝缘不一定包括专门用作功能目的的绝缘(见 N.2.1)。

N.2.3 附加绝缘 supplementary insulation

在配备基本绝缘的前提下，再采用附加绝缘，是为了防止在基本绝缘失效时，引起触电事故。

N.2.4 双重绝缘 double insulation

由基本绝缘和附加绝缘组成的绝缘。

N.2.5 加强绝缘 reinforced insulation

能提供与双重绝缘相等的防触电等级的绝缘。

注：加强绝缘可以有许多层次组成，而这些层次不能按基本绝缘或附加绝缘单独进行试验。

N.2.6 保护性隔离 protective separation

保护性隔离是指利用下述方法在电路中进行隔离：

——基本保护（基本绝缘）和

——故障保护（附加绝缘或保护性屏蔽），或

——相当的保护措施（例如加强绝缘）。

N.2.7 SELV 电路 SELV circuit

SELV 电路为：

——其电路的电压不超过 ELV；和

——除 SELV 外，与其他电路具有保护性隔离；和

1] 采标说明：

以下术语 IEC 60947-1:2001 中未给出：

1) 保护特低电压电路 PELV(protective extra low voltage)circuit

是指一个接地电路，该电路的交流电压不超过 50 V 或直流无波动电压不超过 120 V，其电源必须由安全绝缘的变压器或同等设备来提供。

2) 安全特低电压电路 SELV(safety extra low voltage)circuit

是指一个次级电路，该电路应如此设计或被保护，使得在正常和单相故障条件下，其电压不超过安全电压。

——无 SELV 电路接地要求，也无外露导电部件接地要求；和

——与地之间有简单的隔离。

N.2.8 PELV 电路 PELV circuit

PELV 电路为：

——其电路电压不超过 ELV；和

——除 PELV 外，与其他电路具有保护性隔离；和

——具有 SELV 电路接地要求，或外露导电部件接地要求，或两者均有要求。

N.3 性能要求

除非有关产品标准另有规定外，本附录规定如下基本要求：

——本附录为达到保护性隔离所考虑的唯一方法是基于在 SELV(PELV)电路与其他电路之间采用双重绝缘(或加强绝缘)；

——正常情况下开关设备和控制设备爬电距离尺寸的确定已考虑了其灭弧罩中产生的电弧对绝缘的影响，因此不需进行特殊的验证；

——局部的放电影响不必考虑。

N.3.1 介电性能要求

N.3.1.1 爬电距离

验证 SELV(PELV)电路与其他电路间的爬电距离应等于或大于 2 倍基本绝缘要求的爬电距离值，该值根据表 15 和 SELV(PELV)的额定电压确定(根据 GB/T 16935.1—1997 中 3.2.3 规定确定)。

爬电距离根据 N.4.2.1 的规定验证。

N.3.1.2 电气间隙

SELV(PELV)电路与其他电路间的电气间隙应能耐受附录 H 规定的额定冲击电压。对于规定的使用类别，该电压与基本绝缘有关，电压值应选择对应的系列数值中高一个等级的数值(或等于基本绝缘要求的 160%对应的额定冲击电压)，具体要求见 GB/T 16935.1—1997 中 3.1.5。试验方法见 N.4.2.2。

N.3.2 结构要求

结构措施考虑以下几个方面：

——所采用的材料的老化；

——热应力和机械故障的危险性将影响电路间的绝缘；

——在电路的联接线偶然断开的情况下，不同的电路间的电气接触的危险性。

N.4.3 列举了几个必须考虑的结构上可能出现的危险情况。

N.4 试验要求

N.4.1 一般要求

本试验一般作为型式试验。对于结构设计，由于产品的使用条件对用作保护性隔离的绝缘可能产生影响，因此制造厂或有关产品标准可以把下述试验全部或部分作为常规试验。

验证试验应在 SELV(PELV)电路与其他电路间进行，例如：主电路、辅助电路和控制电路。

试验应在电器运行的所有状态下进行，如：打开、闭合、脱扣位置。

N.4.2 介电性能试验

N.4.2.1 爬电距离的验证

爬电距离的验证方法见附录 G 和 8.3.3.4.1。

N.4.2.2 电气间隙的验证

N.4.2.2.1 被试电器的条件

试验应在被试电器按实际使用情况安装和接线条件下进行，试验应在新的和干燥的电器上进行。

N.4.2.2.2 试验电压的施加

对试验中的每个电路，外部的接线端子应全部连接在一起。

N.4.2.2.3 冲击试验电压

试验中施加的冲击电压波形为 1.2/50 μs，具体要求见 8.3.3.4.1。

试验电压值根据 N.3.1.2 选择。

N.4.2.2.4 试验

采用 N.4.2.2.3 规定的试验电压验证电气间隙，试验应至少每个极性进行三次，时间间隔 1 s。具体试验要求见 8.3.3.4.1。

如果电器的电气间隙等于或大于表 13 中对应的试验电压下确定的电气间隙值，则冲击试验电压试验可不进行。

N.4.2.2.5 试验结果的判别

当试验电压施加时，如无击穿或闪络现象，则试验通过。

N.4.3 结构措施举例

结构措施在下列几种可能出现单一机械故障的情况下采用，例如：弯曲的焊接脚、脱焊点或断开的线圈(绕组)、螺钉松脱和掉落，这些故障的产生不应影响电器绝缘满足基本绝缘的要求，绝缘的设计不考虑上述两种或多种故障同时出现。

采用结构措施的举例：

——足够的机械稳定性；

——机械挡板；

——采用拧紧螺钉；

——对元件进行灌装或注塑；

——在接头上套上绝缘套管；

——避免在相邻的导体处具有锐角。

附　录　O
（资料性附录）
环　境　因　素

导言

在产品寿命的各个阶段，从获取原料、生产制造、销售、使用、再利用、再循环到处置，将产品对自然环境的影响减到最小的必要性已被世界上大部分国家所认可。在产品寿命的每个阶段作出的选择在很大程度上决定了将会产生什么样的影响。然而，有相当多的障碍使选择最佳环境选项的任务变得困难，例如通过选择优化设计来减小环境影响将会陷入难以权衡的困境，正如高能量利用率将导致低回收率。

因为必须通过完善的附加数据资料来评定新产品和新原料的生命周期影响，新产品和新原料的不断引入使其对环境影响的评估变得更加困难。而且目前可得到的现存原料对环境影响的数据资料非常少。但现存的数据资料可作为改善产品对环境影响的依据。环境影响评估（EIA）和环境设计（DFE）原则在这方面提供了有用的附加工具。本附录详述了一些 EIA 原则作为这些问题的背景资料。

直到通过使用 EIA 得到更多数据，制造商能够在更广的范围内确定特殊设计选择和依据。这种做法扩展了基于这些设计选择的知识领域并且有助于产品寿命终止（EOL）时的循环和处理。

应注意，本附录仅在现有技术水平下适用。随着更多研究和分析的不断完善，将会积累更多生命周期数据资料和更好更健全的环境选择。到那时，建议慎重、专业、充分地使用本附录。

O.1　范围

本附录旨在对 GB 14048 系列中的产品考虑对“自然”环境方面产生影响的环境因素提供帮助。

本附录中使用的术语“环境”不同于在国家标准中采用的电工产品环境条件方面环境的术语。

注：关于环境条件对产品性能的影响，参见 IEC 60068，IEC 60721 和 IEC 导则 106。

O.2　定义

本附录中以下定义适用：

O.2.1

“自然”环境（下文简称环境）　“natural” environment（hereinafter referred to as envir-onment）

指影响生活品质的特征，如水、空气、土壤质量、节能、原料、废物利用。

O.2.2

生命周期　life cycle

一个系统从提取物或自然资源的开发到最终所有原料的处置（例如不能复原的废物或消散的能量）的连续阶段及所有直接相关的主要输入和输出。

O.2.3

生命周期评价（LCA）　life cycle assessment（LCA）

收集和检验原料、能量及环境影响（这些因素直接影响整个产品生命周期的经济系统的功能）的输入和输出的一系统规程。

O.2.4

环境负担　environmental burden

环境的任何永久的或暂时的变化，可导致自然资源流失或空气、水、土壤的自然品质恶化。

O.2.5

环境影响　environmental impact

一个系统输入、输出量对人类健康、动植物生长、未来自然资源的可用性的影响结果。

O.2.6

环境影响评价(EIA)　environmental impact assessment(EIA)

在生命周期评价中定义的目的、范围和目标的界限内确定环境影响大小和重要性的过程。

O.2.7

再循环　recycling

将被当作废物处理的材料转换成有益于生产的有用材料的一系列过程(步骤)。

O.2.8

再循环能力　recyclability

使物质或原料、零件具有再循环可能的能力(性能)。

O.2.9

寿命终止　end of life

产品在终止使用时的状态。

O.2.10

环境设计(DFE)　design for environment(DFE)

在现有技术和经济条件下,设计一个产品使其生态特性最优化的系列程序。

O.3　一般性考虑

应检查下列可导致产品生命周期对环境影响最小化的因素:

——材料节约(为保护自然资源);

——能量和资源的有效利用;

——排泄物及废物的减小;

——产品材料用量最小化(包括包装材料);

——减少不同材料的使用数量;

——取代或减少使用有害物质;

——元件、部件再利用;

——易维护、拆卸、循环能力(若可以)设计;

——表面涂层或制约再循环能力的其他材料化合物;

——给用户适当的环境说明/信息。

O.4　应考虑的输入和输出

O.4.1　一般要求

图 O.1(基于 ISO/TC 207/WG 1 的工作)给出了产品环境生命周期的主要阶段、产品功能、产品设计、性能和其他外部考虑的相关性。环境标准的主要目标也被列出,即材料和能量的消耗、环境的排泄、分解、再循环能力。在产品生命周期的每一个阶段都应考虑原料和能量平衡。当以上数据可利用,研究将从始至终包含整个生命周期。图 O.1 也阐明了产品循环将引起的污染预防和资源节约。

O.4.2　输入和输出

产品环境影响在很大程度上取决于在产品整个生命周期中所使用的输入和产生的输出。改变任何一个单一输入,无论是改变所用的原料或能量还是改变单一输出,都会影响其他的输入和输出(见图 O.1)。

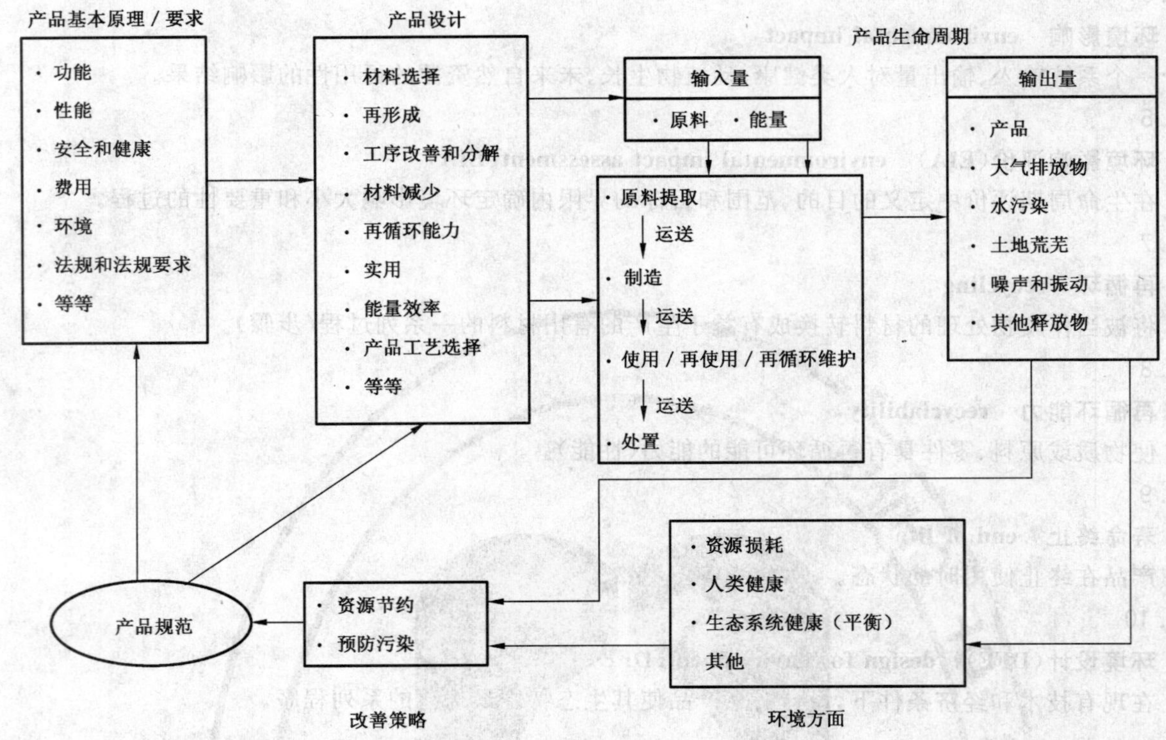

注1：本图参照 ISO/TC 207

注2：对于电工部分，“其他释放物”指电磁干扰，电离和非电离辐射及土壤排放物。

图 O.1 与产品生命周期相关的环境因素

O.4.3 输入、原料和能量

O.4.3.1 应考虑产品开发中使用的原料输入。这些影响能够导致再生和非再生资源损耗、土地的有害使用、环境或人类暴露在有害原料中。原料输入还能够导致废物产生、大气排放物、污水排放物和其他排放物。与原料获得、制造、运输（包括包装和存储），使用／维护、再使用／再循环、产品处置有关联的原料输入能够引起各种环境影响。

O.4.3.2 在产品生命周期的大部分阶段都需要能量输入。能源包括矿物燃烧、核能、废物利用、水电、地热、太阳能、风能和其他能源。每一个能源都会产生其自身的一系列环境影响。

O.4.4 输出

O.4.4.1 在产品生命周期中产生的输出通常包括：产品本身、中间产品、副产品、大气排放物、污水排放和其他排放物。

O.4.4.2 大气排放物由气体排放物、排放到大气中的蒸汽或微粒物质组成。有毒的、腐蚀性的、易燃的、爆炸性的、酸性的或有异味的物质会对动植物生命、人体健康等产生不利影响，或对其他环境影响如臭氧层消失或形成烟雾起作用。大气排放物包括从排放点以及扩散源排放物、已处理及未处理的排放物、正常操作及附属操作排放物。

O.4.4.3 水污染物由对水源（无论是地表水还是地下水）释放的物质组成。营养的、有毒的、腐蚀性的、放射性的、持续的、加速的或耗氧物质的排放会引起不利的环境影响，包括对生态系统和自然水不必要的超营养作用的各种污染影响。水污染物包括从排放点以及扩散源排放物、已处理及未处理的排放物、正常运行及非正常运行的排放物。

O.4.4.4 废料包括固体、液体和废弃的产品。在产品生命周期的每个阶段都有废料产生。废料要经过再循环、处理、回收或与下一步的输入输出有关的处理工艺，这些都可能产生不利的环境影响。

O.4.4.5 其他排放物包括对土壤的排放物、噪声、振动、辐射和废热。

O.5 鉴别和评价环境影响的技术

O.5.1 准确的鉴别和评价产品对环境的影响是复杂的，它需要慎重考虑及咨询专家。某些技术正发展成为产品对环境影响鉴别和评价的指南。尽管对这些技术及其局限性的全面理解需要丰富的经验和对环境科学的研究，但对它们的了解在产品怎样影响环境方面提供了一些整体认识。

O.5.2 上述技术举例之一，生命周期评价(LCA)，是ISO/TC 207/SC 5和ISO 14040的标准化项目，LCA是评定有关产品环境因素和潜在影响的一门技术，它由三个步骤组成：

步骤1：综合因素分析——即生命周期目录清单(LCI)—鉴别和量化所用能量和原料，综合在整个生命周期产生的环境释放物/负担。

步骤2：影响评价——评价所用能量和原料以及最终产品本身，加上在整个生命循环中所有环境排放物/负担的环境影响。

步骤3：改进评价——评测改进环境性能的时机，然后执行这些能够达到改进目的的措施。

LCA研究的环境因素和潜在影响贯穿产品寿命从原料提取到生产、使用和处置的整个过程。需要考虑的环境影响的总体类别包括：资源使用、人类健康、生态影响。

LCA可帮助：

——鉴别改善产品在生命周期各个阶段的环境因素的时机；

——工业、政府、非政府机构的(如战略计划、优先权设置、产品设计、工艺流程设计或重新设计)决策；

——相关环境性能指标的选择，包括测量和技术；

——销售(如环保声明、生态规划或环保产品声明)。

除了LCA，制造商应了解环境设计(DFE)这一新兴领域。

O.6 相关的ISO技术委员会

TC 61	塑料制品
TC 79	轻金属及其合金
TC 122	包装
TC 146	空气质量
TC 147	土壤质量
TC 190	水质量
TC 203	技术能量系统
TC 205	建筑物环境设计
TC 207	环境管理
SC 1	环境管理系统
SC 2	环境审核和相关环境调整
SC 3	环境分类
SC 4	环境性能评估
SC 5	生命周期评价
SC 6	术语和定义
WG 1	产品标准中的环境因素

O.7 环境影响评价(EIA)原则指南

正在考虑中。

O.8 环境设计(DFE)原则指南

正在考虑中。

O.9 参考文件

IEC Guide106 设备额定性能规定的环境条件指南
IEC 60068(全部):环境试验
IEC 60721(全部):环境条件分类
ISO 14040:1997,环境管理——生命周期评价-原则与框架

附 录 P
（资料性附录）
与铜导体相连的低压开关设备和控制设备的接线端子连接片

表 P.1 与铜导体相连的低压开关设备和控制设备的接线端子连接片示例

导线截面积 mm^2		尺寸(见图 P.1) mm						装配螺栓的间隙孔
软线	实心和多股硬线	L 最大值	N 最大值	W 最大值	W 量规	Z 最大值	M 最小值	H
6	10	22	6	10		12	6	M5
10	16	26	6	10		12	6	M5
16	25	28	6	10		12	6	M5
25	35	33	7	12	12.5	17	7	M6
35	50	38	7	12	12.5	17	7	M6
50	70	41	7	12	12.5	17	7	M6
70	95	48	8.5	16	16.5	20	8.5	M8
95	120	51	10.5	20	20.5	25	10.5	M10
120	150	60	10.5	20	20.5	25	10.5	M10
150	185	72	11	25	25.5	25	11	M10
185	240	78	12.5	31	32.5	31	12.5	M12
240	300	89	12.5	31	32.5	31	12.5	M12
300	400	105	17	40	40.5	40	17	M16
400	500	110	17	40	40.5	40	17	M16
注：电缆接线片的其他不同尺寸也允许使用。								

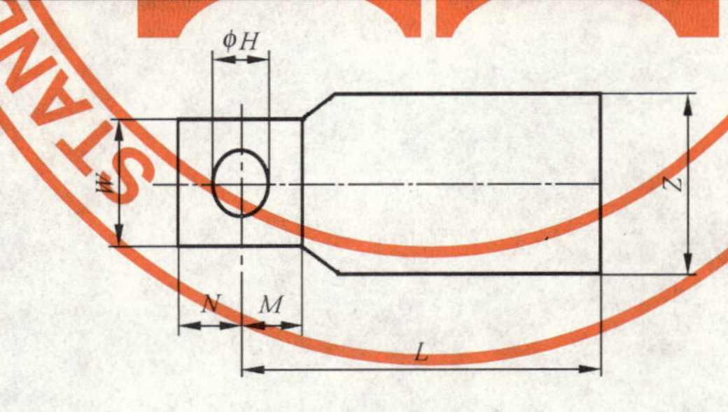

图 P.1 尺寸